沈观林 男，1935年10月生，1953—1957年在清华大学土木系工业与民用建筑专业学习，1957—1959年在清华大学工程力学研究班学习，毕业后在工程力学系任教，清华大学教授。长期从事固体力学、复合材料力学、实验力学教学和科研，获国家教委科技进步二等奖(1993)，参编的《实验应力分析》(1981)、《振动量测与应变电测基础》先后获清华大学优秀教材二等奖，独编《复合材料力学》(1996)，参编《应变电测与传感技术》(1991)、《应变电测与传感器》(1999)等和《复合材料力学》(2006)，参加主编《实验力学》(2010)等专著和教材。曾获清华大学教学成果二等奖(复合材料力学课程)，清华大学实验技术成果二等奖、三等奖多项。先后发表学术论文60余篇。

胡更开 男，1964年10月生，1986年6月毕业于北京工业学院，获理学学士学位，1991年12月在法国巴黎中央工程师大学(ECP)获材料与力学工学博士。现任北京理工大学教授，宇航学院院长，主要从事复合材料设计和波传播调控方向的研究，发表SCI收录学术论文近80篇。曾作为访问教授先后在法国巴黎中央工程师大学(ECP)、法国国立工艺制造工程师大学(ENSAM)、香港科技大学，英国剑桥大学和法国巴黎高等师范大学(Cachan)开展合作研究。2003年获得国家杰出青年基金的资助，2004年获全国优秀教师称号，2006年获第9届中国力学会青年科技奖，2009年享受国家政府津贴。现任第六届教育部科技委数理学部委员，《中国科学：物理、力学、天文卷》副主编，《固体力学学报》副主编，《力学进展》常务编委，《Acta Mechanica》、《Int. Appl. Mech.》、《科学通报》、《Acta Mechanica Sinica》等学术期刊编委。

刘彬　男，1972年9月生，1996年7月获清华大学工程力学系工程力学专业学士学位和精密仪器系机械工程专业学士学位，2001年1月获清华大学工程力学系固体力学工科博士学位。现任清华大学教授，航天航空学院副院长，主要从事复合材料力学、多尺度和多物理场计算方法及断裂力学方向的研究，发表SCI收录学术论文近80篇。应邀撰写American Scientific Publishers出版的《纳米科技手册》(英文)书章1篇，国际SCI期刊综述文章1篇。参与合著学术专著《力电耦合物理力学计算方法》。曾获中国力学学会青年科技奖、国家自然科学二等奖(第三完成人)、德国洪堡基金会研究奖学金以及入选教育部新世纪优秀人才支持计划。现任国际SCI期刊《International Journal of Plasticity》和《Journal of Computational and Theoretical Nanoscience》的编委以及《力学学报》编委。

复合材料力学（第2版）

Mechanics of Composite Materials (Second Edition)

沈观林 胡更开 刘彬 编著

Shen Guanlin Hu Gengkai Liu Bin

清华大学出版社

北 京

内容简介

本书全面、系统地阐述了复合材料力学基础、宏观力学和细观力学的基本理论、分析方法和结果，并介绍了混杂复合材料，复合材料疲劳、断裂和连接等专题，以及纳米复合材料、生物/仿生复合材料和智能复合材料等现代新型复合材料及其分析方法。内容包括：复合材料概论，各向异性弹性力学基础；单层复合材料的宏观力学分析，复合材料力学性能的实验测定，层合板刚度的宏观力学分析，层合板强度的宏观力学分析，湿热效应，层合平板弯曲、屈曲和振动，若干专题；复合材料的有效性质和均质化方法，单层复合材料的细观力学分析，复合材料的单夹杂问题，复合材料线性有效模量预测的近似方法，复合材料计算研究方法；纳米复合材料、生物/仿生复合材料和智能复合材料等。书中还附有习题和教学实验指导书。

本书可供高等院校力学及相关的理工科专业本科生和研究生作为教材使用，还可供有关科技人员学习参考。

图书在版编目(CIP)数据

复合材料力学/沈观林，胡更开，刘彬编著. —2版. —北京：清华大学出版社，2013(2024.5 重印)
高等院校力学教材
ISBN 978-7-302-33822-2

Ⅰ. ①复… Ⅱ. ①沈… ②胡… ③刘… Ⅲ. ①复合材料力学—高等学校—教材 Ⅳ. ①TB301

中国版本图书馆 CIP 数据核字(2013)第 212265 号

责任编辑：佟丽霞
封面设计：傅瑞学
责任校对：赵丽敏
责任印制：刘 菲

出版发行：清华大学出版社
网 址：https://www.tup.com.cn，https://www.wqxuetang.com
地 址：北京清华大学学研大厦 A 座 邮 编：100084
社 总 机：010-83470000 邮 购：010-62786544
投稿与读者服务：010-62776969，c-service@tup.tsinghua.edu.cn
质量反馈：010-62772015，zhiliang@tup.tsinghua.edu.cn
印 装 者：三河市龙大印装有限公司
经 销：全国新华书店
开 本：185mm×260mm 印 张：23.5 插 页：1 字 数：571 千字
版 次：2006 年 9 月第 1 版 2013 年 10 月第 2 版 印 次：2024 年 5 月第 13 次印刷
定 价：66.00 元

产品编号：047085-04

前　言

复合材料是一大类新型材料，其强度高、刚度大、质量轻，并具有抗疲劳、减振、耐高温、可设计等一系列优点，近50年来，在航空、航天、能源、交通，建筑、机械、信息、生物、医学和体育等工程和领域日益得到广泛的应用。随着各种新型复合材料的开发和应用，复合材料力学已形成独立的学科体系并蓬勃发展，国内外不少高等院校已将"复合材料力学"列为力学及相关理工科专业本科生和研究生的必修和选修课程。

作者多年来先后给工程力学、机械、材料、土建等专业本科生以及工程力学专业研究生开设"复合材料力学"必修和选修课程。笔者编著的"复合材料力学"教材1996年出版，曾经为国内很多高等院校教学使用。2006年又新编"复合材料力学"教材，出版后得到国内多所高等院校教学使用和有关科技人员学习参考。现在编著第2版供教学和科研人员使用，其中增加了复合材料新技术，新应用和多种现代新型复合材料及其力学分析等内容。

本书第2版分为4篇17章，第1篇复合材料力学基础，第2篇复合材料宏观力学，第3篇复合材料细观力学，第4篇现代新型复合材料。其中第1章～第9章和第11章由沈观林编写，第10章、第12章和第13章由胡更开编写，第14章、第16章由刘彬编写，第15章由胡更开、刘彬编写，第17章由沈观林、刘彬编写，此外，雷海军和王禾翎参加部分编写工作，沈观林对全书进行统稿。限于作者水平和经验，书中定有错误和欠缺之处，敬请读者批评指正。

作　者

2013年5月

目　录

第1篇　复合材料力学基础

第1章　复合材料概论 …… 3
1.1　复合材料及其种类 …… 3
1.2　复合材料的构造及制法 …… 9
1.3　复合材料的力学分析方法 …… 13
1.4　复合材料的力学性能 …… 15
1.5　复合材料的各种应用 …… 16
1.6　复合技术新发展 …… 28
1.7　新型复合材料 …… 32
习题 …… 38

第2章　各向异性弹性力学基础 …… 39
2.1　各向异性弹性力学基本方程 …… 39
2.2　各向异性弹性体的应力-应变关系 …… 41
2.3　正交各向异性材料的工程弹性常数 …… 48
习题 …… 52

第2篇　复合材料宏观力学

第3章　单层复合材料的宏观力学分析 …… 55
3.1　平面应力下单层复合材料的应力-应变关系 …… 55
3.2　单层材料任意方向的应力-应变关系 …… 57

3.3 单层复合材料的强度…… 62
3.4 正交各向异性单层材料的强度理论…… 64
习题 …… 69

第4章 复合材料力学性能的实验测定 …… 71
4.1 纤维和基体的力学性能测定…… 71
4.2 单层板基本力学性能的实验测定…… 73
4.3 其他力学性能实验…… 80
教学实验指导书 …… 83
实验1 单层复合材料弹性常数测定 …… 83
实验2 单层复合材料拉伸、剪切强度测定 …… 84
实验3 单层复合材料压缩性能测定 …… 85
实验4 单层复合材料弯曲性能测定 …… 85
实验5 单层复合材料层间剪切强度测定 …… 86
实验6 复合材料冲压式剪切强度测定 …… 87
实验7 复合材料冲击韧性测定 …… 87

第5章 层合板刚度的宏观力学分析…… 89
5.1 引言…… 89
5.2 层合板的刚度和柔度…… 90
5.3 几种典型层合板的刚度计算…… 96
5.4 层合板刚度的理论和实验比较 …… 104
习题…… 110

第6章 层合板强度的宏观力学分析 …… 111
6.1 层合板强度概述 …… 111
6.2 层合板的应力分析 …… 112
6.3 层合板的强度分析 …… 114
6.4 层合板的层间应力分析 …… 120
习题…… 127

第7章 湿热效应 …… 129
7.1 单层板的湿热变形 …… 129
7.2 考虑湿热变形的单层板应力-应变关系 …… 130
7.3 考虑湿热变形的层合板刚度关系 …… 131
7.4 考虑湿热变形的层合板应力和强度分析 …… 133
习题…… 138

第8章　层合平板的弯曲、屈曲与振动 …… 140
8.1　引言 …… 140
8.2　层合平板的弯曲 …… 140
8.3　层合平板的屈曲 …… 148
8.4　层合平板的振动 …… 153
8.5　层合板中耦合影响的简单讨论 …… 157
习题 …… 158

第9章　若干专题 …… 159
9.1　混杂复合材料及其力学分析 …… 159
9.2　金属基复合材料和陶瓷基复合材料 …… 168
9.3　纳米复合材料简介 …… 172
9.4　复合材料的疲劳 …… 174
9.5　复合材料的损伤和断裂 …… 178
9.6　复合材料的蠕变 …… 185
9.7　复合材料的连接 …… 188
9.8　横向剪切的影响 …… 196

第3篇　复合材料细观力学

第10章　复合材料的有效性质和均质化方法 …… 207
10.1　引言 …… 207
10.2　尺度和代表单元的概念 …… 209
10.3　细观过渡方法 …… 210

第11章　单层复合材料的细观力学分析 …… 214
11.1　引言 …… 214
11.2　刚度的材料力学分析方法 …… 215
11.3　强度的材料力学分析方法 …… 221
11.4　短纤维复合材料的细观力学分析 …… 228
11.5　热膨胀的力学分析 …… 233
11.6　刚度的弹性力学分析方法 …… 234
习题 …… 245

第12章　复合材料的单夹杂问题 …… 246
12.1　弹性问题的一般解 …… 246
12.2　椭球型夹杂问题 …… 248
12.3　本征应变问题 …… 255
12.4　夹杂的能量 …… 260
习题 …… 262

第 13 章 复合材料线性有效模量预测的近似方法 ………… 264
13.1 引言 ………… 264
13.2 宏观整体坐标系和局部坐标系 ………… 265
13.3 稀疏方法 ………… 267
13.4 Mori-Tanaka 方法 ………… 269
13.5 自洽方法 ………… 275
13.6 微分法 ………… 276
13.7 广义自洽方法 ………… 277
13.8 Voigt 和 Reuss 界限 ………… 278
13.9 复合材料有效热膨胀系数 ………… 279

第 14 章 复合材料计算研究方法 ………… 282
14.1 引言 ………… 282
14.2 等效性能计算中的代表体积单元选取与生成 ………… 282
14.3 载荷与边界条件的施加 ………… 285
14.4 计算分析方法 ………… 287

第 4 篇 现代新型复合材料

第 15 章 纳米复合材料 ………… 291
15.1 引言 ………… 291
15.2 表界面效应及描述方法 ………… 291
15.3 纳米复合材料有效性质 ………… 294

第 16 章 生物/仿生复合材料 ………… 310
16.1 引言 ………… 310
16.2 生物/仿生复合材料的力学分析 ………… 311
16.3 生物/仿生复合材料泊松比和多级结构的效应 ………… 323
16.4 仿生复合材料的应用 ………… 330

第 17 章 智能复合材料 ………… 341
17.1 智能复合材料概述 ………… 341
17.2 智能复合材料的种类及其应用 ………… 344
17.3 几种基本组成材料的多场耦合行为 ………… 350
17.4 力电磁耦合介质的等效性能 ………… 354
17.5 层状磁电复合材料的剪滞模型 ………… 359

参考文献 ………… 363

第1篇

复合材料力学基础

第1章 复合材料概论

1.1 复合材料及其种类

1.1.1 基本概念

复合材料是由两种或多种不同性质的材料用物理和化学方法在宏观尺度上组成的具有新性能的材料。一般复合材料的性能优于其组分材料的性能,并且有些性能是原来组分材料所没有的,复合材料改善了组分材料的刚度、强度、热学等性能。

人类使用复合材料的历史已经很久了。中国古代使用的土坯砖是由粘土和稻草(或麦秆)两种材料组成的,稻草起增强粘土的作用。古代的宝剑是用复合浇铸技术得到的包层金属复合材料,它具有锋利、韧性好、耐腐蚀的优点。现在的胶合板、钢筋混凝土、夹布橡胶轮胎、玻璃钢等都属于复合材料。

复合材料从应用的性质可分为功能复合材料和结构复合材料两大类。功能复合材料主要具有特殊的功能。例如:导电复合材料,它是用聚合物与各种导电物质通过分散、层压或形成表面导电膜等方法构成的复合材料;烧蚀材料,它由各种无机纤维增强树脂或非金属基体构成,可用于高速飞行器头部热防护;摩阻复合材料,它是用石棉等纤维和树脂或非金属制成的有高摩擦系数的复合材料,应用于航空器、汽车等运转部件的制动、控速等机构。

我们主要研究结构复合材料,它由基体材料和增强材料两种组分组成。基体采用各种树脂或金属、非金属材料;增强材料采用各种纤维或颗粒等材料。其中增强材料在复合材料中起主要作用,提供刚度和强度,基本控制其性能。基体材料起配合作用,它支持和固定纤维材料,传递纤维间的载荷,保护纤维,防止磨损或腐蚀,改善复合材料的某些性能。复合材料的力学性能比一般金属材料复杂得多,主要有不均匀、不连续、各向异性等,因此逐步发展成为复合材料特有的力学理论,称为复合材料力学,它是固体力学学科中的一个新分支。

1.1.2 复合材料的种类

根据复合材料中增强材料的几何形状，复合材料可分为三大类：

(1) 颗粒复合材料，由颗粒增强材料和基体组成。

(2) 纤维增强复合材料，由纤维和基体组成。

(3) 层合复合材料，由多种片状材料层合而组成。

我们主要研究纤维增强复合材料，对其他两种作简单介绍。

1. 颗粒复合材料

它由悬浮在一种基体材料的一种或多种颗粒材料组成。颗粒可以是金属，也可以是非金属。

(1) 非金属颗粒在非金属基体中的复合材料。最普通的例子是混凝土，它由砂、石、水泥和水粘合在一起经化学反应而变成坚固的结构材料，如加入钢筋又做成钢筋混凝土。还有用云母粉悬浮在玻璃或塑料中形成的复合材料。

(2) 金属颗粒在非金属基体中的复合材料。例如，固体火箭推进剂是由铝粉和高氯酸盐氧化剂无机微粒放在如聚氨酯的有机粘结剂中组成的，微粒约占75%①，粘结剂约占25%。为了能有稳定的燃烧反应，复合材料必须均匀和不裂。火箭推力与燃烧表面积成比例，为增加表面积，固体推进剂制成星形或轮形内孔，并研究其内应力。

(3) 非金属在金属基体中的复合材料。氧化物和碳化物微粒悬浮在金属基体中得到金属陶瓷，用于耐腐蚀的工具制造和高温应用：碳化钨在钴基体中的金属陶瓷用于高硬度零件制造，如拉丝模具；碳化铬在钴基体中的金属陶瓷有很高的耐磨性和耐腐蚀性，适用于制造阀门。

2. 层合复合材料

它至少由两层不同材料复合而成，其增强性能有强度、刚度、耐磨损、耐腐蚀等。层合复合材料有以下几种。

(1) 双金属片。它由两种不同热膨胀系数的金属片层合而成，当温度变化时，双金属片产生弯曲变形，可用于温度测量和控制。

(2) 涂覆金属。将一种金属涂覆在另一种金属上，得到优良的性能。例如用10%的铜涂覆铝丝作为铜丝的替代物，铝丝价廉而质轻，但难于连接，导热性较差；铜丝价贵而较重，但导热性好，易于连接。涂铜铝丝比纯铜丝价廉而性能好。

(3) 夹层玻璃。这是为了用一种材料保护另一种材料。普通玻璃透光性好但易脆裂，聚乙烯醇缩丁醛塑料韧性好但易被划损，夹层玻璃是两层玻璃夹包一层聚乙烯醇缩丁醛塑料，具有良好的性能。

3. 纤维增强复合材料

各种长纤维比块状的同样材料强度高得多。例如，普通平板玻璃在几十兆帕的应力下

---

① 75%表示质量分数，余同，不一一注明。

就会破裂，而商用玻璃纤维的强度可达 3000～5000MPa，实验室研制的玻璃纤维强度已接近 7000MPa，这是因为纤维与块状玻璃的结构不同，纤维内部缺陷和位错比块状材料少得多。

纤维增强复合材料按纤维种类分为玻璃纤维(其增强复合材料俗称玻璃钢)、硼纤维、碳纤维、碳化硅纤维、氧化铝纤维和芳纶纤维等。

纤维增强复合材料按基体材料可分为各种树脂基体、各种金属基体、陶瓷基体和碳(石墨)基体几种，这些将在第 9 章介绍。

纤维增强复合材料按纤维形状、尺寸可分为连续纤维、短纤维、纤维布增强复合材料等。

4. 以上两种或三种混合的增强复合材料

例如，两种或更多种纤维增强一种基体的复合材料。玻璃纤维与碳纤维增强树脂称为混杂纤维复合材料，这已在很多工程中得到广泛应用，关于混杂复合材料也将在第 9 章介绍。

1.1.3 几种常用纤维

1. 玻璃纤维

它是最早使用的一种增强材料，在飞行器结构中常用 E 型玻璃和 S 型玻璃两个品种。玻璃纤维的直径为 5～20μm，它强度高、延伸率较大，可制成织物；但弹性模量较低，约为 7×10^4 MPa，与铝接近。一般硅酸盐玻璃纤维可用到 450℃，石英和高硅氧玻璃纤维可耐 1000℃以上高温。玻璃纤维的线膨胀系数约为 4.8×10^{-6} ℃$^{-1}$。玻璃纤维由拉丝炉拉出单丝，集束成原丝，经纺丝加工成无捻纱、各种纤维布、带、绳等。

2. 硼纤维

它是由硼蒸气在钨丝上沉积而制成的纤维(属复相材料，钨丝为芯，表面为硼)。由于钨丝直径较大，硼纤维不能作成织物，成本较高。20 世纪 60 年代初硼纤维由美国研制成功并应用于某些飞行器。

3. 碳纤维

它是用各种有机纤维经加热碳化制成。主要以聚丙烯腈(PAN)纤维或沥青为原料，纤维经加热氧化，碳化、石墨化处理而制成。碳纤维可分为高强度、高模量、极高模量等几种，后两种需经 2500～3000℃石墨化处理，又称为石墨纤维。由于碳纤维制造工艺较简单，价格比硼纤维便宜得多，因此成为最重要的先进纤维材料。其密度比玻璃纤维小，模量比玻璃纤维高好几倍。因此碳纤维增强复合材料已应用于宇航、航空等工业部门。碳纤维的应力-应变关系为一直线，纤维断裂前是弹性体，高模量碳纤维的最大延伸率为 0.35%，高强度碳纤维的延伸率可达 1.5%。碳纤维的直径一般为 6～10μm。碳纤维的热膨胀系数与其他纤维不同，具有各向异性，沿纤维方向$\alpha_1=-0.7\times10^{-6}\sim0.9\times10^{-6}$℃$^{-1}$，而垂直于纤维方向$\alpha_2=22\times10^{-6}\sim32\times10^{-6}$℃$^{-1}$。

4. 芳纶纤维

它是新的有机纤维，属聚芳酰胺，国外牌号为Kevlar。有三种产品：K-29用于绳索电缆；K-49用于复合材料制造；K-149强度更高，可用于航天容器等。芳纶纤维性能优良，单丝强度可达3850MPa，比玻璃纤维约高45%；弹性模量介于玻璃纤维和硼纤维之间，为碳纤维的一半；热膨胀系数纤维方向 $\alpha_1=-2\times10^{-6}℃^{-1}$，横向 $\alpha_2=5\times10^{-6}℃^{-1}$，与碳纤维接近。

芳纶纤维的制造工艺与碳纤维和玻璃纤维都不同，它采用液晶纺丝工艺。液晶在宏观上属液体，微观上有晶体性质。芳纶纤维的聚对苯撑对苯二甲酰胺(PPTA)在溶液中呈一定取向状态，为一维有序紧密排列，它在外界剪切力作用下，易沿力方向取向而成纤维。纺丝采用干喷湿纺工艺：采用高浓度、高温度PPTA液晶溶液在较高喷丝速度下喷丝，喷丝进入低温凝固液浴，经纺丝管形成丝束，绕到绕丝辊上，经洗涤，在张力下于热辊上干燥，最后在惰性气体中高温处理得芳纶纤维。

5. 碳化硅纤维及氧化铝纤维

它们属于陶瓷纤维。碳化硅纤维有两种形式，一种是采用与硼纤维相似的工艺，在钨丝上沉积碳化硅(SiC)形成复相纤维；另一种是20世纪70年代日本研制的连续碳化硅纤维，它用二甲基二氯硅烷经聚合纺丝成有机硅纤维，再高温处理转化成单相碳化硅纤维。碳化硅纤维具有抗氧化、耐腐蚀和耐高温等优点，它与金属相容性好，可制成金属基复合材料，用它增强的陶瓷基复合材料制成的发动机，工作温度可达1200℃以上。

氧化铝纤维的制法有多种，其一是采用三乙基铝、三丙基铝、三丁基铝等原料制造聚铝氧烷，加入添加剂调成粘液喷丝，形成 $\phi100\mu m$ 的纤维，再经1200℃加热制成氧化铝纤维。

各种主要纤维材料的基本性能列在表1-1中，某些性能数据供参考，表中还列出钢、铝、钛等金属丝的性能供对比用。

表1-1　各种主要纤维材料与金属丝基本性能

材料		直径 /μm	熔点 /℃	相对密度 γ	拉伸强度 σ_b/10MPa	模量 E /10^5 MPa	热膨胀系数 α /$10^{-6}℃^{-1}$	伸长率 δ/%	比强度 (σ_b/γ) /10MPa	比模量 (E/γ) /10^5 MPa
玻璃纤维	E	10	700	2.55	350	0.74	5	4.8	137	0.29
	S	10	840	2.49	490	0.84	2.9	5.7	197	0.34
硼纤维		100	2300	2.65	350	4.1	4.5	0.5～0.8	132	1.55
		140		2.49	364	4.1			146	1.65
碳纤维	普通		3650	1.75	250～300				143～171	
	高强	6		1.75	350～700	2.25～2.28			200～400	1.29～1.30
	高模	6		1.75	240～350	3.5～5.8	−0.6	1.5～2.4	137～200	2.0～2.34
	极高模	6		1.75	75～250	4.60～6.70	−1.4	0.5～0.7	43～143	2.63～3.83
芳纶纤维	K-49Ⅲ	10		1.47	283	1.34	−3.6	2.5	193	0.91
	K-49Ⅳ	10			304	0.85		4.0	207	0.58
碳化硅纤维	复相	100	2690	3.28	254	4.3	3.8		77.4	1.31
	单相	8～12		2.8	250～450	1.8～3.0			89～161	0.64～1.1

续表

材　料	直径 /μm	熔点 /℃	相对密度 γ	拉伸强度 σ_b/10MPa	模量 E /10^5 MPa	热膨胀系数 α /10^{-6}℃$^{-1}$	伸长率 δ/%	比强度 (σ_b/γ) /10MPa	比模量 (E/γ) /10^5 MPa
氧化铝纤维	100	2080	3.7	138～172	3.79			37～46	1.02
钢丝		1350	7.8	42	2.1	11～17		5.4	0.27
铝丝		660	2.7	63	0.74	22		23	0.27
钛丝			4.7	196	1.17	9		41.7	0.25

1.1.4 几种常用基体

1. 树脂基体

它分为热固性树脂和热塑性树脂两大类。热固性树脂常用的有环氧、酚醛和不饱和聚酯树脂等，它们最早应用于复合材料。环氧树脂应用最广泛，其主要优点是粘结力强，与增强纤维表面浸润性好，固化收缩小，有较高耐热性，固化成型方便。酚醛树脂耐高温性好，吸水性小，电绝缘性好，价格低廉。聚酯树脂工艺性好，可室温固化，价格低廉，但固化时收缩大，耐热性低。它们固化后都不能软化。

热塑性树脂有聚乙烯、聚苯乙烯、聚酰胺（又称尼龙）、聚碳酸酯、聚丙烯树脂等，它们加热到转变温度时会重新软化，易于制成模压复合材料。

几种常用树脂的性能列于表 1-2 中，供参考和比较。

表 1-2　几种树脂的性能

序号	名　称	相对密度 γ	拉伸强度 σ_b/MPa	伸长率 δ/%	模量 E /10^3 MPa	抗压强度 /MPa	抗弯强度 /MPa
1	环氧	1.1～1.3	60～95	5	3～4	90～110	100
2	酚醛	1.3	42～64	1.5～2.0	3.2	88～110	78～120
3	聚酯	1.1～1.4	42～71	5	2.1～4.5	92～190	60～120
4	聚酰胺 PA	1.1	70	60	2.8	90	100
5	聚乙烯		23	60	8.4	20～25	25～29
6	聚丙烯 PP	0.9	35～40	200	1.4	56	42～56
7	聚苯乙烯 PS		59	2.0	2.8	98	77
8	聚碳酸酯 PC	1.2	63	60～100	2.2	77	100

2. 金属基体

它主要用于耐高温或其他特殊需要的场合，具有耐 300℃ 以上高温、表面抗侵蚀、导电导热、不透气等优点。基体材料有铝、铝合金、镍、钛合金、镁、铜等，目前应用较多的是铝，一般有碳纤维铝基、氧化铝晶须镍基、硼纤维铝基、碳化硅纤维钛基等复合材料。几种纤维增强金属基复合材料的性能列于表 1-3 中。

表 1-3 几种纤维增强金属基复合材料性能

序号	纤维名称	金属基体	抗拉强度/MPa	拉伸模量/10^3 MPa	线膨胀系数/10^{-6}℃$^{-1}$	其他
1	石墨	纯铝基	680 650	178 147		纤维体积含量 $c_f=32\%$ $c_f=35\%$
2	石墨	铝镁基	680	195		$c_f=31\%$
3	石墨	铜镍基	560(400℃)			$c_f=30\%\sim50\%$
4	石墨	镍基	800～830	240～310		$c_f=50\%$
5	α-Al_2O_3 晶须	镍基	48～38			$c_f=20\%\sim21\%$
6	涂 SiC 硼纤维	钛合金(温度 70℃)	965 965 689 455	286 254 215 206	1.39 1.75	纤维方向 0° 15° 45° 90°
7	SiC	钛合金	979 930 779 738 656	250 240 220 210 190	泊松比 ν_{12} 0.28 0.28 0.35 0.35 0.25	方向 0° 15° 30° 45° 90°
8	碳纤维 T300	201 铝合金	1050	148		$c_f=40\%$
9	硼纤维(W)	6061 铝合金	1400	239		$c_f=50\%$
10	SiC(W)	6061 铝合金	1510	232		$c_f=50\%$

几种纤维(或晶须)增强陶瓷复合材料的力学性能列于表 1-4。

表 1-4 几种纤维(晶须)增强陶瓷复合材料的力学性能

序号	纤维(晶须)	基 体	弯曲强度/MPa	断裂韧性/(MPa·$m^{1/2}$)	其 他
1	碳纤维	全云母微晶玻璃	480	1.1	CPMC $c_f=5.56\%$
2	SiC 晶须	Si_3N_4	770 855 890 621	5.14 8.79 7.84 6.23	$c_f=0$ 10% 20% 30%
3	SiC 晶须	TZP 多晶四方相氧化锆	1060 800 780 640 560	10.4 11.7 12.6 13.1 13.8	$c_f=0$ 10% 15% 20% 25%
4	SiC 纤维	SiC	320 300		相对密度 2.4 2.3

3. 陶瓷基体

它耐高温、化学稳定性好，具有高模量和高抗压强度，但有脆性，耐冲击性差，为此用纤维增强制成复合材料，可改善抗冲击性并已试用于发动机部分零件。纤维增强陶瓷基复合材料，例如，单向碳纤维增强无定形二氧化硅复合材料，碳纤维含量50%，室温弯曲模量为 1.55×10^5 MPa，800℃时为 1.05×10^5 MPa。还有多向碳纤维增强无定形石英复合材料，耐高温，可供远程火箭头锥作烧蚀材料。此外还有石墨纤维增强硅酸盐复合材料、碳纤维增强碳化硅或氮化硅复合材料、碳化硅纤维增强氮化硅复合材料、碳化硅晶须增强含有 Y_2C_3（碳化钇）的多晶四方相氧化锆复合材料（SiC 晶须/Y-TZP）和 SiC/SiC 复合材料。

4. 碳素基体

它主要用于碳纤维增强碳基体复合材料，这种材料又称碳/碳复合材料。以纤维和基体的不同分为三种：碳纤维增强碳，石墨纤维增强碳，石墨纤维增强石墨。碳/碳复合材料 C-CA 和 C-CE 采用碳布叠层化学气相沉积、石墨化处理制成，其中 CA 和 CE 是碳纤维分别用聚丙烯腈基氧化法和催化法生产的，国产 C/C 复合材料的力学性能见表 1-5。化学蒸气沉积法是用碳氢化合物气体，如甲烷、乙炔等在 1000～1100℃进行分解，在三维碳纤维织物、碳毡或碳纤维缠绕件的结构空隙中进行沉积，碳细粉渗透到整个结构，形成致密的碳/碳复合材料。

表 1-5 两种国产碳/碳复合材料的性能

材料	抗拉强度/MPa	抗压强度/MPa	抗拉模量/GPa	拉伸断裂应变/%	抗弯强度/MPa	抗弯模量/GPa	剪切强度/MPa	冲击韧性/(J/cm²)	相对密度 γ	线膨胀系数/10^{-6}℃$^{-1}$
C-CA	149	138	52.4	0.40	107	39	7.88	2.12	1.67	0.36～0.37
C-CE	122	97	45.3	0.35	69.7	31.8	5.27	1.80	1.57	0.18～0.20

1.2 复合材料的构造及制法

1.2.1 复合材料的基本构造形式

如前所述，我们只讨论纤维增强复合材料，它一般可分为以下几种构造形式：

1. 单层复合材料（又称单层板）

如图 1-1 所示，单层复合材料中纤维按一个方向整齐排列或由双向交织纤维平面排列（有时是曲面，例如在壳体中），其中纤维方向称为纵向，用“1”表示，垂直于纤维方向（有时有交织纤维，含量较少或一样多）称为横向，用“2”表示，沿单层材料厚度方向用“3”表示，1，2，3 轴称为材料主轴。单层复合材料是不均匀材料，虽然纤维和基体分别都可能是各向同性材料，但由于纤维排列有方向性，或交织纤维在两个方向含量不同，因此单层材料一般是各向异性的。

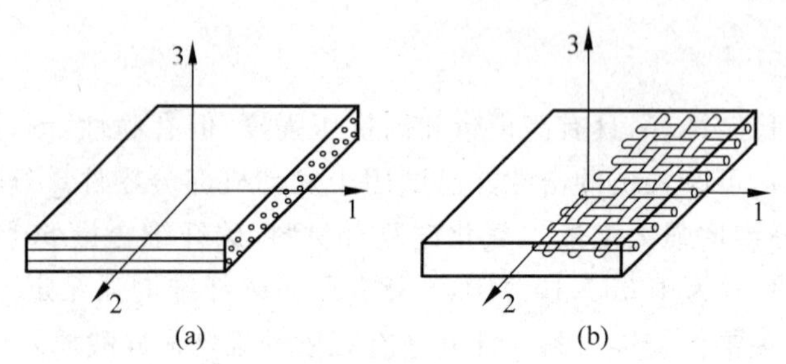

图 1-1 单层复合材料构造形式

(a) 单向纤维；(b) 交织纤维

单层板中纤维起增强和主要承载作用，基体起支撑纤维、保护纤维，并在纤维间起分配和传递载荷作用，载荷传递的机理是在基体中产生剪应力，通常把单层材料的应力-应变关系看作是线弹性的。

2. 叠层复合材料(又称层合板)

叠层材料由上述单层板按照规定的纤维方向和次序，铺放成叠层形式，进行粘合，经加热固化处理而成。层合板由多层单层板构成，各层单层板的纤维方向一般不同。每层的纤维方向与叠层材料总坐标轴 x-y 方向不一定相同，我们用 θ 角(1 轴与 x 轴夹角，由 x 轴逆时针方向到 1 轴的夹角为正)表示，如图 1-2 所示。如四层单层材料组成的层合板，为了表明铺设方式可用下列顺序表示法，图 1-2 中的层合板可表示如下：

$$\alpha/0°/90°/-\alpha$$

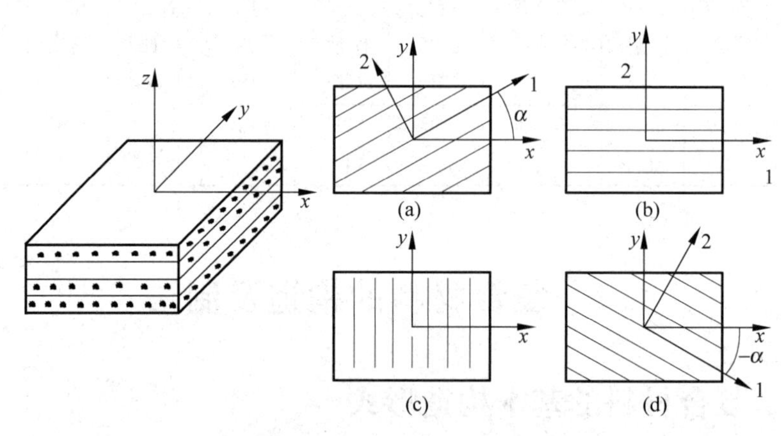

图 1-2 叠层材料构造形式举例

(a) $\theta=\alpha$；(b) $\theta=0°$；(c) $\theta=90°$；(d) $\theta=-\alpha$

其他层合板铺层表示举例如下：

60°/−60°/0°/0°/−60°/60°，可表示为$(\pm60°/0°)_s$，这里 s 表示对称，“±”号表示两层正负角交错。

45°/90°/0°/0°/90°/45°还可表示为$(45°/90°/0°)_s$，s 表示铺层上下对称。

层合板也是各向异性的不均匀材料，但比单层板复杂得多，因此对它进行力学分析计算将大大复杂化。叠层材料可以根据结构元件的受载要求，设计各单层材料的铺设方向和顺序。

3. 短纤维复合材料

以上两种构造形式一般是连续纤维增强的复合材料，但是由于工程的需要以及为了提高生产效率，又有短纤维复合材料的构造形式。这里又分为两种，如图 1-3 所示：①随机取向的短切纤维复合材料，由基体与短纤维搅拌均匀模压而成的单层复合材料；②单向短纤维复合材料，复合材料中短切纤维呈单向整齐排列，它具有正交各向异性。

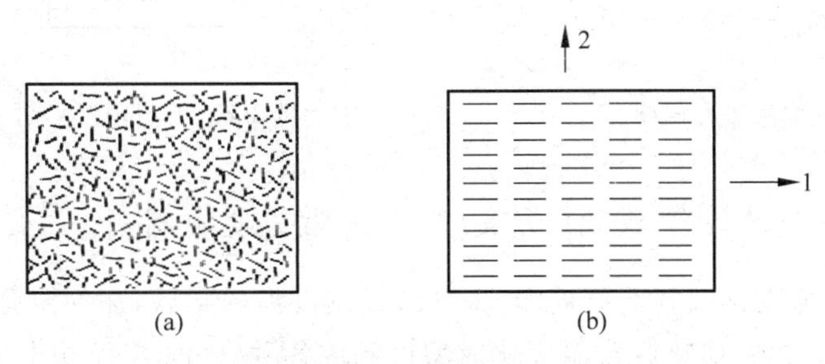

图 1-3　短纤维复合材料两种构造形式

(a) 随机取向；(b) 单向排列

1.2.2　复合材料的制造方法

这里介绍几种典型复合材料的制造方法。

1. 用手糊成型方法制造玻璃纤维增强环氧树脂复合材料

早期采用手糊成型一步法制造玻璃纤维树脂复合材料，其流程如图 1-4 所示，其工艺示意图见图 1-5 所示。将纤维或织物置于模具中，再将配制好的树脂胶液手糊或喷刷到纤维织物上，用室温固化或加压固化成型，这种方法工艺简便、所需设备简单，但胶液中挥发物不易除去，在制品中形成孔洞，不易控制树脂含量，分布不均匀，制品质量较差。

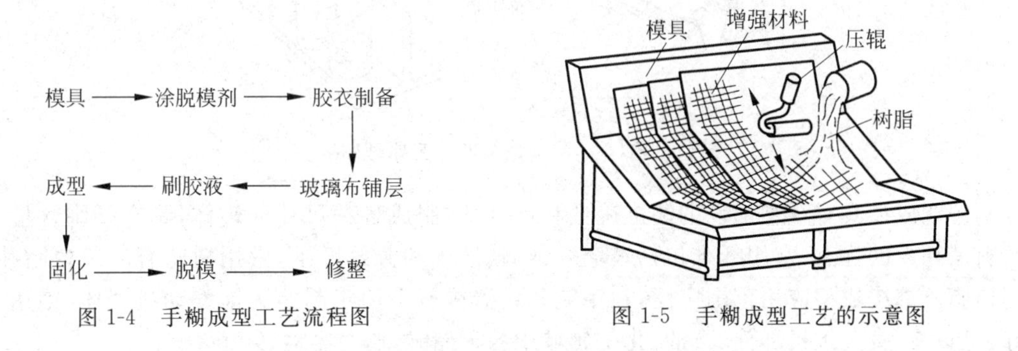

图 1-4　手糊成型工艺流程图

图 1-5　手糊成型工艺的示意图

2. 用两步法压力成型方法制造碳纤维树脂基复合材料

其制造方法流程如图 1-6 所示，先将单层连续碳纤维浸渍树脂胶液经一定烘干处理，使浸渍物成干态或略带粘性的预浸料片，这单层预浸料制造示意图如图 1-7 所示。然后将预浸料多层铺设(按设计要求)，放入热压罐中加热、加压成型，制成高性能的复合材料，这样制成的复合材料尺寸稳定，性能优异。

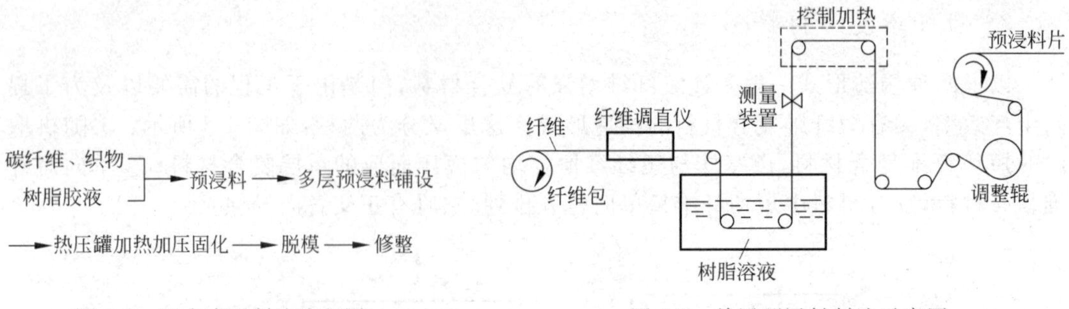

图 1-6 压力成型制法流程图

图 1-7 单层预浸料制造示意图

3. 缠绕成型制造连续玻璃(或碳)纤维树脂基复合材料

图 1-8 为湿法缠绕成型制造原理图,把连续纤维浸渍树脂后,在一定张力作用下按一定规则缠绕到芯模上,然后加热或常温固化成型可制成各种尺寸(直径几十 mm～nm)复合材料回转体制品。由于缠绕时树脂物理化学状态不同,生产上分干法、湿法和半干法三种缠绕成型,最普通的是湿法缠绕;缠绕成型基本材料有纤维、树脂、芯模和内衬;缠绕线型有环向、纵向和螺旋缠绕三种。缠绕角在接近 0°和 90°之间变化,内衬是在缠绕前加在芯模外部缠绕固化后粘附于制品内表面的一层材料,其主要作用是防止高压气体泄漏,满足制品各种性能要求,内衬一般为铝或塑料等。纤维从纤维架上引出并集束后进入胶液槽浸渍树脂,经刮胶器挤出多余树脂,再由小车上绕纤维头铺放在旋转的芯模上,在缠绕过程中纤维按照一定路径满足一定缠绕线型。

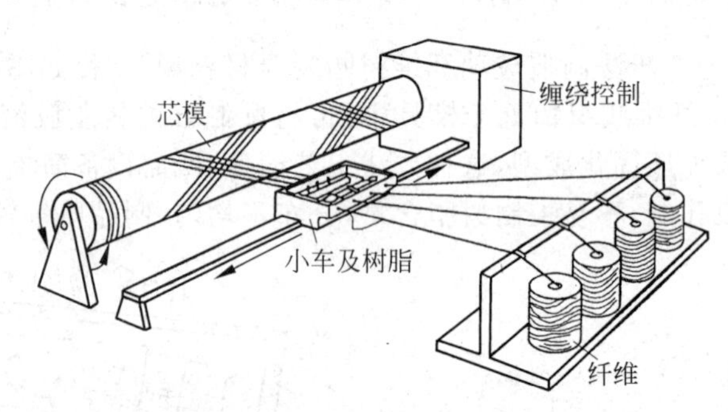

图 1-8 湿法缠绕的工艺原理图

缠绕成型具有纤维铺设的高准确性和重复性,制成各种尺寸回转体,具有纤维含量高、原料消耗少的优点,常用纤维包括玻璃纤维、碳纤维和芳纶纤维,常用树脂有环氧树脂和聚酯树脂。缠绕成型应用范围广泛,在宇航和兵器领域中用于制造火箭发动机壳体、雷达罩、导弹、鱼雷,直升飞机部件,石油、化工领域中各种储罐,压力容器、管道等。

4. 纤维预制体的制造

纤维预制体有多种基本结构:直线型、平面型、立体型。直线型有非连续型、连续型;平面型有机织、针织、编织三种;立体型有机织、针织、编织、非织造多种。直线型中非连续的纤维预制体主要以短纤维、晶须组成的各种毡为主,它所构成的复合材料有各向同性特点,力学性能较低。直线型中连续纤维或纤维束沿同一方向排列成预制体，有明显各向异性。平面型预制体是由纤维布叠加而成的层合复合材料，在平面内各向异性，但各层间剪切强度较低、立体型三维空间结构，纤维束分布于三维，所得复合材料具有十分优异的力学性能。图 1-9 中表示三种纤维编织结构。

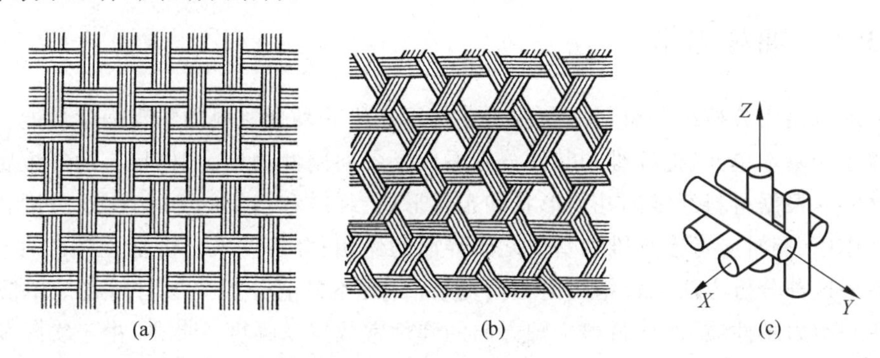

图 1-9 三种纤维编织结构示意图

(a) 二维机编织物结构；(b) 三轴机编织物结构；(c) 简单矩形 *XYZ* 单元

将纤维预制体放入模具，将树脂注射到闭合模具中浸润纤维预制体材料并固化的方法，是近年来发展迅速、适宜多品种、高质量先进复合材料制品成型方法。图 1-10 表示树脂传递模型制造(resin transfer molding，RTM)复合材料制造原理示意图，这种方法具有原材料利用率高，制品尺寸精确、孔隙率低，制品设计自由度大、制造周期短，成型过程在密闭条件下进行、减少有害挥发物排放等优点。复合材料制造方法还有等离子喷镀、粉末冶金等多种，在 1.6 节中还有一些介绍。

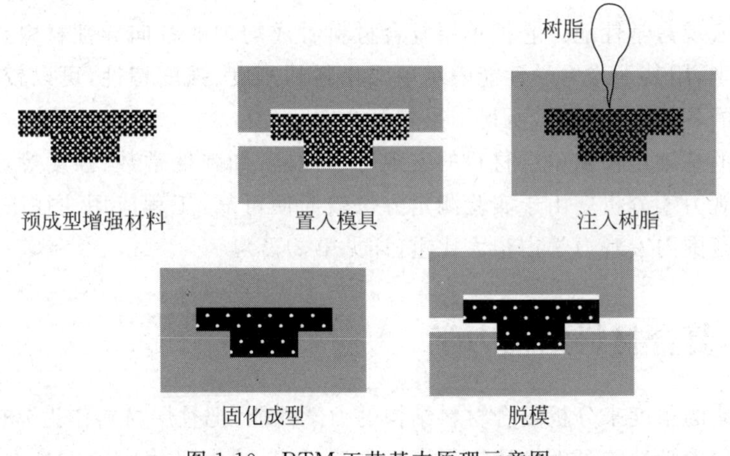

图 1-10 RTM 工艺基本原理示意图

1.3 复合材料的力学分析方法

对于复合材料的力学分析和研究大致可分为材料力学和结构力学两大部分，习惯上把复合材料的材料力学部分称为复合材料力学，而把复合材料结构(如板、壳结构)的力学部分称为复合材料结构力学,有时这两部分广义上也统称为复合材料力学。复合材料的材料力学部分按采用力学模型的精细程度可分为宏观力学和细观力学两部分,下面分别说明这三种力学分析方法的基本特点。

1.3.1　细观力学

它从细观角度分析组分材料之间的相互作用来研究复合材料的物理力学性能。它以纤维和基体作为基本单元,把纤维和基体分别看成是各向同性的均匀材料(有的纤维属横观各向同性材料),根据材料纤维的几何形状和布置形式、纤维和基体的力学性能、纤维和基体之间的相互作用(有时应考虑纤维和基体之间界面的作用)等条件来分析复合材料的宏观物理力学性能。这种分析方法比较精细但相当复杂,目前还只能分析单层材料在简单应力状态下的一些基本力学性质,例如材料主轴方向的弹性常数以及强度。此外,由于实际复合材料纤维形状、尺寸不完全规则和排列不完全均匀,制造工艺上的差异和材料内部存在空隙、缺陷等,细观力学分析方法还不能完全考虑材料的实际状况,需进一步深入研究(详见第3篇)。以细观力学方法分析复合材料性质,在复合材料力学的学科范围内是不可缺少的重要组成部分,它对研究材料破坏机理,提高复合材料性能,进行复合材料和结构设计将起很大作用。

1.3.2　宏观力学

它从材料是均匀的假定出发,只从复合材料的平均表观性能检验组分材料的作用来研究复合材料的宏观力学性能。它把单层复合材料看成均匀的各向异性材料,不考虑纤维和基体的具体区别,用其平均力学性能表示单层材料的刚度、强度特性,可以较容易地分析单层和叠层材料的各种力学性质,所得结果较符合实际。

宏观力学的基础是预知单层材料的宏观力学性能,如弹性常数、强度等,这些数据来自实验测定或细观力学分析。由于实验测定方法较简便可靠,工程应用往往采用它。在复合材料力学学科范围内宏观力学占很大比重(详见第2篇)。

1.3.3　复合材料结构力学

它从更粗略的角度来分析复合材料结构的力学性能,把叠层材料作为分析问题的起点,叠层复合材料的力学性能可由上述宏观力学方法求出,或者可用实验方法直接求出。它借助现有均匀各向同性材料结构力学的分析方法,对各种形状的结构元件如板、壳等进行力学分析,其中有层合板和壳结构的弯曲、屈曲与振动问题以及疲劳、断裂、损伤、开孔强度等问题。

总之,复合材料的力学理论作为固体力学的一个新的学科分支是近几十年来发展形成的,它涉及根据复合材料的制造工艺、性能测试和结构设计等进行力学分析。随着新复合材料的不断开发和广泛应用,复合材料力学理论也将不断发展。

1.4 复合材料的力学性能

1.4.1 纤维增强复合材料的主要力学性能

复合材料与常规的金属材料相比具有优良的力学性能，不同的纤维和基体材料组成的复合材料性能也很不相同。表1-6中列出几种目前较成熟的复合材料的主要力学性能，为了对比，表中还列出几种常用金属材料的性能数据。

作为主要力学性能比较，常常采用比强度(σ_b/γ)和比模量(E/γ)值(σ_b为纵向拉伸强度，E为纵向拉伸模量，γ为相对密度)，它们表示在重量相当情形下材料的承载能力和刚度，其值愈大，表示性能愈好。但是这两个值是根据材料受单向拉伸时的强度和伸长确定的，实际上结构受载条件和破坏方式是多种多样的，这时的力学性能不能完全用比强度和比模量值来衡量，因此这两个值只是粗略的定性性能指标。

玻璃纤维增强复合材料的特点是比强度高、耐腐蚀、电绝缘、易制造、成本低，很早就开始应用，现在其应用还很广泛，缺点是比模量较低。

碳纤维复合材料有很高的比强度和比模量，耐高温、耐疲劳、热稳定性好，但成本较高，现已逐步扩大应用，已成为主要的先进复合材料。

芳纶纤维增强复合材料是一种新的复合材料，它有较高的比强度和比模量，成本比玻璃钢高，但比碳纤维复合材料低，正发展成较广泛应用的材料。

表1-6 几种复合材料的力学性能

材　　料	相对密度 γ	纵向拉伸强度 σ_b/10MPa	纵向拉伸模量 $E/10^5$ MPa	比强度(σ_b/γ) /10MPa	比模量(E/γ) $/10^5$ MPa
玻璃/环氧	1.80	137	0.45	76.1	0.25
高强碳/环氧	1.50	133	1.55	88.7	1.03
高模碳/环氧	1.69	63.6	3.02	37.6	1.79
硼/环氧	1.97	152	2.15	77.1	1.09
Kevlar49/环氧	1.38	131	0.78	94.9	0.57
碳/石墨	2.20	73.8	1.37	33.5	0.62
碳/铝	2.34	80	1.20	34.2	0.51
碳/镁	1.83	51	3.01	27.9	1.64
硼/铝	2.64	152	2.34	57.6	0.89
铝合金	2.71	29.6	0.70	10.9	0.26
镁合金	1.77	27.6	0.46	15.5	0.26
钛合金	4.43	10.6	1.13	23.9	0.26
钢(高强)	7.83	134	2.05	17.1	0.26

现在已制成各种混杂纤维增强复合材料，它具有比单一纤维复合材料更好的力学性能，并已在各种工程中广泛应用(详见第9章)。

1.4.2 复合材料的优点

(1) 比强度高。尤其是高强度碳纤维、芳纶纤维复合材料。

(2) 比模量高。除玻璃纤维环氧复合材料外其余复合材料的比模量比金属高很多,特别是高模量碳纤维复合材料最为突出。

(3) 材料具有可设计性。这是复合材料与金属材料很大的不同点,复合材料的性能除了取决于纤维和基体材料本身的性能外,还取决于纤维的含量和铺设方式。因此我们可以根据载荷条件和结构构件形状,将复合材料内纤维设计成适当含量并合理铺设,以便用最少材料满足设计要求,最有效地发挥材料的作用。

(4) 制造工艺简单,成本较低。复合材料构件一般不需要很多复杂的机械加工设备,生产工序较少,它可以制造形状复杂的薄壁结构,消耗材料和工时较少。

(5) 某些复合材料热稳定好。如碳纤维和芳纶纤维具有负的热膨胀系数,因此,当与具有正膨胀系数的基体材料适当组合时,可制成热膨胀系数极小的复合材料,当环境温度变化时结构只有极小的热应力和热变形。

(6) 高温性能好。通常铝合金可用于200～250℃,温度更高时其弹性模量和强度将降低很多。而碳纤维增强铝复合材料能在400℃下长期工作,力学性能稳定;碳纤维增强陶瓷复合材料能在1200～1400℃下工作;碳/碳复合材料能承受近3000℃的高温。

此外,各种复合材料还具有各种不同的优良性能,例如抗疲劳性、抗冲击性、透电磁波性、减振阻尼性和耐腐蚀性等。

1.4.3 复合材料的缺点

(1) 材料各向异性严重。表1-6中所列性能都是沿纤维方向的,而垂直于纤维方向的性能主要取决于基体材料的性能和基体与纤维间的结合能力。一般垂直于纤维方向的力学性能较低,特别是层间剪切强度很低。

(2) 材料性能分散度较大,质量控制和检测比较困难,但随着加工工艺改进和检测技术的发展,材料质量可提高。性能分散性也会减小。

(3) 材料成本较高。目前硼纤维复合材料最贵,碳纤维复合材料比金属成本较高,玻璃纤维复合材料成本较低。

(4) 有些复合材料韧性较差,机械连接较困难。

以上缺点除各向异性是固有的外,有些可以设法改进,提高性能,降低成本。总之,复合材料的优点远多于缺点,因此具有广泛的使用领域和巨大的发展前景。

1.5 复合材料的各种应用

20世纪40年代初,由于航空工业和其他工业的需要,在设计制造高性能复合材料方面有很大的进展。玻璃钢最早于1942年在美国生产和应用于军用飞机雷达天线罩,它必须承受飞行时的空气动力载荷，耐气候变化，在使用温度范围内制品尺寸稳定，同时特别要求能透过雷达波。铝材可满足强度要求，但不能透过雷达波，陶瓷材料则相反，而玻璃纤维复合材料两方面都能满足要求，因此在飞机制造方面得到应用。后来又逐步应用于其他方面，由于玻璃钢弹性模量不够高，不能满足飞行器刚度的高要求，20 世纪 60 年代美、英等国先后研制成硼纤维、碳纤维、石墨纤维、芳纶纤维等增强的先进复合材料，并很快在航空、航天领域得到应用。

我国从 20 世纪 50 年代以来发展了复合材料工业并开展各种应用，下面分几个方面介绍复合材料在国内外的应用情况。

1.5.1 航空航天工程中的应用

1. 航空工程

国内外已应用于飞机机身、机翼、驾驶舱、螺旋桨、雷达罩、机翼表面整流装置、直升机旋翼桨叶等。其中除单一复合材料外，还大量应用混杂复合材料，例如碳纤维和玻璃纤维混杂复合材料、碳纤维和芳纶纤维混杂复合材料等。

表 1-7 中列举出了各种复合材料在航空工程中应用的例子。另外，1981 年美国 Leav Fan 飞机公司制成全复合材料飞机，空载重量 1816kg，航速 640km/h，飞行高度 12000m，高空飞行 3680km，所用燃料降低 80%。1986 年 Burt Rutan 公司 Voyager 全复合材料飞机，经受多次暴风雷雨，实现不着陆环球飞行。近年来应用复合材料的飞机例子有：

表 1-7 航空工程中应用复合材料的例子

序号	材 料	应 用 场 合	应 用 效 果
1	碳纤维树脂基	L-1011 空中客车上发动机 RB-211 风扇叶片，直升机压气机叶片	代替钛合金，减振性好
2	硼纤维/铝	TF-30 发动机叶片(第一、三级)	
3	碳化硅改性硼纤维/铝	发动机转子	降低重量和旋转时的离心力
4	玻璃钢	美 X-19，H-43，CH-47A 直升机螺旋桨 德 B-105，苏 M-4 直升机旋翼(长 10m)	旋翼长 10m
5	非金属蜂窝夹层	波音 727 B-52，B-57 轰炸机 F-4H 战斗机 } 雷达罩	减重 34%
6	CF/GF 复合材料，中间硼纤维增强蜂窝结构	机翼(F-14)整流装置 军用飞机机翼、机身	减重 25%，节约 40%费用
7	混杂复合材料	美 YOH-60A 德 BO-117 法海豚 延安-2 号 } 直升机旋翼桨叶	减重 40%，使用寿命高达上万小时
8	硼/环氧	F-111 飞机、机身、水平尾翼 F-14 机水平安定面	

续表

序号	材 料	应 用 场 合	应 用 效 果
9	石墨/环氧	YF-16机水平、垂直安定面F-18、波AV-8B	
10	石墨纤维复合材料	喷气发动机 固体火箭喷管	推力-重量比由5∶1增大到40∶1
11	CF/KF混杂复合材料	B757,B767前后翼身整流罩、主起落架舱门等	

(1) 波音787大型客机中采用先进复合材料占总重量50%以上,如图1-11所示。

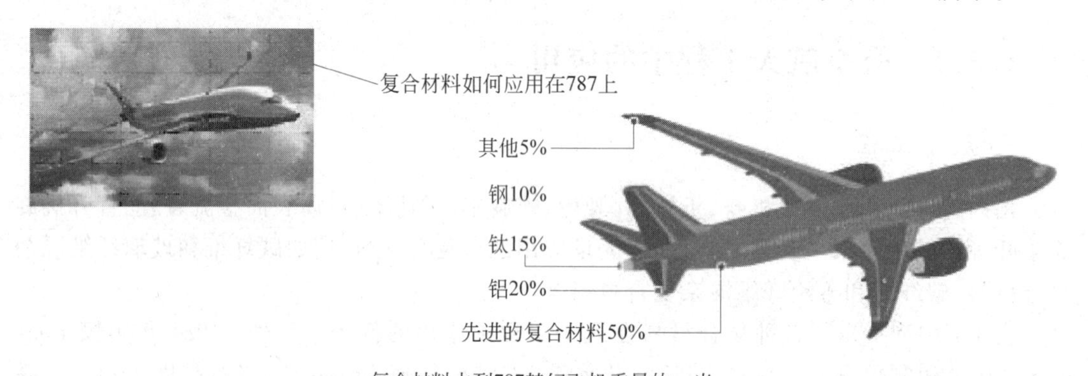

图1-11 波音787大型客机中所用各种材料占总重量的比例

(2) 空客A380大型客机中各部件采用先进复合材料占总重量52%以上,如图1-12所示。

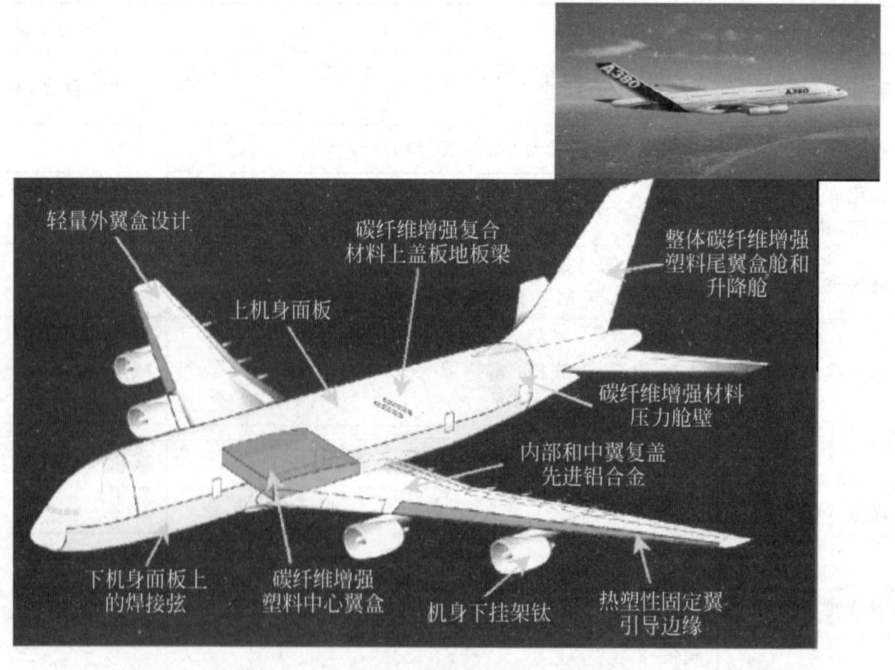

图1-12 空客A380大型客机中各部件采用先进复合材料的情况

(3) 空客 A330 客机上大量采用碳纤维、玻璃纤维、混杂复合材料,如图 1-13 所示。

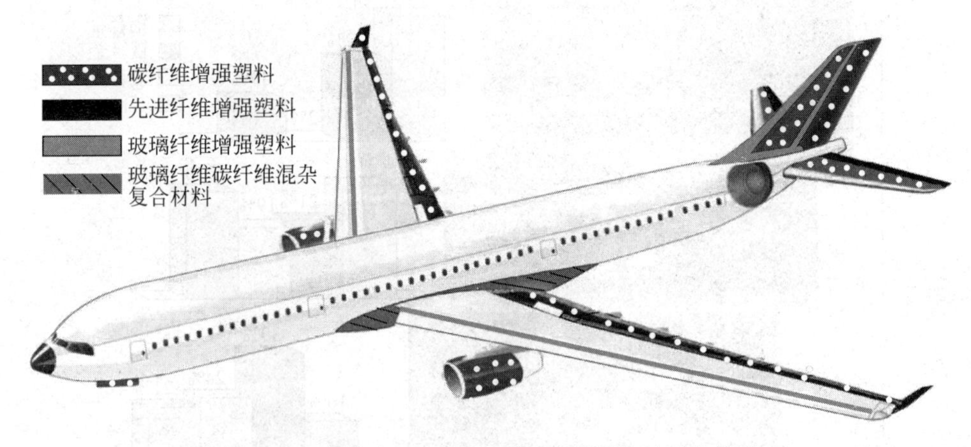

图 1-13 空客 A330 客机上采用先进复合材料的情况

(4) 美国环球"空中霸王"ⅢC-17 新型运输机中采用碳/环氧,Aramid 混杂复合材料等如图 1-14 所示。

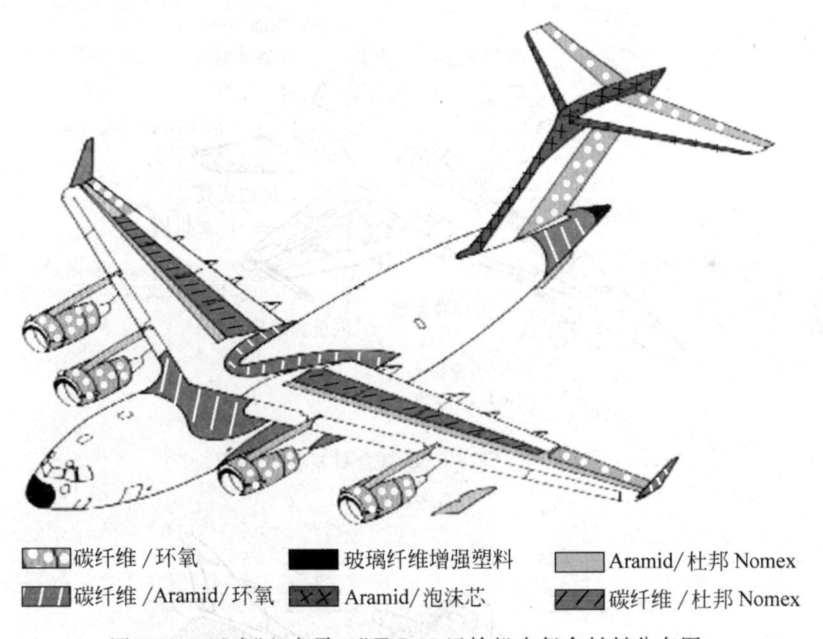

图 1-14 环球"空中霸王"ⅢC-17 运输机中复合材料分布图

(5) F-22 战斗机中采用先进复合材料占总重量 24%,钛合金占 39%,如图 1-15 所示,图中还有 F-15、F/A-18E/F 战斗机用材料百分比。

(6) F-18 战斗机。图 1-16 所示为飞机不同部位应用石墨/环氧复合材料的情况,其中有水平、垂直安定面,内机翼蒙皮,外机翼蒙皮,舵,固定机翼后缘,火炮承载门等。

(7) 波音 AV-8B Harrier 战斗机。图 1-17 表示飞机上石墨/环氧复合材料使用的部位情况(阴影表示)。机翼在最厚部分有 160～180 层石墨/环氧复合材料,整个结构中使用了 590kg 石墨/环氧复合材料。

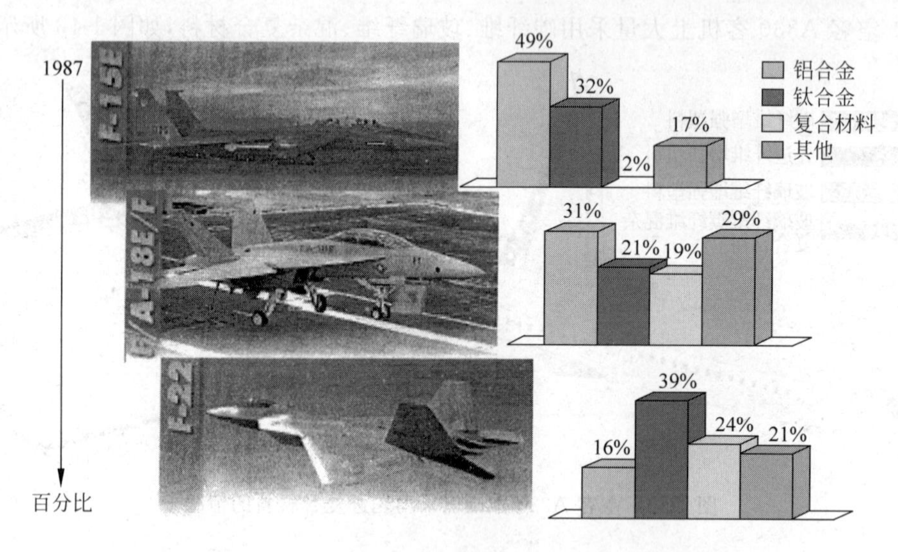

图 1-15 F-22、F/A-18E/F 和 F-15 战斗机用各种材料百分比

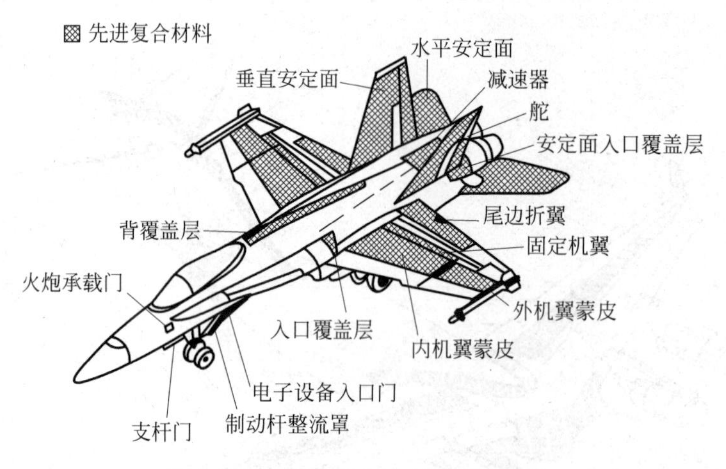

图 1-16 F-18 C/D 复合材料使用情况

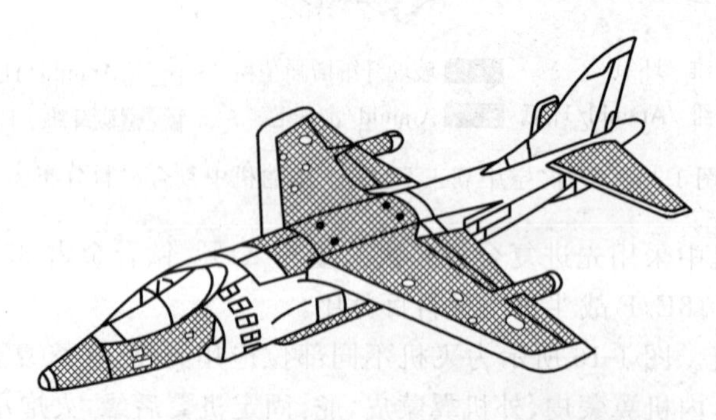

图 1-17 AV-8B Harrier 战斗机复合材料应用情况

(8) 波音 777 大型双发动机宽体客机。图 1-18 表示飞机不同部位应用石墨纤维复合材料和混杂复合材料的情况，其中有安定面、发动机整流罩、机翼前缘板、舵、机翼机身整流罩、

主起落架门、机翼起落架门、头部雷达罩等。每架飞机使用大约 8400kg 复合材料，占总结构重量的 10%。最显著的是用碳纤维增韧环氧基体的大尾翼，节约重量 15%～20%。

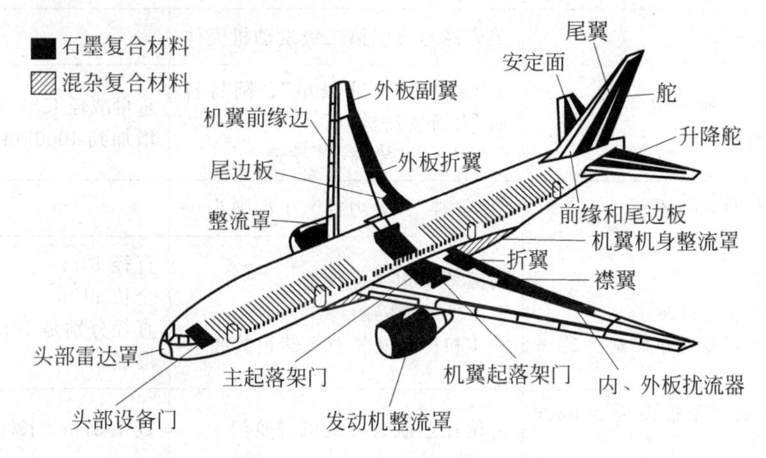

图 1-18 波音(Boeing)777 客机复合材料应用情况

(9) UH-60A 黑隼直升机。图 1-19 表示该直升机外观及复合材料应用情况，它使用 Kevlar 芳纶纤维复合材料约 583m²、玻璃纤维复合材料 1048m²，以及一定量的石墨和硼纤维复合材料，总计复合材料用量占总结构材料的 17%。

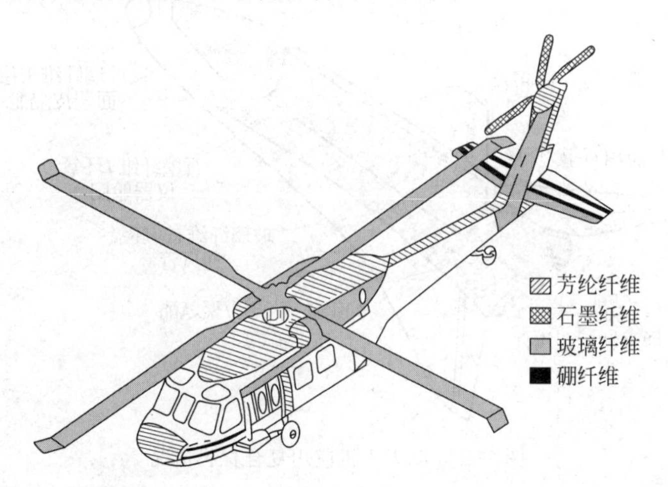

图 1-19 UH-60A 黑隼直升机复合材料应用情况

2. 航天工程

要将航天飞行器送入地球轨道，必须超越第一宇宙速度——7.91km/s。按牛顿第二定律，物体得到的加速度与所受的力成正比，与其质量成反比，即既要增加火箭发动机的推力又要减轻飞行器结构的重量，而减重必须用先进复合材料。

国外航天工程中应用复合材料的一些例子见表 1-8 所列。图 1-20 表示航天飞机中使用各种复合材料的情况，其中中间机身桁架构件用硼/铝复合材料，硼/环氧增强钛合金用于桁架构件，石墨/环氧用于仪表舱门，头部玻璃纤维缠绕压力容器等。

表 1-8 国外航天工程中应用复合材料的例子

序号	材料	应用场合	应用效果
1	纤维复合材料	美先锋号飞船第二级发动机壳体	
2	酚醛石棉内衬玻璃布/酚醛蜂窝夹层外壁	美"大力神"、"北极星"、"阿特拉斯"火箭发动机 苏"萨龙"、"索弗林"导弹	重量减轻45%,射程由1600km增加到4000km
3	金属蜂窝增强陶瓷	"宇宙神"、"大力神"、Ⅰ型弹头	
4	蜂窝夹层: 铝面板玻璃布蜂窝夹芯 铝面板酚醛玻璃布蜂窝夹芯	阿波罗宇宙飞船火箭 S-Ⅳ级前后隔舱 S-Ⅱ和Ⅳ级液氢液氧储箱共底	直径10m 全长110m 直径分别是10m和6m,椭球形底
5	石墨/环氧层压板面板Nomex夹芯蜂窝	哥伦比亚航天飞机机身舱门	宽4.57m×长18.29m
6	石墨/铝复合材料	外壳构架、太阳能电池帆板、天线	

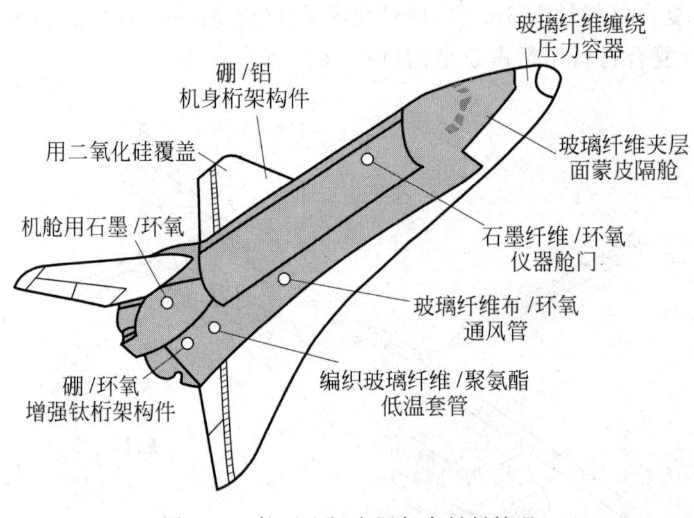

图 1-20 航天飞机应用复合材料情况

我国航天工业中也应用了先进复合材料,全面解决了战略导弹的热防护问题。例如,战略导弹端头用防热复合材料已经历玻璃纤维复合材料、高硅氧纤维、陶瓷基复合材料到三向碳/碳复合材料并进入第五代新防热复合材料时期。图1-21为先进复合材料在战略导弹中应用的示意图。结构复合材料正应用于大型承力构件,例如CZ-2E用整流罩前后柱段为铝蜂窝结构,卫星接口支架是碳/环氧复合材料等。近年来混杂复合材料已应用于航天工程,例如固体火箭发动机壳体用石墨-芳纶(CF/KF)混杂复合材料;在人造卫星中已应用于卫星天线、摄像机支架、蒙皮。碳/玻璃纤维混杂复合材料用于卫星遥控协调电机壳体。碳纤维/玻璃纤维/酚醛复合材料用于战略导弹头锥。

表1-9中列出了我国航天飞行器用部分结构复合材料的构件。

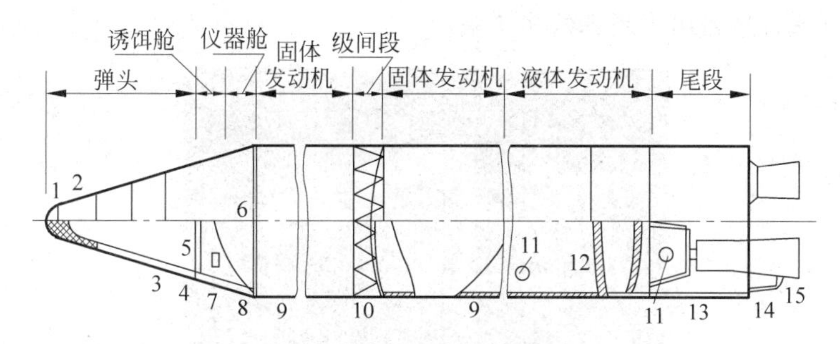

图 1-21　复合材料在战略导弹上的应用示意图

1—鼻锥；2—弹头上壳体；3—弹头下壳体；4—天线窗；5—底遮板；6—再入诱饵；7—诱饵舱；8—仪器舱；9—固体发动机壳体；10—级间段；11—高压气瓶；12—共底；13—尾段壳体；14—发动机底部防热板；15—柔性防热裙

表 1-9　我国航天飞行器用部分结构复合材料

序号	材料	结构件情况
1	碳/环氧	卫星接口支架　锥形上 ϕ1.66m，下 ϕ2.04m，高 0.3m，厚 1.8mm
2	玻璃钢蜂窝	用于 CZ-2E 和 CZ-3 整流罩前锥
3	铝蜂窝	整流罩柱段　ϕ4.2m×1.5m，ϕ4.2m×3m CZ-2E
4	铝蜂窝	整流罩侧锥　ϕ3.38m×1.34m，ϕ4.2m×1.34m
5	铝蜂窝	卫星消旋天线支撑筒　减重 50%（比铝合金）
6	碳复合材料	外加筋壳　ϕ0.45m×0.85m，质量 6.6kg，轴向载荷约 600kN，比铝合金减轻 30%
7	碳复合材料	内加筋壳　ϕ0.45m×0.85m，质量 5.5kg，轴向载荷约 650kN，减轻 30%
8	碳复合材料	水平梁　ϕ0.96m×0.58m
9	碳复合材料	加筋锥壳　飞行器头部及弹体的壳体
10	碳复合材料	喇叭天线，用于同步试验通信卫星

1.5.2　船舶工程中的应用

美国制造的玻璃钢船舶至 1972 年总数已达 50 多万艘，玻璃钢制深水潜艇潜水深度可达 4500m。英国用玻璃钢制造的最大扫雷艇威尔逊号长达 47m。日本制造的快速游艇外板用碳纤维复合材料，外壳和甲板用 CF/GF 混杂夹芯结构，用混杂复合材料制造的高速舰艇当受到巨大波浪冲击时可产生较大变形以吸收冲击能，除去外力后又可复原，它在破坏前永久变形很小，在大变形下保持弹性。

1.5.3　建筑工程中的应用

复合材料在建筑工程中有广泛应用。例如大型体育场馆、厂房、超市等需要屋顶采光，可用短玻璃纤维或玻璃布增强树脂复合材料制成薄壳结构，透光柔和、五光十色，又拆装方便、成本较低。还可用于建筑内外表面装饰板、通风、落水管、卫生设备等，经久耐用、耐腐蚀、轻量美观。近年来混杂复合材料用于各种建筑，例如工字梁用碳纤维复合材料作梁翼表面，用短玻璃纤维复合材料作腹板，这两部分按优化设计，其刚度比全玻璃纤维复合材料有明显提高。国外用于建筑的例子见图 1-22，它是 37 层的写字楼，使用石墨纤维增强水泥外面墙板。

另外，已有复合材料用于多处公路桥梁。

图 1-22 37层写字楼用石墨纤维增强水泥外面墙板

1.5.4 兵器工业中的应用

1. 坦克装甲

中子弹是一种强核辐射的微型氢弹，主要用于对付坦克，其杀伤力主要靠中子流和γ射线。γ射线在10～12cm厚的重金属钢装甲中可削弱90%；中子流的杀伤力比γ射线强5倍，对快中子只能削弱20%～30%，如在钢装甲内层采用芳纶纤维增强树脂基复合材料，可大大降低中子流的辐射穿透强度，减少对乘员的杀伤力，此外，它还是抗穿甲弹的优良材料。

2. 武器装备

纤维增强复合材料可应用于炮弹箱、打靶用炮弹弹壳、枪支的枪托、手枪把等。混杂复合材料以其优良的抗冲击性能用于防弹背心、防弹头盔等制品。

1.5.5 化学工程中的应用

化工和石油工程中设备的腐蚀是重要问题，采用复合材料替代金属可避免腐蚀、延长寿命，化工设备中采用纤维增强树脂基复合材料，如储罐，其重量轻、维修容易、使用寿命长。美国各大石油公司的公路加油站已采用玻璃钢制造汽油储罐，容量为22.5m³，美国最大的

玻璃钢储罐容量为 $3000m^3$。我国和日本、欧洲各国都有类似储罐的生产和应用。石油化工管道也有用玻璃钢制造的。纤维增强树脂复合材料已用于制造火车罐车，罐体上的托架和人孔等全部在缠绕中固定，一次整体成型。此外化工部门还有用石墨复合材料制成管板式冷凝器、蒸发器、吸收塔和离心泵等。

1.5.6 车辆制造工业中的应用

1. 汽车

这是复合材料应用很活跃的领域，复合材料可用作汽车车身、驱动轴、保险杠、底盘、板簧、发动机等上百个部件。例如美国福特汽车公司用 CF/GF 混杂复合材料制造的小轿车传动轴仅重 5.3kg，比钢制件轻 4.3kg，用于载重汽车的传动轴重 37kg，比钢制件轻 16kg。而且传动轴刚度大、自振频率高、重量轻、减振性好，适合高速行驶。用复合材料制成汽车板簧，可提高冲击韧性，又降低了成本，图 1-23 所示为用玻璃钢制成的汽车的后板簧。混杂复合材料制成汽车车身壳体可减轻车体重量、提高速度、节省燃料。汽车发动机采用复合材料可降低振动和噪声，提高寿命和车速，增强运输能力。

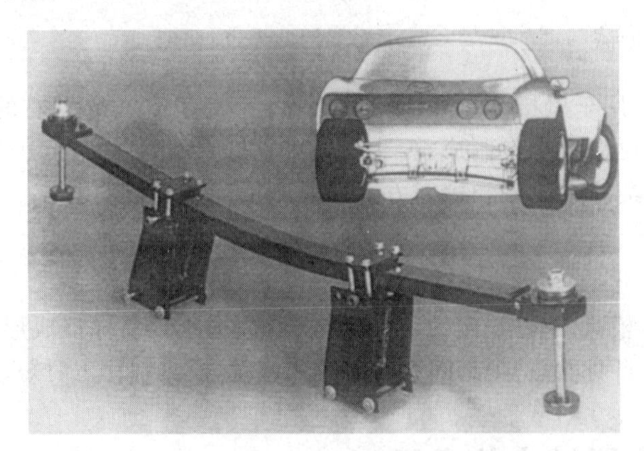

图 1-23 汽车后板簧应用玻璃钢制成

2. 火车

玻璃钢复合材料应用于铁路客车、货车、冷藏车上，如机车车身、客货车厢门窗、坐椅、卧铺床板、卫生设备等。

1.5.7 电器设备中的应用

1. 强电设备

大型电机上的绝缘材料采用复合材料使厚度减小、耐热性提高、力学性能好，又易维修。大型发电机用玻璃钢护环比用无磁钢价格便宜、性能好且工艺简单。大型变压器线圈绝缘筒、衬套都由 GF/KF 增强酚醛有机硅树脂复合材料制成。熔断器管和绝缘管用玻璃钢制造，强度高、绝缘性好、重量轻又成本低。

2. 电子设备

各种仪器线路板用纤维增强树脂复合材料制成，其强度高、耐热、绝缘性好。电路上的机械传动齿轮用碳纤维/酚醛复合材料制成，电子设备外壳用CF/GF混杂复合材料制成，能透过或反射电波，又有除静电作用。采用粉末冶金技术生产接点，用高熔点材料与银复合集电材料，将铜与石墨烧结成复合电刷集电材料，采用铝覆铜线和电解银粉分散于树脂中制成导电复合材料。

3. 家用电器

纤维增强模压块状或片状塑料应用于电器本体、绝缘件和结构件，例如玻璃纤维/聚丙烯复合材料用于电扇、空调、洗衣机、台灯等；玻璃纤维/尼龙复合材料用于洗衣机皮带轮、耐热电器壳体；玻璃纤维聚碳酸酯复合材料应用于电动工具和照相机的壳体等。

1.5.8 机械工程中的应用

1. 用于通用机械

混杂复合材料应用于风机叶片和滑轮叶片等，例如直径20m左右的风力发电机叶片用CF/GF混杂纤维和硬泡沫塑料制成，要求刚度和强度好，有良好的气动力外形和较高固有频率，可通过改变混杂纤维比例和排列方式调节刚度而提高固有频率。

2. 用于模具

用复合材料制作模具，尺寸稳定性好(热膨胀系数很小)，易保证成形产品的精度和质量。CF纤维有导电性，可自身发热，提高固化均匀性和速度，模具制作工时短、刚性好又质轻等。

1.5.9 体育器械中的应用

各种体育器械对材料的性能要求大不相同，必须考虑强度、刚度、动态性能、尺寸和重量限制等。复合材料和混杂复合材料容易满足各种性能要求。图1-24所示为用复合材料制成的各种体育运动器械，有滑雪板、网球拍、棒球棒、高尔夫球棍、钓鱼竿、钉鞋、头盔、羽毛球拍、乒乓球拍、赛艇等。下面列举一些作简要说明。

1. 滑雪板

要求在斜坡上轻松自如地回转又快速滑行，滑雪板具有轻量、平衡刚性和高阻尼性。滑雪板有夹层、工字梁和盒形结构三类，盒形结构采用木质芯子外层铺以CF/GF混杂复合材料同时还使用碳化硅纤维，制成轻而薄的滑雪板。

2. 网球拍

用混杂复合材料代替木材或铝合金制成网球拍，可用模具一次成形，减薄拍杆并能产生

图 1-24 用复合材料制成的各种运动器械

快速回弹，挥拍易于负荷平衡、吸振性好，有利于运动员发挥技术水平。

3. 棒球棒

现在是在玻璃纤维增强聚氨酯泡沫芯上铺以碳纤维制成的，重量轻、强度高、平衡好、吸振性优良、击球感觉好，可防止手腕疼痛。

4. 高尔夫球棍

原来用柿树木制成，现采用碳纤维混杂复合材料制作，球棍头部具有反弹系数高、使球飞行距离增加、方向确定性好等优点。

5. 自行车

车架用石墨纤维、硼纤维和芳纶纤维混杂复合材料制成，具有足够的强度和抗冲击性能，车外形为流线形，气动阻力较小。车轮圈用玻璃纤维等复合材料制成封闭形，可减轻重量又减少阻力，目前国内外已有复合材料自行车和赛车产品。

1.5.10 医学领域中的应用

医学领域中应用复合材料已逐渐扩大并收到良好效果，例如：

1. 假肢等

过去假肢都是钢木制品，重且消耗体力、制造工艺复杂、成本高，现在国内外已广泛用纤维增强树脂复合材料制造，优点很多。用与人腿轴线成±45°的混杂复合材料制成假肢，重约127g,其下端能装入鞋内。对患小儿麻痹症而下肢瘫痪的儿童,可用混杂复合材料制作整直器和支撑器,帮助患者行走并刺激骨骼生长。

2. 人造骨骼、关节等

用混杂复合材料制造人造骨骼、关节时,可通过调节混杂比例和混杂方式,在人的体温变化范围内使其热膨胀与人造骨骼的膨胀相匹配,以减轻患者的痛苦。此外人体和混杂复合材料的外植入物满足相容性。

3. 医疗设备

用碳纤维、玻璃纤维、芳纶纤维混杂复合材料制成用于诊断癌肿瘤位置时X射线发生器的悬臂式支架,除满足刚度要求外,还能满足最大放射性衰减的要求。另外还用于制作X光底片暗盒和床板等。

1.6 复合技术新发展

复合材料是根据物理性能的复合原理来开发的新材料,目前比较成熟的是力学性能的复合,尚在发展一些物理性能的复合。复合材料的物相之间有明显规律变化的几何排列和空间结构属性,因此具有更广泛的结构可设计性,近年来复合材料发展很迅速,出现了很多新复合技术。

1.6.1 原位(in-situ)复合技术

原位复合源于原位结晶和聚合,材料中的第二相或增强相,生成于材料形成过程中,即在材料制备过程中原位就地产生。其原理是根据材料设计要求选择适当的反应剂,在适当温度下借助基材之间的物理化学反应,原位生成均匀分布的第二相。由于第二相与基体间的界面无杂质污染,两者间有原位匹配,所以能显著改善材料中两相界面的结合,使材料有优良的热力学稳定性。此外,原位复合还能实现材料的特殊显微结构设计并得到良好性能,同时避免传统工艺制备时可能第二相分散不均匀、界面结合不牢固等问题。

原位复合技术主要包括金属基复合材料、陶瓷基复合材料和聚合物基复合材料原位复合技术。

1. 金属基复合材料原位复合技术

金属基复合材料原位复合技术主要有固相反应自生增强物复合法、液-固相反应自生增强物复合法等。

固相反应自生增强物复合法的原理是把预期构成增强相(一般为金属化合物)的两种元素粉末与基体金属粉末均匀混合,然后加热到基体熔点以上温度,当达到两种元素反应温度时两元素发生放热反应,温度迅速升高,并在基体熔液中生成陶瓷或金属间化合物的颗粒增强物。这种复合方法得到的颗粒分布均匀，颗粒与基体金属的界面干净，结合力强，这种方法可以用于制备硼化物、碳化物等颗粒增强的铝、镍、钛以及金属间化合物等金属基复合材料，已经成功制出 $TiB_2/NiAl$、$TiB_2/TiAl$ 等金属间化合物基复合材料。

液-固相反应自生增强物复合法的原理是，在基体金属熔液中加入能反应生成预期增强颗粒的固态元素或化合物，在熔融的基体合金中，在一定温度下反应，生成细小、弥散、稳定的陶瓷或金属间化合物的颗粒增强物，形成自生增强金属基复合材料。例如在钛熔液中加入 C 元素，与钛液中的钛反应生成 TiC 颗粒，形成 TiC/Ti 复合材料。

2. 陶瓷基复合材料原位复合技术

主要有原位热压反应烧结技术，包括化学气相渗透、熔体渗透等技术。化学气相渗透(CVI)制备方法是将含挥发性金属化合物的气体在高温反应形成陶瓷固体沉积在增强剂预制体的空隙中，使预制体逐渐致密形成陶瓷基复合材料。增强剂构成的预制体可以是纤维、晶须和颗粒，甚至是多孔陶瓷烧结体，但长纤维用得最多。这种方法的优点是：工艺温度低，适用范围广，可制备碳化物、氮化物、氧化物、硼化物及 C/C 等复合材料，材料纯度高，工艺过程构件不收缩，可制备大尺寸，形状复杂的构件。

熔体渗透制法是将复合材料基体升到高温使其熔化成熔体，然后渗入增强物的预制体中，再冷却形成所需的复合材料。熔体渗透工艺包含两种类型，前者在熔体渗透到预制体过程中熔体与预制体不发生反应，而后者则发生反应。硅酸盐($CaSiO_3$ 等)在高温惰性气氛下渗入由 SiC 的颗粒、纤维或晶须构成的预制体，形成了陶瓷基复合材料，这里熔体与 SiC 无化学反应。另外，Si 熔体渗入由 C 颗粒构成的预制体，Si 与 C 反应生成 SiC，形成 SiC/Si 复合材料，这种制法优点是易于制备复杂形状和精确尺寸构件，工艺温度低。

1.6.2 自蔓延高温复合技术

自蔓延高温复合技术(self-praragating high-temp synthesis，SHS)是在自蔓延高温合成基础上发展的一种新的复合技术，主要用于制备各种金属-金属，金属-陶瓷、陶瓷-陶瓷系复合粉末和块体复合材料。自蔓延高温合成是利用配合的原料自身燃烧反应放出的热量使化学反应过程自发持续进行，而获得具有指定成分和结构产物的一种新型材料合成手段，它具有工艺设备简单、工艺周期短、生产效率高，几乎没有能耗，合成过程中极高温使产物自纯化等特点。

自蔓延高温合成技术与传统工业技术结合，形成独特的自蔓延高温复合技术系统。自蔓延高温复合技术统称为 SHS 技术。根据燃烧条件，所用设备及最终产物结构可分为以下 5 种主要技术形式：SHS 粉末技术、SHS 致密化制备技术、SHS 熔铸技术、SHS 涂层技术和 SHS 焊接技术。

(1) SHS 粉末技术是根据粉末制备的化学过程，由元素粉末或气体复合化合物粉末，如 Ti 粉和 C 粉合成 TiC，Ti 粉和 N_2 气反应合成 TiN 等。

(2) SHS 致密化技术是发展各种材料合成与致密同时进行的技术。它是利用高放热反应的热量使反应温度超过合成产物熔点，从而使最终产物熔融得到密实化产物，或在合成材料处于红热、软化状态时对其施加外部压力实现材料致密化。

(3) SHS熔铸技术通过选择高放热性反应物形成超过产物熔点的燃烧温度，从而得到难熔物质的液相，对该高温液相进行铸造处理可得到铸件。

(4) SHS涂层技术有两种工艺，一种是熔铸涂层，在一定气体压力下利用SHS反应在金属工件表面形成高温熔体与金属基体反应结合过渡区的金属陶瓷涂层。另一种是气相传输SHS涂层，通过气相传输反应，可在金属、陶瓷或石墨等的表面形成10～250μm厚的金属陶瓷涂层。

(5) SHS焊接技术

在待焊接的两块材料之间填进合适的燃烧反应原料，以一定压力夹紧待焊材料，在中间原料燃烧反应过程完成后可实现两块材料间的焊接。已用于焊接SiC-SiC、陶瓷-陶瓷、金属-陶瓷、耐火材料-耐火材料等。

1.6.3 梯度复合技术

梯度功能材料(functionally gradient materials，FGM)是基于全新的材料设计概念开发的新型功能材料，是由材料构成成分和组织结构在几何空间上连接变化而得到性能在几何空间上连续变化的非均质材料，在复杂环境下使用具有更大优势，典型的超高温耐热材料的结构如图1-25所示，高温条件下工作一侧用耐热陶瓷，另一侧接触冷却介质，采用导热性好、机械强度高的金属。由成分连续变化的金属、陶瓷等组成中间过渡层，缓和了由于金属陶瓷之间热膨胀差异所导致的热应力，提高了界面结合力，充分发挥陶瓷的高耐热性和金属的高强度和高导热性。

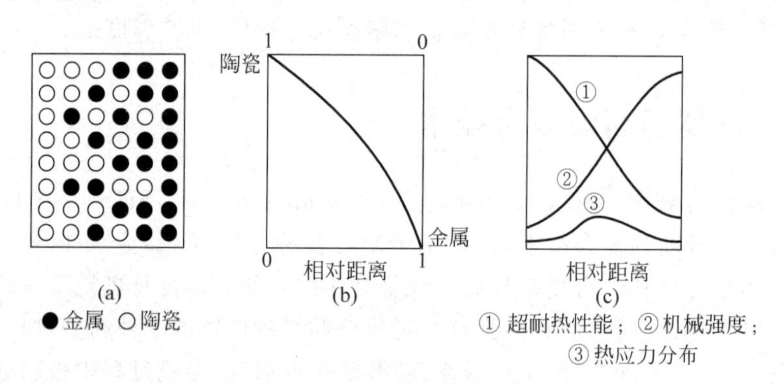

图1-25 典型超高温耐热材料的结构

(a) 结构示意；(b) 成分示意；(c) 性能示意

梯度复合技术，目前主要有：烧结法、等离子喷涂法、激光熔敷法、气相沉积法等。

1. 烧结法

烧结法先将原料粉末按不同混合比均匀混合，然后以梯度分布方式积层排列，再压制烧结。按成型工艺可分为直接填充法、喷射积层法、离心积层法等。直接填充法工艺简便，混合粉经造粒、调整流动性后直接按成分在压模内逐层填充压制成型，但其成分分布只能是阶梯式的。积层最小厚度约为0.2～0.5mm。喷射积层法可连续改变粉末积层的组成，控制精度高，典型沉积速度为7μm/min。它先将原料粉末各自加入分散剂搅拌成悬浮液，混合均匀后一边搅拌混合，一边用压缩空气喷射到预热基板上，由计算机控制粉末浆的流速及 x-y 平台的移动方式可得到成分连续变化的沉积层，经干燥后冷压成型，再热压烧结得到FGM。日本用这种工艺得到 TiB_2/Ni 系 FGM，有良好的连续性。离心积层法将原料粉末快速混合后送入高速离心机中，粉末在离心力作用下紧密沉积于离心机内壁，改变混合比可获得连续成分梯度分布，经过注蜡处理后，离心积层具有一定生坯强度，可经受切割冷压成型加工再烧结而成。此工艺沉积速度极快，目前在实验室沉积直径为 15mm、高为 15mm、壁厚为 5～10mm 的 FGM 圆环只需 5 分钟。

2. 等离子喷涂法

等离子可获得高温、超高速的热源，最适合于制备陶瓷/金属系 FGM。此法将原料粉末送至等离子射流中，以熔融状态直接喷射到基材上形成涂层，喷涂过程中改变陶瓷与金属的送粉比例，调节等离子射流的温度和流速，可调整成分与组织，获得 FGM 涂层，此法沉积速率高、不需烧结，尤其适合于形成大面积表面热障 FGM 涂层。按送粉方式不同可分为两类制备法：一类是异种粉末单枪同时喷涂工艺；另一类是异种粉末双枪单独喷涂工艺。日本采用低压等离子喷涂技术制成厚度为 1mm 和 4mm 的 ZrO_2-8%Y_2O_3/Ni-20%/Cr 系 FGM 薄膜。

3. 激光熔敷法

将混合粉末通过喷嘴布于基体上，通过改变激光功率、光斑尺寸和扫描速度加热粉体，在基体表面形成熔池，在此基础上进一步改变成分向熔池中不断布粉，重复此过程，获得梯度涂层。美国某大学利用激光熔敷系统制备连续过渡、形状复杂 Al-Cu/316L 不锈钢系梯度涂层。

4. 气相沉积法

气相沉积用具有活性气态物质在基体表面成膜的技术，可分为物理气相沉积法（PVD）和化学气相沉积法（CVD）两类。

（1）物理气相沉积法（PVD 法）

通过各种物理方法（直接通电加热、电子束轰击、离子溅射等）使固相物质蒸发在基体表面成膜，通过改变蒸发源可合成多层不同的膜。此法沉积慢，且不能连续控制成分分布，故一般与 CVD 法联合应用制备 FGM。日本用中空阴极放电型真空镀膜法制成 Ti-TiN、Ti-TiC、Cr-CrN 系 FGM 膜。

（2）化学气相沉积法（CVD 法）

加热气体原料使之发生化学反应而生成固相膜沉积在基体上。此技术容易实现分散相浓度连续变化，可使用多元系的原料气体合成复杂化合物。日本某大学制备了 SiC/C、TiC/C 系 FGM。

1.6.4 分子自组装技术

分子自组装技术利用分子与分子或分子中某一片段与另一片段之间的分子识别，相互通过非共价作用形成具有特定排列顺序的分子聚合体。分子自发地通过无数非共价键的弱相互作用力的协同作用是发生自组装的关键，通过分子自组装可得到具有新奇的光、电催化等功能和特性的自组装材料，特别是自组装膜材料有广泛应用前景。自组装膜按成膜机理分为单层自组装膜和多层自组装膜，这种膜能控制在分子级水平，是构筑复合有效超薄膜的有效方法。分子自组装体系的分类，按自组装组分不同可分为表面活性自组装，纳米、微米颗粒自组装和大分子自组装。

分子自组装的应用可分为三个方面：纳米材料、膜材料和生物科学方面。

1.6.5　超分子复合技术

超分子主要由有机物分子构成或由有机物分子与无机物分子共同构成。其形成的主要作用是靠氢键、芳香族化合物的 π 电子共轭，甚至共价键。由于分子识别并进行有序堆积而形成超分子，从而引起材料的电性能、光性能等显著变化。

超分子材料的制备原理与自组装方法类似，关键在选择合适的超分子构筑作用对和介质，从而形成沿轴向排列的超分子结构，由于这种结构的形成改变了超分子化合物的导电性能，并使其电导在室温下随环境气体的浓度变化而发生有规律变化，因而可作为传感器中的敏感材料。

1.7　新型复合材料

1.7.1　新型结构复合材料——点阵材料

除了功能复合材料和一般结构复合材料外，随着高新技术的发展，人们不只满足于材料单纯轻质化，而是发展兼有轻质和其他优良性能的先进复合材料以满足不同需求。在生物材料中普遍存在的典型结构是多孔的，如天然木材、骨骼等，由此发展和出现的超轻多孔材料以高孔隙率大于70%为特点，包含贯通或非贯通的二维或三维空隙的新颖材料。多孔材料按微结构规则性可分为无序和有序两大类，无序的主要指泡沫化材料，而有序的主要指点阵材料。点阵材料因其微观结构与晶体点阵构型类似而得名，又分为二维和三维点阵材料。二维点阵材料主要指由多边形进行二维排列，在第三方向拉伸成棱柱而构成蜂窝材料，也被称为格栅材料；三维点阵材料则由杆、板等微元件按规则重复排列构成空间桁架结构。典型二维点阵材料和三维点阵材料结构示意图如图1-26所示。

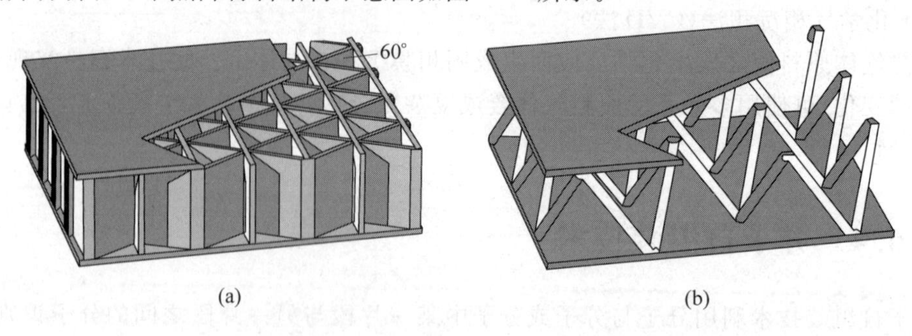

图1-26　典型二维点阵材料和三维点阵材料的结构示意图

(a) 二维全三角点阵材料；(b) 三维四棱锥点阵材料

1. 二维点阵材料通常是由代表性单胞在两个方向延拓而形成的,因此一般只关心其结构在延拓面内的构型。常见的二维点阵构型如图 1-27 所示。主要有六边形点阵、四边形点阵、全三角点阵、菱形点阵等。

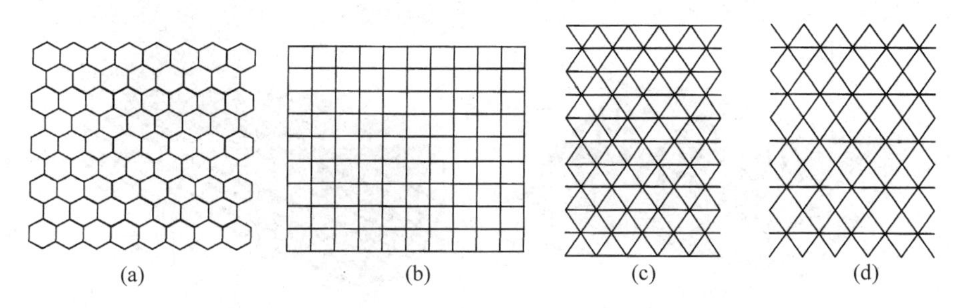

图 1-27 常见二维点阵构型

(a) 六边形点阵;(b) 四边形点阵;(c) 全三角点阵;(d) 菱形点阵

2. 三维点阵材料具有更大的设计空间,其结构形式更为多样。

(1) 图 1-28 表示三维全三角点阵材料结构示意图,它由二维全三角点阵和四面体空间点阵构成,这种构型材料的特点是各杆杆件长度相同,形成等边三角形。

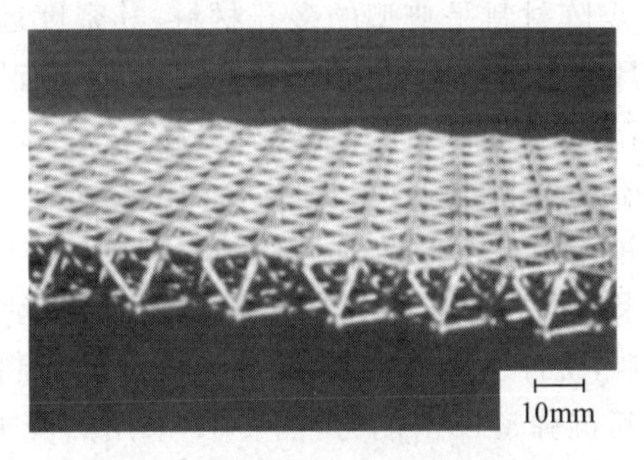

图 1-28 三维全三角点阵材料结构示意图

(2) 八面体网架构型和胞元模型构成三维八面体结构点阵,如图 1-29(a)所示,这种构型的单胞可以化为两种简单的单元:白色的四面体元和黑色的八面体元,如图 1-29(b)所示。

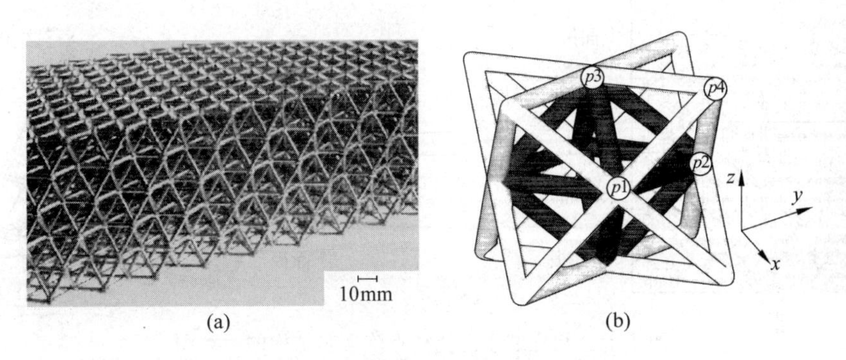

图 1-29 八面体网架构型和胞元模型

(a) 八面体网架点阵材料示意图;(b) 单个胞元

(3) 含四面体单元和四棱锥单元的点阵夹芯结构，如图 1-30 所示，它由两块面板和超静定次数较低的点阵构型构成，这种材料夹芯层的刚度和强度同八面体结构相当，但有较轻的重量。另外面板使得材料在复杂载荷作用下能保持稳定。

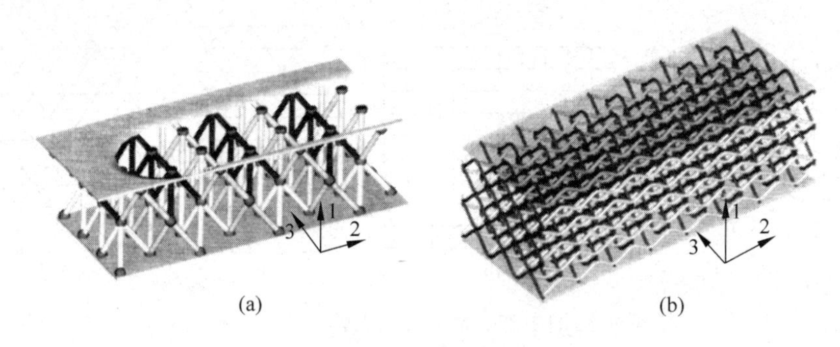

图 1-30 点阵夹芯材料

(a) 四面体结构；(b) 四棱锥结构

3. 点阵材料具有很多特有的优良特性，在国内外航空航天飞行器和海军舰船以及诸多领域有广泛的应用，主要特性有：

(1) 轻质量、高强度。点阵材料是典型的多孔材料，其密度远低于传统的固体材料，广泛应用的铝蜂窝夹芯板壳具有很高强度，但价格很高。制造具有同样性能的点阵材料只需要较低的成本，其比刚度高于泡沫材料，而其比强度更高。

(2) 抗爆炸、抗弹道冲击。点阵多孔夹芯结构在冲击载荷下会发生动态失稳，由此在结构内部产生较大塑性变形并转化为热能，从而吸收掉大部分冲击能量，对其防护的结构造成有效保障。试验和计算结果表明在爆炸冲击作用下具有相同质量的轻质点阵多孔夹芯结构最大位移明显低于实体材料，抗冲击能力很高，此外点阵多孔材料具有高孔隙率，可通过填充材料(如陶瓷体)来提高其抗弹道冲击能力，图 1-31 采用点阵夹芯结构替代现有装甲结构，可在保证强度条件下减轻重量又有效提高结构对弹道和爆炸冲击的防护。

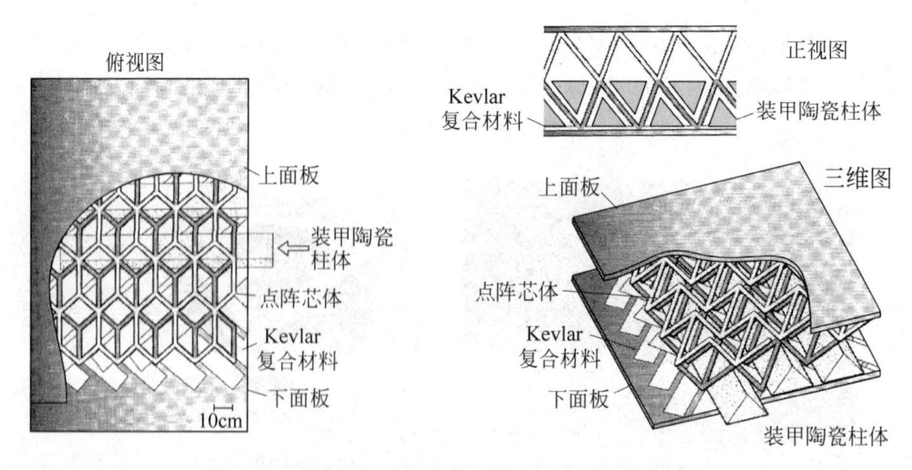

图 1-31 填充装甲陶瓷柱点阵夹芯结构的示意图

(3) 高效散热、隔热。轻质点阵材料在强迫对流下是优良的传热介质，可作为承受高密度热流的结构，通过合理设计可实现传热和承载双重功能，此外在高孔隙率点阵结构中填充隔热纤维,可起到隔热作用。

(4) 吸收电磁波性能。电磁波在多孔点阵材料的孔隙界面上会产生反射和散射,因此有电磁波屏蔽隐身能力;还可以在点阵孔隙中填充吸波材料提高点阵夹芯结构电磁屏蔽隐身的性能。

(5) 吸声性能。多孔点阵材料具有良好的吸声性能,而且当孔径在 0.1～0.5mm 之间时吸声效果最优。

(6) 多功能可设计性。轻质多孔点阵材料可设计不同结构构型和分级、梯度结构,可填充各种材料进行多功能一体化设计。

4. 点阵材料分类和制造

点阵材料按母体材料性质不同可分为点阵金属材料和点阵复合材料,根据微结构形式不同分为二维和三维点阵材料,不同材料性质和结构形式对点阵材料制造有很大影响,下面简单介绍其制造情况。

(1) 二维点阵金属材料

主要有开槽嵌锁工艺和金属二维编织法。金属开槽嵌锁工艺如图 1-32 所示,先制金属方板,切割成条状,并在栅条上加工槽口,将栅条进行嵌锁、啮合,通过焊接将啮合处连接成型。金属二维编织制造如图 1-33 所示,先在编织区外部排列一定高度的圆柱,以控制编织纤维取向,再依次堆积纤维,然后将编织点阵芯层与面板焊接成形,最后制成点阵夹芯材料。

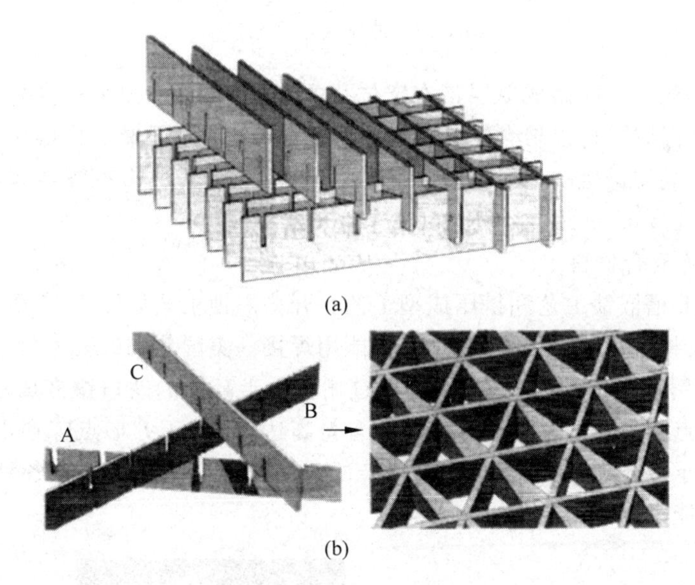

图 1-32 金属开槽嵌锁工艺

(a) 正方形点阵;(b) 全三角点阵

(2) 三维点阵金属材料

制造方法有冲压成形法和熔模铸造法。冲压成形法如图 1-34 所示,先制备金属薄板,可选择冲头几何形式(六角形或正方形)和边长大小,然后将薄板冲成平面多孔结构,对角顶压成形制成四面体或四棱锥单层点阵结构,最后把点阵芯层与面板进行焊接成点阵夹芯材料。

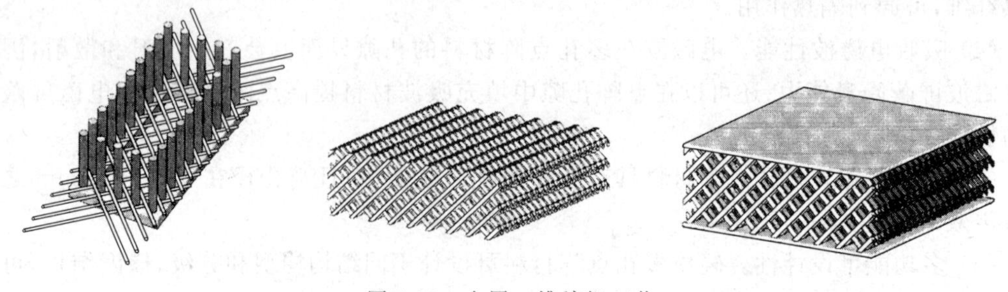

图 1-33 金属二维编织工艺

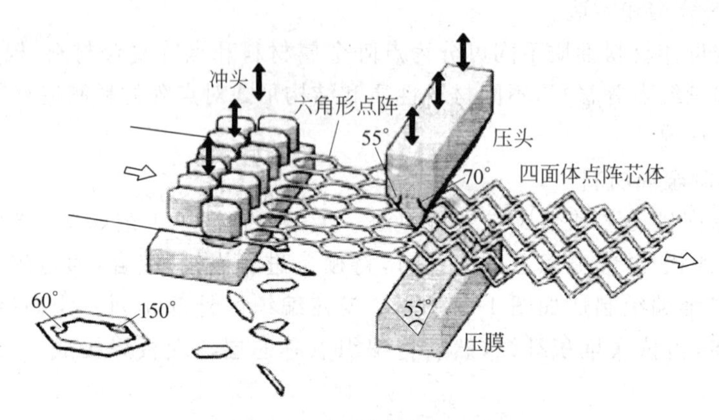

图 1-34 冲压成形法工艺

熔模铸造法，先用聚酯做成单层带有定位孔的聚酯牺牲模，按结构排列方式，将单层结构叠合成空间点阵结构，再以聚合物为牺牲模制造砂模，高温下聚合物熔化分解，在砂模中形成点阵空隙，将高温熔融的金属熔液缓慢注入砂模，冷却后取出点阵金属材料，点阵材料胞元尺寸可小到几 mm，单元直径可达到 1～2mm。

(3) 二维点阵复合材料

制造方法有开槽嵌锁工艺和挤压成型工艺。开槽嵌锁工艺如图 1-35 所示，它与金属材料类似，只是用胶将槽口咬合处粘结封闭，不能用焊接。美国蔡和韩开发的二维正方形和混合型点阵结构采用挤压工艺形成栅板，再通过栅板上半高度的缺口镶嵌成形，如图 1-36 所示。这种形式的点阵复合材料结构纤维体积含量高达 80%，正方形点阵在沿栅板轴向压缩载荷下有很高的承载能力，但不能承受更复杂的载荷。混合型点阵则在各种加载条件下均具有较好的承载能力。

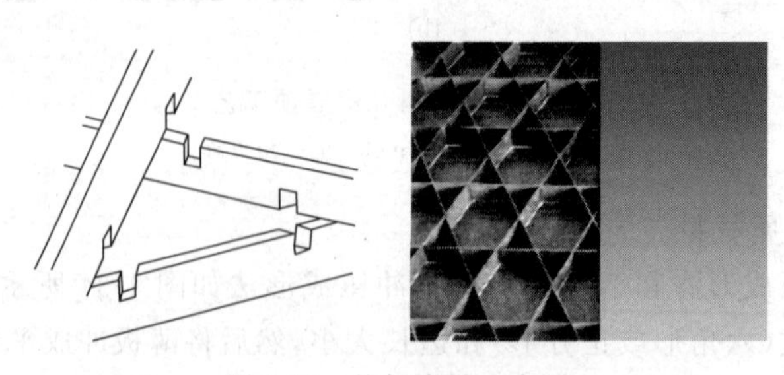

图 1-35 格栅嵌锁示意图

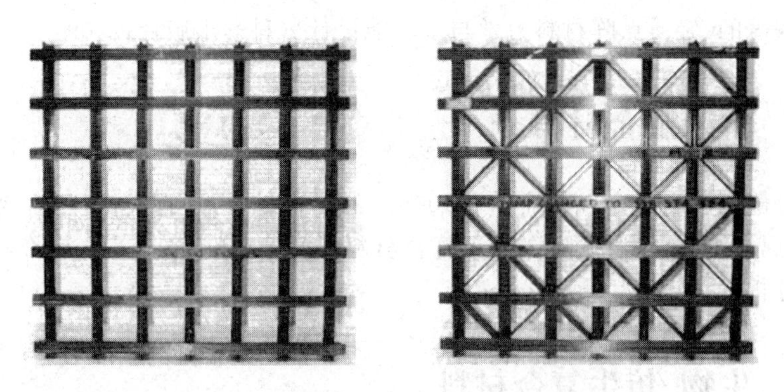

图 1-36 二维点阵复合材料的挤压成型工艺

(4) 三维点阵复合材料

制备三维点阵复合材料的工艺目前主要有清华大学开发的网架穿插编织制备工艺。

网架穿插工艺如图 1-37 所示，其主要步骤是：①按尺寸设计梁结构的上、下预制面板，采用热压罐成型工艺制得预制面板。根据梁结构的空间节点在面板上分布，在面板上加工周期排孔的纤维束孔。②将上、下预制面板按梁设计高度定位。③编织纤维束，对预制件张拉，将预制件放入烘箱使纤维束固化，冷却后取出。④对面板进行二次处理，结构成型后对面板尺寸裁减修正到要求尺寸。

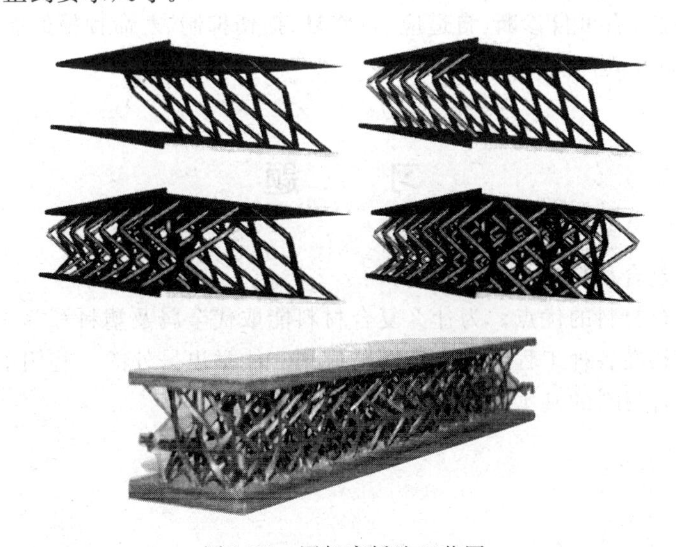

图 1-37 网架穿插法工艺图

(5) 点阵夹芯结构制造技术

点阵夹芯结构的芯体和面板可选用不同材料组合。对金属面板和金属点阵夹芯可通过焊接连接；对复合材料面板和金属点阵夹芯主要用胶接工艺粘接；对于三维点阵芯层可考虑先将芯层焊接在一层薄金属面板上，再将金属面板与主体复合材料面板胶接；对于复合材料面板和点阵夹芯则可用胶接粘合；对于三维点阵复合材料一般将芯层穿插在面板中整体固化成型，直接解决连接问题；对于金属夹芯结构间连接，一般采用激光焊接或粘接技术；对于复合材料之间连接可在面板上开孔通过螺钉或铆合连接；也可用胶结连接方式。

对于点阵材料、复合材料结构的力学性能分析和设计、各种功能特性分析和设计，请参阅方岱宁等编著的《轻质点阵材料力学与多功能设计》(科学出版社,2009)。

1.7.2 纳米复合材料

它是指分散相尺度至少有一维小于100nm的复合材料,它有很多种类:聚合物基纳米复合材料、金属纳米复合材料、陶瓷纳米复合材料。9.3节和第15章专门介绍纳米复合材料及其力学分析。

1.7.3 生物/仿生复合材料

生物材料具有优良的特性:功能适应性、复合特性、创伤后能愈合,这些为仿生复合材料指出发展方向,主要研究集中于结构仿生、功能仿生和过程仿生。第16章专门介绍生物/仿生复合材料及其性能。

1.7.4 智能复合材料

智能复合材料是新发展的多功能化、智能化的结构、功能材料。它具有感知、信息获取、处理、执行功能,并具有可自诊断、自适应、自修复、损伤抑制、寿命预报的能力,第17章专门讨论智能复合材料及其性能分析和应用。

习 题

1-1 什么是复合材料?有哪些种类?

1-2 简述复合材料的优点。为什么复合材料能取代金属及塑料等单一材料?

1-3 复合材料在各种工程结构中有哪些应用?能举出另外的一些例子吗?

1-4 说明复合材料的基本构造:单层板、层合板。

第 2 章 各向异性弹性力学基础

2.1 各向异性弹性力学基本方程

本节研究外载作用下处于平衡或运动状态的连续弹性体。由载荷引起的内力集度称为应力，物体中任意一点的应力状态用应力分量表示，采用正交坐标系，取三个互相正交的平面，其法线分别平行于三个坐标轴，对于直角坐标系 x,y,z，三个正交平面上的应力

$$\boldsymbol{\sigma} = \begin{bmatrix} \sigma_x & \tau_{xy} & \tau_{xz} \\ \tau_{yx} & \sigma_y & \tau_{yz} \\ \tau_{zx} & \tau_{zy} & \sigma_z \end{bmatrix} \tag{2-1}$$

其中，$\tau_{xy}=\tau_{yx}$，$\tau_{xz}=\tau_{zx}$，$\tau_{yz}=\tau_{zy}$，因此应力分量共 6 个：σ_x，σ_y，σ_z，τ_{xy}，τ_{yz}，τ_{zx}。

同时弹性体在外载作用下发生变形，任意一点的应变状态用应变分量表示，应变张量可表示为

$$\boldsymbol{\varepsilon} = \begin{bmatrix} \varepsilon_x & \varepsilon_{xy} & \varepsilon_{zx} \\ \varepsilon_{xy} & \varepsilon_y & \varepsilon_{yz} \\ \varepsilon_{zx} & \varepsilon_{yz} & \varepsilon_z \end{bmatrix} \tag{2-2}$$

其中，$\varepsilon_{xy}=\frac{1}{2}\gamma_{xy}$，$\varepsilon_{yz}=\frac{1}{2}\gamma_{yz}$，$\varepsilon_{zx}=\frac{1}{2}\gamma_{zx}$ 为张量剪应变，γ_{xy}，γ_{yz}，γ_{zx} 为工程剪应变；ε_x，ε_y，ε_z 为线应变。应变分量也是 6 个。

另外，任意一点在 x,y,z 坐标轴方向的位移为 u,v,w。

弹性体任意一点共有 15 个未知数——6 个应力分量、6 个应变分量、3 个位移分量。

首先，有三个运动(或平衡)方程式：

$$
\left.\begin{aligned}
\frac{\partial\sigma_x}{\partial x}+\frac{\partial\tau_{xy}}{\partial y}+\frac{\partial\tau_{xz}}{\partial z}+f_x=\rho\frac{\partial^2 u}{\partial t^2}\\
\frac{\partial\tau_{xy}}{\partial x}+\frac{\partial\sigma_y}{\partial y}+\frac{\partial\tau_{yz}}{\partial z}+f_y=\rho\frac{\partial^2 v}{\partial t^2}\\
\frac{\partial\tau_{xz}}{\partial x}+\frac{\partial\tau_{yz}}{\partial y}+\frac{\partial\sigma_z}{\partial z}+f_z=\rho\frac{\partial^2 w}{\partial t^2}
\end{aligned}\right\} \tag{2-3}
$$

式中，f_x，f_y，f_z 是单位体积的体积力分量，ρ 是密度，t 是时间。

其次，有几何关系(小变形)6 个：

$$
\left.\begin{aligned}
\varepsilon_x=\frac{\partial u}{\partial x},\quad \gamma_{yz}=\frac{\partial w}{\partial y}+\frac{\partial v}{\partial z}\\
\varepsilon_y=\frac{\partial v}{\partial y},\quad \gamma_{zx}=\frac{\partial u}{\partial z}+\frac{\partial w}{\partial x}\\
\varepsilon_z=\frac{\partial w}{\partial z},\quad \gamma_{xy}=\frac{\partial v}{\partial x}+\frac{\partial u}{\partial y}
\end{aligned}\right\} \tag{2-4}
$$

根据变形协调方程，应变分量间有下列关系：

$$
\left.\begin{aligned}
&\frac{\partial^2\varepsilon_x}{\partial y^2}+\frac{\partial^2\varepsilon_y}{\partial x^2}=\frac{\partial^2\gamma_{xy}}{\partial x\partial y}\\
&\frac{\partial^2\varepsilon_y}{\partial z^2}+\frac{\partial^2\varepsilon_z}{\partial y^2}=\frac{\partial^2\gamma_{yz}}{\partial y\partial z}\\
&\frac{\partial^2\varepsilon_z}{\partial x^2}+\frac{\partial^2\varepsilon_x}{\partial z^2}=\frac{\partial^2\gamma_{xz}}{\partial z\partial x}\\
&\frac{\partial}{\partial x}\left(\frac{\partial\gamma_{xz}}{\partial y}+\frac{\partial\gamma_{xy}}{\partial z}-\frac{\partial\gamma_{yz}}{\partial x}\right)=2\frac{\partial^2\varepsilon_x}{\partial y\partial z}\\
&\frac{\partial}{\partial y}\left(\frac{\partial\gamma_{xy}}{\partial z}+\frac{\partial\gamma_{yz}}{\partial x}-\frac{\partial\gamma_{zx}}{\partial y}\right)=2\frac{\partial^2\varepsilon_y}{\partial z\partial x}\\
&\frac{\partial}{\partial z}\left(\frac{\partial\gamma_{yz}}{\partial x}+\frac{\partial\gamma_{zx}}{\partial y}-\frac{\partial\gamma_{xy}}{\partial z}\right)=2\frac{\partial^2\varepsilon_z}{\partial x\partial y}
\end{aligned}\right\} \tag{2-5}
$$

其中实际上有 3 个独立的关系式。

给定力的边界条件：

$$
\left.\begin{aligned}
\sigma_x l+\tau_{xy}m+\tau_{xz}n=\bar{X}\\
\tau_{xy}l+\sigma_y m+\tau_{yz}n=\bar{Y}\\
\tau_{xz}l+\tau_{yz}m+\sigma_z n=\bar{Z}
\end{aligned}\right\} \tag{2-6}
$$

给定位移的边界条件：

$$
\left.\begin{aligned}
u=\bar{u}\\
v=\bar{v}\\
w=\bar{w}
\end{aligned}\right\} \tag{2-7}
$$

最后，有各向异性弹性体的应力-应变关系(本构关系)。

小变形时，应力分量与应变分量间有下列关系：

$$
\left.\begin{aligned}
\sigma_x &= C_{11}\varepsilon_x + C_{12}\varepsilon_y + C_{13}\varepsilon_z + C_{14}\gamma_{yz} + C_{15}\gamma_{zx} + C_{16}\gamma_{xy} \\
\sigma_y &= C_{21}\varepsilon_x + C_{22}\varepsilon_y + C_{23}\varepsilon_z + C_{24}\gamma_{yz} + C_{25}\gamma_{zx} + C_{26}\gamma_{xy} \\
\sigma_z &= C_{31}\varepsilon_x + C_{32}\varepsilon_y + C_{33}\varepsilon_z + C_{34}\gamma_{yz} + C_{35}\gamma_{zx} + C_{36}\gamma_{xy} \\
\tau_{yz} &= C_{41}\varepsilon_x + C_{42}\varepsilon_y + C_{43}\varepsilon_z + C_{44}\gamma_{yz} + C_{45}\gamma_{zx} + C_{46}\gamma_{xy} \\
\tau_{zx} &= C_{51}\varepsilon_x + C_{52}\varepsilon_y + C_{53}\varepsilon_z + C_{54}\gamma_{yz} + C_{55}\gamma_{zx} + C_{56}\gamma_{xy} \\
\tau_{xy} &= C_{61}\varepsilon_x + C_{62}\varepsilon_y + C_{63}\varepsilon_z + C_{64}\gamma_{yz} + C_{65}\gamma_{zx} + C_{66}\gamma_{xy}
\end{aligned}\right\} \tag{2-8}
$$

式中，$C_{11},C_{12},\cdots,C_{66}$称为刚度系数。

以上15个方程，加上给定力的边界条件和给定位移的边界条件，可以确定应力应变和位移共15个未知量。

与各向同性弹性力学基本方程相比，区别只在物理方程——应力-应变关系。

2.2 各向异性弹性体的应力-应变关系

现采用1,2,3轴代替x,y,z轴并把应力应变分量符号用简写符号表示，相应替代关系如下：

应力 $\sigma_x\to\sigma_1$　　　应变 $\varepsilon_x\to\varepsilon_1$

$\sigma_y\to\sigma_2$　　　$\varepsilon_y\to\varepsilon_2$

$\sigma_z\to\sigma_3$　　　$\varepsilon_z\to\varepsilon_3$

$\tau_{yz}\to\sigma_4$　　　$\gamma_{yz}=2\varepsilon_{yz}\to\varepsilon_4$

$\tau_{zx}\to\sigma_5$　　　$\gamma_{zx}=2\varepsilon_{zx}\to\varepsilon_5$

$\tau_{xy}\to\sigma_6$　　　$\gamma_{xy}=2\varepsilon_{xy}\to\varepsilon_6$

其中，γ_{ij}代表工程剪应变，$\varepsilon_{ij}(i\neq j)$代表张量剪应变，这样应力应变线弹性关系式(2-8)可写成

$$
\left.\begin{aligned}
\sigma_1 &= C_{11}\varepsilon_1 + C_{12}\varepsilon_2 + C_{13}\varepsilon_3 + C_{14}\varepsilon_4 + C_{15}\varepsilon_5 + C_{16}\varepsilon_6 \\
\sigma_2 &= C_{21}\varepsilon_1 + C_{22}\varepsilon_2 + C_{23}\varepsilon_3 + C_{24}\varepsilon_4 + C_{25}\varepsilon_5 + C_{26}\varepsilon_6 \\
\sigma_3 &= C_{31}\varepsilon_1 + C_{32}\varepsilon_2 + C_{33}\varepsilon_3 + C_{34}\varepsilon_4 + C_{35}\varepsilon_5 + C_{36}\varepsilon_6 \\
\sigma_4 &= C_{41}\varepsilon_1 + C_{42}\varepsilon_2 + C_{43}\varepsilon_3 + C_{44}\varepsilon_4 + C_{45}\varepsilon_5 + C_{46}\varepsilon_6 \\
\sigma_5 &= C_{51}\varepsilon_1 + C_{52}\varepsilon_2 + C_{53}\varepsilon_3 + C_{54}\varepsilon_4 + C_{55}\varepsilon_5 + C_{56}\varepsilon_6 \\
\sigma_6 &= C_{61}\varepsilon_1 + C_{62}\varepsilon_2 + C_{63}\varepsilon_3 + C_{64}\varepsilon_4 + C_{65}\varepsilon_5 + C_{66}\varepsilon_6
\end{aligned}\right\} \tag{2-9}
$$

总起来可写成

$$
\sigma_i = \sum_{j=1}^{6} C_{ij}\varepsilon_j \qquad (i = 1,2,\cdots,6)
$$

如用缩写符号，可写成

$$
\sigma_i = C_{ij}\varepsilon_j \qquad (i,j = 1,2,\cdots,6) \tag{2-10}
$$

凡j重复，表示由1,2,…,6共6项相加$\left(\sum\right)$。σ_i是应力分量，C_{ij}是刚度系数，共有36个刚度系数，ε_j是应变分量。定义

$$\boldsymbol{\varepsilon}=\begin{bmatrix}\varepsilon_1\\\varepsilon_2\\\vdots\\\varepsilon_6\end{bmatrix},\quad \boldsymbol{\sigma}=\begin{bmatrix}\sigma_1\\\sigma_2\\\vdots\\\sigma_6\end{bmatrix}$$

$$\boldsymbol{C}=\begin{bmatrix}C_{11} & C_{12} & \cdots & C_{16}\\C_{21} & C_{22} & \cdots & C_{26}\\\vdots & \vdots & & \vdots\\C_{61} & C_{62} & \cdots & C_{66}\end{bmatrix}$$

有

$$\boldsymbol{\sigma}=\boldsymbol{C}\boldsymbol{\varepsilon} \tag{2-11}$$

对于完全弹性体，外力作用下，在等温条件下产生弹性变形，外力做功，它以能量形式储存在弹性体内。这一能量只取决于应力状态或应变状态，而与加载过程无关，这种能量称为应变势能。单位体积的应变势能又称为应变势能密度，用 W 表示。当外载卸除时，物体完全恢复其原始状态，即应变势能放出。当应力 σ_i 作用于应变增量 $\mathrm{d}\varepsilon_i$ 时，单位体积外力功的增量为 $\mathrm{d}A$，即应变势能密度增量 $\mathrm{d}W$ 为

$$\mathrm{d}A=\mathrm{d}W=\sigma_i\mathrm{d}\varepsilon_i\qquad(i=1,2,\cdots,6) \tag{2-12}$$

由应力-应变关系式(2-8)得出

$$C_{ij}=\frac{\partial\sigma_i}{\partial\varepsilon_j}=\frac{\partial\left(\frac{\partial W}{\partial\varepsilon_i}\right)}{\partial\varepsilon_j}=\frac{\partial^2 W}{\partial\varepsilon_i\partial\varepsilon_j}=\frac{\partial\left(\frac{\partial W}{\partial\varepsilon_j}\right)}{\partial\varepsilon_i}=\frac{\partial\sigma_j}{\partial\varepsilon_i}=C_{ji}$$

由应变势能与加载过程无关可得出

$$\mathrm{d}W=\frac{\partial W}{\partial\varepsilon_i}\mathrm{d}\varepsilon_i \tag{2-13}$$

比较式(2-12)和式(2-13)得出

$$\frac{\partial W}{\partial\varepsilon_i}=\sigma_i=C_{ij}\varepsilon_j \tag{2-14}$$

沿整个加载变形过程积分 $\mathrm{d}W$，应变势能密度为

$$W=\frac{1}{2}C_{ij}\varepsilon_i\varepsilon_j=\frac{1}{2}\sigma_i\varepsilon_i \tag{2-15}$$

即应变势能密度表示为应变分量的二次函数。取式(2-12)的偏导数为

$$\frac{\partial^2 W}{\partial\varepsilon_i\partial\varepsilon_j}=C_{ij}$$

同样有

$$\frac{\partial^2 W}{\partial\varepsilon_j\partial\varepsilon_i}=C_{ji}$$

因应变势能密度的微分与次序无关，所以有

$$C_{ij}=C_{ji}$$

即刚度系数矩阵 $\boldsymbol{C}$ 有对称性，因此只有 21 个 C_{ij} 刚度系数是独立的，即 $\boldsymbol{C}$ 可表示为

$$\boldsymbol{C}=\begin{bmatrix} C_{11} & C_{12} & \cdots & C_{16} \\ C_{12} & C_{22} & \cdots & C_{26} \\ \vdots & \vdots & & \vdots \\ C_{16} & C_{26} & \cdots & C_{66} \end{bmatrix} \tag{2-16}$$

同样,用应力分量表示应变分量,应力-应变关系为

$$\varepsilon_i = S_{ij}\sigma_j \qquad (i,j=1,2,\cdots,6) \tag{2-17}$$

用矩阵表示为

$$\boldsymbol{\varepsilon}=\boldsymbol{S}\boldsymbol{\sigma} \tag{2-18}$$

其中,S_{ij} 为柔度系数,$\boldsymbol{S}$ 为柔度矩阵,$\boldsymbol{S}=\boldsymbol{C}^{-1}$是刚度矩阵的逆矩阵。同样可以证明

$$W=\frac{1}{2}S_{ij}\sigma_i\sigma_j \tag{2-19}$$

和 $S_{ij}=S_{ji}$,即柔度矩阵有对称性,也只有 21 个独立柔度系数,刚度和柔度系数对均质材料都可认为是弹性常数,$\boldsymbol{S}$ 可表示为

$$\boldsymbol{S}=\begin{bmatrix} S_{11} & S_{12} & \cdots & S_{16} \\ S_{12} & S_{22} & \cdots & S_{26} \\ \vdots & \vdots & & \vdots \\ S_{16} & S_{26} & \cdots & S_{66} \end{bmatrix} \tag{2-20}$$

满足式(2-11)和式(2-18)的应力-应变关系的材料为各向异性材料。对于这种材料,应变势能密度表达式为

$$W=\frac{1}{2}\sigma_i\varepsilon_i=\frac{1}{2}\boldsymbol{\sigma}^{\mathrm{T}}\boldsymbol{\varepsilon}=\frac{1}{2}\boldsymbol{\sigma}^{\mathrm{T}}\boldsymbol{S}\boldsymbol{\sigma}=\frac{1}{2}\boldsymbol{\varepsilon}^{\mathrm{T}}\boldsymbol{C}\boldsymbol{\varepsilon} \tag{2-21}$$

用应变分量表示的展开式为

$$\begin{aligned} W= & \frac{1}{2}C_{11}\varepsilon_1^2+C_{12}\varepsilon_1\varepsilon_2+C_{13}\varepsilon_1\varepsilon_3+C_{14}\varepsilon_1\varepsilon_4+C_{15}\varepsilon_1\varepsilon_5+C_{16}\varepsilon_1\varepsilon_6+\frac{1}{2}C_{22}\varepsilon_2^2 \\ & +C_{23}\varepsilon_2\varepsilon_3+C_{24}\varepsilon_2\varepsilon_4+C_{25}\varepsilon_2\varepsilon_5+C_{26}\varepsilon_2\varepsilon_6+\frac{1}{2}C_{33}\varepsilon_3^2+C_{34}\varepsilon_3\varepsilon_4+C_{35}\varepsilon_3\varepsilon_5 \\ & +C_{36}\varepsilon_3\varepsilon_6+\frac{1}{2}C_{44}\varepsilon_4^2+C_{45}\varepsilon_4\varepsilon_5+C_{46}\varepsilon_4\varepsilon_6+\frac{1}{2}C_{55}\varepsilon_5^2+C_{56}\varepsilon_5\varepsilon_6+\frac{1}{2}C_{66}\varepsilon_6^2 \end{aligned} \tag{2-22}$$

用应力分量表示的展开式为

$$\begin{aligned} W= & \frac{1}{2}S_{11}\sigma_1^2+S_{12}\sigma_1\sigma_2+S_{13}\sigma_1\sigma_3+S_{14}\sigma_1\sigma_4+S_{15}\sigma_1\sigma_5+S_{16}\sigma_1\sigma_6 \\ & +\frac{1}{2}S_{22}\sigma_2^2+S_{23}\sigma_2\sigma_3+S_{24}\sigma_2\sigma_4+S_{25}\sigma_2\sigma_5+S_{26}\sigma_2\sigma_6+\frac{1}{2}S_{33}\sigma_3^2 \\ & +S_{34}\sigma_3\sigma_4+S_{35}\sigma_3\sigma_5+S_{36}\sigma_3\sigma_6+\frac{1}{2}S_{44}\sigma_4^2+S_{45}\sigma_4\sigma_5+S_{46}\sigma_4\sigma_6 \\ & +\frac{1}{2}S_{55}\sigma_5^2+S_{56}\sigma_5\sigma_6+\frac{1}{2}S_{66}\sigma_6^2 \end{aligned} \tag{2-23}$$

2.2.1 具有一个弹性对称平面的材料

实际上绝大多数工程材料具有对称的内部结构,因此材料具有弹性对称性,例如纤维增

强复合材料、木材等。

如果物体内每一点都有这样一个平面，在这个平面的对称点上弹性性能相同，这样的材料就具有一个弹性对称平面。例如取 x-y 坐标面与弹性对称面平行，z 轴与弹性对称平面垂直，过 O 点按坐标方向切取一微单元体，如图 2-1 所示。

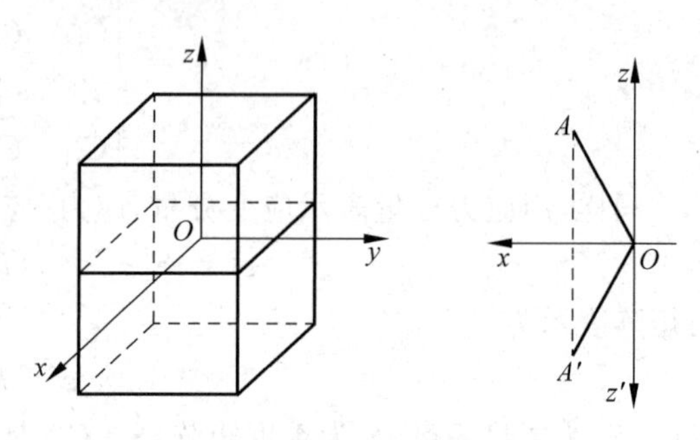

图 2-1　弹性对称平面

过 O 点用 x-z 坐标面切开微单元体，由弹性对称面定义可知，任一点 A 和 A' 弹性性能相同，即将 z 轴转到 z' 轴，应力-应变关系不变。

现在用 W 来讨论弹性常数的特点，W 是应变状态的单值函数，又是标量，与坐标系选择无关，但当 z 轴换成 z' 轴时，有些位移和应变分量变符号，例如用 u,v,w 表示 x,y,z 坐标系中的位移分量，u,v,w' 表示新坐标系 x,y,z' 中的位移分量，显然 $z'=-z,w'=-w$。由剪应变分量和位移分量的关系可得

$$\gamma_{yz'}=\frac{\partial w'}{\partial y}+\frac{\partial v}{\partial z'}=-\left(\frac{\partial w}{\partial y}+\frac{\partial v}{\partial z}\right)=-\gamma_{yz}=-\varepsilon_4$$

$$\gamma_{z'x}=\frac{\partial u}{\partial z'}+\frac{\partial w'}{\partial x}=-\left(\frac{\partial u}{\partial z}+\frac{\partial w}{\partial x}\right)=-\gamma_{zx}=-\varepsilon_5$$

即与 z 方向有关的剪应变分量变号，其余应变分量不变，其中 $\varepsilon_{z'}=\varepsilon_z=\varepsilon_3=\dfrac{\partial w}{\partial z}=\dfrac{\partial w'}{\partial z'}$。

考虑 W 的展开式(2-22)，为保证 W 值不变，必须含 γ_{yz} 和 γ_{zx} 的一次项(即 $\varepsilon_4,\varepsilon_5$)的刚度系数等于零，含 γ_{yz} 和 γ_{zx} 的乘积项因不变号而不受限制，这样得到

$$C_{14}=C_{15}=C_{24}=C_{25}=C_{34}=C_{35}=C_{46}=C_{56}=0$$

刚度系数减少 8 个，剩下 13 个，刚度矩阵变成

$$\boldsymbol{C}=\begin{bmatrix} C_{11} & C_{12} & C_{13} & 0 & 0 & C_{16} \\ C_{12} & C_{22} & C_{23} & 0 & 0 & C_{26} \\ C_{13} & C_{23} & C_{33} & 0 & 0 & C_{36} \\ 0 & 0 & 0 & C_{44} & C_{45} & 0 \\ 0 & 0 & 0 & C_{45} & C_{55} & 0 \\ C_{16} & C_{26} & C_{36} & 0 & 0 & C_{66} \end{bmatrix} \tag{2-24}$$

因此具有一个弹性对称面的材料，刚度系数只有 13 个是独立的。

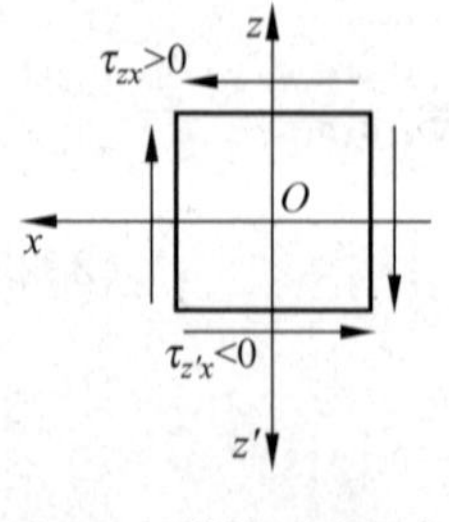

图 2-2　弹性对称面中的剪应力

现在来看柔度矩阵 $\boldsymbol{S}$。由图 2-2 看出，原坐标系 xOz 中 $\tau_{zx}>0$(即 $\sigma_5>0$)，而同一剪应力在新坐标系 xOz' 中 $\tau_{z'x}<0$；同理，$\tau_{yz'}=-\tau_{yz}$(即 σ_4)，其余应力分量不因坐标变换而改变。从 W 的表达式(2-23)可见，除非含 τ_{yz} 和 τ_{zx} 的一次项(含 τ_{yz} 和 τ_{zx} 乘积的项不在内)的柔度系数等于零，否则 W 值将随坐标改变而变化，因此有

$$S_{14}=S_{15}=S_{24}=S_{25}=S_{34}=S_{35}=S_{46}=S_{56}=0$$

柔度系数也只有 13 个是独立的，柔度矩阵变成

$$\boldsymbol{S}=\begin{bmatrix} S_{11} & S_{12} & S_{13} & 0 & 0 & S_{16} \\ S_{12} & S_{22} & S_{23} & 0 & 0 & S_{26} \\ S_{13} & S_{23} & S_{33} & 0 & 0 & S_{36} \\ 0 & 0 & 0 & S_{44} & S_{45} & 0 \\ 0 & 0 & 0 & S_{45} & S_{55} & 0 \\ S_{16} & S_{26} & S_{36} & 0 & 0 & S_{66} \end{bmatrix} \tag{2-25}$$

在上面讨论中，xOy 为弹性对称平面，z 轴为弹性主方向，这种材料在结晶学中称为单斜体。

2.2.2 正交各向异性材料

如果材料具有两个正交的弹性对称平面，例如将 y 轴转成 y' 轴，对 xOz 平面弹性对称，则同样又可证明有一些刚度系数等于零：

$$C_{14}=C_{16}=C_{24}=C_{26}=C_{34}=C_{36}=C_{45}=C_{56}=0$$

其中有 4 个系数原已等于零，只增加了 4 个新的系数等于零，这样刚度矩阵只有 9 个独立的系数。如果材料有三个相互正交的弹性对称平面，也即存在三个正交的弹性主轴，则没有新的刚度系数为零，也只有 9 个独立的刚度系数，因此具有两个正交弹性对称面的材料一定对于和这两个平面垂直的第三个平面具有对称性，这种材料称为正交各向异性材料，其刚度矩阵 $\boldsymbol{C}$ 如下：

$$\boldsymbol{C}=\begin{bmatrix} C_{11} & C_{12} & C_{13} & 0 & 0 & 0 \\ C_{12} & C_{22} & C_{23} & 0 & 0 & 0 \\ C_{13} & C_{23} & C_{33} & 0 & 0 & 0 \\ 0 & 0 & 0 & C_{44} & 0 & 0 \\ 0 & 0 & 0 & 0 & C_{55} & 0 \\ 0 & 0 & 0 & 0 & 0 & C_{66} \end{bmatrix} \tag{2-26}$$

同样其柔度系数也只有 9 个是独立的，柔度矩阵为

$$\boldsymbol{S}=\begin{bmatrix} S_{11} & S_{12} & S_{13} & 0 & 0 & 0 \\ S_{12} & S_{22} & S_{23} & 0 & 0 & 0 \\ S_{13} & S_{23} & S_{33} & 0 & 0 & 0 \\ 0 & 0 & 0 & S_{44} & 0 & 0 \\ 0 & 0 & 0 & 0 & S_{55} & 0 \\ 0 & 0 & 0 & 0 & 0 & S_{66} \end{bmatrix} \tag{2-27}$$

对于正交各向异性材料，当坐标轴方向与弹性主轴方向一致时，应力-应变关系很简单，展开式为

$$\left.\begin{aligned} \varepsilon_1 &= S_{11}\sigma_1+S_{12}\sigma_2+S_{13}\sigma_3 \\ \varepsilon_2 &= S_{12}\sigma_1+S_{22}\sigma_2+S_{23}\sigma_3 \\ \varepsilon_3 &= S_{13}\sigma_1+S_{23}\sigma_2+S_{33}\sigma_3 \\ \varepsilon_4 &= S_{44}\sigma_4 \\ \varepsilon_5 &= S_{55}\sigma_5 \\ \varepsilon_6 &= S_{66}\sigma_6 \end{aligned}\right\} \tag{2-28}$$

反过来有

$$\left.\begin{aligned}\sigma_1 &= C_{11}\varepsilon_1 + C_{12}\varepsilon_2 + C_{13}\varepsilon_3\\ \sigma_2 &= C_{12}\varepsilon_1 + C_{22}\varepsilon_2 + C_{23}\varepsilon_3\\ \sigma_3 &= C_{13}\varepsilon_1 + C_{23}\varepsilon_2 + C_{33}\varepsilon_3\\ \sigma_4 &= C_{44}\varepsilon_4\\ \sigma_5 &= C_{55}\varepsilon_5\\ \sigma_6 &= C_{66}\varepsilon_6\end{aligned}\right\} \tag{2-29}$$

从上述两式中可看出正交各向异性材料的一个重要性质：若坐标方向为弹性主方向时，正应力只引起线应变，剪应力只引起剪应变，两者互不耦合，即正应力不引起剪应变，剪应力不会引起线应变。

2.2.3 横观各向同性材料

若经过弹性体材料一轴线，在垂直该轴线的平面内，各点的弹性性能在各方向上都相同，则此材料称为横观各向同性材料，此平面叫各向同性面。

现取1-2坐标面为各向同性面，3轴垂直于1-2坐标面，1，2，3轴都是弹性主方向，与3轴有关的系数 S_{33}，S_{13}，S_{44}，C_{33}，C_{13} 和 C_{44} 都是独立的。由于1-2面为各向同性面，则 $S_{11}=S_{22}$，$S_{13}=S_{23}$，$S_{44}=S_{55}$，$C_{11}=C_{22}$，$C_{13}=C_{23}$，$C_{44}=C_{55}$。现讨论 S_{66} 与 S_{11}，S_{12} 之间的关系。

设某点应力状态：$\sigma_1=\sigma$，$\sigma_2=-\sigma$，$\sigma_4=\sigma_5=\sigma_6=0$，如图2-3所示，计算应变势能密度 W 为

$$W = \frac{1}{2}S_{11}\sigma^2 - S_{12}\sigma^2 + \frac{1}{2}S_{11}\sigma^2 = (S_{11}-S_{12})\sigma^2$$

将坐标1-2在面内转45°，新坐标1′-2′下的应力分量为

$$\sigma_{1'} = \sigma_{2'} = \sigma_{3'} = 0$$

$$\sigma_{6'} = -\sigma = \tau_{1'2'}$$

$$\tau_{2'3'} = \tau_{3'1'} = 0$$

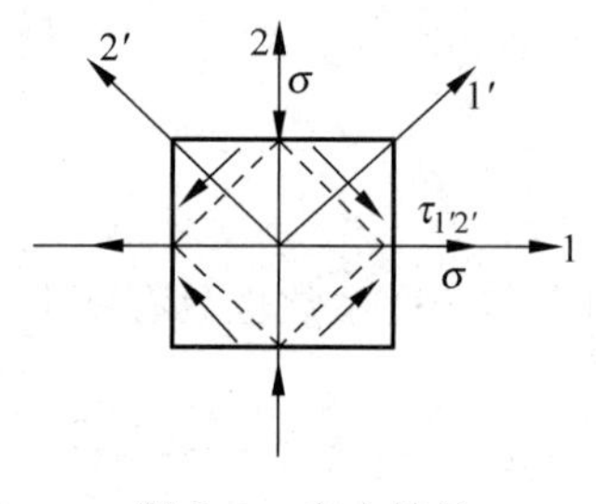

图2-3 应力转轴

这是纯剪应力状态，再计算 W 得

$$W = \frac{1}{2}S_{66}\sigma_6 = \frac{1}{2}S_{66}\sigma^2$$

根据 W 应相等的条件得出

$$S_{66} = 2(S_{11}-S_{12}) \tag{2-30}$$

此式说明 S_{11}，S_{12}，S_{66} 中只有两个是独立的。

同样，应用应变状态坐标转换前后计算相应的 W 值，由 W 相等的条件可得出

$$C_{66} = \frac{1}{2}(C_{11}-C_{12}) \tag{2-31}$$

综合以上结果，横观各向同性材料的柔度矩阵可写成

$$\boldsymbol{S}=\begin{bmatrix} S_{11} & S_{12} & S_{13} & 0 & 0 & 0 \\ S_{12} & S_{11} & S_{13} & 0 & 0 & 0 \\ S_{13} & S_{13} & S_{33} & 0 & 0 & 0 \\ 0 & 0 & 0 & S_{44} & 0 & 0 \\ 0 & 0 & 0 & 0 & S_{44} & 0 \\ 0 & 0 & 0 & 0 & 0 & 2(S_{11}-S_{12}) \end{bmatrix} \tag{2-32}$$

其刚度矩阵为

$$\boldsymbol{C}=\begin{bmatrix} C_{11} & C_{12} & C_{13} & 0 & 0 & 0 \\ C_{12} & C_{11} & C_{13} & 0 & 0 & 0 \\ C_{13} & C_{13} & C_{33} & 0 & 0 & 0 \\ 0 & 0 & 0 & C_{44} & 0 & 0 \\ 0 & 0 & 0 & 0 & C_{44} & 0 \\ 0 & 0 & 0 & 0 & 0 & \frac{1}{2}(C_{11}-C_{12}) \end{bmatrix} \tag{2-33}$$

它们分别只有 5 个独立系数 $S_{11}, S_{12}, S_{13}, S_{33}, S_{44}$ 和 $C_{11}, C_{12}, C_{13}, C_{33}, C_{44}$。在复合材料中经常遇到正交各向异性和横观各向同性两种性能的材料。

2.2.4 各向同性材料

各向同性材料中每一点在任意方向上的弹性特性都相同，则刚度、柔度系数分别有下列关系：

$$C_{11}=C_{22}=C_{33}, \quad C_{12}=C_{13}=C_{23}$$

$$C_{44}=C_{55}=C_{66}=\frac{1}{2}(C_{11}-C_{12})$$

$$S_{11}=S_{22}=S_{33}, \quad S_{12}=S_{13}=S_{23}$$

$$S_{44}=S_{55}=S_{66}=2(S_{11}-S_{12})$$

独立的刚度系数和柔度系数都只有两个，这与各向同性材料广义胡克定律中只有两个独立弹性常数的结论完全一致。各向同性材料的刚度和柔度矩阵分别为

$$\boldsymbol{C}=\begin{bmatrix} C_{11} & C_{12} & C_{12} & 0 & 0 & 0 \\ C_{12} & C_{11} & C_{12} & 0 & 0 & 0 \\ C_{12} & C_{12} & C_{11} & 0 & 0 & 0 \\ 0 & 0 & 0 & \frac{1}{2}(C_{11}-C_{12}) & 0 & 0 \\ 0 & 0 & 0 & 0 & \frac{1}{2}(C_{11}-C_{12}) & 0 \\ 0 & 0 & 0 & 0 & 0 & \frac{1}{2}(C_{11}-C_{12}) \end{bmatrix}$$

$$
\boldsymbol{S}=\begin{bmatrix}
S_{11} & S_{12} & S_{12} & 0 & 0 & 0 \\
S_{12} & S_{11} & S_{12} & 0 & 0 & 0 \\
S_{12} & S_{12} & S_{11} & 0 & 0 & 0 \\
0 & 0 & 0 & 2(S_{11}-S_{12}) & 0 & 0 \\
0 & 0 & 0 & 0 & 2(S_{11}-S_{12}) & 0 \\
0 & 0 & 0 & 0 & 0 & 2(S_{11}-S_{12})
\end{bmatrix} \tag{2-34}
$$

2.3 正交各向异性材料的工程弹性常数

除了上述表示材料弹性特性的刚度系数 C_{ij} 和柔度系数 S_{ij} 外，工程上常采用工程弹性常数来表示材料的弹性特性。这些工程弹性常数是广义的弹性模量 E_i、泊松比 ν_{ij} 和剪切模量 G_{ij}，这些常数可用简单的拉伸及纯剪试验来测定。因为通常实验是在已知载荷下测量试件的位移或应变而完成的，因此测量柔度系数比较方便，对于正交各向异性材料，测得的工程弹性常数与柔度系数的关系表示如下：

$$
\boldsymbol{S}=\begin{bmatrix}
S_{11} & S_{12} & S_{13} & 0 & 0 & 0 \\
S_{12} & S_{22} & S_{23} & 0 & 0 & 0 \\
S_{13} & S_{23} & S_{33} & 0 & 0 & 0 \\
0 & 0 & 0 & S_{44} & 0 & 0 \\
0 & 0 & 0 & 0 & S_{55} & 0 \\
0 & 0 & 0 & 0 & 0 & S_{66}
\end{bmatrix}
=\begin{bmatrix}
\dfrac{1}{E_1} & -\dfrac{\nu_{12}}{E_2} & -\dfrac{\nu_{13}}{E_3} & 0 & 0 & 0 \\
-\dfrac{\nu_{21}}{E_1} & \dfrac{1}{E_2} & -\dfrac{\nu_{23}}{E_3} & 0 & 0 & 0 \\
-\dfrac{\nu_{31}}{E_1} & -\dfrac{\nu_{32}}{E_2} & \dfrac{1}{E_3} & 0 & 0 & 0 \\
0 & 0 & 0 & \dfrac{1}{G_{23}} & 0 & 0 \\
0 & 0 & 0 & 0 & \dfrac{1}{G_{31}} & 0 \\
0 & 0 & 0 & 0 & 0 & \dfrac{1}{G_{12}}
\end{bmatrix} \tag{2-35}
$$

其中，E_1，E_2，E_3 分别是材料在 1，2，3 弹性主方向上的弹性模量，其定义为只有一个主方向上有正应力作用时，正应力与该方向线应变的比值：

$$
E_i=\frac{\sigma_i}{\varepsilon_i} \qquad (i=1,2,3)
$$

ν_{ij} 为单独在 j 方向作用正应力 σ_j 而无其他应力分量时，i 方向应变与 j 方向应变之比的负值，称为泊松比，即

$$\nu_{ij}=-\frac{\varepsilon_i}{\varepsilon_j}\qquad(i=1,2,3)$$

G_{23},G_{31},G_{12}分别为2-3,3-1,1-2平面内的剪切弹性模量。

对于正交各向异性材料，只有9个独立弹性常数，因$S_{ij}=S_{ji}$，所以工程弹性常数之间有下列三个关系：

$$\left.\begin{aligned}\frac{\nu_{21}}{E_1}&=\frac{\nu_{12}}{E_2}\\\frac{\nu_{31}}{E_1}&=\frac{\nu_{13}}{E_3}\\\frac{\nu_{32}}{E_2}&=\frac{\nu_{23}}{E_3}\end{aligned}\right\}\text{即}\ \frac{\nu_{ij}}{E_j}=\frac{\nu_{ji}}{E_i}\quad(i,j=1,2,3,\text{但}\ i\neq j)\tag{2-36}$$

ν_{ij}共有6个，但其中3个可由另3个泊松比和E_1,E_2,E_3表示。因此式(2-36)常用于检验实验结果的可靠性或材料是否正交各向异性，一般书中把式(2-36)的三个关系称为麦克斯韦定理。

ν_{12}和ν_{21}的区别可用图2-4来说明，在1方向的正应力σ作用下有(见图2-4(a))

$$\varepsilon_1=\frac{\sigma}{E_1}=\frac{\Delta_{11}}{L},\qquad\varepsilon_2=\left(-\frac{\nu_{21}}{E_1}\right)\sigma=-\frac{\Delta_{21}}{L}$$

在2方向正应力σ作用下有(见图2-4(b))

$$\varepsilon_2'=\frac{\sigma}{E_2}=\frac{\Delta_{22}}{L},\qquad\varepsilon_1'=\left(-\frac{\nu_{12}}{E_2}\right)\sigma=-\frac{\Delta_{12}}{L}$$

由互等关系$\Delta_{21}=\Delta_{12}$，即当应力作用在1方向时引起的2方向的变形应与2方向应力引起1方向的变形相等，由此得

$$\frac{\nu_{21}}{E_1}=\frac{\nu_{12}}{E_2}$$

因为一般$E_1\neq E_2$，所以$\nu_{21}\neq\nu_{12}$。

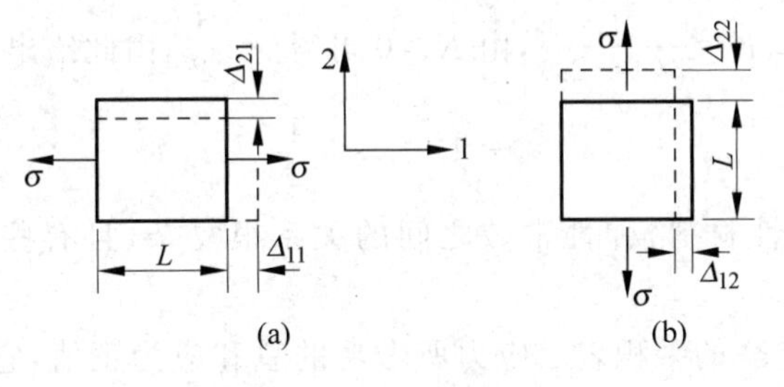

图2-4 ν_{21}和ν_{12}的区别

由于刚度矩阵与柔度矩阵互逆，即$\boldsymbol{S}^{-1}=\boldsymbol{C}$，可根据线性代数求得$\boldsymbol{C}$与$\boldsymbol{S}$各系数有如下关系：

$$\left.\begin{aligned}C_{11}&=\frac{S_{22}S_{33}-S_{23}^2}{S},\quad &C_{12}&=\frac{S_{13}S_{23}-S_{12}S_{33}}{S}\\C_{22}&=\frac{S_{33}S_{11}-S_{13}^2}{S},\quad &C_{13}&=\frac{S_{12}S_{23}-S_{13}S_{22}}{S}\\C_{33}&=\frac{S_{11}S_{22}-S_{12}^2}{S},\quad &C_{23}&=\frac{S_{12}S_{13}-S_{23}S_{11}}{S}\end{aligned}\right\}\tag{2-37}$$

其中，$S=S_{11}S_{22}S_{33}-S_{11}S_{23}^2-S_{22}S_{13}^2-S_{33}S_{12}^2-2S_{12}S_{13}S_{23}$。同样可将$S$与$C$互换，得到由

C_{ij}求S_{ij}的表达式。

现将式(2-35)工程弹性常数与柔度系数的关系式代入式(2-37),则得

$$\left.\begin{aligned}
C_{11}&=\frac{S_{22}S_{33}-S_{23}^2}{S}=\frac{(1/E_2)(1/E_3)-(\nu_{32}/E_2)(\nu_{23}/E_3)}{S}\\
&=\frac{1-\nu_{23}\nu_{32}}{E_2E_3S}=\frac{1-\nu_{23}\nu_{32}}{E_2E_3\Delta}\\
\text{其中}\quad \Delta&=S=\frac{1-\nu_{12}\nu_{21}-\nu_{23}\nu_{32}-\nu_{13}\nu_{31}-2\nu_{12}\nu_{23}\nu_{31}}{E_1E_2E_3}\\
C_{12}&=\frac{\nu_{12}+\nu_{13}\nu_{32}}{E_2E_3\Delta}=\frac{\nu_{21}+\nu_{23}\nu_{31}}{E_1E_3\Delta}\\
C_{13}&=\frac{\nu_{13}+\nu_{12}\nu_{23}}{E_2E_3\Delta}=\frac{\nu_{31}+\nu_{21}\nu_{32}}{E_1E_2\Delta}\\
C_{23}&=\frac{\nu_{23}+\nu_{21}\nu_{13}}{E_1E_3\Delta}=\frac{\nu_{32}+\nu_{12}\nu_{31}}{E_1E_2\Delta}\\
C_{22}&=\frac{1-\nu_{13}\nu_{31}}{E_1E_3\Delta},\quad C_{33}=\frac{1-\nu_{12}\nu_{21}}{E_1E_2\Delta}\\
C_{44}&=G_{23},\quad C_{55}=G_{31},\quad C_{66}=G_{12}
\end{aligned}\right\}\tag{2-38}$$

对于正交各向异性材料可以通过力学实验测定各工程弹性常数,然后按以上公式计算各S_{ij}和C_{ij}。

下面介绍关于工程弹性常数的限制。对于各向同性材料我们知道弹性常数必须满足下面关系式:

$$G=\frac{E}{2(1+\nu)},\quad E>0,G>0$$

即单向拉应力产生该方向伸长,剪应力产生相应剪应变。由$G>0,E>0$及G与E,ν的关系可得$\nu>-1$的条件。另外由三向压力p作用,体积应变$\varepsilon=\varepsilon_1+\varepsilon_2+\varepsilon_3=p/[E/3(1-2\nu)]=\frac{p}{K}$,$K$为体积弹性模量,$K=\frac{E}{3(1-2\nu)}$,由$K>0$可得$\nu<\frac{1}{2}$,由此给出$\nu$的范围:

$$-1<\nu<\frac{1}{2}$$

对于正交各向异性材料,弹性常数之间的关系很复杂,且有些与各向同性材料大不相同。

首先,由σ_i和相应ε_i的乘积表示应力所做功的总和应为正值,它提供了弹性常数数值上的热力学限制,由此得材料的$\boldsymbol{C}$和$\boldsymbol{S}$都应是正定的。先看$\boldsymbol{S}$,对角线元素必须是正值,即

$$S_{11},S_{22},S_{33},S_{44},S_{55},S_{66}>0$$

因此有

$$E_1,E_2,E_3,G_{23},G_{31},G_{12}>0$$

同样$\boldsymbol{C}$的对角线元素必须是正值,即

$$C_{11},C_{22},C_{33},C_{44},C_{55},C_{66}>0$$

其次,因正定矩阵的行列式必须是正的,即$\Delta>0,S>0$,可得出

$$1-\nu_{12}\nu_{21}-\nu_{23}\nu_{32}-\nu_{31}\nu_{13}-2\nu_{21}\nu_{32}\nu_{13}>0\tag{2-39}$$

再由式(2-38)可得

$$(1-\nu_{23}\nu_{32}),(1-\nu_{13}\nu_{31}),(1-\nu_{12}\nu_{21})>0\tag{2-40}$$

再由 $S_{ii}>0, S>0$ 和式(2-37)，可得

$$\left.\begin{array}{l}|S_{23}|<(S_{22}S_{33})^{\frac{1}{2}}\\|S_{13}|<(S_{11}S_{33})^{\frac{1}{2}}\\|S_{12}|<(S_{11}S_{22})^{\frac{1}{2}}\end{array}\right\}\tag{2-41}$$

由柔度矩阵对称性及上式可得

$$S_{12}=\frac{-\nu_{21}}{E_1}=\frac{-\nu_{12}}{E_2}=S_{21},\quad \left|\frac{\nu_{21}}{E_1}\right|<\left(\frac{1}{E_1E_2}\right)^{\frac{1}{2}}$$

$$|\nu_{21}|<\left(\frac{E_1}{E_2}\right)^{\frac{1}{2}},\quad |\nu_{12}|<\left(\frac{E_2}{E_1}\right)^{\frac{1}{2}}$$

同理可得

$$\left.\begin{array}{ll}|\nu_{23}|<\left(\dfrac{E_3}{E_2}\right)^{\frac{1}{2}}, & |\nu_{32}|<\left(\dfrac{E_2}{E_3}\right)^{\frac{1}{2}}\\|\nu_{13}|<\left(\dfrac{E_3}{E_1}\right)^{\frac{1}{2}}, & |\nu_{31}|<\left(\dfrac{E_1}{E_3}\right)^{\frac{1}{2}}\end{array}\right\}\tag{2-42}$$

由式(2-39)可得

$$\begin{aligned}\nu_{21}\nu_{32}\nu_{13}&<\frac{1-\nu_{12}\nu_{21}-\nu_{23}\nu_{32}-\nu_{31}\nu_{13}}{2}\\&=\frac{1}{2}\left[1-\nu_{12}^2\left(\frac{E_1}{E_2}\right)-\nu_{23}^2\left(\frac{E_2}{E_3}\right)-\nu_{31}^2\left(\frac{E_3}{E_1}\right)\right]<\frac{1}{2}\end{aligned}$$

再由上式得

$$\left.\begin{array}{l}1-\nu_{12}^2\left(\dfrac{E_1}{E_2}\right)-\nu_{23}^2\left(\dfrac{E_2}{E_3}\right)-\nu_{31}^2\left(\dfrac{E_3}{E_1}\right)-2\nu_{12}\nu_{23}\nu_{31}>0\\\left[1-\nu_{23}^2\left(\dfrac{E_2}{E_3}\right)\right]\left[1-\nu_{31}^2\left(\dfrac{E_3}{E_1}\right)\right]\\\quad-\left[\nu_{12}\left(\dfrac{E_1}{E_2}\right)^{\frac{1}{2}}+\nu_{23}\nu_{31}\left(\dfrac{E_2}{E_1}\right)^{\frac{1}{2}}\right]^2>0\end{array}\right\}\tag{2-43}$$

由式(2-43)可得 ν_{12} 的界限：

$$\begin{aligned}&-\left\{\nu_{23}\nu_{31}\left(\frac{E_2}{E_1}\right)+\left[1-\nu_{23}^2\left(\frac{E_2}{E_3}\right)\right]^{\frac{1}{2}}\left[1-\nu_{31}^2\left(\frac{E_3}{E_1}\right)\right]^{\frac{1}{2}}\left(\frac{E_2}{E_1}\right)^{\frac{1}{2}}\right\}<\nu_{12}\\&<-\left\{\nu_{23}\nu_{31}\left(\frac{E_2}{E_1}\right)-\left[1-\nu_{23}^2\left(\frac{E_2}{E_3}\right)\right]^{\frac{1}{2}}\left[1-\nu_{31}^2\left(\frac{E_3}{E_1}\right)\right]^{\frac{1}{2}}\left(\frac{E_2}{E_1}\right)^{\frac{1}{2}}\right\}\end{aligned}\tag{2-44}$$

及 ν_{23}，ν_{31} 的类似表达式。

正交各向异性材料的弹性常数的限制可用来检验实验数据，这与各向同性材料的直观知识很不相同。例如，实验测定某玻璃钢单层薄板的 $E_1=19.45\times10^3\,\text{MPa}$，$E_2=4.16\times10^3\,\text{MPa}$，$\nu_{21}=0.236$，$\nu_{12}=0.050$，由对称性条件得

$$\frac{\nu_{21}}{E_1}=\frac{0.236}{19.45\times10^3\,\text{MPa}}=0.0121\times10^{-3}(\text{MPa})^{-1}$$

$$\frac{\nu_{12}}{E_2}=\frac{0.050}{4.16\times10^3\,\text{MPa}}=0.0120\times10^{-3}(\text{MPa})^{-1}$$

两者接近相等。另外有

$$0.236=|\nu_{21}|<\left(\frac{E_1}{E_2}\right)^{\frac{1}{2}}=2.16$$

$$0.05=|\nu_{12}|<\left(\frac{E_2}{E_1}\right)^{\frac{1}{2}}=0.462$$

说明实验结果合理。

又如，测量硼/环氧复合材料的 $E_1=8.30\times10^4\,\text{MPa}$，$E_2=0.931\times10^4\,\text{MPa}$，$\nu_{21}=1.97$，$\nu_{12}=0.22$。由对称性条件得

$$\frac{\nu_{21}}{E_1}=\frac{1.97}{8.30\times10^4\,\text{MPa}}=0.237\times10^{-4}(\text{MPa})^{-1}$$

$$\frac{\nu_{12}}{E_2}=\frac{0.22}{0.931\times10^4\,\text{MPa}}=0.236\times10^{-4}(\text{MPa})^{-1}$$

虽然，$\nu_{21}=1.97$ 与各向同性材料的 ν 值相差很大，但满足对称性条件$\frac{\nu_{21}}{E_1}=\frac{\nu_{12}}{E_2}$。

另外，

$$\nu_{21}=1.97<\left(\frac{E_1}{E_2}\right)^{\frac{1}{2}}=2.99$$

$$\nu_{12}=0.22<\left(\frac{E_2}{E_1}\right)^{\frac{1}{2}}=0.335$$

说明实验数据是合理的。

习 题

2-1 各向异性材料、正交各向异性材料、横观各向同性材料和各向同性材料各有多少个独立的弹性常数？能否予以证明？

2-2 试证明下列不等式成立(式(2-44))：

$$-\left\{\nu_{23}\nu_{31}\left(\frac{E_2}{E_1}\right)+\left[1-\nu_{23}^2\left(\frac{E_2}{E_3}\right)\right]^{\frac{1}{2}}\left[1-\nu_{31}^2\left(\frac{E_3}{E_1}\right)\right]^{\frac{1}{2}}\left(\frac{E_2}{E_1}\right)^{\frac{1}{2}}\right\}<\nu_{12}$$
$$<-\left\{\nu_{23}\nu_{31}\left(\frac{E_2}{E_1}\right)-\left[1-\nu_{23}^2\left(\frac{E_2}{E_3}\right)\right]^{\frac{1}{2}}\left[1-\nu_{31}^2\left(\frac{E_3}{E_1}\right)\right]^{\frac{1}{2}}\left(\frac{E_2}{E_1}\right)^{\frac{1}{2}}\right\}$$

2-3 试由式(2-39)

$$1-\nu_{12}\nu_{21}-\nu_{23}\nu_{32}-\nu_{31}\nu_{13}-2\nu_{21}\nu_{32}\nu_{13}>0$$

证明各向同性材料的 $\nu<\frac{1}{2}$。

2-4 试由式(2-44)，对于各向同性材料得出已知的 ν 的界限。

第2篇

复合材料宏观力学

第3章 单层复合材料的宏观力学分析

3.1 平面应力下单层复合材料的应力-应变关系

在大多数情形下单层复合材料不单独使用，而作为层合结构材料的基本单元使用。此时，单层厚度（设厚度方向为3方向）和其他平面内方向（1，2方向）尺寸相比，一般是很小的，因此可近似认为$\sigma_3=0,\tau_{23}=\sigma_4=\tau_{31}=\sigma_5=0$，这就定义了平面应力状态，对正交各向异性材料，平面应力状态下应力-应变关系为

$$\left.\begin{aligned}&\begin{bmatrix}\varepsilon_1\\ \varepsilon_2\\ \gamma_{12}\end{bmatrix}=\begin{bmatrix}S_{11}&S_{12}&0\\ S_{12}&S_{22}&0\\ 0&0&S_{66}\end{bmatrix}\begin{bmatrix}\sigma_1\\ \sigma_2\\ \tau_{12}\end{bmatrix}=\boldsymbol{S\sigma}\\ &\gamma_{31}=\gamma_{23}=0,\quad \varepsilon_3=S_{13}\sigma_1+S_{23}\sigma_2\end{aligned}\right\}\tag{3-1}$$

其中，

$$S_{11}=\frac{1}{E_1},\quad S_{22}=\frac{1}{E_2},\quad S_{66}=\frac{1}{G_{12}},\quad S_{12}=\frac{-\nu_{21}}{E_1}=\frac{-\nu_{12}}{E_2},\quad S_{13}=-\frac{\nu_{31}}{E_1},\quad S_{23}=\frac{-\nu_{32}}{E_2}$$

将式(3-1)写成用应变表示应力的关系式：

$$\begin{bmatrix}\sigma_1\\ \sigma_2\\ \tau_{12}\end{bmatrix}=\begin{bmatrix}Q_{11}&Q_{12}&0\\ Q_{12}&Q_{22}&0\\ 0&0&Q_{66}\end{bmatrix}\begin{bmatrix}\varepsilon_1\\ \varepsilon_2\\ \gamma_{12}\end{bmatrix}\tag{3-2}$$

这就是单层材料主方向的应力-应变关系，其中$\boldsymbol{Q}$是二维刚度矩阵，由二维柔度矩阵$\boldsymbol{S}$求逆得出：

$$Q_{11}=\frac{S_{22}}{S_{11}S_{22}-S_{12}^2},\quad Q_{22}=\frac{S_{11}}{S_{11}S_{22}-S_{12}^2}$$

$$Q_{12}=\frac{-S_{12}}{S_{11}S_{22}-S_{12}^2},\quad Q_{66}=\frac{1}{S_{66}}$$

这里用 Q_{ij} 而不用 C_{ij} 作为刚度系数矩阵，是因为在平面应力下两者实际上有差别，即 $Q_{ij}\neq C_{ij}$，一般有所减小，因此有些书上称 $\boldsymbol{Q}$ 为折减刚度矩阵，而柔度矩阵仍用 $\boldsymbol{S}$ 表示。如将全部 S_{ij} 系数组成 $\boldsymbol{S}$(包括 S_{13}，S_{23})总体求逆，由 $\boldsymbol{C}=\boldsymbol{S}^{-1}$，求得 C_{ij} 与平面应力问题的二维刚度矩阵 $\boldsymbol{Q}$ 中的 Q_{ij} 不同，它们之间有下列关系：

$$\left.\begin{aligned}Q_{11}&=C_{11}-\frac{C_{12}^2}{C_{22}}\\Q_{12}&=C_{12}-\frac{C_{12}C_{23}}{C_{22}}\\Q_{22}&=C_{22}-\frac{C_{23}^2}{C_{22}}\\Q_{66}&=C_{66}\end{aligned}\right\}\tag{3-3}$$

从上式可见，除 C_{66} 外，一般 $Q_{ij}<C_{ij}$。

Q_{ij} 用工程弹性常数表示如下：

$$\left.\begin{aligned}Q_{11}&=\frac{E_1}{1-\nu_{12}\nu_{21}},\quad Q_{22}=\frac{E_2}{1-\nu_{12}\nu_{21}}\\Q_{12}&=\frac{\nu_{21}E_2}{1-\nu_{12}\nu_{21}}=\frac{\nu_{12}E_1}{1-\nu_{12}\nu_{21}},\quad Q_{66}=G_{12}\end{aligned}\right\}\tag{3-4}$$

上述应力-应变关系是在单层材料平面内受外力作用的单层板的刚度和应力分析的基础，这里应力和应变是在材料主方向定义的。

由于存在 $\frac{\nu_{12}}{E_2}=\frac{\nu_{21}}{E_1}$，所以平面应力问题中正交各向异性单层材料有 4 个独立弹性常数 E_1，E_2，ν_{21} 和 G_{12}，刚度系数和柔度系数分别有 4 个是独立的。

对于各向同性材料，在平面应力下应变-应力关系为

$$\begin{bmatrix}\varepsilon_1\\\varepsilon_2\\\gamma_{12}\end{bmatrix}=\begin{bmatrix}S_{11}&S_{12}&0\\S_{12}&S_{11}&0\\0&0&2(S_{11}-S_{12})\end{bmatrix}\begin{bmatrix}\sigma_1\\\sigma_2\\\tau_{12}\end{bmatrix}\tag{3-5}$$

其中，$S_{11}=\frac{1}{E}$，$S_{12}=\frac{-\nu}{E}$，$2(S_{11}-S_{12})=\frac{1}{G}=\frac{2(1+\nu)}{E}$，反过来，应力-应变关系为

$$\begin{bmatrix}\sigma_1\\\sigma_2\\\tau_{12}\end{bmatrix}=\begin{bmatrix}Q_{11}&Q_{12}&0\\Q_{12}&Q_{11}&0\\0&0&Q_{66}\end{bmatrix}\begin{bmatrix}\varepsilon_1\\\varepsilon_2\\\gamma_{12}\end{bmatrix}\tag{3-6}$$

其中

$$Q_{11}=\frac{E}{1-\nu^2},\quad Q_{12}=\frac{\nu E}{1-\nu^2},\quad Q_{66}=G=\frac{E}{2(1+\nu)}$$

表 3-1 中列出一些单层复合材料工程弹性常数的实验数据供参考。由 E_1，E_2，ν_{21}，G_{12} 可按公式计算 S_{ij} 和 Q_{ij} 值，分别列在表 3-2 和表 3-3 中。

表 3-1 几种单层复合材料的工程弹性常数

序号	材 料	型 号	相对密度 γ	E_1 $/10^5$ MPa	E_2 $/10^5$ MPa	ν_{21}	G_{12} $/10^5$ MPa	纤维含量 $c_f/\%$
1	石墨/环氧	T300/5280	1.6	1.85	0.105	0.28	0.073	70
2	石墨/环氧	A5/3501	1.6	1.41	0.091	0.30	0.072	66
3	硼/环氧	B(4)/5505	2.0	2.08	0.189	0.23	0.057	50
4	玻璃/环氧	S1002	1.6	0.39	0.084	0.26	0.042	45
5	芳纶/环氧	K49/EP	1.46	0.76	0.056	0.34	0.023	60

表 3-2 几种单层复合材料的柔度系数 S_{ij} $10^{-5}(\text{MPa})^{-1}$

序号	材 料	$S_{11}=\frac{1}{E_1}$	$S_{22}=\frac{1}{E_2}$	$S_{12}=\frac{-\nu_{21}}{E_1}$	$S_{66}=\frac{1}{G_{12}}$
1	石墨/环氧(T)	0.541	9.52	−0.151	13.7
2	石墨/环氧(A)	0.709	10.99	−0.213	13.9
3	硼/环氧(B)	0.481	5.29	−0.111	17.5
4	玻璃/环氧(S)	2.56	11.90	−0.667	23.8
5	芳纶/环氧(K)	1.32	17.86	−0.447	43.5

表 3-3 几种单层复合材料的刚度系数 Q_{ij} 10^5 MPa

序号	材 料	Q_{11}	Q_{22}	Q_{12}	Q_{66}
1	石墨/环氧(T)	1.86	0.106	0.0294	0.073
2	石墨/环氧(A)	1.42	0.0915	0.0275	0.072
3	硼/环氧(B)	2.09	0.190	0.0438	0.057
4	玻璃/环氧(S)	0.396	0.0853	0.0222	0.042
5	芳纶/环氧(K)	0.764	0.0565	0.0191	0.023

3.2 单层材料任意方向的应力-应变关系

3.1 节讨论的是在正交各向异性单层材料主方向上的应力-应变关系，但实际上使用单层材料层合板时往往单层材料的主方向与层合板总坐标 x-y 不一致，因此为了能在统一的 x-y 坐标中计算材料的刚度，需要知道单层材料在非主方向即 x，y 方向上的弹性系数（称为偏轴向弹性系数）与材料主方向的弹性系数之间的关系。这里首先简要讨论平面应力状态下的应力转轴和应变转轴公式。

3.2.1 应力转轴公式

在材料力学中可用 1-2（主方向）坐标中应力分量表示 x-y 坐标中应力分量的转换方程：

$$\begin{bmatrix}\sigma_x\\\sigma_y\\\tau_{xy}\end{bmatrix}=\begin{bmatrix}\cos^2\theta & \sin^2\theta & -2\sin\theta\cos\theta\\\sin^2\theta & \cos^2\theta & 2\sin\theta\cos\theta\\\sin\theta\cos\theta & -\sin\theta\cos\theta & \cos^2\theta-\sin^2\theta\end{bmatrix}\begin{bmatrix}\sigma_1\\\sigma_2\\\tau_{12}\end{bmatrix}\tag{3-7}$$

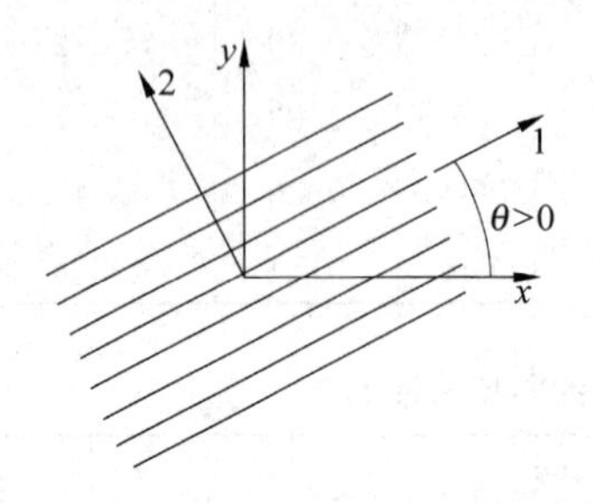

图 3-1　两种坐标之间的关系

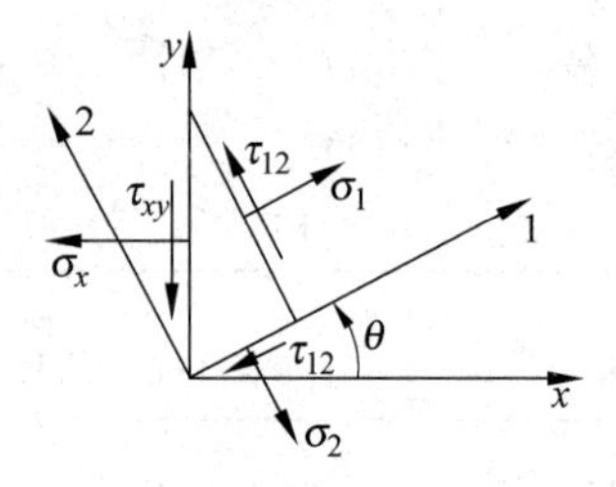

图 3-2　单元体平衡

图 3-1 所示为两种坐标之间的关系，θ 表示从 x 轴转向 1 轴的角度，以逆时针转为正，这些方程由斜截面截开三角形单元体考虑平衡条件而得出。图 3-2 表示单元体 x 方向平衡，可得

$$\sigma_x=\sigma_1\cos^2\theta+\sigma_2\sin^2\theta-2\tau_{12}\sin\theta\cos\theta$$

同理可得

$$\sigma_y=\sigma_1\sin^2\theta+\sigma_2\cos^2\theta+2\tau_{12}\sin\theta\cos\theta$$

$$\tau_{xy}=\sigma_1\sin\theta\cos\theta-\sigma_2\sin\theta\cos\theta+\tau_{12}(\cos^2\theta-\sin^2\theta)$$

将式(3-7)写成

$$\begin{bmatrix}\sigma_x\\\sigma_y\\\tau_{xy}\end{bmatrix}=\boldsymbol{T}^{-1}\begin{bmatrix}\sigma_1\\\sigma_2\\\tau_{12}\end{bmatrix}$$

用 x,y 坐标方向应力分量表示 1,2 方向应力分量如下：

$$\begin{bmatrix}\sigma_1\\\sigma_2\\\tau_{12}\end{bmatrix}=\boldsymbol{T}\begin{bmatrix}\sigma_x\\\sigma_y\\\tau_{xy}\end{bmatrix}\tag{3-8}$$

$\boldsymbol{T}$ 称为坐标转换矩阵，$\boldsymbol{T}^{-1}$ 是此矩阵的逆阵，它们的展开式分别为

$$\boldsymbol{T}=\begin{bmatrix}\cos^2\theta & \sin^2\theta & 2\sin\theta\cos\theta\\\sin^2\theta & \cos^2\theta & -2\sin\theta\cos\theta\\-\sin\theta\cos\theta & \sin\theta\cos\theta & \cos^2\theta-\sin^2\theta\end{bmatrix}\tag{3-9}$$

$$\boldsymbol{T}^{-1}=\begin{bmatrix}\cos^2\theta & \sin^2\theta & -2\sin\theta\cos\theta\\\sin^2\theta & \cos^2\theta & 2\sin\theta\cos\theta\\\sin\theta\cos\theta & -\sin\theta\cos\theta & \cos^2\theta-\sin^2\theta\end{bmatrix}\tag{3-10}$$

3.2.2　应变转轴公式

平面应力状态下单层板在 x-y 坐标中应变分量为 $\varepsilon_x,\varepsilon_y,\gamma_{xy}$，主方向与 x 轴夹角为 θ，主

方向应变分量为 ε_1，ε_2 和 γ_{12}，对于边长为 dx，dy，对角线 dl 沿主方向 1 的矩形单层板单元，由应变的结果可得单层板对角线长度 dl 的增量为

$$\varepsilon_1 dl = \varepsilon_x dx\cos\theta + \varepsilon_y dy\sin\theta + \gamma_{xy} dy\cos\theta$$

考虑到 $dx = dl\cos\theta$，$dy = dl\sin\theta$，则得出

$$\varepsilon_1 = \varepsilon_x \cos^2\theta + \varepsilon_y \sin^2\theta + \gamma_{xy} \sin\theta\cos\theta$$

同理有

$$\varepsilon_2 = \varepsilon_x \sin^2\theta + \varepsilon_y \cos^2\theta - \gamma_{xy} \sin\theta\cos\theta$$

$$\gamma_{12} = -2\varepsilon_x \sin\theta\cos\theta + 2\varepsilon_y \sin\theta\cos\theta + \gamma_{xy}(\cos^2\theta - \sin^2\theta)$$

将以上三式写成矩阵形式，有

$$\begin{bmatrix} \varepsilon_1 \\ \varepsilon_2 \\ \gamma_{12} \end{bmatrix} = \begin{bmatrix} \cos^2\theta & \sin^2\theta & \sin\theta\cos\theta \\ \sin^2\theta & \cos^2\theta & -\sin\theta\cos\theta \\ -2\sin\theta\cos\theta & 2\sin\theta\cos\theta & \cos^2\theta - \sin^2\theta \end{bmatrix} \begin{bmatrix} \varepsilon_x \\ \varepsilon_y \\ \gamma_{xy} \end{bmatrix} \tag{3-11}$$

反过来有

$$\begin{bmatrix} \varepsilon_x \\ \varepsilon_y \\ \gamma_{xy} \end{bmatrix} = \begin{bmatrix} \cos^2\theta & \sin^2\theta & -\sin\theta\cos\theta \\ \sin^2\theta & \cos^2\theta & \sin\theta\cos\theta \\ 2\sin\theta\cos\theta & -2\sin\theta\cos\theta & \cos^2\theta - \sin^2\theta \end{bmatrix} \begin{bmatrix} \varepsilon_1 \\ \varepsilon_2 \\ \gamma_{12} \end{bmatrix} \tag{3-12}$$

对比式(3-11)和式(3-10)，可得

$$\begin{bmatrix} \varepsilon_1 \\ \varepsilon_2 \\ \gamma_{12} \end{bmatrix} = (\boldsymbol{T}^{-1})^{\mathrm{T}} \begin{bmatrix} \varepsilon_x \\ \varepsilon_y \\ \gamma_{xy} \end{bmatrix} \tag{3-13}$$

对比式(3-12)和式(3-9)，可得

$$\begin{bmatrix} \varepsilon_x \\ \varepsilon_y \\ \gamma_{xy} \end{bmatrix} = \boldsymbol{T}^{\mathrm{T}} \begin{bmatrix} \varepsilon_1 \\ \varepsilon_2 \\ \gamma_{12} \end{bmatrix} \tag{3-14}$$

3.2.3 任意方向上的应力-应变关系

在正交各向异性材料中，平面应力状态主方向有下列应力-应变关系式：

$$\begin{bmatrix} \sigma_1 \\ \sigma_2 \\ \tau_{12} \end{bmatrix} = \begin{bmatrix} Q_{11} & Q_{12} & 0 \\ Q_{12} & Q_{22} & 0 \\ 0 & 0 & Q_{66} \end{bmatrix} \begin{bmatrix} \varepsilon_1 \\ \varepsilon_2 \\ \gamma_{12} \end{bmatrix} = \boldsymbol{Q} \begin{bmatrix} \varepsilon_1 \\ \varepsilon_2 \\ \gamma_{12} \end{bmatrix}$$

现应用式(3-7)和式(3-13)可得出偏轴向应力-应变关系：

$$\begin{bmatrix} \sigma_x \\ \sigma_y \\ \tau_{xy} \end{bmatrix} = \boldsymbol{T}^{-1} \begin{bmatrix} \sigma_1 \\ \sigma_2 \\ \tau_{12} \end{bmatrix} = \boldsymbol{T}^{-1}\boldsymbol{Q} \begin{bmatrix} \varepsilon_1 \\ \varepsilon_2 \\ \gamma_{12} \end{bmatrix} = \boldsymbol{T}^{-1}\boldsymbol{Q}(\boldsymbol{T}^{-1})^{\mathrm{T}} \begin{bmatrix} \varepsilon_x \\ \varepsilon_y \\ \gamma_{xy} \end{bmatrix}$$

现用 $\bar{\boldsymbol{Q}}$ 表示 $\boldsymbol{T}^{-1}\boldsymbol{Q}(\boldsymbol{T}^{-1})^{\mathrm{T}}$，则在 x-y 坐标中应力-应变关系可表示为

$$\begin{bmatrix}\sigma_x\\\sigma_y\\\tau_{xy}\end{bmatrix}=\bar{\boldsymbol{Q}}\begin{bmatrix}\varepsilon_x\\\varepsilon_y\\\gamma_{xy}\end{bmatrix}=\begin{bmatrix}\bar{Q}_{11}&\bar{Q}_{12}&\bar{Q}_{16}\\\bar{Q}_{12}&\bar{Q}_{22}&\bar{Q}_{26}\\\bar{Q}_{16}&\bar{Q}_{26}&\bar{Q}_{66}\end{bmatrix}\begin{bmatrix}\varepsilon_x\\\varepsilon_y\\\gamma_{xy}\end{bmatrix}\tag{3-15}$$

其中

$$\left.\begin{aligned}\bar{Q}_{11}&=Q_{11}\cos^4\theta+2(Q_{12}+2Q_{66})\sin^2\theta\cos^2\theta+Q_{22}\sin^4\theta\\\bar{Q}_{12}&=(Q_{11}+Q_{22}-4Q_{66})\sin^2\theta\cos^2\theta+Q_{12}(\sin^4\theta+\cos^4\theta)\\\bar{Q}_{22}&=Q_{11}\sin^4\theta+2(Q_{12}+2Q_{66})\sin^2\theta\cos^2\theta+Q_{22}\cos^4\theta\\\bar{Q}_{16}&=(Q_{11}-Q_{12}-2Q_{66})\sin\theta\cos^3\theta+(Q_{12}-Q_{22}+2Q_{66})\sin^3\theta\cos\theta\\\bar{Q}_{26}&=(Q_{11}-Q_{12}-2Q_{66})\sin^3\theta\cos\theta+(Q_{12}-Q_{22}+2Q_{66})\sin\theta\cos^3\theta\\\bar{Q}_{66}&=(Q_{11}+Q_{22}-2Q_{12}-2Q_{66})\sin^2\theta\cos^2\theta+Q_{66}(\sin^4\theta+\cos^4\theta)\end{aligned}\right\}\tag{3-16}$$

矩阵 $\bar{\boldsymbol{Q}}$ 表示代表主方向的二维刚度矩阵 $\boldsymbol{Q}$ 的转换矩阵，它有 9 个系数，一般都不为零，并有对称性，有 6 个不同系数。它与 $\boldsymbol{Q}$ 大不相同，但是由于是正交各向异性单层材料，仍只有 4 个独立的材料弹性常数。在 x-y 坐标中即使正交各向异性单层材料显示出一般各向异性性质，剪应变和正应力之间以及剪应力和线应变之间存在耦合影响，但是它在材料主方向上具有正交各向异性特性，故称为广义正交各向异性单层材料，以与一般各向异性材料区别。$\bar{\boldsymbol{Q}}$ 的 6 个系数中 $\bar{Q}_{11}$，$\bar{Q}_{12}$，$\bar{Q}_{22}$，$\bar{Q}_{66}$ 是 θ 的偶函数，$\bar{Q}_{16}$，$\bar{Q}_{26}$ 是 θ 的奇函数。

现再用应力表示应变，在材料主方向单层材料有下列关系式：

$$\begin{bmatrix}\varepsilon_1\\\varepsilon_2\\\gamma_{12}\end{bmatrix}=\begin{bmatrix}S_{11}&S_{12}&0\\S_{12}&S_{22}&0\\0&0&S_{66}\end{bmatrix}\begin{bmatrix}\sigma_1\\\sigma_2\\\tau_{12}\end{bmatrix}=\boldsymbol{S}\begin{bmatrix}\sigma_1\\\sigma_2\\\tau_{12}\end{bmatrix}$$

转换到 x-y 坐标方向有

$$\begin{bmatrix}\varepsilon_x\\\varepsilon_y\\\gamma_{xy}\end{bmatrix}=\boldsymbol{T}^{\mathrm{T}}\begin{bmatrix}\varepsilon_1\\\varepsilon_2\\\gamma_{12}\end{bmatrix}=\boldsymbol{T}^{\mathrm{T}}\boldsymbol{S}\begin{bmatrix}\sigma_1\\\sigma_2\\\tau_{12}\end{bmatrix}=\boldsymbol{T}^{\mathrm{T}}\boldsymbol{S}\boldsymbol{T}\begin{bmatrix}\sigma_x\\\sigma_y\\\tau_{xy}\end{bmatrix}=\bar{\boldsymbol{S}}\begin{bmatrix}\sigma_x\\\sigma_y\\\tau_{xy}\end{bmatrix}\tag{3-17}$$

式中，$\bar{\boldsymbol{S}}=\boldsymbol{T}^{\mathrm{T}}\boldsymbol{S}\boldsymbol{T}$，$\bar{S}_{ij}$ 为

$$\left.\begin{aligned}\bar{S}_{11}&=S_{11}\cos^4\theta+(2S_{12}+S_{66})\sin^2\theta\cos^2\theta+S_{22}\sin^4\theta\\\bar{S}_{12}&=S_{12}(\sin^4\theta+\cos^4\theta)+(S_{11}+S_{22}-S_{66})\sin^2\theta\cos^2\theta\\\bar{S}_{22}&=S_{11}\sin^4\theta+(2S_{12}+S_{66})\sin^2\theta\cos^2\theta+S_{22}\cos^4\theta\\\bar{S}_{16}&=(2S_{11}-2S_{12}-S_{66})\sin\theta\cos^3\theta-(2S_{22}-2S_{12}-S_{66})\sin^3\theta\cos\theta\\\bar{S}_{26}&=(2S_{11}-2S_{12}-S_{66})\sin^3\theta\cos\theta-(2S_{22}-2S_{12}-S_{66})\sin\theta\cos^3\theta\\\bar{S}_{66}&=4\left(S_{11}+S_{22}-2S_{12}-\frac{1}{2}S_{66}\right)\sin^2\theta\cos^2\theta+S_{66}(\sin^4\theta+\cos^4\theta)\end{aligned}\right\}\tag{3-18}$$

其中 $\bar{S}_{11}$，$\bar{S}_{12}$，$\bar{S}_{22}$，$\bar{S}_{66}$ 是 θ 的偶函数，$\bar{S}_{16}$，$\bar{S}_{26}$ 是 θ 的奇函数。另外 $\bar{\boldsymbol{S}}$ 与 $\boldsymbol{S}$ 不同，有 6 个系数，$\boldsymbol{S}$ 各系数可用 4 个独立的弹性常数表示和计算，$\bar{\boldsymbol{S}}$ 也可由这些弹性常数求得。

为了进一步讨论单层正交各向异性材料的偏轴向弹性特性，将式(3-17)仿照式(3-1)写成表观工程弹性常数形式：

$$\begin{bmatrix}\varepsilon_x\\ \varepsilon_y\\ \gamma_{xy}\end{bmatrix}=\begin{bmatrix}\bar{S}_{11} & \bar{S}_{12} & \bar{S}_{16}\\ \bar{S}_{12} & \bar{S}_{22} & \bar{S}_{26}\\ \bar{S}_{16} & \bar{S}_{26} & \bar{S}_{66}\end{bmatrix}\begin{bmatrix}\sigma_x\\ \sigma_y\\ \tau_{xy}\end{bmatrix}=\begin{bmatrix}\dfrac{1}{E_x} & \dfrac{-\nu_{xy}}{E_y} & \dfrac{\eta_{x,xy}}{G_{xy}}\\ -\dfrac{\nu_{yx}}{E_x} & \dfrac{1}{E_y} & \dfrac{\eta_{y,xy}}{G_{xy}}\\ \dfrac{\eta_{xy,x}}{E_x} & \dfrac{\eta_{xy,y}}{E_y} & \dfrac{1}{G_{xy}}\end{bmatrix}\begin{bmatrix}\sigma_x\\ \sigma_y\\ \tau_{xy}\end{bmatrix}\tag{3-19}$$

其中

$$\bar{S}_{11}=\frac{1}{E_x},\quad \bar{S}_{22}=\frac{1}{E_y},\quad \bar{S}_{16}=\frac{\eta_{xy,x}}{E_x}=\frac{\eta_{x,xy}}{G_{xy}}$$

$$\bar{S}_{12}=\frac{-\nu_{xy}}{E_y}=\frac{-\nu_{yx}}{E_x},\quad \bar{S}_{66}=\frac{1}{G_{xy}},\quad \bar{S}_{26}=\frac{\eta_{xy,y}}{E_y}=\frac{\eta_{y,xy}}{G_{xy}}$$

将式(3-1)代入式(3-18)并注意到式(3-19)，可得

$$\left.\begin{aligned}
\bar{S}_{11}&=\frac{1}{E_x}=\frac{1}{E_1}\cos^4\theta+\left(\frac{1}{G_{12}}-\frac{2\nu_{21}}{E_1}\right)\sin^2\theta\cos^2\theta+\frac{1}{E_2}\sin^4\theta\\
\bar{S}_{22}&=\frac{1}{E_y}=\frac{1}{E_1}\sin^4\theta+\left(\frac{1}{G_{12}}-\frac{2\nu_{21}}{E_1}\right)\sin^2\theta\cos^2\theta+\frac{1}{E_2}\cos^4\theta\\
\bar{S}_{12}&=-\frac{\nu_{yx}}{E_x}=-\frac{\nu_{21}}{E_1}(\sin^4\theta+\cos^4\theta)+\left(\frac{1}{E_1}+\frac{1}{E_2}-\frac{1}{G_{12}}\right)\sin^2\theta\cos^2\theta\\
\bar{S}_{66}&=\frac{1}{G_{xy}}=\frac{1}{G_{12}}(\sin^4\theta+\cos^4\theta)+4\left(\frac{1+2\nu_{21}}{E_1}+\frac{1}{E_2}-\frac{1}{2G_{12}}\right)\sin^2\theta\cos^2\theta\\
\bar{S}_{16}&=\frac{\eta_{xy,x}}{E_x}=\left(\frac{2}{E_1}+\frac{2\nu_{21}}{E_1}-\frac{1}{G_{12}}\right)\sin\theta\cos^3\theta-\left(\frac{2}{E_2}+\frac{2\nu_{21}}{E_2}-\frac{1}{G_{12}}\right)\sin^3\theta\cos\theta\\
\bar{S}_{26}&=\frac{\eta_{xy,y}}{E_y}=\left(\frac{2}{E_1}+\frac{2\nu_{21}}{E_1}-\frac{1}{G_{12}}\right)\sin^3\theta\cos\theta-\left(\frac{2}{E_2}+\frac{2\nu_{21}}{E_2}-\frac{1}{G_{12}}\right)\sin\theta\cos^3\theta
\end{aligned}\right\}\tag{3-20}$$

以上式中各交叉弹性系数 $\eta_{xy,x}$，$\eta_{xy,y}$ 和 $\eta_{x,xy}$，$\eta_{y,xy}$ 分别定义如下：

$\eta_{xy,x}=\dfrac{\gamma_{xy}}{\varepsilon_x}$，只有 σ_x（其余应力分量为零）引起的 γ_{xy} 与 ε_x 的比值；

$\eta_{xy,y}=\dfrac{\gamma_{xy}}{\varepsilon_y}$，只有 σ_y（其余应力分量为零）引起的 γ_{xy} 与 ε_y 的比值；

$\eta_{x,xy}=\dfrac{\varepsilon_x}{\gamma_{xy}}$，只有 τ_{xy}（其余应力分量为零）引起的 ε_x 与 γ_{xy} 的比值；

$\eta_{y,xy}=\dfrac{\varepsilon_y}{\gamma_{xy}}$，只有 τ_{xy}（其余应力分量为零）引起的 ε_y 与 γ_{xy} 的比值。

例如，$\varepsilon_x=\bar{S}_{16}\tau_{xy}=\dfrac{\eta_{x,xy}}{G_{xy}}\tau_{xy}$，$\varepsilon_y=\bar{S}_{26}\tau_{xy}=\dfrac{\eta_{y,xy}}{G_{xy}}\tau_{xy}$。

为了讨论工程弹性常数随 θ 角的变化情况，对某种玻璃/环氧单层材料，当 $E_1/E_2=3$，$G_{12}/E_2=0.5$，$\nu_{21}=0.25$ 时，按式(3-20)算出偏轴无量纲工程弹性常数 E_x/E_2，$\eta_{xy,x}$，G_{xy}/G_{12} 和 ν_{yx} 随 θ 的变化曲线，如图 3-3 所示。E_x/E_2 在 $\theta=0°$ 时取极大值 3，$\theta=90°$ 时得极小值 1。G_{xy}/G_{12} 在 0°，90°时为 1，45°时取得最大值。ν_{yx} 在 0°，90°间有一最大值。$\eta_{xy,x}$ 在 0°，90°时为零，在中间角度有较大值。不同复合材料表观工程弹性常数随 θ 角变化不全相同。

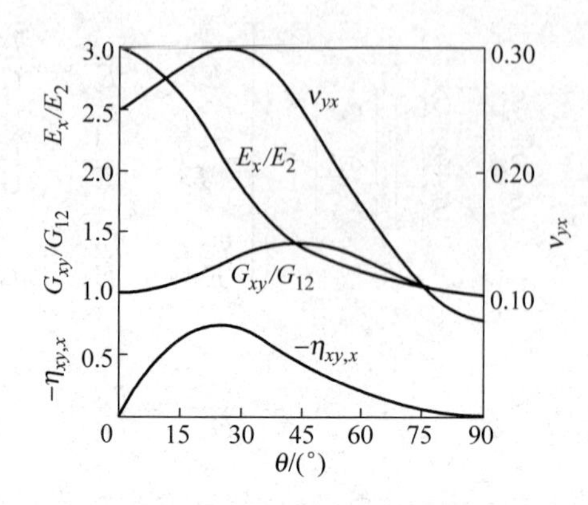

图 3-3 玻璃/环氧表观工程弹性常数随 θ 的变化

3.3 单层复合材料的强度

3.3.1 各向同性材料强度理论简要回顾

材料力学中已讨论过各向同性材料的强度理论，常用的强度理论有以下几种。

1. 最大正应力理论

按此理论，材料进入危险（或破坏）状态的原因是由于最大正应力 σ_1（或 $|\sigma_3|$）达到一定极限值：

$$\sigma_1 \leqslant \sigma_{tm}, \quad |\sigma_3| \leqslant \sigma_{cm}$$

式中，σ_{tm} 和 σ_{cm} 分别是材料单向拉伸和压缩的极限应力（屈服极限或强度极限）。

2. 最大线应变理论

材料破坏是由于其最大线应变 ε_1（或 $|\varepsilon_3|$）达到一定极限值：

$$\varepsilon_1 \leqslant \varepsilon_{tm}, \quad |\varepsilon_3| \leqslant \varepsilon_{cm}$$

式中，ε_{tm}，ε_{cm} 分别是材料拉伸和压缩时的极限应变。

3. 最大剪应力理论

材料破坏是由于最大剪应力达极限值：

$$\tau_{max} \leqslant \tau_m$$

4. 最大歪形能理论

材料进入危险状态是由于歪形能达到一定极限值：

$$U_y \leqslant U_{ym}$$

式中

$$U_y = \frac{1+\nu}{3E}(\sigma_1^2+\sigma_2^2+\sigma_3^2-\sigma_1\sigma_2-\sigma_2\sigma_3-\sigma_3\sigma_1), \quad U_{ym} = \frac{1+\nu}{3E}\sigma_{tm}^2$$

其中，σ_{tm}是单向拉伸时的极限应力，由此得

$$\sigma_1^2+\sigma_2^2+\sigma_3^2-\sigma_1\sigma_2-\sigma_2\sigma_3-\sigma_3\sigma_1\leqslant\sigma_{tm}^2$$

对不同材料可能适用于不同的强度理论。

3.3.2　正交各向异性单层材料的强度概念

单向纤维增强复合材料是正交各向异性材料。当外载荷沿材料主方向作用时称为主方向载荷，其对应的应力称为主方向应力。如果载荷作用方向与材料主方向不一致，则可通过坐标变换，将载荷作用方向的应力转换为材料主方向的应力。

与各向同性材料相比，正交各向异性材料的强度在概念上有下列特点。

(1) 对于各向同性材料，各强度理论中所指的最大应力和线应变是材料的主应力和主应变；但对于各向异性材料，由于最大作用应力并不一定对应材料的危险状态，所以与材料方向无关的最大值主应力已无意义，而材料主方向的应力是重要的，由于各主方向强度不同，因此最大作用应力不一定是控制设计的应力。

(2) 若材料在拉伸和压缩时具有相同的强度，则正交各向异性单层材料的基本强度有三个：

X——轴向或纵向强度(沿材料主方向1)；

Y——横向强度(沿材料主方向2)；

S——剪切强度(沿1-2平面，见图3-4)。

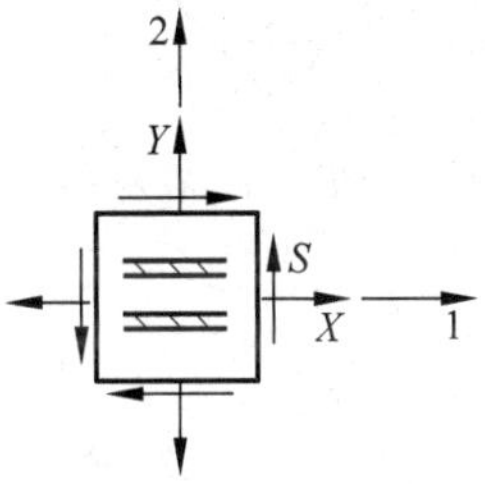

图3-4　单层复合材料的基本强度

在确定单层材料强度时可不考虑主应力。例如某单层材料在1-2平面内的基本强度为

$$X=1500\text{MPa},\quad Y=50\text{MPa},\quad S=70\text{MPa}$$

纤维方向1的强度远高于2方向的强度。假如由外载引起应力$\sigma_1=800\text{MPa}$，$\sigma_2=60\text{MPa}$，$\tau_{12}=40\text{MPa}$，这里σ_1，σ_2分别为材料1,2方向的应力，不是第一、第二主应力。虽然$\sigma_1<X$，$\tau_{12}<S$，但$\sigma_2>Y$。按某种强度理论，这样的单层材料将发生破坏。因此，正交各向异性材料中强度是应力方向的函数，而各向同性材料中强度与应力方向无关。

如果材料的拉伸和压缩性能不相同(对于大多数纤维增强复合材料)，则基本强度有五个：

X_t——纵向拉伸强度；

X_c——纵向压缩强度；

Y_t——横向拉伸强度；

Y_c——横向压缩强度；

S——剪切强度。

它们分别由材料单向受力实验测定。

(3) 正交各向异性材料在材料主方向上的拉伸和压缩强度一般是不同的，但在主方向上的剪切强度(不管剪应力是正还是负)都具有相同的最大值。图3-5表明，在材料主方向上的正剪应力和负剪应力的应力场是没有区别的，两者彼此镜面对称。但是在非材料主方向上剪应力最大值依赖于剪应力的方向(正负)。例如当剪应力与材料主方向成45°角时，正和负的剪应力在纤维方向上产生符号相反的正应力(拉或压)，如图3-6所示。图中对于

正的剪应力,纤维方向有拉伸应力,而垂直纤维方向上有压应力;对于负的剪应力,纤维方向有压应力而垂直于纤维方向有拉应力。然而材料的纵向强度在拉伸和压缩时是不同的,因此对于作用在非材料主方向的正和负的剪应力,剪切强度是不同的。这可以由单向纤维增强的单层材料推广到双向纤维编织的单层材料。上述例子说明拉压性能不同的正交各向异性材料的强度分析是很复杂的。

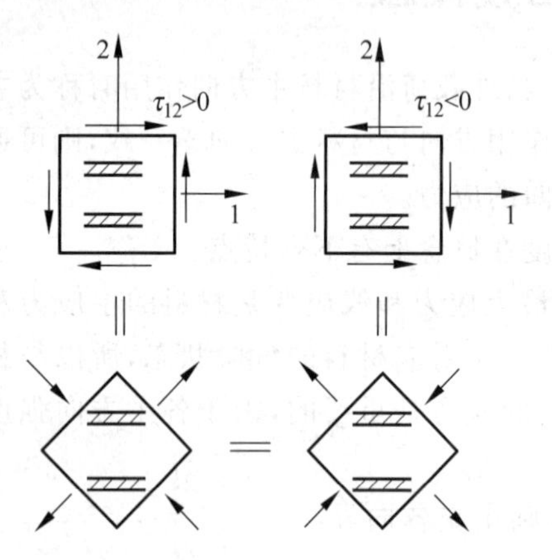

图 3-5 在材料主方向上的剪应力

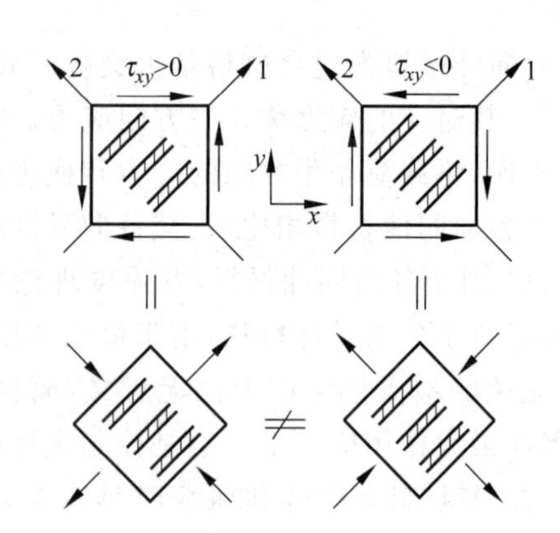

图 3-6 与材料主方向成45°角的剪应力

3.4 正交各向异性单层材料的强度理论

大多数试验测定的材料强度是建立在单向应力状态基础上的,但实际结构问题常涉及平面应力状态或空间应力状态,这里讨论正交各向异性单层材料的强度,故涉及平面强度理论。假设材料宏观上是均匀的,不考虑某些细观破坏机理。

下面先介绍几个常用的强度理论,最后再讨论张量强度理论。

3.4.1 最大应力理论

在这个理论中,各材料主方向应力必须小于各自方向的强度,否则即发生破坏。对于拉伸应力有

$$\left.\begin{aligned} \sigma_1 &< X_t \\ \sigma_2 &< Y_t \\ |\tau_{12}| &< S \end{aligned}\right\} \tag{3-21}$$

对于压缩应力有

$$\sigma_1 > -X_c,\quad \sigma_2 > -Y_c \tag{3-22}$$

注意这里 σ_1,σ_2 指材料第1,2主方向的应力,而不是各向同性材料中的主应力。另外 S 与 τ_{12}的符号无关。如上述5个不等式中任一个不满足,则材料分别以与 X_t,X_c,Y_t,Y_c 或 S 相联系的破坏机理而破坏。该理论中,各种破坏模式之间没有相互影响,即实际上是5个分别的不等式。

在应用最大应力理论时，所考虑材料中的应力必须转换为材料主方向的应力。例如，考虑一个单层复合材料承受与纤维方向成θ角的单向载荷，如图3-7所示，注意到$\sigma_y=\tau_{xy}=0$，根据应力转轴公式(3-8)得

$$\sigma_1=\sigma_x\cos^2\theta$$

$$\sigma_2=\sigma_x\sin^2\theta$$

$$\tau_{12}=-\sigma_x\sin\theta\cos\theta$$

求解上述方程，并代入式(3-21)中，最大单向应力σ_x是下述三个不等式中的最小值：

$$\left.\begin{aligned}\sigma_x&<X/\cos^2\theta\\ \sigma_x&<Y/\sin^2\theta\\ \sigma_x&<S/\sin\theta\cos\theta\end{aligned}\right\}\tag{3-23}$$

表3-4中列出几种典型复合材料的力学性能。对于玻璃/环氧复合材料用表中数据绘出图3-8，图中画出了单层复合材料单向强度与偏轴角度θ的关系。拉伸实验数据用●表示，压缩用■表示，各条曲线分别表示式(3-23)中各式，其中最低一条为控制强度曲线，强度曲线中的理论尖点在实验中不存在，该理论与实验结果不很一致，因此需探求别的强度理论。

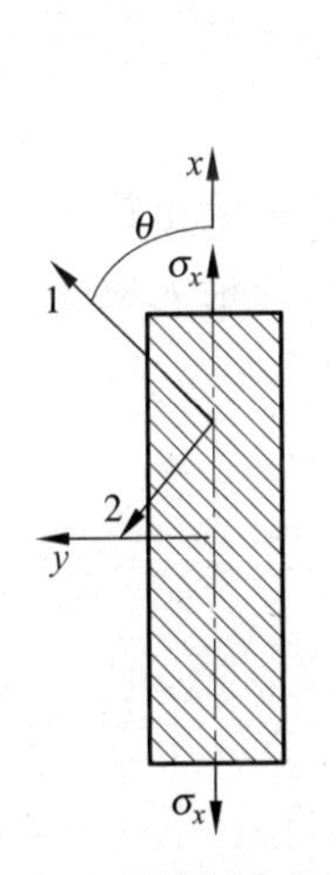

图3-7 偏轴单向载荷

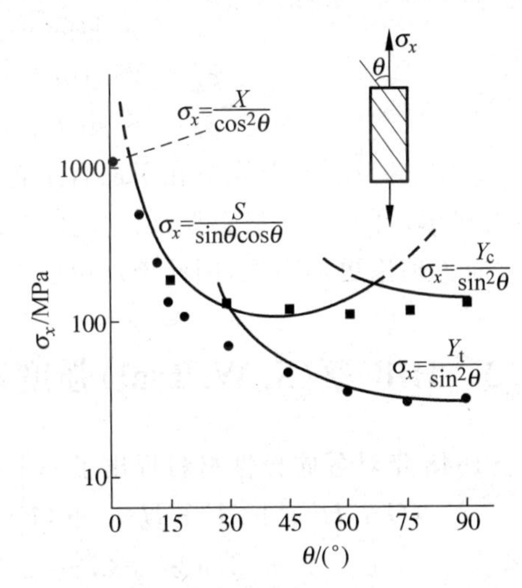

图3-8 最大应力理论

表3-4 几种典型复合材料的力学性能

序 号	1	2	3	4
材料名称	玻璃/环氧	硼/环氧	石墨/环氧	芳纶/环氧
$E_1/10^4$ MPa	5.48	21.1	21.1	7.7
$E_2/10^4$ MPa	1.83	2.11	0.53	0.56
ν_{21}	0.25	0.30	0.25	0.34
$G_{12}/10^4$ MPa	0.91	0.70	0.26	0.21
$X_t/10^2$ MPa	10.5	14.1	10.5	14.1
$Y_t/10^2$ MPa	0.30	0.84	0.40	0.30
$S/10^2$ MPa	0.40	1.30	0.70	0.45
$X_c/10^2$ MPa	10.5	28.1	7.03	2.4
$Y_c/10^2$ MPa	1.4	2.8	1.2	1.4

3.4.2 最大应变理论

最大应变理论与最大应力理论很相似，这里受限制的是应变，对于拉伸和压缩强度不同的材料，如下不等式

$$\left.\begin{array}{l}\varepsilon_1 < \varepsilon_{Xt}, \quad \varepsilon_1 > -\varepsilon_{Xc} \\ \varepsilon_2 < \varepsilon_{Yt}, \quad \varepsilon_2 > -\varepsilon_{Yc} \\ |\gamma_{12}| < \gamma_S\end{array}\right\} \tag{3-24}$$

中有任一个不满足，即认为材料破坏。式中，ε_{Xt}，ε_{Xc}分别是1方向最大拉伸、最大压缩线应变；ε_{Yt}，ε_{Yc}分别是2方向最大拉伸、最大压缩线应变；γ_S是1-2平面内最大剪应变。

像剪切强度一样，最大剪应变不受剪应力方向的影响，在应用此理论前必须将总坐标系中的应变转换为材料主方向的应变ε_1，ε_2，γ_{12}。

对于承受偏轴向单向载荷的单层复合材料，其极限应力可利用广义应力-应变关系和线弹性破坏限制条件，用下列关系式表示最大应变理论：

$$\left.\begin{array}{l}\sigma_x < X/(\cos^2\theta - \nu_{21}\sin^2\theta) \\ \sigma_x < Y/(\sin^2\theta - \nu_{12}\cos^2\theta) \\ \sigma_x < S/\sin\theta\cos\theta\end{array}\right\} \tag{3-25}$$

式(3-25)与式(3-23)比较，差别只在于前者中包含了泊松比。同样可绘出最大应变理论强度曲线，并与玻璃/环氧单层材料偏轴拉伸实验结果比较，实验结果与最大应变理论之间的差别比最大应力理论更加明显，因此该理论也不大适用。

3.4.3 Hill-蔡(S. W. Tsai)强度理论

Hill于1948年对各向异性材料提出了一个屈服准则：

$$\begin{aligned}&(G+H)\sigma_1^2+(F+H)\sigma_2^2+(F+G)\sigma_3^2-2H\sigma_1\sigma_2-2G\sigma_1\sigma_3 \\ &\quad -2F\sigma_2\sigma_3+2L\tau_{23}^2+2M\tau_{31}^2+2N\tau_{12}^2=1\end{aligned} \tag{3-26}$$

式中，F,G,H,L,M,N为各向异性材料的破坏强度参数，如以$L=M=N=3F=3G=3H$及$2F=1/\sigma_s$代入上式则得

$$(\sigma_1-\sigma_2)^2+(\sigma_2-\sigma_3)^2+(\sigma_3-\sigma_1)^2+6(\tau_{12}^2+\tau_{23}^2+\tau_{31}^2)=2\sigma_s^2$$

其中，σ_s为各向同性材料的屈服极限。由此可见，Hill提出的是Von Mises提出的各向同性材料屈服准则(Mises准则)，即歪形能理论的推广，但在正交各向异性材料中，形状变化和体积变化不能分开，所以式(3-26)不是歪形能。

蔡用单层复合材料通常用的破坏强度X,Y,S来表示F,G,H,L,M,N。如只有τ_{12}作用，其最大值为S，则有

$$2N=\frac{1}{S^2}$$

若只有σ_1作用，则由式(3-26)有

$$(G+H)X^2=1$$

得

$$G+H=\frac{1}{X^2}$$

如只有 σ_2 作用则得

$$F+H=\frac{1}{Y^2}$$

如用 Z 表示 3 方向的强度，且只有 σ_3 作用，则得

$$F+G=\frac{1}{Z^2}$$

联立上述三式，可解得 F,G,H 如下：

$$2H=\frac{1}{X^2}+\frac{1}{Y^2}-\frac{1}{Z^2}$$

$$2G=\frac{1}{X^2}+\frac{1}{Z^2}-\frac{1}{Y^2}$$

$$2F=\frac{1}{Y^2}+\frac{1}{Z^2}-\frac{1}{X^2}$$

对于纤维在 1 方向的单层材料，在 1-2 平面内，平面应力情况为 $\sigma_3=\tau_{13}=\tau_{23}=0$。根据几何特性，纤维在 2 方向和 3 方向的分布情况相同，可知 $Y=Z$，则 $H=\frac{1}{2X^2}=G,F+H=\frac{1}{Y^2}$。由此式(3-26)化为

$$\frac{\sigma_1^2}{X^2}-\frac{\sigma_1\sigma_2}{X^2}+\frac{\sigma_2^2}{Y^2}+\frac{\tau_{12}^2}{S^2}=1 \tag{3-27}$$

这是由单层复合材料强度 X,Y 和 S 表示的基本破坏准则，称为 Hill-蔡强度理论。

对于偏轴向受单向载荷的单层复合材料，把应力转轴公式(只有 σ_x)代入式(3-27)得

$$\frac{\cos^4\theta}{X^2}+\left(\frac{1}{S^2}-\frac{1}{X^2}\right)\cos^2\theta\sin^2\theta+\frac{\sin^2\theta}{Y^2}=\frac{1}{\sigma^2} \tag{3-28}$$

这是一个统一的强度理论公式，不同于最大应力和最大应变理论(由 5 个分公式表示)。将此理论结果和玻璃/环氧复合材料实验结果画在图 3-9 中，两者吻合较好，该理论可应用于玻璃/环氧等复合材料。

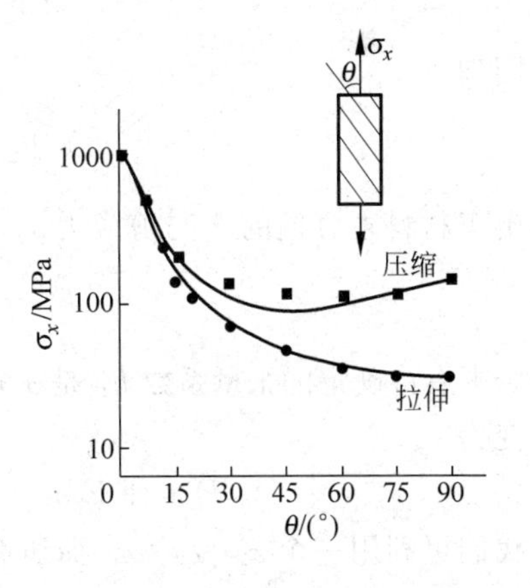

图 3-9 Hill-蔡强度理论

Hill-蔡强度理论有以下优点：

(1) σ_x 随方向角 θ 的变化是光滑的，没有尖点。

(2) σ_x 一般随 θ 角增加而连续减小。

(3) 该理论与实验之间吻合较好。

(4) Hill-蔡理论中破坏强度 X,Y,S 之间存在重要的相互联系，而其他理论假定三种破坏是单独发生的。

(5) 此理论可进行简化而得到各向同性材料的结果。

Hill-蔡理论未考虑拉、压性能不同的复合材料，这方面 Hoffman 提出如下新的理论：

$$\frac{\sigma_1^2}{X_tX_c}-\frac{\sigma_1\sigma_2}{X_tX_c}+\frac{\sigma_2^2}{Y_tY_c}+\frac{X_c-X_t}{X_tX_c}\sigma_1+\frac{Y_c-Y_t}{Y_tY_c}\sigma_2+\frac{\tau_{12}^2}{S^2}=1 \tag{3-29}$$

当 $X_t = X_c, Y_t = Y_c$（这里 X_c, Y_c 均取正值）时，上式简化为式(3-27)。

3.4.4 蔡-吴(E. M. Wu)张量理论

上述各强度理论与实验结果之间有不同程度的不一致，改善两者之间一致性的明显方法是增加理论方程中的项数。为此蔡和吴以张量形式提出新的强度理论。

他们假定在应力空间中的破坏表面存在下列形式：

$$F_i\sigma_i + F_{ij}\sigma_i\sigma_j = 1 \qquad (i,j = 1,2,\cdots,6) \tag{3-30}$$

式中，F_i 和 F_{ij} 分别是二阶和四阶强度系数张量，除了 $\sigma_4 = \tau_{23}, \sigma_5 = \tau_{31}, \sigma_6 = \tau_{12}$ 外，应用简写符号，此方程很复杂，F_i 有 6 个系数，F_{ij} 有 21 个系数。对于平面应力下的正交各向异性单层材料，式(3-30)可化为

$$\begin{aligned} F_1\sigma_1 + F_2\sigma_2 + F_6\sigma_6 + F_{11}\sigma_1^2 + F_{22}\sigma_2^2 + F_{66}\sigma_6^2 \\ + 2F_{16}\sigma_1\sigma_6 + 2F_{26}\sigma_2\sigma_6 + 2F_{12}\sigma_1\sigma_2 = 1 \end{aligned} \tag{3-31}$$

如同 Hoffman 理论一样，上式中应力的一次项对拉压强度不同的材料是有用的；应力的二次项对描述应力空间中的椭球面时，是常见的项；F_{12}, F_{16} 和 F_{26} 项是新出现的，它们用于描述 1 和 2 方向正应力之间及 $\sigma_1\sigma_6, \sigma_2\sigma_6$ 之间的相互作用。

张量 F_i, F_{ij} 的某些系数可用 X_t, X_c, Y_t, Y_c, S 确定，如 1 方向拉伸时，$\sigma_1 > 0, \sigma_2 = \sigma_6 = 0$，则有

$$F_1 X_t + F_{11} X_t^2 = 1$$

而压缩时有

$$-F_1 X_c + F_{11} X_c^2 = 1$$

其中 X_t, X_c 均取正值，联立以上两式求解得

$$F_1 = \frac{1}{X_t} - \frac{1}{X_c}, \quad F_{11} = \frac{1}{X_t X_c} \tag{3-32}$$

同理

$$F_2 = \frac{1}{Y_t} - \frac{1}{Y_c}, \quad F_{22} = \frac{1}{Y_t Y_c} \tag{3-33}$$

由于材料主方向的 S 与剪应力 σ_6 的正负号无关，因此可得

$$F_6 = F_{16} = F_{26} = 0, \quad F_{66} = \frac{1}{S^2} \tag{3-34}$$

余下有待确定的张量系数 F_{12} 是 $\sigma_1\sigma_2$ 项的系数，它反映双向正应力的相互作用。此时式(3-31)变为

$$F_1\sigma_1 + F_2\sigma_2 + F_{11}\sigma_1^2 + F_{22}\sigma_2^2 + F_{66}\sigma_6^2 + 2F_{12}\sigma_1\sigma_2 = 1 \tag{3-35}$$

我们可利用一个 $\sigma_1 = \sigma_2 = \sigma_m$ 而所有其余应力分量为零的双向拉伸试验，由此得出

$$(F_1 + F_2)\sigma_m + (F_{11} + F_{22} + 2F_{12})\sigma_m^2 = 1$$

将式(3-32)、式(3-33)代入上式解出 F_{12}：

$$F_{12} = \frac{1}{2\sigma_m^2}\left[1 - \left(\frac{1}{X_t} - \frac{1}{X_c} + \frac{1}{Y_t} - \frac{1}{Y_c}\right)\sigma_m - \left(\frac{1}{X_t X_c} + \frac{1}{Y_t Y_c}\right)\sigma_m^2\right]$$

F_{12} 取决于 X_t, X_c, Y_t, Y_c 和双向拉伸破坏应力 σ_m。

下面讨论 F_{12}。当应力增大到一定程度，单层材料将发生破坏，所以在应力空间中方程

式(3-35)应是一闭合曲面,它与 $\sigma_6=0$ 的坐标面的交线

$$F_1\sigma_1+F_2\sigma_2+F_{11}\sigma_1^2+2F_{12}\sigma_1\sigma_2+F_{22}\sigma_2^2=1$$

应是闭合曲线,根据二次曲线的几何性质,它应当是椭圆,其必要条件为

$$F_{11}F_{22}-F_{12}^2>0$$

即

$$-1<\frac{F_{12}}{\sqrt{F_{11}F_{22}}}<1$$

在实际应用蔡-吴张量理论时,有时取 $F_{12}=0$,但通过对玻璃/环氧等复合材料的计算表明,F_{12} 的影响不应忽略。如取 $F_{12}=\frac{-1}{2}\sqrt{F_{11}F_{22}}$,可获得理论与实验值符合较好的结果。

Pipes 和 Cole 用硼/环氧的各种偏轴向试验测量了 F_{12},他们指出偏轴拉伸时 F_{12} 有明显变化,而对偏轴压缩则变化不大,利用扁平试件做压缩试验很困难,必须用管状试件。虽然 F_{12} 的测定不很精确,但他们得出蔡-吴理论与实验数据之间很好的一致性,如图 3-10 所示,在蔡-吴理论中 F_{12} 值相差近 8 倍时,θ 在 5°～25°之间,理论强度值变化很小,而且在 5°～75°内蔡-吴理论和 Hill-蔡理论之间的差别小于 5%。

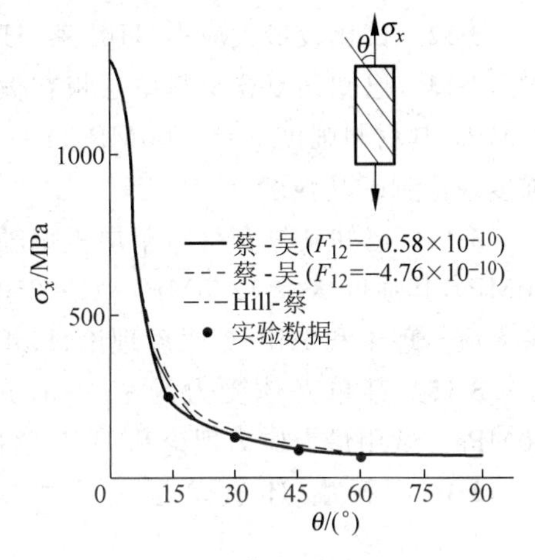

图 3-10　蔡-吴张量理论

习　题

3-1　证明以 θ 为函数的正交各向异性材料表观工程弹性模量式(3-20)中第一式可写成以下形式:

$$\frac{E_1}{E_x}=(1+a-4b)\cos^4\theta+(4b-2a)\cos^2\theta+a$$

其中,$a=\frac{E_1}{E_2}$,$b=\frac{1}{4}\left(\frac{E_1}{G_{12}}-2\nu_{21}\right)$。

3-2　已知玻璃/环氧单层材料的 $E_1=4.80\times10^4\mathrm{MPa}$,$E_2=1.60\times10^4\mathrm{MPa}$,$\nu_{21}=0.27$,$G_{12}=0.80\times10^4\mathrm{MPa}$,受有应力 $\sigma_1=100\mathrm{MPa}$,$\sigma_2=-30\mathrm{MPa}$,$\tau_{12}=10\mathrm{MPa}$,求应变 ε_1,ε_2,γ_{12}。

3-3　已知单层材料受应力 $\sigma_1=50\mathrm{MPa}$,$\sigma_2=20\mathrm{MPa}$,$\tau_{12}=-30\mathrm{MPa}$,求 $\theta=30°,45°$角时的 σ_x,σ_y,τ_{xy} 分量。

3-4　已知玻璃/环氧单层板的 $E_1=3.90\times10^4\mathrm{MPa}$,$E_2=1.30\times10^4\mathrm{MPa}$,$\nu_{21}=0.25$,$G_{12}=0.42\times10^4\mathrm{MPa}$,求 S_{ij},Q_{ij}。

3-5　已知碳/环氧单层板的 $E_1=2.10\times10^5\mathrm{MPa}$,$E_2=5.25\times10^3\mathrm{MPa}$,$\nu_{21}=0.28$,$G_{12}=2.60\times10^3\mathrm{MPa}$,求 S_{ij} 及 Q_{ij}。

3-6　已知碳/环氧单层板的 E_1,E_2,ν_{21} 及 G_{12} 同习题 3-5,由 S_{ij} 及 $\theta=45°$求$\overline{S}_{ij}$。

3-7 已知习题3-5单层板的E_1,E_2,ν_{21},G_{12},由Q_{ij}及$\theta=30°$求$\overline{Q}_{ij}$。

3-8 已知碳/环氧单层板的$E_1=2.00\times10^5$MPa,$E_2=2.00\times10^4$MPa,$\nu_{21}=0.30$,$G_{12}=1.00\times10^4$MPa,求S_{ij},Q_{ij}及$\theta=60°$时的$\overline{S}_{ij}$及$\overline{Q}_{ij}$。

3-9 已知玻璃/环氧单层板的$E_1=5.0\times10^3$MPa,$E_2=1.0\times10^3$MPa,$\nu_{21}=0.25$,$G_{12}=1.0\times10^3$MPa,求$\theta=75°$时的$\overline{S}_{ij}$和$\overline{Q}_{ij}$。

3-10 已知某复合材料单层板的$E_1=4.80\times10^4$MPa,$E_2=1.20\times10^4$MPa,$\nu_{21}=0.40$,$G_{12}=1.0\times10^4$MPa,求$\theta=15°$时的$\overline{Q}_{ij}$,$\overline{S}_{ij}$。

3-11 由方程(3-26)推导方程(3-27)。

3-12 试比较最大应力、Hill-蔡、Hoffman和蔡-吴各强度理论。

3-13 已知某复合材料单层板在偏轴向$\theta=30°$受应力$\sigma_x=160$MPa,$\sigma_y=60$MPa,$\tau_{xy}=20$MPa,其材料强度$X=1000$MPa,$Y=100$MPa,$S=40$MPa。试用最大应力理论和Hill-蔡强度理论判断其强度。

3-14 已知某复合材料单层板偏轴向$\theta=10°$时受应力$\sigma_x=600$MPa,$\sigma_y=30$MPa,$\tau_{xy}=50$MPa,其强度$X_t=1260$MPa,$X_c=2500$MPa,$Y_t=61$MPa,$Y_c=202$MPa,$S=67$MPa。试用最大应力理论和Hill-蔡强度理论、Hoffman强度理论校核其是否安全。

3-15 某单元体受力为$\tau_{xy}=\sigma$,θ分别为0°,45°,90°。已知$X=1000$MPa,$Y=S=40$MPa。试用最大应力理论和Hill-蔡强度理论确定σ的最大值。

3-16 石墨/环氧单层复合材料的强度分别是$X_t=1000$MPa,$X_c=700$MPa,$Y_t=40$MPa,$Y_c=120$MPa,$S=70$MPa。试分别用Hill-蔡、Hoffman强度理论判断工作应力$\sigma_1=300$MPa,$\sigma_2=-80$MPa和$\tau_{12}=35$MPa时材料的强度。

3-17 已知玻璃/环氧单层板的$E_1=54$GPa,$E_2=18$GPa,$\nu_{21}=0.24$,$G_{12}=9$GPa,$X=1000$MPa,$Y=30$MPa,$S=40$MPa,$\sigma_1=16\left(\frac{N_x}{t}\right)$(kPa),$\sigma_2=0.80\left(\frac{N_x}{t}\right)$(kPa),$\tau_{12}=0$。试用Hill-蔡强度理论求最大容许载荷$\left(\frac{N_x}{t}\right)$,$t$为板厚。

第 4 章 复合材料力学性能的实验测定

4.1 纤维和基体的力学性能测定

纤维增强复合材料的力学理论和设计计算必须以充分准确的性能数据为前提，而复合材料的性能与其组分材料——纤维和基体的力学性能密切相关，现将它们的性能测定方法分别介绍。

4.1.1 纤维力学性能测定

目前常用的纤维有玻璃纤维、硼纤维、碳(石墨)纤维、芳纶纤维、碳化硅纤维和氧化铝纤维等，其中几种主要纤维的典型应力应变曲线如图 4-1 所示，它们大多是线弹性的，其强度一般在$(2.5\sim6.0)\times10^3$ MPa 之间，拉伸弹性模量在$(0.7\sim6.5)\times10^5$ MPa 之间，伸长率在 0.5%～5%之间，各种纤维强度、模量和相对密度等已列在表 1-1 中。表中列出的是单纤维的强度，制造复合材料时通常将若干根单纤维组成一股或一束，把若干股或束并在一起使用，由于纤维间的摩擦及在大气中保存时水分等侵入纤维，会引起微小缺陷，纤维束的平均强度比单纤维强度要低，它与工艺方法、保存条件等有关，纤维设计强度应由相应的实验测定，纤维的模量、强度和伸长应采用下述实验方法测定。

将单丝纤维安装在专门的开槽片中，长度 L(见图 4-2)至少是单丝名义直径的 2000 倍，一般 L 为 200mm。试件夹紧系统使轴线易对中且不损伤纤维，对高倍放大的纤维显微照片用面积仪测出截面积 A，在特种试验机(加载量很小)上以固定速率给试样加载直到破坏，并自动记录载荷-位移曲线，纤维强度 X_f 由下式求出：

$$X_f = \frac{P_{max}}{A} \tag{4-1}$$

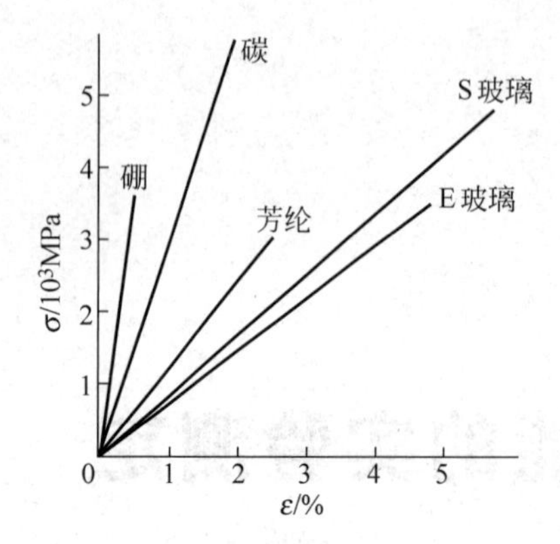

图 4-1　各种纤维应力应变曲线

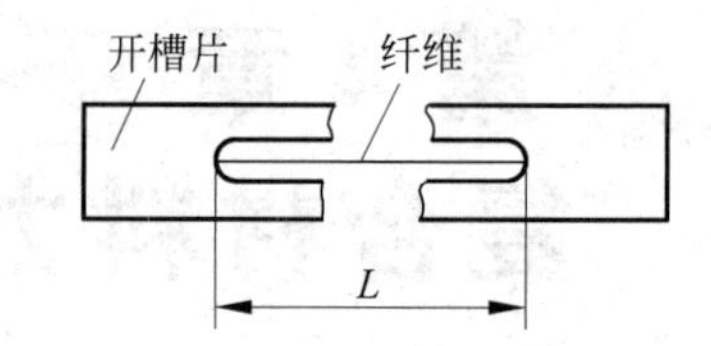

图 4-2　单丝拉伸试样安装法示意图

P_{max}为拉断时载荷。表观柔度 S_0 由载荷-位移曲线初始段直线确定，即

$$S_0 = \frac{u}{P} \tag{4-2}$$

式中，P 和 u 分别是曲线初始直线的载荷和试验机横梁位移，由于系统柔度、横梁位移不是实际纤维伸长量，假设与系统柔度有关的位移 u_s 为常数，则有

$$S_0 = \frac{u}{P} = \frac{u_f}{P} + \frac{u_s}{P} = \frac{L}{AE_f} + \frac{u_s}{P} = \frac{L}{AE_f} + S_s \tag{4-3}$$

式中，u_f 和 E_f 分别为纤维实际伸长量和模量，S_0 是由不同长度试样以常值 P 确定，则 E_f 可由式(4-3)确定。S_s 为试验机柔度，从记录曲线上确定最大位移 u_{max}，纤维伸长率(断裂应变)$\varepsilon_f = \frac{u_{max} - u_s}{L}$，用光学测量技术可得到更准确的位移值。

4.1.2　基体性能测定

对于能加工成厚片的树脂体系，可用骨形板试样测定拉伸力学性能，用电阻应变计或引伸计测轴向应变，以测定弹性模量 E_m。如需测量泊松比 ν_m，则使用横向应变计，但需对应变计横向效应影响进行修正。如图 4-3 所示，拉伸试件上布置轴向和横向应变计 1 和 2，测出指示应变 ε_{1i} 和 ε_{2i}，由于应变计有横向效应，实际应变为 ε_1 和 ε_2，指示应变和实际应变的差别用下式表示：

$$\left.\begin{aligned} \varepsilon_1 &= (1 - \nu_0 H)(\varepsilon_{1i} - H\varepsilon_{2i}) \\ \varepsilon_2 &= (1 - \nu_0 H)(\varepsilon_{2i} - H\varepsilon_{1i}) \end{aligned}\right\} \tag{4-4}$$

式中，H 为应变计横向效应系数，其定义是应变计横向灵敏系数 K_B 和纵向灵敏系数 K_L 之比，即 $H = \frac{K_B}{K_L}$；ν_0 为标定应变计灵敏系数所用梁材料的泊松比。

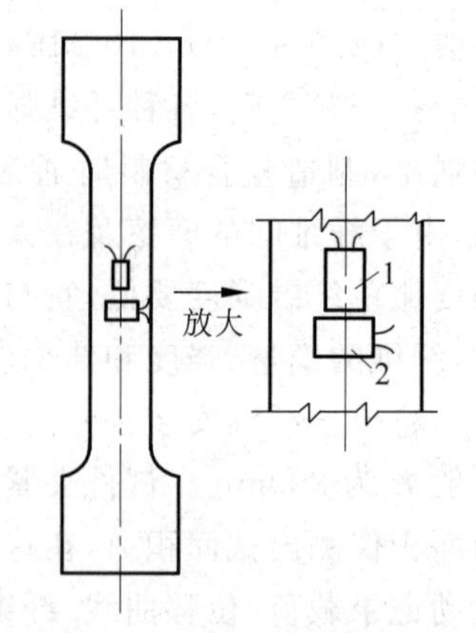

图 4-3　拉伸试件测泊松比时布置应变计示意图

经过式(4-4)修正的应变值 ε_1 和 ε_2，用下式确定基体试件弹性模量 E_m 和泊松比 ν_m：

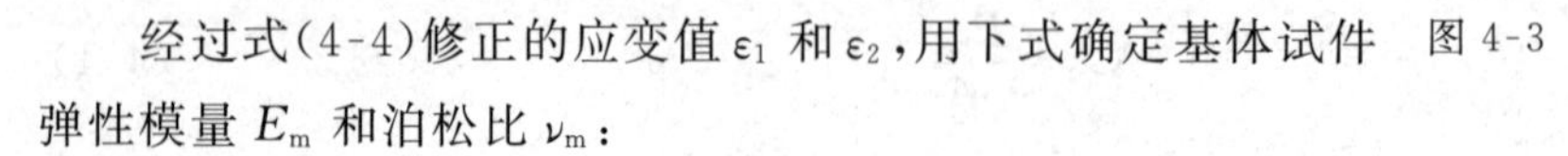

$$E_m = \frac{P}{A_m \varepsilon_1}, \quad \nu_m = -\frac{\varepsilon_2}{\varepsilon_1} \tag{4-5}$$

基体试件拉伸强度 X_m 可由下式确定：

$$X_m = \frac{P_{max}}{A_m} \tag{4-6}$$

式中，A_m 为试件截面积。

如果基体树脂不能制成厚片，可制成薄片或薄膜，再切成条形试件。如试件太薄而柔软，则需用光学技术测量应变或位移，以确定模量。

各种树脂基体的性能数据已在表 1-2 中列出，其他陶瓷基体的性能可查阅有关技术资料。

4.2 单层板基本力学性能的实验测定

对于拉伸和压缩性能相同的正交各向异性单层板，其刚度特性有：E_1——1 方向弹性模量；E_2——2 方向弹性模量；ν_{21}——主泊松比，$\nu_{21}=\frac{-\varepsilon_2}{\varepsilon_1}$，当 $\sigma_1=\sigma$，其余 $\sigma_i\equiv 0$；ν_{12}——次泊松比，$\nu_{12}=\frac{-\varepsilon_1}{\varepsilon_2}$，当 $\sigma_2=\sigma$，而其余 $\sigma_i\equiv 0$；G_{12}——在 1-2 平面内的剪切模量。上述 E_1，E_2，ν_{21}，ν_{12}，G_{12} 中只有 4 个是独立的，因为有$\frac{\nu_{21}}{E_1}=\frac{\nu_{12}}{E_2}$。

强度特性有：X——轴向(1 方向)强度；Y——横向(2 方向)强度；S——剪切强度(1-2 平面内)。

对于拉压性能不同的单层板，弹性常数 E_1，E_2 分别有两个 E_{1t}，E_{1c} 和 E_{2t}，E_{2c}，强度有 X_t，X_c，Y_t，Y_c，S(只有一个)。脚标 t 代表拉伸，c 代表压缩。

上述基本刚度和强度特性可以通过实验测定。测定用的试件通常分为两大类，一类是单向环试件，另一类是单向薄平板试件，这与纤维复合材料的发展有密切关系。

环形试件在纤维复合材料发展初期产生，当时纤维缠绕技术已得到发展，壳类压力容器设计采用网络分析，不考虑树脂基体，只注意纤维受力。环形试件由美国海军军械实验室首先使用，称为 NOL 环，我国称为强力环。对环形试件进行拉压试验是通过一对半圆形分离盘实现，可测定 E_t 和 X_t，E_c 和 X_c；也可从环上切下弧段短梁作剪切试验，测定层间剪切强度。环形拉伸试件尺寸为内径 ϕ150mm±0.2mm，宽度为 6mm±0.2mm，厚度为 1.5mm±0.1mm。压缩试件的内径和宽度与拉伸试件相同，只是厚度为 3mm±0.1mm。由于环形试件只能测拉压性能而不能排除附加弯曲的影响，现在都采用单向薄板试件测量其各项性能，这里分别介绍各种试验。

4.2.1 拉伸试验

要求试件两端用金属铝片或玻璃钢片作加强片加固，加强片厚度 1～2mm，采用粘结剂粘结，要求在试验过程中加强片不脱落。试件尺寸规定见表 4-1。不同纤维方向的试件尺寸是不同的，试件形状如图4-4所示。使用拉伸试件可测定E_{1t}，E_{2t}和X_t，Y_t，ν_{21}或ν_{12}。

表4-1　拉伸试件尺寸

试件类别	尺　寸					
	L/mm	b/mm	t/mm	l/mm	a/mm	θ
0°	230	12.5±0.5	1～3	100	50	≥15°
90°	170	25±0.5	2～4	50	50	≥15°
0°/90°	230	25±0.5	2～4	80	50	≥15°

注：测定0°泊松比时试件宽可采用25mm±0.5mm。

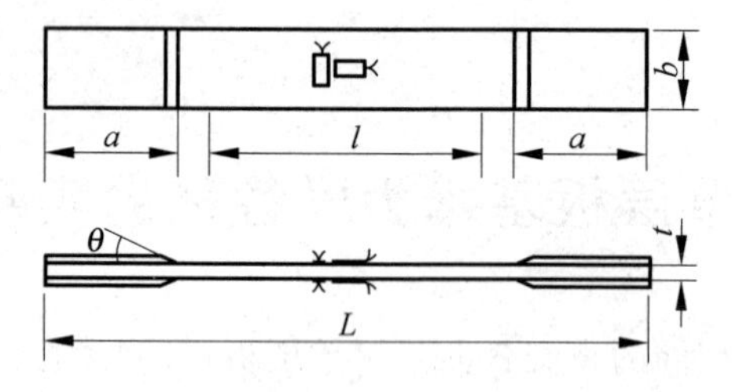

图4-4　拉伸试件形状示意图

(1) 0°试件，用引伸计或电阻应变计测量ε_1，ε_2。测定E_{1t}，X_t，ν_{21}的计算公式如下：

$$E_{1t}=\frac{P_1}{\varepsilon_1 bt},\quad X_t=\frac{P_{L1}}{bt},\quad \nu_{21}=-\frac{\varepsilon_2}{\varepsilon_1}\tag{4-7}$$

式中，b为试件宽度，t为厚度，P_1为1方向载荷，P_{L1}为1方向极限载荷，ε_1，ε_2分别为1，2方向的应变。如用应变计测量ε_1，ε_2，应考虑应变计横向效应修正。

(2) 90°试件，测定E_{2t}，Y_t及ν_{12}的公式如下：

$$E_{2t}=\frac{P_2}{\varepsilon_2 bt},\quad \nu_{12}=-\frac{\varepsilon_1}{\varepsilon_2},\quad Y_t=\frac{P_{L2}}{bt}\tag{4-8}$$

式中，P_2为2方向载荷，P_{L2}为2方向极限载荷。

0°，90°拉伸试验分别用图4-5及图4-6所示试件及试验曲线。对于单向纤维复合材料，Y_t一般较低。

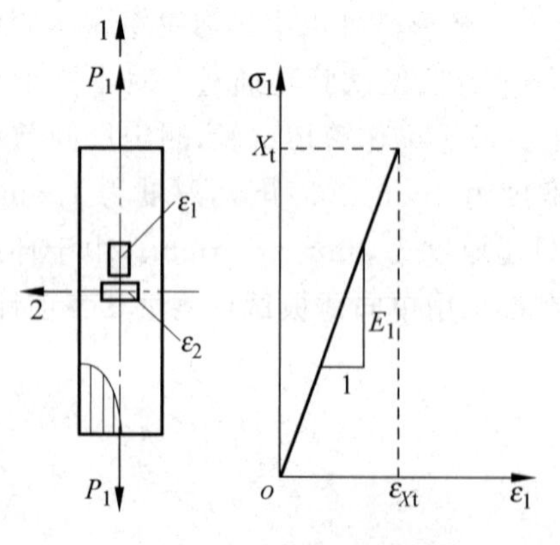

图4-5　0°(纵向)拉伸试验

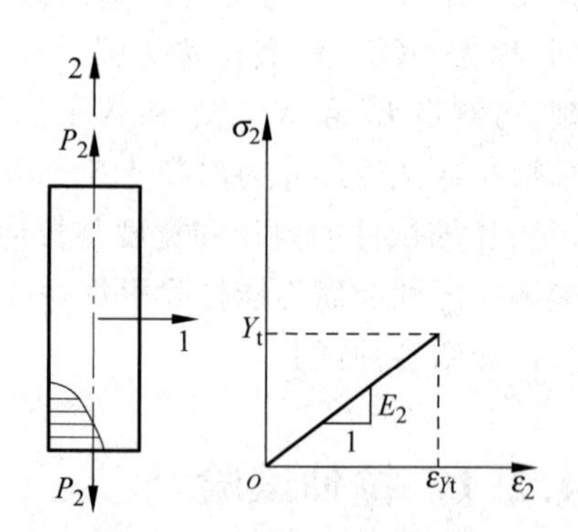

图4-6　90°(横向)拉伸试验

4.2.2　压缩试验

压缩试验可测量 E_{1c}，E_{2c}，X_c，Y_c 及 ν_{21} 等。由于载荷易偏心、试件易失稳及端部易破坏，技术上不易圆满解决，试件尺寸采取短标距，如图 4-7 所示。压缩试验时采用特制的夹具。将采用短标距压缩试件试验所测结果与拉伸试验结果比较可发现：①一般 E_{1t} 与 E_{1c}，E_{2t} 与 E_{2c} 相近，但有些材料如硼/环氧 $E_{1t}=207\text{GPa}$，$E_{1c}=234\text{GPa}$，有些差别，称之为双模量材料；②一般必须考虑拉压有不同强度。

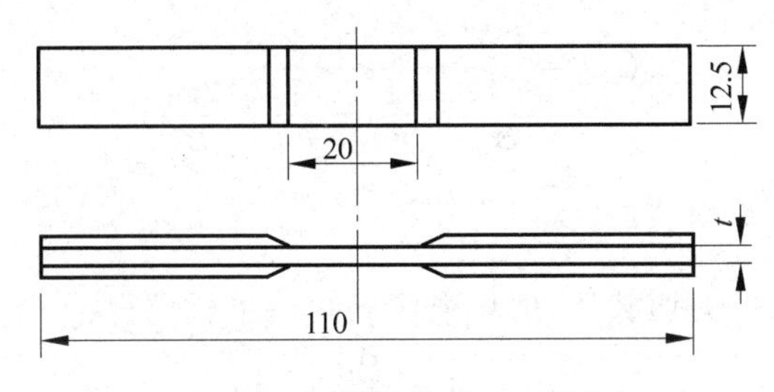

图 4-7　压缩试件尺寸示意图

4.2.3　面内剪切试验

面内剪切试验用于测定剪切模量 G_{12} 和剪切强度 S，多数复合材料的 G_{12} 和 S 都较小，基体性能对面内剪切应力-应变关系有很大影响，τ_{12}-γ_{12} 曲线有明显非线性。目前几种剪切试验大多用层合试件，难免受层间应力、耦合效应影响，要在试件中产生纯剪切状态是困难的。现介绍下列几种方法：

1. 偏轴拉伸法

用单层板切割成 $\theta=45°$ 偏轴拉伸试件，在 P_x 作用下，试件处于平面应力状态，由式(3-19)有

$$\begin{bmatrix}\varepsilon_x\\ \varepsilon_y\\ \gamma_{xy}\end{bmatrix}=\begin{bmatrix}\bar{S}_{11} & \bar{S}_{12} & \bar{S}_{16}\\ \bar{S}_{12} & \bar{S}_{22} & \bar{S}_{26}\\ \bar{S}_{16} & \bar{S}_{26} & \bar{S}_{66}\end{bmatrix}\begin{bmatrix}\sigma_x\\ \sigma_y\\ \tau_{xy}\end{bmatrix}$$

其中 $\bar{S}_{ij}$ 用工程弹性常数和 θ 的三角函数表示如下：

$$\left.\begin{aligned}
\frac{1}{E_x}&=\bar{S}_{11}=\frac{1}{E_1}\cos^4\theta+\left(\frac{1}{G_{12}}-\frac{2\nu_{21}}{E_1}\right)\sin^2\theta\cos^2\theta+\frac{1}{E_2}\sin^4\theta\\
\frac{-\nu_{yx}}{E_x}&=\bar{S}_{12}=\frac{-\nu_{21}}{E_1}(\sin^4\theta+\cos^4\theta)+\left(\frac{1}{E_1}+\frac{1}{E_2}-\frac{1}{G_{12}}\right)\sin^2\theta\cos^2\theta\\
\frac{1}{G_{xy}}&=\bar{S}_{66}=4\left(\frac{1}{E_1}+\frac{1}{E_2}+\frac{2\nu_{21}}{E_1}-\frac{1}{2G_{12}}\right)\sin^2\theta\cos^2\theta+\frac{1}{G_{12}}(\sin^4\theta+\cos^4\theta)
\end{aligned}\right\}\tag{4-9}$$

现 $\theta=45°$，作用力为 P_x，应力 $\sigma_x=\dfrac{P_x}{bt}$，$\sigma_y=\tau_{xy}=0$，则有

$$\left.\begin{aligned}\frac{1}{E_{45}}&=\frac{\varepsilon_x}{\sigma_x}=\frac{1}{4}\left[\frac{1}{E_1}+\left(\frac{1}{G_{12}}-\frac{2\nu_{21}}{E_1}\right)+\frac{1}{E_2}\right]\\\frac{1}{E_{45}}\nu_{yx}&=-\frac{\varepsilon_y}{\sigma_x}=-\frac{1}{4}\left(\frac{1}{E_1}+\frac{1}{E_2}-\frac{1}{G_{12}}-\frac{2\nu_{21}}{E_1}\right)\end{aligned}\right\}\tag{4-10}$$

将式(4-10)中两式相加得

$$G_{12}=\frac{\sigma_x}{2(\varepsilon_x-\varepsilon_y)}=\frac{P_x}{2bt(\varepsilon_x-\varepsilon_y)}\tag{4-11}$$

另外，如已由0°，90°方向拉伸实验测得E_1，E_2和ν_{21}，则由式(4-10)中第一式可求得G_{12}为

$$G_{12}=\frac{1}{\dfrac{4}{E_{45}}-\dfrac{1}{E_1}-\dfrac{1}{E_2}+\dfrac{2\nu_{21}}{E_1}}\tag{4-12}$$

其中，只需测ε_x求得$E_{45}=\dfrac{\sigma_x}{\varepsilon_x}$。

在P_{Lx}作用下45°试件剪切破坏，剪切强度S可由下式求得：

$$S=\frac{P_{Lx}}{2bt}\tag{4-13}$$

由于偏轴拉伸有耦合剪应变，影响测量结果，故采用±45°对称层合板试件(45°/−45°/−45°/45°)。作拉伸试验测定G_{12}和S，由于存在层间应力影响，所测S也不很准确，其试件尺寸如图4-8所示。

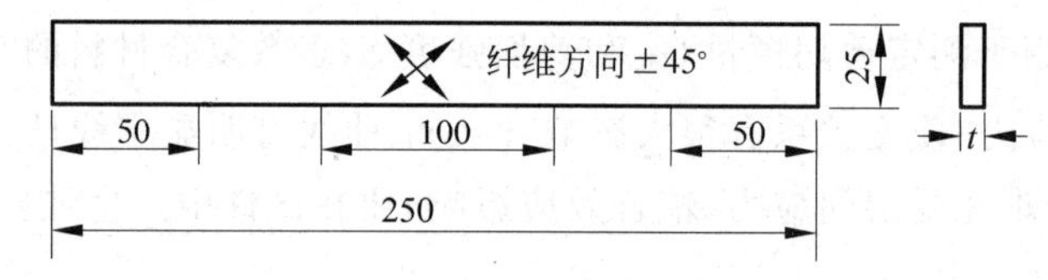

图4-8　±45°对称拉伸试件尺寸

2. 薄圆管扭转试验及轨道剪切试验方法

采用单向纤维缠绕环向薄壁圆管扭转试验，端部施加扭矩M_{T}，圆管半径为r，厚度为t，则有

$$\tau_{12}=\frac{M_{\mathrm{T}}}{2\pi r^2 t},\quad \gamma_{12}=\varepsilon_{45}-\varepsilon_{-45}$$

因此有

$$G_{12}=\frac{\tau_{12}}{\gamma_{12}}=\frac{M_{\mathrm{T}}}{2\pi r^2 t(\varepsilon_{45}-\varepsilon_{-45})},\quad S=\frac{M_{TL}}{2\pi r^2 t}\tag{4-14}$$

式中，M_{TL}为最大扭矩，ε_{45}和ε_{-45}分别是±45°方向的应变，用电阻应变计测量。圆管端部附加胶接层加厚以便夹持，M_{TL}较大时端部可能先破坏。因此测G_{12}较准确，但测S不大准确。

轨道剪切法分双轨剪切和三轨剪切两种。三轨剪切法，其试验示意图如图4-9所示，加载P引起剪应力$\tau_{12}=\dfrac{P}{2bt}$。应变用电阻应变计(沿45°方向)测量，$\gamma_{12}=2\varepsilon_{45}$，由于$\tau_{12}$-$\gamma_{12}$有明显非线性，应取$\tau$-$\gamma$关系曲线的初始线性段确定$G_{12}$(见图4-10)。

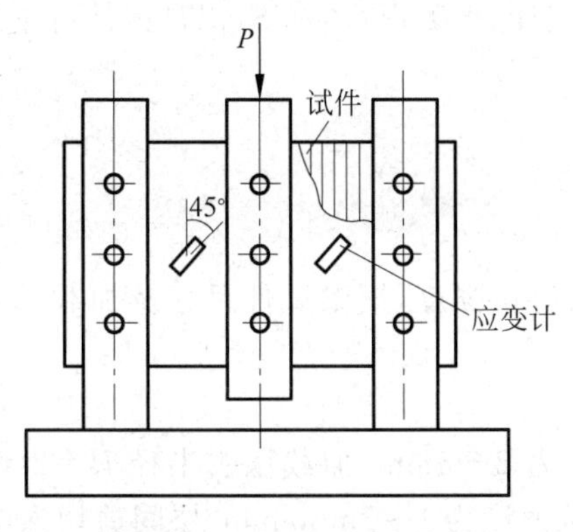

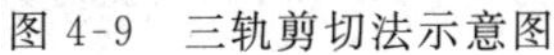

图 4-9　三轨剪切法示意图

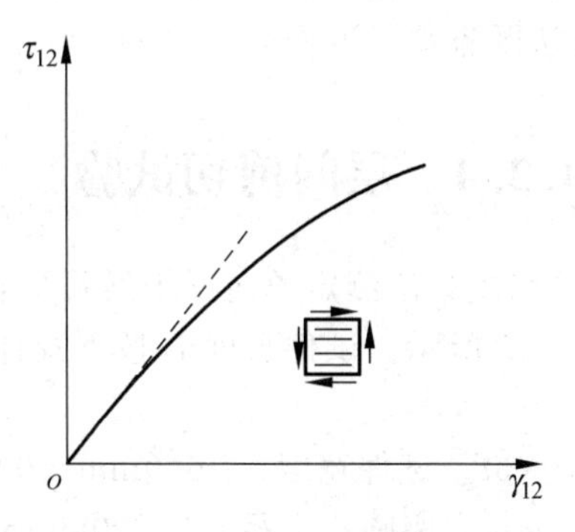

图 4-10　τ_{12}-γ_{12} 曲线举例

3. Arcan 圆盘试件法

Arcan 等人提出采用如图 4-11 所示具有中心反对称±45°切槽的圆盘试件，进行纤维复合材料的面内剪切试验。经有限元计算和光弹性试验证明，这样形状的试件在有效截面 AB 处形成近于均匀的纯剪切变形状态，主应力与 x 轴成±45°方向。这样，用复合材料加工成图 4-11(a)中试件，在 0°方向加载，在 AB 区内与 x 轴成±45°方向粘贴栅长 1mm 的微型箔式应变计，测量应变 ε_1，ε_2。AB 处截面面积 $A=b_1t$(t 为厚度，b_1 为 AB 长度)，则测定 G_{12} 和 S 的公式如下：

$$\left.\begin{aligned} G_{12} &= \frac{P}{A(\varepsilon_1+\varepsilon_2)} = \frac{P}{b_1t(\varepsilon_1+\varepsilon_2)} \\ S &= \frac{P_{\max}}{b_1t} \end{aligned}\right\} \tag{4-15}$$

式中，$\varepsilon_1+\varepsilon_2$ 为±45°两应变绝对值的和，$P_{\max}$ 为破坏载荷。

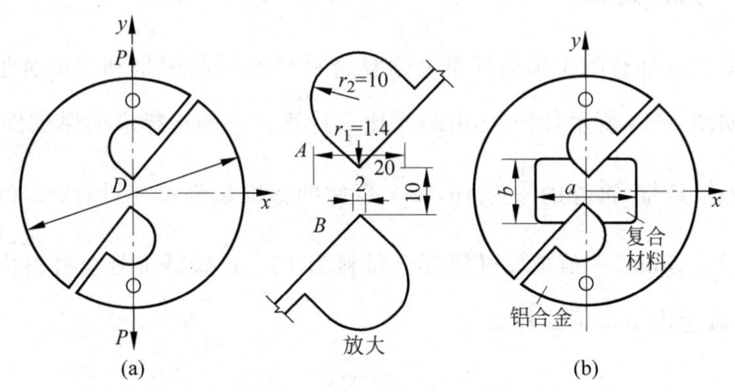

图 4-11　Arcan 圆盘试件

(a) 全复合材料；(b) 中间复合材料

由于圆盘试件尺寸较大，直径 $D=100$mm，而试验区很小，为了节省试验用复合材料又便于加工，有人提出，将铝板制成圆盘试件后按图 4-11(b)将中间部分切去，在试件两侧铣成 a(mm)×b(mm)尺寸的、厚度同复合材料厚度的矩形槽，然后制作 0°层复合材料块，用粘结剂粘贴在切去中间部分的铝板圆盘试件(把它当作加载夹具)上。利用这种中间粘贴复合材料的试件，在复合材料中间部位粘贴±45°两个应变计，来测定 G_{12} 和 S，铝盘试件可重复使用，此法既省料又方便。

4.2.4 层间剪切试验

采用短梁法测定单向纤维增强复合材料的层间剪切强度，短梁试件尺寸及加载示意图如图 4-12 所示。试件长度 L 按下式计算：

$$L = l + 10$$

式中，$l=5t$。试件宽度 $b=6.0\text{mm}\pm0.5\text{mm}$，厚度 t 为 2～5mm，加载压头半径 $R=2.0\text{mm}\pm0.1\text{mm}$，支座圆角半径 r 为 2.0mm±0.2mm，加载速度为 1～2mm/min，层间剪切强度 S_b 按下式计算：

$$S_b = \frac{3P_{\max}}{4bt} \tag{4-16}$$

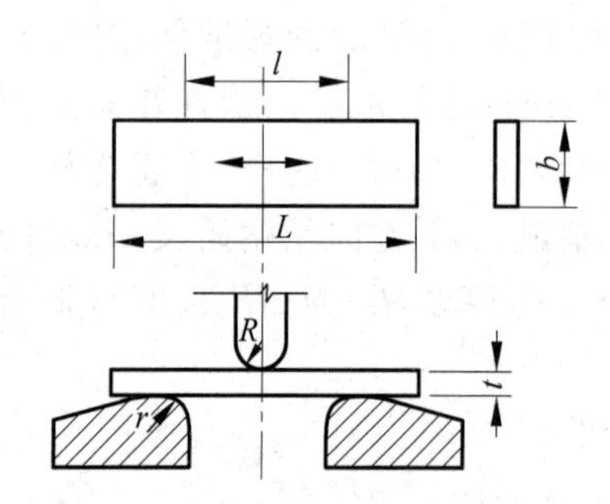

图 4-12 短梁试件及加载示意图

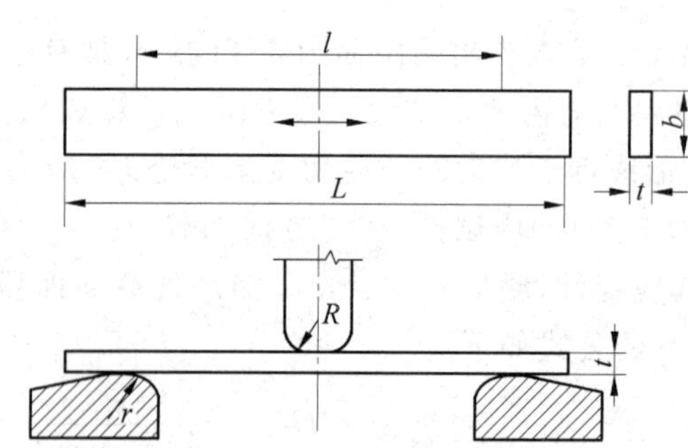

图 4-13 弯曲试件及加载示意图

4.2.5 弯曲试验

采用简支梁三点加载测定单向纤维增强复合材料的弯曲模量和弯曲强度，梁试件尺寸及加载示意图如图 4-13 所示，跨距 l 由跨厚比 $\frac{l}{t}$ 计算。$\frac{l}{t}$ 的选择应确保试件在弯矩作用下破坏发生在最外层纤维，推荐的 $\frac{l}{t}$ 为 16，32。弯曲的标准试件尺寸：厚 $t=2.0\text{mm}\pm0.2\text{mm}$，宽 $b=12.5\text{mm}\pm0.5\text{mm}$，$\frac{l}{t}$ 值玻璃纤维复合材料为 16±1，碳纤维复合材料为 32±1。测定弯曲强度时，加载速度 v 按下式算出：

$$v = \frac{l^2}{6t}\dot{\varepsilon}$$

式中，$\dot{\varepsilon}$ 为跨距中点处外层纤维应变速率，取 1%/min。当 $l/t=16$ 时，可取 $v=t/2/\text{min}$；当 $l/t=32$ 时，可取 $v=2t/\text{min}$；一般试验时也可取 $v=5\sim10\text{mm/min}$。测定弯曲弹性模量 E_Y 及载荷-挠度曲线时，v 取 1～2mm/min 或手动速度。

除了三点弯曲加载外，还可用四点弯曲，这时加载点在 $\frac{l}{4}$ 处。

三点弯曲的弯曲强度为

$$\sigma_Y = \frac{3P_{max}l}{2bt^2} \tag{4-17}$$

四点弯曲时有

$$\sigma_Y = \frac{3P_{max}l}{4bt^2} \tag{4-18}$$

当弯曲破坏中点挠度 f 与跨度 l 之比值大于 10%时，为了精确，弯曲强度按下式计算：

$$\sigma_Y = \frac{3P_{max}l}{2bt^2}\left[1+4\left(\frac{f}{l}\right)^2\right]$$

式中，f 为中点挠度。

弯曲弹性模量为

$$E_Y = \frac{\Delta Pl^3}{4bt^3\Delta f} \tag{4-19}$$

式中，ΔP 为对应载荷-挠度曲线上直线段的载荷增量；Δf 为对应于 ΔP 的跨度中点处的挠度增量。

考虑复合材料剪切变形的影响，在式(4-19)中增加修正项，即

$$E_Y = \frac{\Delta Pl^3}{4bt^3\Delta f}(1+S) \tag{4-20}$$

式中，S 为剪切变形修正系数，其值为

$$S = \frac{3t^2}{2l^2}\frac{E_Y}{G_{13}} \tag{4-21}$$

式中，G_{13} 为复合材料纵向平面沿厚度方向的剪切模量。

从弯曲试验得到的强度值通常高于从拉伸试验得到的拉伸强度值。

表 4-2 列出几种纤维增强环氧复合材料的各种力学性能典型数据，从中可看出它们之间的差别。

表 4-2 几种纤维/环氧复合材料性能典型数据

性能项目 \ 纤维类型	E 玻璃纤维	芳纶纤维	T-300 碳纤维
c_f/%	46	60～65	60
相对密度 γ	1.80	1.38	1.61
0°，$X_t/10^3$ MPa	1.13	1.34	1.47
E_{1t}/GPa	39.8	84.7	134
90°，Y_t/MPa	36.7	39.8	38.5
E_{2t}/GPa	10.2	5.7	8.5
0°，$X_c/10^3$ MPa	0.612	0.292	1.19
E_{1c}/GPa	32.7	74.5	133
90°，Y_c/MPa	141	141	176
E_{2c}/GPa	8.1	5.7	8.6
S/MPa	42	61.2	78
G_{12}/GPa	88	2.1	5.8
ν_{21}	0.25	0.34	0.34
层间剪切强度 S_b/MPa	31.6	70.4	81.4
弯曲强度 X_Y/MPa	—	—	1.58
弯曲模量 E_Y/GPa	—	—	12

4.3　其他力学性能实验

本节介绍一些非常规的力学性能实验。

4.3.1　层间拉伸强度实验

层合板复合材料层间抗拉强度一般比纵向强度小得多，通常是控制结构设计的重要因素。测定层间拉伸强度很重要，用直接拉伸实验，将较厚的层合复合材料切取试件如图4-14所示，两端粘贴金属柄以便加载用。金属柄与试件间的粘结强度应比复合材料基体强度高，如层间拉伸强度很高，则试件中间部分加工成细腰形。强度测定值为最大破坏载荷除以试件最小截面积：

$$\sigma_t = \frac{P_L}{A} \tag{4-22}$$

4.3.2　平板双轴拉伸实验

为了研究复合材料在平面应力状态下的力学性能，必须进行平面应力状态下复合材料的实验。偏轴拉伸试验的主要缺点是不能独立控制双轴应力分量，薄壁圆管试件由于制造质量和加载的困难不便使用，I. M. Daniel研究出一种平板双轴拉伸实验的方法。

试件是400mm×400mm方形复合材料8层层合板，如图4-15所示。用5层正交铺设玻璃/环氧加强板加强，中心留出ϕ203mm的圆孔。用应变计测量位移和应变，试件与加强板四边各有4个螺钉孔与金属夹板连接。用液压传动筒通过连接机构对金属夹板施加拉力，在传动筒的传力杆上贴应变计以准确测量载荷并控制均匀加载。

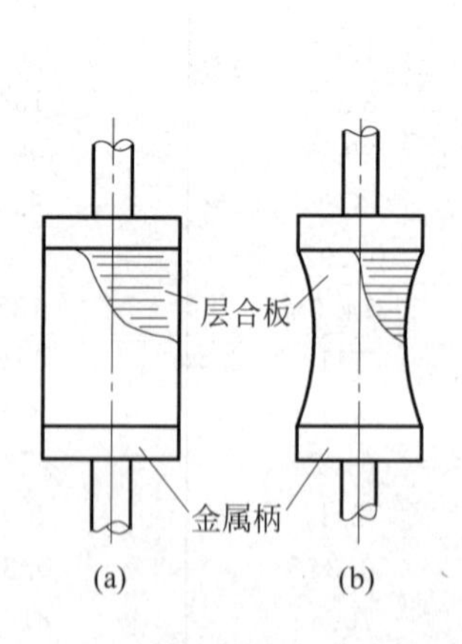

图4-14　层间抗拉强度试件示意图
(a) 圆形或方形截面；(b) 细腰形

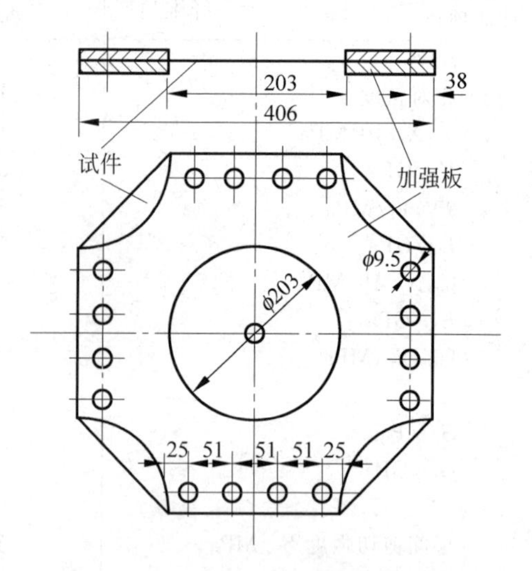

图4-15　双轴拉伸平板试件示意图

对于正交各向异性复合材料平板，主方向与加载方向平行的情况，双轴载荷分别为 F_1，F_2。应变 ε_1，ε_2 为

$$\left.\begin{aligned}\varepsilon_1 &= \frac{F_1}{E_1 t} - \frac{F_2}{E_1 t}\nu_{21} \\ \varepsilon_2 &= \frac{F_2}{E_2 t} - \frac{F_1}{E_2 t}\nu_{12}\end{aligned}\right\} \tag{4-23}$$

设 $F_1/F_2=\alpha$，则有

$$\varepsilon_1 = \frac{F_2}{E_1 t}(\alpha - \nu_{21})$$

$$\varepsilon_2 = \frac{F_2}{E_1 t}\left(\frac{E_1}{E_2} - \alpha\nu_{21}\right)$$

并有

$$\frac{\varepsilon_1}{\varepsilon_2} = \frac{\alpha - \nu_{21}}{\frac{E_1}{E_2} - \alpha\nu_{21}} \tag{4-24}$$

式中，E_1，E_2，ν_{21} 为层合板材料常数，应调整载荷比直到得到式(4-24)所要求的板中心的应变比。曾用无缺口试件作标准试验，对含有 ϕ25.4mm 的圆孔的石墨/环氧$(90°/\pm 45°)_s$ 层板进行双轴 $\alpha=0.5$ 的破坏试验，结果表明双轴拉伸时随孔径增大有较大的强度下降。

4.3.3 断裂韧性测定

复合材料层合板的破坏以分层为主要形式，两种分层破坏形式是：①与层间正应力有关的张开型(Ⅰ型)；②与层间剪应力有关的滑开型(Ⅱ型)。下面介绍这两种试验。

1. Ⅰ型断裂韧性测定

采用双悬臂梁试件，其示意图如图 4-16 所示，典型尺寸为：总长 $l=230$mm，宽 $b=25.4$mm，试件厚度至少为 2.54mm，通常用厚度为 0.025mm 的聚四氟乙烯薄膜制成初始裂纹长度 $a_0=25.4$mm。加载接头两端有孔 ϕ4.5mm，宽 25.4mm。两端拉伸速度为 1.27mm/min。试件从预制初始裂纹尖端量起，在 60～90mm 范围内，每隔 10mm 或 15mm 划一标记线。

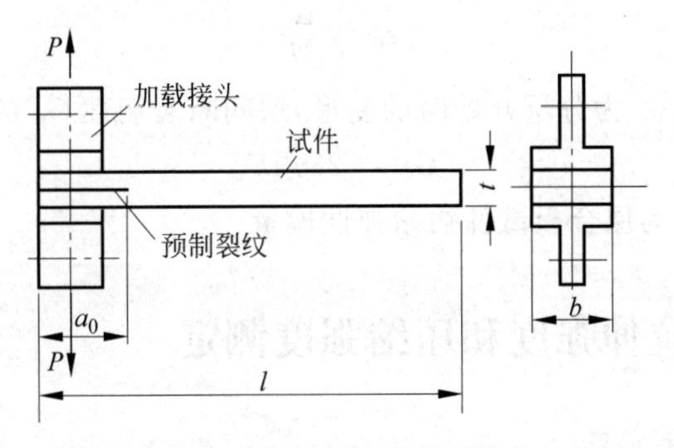

图 4-16 带加载接头的双悬臂梁试件示意图

试件在材料试验机上加载。加载后裂纹扩展，当扩展到第一条标记线时，停载，测量试件的裂纹张开位移；继续加载到第二条标记线停载，测张开位移；直到裂纹尖端扩展到最后一条标记线，当总的张开位移超过总裂纹长度约30%时，试验必须停止，因为过大的裂纹长度可能引起混合型断裂。对模量较低的复合材料(如玻璃/环氧)应增加试件厚度以减小张开位移。

断裂韧性值G_{IC}可由下式计算：

$$G_{\mathrm{IC}} = \frac{3P_c\delta_c}{ba} \tag{4-25}$$

式中，b为试件宽度，a为裂纹长度，P_c，δ_c分别为裂纹长度对应的载荷和总张开位移。一般在试件上测得3～4个数据点取平均值。

2. Ⅱ型(层间剪切型)断裂韧性测定

Ⅱ型断裂韧性用图4-17所示一端有预制裂纹的弯曲试件进行测试。预制裂纹长度$a_0=25.4\mathrm{mm}$，跨度$l=102\mathrm{mm}$，$b=25.4\mathrm{mm}$。Ⅱ型断裂韧性G_{IIC}的计算公式为

$$G_{\mathrm{IIC}} = \frac{9a_0^2P_c\delta_c}{2b\left(\frac{3}{8}l^3+3a_0^3\right)} \tag{4-26}$$

式中，δ_c为梁中心点总挠度。

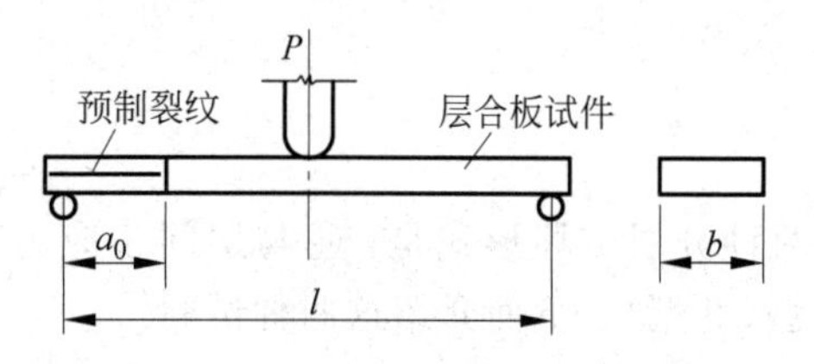

图4-17　Ⅱ型断裂韧性测定用弯曲试件

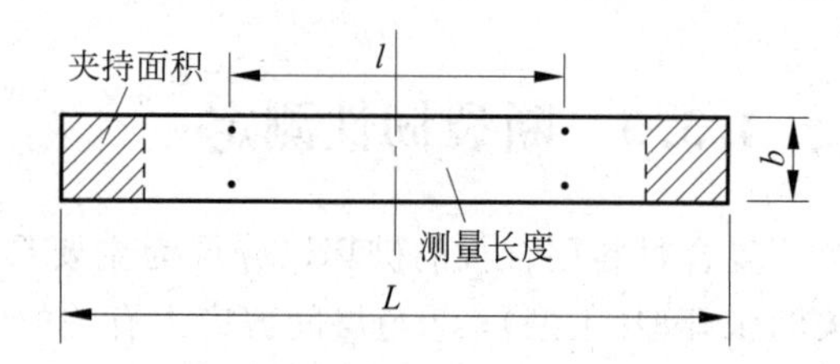

图4-18　边缘分层拉伸试件示意图

另外，边缘分层拉伸实验可测定韧性树脂层合板层间断裂韧性G_C的近似值。边缘分层拉伸试件示意图如图4-18所示。试件铺层为$(\pm30°/\pm30°/90°/90°)_s$。实验在位移控制的液压试验机上进行，加载速度为0.15mm/min。用引伸计测量100mm工作段内的变形，载荷-变形曲线采用X-Y记录仪记录，对试件加载直到可检测出边缘分层，并在载荷-变形曲线上出现变形突变。分层开始时的应变ε_c计算式为

$$\varepsilon_c = \frac{\Delta l_c}{l} \tag{4-27}$$

式中，l为工作段长度，Δl_c为分层开始时的变形，层间断裂韧性G_C的近似计算公式为

$$G_C = 28\varepsilon_c^2 tE_0 \tag{4-28}$$

式中，t为试件厚度，E_0为层合板试件初始弹性模量。

4.3.4　开孔拉伸强度和压缩强度测定

1. 开孔拉伸强度实验

试件如图4-19所示，层合板铺层为$(45°/0°/-45°/90°)_s$，试件中心钻孔$\phi6.4\mathrm{mm}$，拉伸

加载速度为 1.3mm/min，开孔拉伸强度计算式为

$$\sigma_{t0} = \frac{P_{Lt}}{bt} \tag{4-29}$$

式中，b，t 分别为试件宽和厚度，P_{Lt} 为破坏载荷。

2. 开孔压缩强度实验

试件亦如图 4-19 所示，试件装在专门夹具内进行加载试验，夹具保证试件轴向加载且两侧边界支持不阻碍试件横向变形。加载速度同拉伸时一样，σ_{c0} 为开孔压缩强度，计算公式如下：

$$\sigma_{c0} = \frac{P_{Lc}}{bt} \tag{4-30}$$

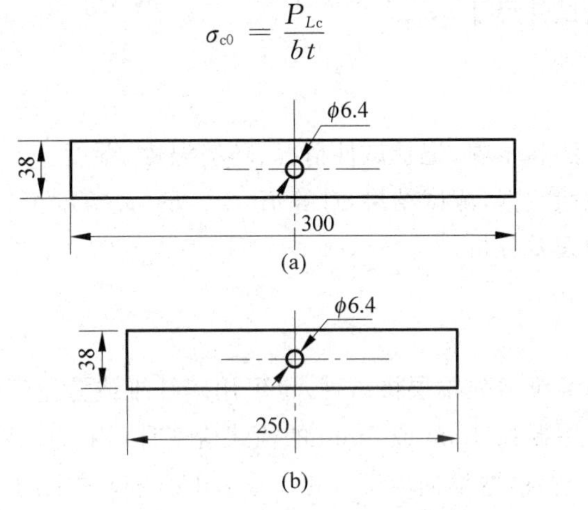

图 4-19 开孔拉伸及压缩强度试件

(a) 拉伸；(b) 压缩

教学实验指导书

实验 1 单层复合材料弹性常数测定

1. 目的

掌握单层复合材料弹性常数测定方法，并了解其各向异性特性。

2. 内容、方法

(1) 用 0°，90°，±45°三种单层复合材料拉伸试件（尺寸按标准规定：GB 3354—1982 和 GB 3355—1982）。

(2) 采用电阻应变计和电阻应变仪，测定拉伸载荷下的轴向和横向应变，由下列公式算出弹性常数 E_1，E_2，ν_{12}，ν_{21}，G_{12}：

0°试件 $$E_1 = \frac{\sigma_1}{\varepsilon_1} = \frac{P_1}{b_1 t_1 \varepsilon_1}, \quad \nu_{21} = \frac{-\varepsilon_2}{\varepsilon_1}$$

90°试件 $$E_2 = \frac{\sigma_2}{\varepsilon_2} = \frac{P_2}{b_2 t_2 \varepsilon_2}, \quad \nu_{12} = \frac{-\varepsilon_1}{\varepsilon_2}$$

其中，$\frac{\nu_{12}}{E_2}=\frac{\nu_{21}}{E_1}$可供检验。

45°试件　　$G_{12}=\frac{P_{45}}{2bt(\varepsilon_x-\varepsilon_y)}$，取 P-$(\varepsilon_x-\varepsilon_y)$ 曲线初始直线段计算 G_{12}。

(3) 用材料试验机加载，由初载分 2～3 级加载到末载，三次循环，将所测应变值求平均，作出应力-应变关系图。应变计在试件上布置见实图 1。

(4) 用卡尺测量试件尺寸 b,t。

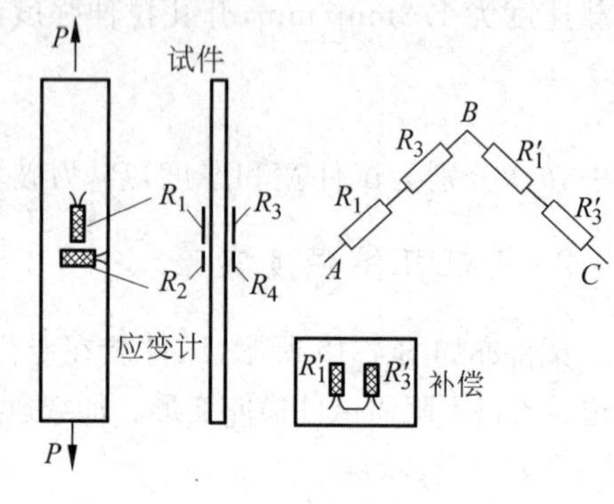

实图 1

3. 报告要求

(1) 说明实验方法和步骤，记录试件情况、环境温度、湿度。

(2) 记录实验原始数据，测试结果，计算 $E_1,\nu_{21},E_2,\nu_{12},G_{12}$ 值。

(3) 问题讨论和误差分析。

4. 说明

(1) 一般用玻璃纤维增强单层板试件，也可用碳纤维或芳纶纤维增强单层板试件。

(2) 电阻应变计用栅长 3mm 或 5mm 的箔式应变计，用 502 快干胶粘贴，试件正反面两轴向应变计串联成一桥臂，两横向应变计也串联，用另一试件上的应变计作温度补偿。测定 ν_{ij} 时应考虑应变计横向效应修正。

实验 2　单层复合材料拉伸、剪切强度测定

1. 目的

掌握单层复合材料拉伸、剪切强度的测定方法并了解其各向异性强度特性。

2. 内容、方法

(1) 用 0°，90°，45°三种试件，尺寸同实验 1，采用材料试验机加载，由试验机画出载荷-夹头位移曲线，并求出破坏时最大载荷，由下列公式计算强度 X_t,Y_t,S：

0°试件　　得 1 方向拉伸强度 X_t

$$X_t=\frac{P_{1\max}}{b_1t_1}$$

90°试件　　$Y_t=\frac{P_{2\max}}{b_2t_2}$

45°试件　　$S=\frac{P_{45\max}}{2bh}$

(2) 用卡尺测量试件厚度、宽度。

典型载荷-夹头位移曲线见实图 2。

实图 2

3. 报告要求

(1) 说明实验方法和步骤、试件材料及温度、湿度。
(2) 记录载荷-位移曲线,计算 X_t,Y_t,S 值。
(3) 讨论分析。

实验 3 单层复合材料压缩性能测定

1. 目的

测定压缩弹性模量及压缩强度。

2. 实验方法和步骤(按 GB 1448—1983)

(1) 用玻璃纤维织物增强树脂板材或短切纤维增强树脂加工成压缩柱形试件如实图 3 所示,宽度 $b=10\sim14$mm,厚度 $t=10\sim14$mm,高度 $H=30\sim35$mm。

(2) 用材料试验机加载,在试件正反两面粘贴电阻应变计(建议用栅长 1mm 或 2mm 的箔式应变计),应变计粘贴位置见实图 3。轴向应变计用于测压缩弹性模量,横向应变计可测泊松比,用电阻应变仪测量应变。

(3) 测定压缩弹性模量和泊松比的公式为

$$E_c=\frac{P}{bt\varepsilon_1},\quad \nu_{21}=-\frac{\varepsilon_2}{\varepsilon_1}$$

式中,应变 ε_1,ε_2 按加载 3 次取平均计算。

(4) 压缩强度 X_c 按下式计算:

$$X_c=\frac{P_{\max}}{bt}$$

(5) 由试验机画出载荷-横梁位移曲线。

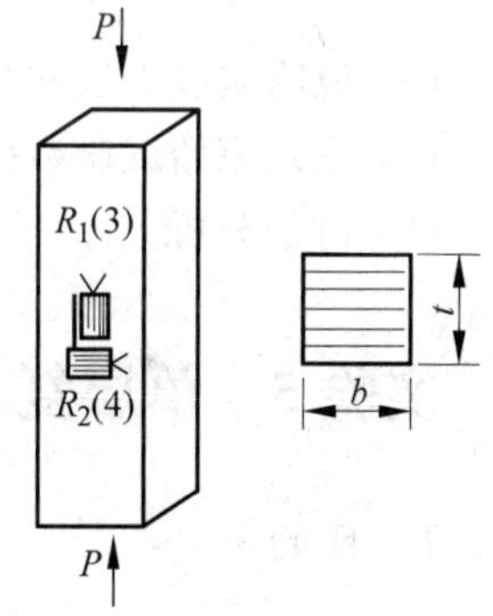

实图 3

3. 报告要求

(1) 说明实验方法和步骤,记录试件材料、环境温度、湿度。
(2) 记录原始试验数据,计算压缩模量及压缩强度。
(3) 分析讨论。

实验 4 单层复合材料弯曲性能测定

1. 目的

测定单层复合材料的弯曲弹性模量和弯曲强度。

2. 实验内容、方法(按 GB 3356—1982)

(1) 试件尺寸及三点弯曲加载方式见实图 4,用材料试验机加载,加载速度 1mm/min。

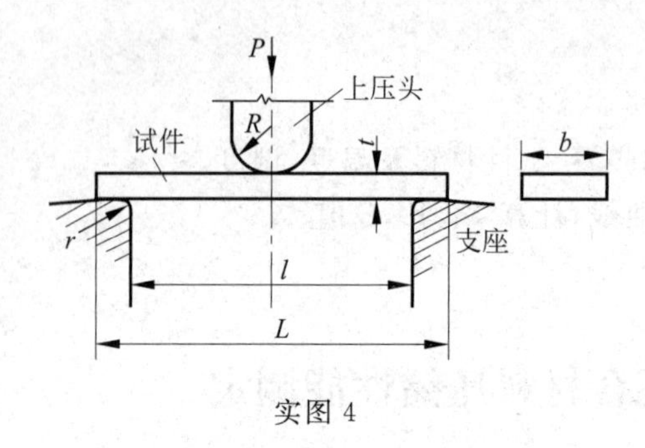

实图 4

(2) 用千分表或位移传感器测量试件跨度中点挠度(位移)。

(3) 在较小载荷下重复三次测量载荷和挠度,按下式计算弯曲弹性模量:

$$E_{\mathrm{Y}} = \frac{\Delta P l^3}{4bt^3 \Delta f}$$

式中,ΔP 为载荷增量,Δf 为挠度增量(取3次平均)。

(4) 加大载荷直到试件弯曲破坏,弯曲强度按下式计算:

$$\sigma_{\mathrm{Y}} = \frac{3P_{\max l}}{2bt^2}$$

3. 报告要求

(1) 说明实验方法和步骤、试件材料、温度、湿度。

(2) 记录原始试验数据,计算弯曲模量和强度。

(3) 讨论分析。

实验5 单层复合材料层间剪切强度测定

1. 目的

测定单层复合材料层间剪切强度。

2. 实验内容、方法(按GB 3357—1982)

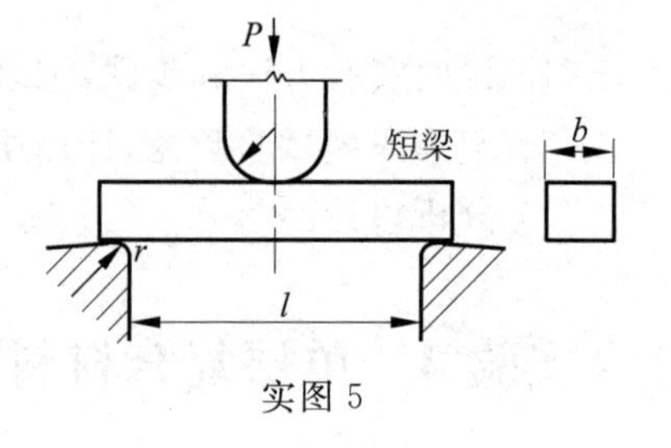

实图 5

(1) 采用短梁试件,其尺寸及加载方式(三点)见实图5。短梁跨度 $l=5t$,厚 $t=2\sim5\mathrm{mm}$,宽 $=6.0\mathrm{mm}\pm0.5\mathrm{mm}$,加载速度为 $1\sim2\mathrm{mm/min}$。

(2) 加载到短梁破坏,记录最大载荷及破坏形式,观察是否为层间剪切破坏。

层间剪切强度按下式计算:

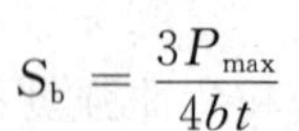

$$S_{\mathrm{b}} = \frac{3P_{\max}}{4bt}$$

3. 报告要求

(1) 说明实验方法和步骤、试件材料、温度、湿度。

（2）记录数据，计算层间剪切强度，分析破坏形式。

实验6　复合材料冲压式剪切强度测定

1．目的

测定纤维织物增强复合材料板断裂剪切强度。

2．方法、内容(按 GB 1450.2—1983)

（1）按实图6所示试件型式及圆柱冲头剪切夹具，使试件沿着厚度方向两处同时受剪，因剪切面为圆柱面，在剪切强度计算公式中引入一曲面换算系数 k，剪切强度计算公式如下：

$$\tau_s = \frac{P_{max}}{2btk}$$

式中，$k=1.047$。

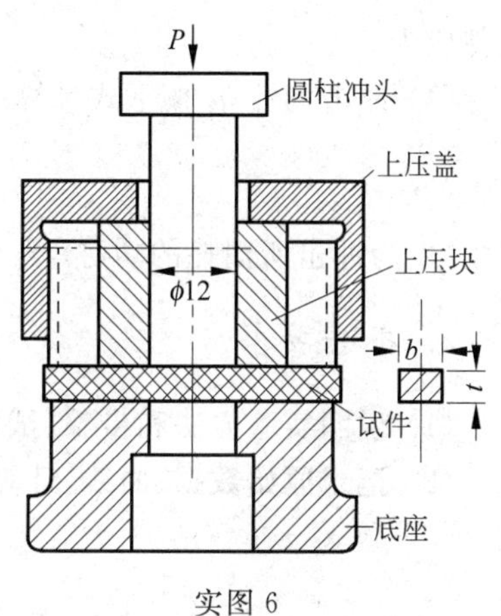

实图6

（2）用材料试验机加载，加载速度为1.5～5mm/min。通过圆柱冲头对试件施加均匀、连续载荷直到破坏，记录破坏载荷 P_{max}，如试件有明显内部缺陷或不沿剪切面破坏，则为无效，有效试件应有5个。

实验7　复合材料冲击韧性测定

1．目的

测定玻璃纤维织物增强复合材料板的冲击韧性。

2．方法、内容(按 GB 1451—1983)

（1）采用有V形缺口的试样及简支梁式摆锤式冲击试验机，试件尺寸及冲锤运动方向加载示意图见实图7。

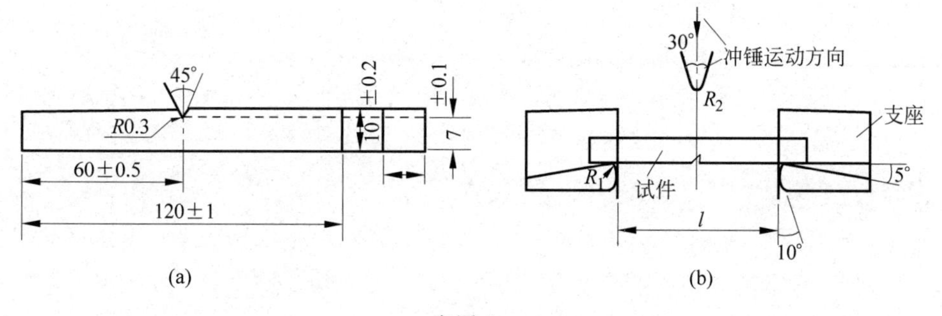

实图7

试件缺口方向可与布层垂直或平行。如用短切纤维增强复合材料，则试件切口与压制方向一致。

(2) 冲击速度约为 3.8m/s，跨距 l 为 70mm。选择合适能量的摆锤，使冲断试件所消耗的功在满能量的 10%～85%范围内。

(3) 试验前，经过一次空载冲击，调整试验机读数盘指针零点，然后进行冲击，记录冲断试件所消耗的功及破坏形式。如有明显内部缺陷或不在缺口处破坏的试件应予作废，有效试件应为 5 个。

(4) 冲击韧性 α_k 按下式计算：

$$\alpha_k = \frac{A}{bt_0}$$

式中，A 为冲击所消耗的功(J)，t_0 为缺口下的厚度，b 为缺口处宽度。α_k 的单位为 J/cm^2。

3. 报告要求

(1) 说明实验方法和步骤、试件及环境条件。

(2) 记录原始数据、曲线，计算冲击韧性及分析讨论。

第5章 层合板刚度的宏观力学分析

5.1 引　　言

通常将用多层单层板粘合在一起组成整体的结构板，称为层合板。层合板的性能与各层单层板的材料性能有关，且与各层单层板的铺设方式有关。单层板的性能与其材料及材料主方向有关，如将各层单层板的材料主方向按不同方向和不同顺序铺设，可得到各种不同性能的层合板，这样我们有可能在不改变单层板材料的情况下，设计出各种力学性能的层合板以满足工程上不同的要求，这是单层板所没有的特点，因此工程上常使用层合板的结构形式。

与单层板相比，层合板有下列特性：

(1) 一般单层板以纤维及其垂直方向为材料主方向，而层合板的各单层板的材料主方向一般按不同角度排列，因此层合板不一定有确定的材料主方向。

(2) 层合板的结构刚度取决于各单层板性能和铺设方式，如层合板中各单层板的性能和铺设顺序已确定，则可推算出层合板的结构刚度。

(3) 一般层合板有耦合效应，即在面内拉(压)、剪切载荷作用下引起弯、扭变形，在弯、扭载荷作用下引起拉(压)、剪变形。

(4) 单层板受载破坏时即全部失效，层合板由各单层板组成，其中某一层或数层破坏时，其余各层可能继续承受载荷，不一定全部失效，因此在强度分析时比单层板复杂。

(5) 层合板在粘结时要加热固化，冷却后由于各单层板的热胀冷缩不一致，因此有温度应力存在，在强度计算时必须考虑这个因素。

(6) 层合板由不同的单层板粘结在一起，在变形时为满足变形协调条件，各层之间有层间应力存在。

由于上述诸因素，层合板的刚度和强度分析比单层板复杂得多，一般均采用宏观力学分析方法，即把单层板看成均匀的各向异性的薄板，再把各单层板层合成层合板，分析其刚度和强度。

层合板的通常表示方式如下，层合板由各层单层板粘合而成，每层单层板的材料主方向可以各不相同，而所组合的层合板就不一定有确定的材料主方向，层合板一般选择结构的自然轴方向为坐标系统。例如矩形板取垂直于两边方向为坐标系统，选定坐标后，对层合板进行标号，规定层合板中单层板材料主方向与坐标轴夹角，以逆时针方向为正，顺时针方向为负，图5-1所示 θ 角为正。

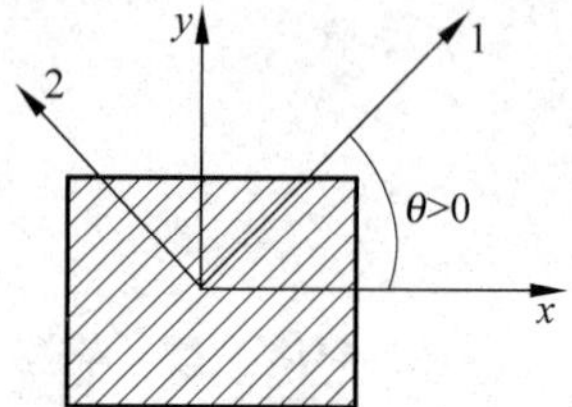

图5-1　单层板材料主方向与坐标轴夹角

对由等厚度单层板组成的层合板，可以用角度表示，例如图1-2所示的层合板，由4层单层板粘合而成，各单层板主方向夹角第一层为 $+\alpha$，第二层为 $0°$，第三层为 $90°$，第四层为 $-\alpha$，则层合板可表示为 $\alpha/0°/90°/-\alpha$。

对不同厚度单层板组成的层合板，除用角度表示外，还需注明各层厚度，例如

$$0°t/90°2t/45°3t$$

在此层合板中，第一层厚度为 t，第二层厚度为 $2t$，第三层为 $3t$。

层合板可由各单层板任意排列铺设，依结构对称性区分，不外乎以下三种：

(1) 对称层合板　指几何尺寸和材料性能都对称于中面的层合板，例如

$$30°/-60°/15°/15°/-60°/30°$$

$$0°t/90°2t/45°3t/90°2t/0°t$$

这两种层合板中，如果对称的各单层板性能均相同，则称为对称层合板，后面一种中间45°的单层板可看成是两层45°厚度1.5t的单层板，对于对称层合板可只写前半部，上两例可写成：

$$(30°/-60°/15°)_s,\quad (0°\ t/90°2t/45°1.5t)_s$$

式中，s即表示对称的意思。

(2) 反对称层合板　指层合板中与中面相对的单层板材料主方向与坐标轴的夹角有正负交替符号、几何尺寸对称而其他材料性能均相同的层合板。例如

$$-45°/30°/-30°/45°$$

另外对于0°与90°，我们亦看成交错角，因此

$$0°/90°/0°/90°/0°/90°$$

也是反对称层合板。如果0°或90°作为层合板中间层而其他各单层板与中面成反对称，也看成为反对称层合板，例如

$$-45°/30°/0°/-30°/45°$$

(3) 不对称层合板　指与中面不对称的层合板。例如

$$90°/30°/-45°/0°,\quad 45°/-15°/0°/30°$$

5.2　层合板的刚度和柔度

在本节中我们将对层合板在弹性范围内的刚度进行分析，推导出一般层合板的刚度计算公式，为此先讨论单层板和层合板的应力-应变关系及有关假设。

5.2.1 单层板的应力-应变关系

层合板由单层板组成，每一单层板可看成层合板中的一层，在平面应力状态下，正交各向异性单层板，在材料主方向的应力-应变关系由式(3-2)表示：

$$\begin{bmatrix}\sigma_1\\ \sigma_2\\ \tau_{12}\end{bmatrix}=\begin{bmatrix}Q_{11} & Q_{12} & 0\\ Q_{12} & Q_{22} & 0\\ 0 & 0 & Q_{66}\end{bmatrix}\begin{bmatrix}\varepsilon_1\\ \varepsilon_2\\ \gamma_{12}\end{bmatrix}$$

与材料主方向成任意角度 θ 的 x-y 坐标系中的应力-应变关系由式(3-15)表示：

$$\begin{bmatrix}\sigma_x\\ \sigma_y\\ \tau_{xy}\end{bmatrix}=\begin{bmatrix}\bar{Q}_{11} & \bar{Q}_{12} & \bar{Q}_{16}\\ \bar{Q}_{12} & \bar{Q}_{22} & \bar{Q}_{26}\\ \bar{Q}_{16} & \bar{Q}_{26} & \bar{Q}_{66}\end{bmatrix}\begin{bmatrix}\varepsilon_x\\ \varepsilon_y\\ \gamma_{xy}\end{bmatrix}$$

式中$\bar{Q}_{ij}$由式(3-16)表示。注意到$\bar{Q}_{11}$，$\bar{Q}_{12}$，$\bar{Q}_{22}$，$\bar{Q}_{66}$是 θ 的偶函数，$\bar{Q}_{16}$，$\bar{Q}_{26}$是 θ 的奇函数，这些性质对下面分析层合板的刚度很有用。因单层板是层合板中的一层，如设为第 k 层，则式(3-15)表示为

$$\boldsymbol{\sigma}_k=\bar{\boldsymbol{Q}}_k\boldsymbol{\varepsilon}_k \tag{5-1}$$

5.2.2 层合板的应力-应变关系

为简化问题，对所研究的层合板作如下限制：

(1) 层合板各单层之间粘结良好，可作为一个整体结构板，并且粘结层很薄，其本身不发生变形，即各单层板之间变形连续。

(2) 层合板虽由多层单层板叠合而成，但其总厚度仍符合薄板假定，即厚度 t 与跨度 L 之比为

$$\left(\frac{1}{50}\sim\frac{1}{100}\right)<\frac{t}{L}<\left(\frac{1}{8}\sim\frac{1}{10}\right)$$

(3) 整个层合板是等厚度的。

现取坐标系 x,y,z 中 $z=0$ 的 xoy 面，称之为中面，一般用平分板厚的面作为中面。沿板厚范围内 x,y,z 方向的位移分别为 u,v,w，中面上的点 x,y,z 方向的位移为 u_0,v_0,w_0，其中 w_0 称为板的挠度(图 5-2)。

在以上限制条件基础上我们假设：

(1) 层合板中变形前垂直于中面的直线段，变形后仍保持直线且垂直于中面，这又称直法线假设。

(2) 该线段长度不变，即 $\varepsilon_z=0$。

由假设(2)，$\varepsilon_z=0$，因为 $\varepsilon_z=\dfrac{\partial w}{\partial z}$，所以 w 与 z 无关，即 $w=w(x,y)=w_0$。由假设(1)，层合板在拉伸和弯曲作用下，板中某一垂直于中面的直线段 AB(图 5-3)变形后到 $A'B'$ 位置。现求 AB 线上距中面为 z 的 C 点 x 方向的位移。原中面上 o 点的 x 方向位移为 u_0，直线段 AB 变形后仍与中面垂直，即 $A'B'$ 与挠度曲线上 o' 点的切线垂直，o' 点的切角为$\dfrac{\partial w}{\partial x}$，因此，

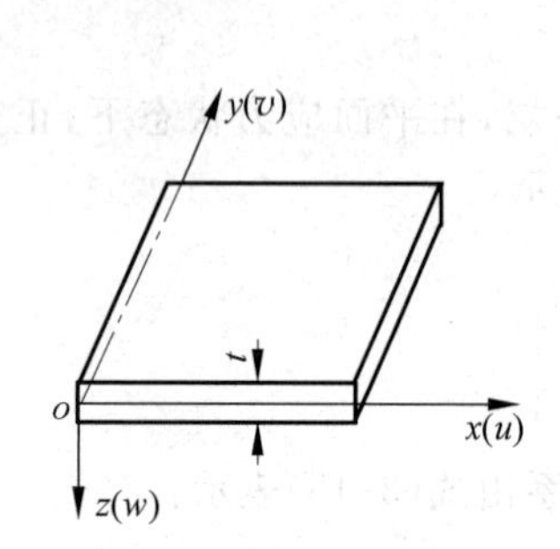

图5-2　层合板坐标图

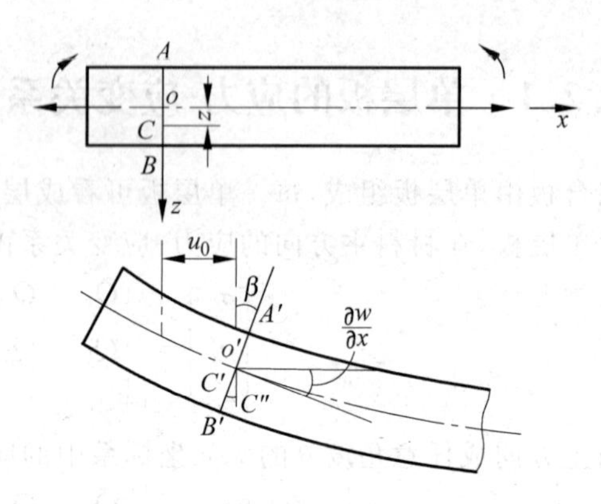

图5-3　直线段变形前后关系

$\beta=\dfrac{\partial w}{\partial x}$，则 C 点在 x 方向的位移

$$u_C = u_0 - C'C'' = u_0 - z\frac{\partial w}{\partial x} \tag{5-2}$$

同理，C 点在 y 方向的位移

$$v_C = v_0 - z\frac{\partial w}{\partial y} \tag{5-3}$$

根据小变形假设，有如式(2-4)所示的位移与应变的6个关系式：

$$\varepsilon_x = \frac{\partial u}{\partial x},\quad \varepsilon_y = \frac{\partial v}{\partial y},\quad \varepsilon_z = \frac{\partial w}{\partial z} = 0$$

$$\gamma_{xy} = \frac{\partial u}{\partial y} + \frac{\partial v}{\partial x},\quad \gamma_{yz} = \frac{\partial v}{\partial z} + \frac{\partial w}{\partial y},\quad \gamma_{zx} = \frac{\partial w}{\partial x} + \frac{\partial u}{\partial z}$$

将式(5-1)、式(5-2)代入上式则得

$$\left.\begin{aligned}
\varepsilon_x &= \frac{\partial u_0}{\partial x} - z\frac{\partial^2 w}{\partial x^2} = \varepsilon_x^0 - z\frac{\partial^2 w}{\partial x^2} \\
\varepsilon_y &= \frac{\partial v_0}{\partial y} - z\frac{\partial^2 w}{\partial y^2} = \varepsilon_y^0 - z\frac{\partial^2 w}{\partial y^2} \\
\gamma_{xy} &= \frac{\partial u_0}{\partial y} + \frac{\partial v_0}{\partial x} - 2z\frac{\partial^2 w}{\partial x \partial y} = \gamma_{xy}^0 - 2z\frac{\partial^2 w}{\partial x \partial y} \\
\varepsilon_z &= \gamma_{yz} = \gamma_{zx} = 0
\end{aligned}\right\} \tag{5-4}$$

其中，$\varepsilon_x^0, \varepsilon_y^0, \gamma_{xy}^0$ 为中面应变。再设

$$\kappa_x = -\frac{\partial^2 w}{\partial x^2},\quad \kappa_y = -\frac{\partial^2 w}{\partial y^2},\quad \kappa_{xy} = -2\frac{\partial^2 w}{\partial x \partial y}$$

则式(5-4)可写成

$$\begin{bmatrix} \varepsilon_x \\ \varepsilon_y \\ \gamma_{xy} \end{bmatrix} = \begin{Bmatrix} \varepsilon_x^0 \\ \varepsilon_y^0 \\ \gamma_{xy}^0 \end{Bmatrix} + z\begin{bmatrix} \kappa_x \\ \kappa_y \\ \kappa_{xy} \end{bmatrix} \tag{5-5}$$

将上式代入式(5-1)，可得层合板中第 k 层的应力-应变关系式：

$$\begin{bmatrix}\sigma_x\\\sigma_y\\\tau_{xy}\end{bmatrix}_k=\begin{bmatrix}\overline{Q}_{11}&\overline{Q}_{12}&\overline{Q}_{16}\\\overline{Q}_{12}&\overline{Q}_{22}&\overline{Q}_{26}\\\overline{Q}_{16}&\overline{Q}_{26}&\overline{Q}_{66}\end{bmatrix}_k\left\{\begin{bmatrix}\varepsilon_x^0\\\varepsilon_y^0\\\gamma_{xy}^0\end{bmatrix}+z\begin{bmatrix}\kappa_x\\\kappa_y\\\kappa_{xy}\end{bmatrix}\right\}\tag{5-6}$$

式中，κ_x，κ_y 称为板中面弯曲挠曲率，κ_{xy} 为板中面扭曲率。因后一项中 z 是变量，κ_x，κ_y，κ_{xy} 对任一 k 层都一样，所以不标明 k 下标，只在 $\overline{Q}$ 中标 k 下标，说明每一层 $\overline{Q}$ 不全相同。

为了更清楚地表示层合板的应力-应变关系，以一个 4 层单层板组成的层合板为例，用图示说明。从图 5-4 可见，层合板应变由中面应变和弯曲应变两部分组成，沿厚度线性分布；而应力除与应变有关外，还与各单层刚度特性有关，若各层刚度不相同，则各层应力不连续分布，但在每一层内是线性分布的。

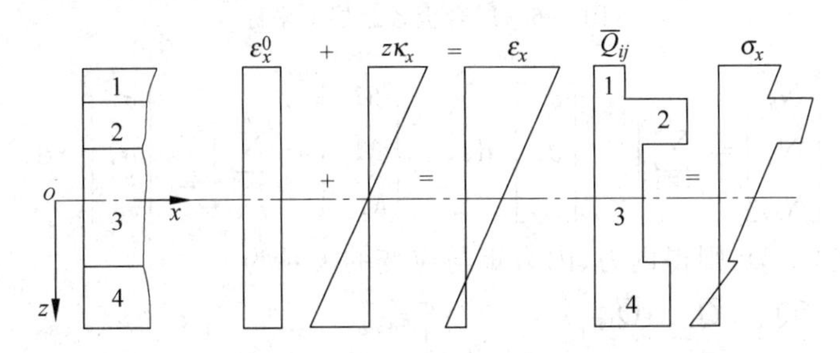

图 5-4 层合板沿厚度应力应变变化

5.2.3 层合板的刚度

如图 5-5 所示，设 N_x，N_y，N_{xy} 为层合板横截面上单位宽度(或长度)上的内力(拉、压力或剪切力)；M_x，M_y，M_{xy} 为层合板横截面上单位宽度的内力矩(弯矩或扭矩)。它们可由各单层板上的应力沿层合板厚度积分求得，设层合板的厚度为 t，则有

$$\begin{bmatrix}N_x\\N_y\\N_{xy}\end{bmatrix}=\int_{\frac{-t}{2}}^{\frac{t}{2}}\begin{bmatrix}\sigma_x\\\sigma_y\\\tau_{xy}\end{bmatrix}\mathrm{d}z,\quad\begin{bmatrix}M_x\\M_y\\M_{xy}\end{bmatrix}=\int_{\frac{-t}{2}}^{\frac{t}{2}}\begin{bmatrix}\sigma_x\\\sigma_y\\\tau_{xy}\end{bmatrix}z\,\mathrm{d}z\tag{5-7}$$

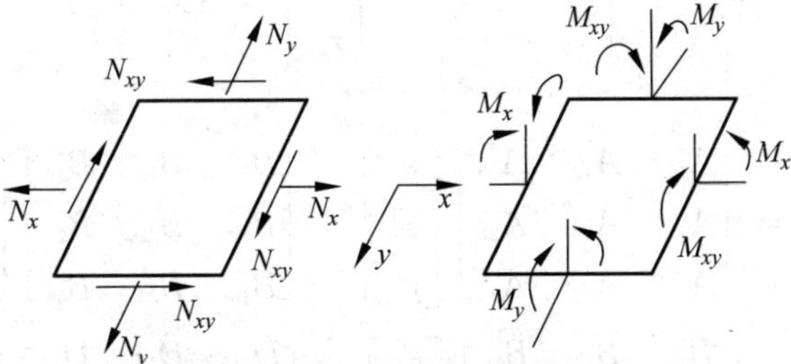

图 5-5 层合板的内力和内力矩

由于层合板的应力是不连续分布的，只能分层积分，如取图 5-6 所示各单层的 z 坐标，则上两式可写成下列形式：

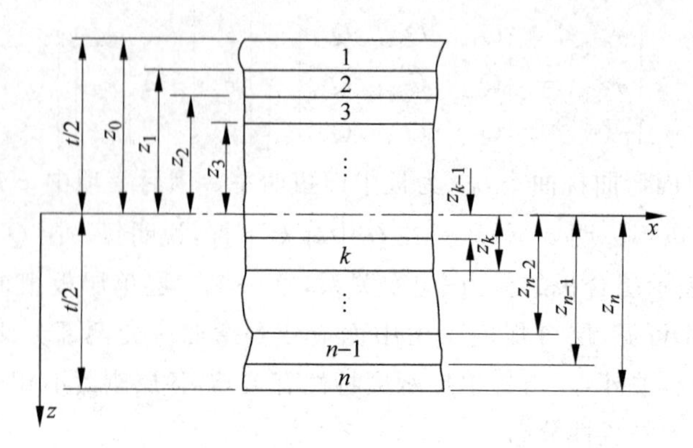

图 5-6　层合板各单层 z 坐标

$$\begin{bmatrix} N_x \\ N_y \\ N_{xy} \end{bmatrix} = \sum_{k=1}^{n} \int_{z_{k-1}}^{z_k} \begin{bmatrix} \sigma_x \\ \sigma_y \\ \tau_{xy} \end{bmatrix}_k \mathrm{d}z, \quad \begin{bmatrix} M_x \\ M_y \\ M_{xy} \end{bmatrix} = \sum_{k=1}^{n} \int_{z_{k-1}}^{z_k} \begin{bmatrix} \sigma_x \\ \sigma_y \\ \tau_{xy} \end{bmatrix}_k z\,\mathrm{d}z \tag{5-8}$$

将式(5-6)代入式(5-8)，则得内力、内力矩与应变的关系为

$$\left.\begin{aligned} \begin{bmatrix} N_x \\ N_y \\ N_{xy} \end{bmatrix} &= \sum_{k=1}^{n} \begin{bmatrix} \bar{Q}_{11} & \bar{Q}_{12} & \bar{Q}_{16} \\ \bar{Q}_{12} & \bar{Q}_{22} & \bar{Q}_{26} \\ \bar{Q}_{16} & \bar{Q}_{26} & \bar{Q}_{66} \end{bmatrix}_k \times \left\{ \int_{z_{k-1}}^{z_k} \begin{bmatrix} \varepsilon_x^0 \\ \varepsilon_y^0 \\ \gamma_{xy}^0 \end{bmatrix} \mathrm{d}z + \int_{z_{k-1}}^{z_k} \begin{bmatrix} \kappa_x \\ \kappa_y \\ \kappa_{xy} \end{bmatrix} z\,\mathrm{d}z \right\} \\ \begin{bmatrix} M_x \\ M_y \\ M_{xy} \end{bmatrix} &= \sum_{k=1}^{n} \begin{bmatrix} \bar{Q}_{11} & \bar{Q}_{12} & \bar{Q}_{16} \\ \bar{Q}_{12} & \bar{Q}_{22} & \bar{Q}_{26} \\ \bar{Q}_{16} & \bar{Q}_{26} & \bar{Q}_{66} \end{bmatrix}_k \times \left\{ \int_{z_{k-1}}^{z_k} \begin{bmatrix} \varepsilon_x^0 \\ \varepsilon_y^0 \\ \gamma_{xy}^0 \end{bmatrix} z\,\mathrm{d}z + \int_{z_{k-1}}^{z_k} \begin{bmatrix} \kappa_x \\ \kappa_y \\ \kappa_{xy} \end{bmatrix} z^2\,\mathrm{d}z \right\} \end{aligned}\right\} \tag{5-9}$$

由于 $\varepsilon_x^0, \varepsilon_y^0, \gamma_{xy}^0$ 为中面应变，$\kappa_x, \kappa_y, \kappa_{xy}$ 为中面曲率、扭曲率，它们与 z 无关，则上式积分得

$$\left.\begin{aligned} \begin{bmatrix} N_x \\ N_y \\ N_{xy} \end{bmatrix} &= \sum_{k=1}^{n} [\bar{Q}]_k \left\{ (z_k - z_{k-1}) \begin{bmatrix} \varepsilon_x^0 \\ \varepsilon_y^0 \\ \gamma_{xy}^0 \end{bmatrix} + \frac{1}{2}(z_k^2 - z_{k-1}^2) \begin{bmatrix} \kappa_x \\ \kappa_y \\ \kappa_{xy} \end{bmatrix} \right\} \\ \begin{bmatrix} M_x \\ M_y \\ M_{xy} \end{bmatrix} &= \sum_{k=1}^{n} [\bar{Q}]_k \left\{ \frac{1}{2}(z_k^2 - z_{k-1}^2) \begin{bmatrix} \varepsilon_x^0 \\ \varepsilon_y^0 \\ \gamma_{xy}^0 \end{bmatrix} + \frac{1}{3}(z_k^3 - z_{k-1}^3) \begin{bmatrix} \kappa_x \\ \kappa_y \\ \kappa_{xy} \end{bmatrix} \right\} \end{aligned}\right\} \tag{5-10}$$

上式可写成

$$\left.\begin{aligned} \begin{bmatrix} N_x \\ N_y \\ N_{xy} \end{bmatrix} &= \begin{bmatrix} A_{11} & A_{12} & A_{16} \\ A_{12} & A_{22} & A_{26} \\ A_{16} & A_{26} & A_{66} \end{bmatrix} \begin{bmatrix} \varepsilon_x^0 \\ \varepsilon_y^0 \\ \gamma_{xy}^0 \end{bmatrix} + \begin{bmatrix} B_{11} & B_{12} & B_{16} \\ B_{12} & B_{22} & B_{26} \\ B_{16} & B_{26} & B_{66} \end{bmatrix} \begin{bmatrix} \kappa_x \\ \kappa_y \\ \kappa_{xy} \end{bmatrix} \\ \begin{bmatrix} M_x \\ M_y \\ M_{xy} \end{bmatrix} &= \begin{bmatrix} B_{11} & B_{12} & B_{16} \\ B_{12} & B_{22} & B_{26} \\ B_{16} & B_{26} & B_{66} \end{bmatrix} \begin{bmatrix} \varepsilon_x^0 \\ \varepsilon_y^0 \\ \gamma_{xy}^0 \end{bmatrix} + \begin{bmatrix} D_{11} & D_{12} & D_{16} \\ D_{12} & D_{22} & D_{26} \\ D_{16} & D_{26} & D_{66} \end{bmatrix} \begin{bmatrix} \kappa_x \\ \kappa_y \\ \kappa_{xy} \end{bmatrix} \end{aligned}\right\} \tag{5-11}$$

式中，A_{ij}, B_{ij}, D_{ij} 由下式定义：

$$\left.\begin{aligned} A_{ij} &= \sum_{k=1}^{n}(\bar{Q}_{ij})_k(z_k - z_{k-1}) \\ B_{ij} &= \frac{1}{2}\sum_{k=1}^{n}(\bar{Q}_{ij})_k(z_k^2 - z_{k-1}^2) \\ D_{ij} &= \frac{1}{3}\sum_{k=1}^{n}(\bar{Q}_{ij})_k(z_k^3 - z_{k-1}^3) \end{aligned}\right\} \tag{5-12}$$

由式(5-10)～式(5-12)可见，A_{ij}只是面向内力与中面应变有关的刚度系数，统称为拉伸刚度；D_{ij}只是内力矩与曲率及扭曲率有关的刚度系数，统称为弯曲刚度；而B_{ij}表示弯曲、拉伸之间有耦合关系，统称为耦合刚度。由于B_{ij}的存在，面向内力不仅引起中面应变，同时产生弯曲与扭转变形；同样内力矩不仅引起弯扭变形，同时产生中面应变。举一个简单的例子，一块两层纤维增强的层合板，承受合力N_x，而其他内力为零，当层合板中各层材料主方向与层合板x轴成$\pm\alpha$角时，可以证明，$N_x = A_{11}\varepsilon_x^0 + A_{12}\varepsilon_y^0 + B_{16}\kappa_{xy}$。由此合力$N_x$产生中面拉伸应变和扭转$\kappa_{xy}$，这已由实验证实。

A_{ij}，B_{ij}，D_{ij}各刚度系数的具体物理意义如下：

A_{11}，A_{12}，A_{22}为拉(压)力与中面拉伸(压缩)应变间的刚度系数，A_{66}为剪切力与中面剪应变之间的刚度系数，A_{16}，A_{26}为剪切与拉伸之间的耦合刚度系数；B_{11}，B_{12}，B_{22}为拉伸与弯曲之间的耦合刚度系数，B_{66}为剪切与扭转之间的耦合刚度系数，B_{16}，B_{26}为拉伸与扭转或剪切与弯曲之间的耦合刚度系数；D_{11}，D_{12}，D_{22}为弯矩与曲率之间的刚度系数，D_{66}为扭转与扭曲率之间的刚度系数，D_{16}，D_{26}为扭转与弯曲之间的耦合刚度系数。

应该指出，上述刚度系数是在直法线假设的前提下推导出来的，称为经典层合板理论。某些层合板由于横向剪切刚度较低，γ_{yz}或γ_{zx}横向剪切应变较大，不能忽略，留待以后再讨论。此外，我们常把层合板几何中面作为中面，如取其他位置为中面坐标，B_{ij}和D_{ij}将发生相应变化，分析时应注意。

5.2.4 层合板的柔度

层合板的柔度可以由其刚度矩阵求逆而得到。将式(5-11)简写为

$$\begin{bmatrix} \mathbf{N} \\ \mathbf{M} \end{bmatrix} = \begin{bmatrix} \mathbf{A} & \mathbf{B} \\ \mathbf{B} & \mathbf{D} \end{bmatrix} \begin{bmatrix} \boldsymbol{\varepsilon}^0 \\ \boldsymbol{\kappa} \end{bmatrix} \tag{5-13}$$

式中

$$\mathbf{A} = [A_{ij}],\quad \mathbf{B} = [B_{ij}],\quad \mathbf{D} = [D_{ij}]$$

$$\boldsymbol{\varepsilon}^0 = \begin{bmatrix} \varepsilon_x^0 \\ \varepsilon_y^0 \\ \gamma_{xy}^0 \end{bmatrix},\quad \boldsymbol{\kappa} = \begin{bmatrix} \kappa_x \\ \kappa_y \\ \kappa_{xy} \end{bmatrix},\quad \mathbf{N} = \begin{bmatrix} N_x \\ N_y \\ N_{xy} \end{bmatrix},\quad \mathbf{M} = \begin{bmatrix} M_x \\ M_y \\ M_{xy} \end{bmatrix}$$

式(5-13)又可写为

$$\mathbf{N} = \mathbf{A}\boldsymbol{\varepsilon}^0 + \mathbf{B}\boldsymbol{\kappa} \tag{5-14}$$

$$\mathbf{M} = \mathbf{B}\boldsymbol{\varepsilon}^0 + \mathbf{D}\boldsymbol{\kappa} \tag{5-15}$$

由式(5-14)解得

$$\boldsymbol{\varepsilon}^0 = \mathbf{A}^{-1}\mathbf{N} - \mathbf{A}^{-1}\mathbf{B}\boldsymbol{\kappa}$$

将此式代入式(5-15)得

$$\boldsymbol{M} = \boldsymbol{BA}^{-1}\boldsymbol{N} + (-\boldsymbol{BA}^{-1}\boldsymbol{B} + \boldsymbol{D})\boldsymbol{\kappa}$$

将上两式联立得

$$\begin{bmatrix}\boldsymbol{\varepsilon}^0 \\ \boldsymbol{M}\end{bmatrix} = \begin{bmatrix}\boldsymbol{A}^{-1} & -\boldsymbol{A}^{-1}\boldsymbol{B} \\ \boldsymbol{BA}^{-1} & -\boldsymbol{BA}^{-1}\boldsymbol{B} + \boldsymbol{D}\end{bmatrix}\begin{bmatrix}\boldsymbol{N} \\ \boldsymbol{\kappa}\end{bmatrix} = \begin{bmatrix}\boldsymbol{A}^* & \boldsymbol{B}^* \\ \boldsymbol{H}^* & \boldsymbol{D}^*\end{bmatrix}\begin{bmatrix}\boldsymbol{N} \\ \boldsymbol{\kappa}\end{bmatrix} \tag{5-16}$$

其中

$$\boldsymbol{A}^* = \boldsymbol{A}^{-1}, \quad \boldsymbol{B}^* = -\boldsymbol{A}^{-1}\boldsymbol{B}, \quad \boldsymbol{H}^* = \boldsymbol{BA}^{-1}, \quad \boldsymbol{D}^* = -\boldsymbol{BA}^{-1}\boldsymbol{B} + \boldsymbol{D}$$

上式也可写成

$$\left.\begin{aligned}\boldsymbol{\varepsilon}^0 &= \boldsymbol{A}^*\boldsymbol{N} + \boldsymbol{B}^*\boldsymbol{\kappa} \\ \boldsymbol{M} &= \boldsymbol{H}^*\boldsymbol{N} + \boldsymbol{D}^*\boldsymbol{\kappa}\end{aligned}\right\} \tag{5-17}$$

从式(5-17)中第二式解得

$$\boldsymbol{\kappa} = \boldsymbol{D}^{*-1}\boldsymbol{M} - \boldsymbol{D}^{*-1}\boldsymbol{H}^*\boldsymbol{N} \tag{5-18}$$

将上式代入式(5-17)第一式,可得

$$\boldsymbol{\varepsilon}^0 = (\boldsymbol{A}^* - \boldsymbol{B}^*\boldsymbol{D}^{*-1}\boldsymbol{H}^*)\boldsymbol{N} + \boldsymbol{B}^*\boldsymbol{D}^{*-1}\boldsymbol{M} \tag{5-19}$$

将式(5-18)、式(5-19)联立得

$$\begin{aligned}\begin{bmatrix}\boldsymbol{\varepsilon}^0 \\ \boldsymbol{\kappa}\end{bmatrix} &= \begin{bmatrix}\boldsymbol{A}^* - \boldsymbol{B}^*\boldsymbol{D}^{*-1}\boldsymbol{H}^* & \boldsymbol{B}^*\boldsymbol{D}^{*-1} \\ -\boldsymbol{D}^{*-1}\boldsymbol{H}^* & \boldsymbol{D}^{*-1}\end{bmatrix}\begin{bmatrix}\boldsymbol{N} \\ \boldsymbol{M}\end{bmatrix} \\ &= \begin{bmatrix}\boldsymbol{A}' & \boldsymbol{B}' \\ \boldsymbol{H}' & \boldsymbol{D}'\end{bmatrix}\begin{bmatrix}\boldsymbol{N} \\ \boldsymbol{M}\end{bmatrix}\end{aligned} \tag{5-20}$$

式中

$$\boldsymbol{A}' = \boldsymbol{A}^* - \boldsymbol{B}^*\boldsymbol{D}^{*-1}\boldsymbol{H}^*, \quad \boldsymbol{B}' = \boldsymbol{B}^*\boldsymbol{D}^{*-1}, \quad \boldsymbol{H}' = -\boldsymbol{D}^{*-1}\boldsymbol{H}^*, \quad \boldsymbol{D}' = \boldsymbol{D}^{*-1}$$

将式(5-16)中的 $\boldsymbol{B}^*$,$\boldsymbol{D}^*$,$\boldsymbol{H}^*$ 代入式(5-20)中的 $\boldsymbol{B}'$,$\boldsymbol{H}'$ 得

$$\begin{aligned}\boldsymbol{B}' &= (-\boldsymbol{A}^{-1}\boldsymbol{B})\boldsymbol{D}^{*-1} = -\boldsymbol{A}^{-1}\boldsymbol{B}(-\boldsymbol{BA}^{-1}\boldsymbol{B} + \boldsymbol{D})^{-1} \\ &= \boldsymbol{B}^{-1} - \boldsymbol{A}^{-1}\boldsymbol{BD}^{-1} \\ \boldsymbol{H}' &= -\boldsymbol{D}^{*-1}\boldsymbol{BA}^{-1} = -(-\boldsymbol{BA}^{-1}\boldsymbol{B} + \boldsymbol{D})^{-1}\boldsymbol{BA}^{-1} \\ &= \boldsymbol{B}^{-1} - \boldsymbol{D}^{-1}\boldsymbol{BA}^{-1}\end{aligned}$$

由于 $\boldsymbol{A}$,$\boldsymbol{B}$,$\boldsymbol{D}$ 都是对称矩阵,$\boldsymbol{A}^{-1}$,$\boldsymbol{B}^{-1}$,$\boldsymbol{D}^{-1}$ 也是对称矩阵,因此,一般情况 $\boldsymbol{B}' = \boldsymbol{H}'^{\mathrm{T}}$,特殊情况下有 $\boldsymbol{B}' = \boldsymbol{H}'$。因此有

$$\begin{bmatrix}\boldsymbol{\varepsilon}^0 \\ \boldsymbol{\kappa}\end{bmatrix} = \begin{bmatrix}\boldsymbol{A}' & \boldsymbol{B}' \\ \boldsymbol{B}' & \boldsymbol{D}'\end{bmatrix}\begin{bmatrix}\boldsymbol{N} \\ \boldsymbol{M}\end{bmatrix} \tag{5-21}$$

$\boldsymbol{A}'$,$\boldsymbol{B}'$,$\boldsymbol{D}'$ 为柔度矩阵,式(5-21)对于已知 $\boldsymbol{N}$ 和 $\boldsymbol{M}$ 载荷求 $\boldsymbol{\varepsilon}^0$ 和 $\boldsymbol{\kappa}$ 是方便的,这在后面实验验证刚度理论时很有用。

5.3 几种典型层合板的刚度计算

实际应用时,往往层合板的某些刚度系数为零,这样需通过几种典型层合板分析,探讨层合板刚度与各单层板刚度及铺设方式之间的规律。先从单层板刚度入手。

5.3.1 单层板

一层单层板或几层由相同材料和相同主方向的单层板粘合而成的层合板，均可看作单层板，现讨论以下几种形式。

1. 各向同性单层板

各向同性材料，$E_1=E_2=E$，$\nu_{21}=\nu_{12}=\nu$，由式(3-6)有

$$\boldsymbol{Q}=\begin{bmatrix}Q_{11} & Q_{12} & 0\\ Q_{12} & Q_{11} & 0\\ 0 & 0 & Q_{66}\end{bmatrix}=\begin{bmatrix}\dfrac{E}{1-\nu^2} & \dfrac{\nu E}{1-\nu^2} & 0\\ \dfrac{\nu E}{1-\nu^2} & \dfrac{E}{1-\nu^2} & 0\\ 0 & 0 & \dfrac{E}{2(1+\nu)}\end{bmatrix}$$

可得

$$A_{11}=\frac{Et}{1-\nu^2}=A=A_{22},\quad A_{12}=\nu A$$

$$A_{66}=\frac{Et}{2(1+\nu)}=\frac{1-\nu}{2}A,\quad A_{16}=A_{26}=0$$

$$B_{ij}=0,\quad D_{11}=\frac{Et^3}{12(1-\nu^2)}=D=D_{22},\quad D_{12}=\nu D$$

$$D_{66}=\frac{Et^3}{2(1+\nu)}=\frac{1-\nu}{2}D$$

$$D_{16}=D_{26}=0$$

代入式(5-11)可得

$$\left.\begin{aligned}\begin{bmatrix}N_x\\ N_y\\ N_{xy}\end{bmatrix}&=\begin{bmatrix}A & \nu A & 0\\ \nu A & A & 0\\ 0 & 0 & \dfrac{1-\nu}{2}A\end{bmatrix}\begin{bmatrix}\varepsilon_x^0\\ \varepsilon_y^0\\ \gamma_{xy}^0\end{bmatrix}\\ \begin{bmatrix}M_x\\ M_y\\ M_{xy}\end{bmatrix}&=\begin{bmatrix}D & \nu D & 0\\ \nu D & D & 0\\ 0 & 0 & \dfrac{1-\nu}{2}D\end{bmatrix}\begin{bmatrix}\kappa_x\\ \kappa_y\\ \kappa_{xy}\end{bmatrix}\end{aligned}\right\}\tag{5-22}$$

2. 特殊正交各向异性单层板

对坐标轴 x，y 与材料主方向相重合的正交各向异性单层板，由式(3-4)有

$$\boldsymbol{Q}=\begin{bmatrix}Q_{11} & Q_{12} & 0\\ Q_{12} & Q_{22} & 0\\ 0 & 0 & Q_{66}\end{bmatrix}=\begin{bmatrix}\dfrac{E_1}{1-\nu_{12}\nu_{21}} & \dfrac{\nu_{21}E_2}{1-\nu_{12}\nu_{21}} & 0\\ \dfrac{\nu_{12}E_1}{1-\nu_{12}\nu_{21}} & \dfrac{E_2}{1-\nu_{12}\nu_{21}} & 0\\ 0 & 0 & G_{12}\end{bmatrix}$$

在几何中面($t/2$ 处,$z=0$)有下列结果:

$$A_{11}=Q_{11}t,\quad D_{11}=\frac{Q_{11}}{12}t^3$$

$$A_{12}=Q_{12}t,\quad D_{12}=\frac{Q_{12}}{12}t^3$$

$$A_{22}=Q_{22}t,\quad B_{ij}\equiv 0,\quad D_{22}=\frac{Q_{22}}{12}t^3$$

$$A_{16}=A_{26}=0,\quad D_{16}=D_{26}=0$$

$$A_{66}=Q_{66}t,\quad D_{66}=\frac{Q_{66}}{12}t^3$$

由式(5-11)可得

$$\left.\begin{aligned}\begin{bmatrix}N_x\\N_y\\N_{xy}\end{bmatrix}&=\begin{bmatrix}A_{11}&A_{12}&0\\A_{12}&A_{22}&0\\0&0&A_{66}\end{bmatrix}\begin{bmatrix}\varepsilon_x^0\\\varepsilon_y^0\\\gamma_{xy}^0\end{bmatrix}\\\begin{bmatrix}M_x\\M_y\\M_{xy}\end{bmatrix}&=\begin{bmatrix}D_{11}&D_{12}&0\\D_{12}&D_{22}&0\\0&0&D_{66}\end{bmatrix}\begin{bmatrix}\kappa_x\\\kappa_y\\\kappa_{xy}\end{bmatrix}\end{aligned}\right\}\tag{5-23}$$

3. 一般正交各向异性单层板

正交各向异性材料单层板的材料主方向与坐标轴不重合,其刚度系数为

$$\bar{\boldsymbol{Q}}=\begin{bmatrix}\bar{Q}_{11}&\bar{Q}_{12}&\bar{Q}_{16}\\\bar{Q}_{12}&\bar{Q}_{22}&\bar{Q}_{26}\\\bar{Q}_{16}&\bar{Q}_{26}&\bar{Q}_{66}\end{bmatrix}$$

及 $A_{ij}=\bar{Q}_{ij}t$,$B_{ij}\equiv 0$,$D_{ij}=\frac{1}{12}\bar{Q}_{ij}t^3$。因此

$$\boldsymbol{N}=\boldsymbol{A}\boldsymbol{\varepsilon}^0,\quad \boldsymbol{M}=\boldsymbol{D}\boldsymbol{\kappa}$$

4. 各向异性单层板

$$\boldsymbol{Q}=\begin{bmatrix}Q_{11}&Q_{12}&Q_{16}\\Q_{12}&Q_{22}&Q_{26}\\Q_{16}&Q_{26}&Q_{66}\end{bmatrix}$$

这和一般正交各向异性单层板形式相同,但其中 Q_{ij} 和$\bar{Q}_{ij}$ 含义不同,$\bar{Q}_{ij}$ 可由式(3-16)求得,Q_{ij} 不存在式(3-16)的关系,因此有

$$A_{ij}=Q_{ij}t,\quad B_{ij}\equiv 0,\quad D_{ij}=Q_{ij}\frac{t^3}{12}$$

及

$$\boldsymbol{N}=\boldsymbol{A}\boldsymbol{\varepsilon}^0,\quad \boldsymbol{M}=\boldsymbol{D}\boldsymbol{\kappa}$$

由以上所述可见,单层板有以下特点:

(1) 单层板 $B_{ij}\equiv 0$,不存在拉弯耦合关系。

(2) 在各向同性和特殊正交各向异性单层板中,$A_{16}=A_{26}=0$,$D_{16}=D_{26}=0$。因此拉、

剪和弯扭之间无耦合关系。

(3) 一般正交各向异性单层板和各向异性板，都存在拉、剪或弯、扭之间的耦合关系。

5.3.2　对称层合板

这是在复合材料层合板中广泛应用的一大类层合板，对称层合板的各单层几何尺寸和材料性能都对称于中面，因此可如图 5-7 所示设置各层的坐标。计算 B_{ij} 如下：

$$\begin{aligned} B_{ij} &= \frac{1}{2}\sum_{k=1}^{n}(\bar{Q}_{ij})_k(z_k^2 - z_{k-1}^2) = \frac{1}{2}(\bar{Q}_{ij})_1(z_1^2 - z_0^2) \\ &+ \frac{1}{2}(\bar{Q}_{ij})_2(z_2^2 - z_1^2) + \cdots + \frac{1}{2}(\bar{Q}_{ij})_{\frac{n}{2}}(0 - z_{\frac{n}{2}-1}^2) \\ &+ \frac{1}{2}(\bar{Q}_{ij})_{\frac{n}{2}+1}(z_{\frac{n}{2}+1}^2) + \cdots + \frac{1}{2}(\bar{Q}_{ij})_{n-1}(z_{n-1}^2 - z_{n-2}^2) \\ &+ \frac{1}{2}(\bar{Q}_{ij})_n(z_n^2 - z_{n-1}^2) \end{aligned}$$

根据对称层合板的定义有

$$(\bar{Q}_{ij})_1 = (\bar{Q}_{ij})_n$$

$$(z_1^2 - z_0^2) = -(z_n^2 - z_{n-1}^2)$$

因此，上式中第 1 项与第 n 项之和为零；同理，第 2 项与第 $n-1$ 项之和及各对应项之和均为零，即

$$B_{ij} = \frac{1}{2}\sum_{k=1}^{n}(\bar{Q}_{ij})_k(z_k^2 - z_{k-1}^2) = 0 \tag{5-24}$$

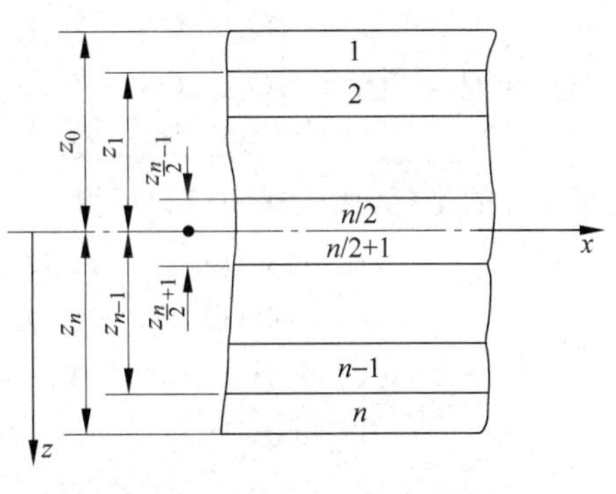

图 5-7　对称层合板各层坐标图

因此对称层合板中拉伸与弯曲之间不存在耦合关系，对称层合板有以下几种。

1. 各向同性对称层合板

它由对称于中面各不同的各向同性单层板组成，每层的 $\boldsymbol{Q}$ 为

$$\boldsymbol{Q}_k = \begin{bmatrix} Q_{11} & Q_{12} & 0 \\ Q_{12} & Q_{11} & 0 \\ 0 & 0 & Q_{66} \end{bmatrix}_k$$

每层皆各向同性材料，但各层间材料(E,ν)不同，由式(5-12)可得

$$A_{11} = \sum_{k=1}^{n}(\bar{Q}_{11})_k(z_k - z_{k-1}) = A_{22} = A = A_{12} + 2A_{66}$$

$$D_{11} = \frac{1}{3}\sum_{k=1}^{n}(\bar{Q}_{11})_k(z_k^3 - z_{k-1}^3) = D_{22} = D = D_{12} + 2D_{66}$$

$$A_{12} = \sum_{k=1}^{n}(\bar{Q}_{12})_k(z_k - z_{k-1}),\quad D_{12} = \frac{1}{3}\sum_{k=1}^{n}(\bar{Q}_{12})_k(z_k{}^3 - z_{k-1}^3)$$

$$A_{66}=\sum_{k=1}^{n}(Q_{66})_k(z_k-z_{k-1}),\quad D_{66}=\frac{1}{3}\sum_{k=1}^{n}(Q_{66})_k(z_k{}^3-z_{k-1}^3)$$

$$A_{16}=A_{26}=0,\quad D_{16}=D_{26}=0,\quad B_{ij}\equiv 0$$

因此有

$$\left.\begin{aligned}\begin{bmatrix}N_x\\N_y\\N_{xy}\end{bmatrix}&=\begin{bmatrix}A_{11}&A_{12}&0\\A_{12}&A_{11}&0\\0&0&A_{66}\end{bmatrix}\begin{bmatrix}\varepsilon_x^0\\\varepsilon_y^0\\\gamma_{xy}^0\end{bmatrix}\\\begin{bmatrix}M_x\\M_y\\M_{xy}\end{bmatrix}&=\begin{bmatrix}D_{11}&D_{12}&0\\D_{12}&D_{11}&0\\0&0&D_{66}\end{bmatrix}\begin{bmatrix}\kappa_x\\\kappa_y\\\kappa_{xy}\end{bmatrix}\end{aligned}\right\}\tag{5-25}$$

现以图5-8所示的由三层各向同性单层板组成的各向同性对称层合板为例，说明其刚度特性。由于对称性，第一层和第三层材料及几何尺寸相同，据式(3-6)可得

$$\boldsymbol{Q}_1=\boldsymbol{Q}_3,\quad \boldsymbol{Q}_2=\begin{bmatrix}Q_{11}&Q_{12}&0\\Q_{12}&Q_{11}&0\\0&0&Q_{66}\end{bmatrix}_2$$

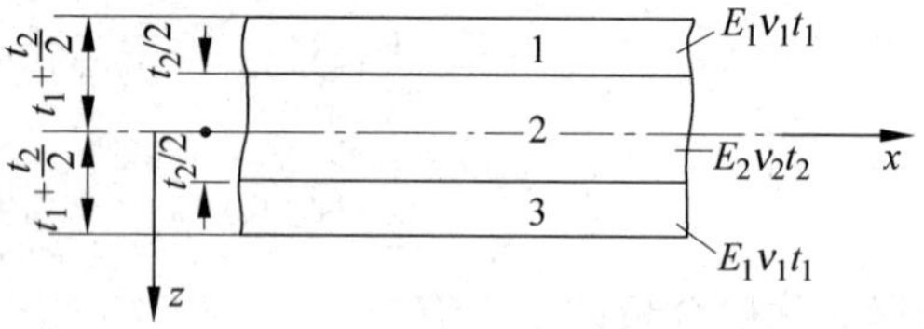

图5-8　三层各向同性对称板

按图5-8的坐标，代入式(5-12)可得

$$A_{11}=2(Q_{11})_1t_1+(Q_{11})_2t_2=A_{22}$$

$$A_{12}=2(Q_{12})_1t_1+(Q_{12})_2t_2$$

$$A_{16}=A_{26}=0,\quad A_{66}=2(Q_{66})_1t_1+(Q_{66})_2t_2$$

$$B_{ij}\equiv 0$$

$$D_{11}=\frac{2}{3}(Q_{11})_1\left[\left(\frac{t_2}{2}+t_1\right)^3-\left(\frac{t_2}{2}\right)^3\right]+\frac{1}{12}(Q_{11})_2t_2^3=D_{22}$$

$$D_{12}=\frac{2}{3}(Q_{12})_1\left[\left(\frac{t_2}{2}+t_1\right)^3-\left(\frac{t_2}{2}\right)^3\right]+\frac{1}{12}(Q_{12})_2t_2^3$$

$$D_{16}=D_{26}=0$$

$$D_{66}=\frac{2}{3}(Q_{66})_1\left[\left(\frac{t_2}{2}+t_1\right)^3-\left(\frac{t_2}{2}\right)^3\right]+\frac{1}{12}(Q_{66})_2t_2^3$$

2. 特殊正交各向异性对称层合板

它由对称于中面且坐标轴与材料主方向重合的正交各向异性单层板组成，每层板的 $\boldsymbol{Q}$ 可表示为

$$\boldsymbol{Q}_k=\begin{bmatrix}Q_{11}&Q_{12}&0\\Q_{12}&Q_{22}&0\\0&0&Q_{66}\end{bmatrix}_k$$

根据 A_{ij}，B_{ij}，D_{ij} 的定义式可得

$$A_{16}=A_{26}=0,\quad D_{16}=D_{26}=0,\quad B_{ij}\equiv 0$$

因此有

$$\left.\begin{aligned}\begin{bmatrix}N_x\\N_y\\N_{xy}\end{bmatrix}&=\begin{bmatrix}A_{11}&A_{12}&0\\A_{12}&A_{22}&0\\0&0&A_{66}\end{bmatrix}\begin{bmatrix}\varepsilon_x^0\\\varepsilon_y^0\\\gamma_{xy}^0\end{bmatrix}\\\begin{bmatrix}M_x\\M_y\\M_{xy}\end{bmatrix}&=\begin{bmatrix}D_{11}&D_{12}&0\\D_{12}&D_{22}&0\\0&0&D_{66}\end{bmatrix}\begin{bmatrix}\kappa_x\\\kappa_y\\\kappa_{xy}\end{bmatrix}\end{aligned}\right\}\tag{5-26}$$

比较上式和各向同性对称层合板可知，除 $A_{11}\neq A_{22}$，$D_{11}\neq D_{22}$ 外，两者刚度系数形式相同。

3. 正规对称正交铺设层合板

此种层合板由材料主方向与坐标轴夹角为 0°，90°的正交各向异性单层板交替铺设且对称于中面，其单层板的层数必须为奇数，例如 0°/90°/0°或 90°/0°/90°/0°/90°；若是偶数，如 0°/90°/0°/90°，显然不可能对称于中面。这种层合板各层的[$\boldsymbol{Q}$]不外乎两种情况：

对于 0°铺设单层板

$$[\boldsymbol{Q}]_{0^\circ}=\begin{bmatrix}Q_{11}&Q_{12}&0\\Q_{12}&Q_{22}&0\\0&0&Q_{66}\end{bmatrix}_{0^\circ}$$

对于 90°铺设单层板

$$[\boldsymbol{Q}]_{90^\circ}=\begin{bmatrix}Q_{11}&Q_{12}&0\\Q_{12}&Q_{22}&0\\0&0&Q_{66}\end{bmatrix}_{90^\circ}=\begin{bmatrix}Q_{22}&Q_{12}&0\\Q_{12}&Q_{11}&0\\0&0&Q_{66}\end{bmatrix}_{0^\circ}$$

由于$(Q_{11})_{0^\circ}=(Q_{22})_{90^\circ}$，$(Q_{22})_{0^\circ}=(Q_{11})_{90^\circ}$，故$[\boldsymbol{Q}]_{0^\circ}$与$[\boldsymbol{Q}]_{90^\circ}$的差别只在 Q_{11} 与 Q_{22} 位置互换。又由于 $Q_{16}=Q_{26}=0$，因此 $A_{16}=A_{26}=0$，$D_{16}=D_{26}=0$，此外 $B_{ij}\equiv 0$，各刚度系数计算公式与前述相同。

4. 正规对称角铺设层合板

此种层合板由材料性能相同、主方向与坐标轴夹角大小相等但成正负交替铺设且对称于中面的各单层板组成。同样，单层板总层数必须为奇数，例如 $\alpha t/-\alpha 2t/\alpha t/-\alpha 2t/\alpha t$。

对于 α 角铺设单层板，有

$$\boldsymbol{Q}_\alpha=\begin{bmatrix}\bar{Q}_{11}&\bar{Q}_{12}&\bar{Q}_{16}\\\bar{Q}_{12}&\bar{Q}_{22}&\bar{Q}_{26}\\\bar{Q}_{16}&\bar{Q}_{26}&\bar{Q}_{66}\end{bmatrix}_\alpha$$

对于$-\alpha$ 角铺设单层板，有

$$\boldsymbol{Q}_{-\alpha}=\begin{bmatrix}\bar{Q}_{11}&\bar{Q}_{12}&\bar{Q}_{16}\\\bar{Q}_{12}&\bar{Q}_{22}&\bar{Q}_{26}\\\bar{Q}_{16}&\bar{Q}_{26}&\bar{Q}_{66}\end{bmatrix}_{-\alpha}=\begin{bmatrix}\bar{Q}_{11}&\bar{Q}_{12}&-\bar{Q}_{16}\\\bar{Q}_{12}&\bar{Q}_{22}&-\bar{Q}_{26}\\-\bar{Q}_{16}&-\bar{Q}_{26}&\bar{Q}_{66}\end{bmatrix}_\alpha$$

由$\bar{Q}_{ij}$的特性，得

$$(\bar{Q}_{11})_\alpha=(\bar{Q}_{11})_{-\alpha},\quad(\bar{Q}_{12})_\alpha=(\bar{Q}_{12})_{-\alpha}$$
$$(\bar{Q}_{22})_\alpha=(\bar{Q}_{22})_{-\alpha},\quad(\bar{Q}_{66})_\alpha=(\bar{Q}_{66})_{-\alpha}$$

$$(\bar{Q}_{16})_{\alpha}=-(\bar{Q}_{16})_{-\alpha},\quad (\bar{Q}_{16})_{\alpha}=-(\bar{Q}_{26})_{-\alpha}$$

因此有

$$A_{11}=(\bar{Q}_{11})_{\alpha}\sum_{k=1}^{n}(z_k-z_{k-1})=(\bar{Q}_{11})_{\alpha}t\ (t\ \text{为总厚度})$$

$$A_{12}=(\bar{Q}_{12})_{\alpha}t,\quad A_{22}=(\bar{Q}_{22})_{\alpha}t,\quad A_{66}=(\bar{Q}_{66})_{\alpha}t$$

$$\left.\begin{aligned}A_{16}&=(\bar{Q}_{16})_{\alpha}\Big(\sum_{\text{奇数层}}t_k-\sum_{\text{偶数层}}t_k\Big)\\ A_{26}&=(\bar{Q}_{26})_{\alpha}\Big(\sum_{\text{奇数层}}t_k-\sum_{\text{偶数层}}t_k\Big)\end{aligned}\right\}\ (t_k\ \text{为单层厚度})$$

$$B_{ij}\equiv 0$$

$$D_{11}=\frac{1}{3}(\bar{Q}_{11})_{\alpha}\sum_{k=1}^{n}(z_k^3-z_{k-1}^3)=(\bar{Q}_{11})_{\alpha}\frac{t^3}{12}$$

$$D_{12}=(\bar{Q}_{12})_{\alpha}\frac{t^3}{12},\quad D_{22}=(\bar{Q}_{22})_{\alpha}\frac{t^3}{12},\quad D_{66}=(\bar{Q}_{66})_{\alpha}\frac{t^3}{12}$$

$$D_{16}=\frac{1}{3}(\bar{Q}_{16})_{\alpha}[(z_1^3-z_0^3)-(z_2^3-z_1^3)+(z_3^3-z_2^3)-(z_4^3-z_3^3)+\cdots+(z_n^3-z_{n-1}^3)]\quad n\ \text{为奇数}$$

$$D_{26}=\frac{1}{3}(\bar{Q}_{26})_{\alpha}[(z_1^3-z_0^3)-(z_2^3-z_1^3)+(z_3^3-z_2^3)-(z_4^3-z_3^3)+\cdots+(z_n^3-z_{n-1}^3)]\quad n\ \text{为奇数}$$

则有

$$\begin{bmatrix}N_x\\N_y\\N_{xy}\end{bmatrix}=\begin{bmatrix}A_{11}&A_{12}&A_{16}\\A_{12}&A_{22}&A_{26}\\A_{16}&A_{26}&A_{66}\end{bmatrix}\begin{bmatrix}\varepsilon_x^0\\\varepsilon_y^0\\\gamma_{xy}^0\end{bmatrix}$$

$$\begin{bmatrix}M_x\\M_y\\M_{xy}\end{bmatrix}=\begin{bmatrix}D_{11}&D_{12}&D_{16}\\D_{12}&D_{22}&D_{26}\\D_{16}&D_{26}&D_{66}\end{bmatrix}\begin{bmatrix}\kappa_x\\\kappa_y\\\kappa_{xy}\end{bmatrix}$$

这种层合板虽然 A_{ij},D_{ij} 各刚度系数都存在，但由于 A_{16},A_{26},D_{16},D_{26} 中有正负交替项，因此其数值比其他刚度系数要小。如果层合板由等厚单层板组成，则每层厚度为 t/n，又因总层数为奇数，因此有

$$A_{16}=(\bar{Q}_{16})_{\alpha}t/n,\quad A_{26}=(\bar{Q}_{26})_{\alpha}t/n$$

增加单层板的层数 n,A_{16} 和 A_{26} 相对更小；D_{16},D_{26} 也有类似性质。由于此种板 $B_{ij}\equiv 0$ 及 A_{16},A_{26},D_{16},D_{26} 相对较小，计算时可作简化，而实际上它比特殊正交各向异性对称层合板有更大的剪切刚度，因此工程上应用较多。

5. 各向异性对称层合板

它由各向异性单层板组成，其刚度系数除 $B_{ij}\equiv 0$ 外，其余刚度系数均不为零。

5.3.3 反对称层合板

它是由与中面相对称的单层板组成，其材料主方向与坐标轴的夹角大小相等，但正负号

相反，且对称层几何尺寸相等，总层数必须是偶数，如图 5-9 所示设置坐标。反对称层合板表示为

$$\alpha t_1/-\beta t_2/\cdots\gamma t_i/-\gamma t_i\cdots\beta t_2/-\alpha t_1$$

则由正交各向异性单层板组成的反对称层合板，刚度系数 A_{16} 为

$$\begin{aligned}A_{16}&=\sum_{k=1}^{n}(\bar{Q}_{16})_k(z_k-z_{k-1})\\&=(\bar{Q}_{16})_1(z_1-z_0)+(\bar{Q}_{16})_2(z_2-z_1)\\&\quad+\cdots+(\bar{Q}_{16})_{n-1}(z_{n-1}-z_{n-2})\\&\quad+(\bar{Q}_{16})_n(z_n-z_{n-1})\end{aligned}$$

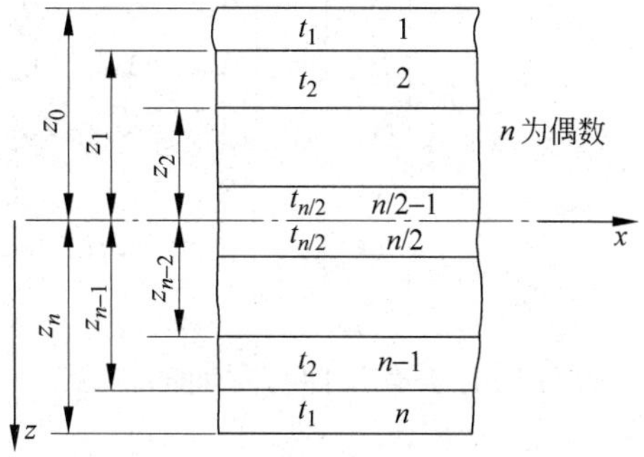

图 5-9 反对称层合板坐标图

由于 $(\bar{Q}_{16})_1=-(\bar{Q}_{16})_n$，$(\bar{Q}_{16})_2=-(\bar{Q}_{16})_{n-1}$，$\cdots$，及 $(z_1-z_0)=t_1=(z_n-z_{n-1})$，$(z_2-z_1)=t_2=(z_{n-1}-z_{n-2})$，$\cdots$，因此得 $A_{16}=0$。同理，$A_{26}=D_{16}=D_{26}=0$。

常见的反对称层合板有下列几种。

1. 反对称角铺设层合板

层合板中与中面相对称的单层板材料主方向与坐标轴夹角大小相等，但正负号相反且对应厚度相等，由于 $(\bar{Q}_{16})_\alpha=-(\bar{Q}_{16})_{-\alpha}$，$\cdots$，因此

$$A_{16}=A_{26}=D_{16}=D_{26}=0$$

又因

$$(\bar{Q}_{11})_\alpha=(\bar{Q}_{11})_{-\alpha},\quad(\bar{Q}_{12})_\alpha=(\bar{Q}_{12})_{-\alpha},\quad\cdots,\quad(\bar{Q}_{66})_\alpha=(\bar{Q}_{66})_{-\alpha}$$

因此

$$B_{11}=B_{12}=B_{22}=B_{66}=0$$

由此得下式：

$$\left.\begin{aligned}\begin{bmatrix}N_x\\N_y\\N_{xy}\end{bmatrix}&=\begin{bmatrix}A_{11}&A_{12}&0\\A_{12}&A_{22}&0\\0&0&A_{66}\end{bmatrix}\begin{bmatrix}\varepsilon_x^0\\\varepsilon_y^0\\\gamma_{xy}^0\end{bmatrix}+\begin{bmatrix}0&0&B_{16}\\0&0&B_{26}\\B_{16}&B_{26}&0\end{bmatrix}\begin{bmatrix}\kappa_x\\\kappa_y\\\kappa_{xy}\end{bmatrix}\\\begin{bmatrix}M_x\\M_y\\M_{xy}\end{bmatrix}&=\begin{bmatrix}0&0&B_{16}\\0&0&B_{26}\\B_{16}&B_{26}&0\end{bmatrix}\begin{bmatrix}\varepsilon_x^0\\\varepsilon_y^0\\\gamma_{xy}^0\end{bmatrix}+\begin{bmatrix}D_{11}&D_{12}&0\\D_{12}&D_{22}&0\\0&0&D_{66}\end{bmatrix}\begin{bmatrix}\kappa_x\\\kappa_y\\\kappa_{xy}\end{bmatrix}\end{aligned}\right\}\tag{5-27}$$

反对称角铺设层合板由于拉伸与扭转耦合，因此可用于制造需预扭的喷气涡轮叶片等。

2. 反对称正交铺设层合板

由正交各向异性单层板材料主方向与坐标轴夹角成 0°和 90°交错反对称铺设而成，例如：0°/90°/0°/90°层合板，90° t/0° $2t$/90° $2t$/0° t 层合板。由于 $(Q_{11})_{0^\circ}=(Q_{22})_{90^\circ}$，$(Q_{22})_{0^\circ}=(Q_{11})_{90^\circ}$ 及 $Q_{16}=Q_{26}=0$，因此有

$$A_{11}=A_{22},\quad D_{11}=D_{22}$$

$$A_{16}=A_{26}=D_{16}=D_{26}=B_{16}=B_{26}=0$$

且可证明 $B_{12}=B_{66}=0, B_{22}=-B_{11}$，因此有

$$\left.\begin{aligned}\begin{bmatrix}N_x\\N_y\\N_{xy}\end{bmatrix}&=\begin{bmatrix}A_{11}&A_{12}&0\\A_{12}&A_{11}&0\\0&0&A_{66}\end{bmatrix}\begin{bmatrix}\varepsilon_x^0\\\varepsilon_y^0\\\gamma_{xy}^0\end{bmatrix}+\begin{bmatrix}B_{11}&0&0\\0&-B_{11}&0\\0&0&0\end{bmatrix}\begin{bmatrix}\kappa_x\\\kappa_y\\\kappa_{xy}\end{bmatrix}\\\begin{bmatrix}M_x\\M_y\\M_{xy}\end{bmatrix}&=\begin{bmatrix}B_{11}&0&0\\0&-B_{11}&0\\0&0&0\end{bmatrix}\begin{bmatrix}\varepsilon_x^0\\\varepsilon_y^0\\\gamma_{xy}^0\end{bmatrix}+\begin{bmatrix}D_{11}&D_{12}&0\\D_{12}&D_{11}&0\\0&0&D_{66}\end{bmatrix}\begin{bmatrix}\kappa_x\\\kappa_y\\\kappa_{xy}\end{bmatrix}\end{aligned}\right\}\tag{5-28}$$

此种层合板有拉伸与弯曲的耦合。

5.3.4 不对称层合板

它可分为各向同性单层板组成的不对称层合板、特殊正交各向异性不对称层合板和各向异性不对称层合板，其刚度系数可用上述方法进行计算。后者 $\boldsymbol{A},\boldsymbol{B},\boldsymbol{D}$ 皆为满阵。

5.4 层合板刚度的理论和实验比较

5.4.1 正交铺设层合板的刚度理论与实验验证

正交铺设层合板由 n 层单层板组成，其材料主方向与层合板坐标轴交错成0°和90°角，奇数层为0°，偶数层为90°。设奇数层厚度 t_1 相等，偶数层厚度 t_2 也相等，但两者不一定相等。现引进两个几何参数，总层数 n 和正交铺设比 m，m 是奇数层总厚度与偶数层总厚度之比，即 $m=\sum_1 t_1\Big/\sum_2 t_2$，$\sum_1$ 表示奇数层总和，$\sum_2$ 为偶数层总和。例如，对于一个五层层合板 $0°t_1/90°2t_1/0°t_1/90°2t_1/0°t_1$，则

$$m=\frac{t_1+t_1+t_1}{2t_1+2t_1}=\frac{3}{4}$$

注意，只有当铺层是0°和90°方向交错时，m 才有明确意义。此外还引进主单层刚度比 F：

$$F=\frac{Q_{22}}{Q_{11}}=\frac{E_2}{E_1}$$

当 n 为奇数时，即对称正交铺设层合板的情况 $\left((Q_{11})_0=(Q_{22})_{90}\right.$，并设 t 为总厚度，$t=\left.\sum_1 t_1+\sum_2 t_2\right)$，有

$$\left.\begin{aligned}A_{11}&=(Q_{11})_0 t_1+(Q_{22})_0 t_2+\cdots\\&=(Q_{11})_0\sum_1 t_1+(Q_{22})_0\sum_2 t_2\\&=\frac{m+F}{1+m}(Q_{11})_0 t=\frac{m+F}{1+m}Q_{11}t\\A_{12}&=tQ_{12},\quad A_{22}=\frac{1+mF}{1+m}Q_{11}t=\frac{1+mF}{m+F}A_{11}\end{aligned}\right\}$$

$$
\left.\begin{aligned}
A_{66} &= tQ_{66}, \quad A_{16} = A_{26} = 0 \\
B_{ij} &\equiv 0 \\
D_{11} &= \frac{[(F-1)P+1]}{12} Q_{11} t^3 \\
&= [(F-1)P+1] \frac{1+m}{m+F} \frac{A_{11} t^2}{12} \\
D_{22} &= \frac{[(1-F)P+F]}{12} Q_{11} t^3 \\
&= [(1-F)P+F] \frac{1+m}{m+F} \frac{A_{11} t^2}{12} \\
D_{12} &= \frac{Q_{12}}{12} t^3, \quad D_{66} = \frac{Q_{66}}{12} t^3, \quad D_{16} = D_{26} = 0
\end{aligned}\right\} \tag{5-29}
$$

其中

$$
P = \frac{1}{(1+m)^3} + \frac{m(n-3)[m(n-1)+2(n+1)]}{(n^2-1)(1+m)^3}
$$

当 n 为偶数时，即反对称正交铺设层合板的情况，有

$$
A_{11} = \frac{m+F}{1+m} Q_{11} t, \quad A_{22} = \frac{1+mF}{1+m} Q_{11} t = \frac{1+mF}{m+F} A_{11}
$$

$$
A_{12} = Q_{12} t, \quad A_{66} = Q_{66} t, \quad A_{16} = A_{26} = 0
$$

（以上与 n 为奇数时相同）

$$
\left.\begin{aligned}
B_{11} &= \frac{m(F-1)}{n(1+m)^2} Q_{11} t^2 \\
&= \frac{m(F-1)}{n(1+m)(m+F)} A_{11} t \\
B_{22} &= -B_{11}, \quad B_{12} = B_{66} = B_{16} = B_{26} = 0 \\
D_{11} &= \frac{[(F-1)R+1]}{12} Q_{11} t^3 \\
&= [(F-1)R+1] \frac{1+m}{m+F} \frac{A_{11}}{12} t^2 \\
D_{22} &= \frac{[(1-F)R+F]}{12} Q_{11} t^3 \\
&= [(1-F)R+F] \frac{1+m}{m+F} \frac{A_{11}}{12} t^2 \\
D_{12} &= \frac{Q_{12}}{12} t^3, \quad D_{66} = \frac{Q_{66}}{12} t^3, \quad D_{16} = D_{26} = 0
\end{aligned}\right\} \tag{5-30}
$$

其中

$$
R = \frac{1}{1+m} + \frac{8m(m-1)}{n^2(1+m)^3}
$$

1. 正交铺设层合板刚度的特点

(1) 对于以上两种正交铺设层合板，A_{ij} 与层数 n 无关，但 A_{11}，A_{22} 取决于 m 和 F，如图 5-10 和图 5-11 所示。对于典型的玻璃/环氧单层板 $F=0.3$，当 m 由 1 变为 10 时，A_{11} 由 $0.65Q_{11}t$ 变到 $0.93Q_{11}t$；同时 A_{22} 由 A_{11} 变到 $0.38A_{11}$。刚度 A_{12} 和 A_{66} 与 m，F 无关。

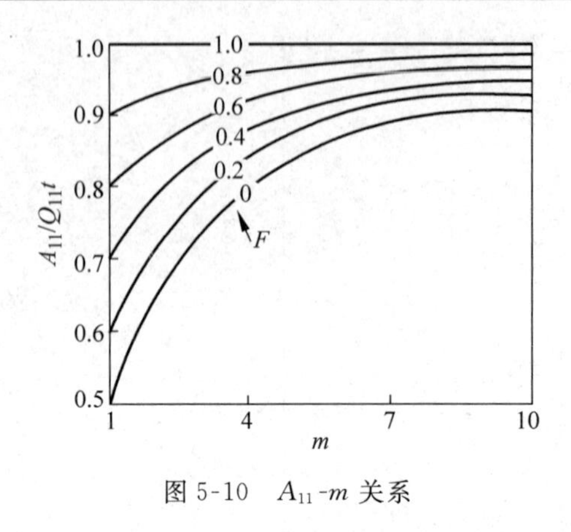

图 5-10　A_{11}-m 关系

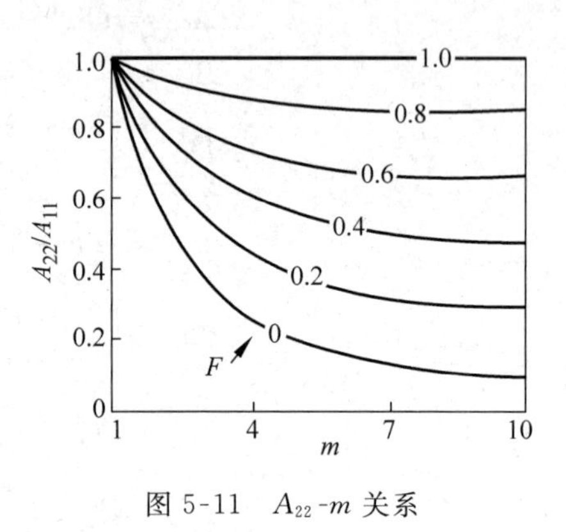

图 5-11　A_{22}-m 关系

(2) n 为奇数时为对称层合板，$B_{ij}\equiv 0$；但当 n 为偶数时，反对称层合板有拉、弯耦合，B_{11}-m 关系表示于图 5-12 中。因为 nB_{11} 为常数，B_{11} 与 n 成反比，n 为偶数，因此 $n=2$ 时拉、弯之间有最大耦合影响。

(3) 弯曲刚度 D_{ij} 是 n，m 和 F 的复杂函数。对于几种 F 和 n 值，D_{11} 和 D_{22} 的正化值与 m 的关系表示于图 5-13 和图 5-14 中，D_{11} 和 D_{22} 的极值发生在 $n=2$ 和 $n=3$ 时，当 n，m 增大或 $F\approx 1$ 时，$D_{11}\approx A_{11}t^2/12$，$D_{22}\approx A_{22}t^2/12$。

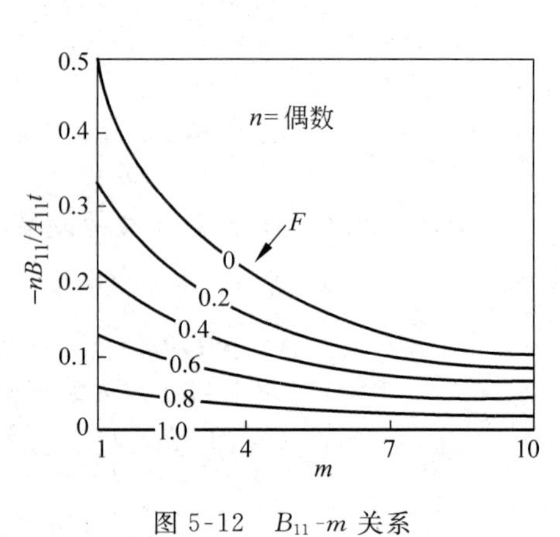

图 5-12　B_{11}-m 关系

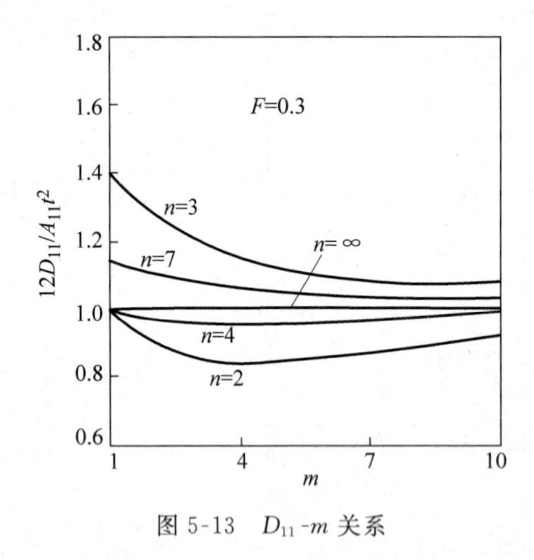

图 5-13　D_{11}-m 关系

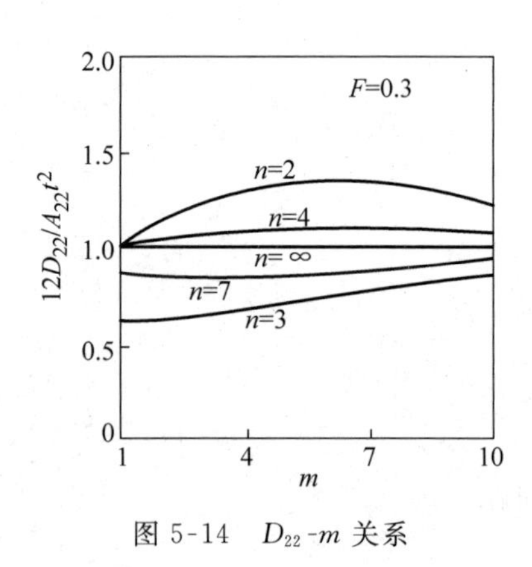

图 5-14　D_{22}-m 关系

2. 正交铺设层合板的理论和实验刚度比较

上面已证明两层和三层正交铺设层合板的刚度特性有极值，因此可在这些层合板的理论值和实验值之间进行比较，这些情况如果一致，则对于三层以上正交铺设层合板会有相同或更好的一致性。蔡采用玻璃/环氧单层板组成的一系列正交铺设层合板进行实验，其 $E_1=5.48\times 10^4$ MPa，$E_2=1.83\times 10^4$ MPa，$\nu_{21}=0.25$，$G_{12}=0.91\times 10^4$ MPa，其中两层层合

板的 $m=1,2,3,10$，三层层合板的 $m=1,2,5,10$。层合板承受轴向载荷和弯矩。测量表面应变，采用内力、内力矩表示应变和曲率的柔度关系式(5-21)，即

$$\begin{bmatrix} \boldsymbol{\varepsilon}^0 \\ \boldsymbol{\kappa} \end{bmatrix} = \begin{bmatrix} \boldsymbol{A}' & \boldsymbol{B}' \\ \boldsymbol{B}' & \boldsymbol{D}' \end{bmatrix} \begin{bmatrix} \boldsymbol{N} \\ \boldsymbol{M} \end{bmatrix}$$

由已知的 $\boldsymbol{N}$ 和 $\boldsymbol{M}$ 及测量的 $\boldsymbol{\varepsilon}^0$，$\boldsymbol{\kappa}$ 计算的 $\boldsymbol{A}'$，$\boldsymbol{B}'$，$\boldsymbol{D}'$ 和理论计算 $\boldsymbol{A}'$，$\boldsymbol{B}'$，$\boldsymbol{D}'$ 值进行比较，证明了这一组柔度系数，即验证了刚度系数，因 $\boldsymbol{A}'$，$\boldsymbol{B}'$，$\boldsymbol{D}'$ 与 $\boldsymbol{A}$，$\boldsymbol{B}$，$\boldsymbol{D}$ 是互逆的。

实验层合板尺寸厚 3mm，宽 25.4mm，跨度 152.4mm，在梁上下表面布置电阻应变花，可测量上下表面的 ε_x，ε_y，γ_{xy}，再由下列公式计算中面应变和曲率：

$$\left.\begin{aligned} \varepsilon_i^0 + \frac{t}{2}\kappa_i &= \varepsilon_i^{上} \\ \varepsilon_i^0 - \frac{t}{2}\kappa_i &= \varepsilon_i^{下} \end{aligned}\right\} \quad i = 1,2,6, t\text{ 为梁厚}$$

在梁的奇数层纤维方向与梁轴成 0°和 90°角的两组梁上进行实验：

(1) 柔度系数 A'_{11}，A'_{12}，B'_{11} 和 B'_{12} 用纯拉力 N_x 作用于 0°梁上($N_y=N_{xy}=M_x=M_y=M_{xy}=0$)，由

$$\varepsilon_x^0 = A'_{11}N_x, \quad \varepsilon_y^0 = A'_{12}N_x, \quad \kappa_x = B'_{11}N_x, \quad \kappa_y = B'_{12}N_x$$

测得 A'_{11}，A'_{12}，B'_{11} 和 B'_{12} 实验值。

(2) 纯弯矩 M_x 作用于 0°梁，测量上下表面的 ε_x，ε_y，γ_{xy}，计算 $\boldsymbol{\varepsilon}^0$ 和 $\boldsymbol{\kappa}$，由

$$\varepsilon_x^0 = B'_{11}M_x, \quad \varepsilon_y^0 = B'_{12}M_x, \quad \kappa_x = D'_{11}M_x, \quad \kappa_y = D'_{12}M_x$$

测得 B'_{11}，B'_{12}，D'_{11}，D'_{12} 实验值，其中 B'_{11}，B'_{12} 与前应相等。

(3) 用 N_y 作用于 90°梁上，测量 A'_{12}，A'_{22}，B'_{12}，B'_{22} 值。

(4) 用 M_y 作用于 90°梁上，测量 B'_{12}，B'_{22}，D'_{12}，D'_{22} 值。

(5) 在 0°正方形板作纯扭试验测 D'_{66}。

根据层合板刚度理论，由单层板的 E_1，E_2，ν_{21}，G_{12} 计算层合板刚度系数 A_{ij}，B_{ij} 和 D_{ij}，再求逆得 A'_{ij}，B'_{ij}，D'_{ij} 值。两层和三层正交铺设层合板的柔度实验值和理论值表示在图 5-15 中。两者相当接近，因此可认为正交铺设层合板的刚度理论计算是准确的。

5.4.2 角铺设层合板的刚度理论值与实验验证

角铺设层合板由 n 层单层板组成，其材料主方向与板坐标轴成 $+\alpha$ 和 $-\alpha$ 角交错铺设。考虑特殊又实用的情况，所有铺层有相同厚度即正规角铺设层合板，考虑 $\pm\alpha$ 的 $\bar{Q}_{ij}$ 特性，层合板刚度系数的计算结果有：

(1) n 为奇数(对称)的角铺设层合板

$$\left.\begin{aligned} &A_{11}, A_{12}, A_{22}, A_{66} = t(\bar{Q}_{11}, \bar{Q}_{12}, \bar{Q}_{22}, \bar{Q}_{66}) \\ &A_{16}, A_{26} = \frac{t}{n}(\bar{Q}_{16}, \bar{Q}_{26}) \\ &B_{ij} \equiv 0 \\ &D_{11}, D_{12}, D_{22}, D_{66} = \frac{t^3}{12}(\bar{Q}_{11}, \bar{Q}_{12}, \bar{Q}_{22}, \bar{Q}_{66}) \\ &D_{16}, D_{26} = \frac{t^3}{12}\left(\frac{3n^2-2}{n^3}\right)(\bar{Q}_{16}, \bar{Q}_{26}) \end{aligned}\right\} \tag{5-31}$$

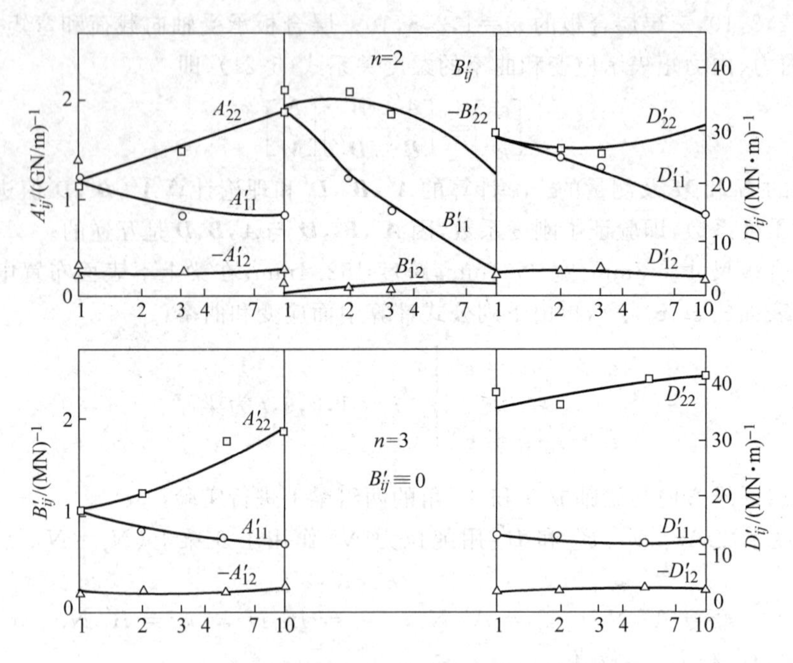

图 5-15 正交铺设层合板理论和实验柔度比较

(2) n 为偶数(反对称)的角铺设层合板

$$\left.\begin{aligned}
&A_{11},A_{12},A_{22},A_{66}=t(\bar{Q}_{11},\bar{Q}_{12},\bar{Q}_{22},\bar{Q}_{66})\\
&A_{16}=A_{26}=0\\
&B_{11}=B_{12}=B_{22}=B_{66}=0\\
&B_{16},B_{26}=\frac{-t^2}{2n}(\bar{Q}_{16},\bar{Q}_{26})\\
&D_{11},D_{12},D_{22},D_{66}=\frac{t^3}{12}(\bar{Q}_{11},\bar{Q}_{12},\bar{Q}_{22},\bar{Q}_{66})\\
&D_{16}=D_{26}=0
\end{aligned}\right\}\tag{5-32}$$

1. 角铺设层合板刚度的特点

(1) 拉伸刚度 A_{ij} 与 θ 角的关系如图 5-16 所示。A_{11},A_{12},A_{22},A_{66} 与层数 n 无关;但 A_{16} 和 A_{26} 取决于 n,当 n 是奇数时与 n 成反比,层数愈大其值愈小,当 n 是偶数时其值为零。因此 $n=3$ 时,A_{16} 和 A_{26} 有最大值。

(2) 奇数层 $B_{ij}\equiv 0$,偶数层 B_{ij} 与 n 成反比。$n=2$ 时,B_{16},B_{26} 有最大值,当 $\theta=45°$时,耦合影响最大,如图 5-17 所示。

(3) 当 n 是奇数时,D_{16} 和 D_{26} 与 n 成反比,$n=3$ 时有最大值,在 $\theta=45°$时也达最大值。D_{16}/D_{11} 与 θ 的关系表示在图 5-18 中。

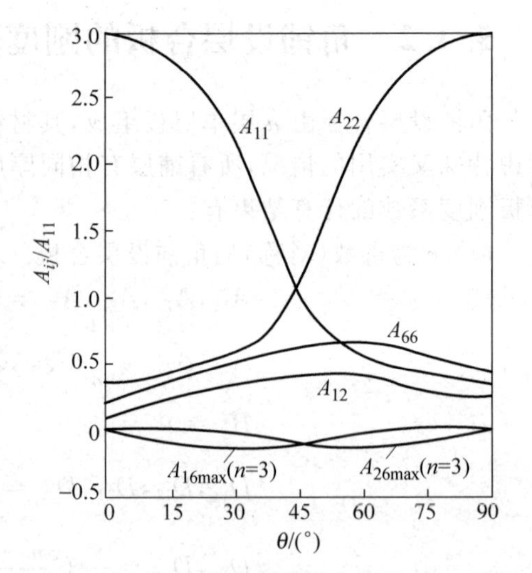

图 5-16 玻璃/环氧角铺设层合板的 A_{ij}-θ 关系

D_{16},D_{26}是弯曲扭转耦合刚度，由于D_{16}和D_{26}存在而引起的扭矩为作用弯矩的30%，n增加时，耦合影响并不迅速减低。

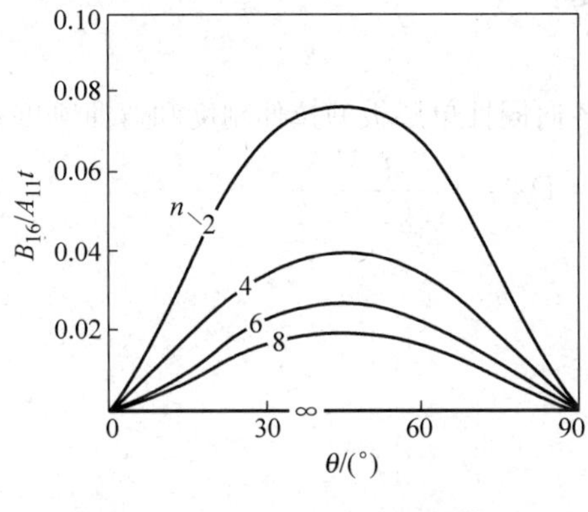

图 5-17 B_{16}-θ 关系(n=偶数)

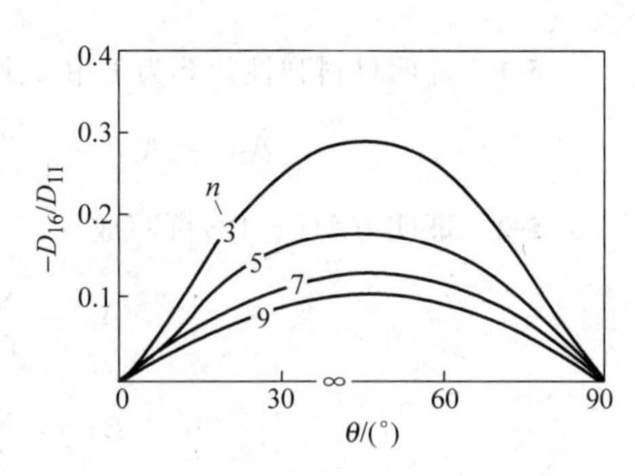

图 5-18 D_{16}/D_{11}-θ 关系(n=奇数)

2. 角铺设层合板刚度的理论和实验比较

实验方法与正交铺设层合板相同，二层层合板有最大的B_{16}和B_{26}，三层层合板有最大的A_{16},A_{26},D_{16}和D_{26}。由于拉伸和剪切之间以及弯扭之间存在耦合影响，一般主应变方向未知，因此在梁上下表面布置45°电阻应变花。

A'_{ij},B'_{ij},D'_{ij}等柔度的理论值与实验值表示在图5-19中，两者相当接近，因此角铺设层合板的刚度计算是准确的。

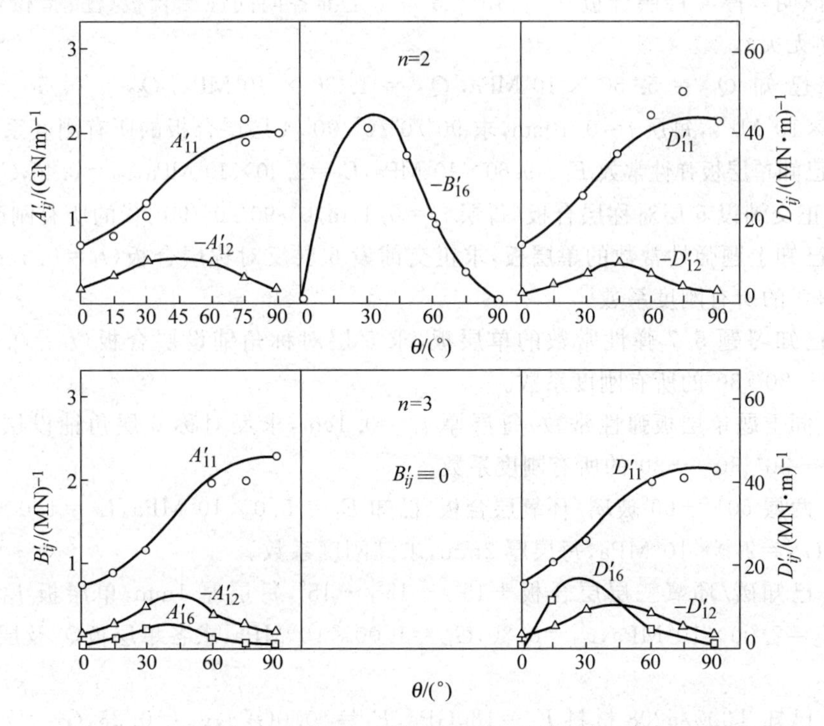

图 5-19 角铺设层合板的理论和实验柔度比较

习　　题

5-1　证明材料弹性常数为 E 和 ν、厚度为 t 的各向同性单层板的拉伸刚度和弯曲刚度是

$$A_{11} = A_{22} = \frac{Et}{1-\nu^2}, \quad D_{11} = D_{22} = \frac{Et^3}{12(1-\nu^2)}$$

5-2　证明方程(5-12)可写成

$$A_{ij} = \sum_{k=1}^{n} (\bar{Q}_{ij})_k t_k$$

$$B_{ij} = \sum_{k=1}^{n} (\bar{Q}_{ij})_k t_k z_k$$

$$D_{ij} = \sum_{k=1}^{n} (\bar{Q}_{ij})_k \left(t_k \bar{z}_k^2 + \frac{t_k^3}{12}\right)$$

其中，t_k 为第 k 层厚度，$\bar{z}_k$ 是第 k 层到中面层的距离。

5-3　确定 $E_1\nu_1$ 和 $E_2\nu_2$ 双金属梁的拉伸、耦合和弯曲刚度。

(1) 设两层金属等厚度 t。

(2) 设两层金属不等厚度，分别为 t_1，t_2，要求中间层设在金属梁总厚度一半处。

5-4　说明由与作用力成 $+\alpha$ 和 $-\alpha$ 角两个等厚单层板组成的层合板单倍宽度上的力为 $N_x = A_{11}\varepsilon_x^0 + A_{12}\varepsilon_y^0 + B_{16}\kappa_{xy}$，用单层偏轴二维刚度 $\bar{Q}_{ij}$ 和板厚度 t 表示的 A_{11}，A_{12} 和 B_{16} 各是什么？

5-5　证明等厚4层层合板 0°/−45°/45°/90°是准各向同性层合板(注：指拉伸刚度 A_{ij} 与偏轴角 θ 无关)。

5-6　已知 $Q_{11} = 5.50 \times 10^4$ MPa，$Q_{22} = 1.30 \times 10^4$ MPa，$Q_{12} = 0.50 \times 10^4$ MPa，$Q_{66} = 0.70 \times 10^4$ MPa，每层 $t = 0.10$cm，求 90°/0°/0°/90° 4层层合板的所有刚度系数。

5-7　已知单层板弹性常数 $E_1 = 9.60 \times 10^4$ MPa，$E_2 = 2.40 \times 10^4$ MPa，$\nu_{21} = 0.40$，$G_{12} = 1.00 \times 10^4$ MPa，求正交铺设5层对称层合板(每层 $t_1 = 0.1$cm)0°/90°/0°/90°/0°的所有刚度系数。

5-8　已知上题弹性常数的单层板，求正交铺设6层反对称层合板($t_1 = 0.1$cm)0°/90°/0°/90°/0°/90°的所有刚度系数。

5-9　已知习题5-7弹性常数的单层板，求5层对称角铺设层合板($t_1 = 0.1$cm)30°/−30°/30°/−30°/30°的所有刚度系数。

5-10　同上题单层板弹性常数，每层厚 $t_1 = 0.1$cm，求反对称6层角铺设层合板 30°/−30°/30°/−30°/30°/−30°的所有刚度系数。

5-11　两层 60°/−60°玻璃/环氧层合板，已知 $E_1 = 5.0 \times 10^4$ MPa，$E_2 = 1.0 \times 10^4$ MPa，$\nu_{21} = 0.40$，$G_{12} = 2.0 \times 10^4$ MPa，每层厚2mm，求其刚度系数。

5-12　已知碳/环氧三层层合板 +15°/−15°/+15°，每层厚1mm，单层板 $E_1 = 2.00 \times 10^5$ MPa，$E_2 = 2.00 \times 10^4$ MPa，$\nu_{21} = 0.30$，$G_{12} = 1.00 \times 10^4$ MPa，求各单层板 $\bar{Q}_{ij}$ 及层合板的刚度系数。

5-13　已知 T300/5208 材料 $E_1 = 180$GPa，$E_2 = 10.0$GPa，$\nu_{21} = 0.28$，$G_{12} = 7.2$GPa，求 $(30°/-30°)_s$ 每层厚1mm的对称角铺设层合板的全部刚度系数。

第6章 层合板强度的宏观力学分析

6.1 层合板强度概述

像刚度一样，层合板由基本元件单层板组成，因此主要由单层板强度来预测层合板强度。该方法的基础是计算每一层单层板的应力状态。由于复合材料的各向异性和不均匀性，破坏形式复杂，对于层合复合材料板，某一单层板的破坏不一定等同于整个层合板的破坏。虽然由于某个或某几个单层板破坏带来层合板的刚度降低，但层合板仍可能承受更高的载荷，继续加载直到层合板全部破坏，这时的外载荷称为层合板的极限载荷，层合板强度分析的主要目的是确定其极限载荷。

图6-1所示为层合板的载荷与变形的特性曲线。图中 $N_1, N_2, N_3, N_4, \cdots$ 依次为层合板中各单层板相继发生破坏时的载荷，在 N_1 时开始有某单层板破坏，这时层合板刚度有所减低，即直线斜率减小，表示相同载荷增量时其变形比原来增大，随着外载荷增加，破坏层数愈多，刚度愈低，因此图中曲线由斜率依次减小的各折线组成。当达到层合板极限载荷时，层合板刚度为零，在 N_1 点后已有单层板破坏，刚度不能恢复到原来状态，称 N_1 点为层合板的"屈服"点，这种特性与金属材料的屈服现象相似，但机理完全不同。在此区间层合板载荷与变形呈线性关系。

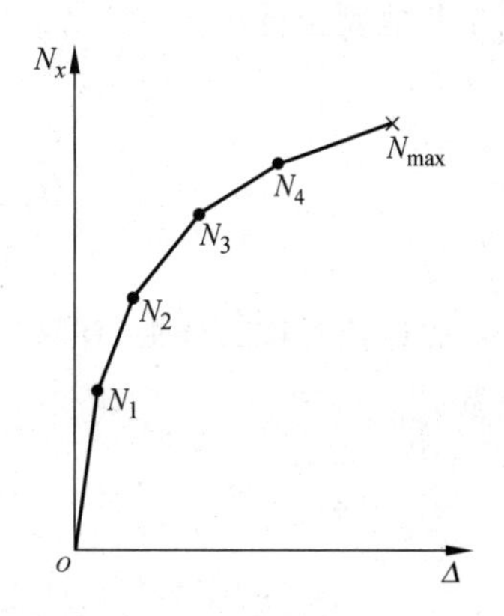

图6-1 层合板载荷与变形曲线

求层合板的极限载荷较为复杂，其计算步骤大致如下：

(1) 先设定各外载荷之间的比例，即按各载荷分量比例加载。

(2) 根据各单层板性能，计算层合板刚度 A_{ij}，B_{ij} 及 D_{ij}。

(3) 求各单层在材料主方向上应力与外载荷之间的关系。

(4) 将各单层应力分别代入强度理论(准则)关系式进行比较,确定哪一层单层先破坏。

(5) 将已破坏单层板从层合板中排除,但仍保持其余单层板的几何位置,重新计算层合板刚度。

(6) 重复上述过程,计算各层应力,再用强度理论比较,检查其他单层是否破坏,然后计算刚度和检查,直到剩下的层合板能继续承受增加的载荷为止。当所有单层板破坏,此时的载荷即为层合板极限载荷。

现在来讨论层合板的强度理论。前面在第3章中已提到单层板有多种强度理论,层合板也有多种强度理论,使用的实验方法与单层板相似,但试件用三层对称角铺设层合板,受单向拉伸时内力和应变关系为($B_{ij}=0$)

$$\begin{bmatrix} N_x \\ N_y \\ N_{xy} \end{bmatrix} = \begin{bmatrix} N_1 \\ 0 \\ 0 \end{bmatrix} = \begin{bmatrix} A_{11} & A_{12} & A_{16} \\ A_{12} & A_{22} & A_{26} \\ A_{16} & A_{26} & A_{66} \end{bmatrix} \begin{bmatrix} \varepsilon_x^0 \\ \varepsilon_y^0 \\ \gamma_{xy}^0 \end{bmatrix} \tag{6-1}$$

因此有

$$\begin{bmatrix} \varepsilon_x^0 \\ \varepsilon_y^0 \\ \gamma_{xy}^0 \end{bmatrix} = \begin{bmatrix} A'_{11} & A'_{12} & A'_{16} \\ A'_{12} & A'_{22} & A'_{26} \\ A'_{16} & A'_{26} & A'_{66} \end{bmatrix} \begin{bmatrix} N_1 \\ 0 \\ 0 \end{bmatrix} \tag{6-2}$$

即 $\varepsilon_x^0=A'_{11}N_1$,$\varepsilon_y^0=A'_{12}N_1$,$\gamma_{xy}^0=A'_{16}N_1$。

由单层板的应力-应变关系得每一层的应力为

$$\begin{bmatrix} \sigma_x \\ \sigma_y \\ \tau_{xy} \end{bmatrix}_k = \begin{bmatrix} \bar{Q}_{11} & \bar{Q}_{12} & \bar{Q}_{16} \\ \bar{Q}_{12} & \bar{Q}_{22} & \bar{Q}_{26} \\ \bar{Q}_{16} & \bar{Q}_{26} & \bar{Q}_{66} \end{bmatrix}_k \begin{bmatrix} A'_{11} \\ A'_{12} \\ A'_{16} \end{bmatrix} N_1 \tag{6-3}$$

对于三层层合板(玻璃/环氧),将上述应力代入各强度理论以确定任何层不破坏时的N_1最大值。实际上,以后将学习到角铺设层合板具有所有单层同时破坏的特点。将各强度理论和实验结果绘图,类似于图3-8、图3-9,对比之下Hill-蔡强度理论在定性和定量方面都与实验值较接近,因此采用Hill-蔡强度理论预测层合板强度,但其他强度理论也可能适用于其他复合材料。

6.2 层合板的应力分析

先讨论对称层合板,且只受N_x,N_y,N_{xy}面向载荷,因$B_{ij}=0$,且载荷与中面应变有下列关系:

$$\begin{bmatrix} N_x \\ N_y \\ N_{xy} \end{bmatrix} = \begin{bmatrix} A_{11} & A_{12} & A_{16} \\ A_{12} & A_{22} & A_{26} \\ A_{16} & A_{26} & A_{66} \end{bmatrix} \begin{bmatrix} \varepsilon_x^0 \\ \varepsilon_y^0 \\ \gamma_{xy}^0 \end{bmatrix}$$

逆关系为

$$\begin{bmatrix}\varepsilon_x^0\\ \varepsilon_y^0\\ \gamma_{xy}^0\end{bmatrix}=\begin{bmatrix}A'_{11} & A'_{12} & A'_{16}\\ A'_{12} & A'_{22} & A'_{26}\\ A'_{16} & A'_{26} & A'_{66}\end{bmatrix}\begin{bmatrix}N_x\\ N_y\\ N_{xy}\end{bmatrix}\tag{6-4}$$

设 N_x, N_y, N_{xy} 按比例加载，令 $N_x=N, N_y=\alpha N, N_{xy}=\beta N$，则上式可写成

$$\begin{bmatrix}\varepsilon_x^0\\ \varepsilon_y^0\\ \gamma_{xy}^0\end{bmatrix}=\boldsymbol{A}'\begin{bmatrix}N\\ \alpha N\\ \beta N\end{bmatrix}=\begin{bmatrix}A_x\\ A_y\\ A_{xy}\end{bmatrix}N$$

式中

$$A_x=A'_{11}+\alpha A'_{12}+\beta A'_{16},\quad A_y=A'_{12}+\alpha A'_{22}+\beta A'_{26},\quad A_{xy}=A'_{16}+\alpha A'_{26}+\beta A'_{66}$$

根据单层板的应力-应变关系式(3-15)得出每一层应力，第 k 层应力为

$$\begin{bmatrix}\sigma_x\\ \sigma_y\\ \tau_{xy}\end{bmatrix}_k=\overline{\boldsymbol{Q}}_k\begin{bmatrix}A_x\\ A_y\\ A_{xy}\end{bmatrix}N\tag{6-5}$$

采用 Hill-蔡强度理论判断各单层板强度时，需已知各单层板在材料主方向的应力，可利用式(3-8)求得，即有

$$\begin{bmatrix}\sigma_1\\ \sigma_2\\ \tau_{12}\end{bmatrix}_k=\boldsymbol{T}\begin{bmatrix}\sigma_x\\ \sigma_y\\ \tau_{xy}\end{bmatrix}_k=\boldsymbol{T}\overline{\boldsymbol{Q}}_k\begin{bmatrix}A_x\\ A_y\\ A_{xy}\end{bmatrix}N\tag{6-6}$$

对于一般不对称层合板，受全部内力和内力矩，存在 A_{ij}，B_{ij} 和 D_{ij} 刚度系数，则根据式(5-21)有

$$\begin{bmatrix}\boldsymbol{\varepsilon}^0\\ \boldsymbol{\kappa}\end{bmatrix}=\begin{bmatrix}\boldsymbol{A}' & \boldsymbol{B}'\\ \boldsymbol{B}' & \boldsymbol{D}'\end{bmatrix}\begin{bmatrix}N\\ M\end{bmatrix}$$

式中，$\boldsymbol{A}'$，$\boldsymbol{B}'$，$\boldsymbol{D}'$ 为柔度系数。设 $N_x=N, N_y=\alpha N, N_{xy}=\beta N, M_x=aN, M_y=bN, M_{xy}=cN$，由于 M 和 N 量纲不同，因此 a,b,c 是有量纲的系数，则上式可写成以下形式：

$$\left.\begin{aligned}\begin{bmatrix}\varepsilon_x^0\\ \varepsilon_y^0\\ \gamma_{xy}^0\end{bmatrix}&=\begin{bmatrix}A'_{11} & A'_{12} & A'_{16}\\ A'_{12} & A'_{22} & A'_{26}\\ A'_{16} & A'_{26} & A'_{66}\end{bmatrix}\begin{bmatrix}N\\ \alpha N\\ \beta N\end{bmatrix}+\begin{bmatrix}B'_{11} & B'_{12} & B'_{16}\\ B'_{12} & B'_{22} & B'_{26}\\ B'_{16} & B'_{26} & B'_{66}\end{bmatrix}\begin{bmatrix}aN\\ bN\\ cN\end{bmatrix}=\begin{bmatrix}A_{N_x}\\ A_{N_y}\\ A_{N_{xy}}\end{bmatrix}N\\ \begin{bmatrix}\kappa_x\\ \kappa_y\\ \kappa_{xy}\end{bmatrix}&=\begin{bmatrix}B'_{11} & B'_{12} & B'_{16}\\ B'_{12} & B'_{22} & B'_{26}\\ B'_{16} & B'_{26} & B'_{66}\end{bmatrix}\begin{bmatrix}N\\ \alpha N\\ \beta N\end{bmatrix}+\begin{bmatrix}D'_{11} & D'_{12} & D'_{16}\\ D'_{12} & D'_{22} & D'_{26}\\ D'_{16} & D'_{26} & D'_{66}\end{bmatrix}\begin{bmatrix}aN\\ bN\\ cN\end{bmatrix}=\begin{bmatrix}A_{M_x}\\ A_{M_y}\\ A_{M_{xy}}\end{bmatrix}N\end{aligned}\right\}\tag{6-7}$$

式中

$$\begin{aligned}A_{N_x}&=A'_{11}+\alpha A'_{12}+\beta A'_{16}+aB'_{11}+bB'_{12}+cB'_{16}\\ A_{N_y}&=A'_{12}+\alpha A'_{22}+\beta A'_{26}+aB'_{12}+bB'_{22}+cB'_{26}\\ A_{N_{xy}}&=A'_{16}+\alpha A'_{26}+\beta A'_{66}+aB'_{16}+bB'_{26}+cB'_{66}\\ A_{M_x}&=B'_{11}+\alpha B'_{12}+\beta B'_{16}+aD'_{11}+bD'_{12}+cD'_{16}\\ A_{M_y}&=B'_{12}+\alpha B'_{22}+\beta B'_{26}+aD'_{12}+bD'_{22}+cD'_{26}\\ A_{M_{xy}}&=B'_{16}+\alpha B'_{26}+\beta B'_{66}+aD'_{16}+bD'_{26}+cD'_{66}\end{aligned}$$

代入式(6-7)得第 k 层单层板中应力与载荷之间的关系,同样可求得各单层板材料主方向的应力表达式如下:

$$\begin{bmatrix}\sigma_1\\ \sigma_2\\ \tau_{12}\end{bmatrix}_k = \boldsymbol{T}\overline{\boldsymbol{Q}}_k\left(\begin{bmatrix}A_{N_x}\\ A_{N_y}\\ A_{N_{xy}}\end{bmatrix}N + z\begin{bmatrix}A_{M_x}\\ A_{M_y}\\ A_{M_{xy}}\end{bmatrix}N\right) \tag{6-8}$$

6.3 层合板的强度分析

现以特殊正交铺设层合板,即三层对称正交铺设层合板为例,计算其强度,求层合板的极限载荷,并作载荷-应变的特性曲线。

已知:三层层合板如图 6-2 所示。受载荷 $N_x=N$,其余载荷皆为零。外层厚度 t_1,内层厚度 $t_2=10t_1$,正交铺设比 $m=0.2$。玻璃/环氧单层板性能:$E_1=5.40\times10^4\,\text{MPa}$,$E_2=1.80\times10^4\,\text{MPa}$,$\nu_{21}=0.25$,$G_{12}=8.80\times10^3\,\text{MPa}$,$X_t=X_c=1.05\times10^3\,\text{MPa}$,$Y_t=2.80\times10\text{MPa}$,$Y_c=14.0\times10\text{MPa}$,$S=4.2\times10\text{MPa}$。

解 1. 求开始发生破坏的"屈服"强度值$(N_x/t)_1$

(1) 由原始数据计算 Q_{ij} 和 A_{ij}

$$\boldsymbol{Q}_{1,3}=\begin{bmatrix}5.515 & 0.4596 & 0\\ 0.4596 & 1.838 & 0\\ 0 & 0 & 0.880\end{bmatrix}\times10^4\,\text{MPa}$$

$$\boldsymbol{Q}_2=\begin{bmatrix}1.838 & 0.4596 & 0\\ 0.4596 & 5.515 & 0\\ 0 & 0 & 0.880\end{bmatrix}\times10^4\,\text{MPa}$$

$$A_{ij}=(Q_{ij})_{1,3}2t_1+(Q_{ij})_2 10t_1,\quad t=12t_1$$

$$\boldsymbol{A}=\begin{bmatrix}A_{11} & A_{22} & 0\\ A_{12} & A_{22} & 0\\ 0 & 0 & A_{66}\end{bmatrix}$$

$$=\begin{bmatrix}2.451 & 0.4596 & 0\\ 0.4596 & 4.902 & 0\\ 0 & 0 & 0.880\end{bmatrix}\times10^4 t\ \text{MPa}$$

由 $\boldsymbol{A}'=\boldsymbol{A}^{-1}$,$|\boldsymbol{A}|=10.39\times(10^4t)^3(\text{MPa})^3$ 得

$$A'_{11}=\frac{A_{22}A_{66}}{|\boldsymbol{A}|}=4.152\times10^{-5}t^{-1}(\text{MPa})^{-1}$$

$$A'_{12}=\frac{-A_{12}A_{66}}{|\boldsymbol{A}|}=-0.3893\times10^{-5}t^{-1}(\text{MPa})^{-1}$$

$$A'_{22}=\frac{A_{11}A_{66}}{|\boldsymbol{A}|}=2.076\times10^{-5}t^{-1}(\text{MPa})^{-1}$$

$$A'_{66}=\frac{A_{11}A_{22}-A_{12}^2}{|\boldsymbol{A}|}=\frac{1}{A_{66}}=11.36\times10^{-5}t^{-1}(\text{MPa})^{-1}$$

$$A'_{16}=A'_{26}=0$$

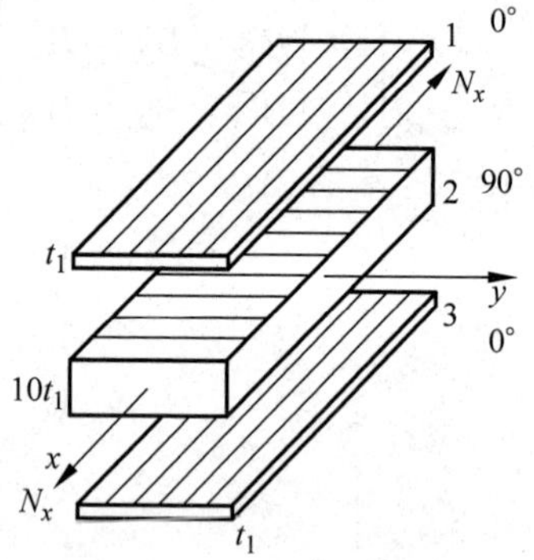

图 6-2 三层对称正交铺设层合板(分解图)

(2) 求 $\varepsilon_x^0,\varepsilon_y^0,\gamma_{xy}^0$

$$\begin{bmatrix}\varepsilon_x^0\\\varepsilon_y^0\\\gamma_{xy}^0\end{bmatrix}=\begin{bmatrix}A'_{11}&A'_{12}&0\\A'_{12}&A'_{22}&0\\0&0&A'_{66}\end{bmatrix}\begin{bmatrix}N_x\\0\\0\end{bmatrix}=\begin{bmatrix}4.152\\-0.3893\\0\end{bmatrix}\frac{N_x}{t}\times10^{-5}$$

(3) 求各层应力

$$\begin{bmatrix}\sigma_x\\\sigma_y\\\tau_{xy}\end{bmatrix}_{1,3}=\begin{bmatrix}\sigma_1\\\sigma_2\\\tau_{12}\end{bmatrix}_{1,3}=\boldsymbol{Q}_{1,3}\begin{bmatrix}\varepsilon_x^0\\\varepsilon_y^0\\\gamma_{xy}^0\end{bmatrix}=\begin{bmatrix}2.272\\0.1193\\0\end{bmatrix}\frac{N_x}{t}\text{ MPa}$$

$$\begin{bmatrix}\sigma_x\\\sigma_y\\\tau_{xy}\end{bmatrix}_{2}=\begin{bmatrix}\sigma_2\\\sigma_1\\\tau_{12}\end{bmatrix}_{2}=\boldsymbol{Q}_{2}\begin{bmatrix}\varepsilon_x^0\\\varepsilon_y^0\\\gamma_{xy}^0\end{bmatrix}=\begin{bmatrix}0.7452\\-0.0239\\0\end{bmatrix}\frac{N_x}{t}\text{ MPa}$$

(4) 用 Hill-蔡强度理论求第一个屈服载荷强度理论表达式($\tau_{12}=0$)

$$\frac{\sigma_1^2}{X_t^2}-\frac{\sigma_1\sigma_2}{X_t^2}+\frac{\sigma_2^2}{Y_t^2}=1$$

将求得的各单层材料主方向应力分别代入,解出

$$\left(\frac{N_x}{t}\right)_{1,3}=210.4\text{MPa}$$

$$\left(\frac{N_x}{t}\right)_{2}=37.6\text{MPa}$$

显然第二层板先破坏,即 $N_x/t=37.6\text{MPa}$ 为层合板第一屈服载荷,此时 ε_x 值为

$$\varepsilon_x=A'_{11}N_x=4.152\times37.6\times10^{-5}=1.56\times10^{-3}$$

各层应力为

$$\begin{bmatrix}\sigma_1\\\sigma_2\\\tau_{12}\end{bmatrix}_{1,3}=\begin{bmatrix}85.4\\4.49\\0\end{bmatrix}\text{MPa}$$

$$\begin{bmatrix}\sigma_2\\\sigma_1\\\tau_{12}\end{bmatrix}_{2}=\begin{bmatrix}28.02\\-0.899\\0\end{bmatrix}\text{MPa}$$

第二层 σ_2 达 Y_t,$\sigma_1\ll X_t$。

2. 进行第二次计算

(1) 求削弱后的层合板刚度

$$\boldsymbol{Q}_{1,3}=\begin{bmatrix}5.515&0.4596&0\\0.4596&1.838&0\\0&0&0.880\end{bmatrix}\times10^4\text{MPa}$$

$$\boldsymbol{Q}_{2}=\begin{bmatrix}0&0&0\\0&5.515&0\\0&0&0\end{bmatrix}\times10^4\text{MPa}$$

其中第二层板材料第二主方向破坏后,不能抗剪,故 $Q_{66}=0$,继续计算层合板刚度 A_{ij}:

$$\boldsymbol{A}=\begin{bmatrix}0.9192 & 0.0766 & 0\\ 0.0766 & 4.902 & 0\\ 0 & 0 & 0.1467\end{bmatrix}\times 10^4 t\,\text{MPa}$$

$$|A| = 0.6602\times 10^{12}t^3(\text{MPa})^3$$

$$A'_{11}=1.089\times 10^{-4}t^{-1}(\text{MPa})^{-1}$$

$$A'_{12}=-0.01702\times 10^{-4}t^{-1}(\text{MPa})^{-1}$$

$$A'_{22}=0.2043\times 10^{-4}t^{-1}(\text{MPa})^{-1}$$

$$A'_{66}=6.817\times 10^{-4}t^{-1}(\text{MPa})^{-1}$$

$$\boldsymbol{A}'=\begin{bmatrix}1.089 & -0.01702 & 0\\ -0.01702 & 0.2043 & 0\\ 0 & 0 & 6.817\end{bmatrix}\times 10^{-4}t^{-1}(\text{MPa})^{-1}$$

(2) 求应变和应力,并代入 Hill-蔡强度理论

$$\begin{bmatrix}\varepsilon_x^0\\ \varepsilon_y^0\\ \gamma_{xy}^0\end{bmatrix}=\boldsymbol{A}'\begin{bmatrix}N_x\\ 0\\ 0\end{bmatrix}=\begin{bmatrix}1.089\\ -0.01702\\ 0\end{bmatrix}\frac{N_x}{t}\times 10^{-4}$$

$$\begin{bmatrix}\sigma_1\\ \sigma_2\\ \tau_{12}\end{bmatrix}_{1,3}=\begin{bmatrix}5.515 & 0.4596 & 0\\ 0.4596 & 1.838 & 0\\ 0 & 0 & 0.880\end{bmatrix}\begin{bmatrix}1.089\\ -0.01702\\ 0\end{bmatrix}\frac{N_x}{t}=\begin{bmatrix}5.999\\ 0.4692\\ 0\end{bmatrix}\frac{N_x}{t}\,\text{MPa}$$

$$\begin{bmatrix}\sigma_2\\ \sigma_1\\ \tau_{12}\end{bmatrix}_{2}=\begin{bmatrix}0 & 0 & 0\\ 0 & 5.515 & 0\\ 0 & 0 & 0\end{bmatrix}\begin{bmatrix}1.089\\ -0.01702\\ 0\end{bmatrix}\frac{N_x}{t}=\begin{bmatrix}0\\ -0.0939\\ 0\end{bmatrix}\frac{N_x}{t}\,\text{MPa}$$

代入 Hill-蔡强度理论得出

$$\left(\frac{N_x}{t}\right)_{1,3}=56.7\text{MPa}$$

$$\left(\frac{N_x}{t}\right)_{2}=11.18\times 10^3\text{MPa}$$

$$\varepsilon_{x_1}^0=1.089\times 10^{-4}\times 56.7=0.6175\%$$

将$(N_x/t)_{1,3}=56.7\text{MPa}$代入第1,3层求得应力

$$\sigma_1=5.999\times 56.7=340.1\text{MPa}\ll X_t$$

$$\sigma_2=0.4692\times 56.7=26.6\text{MPa}\approx Y_t$$

即外层第2主方向破坏,因此1,3层和2层板剩余纤维方向(第一主方向)继续承受载荷,需进一步计算。

3. 第三次计算

(1) 求削弱后层合板的刚度

$$\boldsymbol{Q}_{1,3}=\begin{bmatrix}5.515 & 0 & 0\\ 0 & 0 & 0\\ 0 & 0 & 0\end{bmatrix}\times 10^4\text{MPa}$$

$$\boldsymbol{Q}_{2}=\begin{bmatrix}0 & 0 & 0\\ 0 & 5.515 & 0\\ 0 & 0 & 0\end{bmatrix}\times 10^4\text{MPa}$$

$$\mathbf{A}=\begin{bmatrix}0.9192 & 0 & 0\\ 0 & 4.596 & 0\\ 0 & 0 & 0\end{bmatrix}\times 10^4 t\,\mathrm{MPa}$$

$$\mathbf{A}'=\begin{bmatrix}1.088 & 0 & 0\\ 0 & 0.2176 & 0\\ 0 & 0 & 0\end{bmatrix}\times 10^{-4} t^{-1}(\mathrm{MPa})^{-1}$$

(2) 求应变和应力增量

$$\begin{bmatrix}\Delta\varepsilon_x^0\\ \Delta\varepsilon_y^0\\ \Delta\gamma_{xy}^0\end{bmatrix}=\begin{bmatrix}1.088\\ 0\\ 0\end{bmatrix}\frac{\Delta N_x}{t}\times 10^{-4},\quad \begin{bmatrix}\Delta\sigma_1\\ \Delta\sigma_2\\ \Delta\tau_{12}\end{bmatrix}_{1,3}=\begin{bmatrix}6.00\\ 0\\ 0\end{bmatrix}\frac{\Delta N_x}{t}$$

$$\begin{bmatrix}\Delta\sigma_2\\ \Delta\sigma_1\\ \Delta\tau_{12}\end{bmatrix}_2=\begin{bmatrix}0\\ 0\\ 0\end{bmatrix}$$

代入强度理论公式得

$$\left(\frac{\Delta N_x}{t}\right)_{1,3}=175\mathrm{MPa}$$

此时应变增量为

$$\Delta\varepsilon_x=1.088\times 175\times 10^{-4}=1.904\%$$

极限载荷为

$$\left(\frac{N_x}{t}\right)_L=\left(\frac{N_x}{t}\right)_1+\left(\frac{\Delta N_x}{t}\right)=212.6\mathrm{MPa}$$

总应变

$$\varepsilon_x=\varepsilon_{x1}+\Delta\varepsilon_x=1.56\times 10^{-3}+1.904\times 10^{-2}=2.06\%$$

此层合板的载荷-应变特性曲线如图 6-3 所示。曲线的“角点”载荷为 N_1/t，计算的极限载荷为 $N_{\max}/t$，在实验中可观察到“角点”，图 6-3 中用虚线表示实验值，实验值与计算值相当接近，实验的极限载荷与计算值很接近。

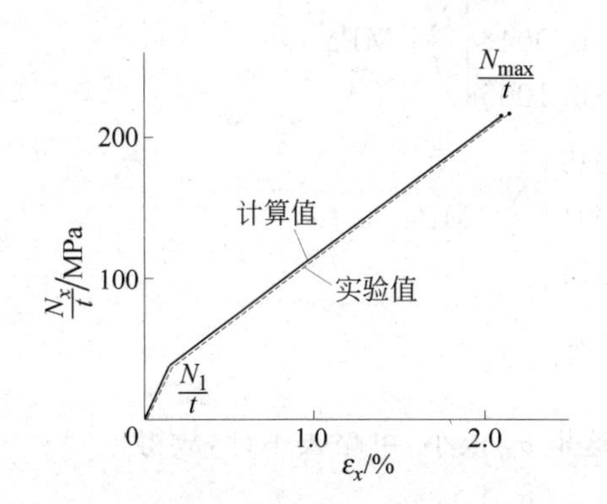

图 6-3 层合板载荷-应变特性曲线

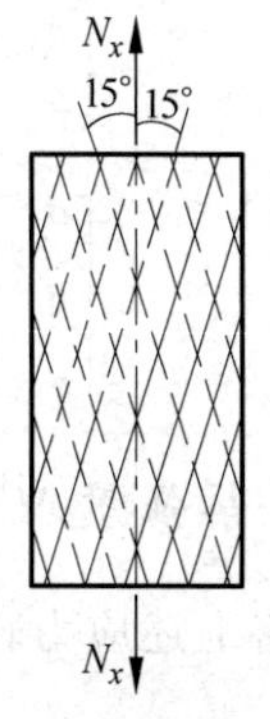

图 6-4 三层角铺设层合板示意图

现在再举一角铺设层合板的例子说明强度分析的情况。如图 6-4 所示 $-15°/+15°/-15°$三层等厚层合板，总厚度为 t，承受面内拉力 N_x。各单层板材料是玻璃/环氧，其性能同上例，要求确定 N_x 极限载荷。

1. 计算初始层合板的刚度和应力

(1) 由单层板的 $\boldsymbol{Q}$ 计算 $\overline{\boldsymbol{Q}}$

$$\boldsymbol{Q}=\begin{bmatrix}5.515 & 0.4596 & 0\\ 0.4596 & 1.838 & 0\\ 0 & 0 & 0.880\end{bmatrix}\times 10^4\,\text{MPa}$$

$$\overline{\boldsymbol{Q}}_{\underset{1,3}{-15^\circ}}=\begin{bmatrix}5.086 & 0.6417 & -0.7749\\ 0.6417 & 1.902 & -0.1442\\ -0.7749 & -0.1442 & 1.062\end{bmatrix}\times 10^4\,\text{MPa}$$

$$\overline{\boldsymbol{Q}}_{\underset{2}{15^\circ}}=\begin{bmatrix}5.086 & 0.6417 & 0.7749\\ 0.6417 & 1.902 & 0.1442\\ 0.7749 & 0.1442 & 1.062\end{bmatrix}\times 10^4\,\text{MPa}$$

(2) 计算 $\boldsymbol{A}$ 及 $\boldsymbol{A}'$

$$\boldsymbol{A}=\begin{bmatrix}5.086 & 0.6417 & -0.2583\\ 0.6417 & 1.902 & -0.048\\ -0.2583 & -0.048 & 1.062\end{bmatrix}$$

$$|\boldsymbol{A}|=9.715\times 10^{12}t^3(\text{MPa})^3$$

$$\boldsymbol{A}'=\begin{bmatrix}0.2077 & -0.0689 & 0.0474\\ -0.0689 & 0.5491 & 0.0081\\ 0.0474 & 0.0081 & 0.9533\end{bmatrix}\times 10^{-4}t^{-1}(\text{MPa})^{-1}$$

(3) 计算 $\{\varepsilon^0\}$ 和各层应力

$$\begin{bmatrix}\varepsilon_x^0\\ \varepsilon_y^0\\ \gamma_{xy}^0\end{bmatrix}=\boldsymbol{A}'\begin{bmatrix}N_x\\ 0\\ 0\end{bmatrix}=\begin{bmatrix}0.2077\\ -0.0689\\ 0.0474\end{bmatrix}\frac{N_x}{t}$$

$$\begin{bmatrix}\sigma_x\\ \sigma_y\\ \tau_{xy}\end{bmatrix}_{1,3}=\overline{\boldsymbol{Q}}_{1,3}\begin{bmatrix}\varepsilon_x^0\\ \varepsilon_y^0\\ \gamma_{xy}^0\end{bmatrix}=\begin{bmatrix}0.9754\\ -0.0046\\ -0.1205\end{bmatrix}\frac{N_x}{t}\ \text{MPa}$$

$$\begin{bmatrix}\sigma_x\\ \sigma_y\\ \tau_{xy}\end{bmatrix}_{2}=\overline{\boldsymbol{Q}}_{2}\begin{bmatrix}\varepsilon_x^0\\ \varepsilon_y^0\\ \gamma_{xy}^0\end{bmatrix}=\begin{bmatrix}1.049\\ 0.0091\\ 0.2014\end{bmatrix}\frac{N_x}{t}\ \text{MPa}$$

2. 按 Hill-蔡强度理论求各层破坏载荷

为此，必须将上述应力转到材料主方向，由于这里 σ_y 很小，可略去不计，故得

$$\begin{bmatrix}\sigma_1\\ \sigma_2\\ \tau_{12}\end{bmatrix}=\boldsymbol{T}\begin{bmatrix}\sigma_x\\ \sigma_y\\ \tau_{xy}\end{bmatrix}=\boldsymbol{T}\begin{bmatrix}\sigma_x\\ 0\\ \tau_{xy}\end{bmatrix}$$

将其代入强度方程 $\frac{\sigma_1^2}{X^2}-\frac{\sigma_1\sigma_2}{X^2}+\frac{\sigma_2^2}{Y^2}+\frac{\tau_{12}^2}{S^2}=1$，得 x-y 坐标中方程为($\sigma_y=0$)

$$K_1\sigma_x^2 + K_2\sigma_x\tau_{xy} + K_3\tau_{xy}^2 = X^2$$

其中

$$\left.\begin{aligned}
K_1 &= \cos^4\theta + \left(\frac{X^2}{S^2} - 1\right)\sin^2\theta\cos^2\theta + \frac{X^2}{Y^2}\sin^4\theta \\
K_2 &= \left(6 - \frac{2X^2}{S^2}\right)\sin\theta\cos^3\theta + \left(2 - 4\frac{X^2}{Y^2} + \frac{2X^2}{S^2}\right)\sin^3\theta\cos\theta \\
K_3 &= \frac{X^2}{S^2}(\cos^4\theta + \sin^4\theta) + \left(8 + 4\frac{X^2}{Y^2} - 2\frac{X^2}{S^2}\right)\sin^2\theta\cos^2\theta
\end{aligned}\right\} \tag{6-9}$$

将 X,Y_t,S 数据代入，对 $\theta=-15°$，$K_1=46.18$，$K_2=363.4$，$K_3=820.8$，得

$$46.18\sigma_x^2 + 363.4\sigma_x\tau_{xy} + 820.8\tau_{xy}^2 = 1050^2$$

1,3 层：$\sigma_x=0.9754\dfrac{N_x}{t}$，$\tau_{xy}=-0.1205\dfrac{N_x}{t}$，代入解得

$$\left(\frac{N_x}{t}\right)_{1,3} = 289.6\text{MPa}$$

对 $\theta=15°$，$K_1=46.18$，$K_2=-363.4$，$K_3=820.8$，得

$$46.18\sigma_x^2 - 363.4\sigma_x\tau_{xy} + 820.8\tau_{xy} = 1050^2$$

2 层：$\sigma_x=1.049\dfrac{N_x}{t}$，$\tau_{xy}=0.2014\dfrac{N_x}{t}$，代入上式解得

$$\left(\frac{N_x}{t}\right)_2 = 387.7\text{MPa}$$

比较可知 1,3 层先破坏。这时其 τ_{12} 为

$$\tau_{12} = -\sin\theta\cos\theta\sigma_x + (\cos^2\theta - \sin^2\theta)\tau_{xy} = 40.39\text{MPa} \approx S = 42\text{MPa}$$

说明 1,3 层因剪切而破坏。故刚度变化为 $Q_{66}=0$。

3. 进行第二次计算

计算降级后的刚度及应力，再按强度理论求破坏载荷。

（1）1,3 层按 $Q_{66}=0$ 计算刚度 $\overline{Q}_{ij}$，2 层为原刚度。

$$\overline{\boldsymbol{Q}}_{1,3} = \begin{bmatrix} 4.867 & 0.8617 & -1.156 \\ 0.8617 & 1.682 & 0.2368 \\ -1.156 & 0.2368 & 0.4021 \end{bmatrix} \times 10^4\text{MPa}$$

$$\overline{\boldsymbol{Q}}_2 = \begin{bmatrix} 5.086 & 0.6417 & 0.7749 \\ 0.6417 & 1.902 & 0.1442 \\ 0.7749 & 0.1442 & 1.062 \end{bmatrix} \times 10^4\text{MPa}$$

（2）降级后 A_{ij} 及 A'_{ij} 为

$$\boldsymbol{A} = \begin{bmatrix} 4.940 & 0.7884 & -0.5124 \\ 0.7884 & 1.755 & 0.2059 \\ -0.5124 & 0.2059 & 0.6221 \end{bmatrix} \times 10^4 t\,\text{MPa}$$

$$|\boldsymbol{A}| = 4.168 \times 10^{12} t^3 (\text{MPa})^3$$

$$A'_{11} = 0.2518 \times 10^{-4} t^{-1} (\text{MPa})^{-1}$$

$$A'_{12} = -0.143 \times 10^{-4} t^{-1} (\text{MPa})^{-1}$$

$$A'_{16}=0.2547\times10^{-4}t^{-1}(\text{MPa})^{-1}$$

(3) 一次降级后应变及应力

$$\begin{bmatrix}\varepsilon_x^0\\ \varepsilon_y^0\\ \gamma_{xy}^0\end{bmatrix}=\boldsymbol{A}'\begin{bmatrix}\dfrac{N_x}{t}\\ 0\\ 0\end{bmatrix}=\begin{bmatrix}0.2518\\ -0.1430\\ 0.2547\end{bmatrix}\frac{N_x}{t}\times10^{-4}$$

$$\begin{bmatrix}\sigma_x\\ \sigma_y\\ \tau_{xy}\end{bmatrix}_{1,3}=\bar{\boldsymbol{Q}}_{1,3}\begin{bmatrix}\varepsilon_x^0\\ \varepsilon_y^0\\ \gamma_{xy}^0\end{bmatrix}=\begin{bmatrix}0.8079\\ 0.0368\\ -0.2225\end{bmatrix}\frac{N_x}{t}\text{MPa}$$

$$\begin{bmatrix}\sigma_x\\ \sigma_y\\ \tau_{xy}\end{bmatrix}_{2}=\bar{\boldsymbol{Q}}_{2}\begin{bmatrix}\varepsilon_x^0\\ \varepsilon_y^0\\ \gamma_{xy}^0\end{bmatrix}=\begin{bmatrix}1.386\\ -0.0737\\ 0.4450\end{bmatrix}\frac{N_x}{t}\text{MPa}$$

(4) 用 Hill-蔡强度理论判断

1,3 层和 2 层破坏时载荷为

$$\left(\frac{N_x}{t}\right)_{1,3}=449.6\text{MPa},\quad \left(\frac{N_x}{t}\right)_{2}=201.6\text{MPa}$$

原 1，3 层的 $(N_x/t)_{1,3}=289.6$MPa，而 $(N_x/t)_2=201.6$MPa，说明当 $N_x/t=289.6$MPa 时 1,3 层首先破坏，紧接着 2 层也破坏，该层合板发生破坏。角铺设层合板没有正交铺设层合板那样的拐点，极限载荷 $(N_x/t)=289.6$MPa，相应的面内应变为

$$\begin{bmatrix}\varepsilon_x^0\\ \varepsilon_y^0\\ \gamma_{xy}^0\end{bmatrix}=\begin{bmatrix}60.14\\ -19.95\\ 13.73\end{bmatrix}\times10^{-4}$$

角铺设层合板的载荷-轴向应变曲线如图 6-5 所示。

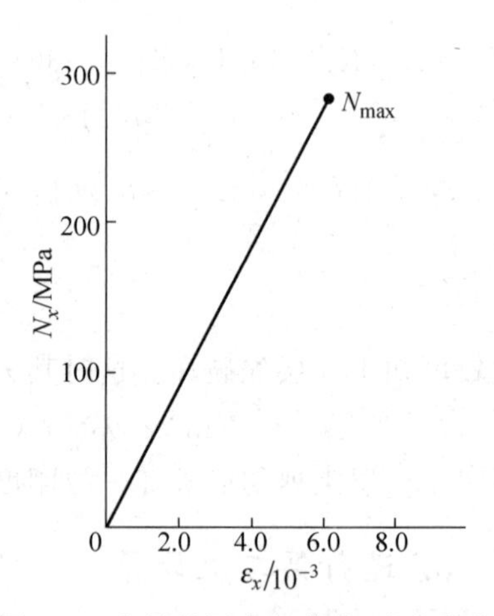

图 6-5　角铺设层合板载荷-应变曲线

6.4　层合板的层间应力分析

在经典层合板理论中，只考虑层合板的平面内应力 σ_x，σ_y 和 τ_{xy}，即假设存在平面应力状态。而实际上应力状态还具有 σ_z，τ_{xz} 和 τ_{yz} 这些层间应力，它们存在于相邻层之间的表面，而且通常在层界面上最大。高的层间应力是复合材料特有的破坏机理之一的基础。图 6-6 表示角铺设对称层合板中受拉伸载荷 N_x 时，实际存在三维的应力状态。由于层间应力作用，在层合板自由边界出现脱层和随后脱层扩大，如图 6-7 所示，层合板在 z 方向分离。此外在经典层合板理论中所指的 σ_y 和 τ_{xy} 在层合板边缘不可能存在。实际情况如下：

(1) 在层合板自由边界(层合板边界或孔边)层间剪应力和(或)层间正应力很高(可能是奇点)，从而造成这些区域内有脱胶现象。

(2) 如改变铺层顺序，即使不改变每层的方向，也将使层合板强度不同，这是层合板边

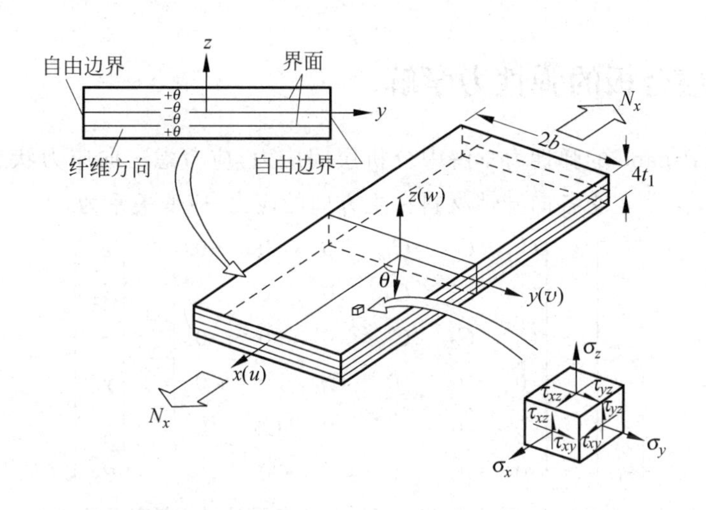

图 6-6 对称角铺设层合板几何形状和应力

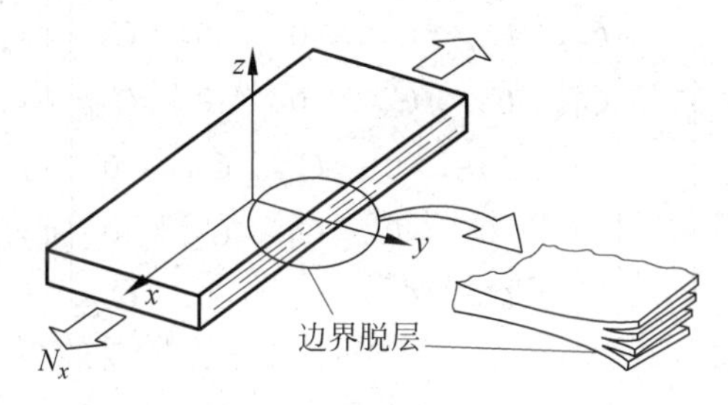

图 6-7 自由边界脱层

界附近的层间正应力 σ_z 改变的结果。

考虑 4 层角铺设层合板的顶层一半的自由体图(见图 6-8),在远离自由边界的 x-z 平面左手侧,可由经典层合板理论预定 τ_{xy}。相反,图中的自由边界 $ABCD$ 面不存在 τ_{xy}。此外,在 x 方向的前面和背面 τ_{xy} 在 AB 和 CD 线处应趋于零。为了实现 x 方向力的平衡,应当有一应力代替 $ABCD$ 面上不存在的 τ_{xy},这只可能是自由体的顶层的底面应存在 τ_{xz}。为了对 z 轴的力矩平衡,τ_{xz} 应当很高,因为它只存在于接近自由边界处。τ_{xz} 的大小应由三维弹性力学理论来确定。

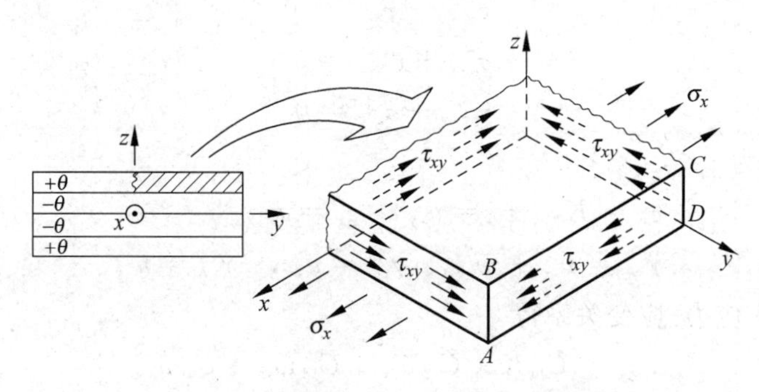

图 6-8 对称角铺设层合板自由体图

6.4.1 层合板的弹性力学解

在 Pipes 和 Pagano 的弹性力学解中分析层间应力，应考虑三向应力状态，应力分量有 $\sigma_x,\sigma_y,\sigma_z,\tau_{xy},\tau_{yz},\tau_{xz}$。正交各向异性材料在主方向的应力-应变关系为

$$\begin{bmatrix}\sigma_1\\\sigma_2\\\sigma_3\\\tau_{23}\\\tau_{31}\\\tau_{12}\end{bmatrix}=\begin{bmatrix}C_{11}&C_{12}&C_{13}&0&0&0\\C_{12}&C_{22}&C_{23}&0&0&0\\C_{13}&C_{23}&C_{33}&0&0&0\\0&0&0&C_{44}&0&0\\0&0&0&0&C_{55}&0\\0&0&0&0&0&C_{66}\end{bmatrix}=\begin{bmatrix}\varepsilon_1\\\varepsilon_2\\\varepsilon_3\\\gamma_{23}\\\gamma_{31}\\\gamma_{12}\end{bmatrix}$$

应用 1-2 平面内的坐标转换，用层合板坐标 x,y,z 表示应力-应变关系为

$$\begin{bmatrix}\sigma_x\\\sigma_y\\\sigma_z\\\tau_{yz}\\\tau_{zx}\\\tau_{xy}\end{bmatrix}=\begin{bmatrix}\bar{C}_{11}&\bar{C}_{12}&\bar{C}_{13}&0&0&\bar{C}_{16}\\\bar{C}_{12}&\bar{C}_{22}&\bar{C}_{23}&0&0&\bar{C}_{26}\\\bar{C}_{13}&\bar{C}_{23}&\bar{C}_{33}&0&0&\bar{C}_{36}\\0&0&0&\bar{C}_{44}&\bar{C}_{45}&0\\0&0&0&\bar{C}_{45}&\bar{C}_{55}&0\\\bar{C}_{16}&\bar{C}_{26}&\bar{C}_{36}&0&0&\bar{C}_{66}\end{bmatrix}\begin{bmatrix}\varepsilon_x\\\varepsilon_y\\\varepsilon_z\\\gamma_{yz}\\\gamma_{zx}\\\gamma_{xy}\end{bmatrix}\tag{6-10}$$

应变-位移关系为

$$\varepsilon_x=\frac{\partial u}{\partial x}=u_{,x},\quad \varepsilon_y=\frac{\partial v}{\partial y}=v_{,y},\quad \varepsilon_z=w_{,z}$$

$$\gamma_{yz}=v_{,z}+w_{,y},\quad \gamma_{zx}=w_{,x}+u_{,z},\quad \gamma_{xy}=u_{,y}+v_{,x}$$

如层合板在端部 $x=C$ 处承受均匀轴向拉力，则所有应力、应变与 x 无关，因此 $\varepsilon_x=K$（常量），这时位移场 u,v,w 为

$$u=Kx+\bar{u}(y,z),\quad v=\bar{v}(y,z),\quad w=\bar{w}(y,z)$$

由于不计体积力，且所有应力不随 x 变化，即 $\sigma_{x,x}=0,\tau_{xy,x}=0,\tau_{xz,x}=0$，这样，平衡方程式变为

$$\tau_{xy,y}+\tau_{zx,z}=0$$

$$\sigma_{y,y}+\tau_{yz,z}=0$$

$$\tau_{yz,y}+\sigma_{z,z}=0$$

应变-位移关系变为

$$\varepsilon_x=K,\quad \varepsilon_y=\bar{v}_{,y},\quad \varepsilon_z=\bar{w}_{,z}$$

$$\gamma_{yz}=\bar{v}_{,z}+\bar{w}_{,y},\quad \gamma_{zx}=\bar{u}_{,z},\quad \gamma_{xy}=\bar{u}_{,y}$$

将位移场方程代入应力-应变关系得

$$\sigma_x=\bar{C}_{11}K+\bar{C}_{12}\bar{v}_{,y}+\bar{C}_{13}\bar{w}_{,z}+\bar{C}_{16}\bar{u}_{,y}$$

$$\sigma_y=\bar{C}_{12}K+\bar{C}_{22}\bar{v}_{,y}+\bar{C}_{23}\bar{w}_{,z}+\bar{C}_{26}\bar{u}_{,y}$$

$$\sigma_z=\bar{C}_{13}K+\bar{C}_{23}\bar{v}_{,y}+\bar{C}_{33}\bar{w}_{,z}+\bar{C}_{36}\bar{u}_{,y}$$

$$\tau_{yz} = \bar{C}_{44}(\bar{v}_{,z} + \bar{w}_{,y}) + \bar{C}_{45}\bar{u}_{,z}$$
$$\tau_{zx} = \bar{C}_{45}(\bar{v}_{,z} + \bar{w}_{,y}) + \bar{C}_{55}\bar{u}_{,z}$$
$$\tau_{xy} = \bar{C}_{16}K + \bar{C}_{26}\bar{v}_{,y} + \bar{C}_{36}\bar{w}_{,z} + \bar{C}_{66}u_{,y}$$

最后代入平衡方程式得

$$\bar{C}_{66}\bar{u}_{,yy} + \bar{C}_{55}\bar{u}_{,zz} + \bar{C}_{26}\bar{v}_{,yy} + \bar{C}_{45}\bar{v}_{,zz} + (\bar{C}_{36} + \bar{C}_{45})\bar{w}_{,yz} = 0$$
$$\bar{C}_{26}\bar{u}_{,yy} + \bar{C}_{45}\bar{u}_{,zz} + \bar{C}_{22}\bar{v}_{,yy} + \bar{C}_{45}\bar{v}_{,zz} + (\bar{C}_{23} + \bar{C}_{44})\bar{w}_{,yz} = 0$$
$$(\bar{C}_{45} + \bar{C}_{36})u_{,yz} + (\bar{C}_{44} + \bar{C}_{23})\bar{v}_{,yz} + \bar{C}_{44}\bar{w}_{,yy} + \bar{C}_{33}w_{,zz} = 0$$

这些联立二阶偏微分方程没有封闭式解。通常只需研究层合板 y-z 截面(x 为任意值)的四分之一区域(如图 6-9 所示),来研究四层对称于中面角铺设层合板,宽度为 $2b$,厚度 $t=4t_1$,$b=8t_1$。图 6-9 中上表面为自由边界,有 $\sigma_z=\tau_{xz}=\tau_{yz}=0$,外侧边界上 $y=b$,$\sigma_y=\tau_{xy}=\tau_{yz}=0$。中面上 $z=0$,u,v 对称,w 反对称,有 $\bar{u}_{,z}(y,0)=\bar{v}_{,z}(y,0)=0$,$\bar{w}(y,0)=0$;在 $y=0$ 上 u,v 反对称,有 $\bar{u}(0,z)=\bar{v}(0,z)=w_{,y}(0,z)=0$;在区域角点$(b,2t_1)$上有 5 个应力条件,但只需 3 个,另 2 个总是满足的。在区域中,将每一点的微分方程用有限差分方程表示,在区域内部用中心差分,边界上各点用前向和后向差分,在层间界面上 u,v,w,σ_z,τ_{xz} 和 τ_{yz} 满足连续条件。所得到的有限差分方程是线性非齐次代数方程组,点数愈多,方程数也愈多,但应用计算机计算还是方便的。

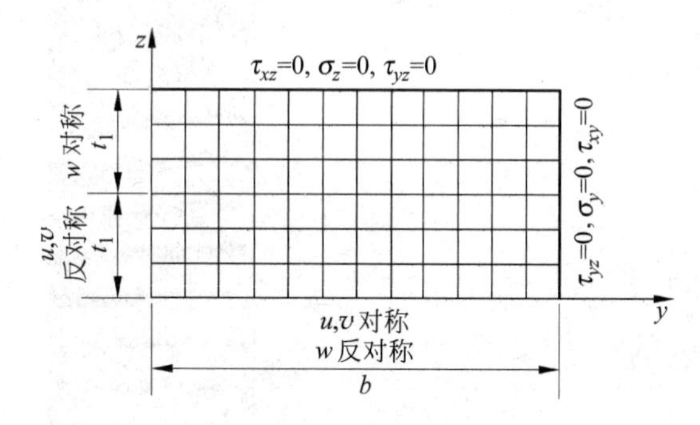

图 6-9 有限差分表示法和边界条件

对于高模量石墨/环氧复合材料,$E_1=138.1$GPa,$E_2=14.5$GPa,$\nu_{21}=0.21$。在 $b=8t_1$ 层间界面处 $z=t_1$ 的应力 σ_x,τ_{xz},τ_{xy} 表示于图 6-10 中。图中经典层合理论表示的应力是在横截面中心得到的,当接近自由边界时 σ_x 下降,$\tau_{xy}\to 0$,而 τ_{xz} 由零增加到无穷大($y=\pm b$ 处出现奇点)。已经证明,与经典层合理论得到的应力有所不同,应力值的范围大约为层合板厚度 $4t_1=t$,因此层间应力可看成边缘效应,预计在离边界一个板厚度采用经典层合理论是准确的。

在层合板中面不同距离处的层间剪应力 τ_{xz} 沿横截面厚度的分布用几种图线表示在图 6-11 中,由数值计算外推的应力值用虚线表示。从图中可见,层合板表面和中面上 $\tau_{xz}=0$,对于任何图线,其极大值总发生在层间界面上($z/t_1=1$),但 τ_{xz} 的最大值发生在自由端 $y=b$ 和层间界面的交线上,并出现奇点。

当铺层偏轴角 θ 变化时,τ_{xz} 也变化,由图 6-12 可见,$\theta=0°$,$60°$,$90°$时 $\tau_{xz}=0$,$\theta\approx 35°$时 τ_{xz} 达最大值,对不同材料其数值不同。

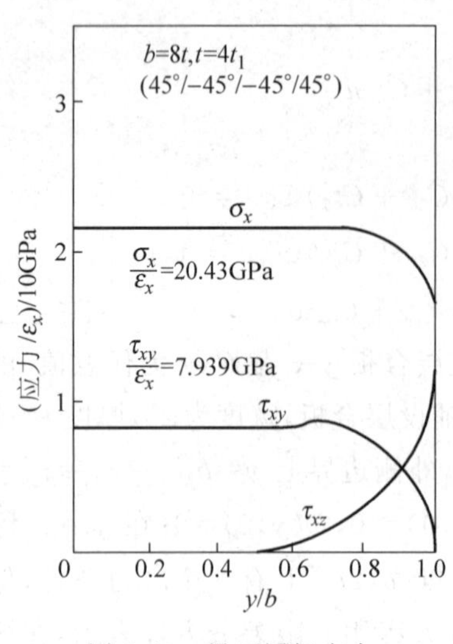

图 6-10　界面层间应力

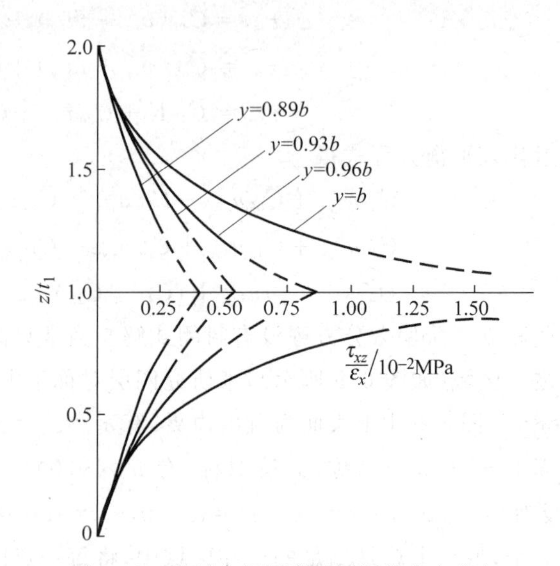

图 6-11　沿层合板厚度的层间剪应力分布

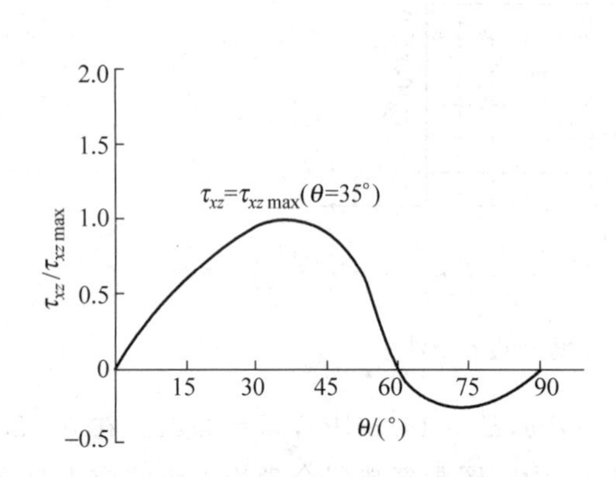

图 6-12　层间剪应力 τ_{xz} 与纤维 θ 的关系

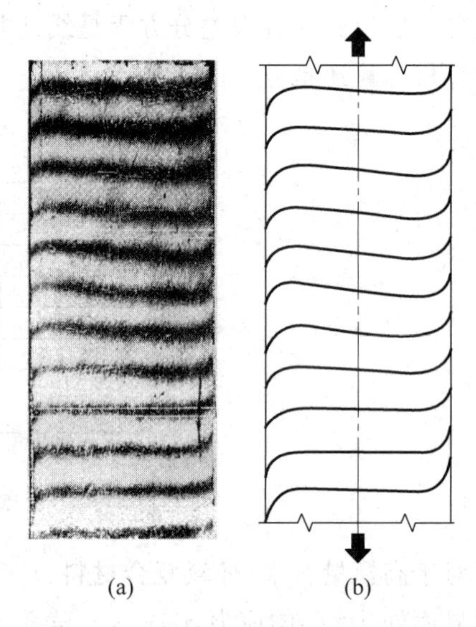

图 6-13　Moiré 条纹图及示意图

6.4.2　层间应力的实验证实

实验已证实层间应力的 Pipes 和 Pagano 的解，利用云纹（Moiré）法来检测对称角铺设层合板在轴向拉力作用下的表面位移。云纹法是由于两组栅线的相对位移引起的条纹（称为云纹）现象而得名。一组栅线（称为试件栅）固定在试件上，另一组栅线（称为基准栅）与其靠近，试件栅的栅线随试件变形而变化，而基准栅线不变。两者形成的条纹（云纹）表示试件的变形。将长条的石墨/环氧 4 层对称角铺层合板在不同拉力下的表面 Moiré 条纹照片示于图 6-13(a)，图 6-13(b)是 S 形 Moiré 条纹的示意图。图 6-14 中表示更精确的 Moiré 条纹分析确定的轴向位移与 Pipes 和 Pagano 弹性力学解的比较，显然一致性良好，说明层间应力实际存在。

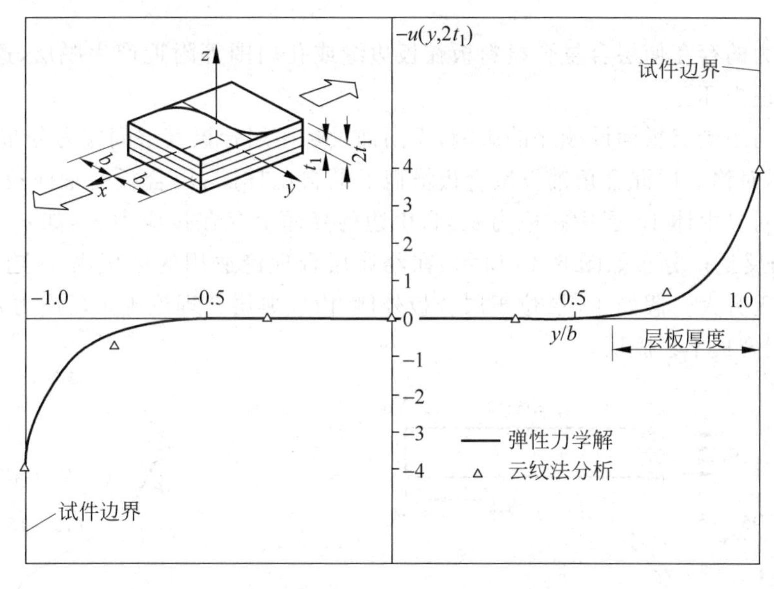

图 6-14 层合板表面 $z=2t_1$ 处轴向位移分布

6.4.3 正交铺设层合板的层间应力

考虑$(90°/0°)_s$ 正交铺设层合板顶层一半的自由体图，如图 6-15 所示。经典层合理论中存在的 σ_y 在自由体的左半部存在，但是作为右部边界，自由体图有自由边界 $ABCD$，因此在 $ABCD$ 无 σ_y。为满足力在 y 方向的平衡，y 方向只有应力分量 τ_{yz}，而且 τ_{yz} 应存在于靠近自由边界的顶层的底面。为了对 x 轴的力矩平衡，顺时针方向的力偶应提供左手面上 σ_y 的力矩平衡，能提供这一力矩的只有应力 σ_z。但是 σ_z 应服从 z 方向力的平衡要求而无合力。满足 Pipes 和 Pagano 假设的这两个要求的 σ_z 的分布如图 6-16 所示。注意在经典层合理论应用的该区域中 σ_z 趋于零而在自由边界可能趋向无限大。显然高的拉伸 σ_z 值像高的 τ_{yz} 值一样会造成自由边界脱层。

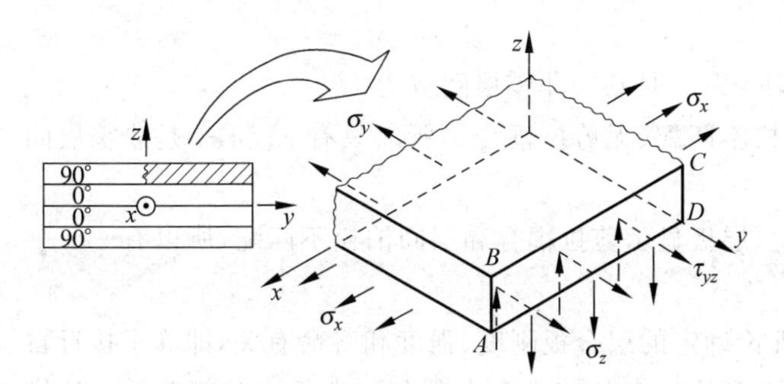

图 6-15 正交铺设层合板自由体图

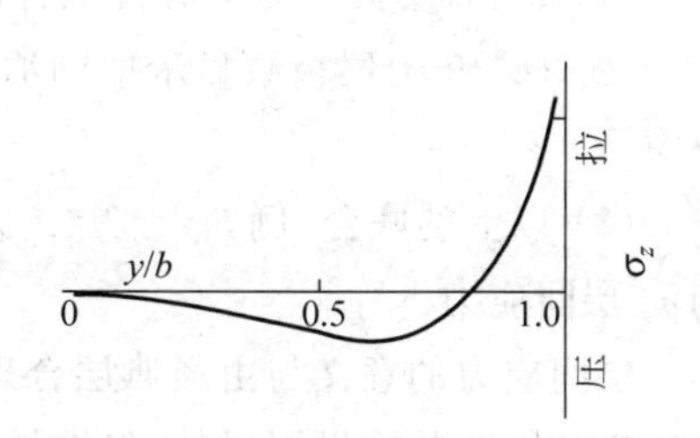

图 6-16 层间正应力 σ_z 与 y/b 的关系

6.4.4　层间应力的联系

层间应力的存在使层合复合材料板在板边缘或孔周围等附近产生脱层，这样会使设计的结构过早地损坏。

层间应力还受层板铺设顺序的影响，不同铺设顺序层合板其层间应力分布可很不相同。图6-17表示对称8层混合角铺设层合板横截面的自由体图，层合板受轴向拉伸载荷，由力的平衡可知对自由体15°层中拉应力σ_y，自由边的界面上存在拉应力σ_z，如σ_y为压应力，对应的σ_z也相反。σ_z分布如图6-16所示，在经典层合理论适用的区域内σ_z趋于零，而在自由边界趋于无穷大。假如45°层位于层合板外侧，由经典层合理论确定压应力σ_y，则σ_z将是压应力，该层合板不易脱层。

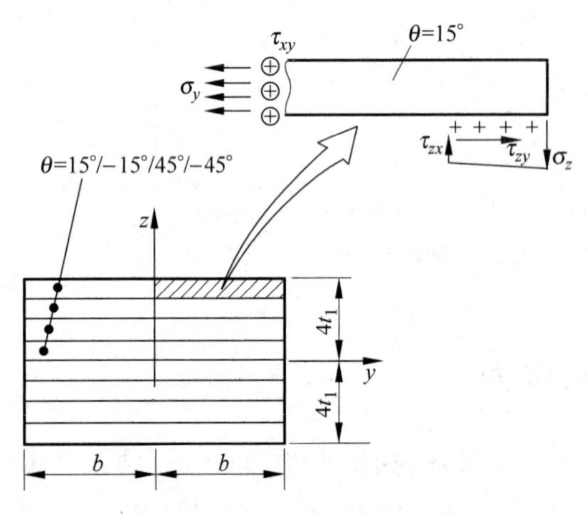

图6-17　顶部铺层层间应力

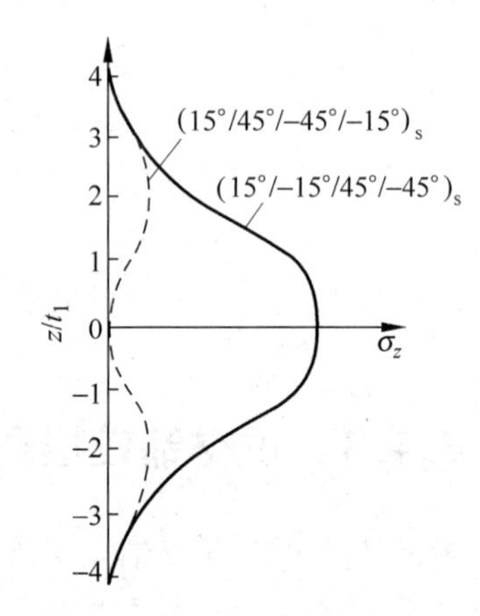

图6-18　不同铺设层合板层间σ_z的分布

根据Pagano和Pipes推论，厚度范围内σ_z的分布如图6-18所示，两种铺设顺序分别为$(15°/-15°/45°/-45°)_s$和$(15°/45°/-45°/-15°)_s$。显然后者比前者有较大的强度而不趋于脱层。类似的理由，$(45°/-45°/+15°/-15°)_s$层合板有压应力σ_z，比$(+15°/-15°/+45°/-45°)_s$的拉应力σ_z具有更高的强度，这两种情形中层间剪应力即使方向不同但实际上数值也是相同的。因此层间正应力σ_z起关键作用。

总之，存在三种层间应力问题：

(1) $(\pm\theta)$层板只显示剪拉耦合，所以τ_{xz}是唯一非零层间应力。

(2) (0°/90°)层板只显示层间泊松不匹配(无剪拉耦合)，所以只有τ_{yz}和σ_z是非零层间应力。

(3) 以上的联合，例如$(\pm\theta_1/\pm\theta_2)$层板显示剪拉耦合和层间泊松不匹配，所以有$\tau_{xz}$，$\tau_{yz}$和$\sigma_z$层间应力。

层间应力的意义与由经典层合理论确定的层合板刚度、强度和寿命有关，即除了接近自由边界的很窄的边界层以外，经典层合理论确定的应力在大部分层合板中是精确的。这样层合板刚度受总体而非局部的应力影响，所以层合板刚度实质上不受层间应力影响。另一方面局部的高应力控制破坏过程，而较低的总体应力是不重要的。这样层合板的强度和寿命受层间应力控制。

6.4.5 自由边界脱层的抑制方法

被动的自由边界脱层抑制实际上是改变铺层顺序。层板铺设顺序有时可安排成减小层间应力的脱层效应，例如方向角相同的层板必须分散和分离（如$+\theta$或$-\theta$），即用$(15°/45°/-45°/-15°)_s$而不用$(45°/-45°/15°/-15°)_s$。一般避免用厚的层板，即用$(45°/-45°/45°/-45°)_s$而不用$(45°_2/-45°_2)_s$。注意层板铺设顺序的交换不影响A_{ij}而对D_{ij}影响很大。

主动的脱层抑制包括“边界增强”和“边界改变”。“边界增强”是用边界带帽、缝补或加厚粘胶层来增强自由边界，如图6-19(a)所示。边界带帽和缝补可抵抗层间正应力和剪应力。相反，加厚粘胶层不能抵抗层间正应力，与未增强的层合板边界差不多，但能较好地抵抗层间剪应力。“边界改变”不引起增强的自由边界性质改变，例如层片终止、切口和尖梢，如图6-19(b)所示。层片端部是铺设顺序的一种变化方式，它使自由边界铺设顺序略有变化，因此对层间应力影响不大。切口虽然好处不明显，但是使接近自由边界的应力场混乱，可以减小脱层效应。尖梢是当接近自由边界处层合板厚度逐渐变化的一种方法。

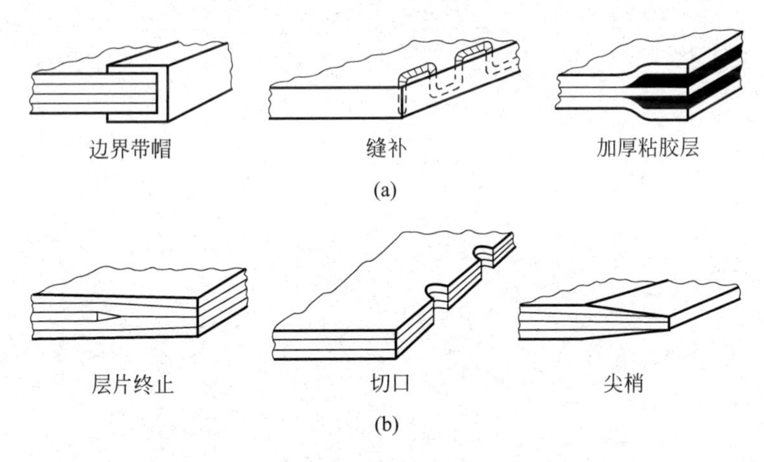

图6-19　自由边界各种脱层抑制方法

(a) 边界增强；(b) 边界改变

习　题

6-1　已知三层层合板梁长200mm，宽10mm，单层$E_1=5.0\times10^4$MPa，$E_2=1.0\times10^4$MPa，$\nu_{21}=0.40$，$G_{12}=2.0\times10^4$MPa，铺设顺序为0° 1mm/90° 2mm/0° 1mm，两端作用拉力$P=5000$N。求各层应力分布。

6-2　已知三层层合板梁，两端作用弯矩$M=10$N·m。在xOz平面内，求同上题单层弹性常数的三层层合板梁各层应力分布及其最大值(σ_1,σ_2)。

6-3　三点弯曲碳/环氧复合材料4层对称层合板梁0°/90°/90°/0°每层厚$t_1=2$mm，宽

$b=10\text{mm}$，跨度 $l=200\text{mm}$，跨中加力 $P=100\text{N}$。已知材料的 $E_1=180\times10^3\text{MPa}$，$E_2=10\times10^3\text{MPa}$，$\nu_{21}=0.28$，$G_{12}=7\times10^3\text{MPa}$，求中央截面 A 各层应力分布。

6-4 设有三层正交铺设层合板如图 6-2 所示，总厚度为 t，外层厚 $t/12$，内层厚 $\frac{5}{6}t$，材料为硼/环氧，受轴向拉力 N_x 作用，$E_1=2.0\times10^5\text{MPa}$，$E_2=2.0\times10^4\text{MPa}$，$\nu_{21}=0.30$，$G_{12}=6\times10^3\text{MPa}$，$X_t=1.0\times10^3\text{MPa}$，$X_c=2.0\times10^3\text{MPa}$，$Y_t=6.0\times10^2\text{MPa}$，$Y_c=200\text{MPa}$，$S=60\text{MPa}$，试求层合板极限载荷($N_x/t$)。

6-5 试计算碳/环氧等厚度对称层合板$(0°/90°)_s$在 M_x 作用下的极限强度。材料的力学性能是 $E_1=2.0\times10^5\text{MPa}$，$E_2=1.0\times10^4\text{MPa}$，$\nu_{21}=0.25$，$G_{12}=5\times10^3\text{MPa}$，$X_t=1000\text{MPa}=X_c$，$Y_t=80\text{MPa}$，$Y_c=200\text{MPa}$，$S=160\text{MPa}$。

第7章 湿热效应

7.1 单层板的湿热变形

复合材料由纤维和基体组成。由于纤维和基体的热膨胀性能不同，单向纤维增强的复合材料在热膨胀性能方面也具有各向异性(力学性能为各向异性的)。另外树脂基体一般在湿度环境下易于吸湿，而纤维一般吸湿性较差。复合材料吸湿后产生变形，由于纤维和基体吸湿性不同，使复合材料的湿度变形也具有各向异性。下面进行具体分析。

正交各向异性复合材料单层板在不受外载情况下，当温度变化 ΔT 时，如图 7-1 所示，单层板材料主方向的热膨胀应变可表示如下：

$$\begin{bmatrix} \varepsilon_1^T \\ \varepsilon_2^T \\ \gamma_{12}^T \end{bmatrix} = \begin{bmatrix} \alpha_1 \\ \alpha_2 \\ 0 \end{bmatrix} \Delta T \tag{7-1}$$

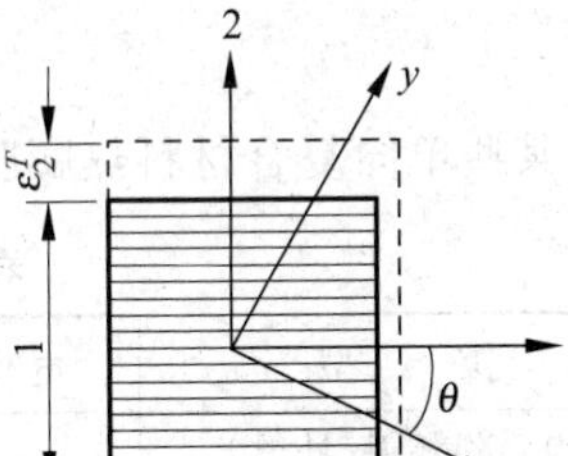

图 7-1　单层板的热膨胀变形

式中，ε_1^T，ε_2^T 和 γ_{12}^T 分别为 1，2 方向的热线应变及 1-2 平面内的剪应变，α_1，α_2 分别为 1，2 方向的热膨胀系数。在材料 1，2 主方向，温度变化不引起剪应变，即 $\gamma_{12}^T=0$。在非主方向(x，y 方向)，根据应变转轴公式有

$$\begin{bmatrix} \varepsilon_x^T \\ \varepsilon_y^T \\ \gamma_{xy}^T \end{bmatrix} = \boldsymbol{T}^{\mathrm{T}} \begin{bmatrix} \varepsilon_1^T \\ \varepsilon_2^T \\ \gamma_{12}^T \end{bmatrix} = \boldsymbol{T}^{\mathrm{T}} \begin{bmatrix} \alpha_1 \\ \alpha_2 \\ 0 \end{bmatrix} \Delta T = \begin{bmatrix} \alpha_x \\ \alpha_y \\ \alpha_{xy} \end{bmatrix} \Delta T \tag{7-2}$$

这里 α_x，α_y，α_{xy} 分别是 x，y 方向及 x-y 平面的热膨胀系数，它们与 α_1，α_2 的关系是

$$\left.\begin{aligned} \alpha_x &= \alpha_1 \cos^2\theta + \alpha_2 \sin^2\theta \\ \alpha_y &= \alpha_1 \sin^2\theta + \alpha_2 \cos^2\theta \\ \alpha_{xy} &= (\alpha_1 - \alpha_2) 2\sin\theta\cos\theta \end{aligned}\right\} \tag{7-3}$$

复合材料在潮湿环境中吸收水分，吸水程度用吸水浓度 C 表示。由于复合材料由纤维和基体组成，纤维和基体分别有吸水浓度 C_f 和 C_m。设复合材料在干燥状态下质量为 M，纤维质量为 M_f，基体质量为 M_m，有 $M=M_f+M_m$。材料吸湿后，质量增加 ΔM，其中纤维和基体吸湿后分别增加 ΔM_f 和 ΔM_m，吸水浓度 C 为

$$C=\frac{\Delta M}{M}=\frac{\Delta M_f+\Delta M_m}{M_f+M_m}=C_f m_f+C_m m_m \tag{7-4}$$

式中，$m_f=\dfrac{M_f}{M}$和 $m_m=\dfrac{M_m}{M}$分别为纤维和基体的质量含量（百分比）。

在湿度达到平衡时，复合材料各组分的吸水浓度是不同的，例如碳纤维、硼纤维是不吸湿的，即 $C_f=0$，芳纶纤维的 $C_f=1.1\%$，而环氧树脂的 $C_m\approx0.1\%\sim1\%$。

单层板吸湿后发生膨胀变形，在材料主方向产生线应变 ε_1^H 和 ε_2^H，而无剪应变，即 $\gamma_{12}^H=0$。对于吸水浓度 C，湿膨胀系数定义为

$$\beta_1=\frac{\varepsilon_1^H}{C},\quad \beta_2=\frac{\varepsilon_2^H}{C},\quad \beta_{12}=\frac{\gamma_{12}^H}{C}=0 \tag{7-5}$$

湿膨胀应变可表示为

$$\begin{bmatrix}\varepsilon_1^H\\ \varepsilon_2^H\\ \gamma_{12}^H\end{bmatrix}=\begin{bmatrix}\beta_1\\ \beta_2\\ 0\end{bmatrix}C$$

同样，偏轴向的湿膨胀系数可写成

$$\begin{bmatrix}\beta_x\\ \beta_y\\ \beta_{xy}\end{bmatrix}=\boldsymbol{T}^T\begin{bmatrix}\beta_1\\ \beta_2\\ 0\end{bmatrix} \tag{7-6}$$

即

$$\begin{aligned}\beta_x&=\beta_1\cos^2\theta+\beta_2\sin^2\theta\\ \beta_y&=\beta_1\sin^2\theta+\beta_2\cos^2\theta\\ \beta_{xy}&=(\beta_1-\beta_2)2\sin\theta\cos\theta\end{aligned}$$

某些单向复合材料热膨胀系数、湿膨胀系数的典型数据列于表 7-1 中。

表 7-1 单向复合材料湿热性能典型数据

类 型	$\alpha_1/10^{-6}$℃$^{-1}$	$\alpha_2/10^{-6}$℃$^{-1}$	$\beta_1/10^{-6}$	$\beta_2/10^{-6}$
T300/5208(碳/环氧)	0.02	22.5	0	0.6
B(4)/5505	6.1	30.3	0	0.6
AS/3501	−0.3	28.1	0	0.44
芳纶 49/环氧	−4.0	79.0	0	0.6
玻璃/环氧	8.6	22.1	0	0.6

7.2 考虑湿热变形的单层板应力-应变关系

单层板在温度变化及湿度环境中受载荷作用，材料主方向应变为

$$\begin{bmatrix}\varepsilon_1\\ \varepsilon_2\\ \gamma_{12}\end{bmatrix}=\boldsymbol{S}\begin{bmatrix}\sigma_1\\ \sigma_2\\ \tau_{12}\end{bmatrix}+\begin{bmatrix}\alpha_1\\ \alpha_2\\ 0\end{bmatrix}\Delta T+\begin{bmatrix}\beta_1\\ \beta_2\\ 0\end{bmatrix}C=\boldsymbol{S}\begin{bmatrix}\sigma_1\\ \sigma_2\\ \tau_{12}\end{bmatrix}+\begin{bmatrix}\varepsilon_1^T\\ \varepsilon_2^T\\ \gamma_{12}^T\end{bmatrix}+\begin{bmatrix}\varepsilon_1^H\\ \varepsilon_2^H\\ \gamma_{12}^H\end{bmatrix}\tag{7-7}$$

写成应力表达式为

$$\begin{aligned}\begin{bmatrix}\sigma_1\\ \sigma_2\\ \tau_{12}\end{bmatrix}&=\boldsymbol{Q}\begin{bmatrix}\varepsilon_1 & -\alpha_1\Delta T & -\beta_1 C\\ \varepsilon_2 & -\alpha_2\Delta T & -\beta_2 C\\ \gamma_{12} & & \end{bmatrix}\\ &=\boldsymbol{Q}\left(\begin{bmatrix}\varepsilon_1\\ \varepsilon_2\\ \gamma_{12}\end{bmatrix}-\begin{bmatrix}\alpha_1\\ \alpha_2\\ 0\end{bmatrix}\Delta T-\begin{bmatrix}\beta_1\\ \beta_2\\ 0\end{bmatrix}C\right)\end{aligned}\tag{7-8}$$

单层板非材料主方向的应力，可由转轴关系求得为

$$\begin{bmatrix}\sigma_x\\ \sigma_y\\ \tau_{xy}\end{bmatrix}=\begin{bmatrix}\bar{Q}_{11} & \bar{Q}_{12} & \bar{Q}_{16}\\ \bar{Q}_{12} & \bar{Q}_{22} & \bar{Q}_{26}\\ \bar{Q}_{16} & \bar{Q}_{26} & \bar{Q}_{66}\end{bmatrix}\times\left(\begin{bmatrix}\varepsilon_x\\ \varepsilon_y\\ \gamma_{xy}\end{bmatrix}-\begin{bmatrix}\alpha_x\\ \alpha_y\\ \alpha_{xy}\end{bmatrix}\Delta T-\begin{bmatrix}\beta_x\\ \beta_y\\ \beta_{xy}\end{bmatrix}C\right)\tag{7-9}$$

7.3 考虑湿热变形的层合板刚度关系

设层合板由 n 层单层板组成，考虑温度变化和湿度环境，第 k 层的应力-应变关系为(一般为非材料主方向)

$$\begin{bmatrix}\sigma_x\\ \sigma_y\\ \tau_{xy}\end{bmatrix}_k=\bar{\boldsymbol{Q}}_k\left(\begin{bmatrix}\varepsilon_x\\ \varepsilon_y\\ \gamma_{xy}\end{bmatrix}-\begin{bmatrix}\alpha_x\\ \alpha_y\\ \alpha_{xy}\end{bmatrix}\Delta T-\begin{bmatrix}\beta_x\\ \beta_y\\ \beta_{xy}\end{bmatrix}C\right)_k\tag{7-10}$$

当层合板符合直法线假设，将式(5-4)代入上式，沿板厚度积分得

$$\left.\begin{aligned}\begin{bmatrix}N_x\\ N_y\\ N_{xy}\end{bmatrix}&=\int_{\frac{-t}{2}}^{\frac{t}{2}}\begin{bmatrix}\sigma_x\\ \sigma_y\\ \tau_{xy}\end{bmatrix}_k\mathrm{d}z=\begin{bmatrix}A_{11} & A_{12} & A_{16}\\ A_{12} & A_{22} & A_{26}\\ A_{16} & A_{26} & A_{66}\end{bmatrix}\begin{bmatrix}\varepsilon_x^0\\ \varepsilon_y^0\\ \gamma_{xy}^0\end{bmatrix}\\ &\quad+\begin{bmatrix}B_{11} & B_{12} & B_{16}\\ B_{12} & B_{22} & B_{26}\\ B_{16} & B_{26} & B_{66}\end{bmatrix}\begin{bmatrix}\kappa_x\\ \kappa_y\\ \kappa_{xy}\end{bmatrix}-\begin{bmatrix}N_x^T\\ N_y^T\\ N_{xy}^T\end{bmatrix}-\begin{bmatrix}N_x^H\\ N_y^H\\ N_{xy}^H\end{bmatrix}\\ \begin{bmatrix}M_x\\ M_y\\ M_{xy}\end{bmatrix}&=\int_{\frac{-t}{2}}^{\frac{t}{2}}\begin{bmatrix}\sigma_x\\ \sigma_y\\ \tau_{xy}\end{bmatrix}z\,\mathrm{d}z=\begin{bmatrix}B_{11} & B_{12} & B_{16}\\ B_{12} & B_{22} & B_{26}\\ B_{16} & B_{26} & B_{66}\end{bmatrix}\begin{bmatrix}\varepsilon_x^0\\ \varepsilon_y^0\\ \gamma_{xy}^0\end{bmatrix}\\ &\quad+\begin{bmatrix}D_{11} & D_{12} & D_{16}\\ D_{12} & D_{22} & D_{26}\\ D_{16} & D_{26} & D_{66}\end{bmatrix}\begin{bmatrix}\kappa_x\\ \kappa_y\\ \kappa_{xy}\end{bmatrix}-\begin{bmatrix}M_x^T\\ M_y^T\\ M_{xy}^T\end{bmatrix}-\begin{bmatrix}M_x^H\\ M_y^H\\ M_{xy}^H\end{bmatrix}\end{aligned}\right\}\tag{7-11}$$

上两式中有

$$
\left.\begin{aligned}
\begin{bmatrix} N_x^T \\ N_y^T \\ N_{xy}^T \end{bmatrix} &= \int_{-\frac{t}{2}}^{\frac{t}{2}} \bar{\boldsymbol{Q}}_k \begin{bmatrix} \alpha_x \\ \alpha_y \\ \alpha_{xy} \end{bmatrix}_k \Delta T_k \mathrm{d}z \\
\begin{bmatrix} N_x^H \\ N_y^H \\ N_{xy}^H \end{bmatrix} &= \int_{-\frac{t}{2}}^{\frac{t}{2}} \bar{\boldsymbol{Q}}_k \begin{bmatrix} \beta_x \\ \beta_y \\ \beta_{xy} \end{bmatrix} C_k \mathrm{d}z \\
\begin{bmatrix} M_x^T \\ M_y^T \\ M_{xy}^T \end{bmatrix} &= \int_{-\frac{t}{2}}^{\frac{t}{2}} \bar{\boldsymbol{Q}}_k \begin{bmatrix} \alpha_x \\ \alpha_y \\ \alpha_{xy} \end{bmatrix}_k \Delta T_k z \mathrm{d}z \\
\begin{bmatrix} M_x^H \\ M_y^H \\ M_{xy}^H \end{bmatrix} &= \int_{-\frac{t}{2}}^{\frac{t}{2}} \bar{\boldsymbol{Q}}_k \begin{bmatrix} \beta_x \\ \beta_y \\ \beta_{xy} \end{bmatrix}_k C_k z \mathrm{d}z
\end{aligned}\right\} \tag{7-12}
$$

$\boldsymbol{N}^T$ 和 $\boldsymbol{M}^T$ 称为热内力和热力矩，它们由温度变化引起，但只有在完全约束条件下才是真正的力和力矩，$\boldsymbol{N}^H$ 和 $\boldsymbol{M}^H$ 称为湿内力和湿力矩，式(7-11)也可写成

$$
\left.\begin{aligned}
\begin{bmatrix} \bar{N}_x \\ \bar{N}_y \\ \bar{N}_{xy} \end{bmatrix} &= \begin{bmatrix} N_x + N_x^T + N_x^H \\ N_y + N_y^T + N_y^H \\ N_{xy} + N_{xy}^T + N_{xy}^H \end{bmatrix} = \boldsymbol{A} \begin{bmatrix} \varepsilon_x^0 \\ \varepsilon_y^0 \\ \gamma_{xy}^0 \end{bmatrix} + \boldsymbol{B} \begin{bmatrix} \kappa_x \\ \kappa_y \\ \kappa_{xy} \end{bmatrix} \\
\begin{bmatrix} \bar{M}_x \\ \bar{M}_y \\ \bar{M}_{xy} \end{bmatrix} &= \begin{bmatrix} M_x + M_x^T + M_x^H \\ M_y + M_y^T + M_y^H \\ M_{xy} + M_{xy}^T + M_{xy}^H \end{bmatrix} = \boldsymbol{B} \begin{bmatrix} \varepsilon_x^0 \\ \varepsilon_y^0 \\ \gamma_{xy}^0 \end{bmatrix} + \boldsymbol{D} \begin{bmatrix} \kappa_x \\ \kappa_y \\ \kappa_{xy} \end{bmatrix}
\end{aligned}\right\} \tag{7-13}
$$

简写成

$$
\begin{bmatrix} \bar{\boldsymbol{N}} \\ \bar{\boldsymbol{M}} \end{bmatrix} = \begin{bmatrix} \boldsymbol{N} \\ \boldsymbol{M} \end{bmatrix} + \begin{bmatrix} \boldsymbol{N}^T \\ \boldsymbol{M}^T \end{bmatrix} + \begin{bmatrix} \boldsymbol{N}^H \\ \boldsymbol{M}^H \end{bmatrix} = \begin{bmatrix} \boldsymbol{A} & \boldsymbol{B} \\ \boldsymbol{B} & \boldsymbol{D} \end{bmatrix} \begin{bmatrix} \boldsymbol{\varepsilon}^0 \\ \boldsymbol{\kappa} \end{bmatrix}
$$

对于均匀温度变化，ΔT_k 沿层合板厚度不变，ΔT 与坐标 z 无关，则式(7-12)变为

$$
\boldsymbol{N}^T = \sum_{k=1}^{n} \bar{\boldsymbol{Q}}_k [\alpha_x]_k \Delta T (z_k - z_{k-1})
$$

$$
\boldsymbol{M}^T = \frac{1}{2} \sum_{k=1}^{n} \bar{\boldsymbol{Q}}_k [\alpha_x]_k \Delta T (z_k^2 - z_{k-1}^2)
$$

对于有均匀吸水浓度 C 且 C 与坐标 z 无关，则式(7-12)可简写成

$$
\boldsymbol{N}^H = \sum_{k=1}^{n} \bar{\boldsymbol{Q}}_k [\beta_x]_k C (z_k - z_{k-1})
$$

$$
\boldsymbol{M}^H = \frac{1}{2} \sum_{k=1}^{n} \bar{\boldsymbol{Q}}_k [\beta_x]_k C (z_k^2 - z_{k-1}^2)
$$

将式(7-13)求逆，得

$$
\begin{bmatrix} \boldsymbol{\varepsilon}^0 \\ \boldsymbol{\kappa} \end{bmatrix} = \begin{bmatrix} \boldsymbol{A}' & \boldsymbol{B}' \\ \boldsymbol{B}'^T & \boldsymbol{D}' \end{bmatrix} \left(\begin{bmatrix} \boldsymbol{N} \\ \boldsymbol{M} \end{bmatrix} + \begin{bmatrix} \boldsymbol{N}^T \\ \boldsymbol{M}^T \end{bmatrix} + \begin{bmatrix} \boldsymbol{N}^H \\ \boldsymbol{M}^H \end{bmatrix} \right) \tag{7-14}
$$

其中

$$\begin{bmatrix} \boldsymbol{\varepsilon}^T \\ \boldsymbol{\kappa}^T \end{bmatrix} = \begin{bmatrix} \boldsymbol{A}' & \boldsymbol{B}' \\ \boldsymbol{B}'^T & \boldsymbol{D}' \end{bmatrix} \begin{bmatrix} \boldsymbol{N}^T \\ \boldsymbol{M}^T \end{bmatrix}$$

$$\begin{bmatrix} \boldsymbol{\varepsilon}^H \\ \boldsymbol{\kappa}^H \end{bmatrix} = \begin{bmatrix} \boldsymbol{A}' & \boldsymbol{B}' \\ \boldsymbol{B}'^T & \boldsymbol{D}' \end{bmatrix} \begin{bmatrix} \boldsymbol{N}^H \\ \boldsymbol{M}^H \end{bmatrix}$$

7.4 考虑湿热变形的层合板应力和强度分析

对于热固性树脂基纤维增强复合材料层合板，若在固化温度下树脂已固化，当层合板从固化温度冷却到室温时，其各层内存在温度应力，同样层合板湿度环境变化也会在内部引起温度应力。

在无外载情况下，当层合板经受温差 ΔT 和吸湿浓度 C 时，层合板的应变等于湿热总应变，在坐标 z 处湿热总应变为

$$\begin{bmatrix} \varepsilon_x^{\mathrm{s}} \\ \varepsilon_y^{\mathrm{s}} \\ \gamma_{xy}^{\mathrm{s}} \end{bmatrix} = \begin{bmatrix} \varepsilon_x^{0H} + \varepsilon_x^{0T} \\ \varepsilon_y^{0H} + \varepsilon_y^{0T} \\ \gamma_{xy}^{0H} + \gamma_{xy}^{0T} \end{bmatrix} + z \begin{bmatrix} \kappa_x^H + \kappa_x^T \\ \kappa_y^H + \kappa_y^T \\ \kappa_{xy}^H + \kappa_{xy}^T \end{bmatrix} \tag{7-15}$$

如单层板无约束，自由的湿热变形为

$$\begin{bmatrix} \varepsilon_x^{\mathrm{f}} \\ \varepsilon_y^{\mathrm{f}} \\ \gamma_{xy}^{\mathrm{f}} \end{bmatrix} = \begin{bmatrix} \alpha_x \\ \alpha_y \\ \alpha_{xy} \end{bmatrix} \Delta T + \begin{bmatrix} \beta_x \\ \beta_y \\ \beta_{xy} \end{bmatrix} C \tag{7-16}$$

因此层合板中各点残余应变为

$$\begin{bmatrix} \varepsilon_x^{\mathrm{R}} \\ \varepsilon_y^{\mathrm{R}} \\ \gamma_{xy}^{\mathrm{R}} \end{bmatrix} = \begin{bmatrix} \varepsilon_x^{\mathrm{s}} \\ \varepsilon_y^{\mathrm{s}} \\ \gamma_{xy}^{\mathrm{s}} \end{bmatrix} - \begin{bmatrix} \varepsilon_x^{\mathrm{f}} \\ \varepsilon_y^{\mathrm{f}} \\ \gamma_{xy}^{\mathrm{f}} \end{bmatrix} = \begin{bmatrix} \varepsilon_x^{\mathrm{s}} \\ \varepsilon_y^{\mathrm{s}} \\ \gamma_{xy}^{\mathrm{s}} \end{bmatrix} - \begin{bmatrix} \alpha_x \\ \alpha_y \\ \alpha_{xy} \end{bmatrix} \Delta T - \begin{bmatrix} \beta_x \\ \beta_y \\ \beta_{xy} \end{bmatrix} C \tag{7-17}$$

相应的第 k 层各点应力为

$$\begin{bmatrix} \sigma_x^{\mathrm{R}} \\ \sigma_y^{\mathrm{R}} \\ \tau_{xy}^{\mathrm{R}} \end{bmatrix}_k = \bar{\boldsymbol{Q}}_k \begin{bmatrix} \varepsilon_x^{\mathrm{R}} \\ \varepsilon_y^{\mathrm{R}} \\ \gamma_{xy}^{\mathrm{R}} \end{bmatrix}_k$$

$$[\boldsymbol{\sigma}_x^{\mathrm{R}}]_k = \bar{\boldsymbol{Q}}_k [(\boldsymbol{\varepsilon}^{0T} + \boldsymbol{\varepsilon}^{0H}) + z(\boldsymbol{\kappa}^T + \boldsymbol{\kappa}^H) - [\boldsymbol{\alpha}_x]_k \Delta T - [\boldsymbol{\beta}_x]_k C] \tag{7-18}$$

下面通过三层正交铺设层合板的例子讨论考虑温度效应的层合板强度，求层合板的极限载荷。除了第 6 章例题中已给出的弹性常数、强度参数和尺寸外，再给出：$\alpha_1 = 6.3 \times 10^{-6}$ ℃$^{-1}$，$\alpha_2 = 20.5 \times 10^{-6}$ ℃$^{-1}$，固化温度 $T_0 = 132$℃，工作温度 $T = 21$℃，温差 $\Delta T = -111$℃。

1. 计算层合板性能

(1) 各单层板的 $\boldsymbol{Q}$ 及 $\bar{\boldsymbol{Q}}$、层合板的 $\boldsymbol{A}$ 及 $\boldsymbol{A}'$ 同前述结果。

(2) 单层板自然坐标 x, y 的热膨胀系数为

$$\begin{bmatrix}\alpha_x\\\alpha_y\\\alpha_{xy}\end{bmatrix}_{1,3}=\begin{bmatrix}6.3\\20.5\\0\end{bmatrix}\times10^{-6}\,℃^{-1}$$

$$\begin{bmatrix}\alpha_x\\\alpha_y\\\alpha_{xy}\end{bmatrix}_{2}=\begin{bmatrix}20.5\\6.3\\0\end{bmatrix}\times10^{-6}\,℃^{-1}$$

(3) 求 N_x^T, N_y^T, N_{xy}^T

$$\begin{bmatrix}N_x^T\\N_y^T\\N_{xy}^T\end{bmatrix}=\bar{\boldsymbol{Q}}_{1,3}\begin{bmatrix}\alpha_1\\\alpha_2\\0\end{bmatrix}\Delta T\,\frac{t}{6}+\bar{\boldsymbol{Q}}_2\begin{bmatrix}\alpha_2\\\alpha_1\\0\end{bmatrix}\Delta T\,\frac{5}{6}t$$

$$=\begin{bmatrix}5.515&0.4596&0\\0.4596&1.838&0\\0&0&0.880\end{bmatrix}\begin{bmatrix}6.3\\20.5\\0\end{bmatrix}\times(-111)\,\frac{t}{6}\times10^{-2}\ \text{MPa}$$

$$+\begin{bmatrix}1.838&0.4596&0\\0.4596&5.515&0\\0&0&0.880\end{bmatrix}\begin{bmatrix}20.5\\6.3\\0\end{bmatrix}\times(-111)\,\frac{5t}{6}\times10^{-2}\ \text{MPa}$$

$$=\begin{bmatrix}-4.570\\-4.836\\0\end{bmatrix}\times10t\,\text{MPa}$$

(4) 求中面应变$\{\varepsilon^0\}$

先求$\{\varepsilon^T\}$，再求$\{\varepsilon^0\}$。

$$\begin{bmatrix}\varepsilon_x^T\\\varepsilon_y^T\\\gamma_{xy}^T\end{bmatrix}=\begin{bmatrix}A'_{11}&A'_{12}&0\\A'_{12}&A'_{22}&0\\0&0&A'_{66}\end{bmatrix}\begin{bmatrix}N_x^T\\N_y^T\\N_{xy}^T\end{bmatrix}$$

$$=\begin{bmatrix}4.152&-0.3893&0\\-0.3893&2.076&0\\0&0&11.36\end{bmatrix}\begin{bmatrix}-4.57\\-4.836\\0\end{bmatrix}\times10^{-4}$$

$$=-\begin{bmatrix}17.09\\8.26\\0\end{bmatrix}\times10^{-4}$$

$$\begin{bmatrix}\varepsilon_x^0\\\varepsilon_y^0\\\gamma_{xy}^0\end{bmatrix}=\begin{bmatrix}A'_{11}&A'_{12}&0\\A'_{12}&A'_{22}&0\\0&0&A'_{66}\end{bmatrix}\begin{bmatrix}N_x\\0\\0\end{bmatrix}+\begin{bmatrix}\varepsilon_x^T\\\varepsilon_y^T\\\gamma_{xy}^T\end{bmatrix}=\begin{bmatrix}0.4152\,\dfrac{N_x}{t}-17.09\\-0.03893\,\dfrac{N_x}{t}-8.26\\0\end{bmatrix}\times10^{-4}$$

(5) 求各层应力

$$\begin{bmatrix}\sigma_x\\\sigma_y\\\tau_{xy}\end{bmatrix}_{1,3}=\begin{bmatrix}\sigma_1\\\sigma_2\\\tau_{12}\end{bmatrix}_{1,3}=\bar{\boldsymbol{Q}}_{1,3}\begin{bmatrix}\varepsilon_x^0-\alpha_1\Delta T\\\varepsilon_y^0-\alpha_2\Delta T\\\gamma_{xy}^0\end{bmatrix}$$

$$
= \begin{bmatrix} 5.515 & 0.4596 & 0 \\ 0.4596 & 1.838 & 0 \\ 0 & 0 & 0.880 \end{bmatrix} \times \begin{bmatrix} 0.4152 \dfrac{N_x}{t} - 10.10 \\ -0.03893 \dfrac{N_x}{t} + 14.50 \\ 0 \end{bmatrix} \text{MPa}
$$

$$
= \begin{bmatrix} 2.272 \dfrac{N_x}{t} - 49.04 \\ 0.1193 \dfrac{N_x}{t} + 22.01 \\ 0 \end{bmatrix} \text{MPa}
$$

$$
\begin{bmatrix} \sigma_x \\ \sigma_y \\ \tau_{xy} \end{bmatrix}_2 = \begin{bmatrix} \sigma_2 \\ \sigma_1 \\ \tau_{12} \end{bmatrix}_2 = \bar{Q}_2 \begin{bmatrix} \varepsilon_x^0 - \alpha_2 \Delta T \\ \varepsilon_y^0 - \alpha_1 \Delta T \\ \gamma_{xy}^0 \end{bmatrix}
$$

$$
= \begin{bmatrix} 1.838 & 0.4596 & 0 \\ 0.4596 & 5.515 & 0 \\ 0 & 0 & 0.880 \end{bmatrix} \begin{bmatrix} 0.4152 \dfrac{N_x}{t} + 5.67 \\ -0.03893 \dfrac{N_x}{t} - 1.27 \\ 0 \end{bmatrix} \text{MPa}
$$

$$
= \begin{bmatrix} 0.7453 \dfrac{N_x}{t} + 9.838 \\ -0.0239 \dfrac{N_x}{t} - 4.398 \\ 0 \end{bmatrix} \text{MPa}
$$

(6) 用 Hill-蔡强度理论求第一个屈服载荷

因 $\tau_{12}=0$,强度表达式为

$$
\sigma_1^2 - \sigma_1 \sigma_2 + \frac{X_t^2}{Y_t^2} \sigma_2^2 = X_t^2
$$

将上面各单层的材料主方向应力分别代入,解出

$$
\left(\frac{N_x}{t}\right)_{1,3} = 49.97\text{MPa}, \quad \left(\frac{N_x}{t}\right)_2 = 24.37\text{MPa}
$$

显然第二单层板先破坏,$\dfrac{N_x}{t} = 24.37\text{MPa}$ 为层合板第一屈服载荷,此时 ε_x 值为

$$
\varepsilon_x = A'_{11} N_x = 0.4152 \times 24.37 \times 10^{-4} = 1.012 \times 10^{-3}
$$

2. 第二次计算

$\dfrac{N_x}{t} = 24.37\text{MPa}$ 时,第二层板中应力

$$
\sigma_2 = 0.7453 \frac{N_x}{t} + 9.838 = 28.0\text{MPa} = Y_t
$$

$$
\sigma_1 = -0.0239 \frac{N_x}{t} - 4.398 = -4.98\text{MPa} \ll X_t = X_c
$$

这说明第二层板在材料 1 方向仍能继续承载。

(1) 求削弱后层合板的刚度系数

$$\bar{\boldsymbol{Q}}_{1,3}=\begin{bmatrix}5.515 & 0.4596 & 0\\0.4596 & 1.838 & 0\\0 & 0 & 0.880\end{bmatrix}\times 10^4\,\text{MPa}$$

$$\bar{\boldsymbol{Q}}_{2}=\begin{bmatrix}0 & 0 & 0\\0 & 5.515 & 0\\0 & 0 & 0\end{bmatrix}\times 10^4\ \text{MPa}$$

其中,第二层板2方向破坏后各纤维沿2方向失去联系,不能抗剪,故 $Q_{66}=0$。继续计算 A_{ij}:

$$\boldsymbol{A}=\begin{bmatrix}A_{11} & A_{12} & 0\\A_{12} & A_{22} & 0\\0 & 0 & A_{66}\end{bmatrix}=\begin{bmatrix}0.9192 & 0.0766 & 0\\0.0766 & 4.902 & 0\\0 & 0 & 0.1467\end{bmatrix}\times 10^4 t\,\text{MPa}$$

$$|A|=0.6602\times 10^{12}t^3(\text{MPa})^3$$

$$A'_{11}=\frac{A_{22}A_{66}}{|A|}=1.089\times 10^{-4}t^{-1}(\text{MPa})^{-1}$$

$$A'_{12}=\frac{-A_{12}A_{66}}{|A|}=-0.1702\times 10^{-5}t^{-1}(\text{MPa})^{-1}$$

$$A'_{22}=\frac{A_{11}A_{66}}{|A|}=0.2043\times 10^{-4}t^{-1}(\text{MPa})^{-1}$$

$$A'_{66}=\frac{1}{A_{66}}=6.817\times 10^{-4}t^{-1}(\text{MPa})^{-1}$$

(2) 求应变和应力

同上述计算方法、步骤一样:

$$\begin{bmatrix}N_x^T\\N_y^T\\N_{xy}^T\end{bmatrix}=\bar{\boldsymbol{Q}}_{1,3}\begin{bmatrix}\alpha_1\\\alpha_2\\0\end{bmatrix}\Delta T\,\frac{t}{6}+\bar{\boldsymbol{Q}}_2\begin{bmatrix}\alpha_2\\\alpha_1\\0\end{bmatrix}\Delta T\,\frac{5t}{6}$$

$$=\begin{bmatrix}-817.1\\-750.6\\0\end{bmatrix}\times 10^{-2}t\,\text{MPa}+\begin{bmatrix}0\\-3214\\0\end{bmatrix}\times 10^{-2}t\,\text{MPa}$$

$$=\begin{bmatrix}-8.171\\-39.64\\0\end{bmatrix}t\,\text{MPa}$$

$$\begin{bmatrix}\varepsilon_x^T\\\varepsilon_y^T\\\gamma_{xy}^T\end{bmatrix}=\boldsymbol{A}'\begin{bmatrix}N_x^T\\N_y^T\\N_{xy}^T\end{bmatrix}=\begin{bmatrix}1.089 & -0.01702 & 0\\-0.01702 & 0.2043 & 0\\0 & 0 & 6.817\end{bmatrix}\begin{bmatrix}-8.171\\-39.64\\0\end{bmatrix}\times 10^{-4}$$

$$=\begin{bmatrix}-8.224\\-7.959\\0\end{bmatrix}\times 10^{-4}$$

$$\begin{bmatrix}\varepsilon_x^0\\\varepsilon_y^0\\\gamma_{xy}^0\end{bmatrix}=\boldsymbol{A}'\begin{bmatrix}N_x\\0\\0\end{bmatrix}+\begin{bmatrix}\varepsilon_x^T\\\varepsilon_y^T\\\gamma_{xy}^T\end{bmatrix}=\begin{bmatrix}1.089\dfrac{N_x}{t}-8.224\\-0.01702\dfrac{N_x}{t}-7.959\\0\end{bmatrix}\times10^{-4}$$

各层应力

$$\begin{bmatrix}\sigma_1\\\sigma_2\\\tau_{12}\end{bmatrix}_{1,3}=\bar{\boldsymbol{Q}}_{1,3}\begin{bmatrix}\varepsilon_x^0-\alpha_1\Delta T\\\varepsilon_y^0-\alpha_2\Delta T\\\gamma_{xy}^0\end{bmatrix}=\begin{bmatrix}6.00\dfrac{N_x}{t}+0.0136\\0.4692\dfrac{N_x}{t}+26.64\\0\end{bmatrix}\text{MPa}$$

$$\begin{bmatrix}\sigma_2\\\sigma_1\\\tau_{12}\end{bmatrix}_{2}=\bar{\boldsymbol{Q}}_{2}\begin{bmatrix}\varepsilon_x^0-\alpha_2\Delta T\\\varepsilon_y^0-\alpha_1\Delta T\\\gamma_{xy}^0\end{bmatrix}=\begin{bmatrix}0\\-0.094\dfrac{N_x}{t}-5.493\\0\end{bmatrix}\text{MPa}$$

将应力代入 Hill-蔡强度理论可得出

$$\left(\frac{N_x}{t}\right)_{1,3}=2.90\text{MPa}<\left(\frac{N_x}{t}\right)_2=24.37\text{MPa}$$

$$\left(\frac{N_x}{t}\right)_2=1.111\times10^4\,\text{MPa}$$

由此结果可见,刚度削弱后第 1,3 层板的 $\left(\frac{N_x}{t}\right)$ 小于第一屈服载荷 24.37MPa,因此第 1,3 层也同时破坏,需再作刚度计算,在第 1,3 层板中

$$\sigma_1=6.00\frac{N_x}{t}+0.0136=17.47\text{MPa}\ll X_t$$

$$\sigma_2=0.4692\frac{N_x}{t}+26.64=28.01\text{MPa}=Y_t$$

可见第 1,3 层板材料在第 2 主方向破坏,只剩第 1 主方向继续承受载荷,再作进一步计算。

3. 第三次计算

(1) 求削弱后的层合板刚度

$$\bar{\boldsymbol{Q}}_{1,3}=\begin{bmatrix}5.515&0&0\\0&0&0\\0&0&0\end{bmatrix}\times10^4\,\text{MPa}$$

$$\bar{\boldsymbol{Q}}_{2}=\begin{bmatrix}0&0&0\\0&5.515&0\\0&0&0\end{bmatrix}\times10^4\,\text{MPa}$$

$$\boldsymbol{A}=\begin{bmatrix}0.9192&0&0\\0&4.596&0\\0&0&0\end{bmatrix}\times10^4\,t\,\text{MPa}$$

$$\boldsymbol{A}' = \begin{bmatrix} 1.088 & 0 & 0 \\ 0 & 0.2176 & 0 \\ 0 & 0 & 0 \end{bmatrix} \times 10^{-4} t^{-1} (\text{MPa})^{-1}$$

(2) 求应变增量(在第一屈服载荷后增量 ΔN_x 下)

$$\begin{bmatrix} \Delta\varepsilon_x \\ \Delta\varepsilon_y \\ \Delta\gamma_{xy} \end{bmatrix} = \begin{bmatrix} 1.088 \\ 0 \\ 0 \end{bmatrix} \frac{\Delta N_x}{t} \times 10^{-4}$$

(3) 求应力增量

$$\begin{bmatrix} \Delta\sigma_1 \\ \Delta\sigma_2 \\ \Delta\tau_{12} \end{bmatrix}_{1,3} = \begin{bmatrix} 6.00 \\ 0 \\ 0 \end{bmatrix} \frac{\Delta N_x}{t} \text{MPa}, \quad \begin{bmatrix} \Delta\sigma_2 \\ \Delta\sigma_1 \\ \Delta\tau_{12} \end{bmatrix}_2 = 0$$

这时只有第1,3层纤维方向承受载荷 ΔN_x,将其代入 Hill-蔡强度理论公式,得

$$\left(\frac{\Delta N_x}{t}\right)_{1,3} = 175.1\text{MPa}$$

此时应变增量为

$$\Delta\varepsilon_x = 1.088\left(\frac{\Delta N_x}{t}\right)_{1,3} \times 10^{-4} = 1.905 \times 10^{-2}$$

(4) 极限载荷值

$$\left(\frac{N_x}{t}\right)_L = \left(\frac{N_x}{t}\right)_1 + \frac{\Delta N_x}{t} = 199.4\text{MPa}$$

总应变

$$\varepsilon = \Delta\varepsilon_x + \varepsilon_{x_1} = 2.006 \times 10^{-2}$$

此层合板的载荷-应变特性曲线如图7-2所示。同图6-3比较可见,有温度变化时的极限载荷及载荷-应变曲线是明显不同的。

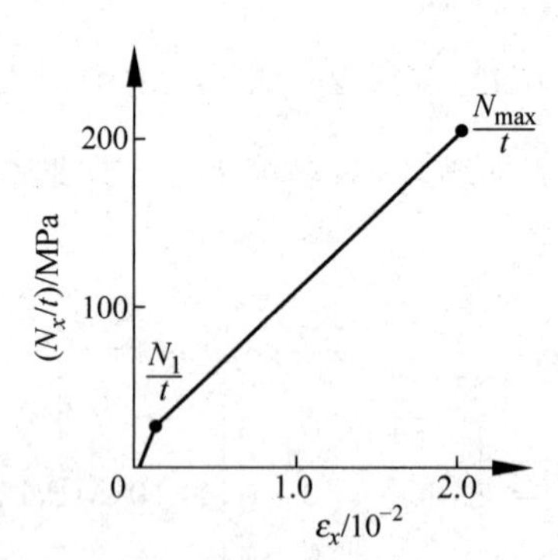

图7-2 三层层合板载荷-应变特性曲线

习 题

7-1 计算碳/环氧对称层合板$(0°/90°)_s$的湿热应变。已知固化温度170℃,室温20℃,吸水浓度 $C=0.01$,层合板总厚度2mm,热膨胀系数 $\alpha_1=0.10\times10^{-6}℃^{-1}$,$\alpha_2=5.0\times$

10^{-5}℃$^{-1}$，湿膨胀系数 $\beta_1=0$，$\beta_2=0.45$。

7-2 已知 $E_1=6.0\times10^4$MPa，$E_2=2.0\times10^4$MPa，$\nu_{21}=0.25$，$G_{12}=1.0\times10^4$MPa，$\alpha_1=6.0\times10^{-6}$℃$^{-1}$，$\alpha_2=20\times10^{-6}$℃$^{-1}$，固化温度 $T_0=120$℃，工作温度 $T=20$℃，$X_t=X_c=1000$MPa，$Y_t=50$MPa，$Y_c=150$MPa，$S=50$MPa，规则对称角铺设层合板$(\pm45°)_s$ 每单层厚1mm，板受单向内力 N_x 作用和温度变化影响，试确定层合板极限载荷。

第 8 章 层合平板的弯曲、屈曲与振动

8.1 引　　言

本章研究的层合平板是各种复合材料层合板中最简单又应用最广的一种，其限制是：

(1) 每层单层板是正交各向异性的，但材料主方向不一定与层合板坐标轴一致；材料是线弹性的，且层合板是等厚度的。

(2) 板的厚度与其长度和宽度相比很小，即为薄板。

(3) 不考虑体积力。

与第 5 章层合板理论依据的假设相同，对于薄层合板有下列基本假设：

(1) σ_z，τ_{yz} 和 τ_{yz} 为零，即近似为平面应力状态，只考虑 σ_x，σ_y 和 τ_{xy}。

(2) 采用直法线假设，横向剪应变 γ_{xz}，γ_{yz} 以及 ε_z 近似为零，即固有的中面法线不变形。这与 $\sigma_z=0$ 矛盾，但通常忽略不计。ε_x，ε_y 和 γ_{xy} 以及 u，v 是 z 的线性函数。

(3) 位移 u，v 和 w 与板厚相比较很小，应变 ε_x，ε_y，γ_{xy} 与 1 相比很小，且略去转动惯量。

这些假设表明，讨论的是小应变和小挠度问题；另外假设限于正交各向异性材料，只分析经典层合板理论而不考虑层间应力和横向剪切影响。

8.2 层合平板的弯曲

弯曲问题是指在横向载荷 $q(x,y)$ 作用下求解层合板的挠度、变形和应力。层合板的几何尺寸和作用力、力矩分别表示在图 8-1 与图 8-2 中。

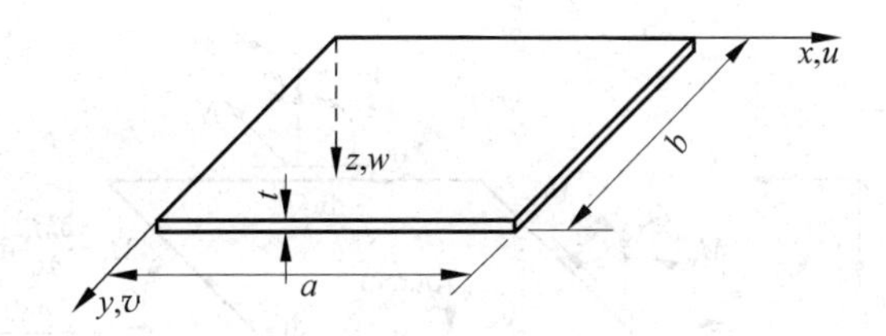

图 8-1 层合平板的几何尺寸

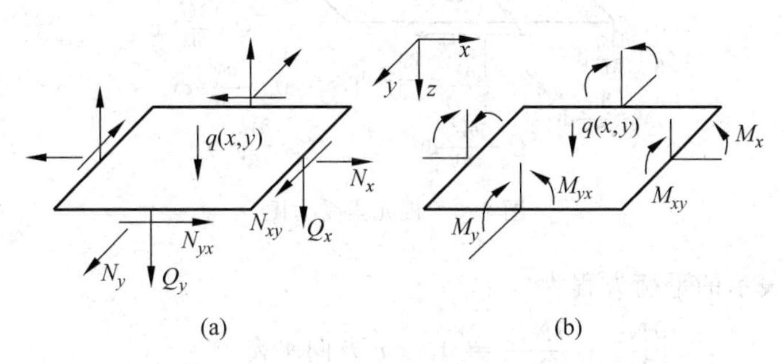

图 8-2 作用于板上的力和力矩

8.2.1 平衡方程

由第 5 章可知,层合板的合力和合力矩与中面应变和曲率有下列关系:

$$\left.\begin{aligned}\begin{bmatrix}N_x\\N_y\\N_{xy}\end{bmatrix}&=\boldsymbol{A}\begin{bmatrix}\varepsilon_x^0\\\varepsilon_y^0\\\gamma_{xy}^0\end{bmatrix}+\boldsymbol{B}\begin{bmatrix}\kappa_x\\\kappa_y\\\kappa_{xy}\end{bmatrix}\\\begin{bmatrix}M_x\\M_y\\M_{xy}\end{bmatrix}&=\boldsymbol{B}\begin{bmatrix}\varepsilon_x^0\\\varepsilon_y^0\\\gamma_{xy}^0\end{bmatrix}+\boldsymbol{D}\begin{bmatrix}\kappa_x\\\kappa_y\\\kappa_{xy}\end{bmatrix}\end{aligned}\right\}$$

式中有

$$\left.\begin{aligned}\begin{bmatrix}\varepsilon_x^0\\\varepsilon_y^0\\\gamma_{xy}^0\end{bmatrix}&=\begin{bmatrix}\dfrac{\partial u_0}{\partial x}\\\dfrac{\partial v_0}{\partial y}\\\dfrac{\partial u_0}{\partial y}+\dfrac{\partial v_0}{\partial x}\end{bmatrix}\\\begin{bmatrix}\kappa_x\\\kappa_y\\\kappa_{xy}\end{bmatrix}&=\begin{bmatrix}-\dfrac{\partial^2 w}{\partial x^2}\\-\dfrac{\partial^2 w}{\partial y^2}\\-2\dfrac{\partial^2 w}{\partial x\partial y}\end{bmatrix}\end{aligned}\right\}\tag{8-1}$$

从层合板中取一板元素 $\mathrm{d}x\mathrm{d}yt$,其上作用合力和合力矩,如图 8-3 所示。不计体积力,

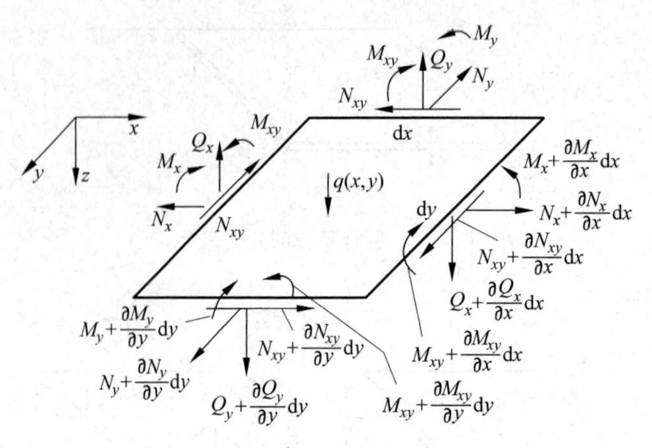

图 8-3 板元素受力图

用合力和合力矩表示的平衡方程为

$$\left.\begin{aligned}&\frac{\partial N_x}{\partial x}+\frac{\partial N_{xy}}{\partial y}=0,\quad x\text{ 方向平衡}\\&\frac{\partial N_{xy}}{\partial x}+\frac{\partial N_y}{\partial y}=0,\quad y\text{ 方向平衡}\\&\frac{\partial Q_x}{\partial x}+\frac{\partial Q_y}{\partial y}+q=0,\quad z\text{ 方向平衡}\\&\frac{\partial M_x}{\partial x}+\frac{\partial M_{xy}}{\partial y}=Q_x,\quad \text{绕 } y\text{ 轴力矩平衡}\\&\frac{\partial M_{xy}}{\partial x}+\frac{\partial M_y}{\partial y}=Q_y,\quad \text{绕 } x\text{ 轴力矩平衡}\end{aligned}\right\}\tag{8-2}$$

由上式后三式综合得

$$\frac{\partial^2 M_x}{\partial x^2}+2\frac{\partial^2 M_{xy}}{\partial x\partial y}+\frac{\partial^2 M_y}{\partial y^2}+q=0\tag{8-3}$$

将式(5-11)和式(8-1)代入式(8-2)、式(8-3)中可得到用 u_0, v_0, w 表示的平衡方程,为书写简单,将 u_0, v_0 的下标 0 略去,用“,”表示对下标的微分,可得

$$\begin{aligned}&A_{11}u_{,xx}+2A_{16}u_{,xy}+A_{66}u_{,yy}+A_{16}v_{,xx}+(A_{12}+A_{66})v_{,xy}+A_{26}v_{,yy}\\&\quad -B_{11}w_{,xxx}-3B_{16}w_{,xxy}-(B_{12}+2B_{66})w_{,xyy}-B_{26}w_{,yyy}=0\end{aligned}\tag{8-4}$$

$$\begin{aligned}&A_{16}u_{,xx}+(A_{12}+A_{66})u_{,xy}+A_{26}u_{,yy}+A_{66}v_{,xx}+2A_{26}v_{,xy}+A_{22}v_{,yy}\\&\quad -B_{16}w_{,xxx}-(B_{12}+2B_{66})w_{,xxy}-3B_{26}w_{,xyy}-B_{22}w_{,yyy}=0\end{aligned}\tag{8-5}$$

$$\begin{aligned}&D_{11}w_{,xxxx}+4D_{16}w_{,xxxy}+2(D_{12}+2D_{66})w_{,xxyy}+4D_{26}w_{,xyyy}+D_{22}w_{,yyyy}\\&\quad -B_{11}u_{,xxx}-3B_{16}u_{,xxy}-(B_{12}+2B_{66})u_{,xyy}-B_{26}u_{,yyy}-B_{16}v_{,xxx}\\&\quad -(B_{12}+2B_{66})v_{,xxy}-3B_{26}v_{,xyy}-B_{22}v_{,yyy}=q(xy)\end{aligned}\tag{8-6}$$

上述三个方程是相互耦合的,必须联立求解 u, v, w。

引进下列算子:

$$\mathrm{L}_{11}=A_{11}\frac{\partial^2}{\partial x^2}+2A_{16}\frac{\partial^2}{\partial x\partial y}+A_{66}\frac{\partial^2}{\partial y^2}$$

$$\mathrm{L}_{12}=A_{16}\frac{\partial^2}{\partial x^2}+(A_{12}+A_{66})\frac{\partial^2}{\partial x\partial y}+A_{26}\frac{\partial^2}{\partial y^2}$$

$$\mathrm{L}_{22}=A_{66}\frac{\partial^2}{\partial x^2}+2A_{26}\frac{\partial^2}{\partial x\partial y}+A_{22}\frac{\partial^2}{\partial y^2}$$

$$\mathrm{L}_{33}=D_{11}\frac{\partial^4}{\partial x^4}+4D_{16}\frac{\partial^4}{\partial x^3\partial y}+2(D_{12}+2D_{66})\frac{\partial^4}{\partial x^2\partial y^2}+4D_{26}\frac{\partial^4}{\partial x\partial y^3}+D_{22}\frac{\partial^4}{\partial y^4}$$

$$\mathrm{L}_{13}=-B_{11}\frac{\partial^3}{\partial x^3}-3B_{16}\frac{\partial^3}{\partial x^2\partial y}-(B_{12}+2B_{66})\frac{\partial^3}{\partial x\partial y^2}-B_{26}\frac{\partial^3}{\partial y^3}$$

$$\mathrm{L}_{23}=-B_{16}\frac{\partial^3}{\partial x^3}-(B_{12}+2B_{66})\frac{\partial^3}{\partial x^2\partial y}-3B_{26}\frac{\partial^3}{\partial x\partial y^2}-B_{22}\frac{\partial^3}{\partial y^3}$$

其中，算子 L_{13} 和 L_{23} 含有系数 B_{ij}，反映拉伸、弯曲的耦合效应；A_{16}，A_{26}，B_{16}，B_{26}，D_{16}，D_{26} 分别反映拉伸、剪切耦合和弯曲、扭转耦合。这时平衡方程式(8-4)～式(8-6)可简单表示为

$$\left.\begin{aligned}\mathrm{L}_{11}u+\mathrm{L}_{12}v+\mathrm{L}_{13}w&=0\\\mathrm{L}_{12}u+\mathrm{L}_{22}v+\mathrm{L}_{23}w&=0\\\mathrm{L}_{13}u+\mathrm{L}_{23}v+\mathrm{L}_{33}w&=q\end{aligned}\right\}\tag{8-7}$$

当层合板对称于中面时，$B_{ij}\equiv0$，则式(8-4)、式(8-5)与式(8-6)相互独立，由式(8-6)得出对称层合板弯曲的平衡方程为

$$D_{11}w_{,xxxx}+4D_{16}w_{,xxxy}+2(D_{12}+2D_{66})w_{,xxyy}+4D_{26}w_{,xyyy}+D_{22}w_{,yyyy}=q(x,y)\tag{8-8}$$

用式(8-7)表示，则为(L_{13}，$\mathrm{L}_{23}=0$)

$$\left.\begin{aligned}\mathrm{L}_{11}u+\mathrm{L}_{12}v&=0\\\mathrm{L}_{12}u+\mathrm{L}_{22}v&=0\\\mathrm{L}_{33}w&=q\end{aligned}\right\}\tag{8-9}$$

u，v 与 w 的方程相互独立，可分别求解。

式(8-8)表示，它与均匀材料各向异性板的方程形式一样，只在计算 D_{ij} 时有所不同。

如果是特殊正交各向异性层合板，由于 $D_{16}=D_{26}=0$，平衡方程简化为

$$D_{11}w_{,xxxx}+2(D_{12}+2D_{66})w_{,xxyy}+D_{22}w_{,yyyy}=q(x,y)\tag{8-10}$$

此式与正交各向异性均匀材料板方程形式一样。

如果各层均为各向同性材料，但每层材料不一定相同，则 $D_{11}=D_{22}=(D_{12}+2D_{66})=D$，$D_{16}=D_{26}=0$，平衡方程为

$$w_{,xxxx}+2w_{,xxyy}+w_{,yyyy}=q(x,y)/D$$

这与各向同性板方程形式完全一样。

8.2.2 边界条件

非对称层合板的一般情况，需要联合求解平面问题和弯曲问题。相应地，在边界条件中也要同时规定平面边界条件和弯曲边界条件，对于四阶微分方程，每边需要有 4 个边界条件。8 种可能类型的简支和固支边界条件一般分类如下：

1. 简支边界条件(用 s 表示)

$$\left.\begin{aligned}&\mathrm{s}_1: w=0, M_n=0, u_n=\bar{u}_n, u_t=\bar{u}_t\\&\mathrm{s}_2: w=0, M_n=0, N_n=\overline{N}_n, u_t=\bar{u}_t\\&\mathrm{s}_3: w=0, M_n=0, u_n=\bar{u}_n, N_{nt}=\overline{N}_{nt}\\&\mathrm{s}_4: w=0, M_n=0, N_n=\overline{N}_n, N_{nt}=\overline{N}_{nt}\end{aligned}\right\} \tag{8-11}$$

式中符号意义见图 8-4,n,t 分别表示边界的法向和切向。

2. 固支边界条件(用 c 表示)

$$\left.\begin{aligned}&\mathrm{c}_1: w=0, w_{,n}=0, u_n=\bar{u}_n, u_t=\bar{u}_t\\&\mathrm{c}_2: w=0, w_{,n}=0, N_n=\overline{N}_n, u_t=\bar{u}_t\\&\mathrm{c}_3: w=0, w_{,n}=0, u_n=\bar{u}_n, N_{nt}=\overline{N}_{nt}\\&\mathrm{c}_4: w=0, w_{,n}=0, N_n=\overline{N}_n, N_{nt}=\overline{N}_{nt}\end{aligned}\right\} \tag{8-12}$$

矩形板的 4 边,每边可用上述 8 种边界条件的任一种表示,因此可能范围很大,如果再考虑自由边界条件,则每边有 12 种可能的边界条件。这里只讨论四边简支的矩形层合板。

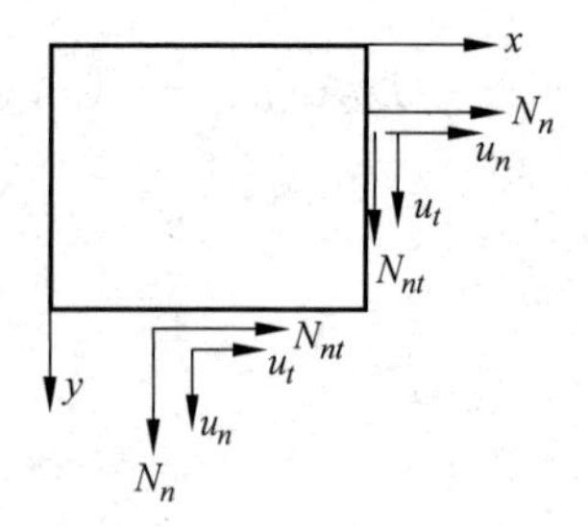

图 8-4 边界条件符号意义

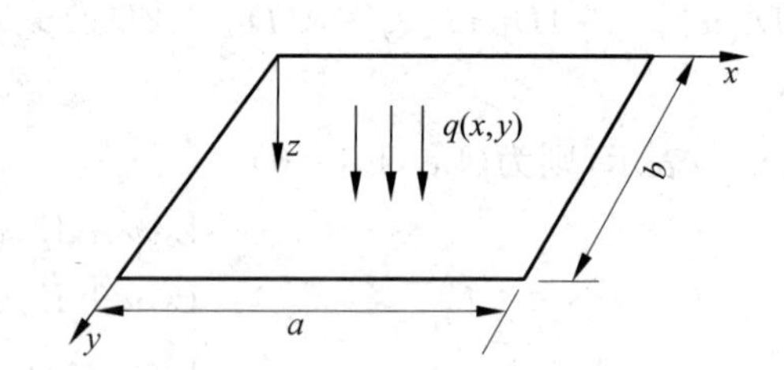

图 8-5 四边简支矩形层合板

8.2.3 简支层合板的弯曲

考虑一四边简支并承受分布横向载荷 $q(x,y)$ 作用的矩形层合板,如图 8-5 所示,可用双三角级数解,将横向载荷 $q(x,y)$ 展开为

$$q(x,y)=\sum_{m=1}^{\infty}\sum_{n=1}^{\infty} q_{mn}\sin\frac{m\pi x}{a}\sin\frac{n\pi y}{b} \tag{8-13}$$

一般来说 m,n 为任意正整数,q_{mn} 可由下式求出:

$$q_{mn}=\frac{4}{ab}\int_0^a\int_0^b q(x,y)\sin\frac{m\pi x}{a}\sin\frac{n\pi y}{b}\mathrm{d}x\mathrm{d}y \tag{8-14}$$

对于均布载荷 $q(x,y)=q_0$,可得出

$$q(x,y)=q_0=\sum_{m=1,3,5}^{\infty}\sum_{n=1,3,5}^{\infty}\frac{16q_0}{\pi^2 mn}\sin\frac{m\pi x}{a}\sin\frac{n\pi y}{b} \tag{8-15}$$

下面分别讨论几种特殊层合板情况的解。

1. 特殊正交各向异性层合板

这是指特殊正交各向异性材料单层板或对称于中面的多层特殊正交各向异性层合板。由于 $B_{ij}=0$，又 $A_{16}=A_{26}=D_{16}=D_{26}=0$，既不存在拉-弯耦合，也不存在拉剪和弯扭耦合，板的挠度 w 只由一平衡微分方程描述，即式(8-10)：

$$D_{11}w_{,xxxx}+2(D_{12}+2D_{66})w_{,xxyy}+D_{22}w_{,yyyy}=q(x,y)$$

简支边界条件为

$$\left.\begin{aligned}&x=0,a:w=0,\quad M_x=-D_{11}w_{,xx}-D_{12}w_{,yy}=0\\&y=0,b:w=0,\quad M_y=-D_{12}w_{,xx}-D_{22}w_{,yy}=0\end{aligned}\right\}\tag{8-16}$$

由于 u,v 在微分方程中不出现，故边界条件很简单。

设挠度 w 为

$$w=\sum_{m=1}^{\infty}\sum_{n=1}^{\infty}a_{mn}\sin\frac{m\pi x}{a}\sin\frac{n\pi y}{b}\tag{8-17}$$

它满足上述边界条件，将此式代入方程(8-10)可得

$$a_{mn}=\frac{q_{mn}/\pi^4}{D_{11}\left(\frac{m}{a}\right)^4+2(D_{12}+2D_{66})\left(\frac{m}{a}\right)^2\left(\frac{n}{b}\right)^2+D_{22}\left(\frac{n}{b}\right)^4}$$

代入式(8-17)可得 w 的精确解，对于均布载荷 q_0 有解

$$w=\frac{16q_0}{\pi^6}\frac{\sum\limits_{m=1,3,5}^{\infty}\sum\limits_{n=1,3,5}^{\infty}\frac{1}{mn}\sin\frac{m\pi x}{a}\sin\frac{n\pi y}{b}}{D_{11}\left(\frac{m}{a}\right)^4+2(D_{12}+2D_{66})\left(\frac{m}{a}\right)^2\left(\frac{n}{b}\right)^2+D_{22}\left(\frac{n}{b}\right)^4}\tag{8-18}$$

由 w 可求应变和应力，注意式(8-18)中只用 $D_{11},D_{12},D_{22},D_{66}$ 表示层合板刚度。

2. 对称角铺设层合板

层合板对称，$B_{ij}\equiv 0$。这类层合板 D_{16},D_{26} 不为零，其基本方程为式(8-8)：

$$D_{11}w_{,xxxx}+4D_{16}w_{,xxxy}+2(D_{12}+2D_{66})w_{,xxyy}+4D_{26}w_{,xyyy}+D_{22}w_{,yyyy}=q(x,y)$$

边界条件为

$$\left.\begin{aligned}&x=0,a:w=0,\quad M_x=-D_{11}w_{,xx}-D_{12}w_{,yy}-2D_{16}w_{,xy}=0\\&y=0,b:w=0,\quad M_y=-D_{12}w_{,xx}-D_{22}w_{,yy}-2D_{26}w_{,xy}=0\end{aligned}\right\}\tag{8-19}$$

由于 D_{16},D_{26} 的存在，挠度 w 的表达式不能像式(8-17)那样用双三角级数展开，否则 $w_{,xxxy}$ 和 $w_{,xyyy}$ 将出现正弦和余弦奇次函数，变量不能分离，此外挠度展开式也不满足边界条件，因此只能用近似解法——瑞利-里茨法(Rayleigh-Ritz)。

应变能

$$U=\frac{1}{2}\iint(M_x\kappa_x+M_y\kappa_y+M_{xy}\kappa_{xy})\mathrm{d}x\mathrm{d}y\tag{8-20}$$

将式(5-11)第二式代入上式，得

$$U=\frac{1}{2}\iint[(D_{11}\kappa_x+D_{12}\kappa_y+D_{16}\kappa_{xy})\kappa_x+(D_{12}\kappa_x+D_{22}\kappa_y+D_{26}\kappa_{xy})\kappa_y$$

$$+(D_{16}\kappa_x+D_{26}\kappa_y+D_{66}\kappa_{xy})\kappa_{xy}]\mathrm{d}x\mathrm{d}y$$

$$=\frac{1}{2}\iint[D_{11}(w_{,xx})^2+2D_{12}w_{,xx}w_{,yy}+D_{22}(w_{,yy})^2+4D_{66}(w_{,xy})^2$$

$$+4D_{16}w_{,xx}w_{,xy}+4D_{26}w_{,yy}w_{,xy}]\mathrm{d}x\mathrm{d}y$$

外力所做的功为

$$W^*=\iint qw\mathrm{d}x\mathrm{d}y$$

层合板总势能为

$$\Pi=U-W^*=\frac{1}{2}\iint[D_{11}(w_{,xx})^2+2D_{12}w_{,xx}w_{,yy}+D_{22}(w_{,yy})^2+4D_{66}(w_{,xy})^2$$

$$+4D_{16}w_{,xx}w_{,xy}+4D_{26}w_{,yy}w_{,xy}-2qw]\mathrm{d}x\mathrm{d}y \tag{8-21}$$

仍选取式(8-17)的 w 表达式，它满足位移边界条件，即 $x=0,a:w=0;y=0;b:w=0$。但不满足力的边界条件，即 $x=0,a:M_x\neq0;y=0,b:M_y\neq0$。这时可用最小势能原理，将 w 的表达式代入 Π 表达式，由最小势能原理

$$\frac{\partial\Pi}{\partial a_{mn}}=0$$

如果选取 $m=1,2,\cdots,7,n=1,2,\cdots,7$，则由上式可得到49个线性代数方程，可解得49个未知量 a_{mn}。对于受均布载荷 q_0 作用的方板($a=b$)，当 $D_{22}/D_{11}=1,(D_{12}+2D_{66})/D_{11}=1.5,D_{16}/D_{11}=D_{26}/D_{11}=-0.5$ 时，得到层合板最大挠度为

$$w_{\max}=\frac{0.00425a^4q_0}{D_{11}}$$

其精确解

$$w_{\max}^*=\frac{0.00452a^4q_0}{D_{11}}$$

如果忽略 D_{16} 和 D_{26}，即把对称角铺设近似地作为 $D_{22}/D_{11}=1,(D_{12}+2D_{66})/D_{11}=1.5$ 和 $D_{16}=D_{26}=0$ 的特殊正交各向异性层合板，则最大挠度为

$$w_{\max}=\frac{0.00324a^4q_0}{D_{11}}$$

比较以上结果可知，忽略弯曲、扭转耦合刚度后误差约为28%，所以不允许采用特殊正交各向异性层合板作为对称角铺设层合板的近似。

3. 反对称正交铺设层合板

反对称正交铺设层合板的拉伸刚度有 $A_{11}=A_{22},A_{12},A_{66}$；弯曲、拉伸耦合刚度有 B_{11}，$B_{22}=-B_{11}$；弯曲刚度有 $D_{11}=D_{22},D_{12},D_{66}$。与特殊正交各向异性层合板相比，出现了 B_{11}，B_{22}，因此平衡方程是联立的，即

$$\left.\begin{aligned}A_{11}u_{,xx}+A_{66}u_{,yy}+(A_{12}+A_{66})v_{,xy}-B_{11}w_{,xxx}=0\\(A_{12}+A_{66})u_{,xy}+A_{66}v_{,xx}+A_{22}v_{,yy}+B_{11}w_{,yyy}=0\end{aligned}\right\} \tag{8-22}$$

$$D_{11}(w_{,xxxx}+w_{,yyyy})+2(D_{12}+2D_{66})w_{,xxyy}-B_{11}(u_{,xxx}-v_{,yyy})=q(x,y)$$

选择 s_2 简支边界条件(式(8-11)中第2式)：

$$
\left.
\begin{aligned}
x = 0, a: w = 0, M_x &= B_{11} u_{,x} - D_{11} w_{,xx} - D_{12} w_{,yy} = 0 \\
v = 0, N_x &= A_{11} u_{,x} + A_{12} v_{,y} - B_{11} w_{,xx} = 0 \\
y = 0, b: w = 0, M_y &= - B_{11} v_{,y} - D_{12} w_{,xx} - D_{22} w_{,yy} = 0 \\
u = 0, N_y &= A_{12} u_{,x} + A_{11} v_{,y} + B_{11} w_{,yy} = 0
\end{aligned}
\right\}
\tag{8-23}
$$

选取下列位移:

$$
\left.
\begin{aligned}
u &= \sum_{m=1}^{\infty} \sum_{n=1}^{\infty} a_{mn} \cos \frac{m\pi x}{a} \sin \frac{n\pi y}{b} \\
v &= \sum_{m=1}^{\infty} \sum_{n=1}^{\infty} b_{mn} \sin \frac{m\pi x}{a} \cos \frac{n\pi y}{b} \\
w &= \sum_{m=1}^{\infty} \sum_{n=1}^{\infty} c_{mn} \sin \frac{m\pi x}{a} \sin \frac{n\pi y}{b}
\end{aligned}
\right\}
\tag{8-24}
$$

它们满足平衡方程(8-22)和边界条件(8-23),所以是精确解。如果横向载荷 q 取双三角级数第一项,即

$$
q = q_0 \sin \frac{\pi x}{a} \sin \frac{\pi y}{b}
$$

对于 2,4,6 层和无限多层的反对称正交铺设石墨/环氧矩形层合板的最大挠度值绘于图 8-6 中。无限多层层合板的情况相当于忽略拉伸-弯曲耦合的特殊正交各向异性层合板的解,对于二层层合板忽略耦合影响的结果,误差很大,即实际挠度近似为特殊正交层合板的三倍。显然随着层数的增加,拉伸-弯曲耦合作用对挠度的影响衰减很快,而且与层合板长宽比 a/b 无关,当层数多于 6 层时,可忽略耦合影响而误差很小。另外应注意耦合效应的影响还取决于 E_1/E_2,E_1/E_2 增大,耦合效应影响也增大。

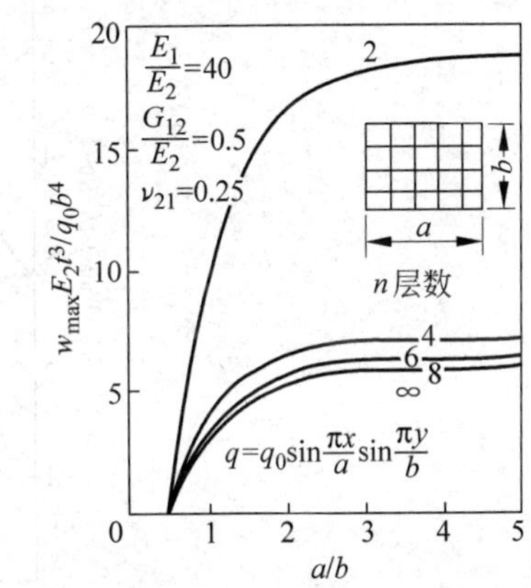

图 8-6 石墨/环氧反对称正交铺设矩形层合板横向正弦载荷下的最大挠度

4. 反对称角铺设层合板

这种层合板,$A_{16} = A_{26} = D_{16} = D_{26} = 0$,拉弯耦合刚度有 B_{16},B_{26},基本微分方程为

$$
\left.
\begin{aligned}
& A_{11} u_{,xx} + A_{66} u_{,yy} + (A_{12} + A_{66}) v_{,xy} - 3B_{16} w_{,xxy} - B_{26} w_{,yyy} = 0 \\
& (A_{12} + A_{66}) u_{,xy} + A_{66} v_{,xx} + A_{22} v_{,yy} - B_{16} w_{,xxx} - 3B_{26} w_{xyy} = 0 \\
& D_{11} w_{,xxxx} + 2(D_{12} + 2D_{66}) w_{,xxyy} + D_{22} w_{,yyyy} - B_{16} (3u_{,xxy} + v_{,xxx}) \\
& - B_{26} (u_{,yyy} + 3v_{,xyy}) = q(x, y)
\end{aligned}
\right\}
\tag{8-25}
$$

选取式(8-11)中第 3 式 s_3 简支边界条件:

$$
\left.
\begin{aligned}
x = 0, a:\ w = 0, M_x &= B_{16} (u_{,y} + v_{,x}) - D_{11} w_{,xx} - D_{12} w_{,yy} = 0 \\
u = 0, N_{xy} &= A_{66} (u_{,y} + v_{,x}) - B_{16} w_{,xx} - B_{26} w_{,yy} = 0 \\
y = 0, b:\ w = 0, M_y &= B_{26} (u_{,y} + v_{,x}) - D_{12} w_{,xx} - D_{22} w_{,yy} = 0 \\
v = 0, N_{xy} &= A_{66} (u_{,y} + v_{,x}) - B_{16} w_{,xx} - B_{26} w_{,yy} = 0
\end{aligned}
\right\}
\tag{8-26}
$$

取位移如下:

$$\left.\begin{aligned}u&=\sum_{m=1}^{\infty}\sum_{n=1}^{\infty}a_{mn}\sin\frac{m\pi x}{a}\cos\frac{n\pi y}{b}\\v&=\sum_{m=1}^{\infty}\sum_{n=1}^{\infty}b_{mn}\cos\frac{m\pi x}{a}\sin\frac{n\pi y}{b}\\w&=\sum_{m=1}^{\infty}\sum_{n=1}^{\infty}c_{mn}\sin\frac{m\pi x}{a}\sin\frac{n\pi y}{b}\end{aligned}\right\}\tag{8-27}$$

它们满足平衡方程和边界条件，因此是精确解。

对于 $E_1/E_2=40$，$G_{12}/E_2=0.5$，$\nu=0.25$ 的石墨/环氧角铺设层合方板，在载荷 $q=q_0\sin\frac{\pi x}{a}\sin\frac{\pi y}{b}$ 作用下，最大挠度-层合角 θ 函数关系表示在图 8-7 中。显然二层层合板耦合影响很大，但随层数增加迅速减小。

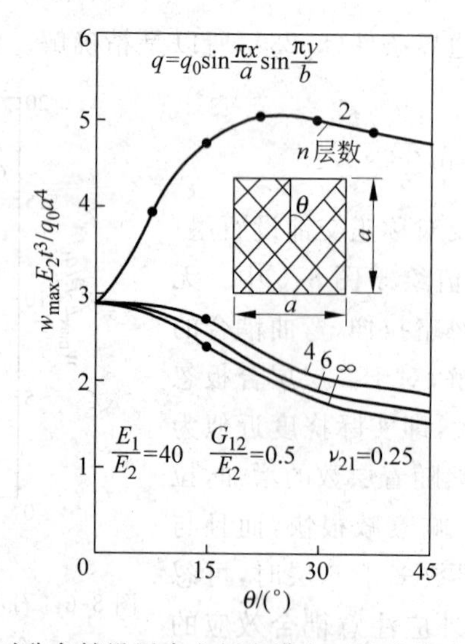

图 8-7　反对称角铺设层合方板在横向正弦载荷下的最大挠度

总之，求得位移函数后通过几何方程和物理方程可进一步确定各应变和应力分量，在计算应力时，按各层刚度情况逐层进行计算。

8.3　层合平板的屈曲

层合平板的屈曲是指在平面内压缩和剪切载荷 N_x，N_y，N_{xy} 作用下，当载荷增加到一定值时产生有横向挠度的另一种平衡状态，此时属不稳定平衡状态，通常称板发生屈曲，相应于产生屈曲的载荷值称为临界载荷。从理论上讲，板的屈曲形式和相应的临界载荷值有无穷多个，但实际应用只需求得其中最小的一个临界载荷值，并称为屈曲载荷。

8.3.1　屈曲方程和边界条件

假设屈曲以前是薄膜应力状态，不考虑拉弯耦合影响，当薄板受平面载荷时，由薄膜状

态进入屈曲状态,控制屈曲的微分方程为

$$\left.\begin{aligned}\delta N_{x,x}+\delta N_{xy,y}&=0\\ \delta N_{y,y}+\delta N_{xy,x}&=0\end{aligned}\right\}\tag{8-28}$$

$$\delta M_{x,xx}+2\delta M_{xy,xy}+\delta M_{y,yy}+\overline{N}_x\delta w_{,xx}+2\overline{N}_{xy}\delta w_{,xy}+\overline{N}_y\delta w_{,yy}=0$$

式中 δ 表示从屈曲前的平衡状态开始的变分,δN_x,δM_x 依次是力和力矩的变分,δw 为位移的变分。其中合力和合力矩的变分与应变变形的变分的关系仍用式(5-11)。用位移表示的屈曲方程与弯曲方程相似(除用变分符号外),但二者有本质不同,弯曲问题数学上属边界值问题,而屈曲问题属求特征值问题,其本质是求引起屈曲的最小载荷,而屈曲后的变形大小是不确定的。

屈曲问题的所有边界条件都是齐次的,即皆为零,这样简支边界条件为

$$\left.\begin{aligned}&s_1:\delta w=0,\ \delta M_n=0,\ \delta u_n=0,\ \delta u_t=0\\ &s_2:\delta w=0,\ \delta M_n=0,\ \delta N_n=0,\ \delta u_t=0\\ &s_3:\delta w=0,\ \delta M_n=0,\ \delta u_n=0,\ \delta N_{nt}=0\\ &s_4:\delta w=0,\ \delta M_n=0,\ \delta N_n=0,\ \delta N_{nt}=0\end{aligned}\right\}\tag{8-29}$$

固支边界条件为

$$\left.\begin{aligned}&c_1:\delta w=0,\ \delta w_{,n}=0,\ \delta u_n=0,\ \delta u_t=0\\ &c_2:\delta w=0,\ \delta w_{,n}=0,\ \delta N_n=0,\ \delta u_t=0\\ &c_3:\delta w=0,\ \delta w_{,n}=0,\ \delta u_n=0,\ \delta N_{nt}=0\\ &c_4:\delta w=0,\ \delta w_{,n}=0,\ \delta N_n=0,\ \delta N_{nt}=0\end{aligned}\right\}\tag{8-30}$$

8.3.2 在平面载荷作用下四边简支层合板的屈曲

考虑沿着 x 方向作用均匀平面力 $\overline{N}_x$ 的四边简支矩形层合板如图 8-8 所示,现分别讨论以下几种情况。

1. 特殊正交各向异性层合板

这种层合板没有拉弯耦合、拉剪耦合和弯扭耦合,即 $B_{ij}=0$,$A_{16}=A_{26}=0$,$D_{16}=D_{26}=0$,对于板的屈曲载荷问题,只有一个屈曲方程来描述:

$$D_{11}\delta w_{,xxxx}+2(D_{12}+2D_{66})\delta w_{,xxyy}+D_{22}\delta w_{,yyyy}+\overline{N}_x\delta w_{,xx}=0\tag{8-31}$$

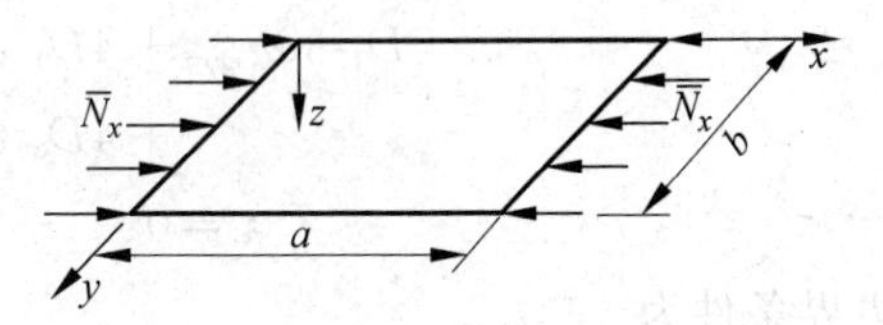

图 8-8 均布单向平面压力下的简支矩形层合板

边界条件为四边简支:

$$x=0,a:\delta w=0,\delta M_x=-D_{11}\delta w_{,xx}-D_{12}\delta w_{,yy}=0$$

$$y=0,b:\delta w=0,\delta M_y=-D_{12}\delta w_{,xx}-D_{22}\delta w_{,yy}=0$$

上述四阶微分方程和相应齐次边界条件的解与前面弯曲问题一样,可选取

$$\delta w=a_{mn}\sin\frac{m\pi x}{a}\sin\frac{n\pi y}{b}\tag{8-32}$$

它满足边界条件,式中 m 和 n 分别是 x 和 y 方向屈曲的半波数,将式(8-32)代入式(8-31),

得到

$$\overline{N}_x = \pi^2\left[D_{11}\left(\frac{m}{a}\right)^2 + 2(D_{12}+2D_{66})\left(\frac{n}{b}\right)^2 + D_{22}\left(\frac{n}{b}\right)^4\left(\frac{a}{m}\right)^2\right] \tag{8-33}$$

显然当 $n=1$ 时，$\overline{N}_x$ 有最小值，所以临界屈曲载荷为

$$\overline{N}_x = \pi^2\left[D_{11}\left(\frac{m}{a}\right)^2 + 2(D_{12}+2D_{66})\left(\frac{1}{b}\right)^2 + D_{22}\left(\frac{1}{b}\right)^4\left(\frac{a}{m}\right)^2\right]$$

不同 m 值下的 $\overline{N}_x$ 最小值并不明显，它随不同刚度和板的长宽比 a/b 而变化。

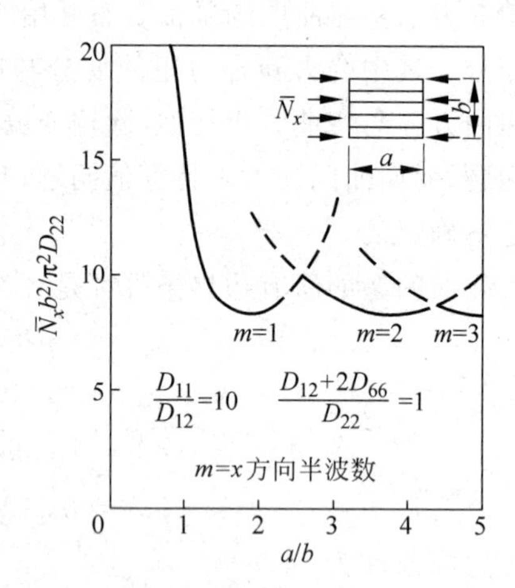

图 8-9　特殊正交各向异性层合矩形板 $\overline{N}_x$-a/b 关系

图 8-9 描绘了 $D_{11}/D_{22}=10$，$\frac{D_{12}+2D_{66}}{D_{22}}=1$ 相对于板长宽比的 $\overline{N}_x$ 值，对于 $a/b<2.5$ 的板，在 x 方向以一个半波屈曲，例如方板的屈曲载荷为 $(a=b)$

$$\overline{N}_x = \frac{13\pi^2 D_{22}}{b}$$

随着 a/b 增加，在 x 方向板屈曲成更多的半波，且 $\overline{N}_x$ 对 a/b 的曲线趋于平坦，接近于

$$\overline{N}_x = \frac{8.325\pi^2 D_{22}}{b^2}$$

2. 对称角铺设层合板

此时 $B_{ij}=0$，屈曲方程为

$$D_{11}\delta w_{,xxxx} + 4D_{16}\delta w_{,xxxy} + 2(D_{12}+2D_{66})\delta w_{,xxyy} + 4D_{26}\delta w_{,xyyy} + D_{22}\delta w_{,yyyy} + \overline{N}_x\delta w_{,xx} = 0 \tag{8-34}$$

边界条件为

$$x=0,a:\delta w=0, M_x=-D_{11}\delta w_{,xx}-D_{12}\delta w_{,yy}-2D_{16}\delta w_{,xy}=0$$
$$y=0,b:\delta w=0, M_y=-D_{12}\delta w_{,xx}-D_{22}\delta w_{,yy}-2D_{26}\delta w_{,xy}=0$$

与讨论弯曲时类似，由于存在 D_{16}，D_{26}，不能得到封闭解，可得到一近似瑞利-里茨解，取

$$\delta w = \sum_{m=1}^{\infty}\sum_{n=1}^{\infty} a_{mn}\sin\frac{m\pi x}{a}\sin\frac{n\pi y}{b}$$

此式只满足位移的边界条件，不满足力的边界条件，因而其结果是缓慢地收敛到真实解。

3. 反对称正交铺设层合板

由于存在拉弯耦合，$A_{11}=A_{22}$，$B_{22}=-B_{11}$，$D_{11}=D_{22}$，屈曲方程是联立的，即

$$\left.\begin{aligned}&A_{11}\delta u_{,xx}+A_{66}\delta u_{,yy}+(A_{12}+A_{66})\delta v_{,xy}-B_{11}\delta w_{,xxx}=0\\&(A_{12}+A_{66})\delta u_{,xy}+A_{66}\delta v_{,xx}+A_{11}\delta v_{,yy}+B_{11}\delta w_{,yyy}=0\\&D_{11}(\delta w_{,xxxx}+\delta w_{,yyyy})+2(D_{12}+2D_{66})\delta w_{,xxyy}\\&-B_{11}(\delta u_{,xxx}-\delta v_{,yyy})+\overline{N}_x\delta w_{,xx}=0\end{aligned}\right\}\tag{8-35}$$

取 s_2 简支边界条件为

$$\left.\begin{aligned}x=0,a:\delta w=0,M_x=B_{11}\delta u_{,x}-D_{11}\delta w_{,xx}-D_{12}\delta w_{,yy}=0\\\delta v=0,N_x=A_{11}\delta u_{,x}+A_{12}\delta v_{,y}-B_{11}\delta w_{,xx}=0\\y=0,b:\delta w=0,M_y=-B_{11}\delta v_{,y}-D_{12}\delta w_{,xx}-D_{22}\delta w_{,yy}=0\\\delta u=0,N_y=A_{12}\delta u_{,x}+A_{11}\delta v_{,y}+B_{11}\delta w_{,yy}=0\end{aligned}\right\}\tag{8-36}$$

选取

$$\left.\begin{aligned}\delta u&=u_0\cos\frac{m\pi x}{a}\sin\frac{n\pi y}{b}\\\delta v&=v_0\sin\frac{m\pi x}{a}\cos\frac{n\pi y}{b}\\\delta w&=w_0\sin\frac{m\pi x}{a}\sin\frac{n\pi y}{b}\end{aligned}\right\}\tag{8-37}$$

满足全部边界条件，将式(8-37)代入式(8-35)得到精确解为

$$\overline{N}_x=\left(\frac{a}{m\pi}\right)^2\left(T_{33}+\frac{2T_{12}T_{23}T_{13}-T_{22}T_{13}^2-T_{11}T_{23}^2}{T_{11}T_{22}-T_{12}^2}\right)\tag{8-38}$$

其中

$$T_{11}=A_{11}\left(\frac{m\pi}{a}\right)^2+A_{66}\left(\frac{n\pi}{b}\right)^2$$

$$T_{12}=(A_{12}+A_{66})\frac{m\pi}{a}\left(\frac{n\pi}{b}\right)$$

$$T_{13}=-B_{11}\left(\frac{m\pi}{a}\right)^3$$

$$T_{22}=A_{11}\left(\frac{n\pi}{b}\right)^2+A_{66}\left(\frac{m\pi}{a}\right)^2$$

$$T_{23}=B_{11}\left(\frac{n\pi}{b}\right)^3$$

$$T_{33}=D_{11}\left[\left(\frac{m\pi}{a}\right)^4+\left(\frac{n\pi}{b}\right)^4\right]+2(D_{12}+2D_{66})\left(\frac{m\pi}{a}\right)^2\left(\frac{n\pi}{b}\right)^2$$

注意，若 $B_{11}=0$ 则 $T_{13}=T_{23}=0$，若 $D_{11}=D_{22}$，则方程(8-38)化成特殊正交各向异性层合板的解式(8-33)。

式(8-38)是 m,n 的复杂函数，因此必须从包括全部 m 和 n 值的过程研究(即 $n=1,m=1,2,3,\cdots;n=2,m=1,2,\cdots$)，求出式(8-38)表示的最小屈曲载荷，而不是由 $\overline{N}_x$ 对于 m 和 n 的一阶偏导数等于零的方法求得。

对于 $E_1/E_2=40,G_{12}/E_2=0.5$ 和 $\nu_{21}=0.25$ 的石墨/环氧反对称正交层合板的结果表示于图 8-10 中，对于层数少的层合板，耦合影响很大，随着层数增加，这种影响迅速衰减，但在少于 6 层时，耦合影响不可忽略。

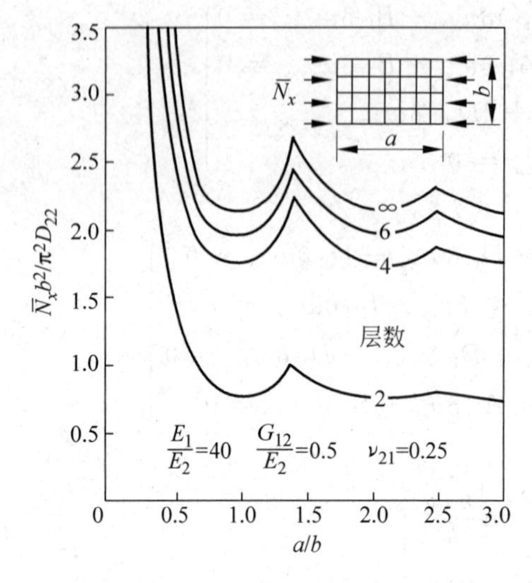

图 8-10　反对称正交层合矩形板 $\overline{N}_x$-a/b 关系

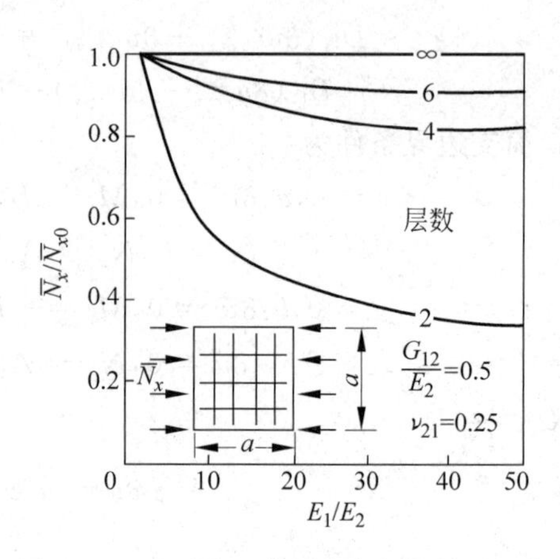

图 8-11　反对称正交层合方板的相对屈曲载荷值与 E_1/E_2 间的关系

对于其他复合材料，耦合对屈曲载荷的影响主要与模量比 E_1/E_2 有关。图 8-11 中表示方形正交各向异性板($B_{11}=0$)的屈曲载荷 $\overline{N}_{x0}$ 正化的相对屈曲载荷值与 E_1/E_2 关系，其中 G_{12}/E_2 和 ν_{21} 取为常数。

4. 反对称角铺设层合板

此种层合板存在拉弯耦合刚度 B_{16}，B_{26}，屈曲方程为

$$\left.\begin{aligned}&A_{11}\delta u_{,xx}+A_{66}\delta u_{,yy}+(A_{12}+A_{66})\delta v_{,xy}-3B_{16}\delta w_{,xxy}-B_{26}\delta w_{,yyy}=0\\&(A_{12}+A_{66})\delta u_{,xy}+A_{66}\delta v_{,xx}+A_{22}\delta w_{,xxx}-B_{16}\delta w_{,xxx}-3B_{26}\delta w_{,xyy}=0\\&D_{11}\delta w_{,xxxx}+2(D_{12}+2D_{66})\delta w_{,xxyy}+D_{22}\delta w_{,yyyy}-B_{16}(3\delta u_{,xxy}+\delta v_{,xxx})\\&\qquad-B_{26}(\delta u_{,yyy}+3\delta v_{,xyy})+\overline{N}_x\delta w_{,xx}=0\end{aligned}\right\}\tag{8-39}$$

选取 s_3 边界条件：

$$\begin{aligned}&x=0,a:\ \delta w=0,M_x=B_{16}(\delta v_{,x}+\delta u_{,y})-D_{11}\delta w_{,xx}-D_{12}\delta w_{,yy}=0\\&\delta u=0,N_{xy}=A_{66}(\delta v_{,x}+\delta u_{,y})-B_{16}\delta w_{,xx}-B_{26}\delta w_{,yy}=0\\&y=0,b:\ \delta w=0,M_y=B_{26}(\delta v_{,x}+\delta u_{,y})-D_{12}\delta w_{,xx}-D_{22}\delta w_{,yy}=0\\&\delta v=0,N_{xy}=A_{66}(\delta v_{,x}+\delta u_{,y})-B_{16}\delta w_{,xx}-B_{26}\delta w_{,yy}=0\end{aligned}$$

取

$$\left.\begin{aligned}\delta u&=u_0\sin\frac{m\pi x}{a}\cos\frac{n\pi y}{b}\\\delta v&=v_0\cos\frac{m\pi x}{a}\sin\frac{n\pi y}{b}\\\delta w&=w_0\sin\frac{m\pi x}{a}\sin\frac{n\pi y}{b}\end{aligned}\right\}\tag{8-40}$$

将式(8-40)代入式(8-39)中，为得到非零解，根据系数行列式为零得到

$$\overline{N}_x=\left(\frac{a}{m\pi}\right)^2\left(T_{33}+\frac{2T_{12}T_{23}T_{13}-T_{22}T_{13}^2-T_{11}T_{23}^2}{T_{11}T_{22}-T_{12}^2}\right)\tag{8-41}$$

其中

$$T_{11}=A_{11}\left(\frac{m\pi}{a}\right)^2+A_{66}\left(\frac{n\pi}{b}\right)^2$$

$$T_{12}=(A_{12}+A_{66})\left(\frac{m\pi}{a}\right)\left(\frac{n\pi}{b}\right)$$

$$T_{22}=A_{22}\left(\frac{n\pi}{b}\right)^2+A_{66}\left(\frac{m\pi}{a}\right)^2$$

$$T_{13}=-\left[3B_{16}\left(\frac{m\pi}{a}\right)^2+B_{26}\left(\frac{n\pi}{b}\right)^2\right]\left(\frac{n\pi}{b}\right)$$

$$T_{23}=-\left[B_{16}\left(\frac{m\pi}{a}\right)^2+3B_{26}\left(\frac{n\pi}{b}\right)^2\right]\left(\frac{m\pi}{a}\right)$$

$$T_{33}=D_{11}\left(\frac{m\pi}{a}\right)^4+2(D_{12}+2D_{66})\left(\frac{m\pi}{a}\right)^2\left(\frac{n\pi}{b}\right)^2+D_{22}\left(\frac{n\pi}{b}\right)^4$$

若 $B_{16}=B_{26}=0$，则 $T_{13}=T_{23}=0$，式(8-41)与式(8-38)相同。

对于 $E_1/E_2=40$，$G_{12}/E_2=0.5$，$\nu_{21}=0.25$ 的石墨/环氧复合材料层合方板的屈曲载荷数值与 θ 的关系表示在图 8-12 中，反对称角铺设层合方板单向相对屈曲载荷与 E_1/E_2 的关系表示在图 8-13 中。

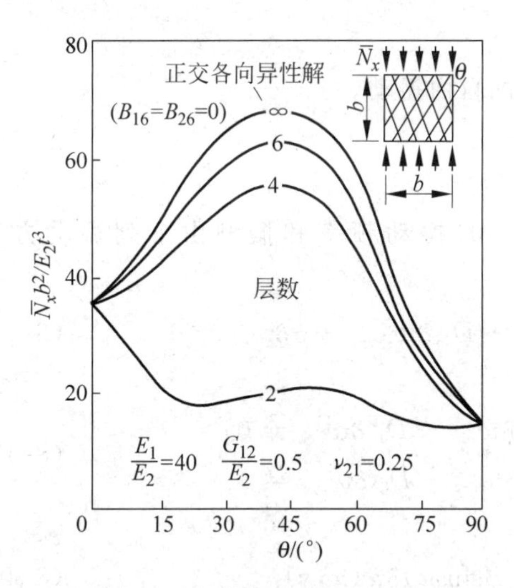

图 8-12 反对称角铺设层合方板屈曲载荷与 θ 的关系

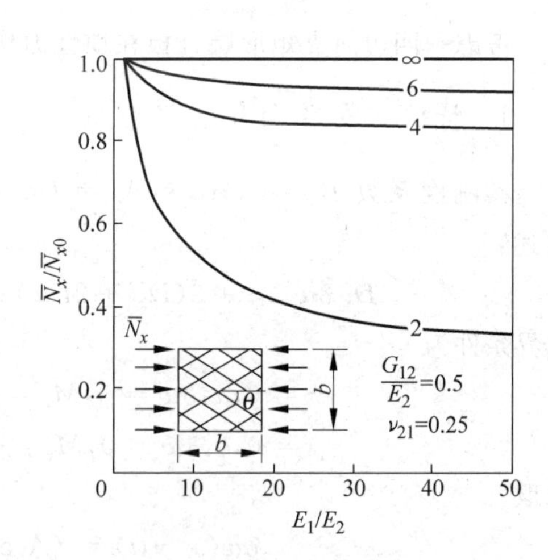

图 8-13 反对称角铺设层合方板单向相对屈曲载荷与 E_1/E_2 的关系

8.4 层合平板的振动

对于板的振动问题，主要是求解板的固有频率和振型，这里限于讨论自由振动。与屈曲问题类似，板的固有频率理论上有无穷多个，其中最低的频率称为板的基频，与屈曲问题不同的是工程应用上除基频外，有时也需要求出其他更高阶的频率值，另外，往往需了解相应于各阶频率的振型。

8.4.1 振动方程和边界条件

考虑到板的运动惯性力，振动方程为

$$\left.\begin{aligned}&\delta N_{x,x}+\delta N_{xy,y}=0\\&\delta N_{xy,x}+\delta N_{y,y}=0\\&\delta M_{x,xx}+2\delta M_{xy,xy}+\delta M_{y,yy}=\rho\delta w_{,tt}\end{aligned}\right\}\tag{8-42}$$

其中，δ 表示从平衡状态起的变分，挠度 δw 不只是坐标 x，y 而且还是时间的函数，ρ 是板的单位面积质量，$\delta w_{,tt}$ 是加速度。

考虑无横向载荷 q 并略去 N_x，N_y，N_{xy} 平面载荷，板的自由振动方程为

$$\begin{aligned}&D_{11}\delta w_{,xxxx}+2(D_{12}+2D_{66})\delta w_{,xxyy}+D_{22}\delta w_{,yyyy}\\&\quad+4D_{16}\delta w_{,xxxy}+4D_{26}\delta w_{,xyyy}+\rho\delta w_{,tt}=0\end{aligned}\tag{8-43}$$

边界条件和屈曲问题相同。

8.4.2 简支层合板的自由振动

考虑一四边简支矩形层合板在惯性力作用下的自由振动。

1. 特殊正交各向异性层合板

其刚度系数 $B_{ij}=0$，$A_{16}=A_{26}=D_{16}=D_{26}=0$，振动频率和振型由下列振动方程描述：

$$D_{11}\delta w_{,xxxx}+2(D_{12}+2D_{66})\delta w_{,xxyy}+D_{22}\delta w_{,yyyy}+\rho\delta w_{,tt}=0\tag{8-44}$$

边界条件为

$$\left.\begin{aligned}&x=0,a:\delta w=0,M_x=-D_{11}\delta w_{,xx}-D_{12}\delta w_{,yy}=0\\&y=0,b:\delta w=0,M_y=-D_{12}\delta w_{,xx}-D_{22}\delta w_{,yy}=0\end{aligned}\right\}\tag{8-45}$$

选取

$$\delta w(x,y,t)=(A\cos\omega t+B\sin\omega t)\delta w(x,y)\tag{8-46}$$

将此问题分为时间和空间两部分。为使式(8-46)满足方程(8-44)和边界条件(8-45)，进一步选取

$$\delta w(x,y)=\sin\frac{m\pi x}{a}\sin\frac{n\pi y}{b}$$

即

$$\delta w(x,y,t)=(A\cos\omega t+B\sin\omega t)\sin\frac{m\pi x}{a}\sin\frac{n\pi y}{b}$$

将上式代入方程(8-44)得

$$\omega^2=\frac{\pi^4}{\rho}\left[D_{11}\left(\frac{m}{a}\right)^4+2(D_{12}+2D_{66})\left(\frac{m}{a}\right)^2\left(\frac{n}{b}\right)^2+D_{22}\left(\frac{n}{b}\right)^4\right]\tag{8-47}$$

式中，各频率 ω 对应于不同振型，当 $m=1$，$n=1$ 时得到基频。

表 8-1 两种简支方板较低振动频率

振型	特殊正交各向异性			各向同性		
	m	n	K	m	n	K
第一	1	1	3.60555	1	1	2
第二	1	2	5.83095	1	2	5
第三	1	3	10.44031	2	1	5
第四	2	1	13.00	2	2	8

例如 $D_{11}/D_{22}=10$，$(D_{12}+2D_{66})/D_{22}=1$ 的特殊正交各向异性方板的 4 个较低频率和各向同性方板的 4 个较低频率列在表 8-1 中，表中系数 K 由下式定义：

$$\omega=\frac{K\pi^2}{a^2}\sqrt{\frac{D_{22}}{\rho}},\quad K=\sqrt{10m^4+2m^2n^2+n^4}$$

其中各向同性板 $D_{11}=D_{22}=D=(D_{12}+2D_{66})$，$D_{66}=\frac{1-\nu}{2}D$，相应的振型表示在图 8-14 中，图中节线（任何时刻均为零挠度的线）用虚线表示。

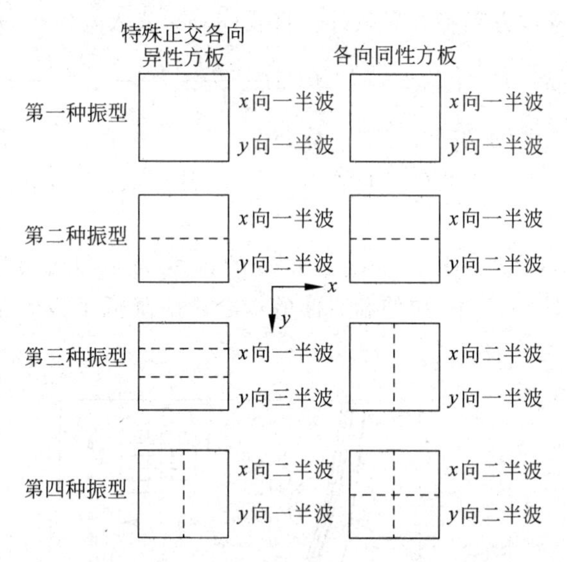

图 8-14 简支方形特殊正交各向异性板和各向同性板的几种振型形式

2. 对称角铺设层合板

其振动方程为

$$\begin{aligned}D_{11}\delta w_{,xxxx}+4D_{16}\delta w_{,xxxy}+2(D_{12}+2D_{66})\delta w_{,xxyy}\\+4D_{26}\delta w_{,xyyy}+D_{22}\delta w_{,yyyy}+\rho\delta w_{,tt}=0\end{aligned}\tag{8-48}$$

简支边界条件与前面的屈曲情况同，由于方程和边界条件中存在 D_{16} 和 D_{26}，选取

$$\delta w(x,y,t)=\sum_{m=1}^{\infty}\sum_{n=1}^{\infty}a_{mn}(t)\sin\frac{m\pi x}{a}\sin\frac{n\pi y}{b}$$

它满足位移边界条件但不满足力的边界条件，可利用最小势能原理瑞利-里茨法求近似解。

3. 反对称正交铺设层合板

由于存在拉弯耦合，$B_{11}\neq 0, B_{22}=-B_{11}, A_{11}=A_{22}, D_{11}=D_{22}$，振动方程是联立的（$\delta u$，$\delta v$，$\delta w$ 之间）：

$$\left.\begin{aligned}&A_{11}\delta u_{,xx}+A_{66}\delta u_{,yy}+(A_{12}+A_{66})\delta v_{,xy}-B_{11}\delta w_{,xxx}=0\\&(A_{12}+A_{66})\delta u_{,xy}+A_{66}\delta v_{,xx}+A_{11}\delta v_{,yy}+B_{11}\delta w_{,yyy}=0\\&D_{11}(\delta w_{,xxxx}+\delta w_{,yyyy})+2(D_{11}+2D_{66})\delta w_{,xxyy}\\&-B_{11}(\delta u_{,xxx}-\delta v_{,yyy})+\rho\delta w_{,tt}=0\end{aligned}\right\}\tag{8-49}$$

简支边界条件 s_2 与屈曲情况同。选取位移为

$$\left.\begin{aligned}\delta u(x,y,t)&=u_0\cos\frac{m\pi x}{a}\sin\frac{n\pi y}{b}e^{i\omega t}\\\delta v(x,y,t)&=v_0\sin\frac{m\pi x}{a}\cos\frac{n\pi y}{b}e^{i\omega t}\\\delta w(x,y,t)&=w_0\sin\frac{m\pi x}{a}\sin\frac{n\pi y}{b}e^{i\omega t}\end{aligned}\right\}\tag{8-50}$$

它们任何时刻都满足基本方程和边界条件。将式(8-50)代入式(8-49)得

$$\omega^2=\frac{1}{\rho}\left(T_{33}+\frac{2T_{12}T_{23}T_{13}-T_{22}T_{13}^2-T_{11}T_{23}^2}{T_{11}T_{22}-T_{12}^2}\right)\tag{8-51}$$

式中 $T_{ij}(i=1,2,3)$ 与式(8-38)中 T_{ij} 一样，注意 $B_{11}=0$ 时 $T_{13}=T_{23}=0$，又 $D_{11}=D_{22}$，式(8-51)简化为式(8-47)。把式(8-51)作为 m 和 n 的函数处理，取极小值，基本频率相应于 $m=1$ 和 $n=1$。

对于 $E_1/E_2=40, G_{12}/E_2=0.5$ 和 $\nu_{21}=0.25$ 的石墨/环氧复合材料层合板，式(8-51)得到的数值结果表示于图 8-15 中，拉伸和弯曲的耦合影响降低了板的振动频率，随着层数增加，耦合影响减小。

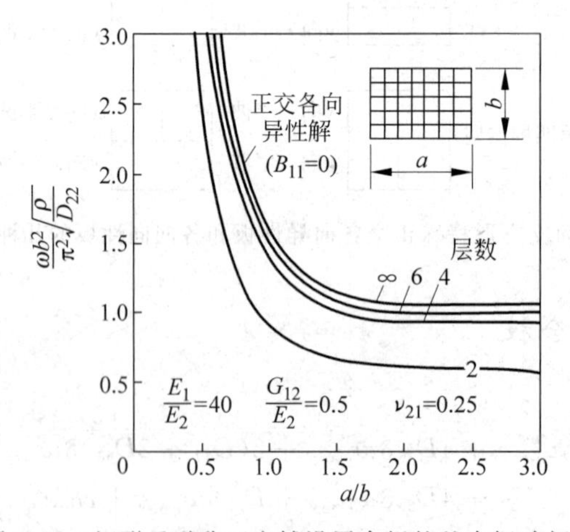

图 8-15　矩形反对称正交铺设层合板的基本振动频率

4. 反对称角铺设层合板

其振动方程为

$$\left.\begin{aligned}&A_{11}\delta u_{,xx}+A_{66}\delta u_{,yy}+(A_{12}+A_{66})\delta v_{,xy}\\&\quad -3B_{16}\delta w_{,xxy}-B_{26}\delta w_{,yyy}=0\\&(A_{12}+A_{66})\delta u_{,xy}+A_{66}\delta v_{,xx}+A_{22}\delta v_{,yy}\\&\quad -B_{16}\delta w_{,xxx}-3B_{26}\delta w_{,xyy}=0\\&D_{11}\delta w_{,xxxx}+2(D_{12}+2D_{66})\delta w_{,xxyy}+D_{22}\delta w_{,yyyy}\\&\quad -B_{16}(3\delta u_{,xxy}+\delta v_{,xxx})-B_{26}(\delta u_{,yyy}+3\delta v_{,xyy})+\rho\delta w_{,tt}=0\end{aligned}\right\}\tag{8-52}$$

简支边界条件 s_3 与屈曲情况一样，选取位移为

$$\left.\begin{aligned}\delta u(x,y,t)&=u_0\sin\frac{m\pi x}{a}\cos\frac{n\pi y}{b}e^{i\omega t}\\\delta v(x,y,t)&=v_0\cos\frac{m\pi x}{a}\sin\frac{n\pi y}{b}e^{i\omega t}\\\delta w(x,y,t)&=w_0\sin\frac{m\pi x}{a}\sin\frac{n\pi y}{b}e^{i\omega t}\end{aligned}\right\}\tag{8-53}$$

它们满足边界条件和振动方程，将式(8-53)代入式(8-52)，求非零解得到

$$\omega^2=\frac{1}{\rho}\left(T_{33}+\frac{2T_{12}T_{23}T_{13}-T_{22}T_{13}^2-T_{11}T_{23}^2}{T_{11}T_{22}-T_{12}^2}\right)\tag{8-54}$$

式中 $T_{ij}(i,j=1,2,3)$ 与屈曲情况式(8-41)中的 T_{ij} 一样，若 $B_{16}=B_{26}=0$ 时，$T_{13}=T_{23}=0$，则式(8-54)简化为式(8-47)。

以层合角 θ 为函数的 $E_1/E_2=40$，$G_{12}/E_2=0.5$ 和 $\nu_{21}=0.25$ 的石墨/环氧复合材料层合板的振动频率结果表示于图 8-16 中，耦合刚度 B_{16} 和 B_{26} 的影响降低了基本振动频率；当层数增加时，耦合刚度的影响减小，其他复合材料也有此规律。

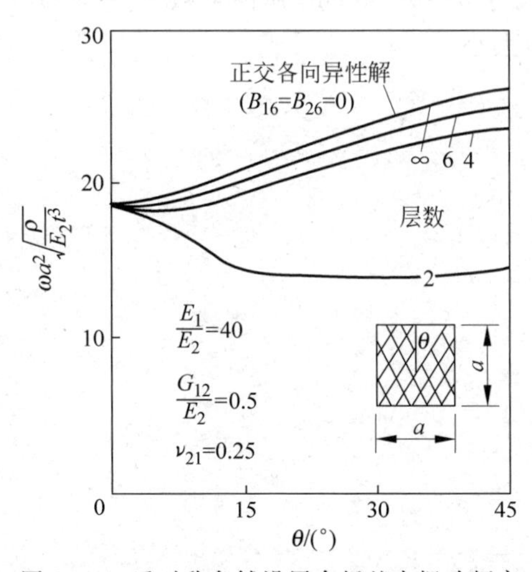

图 8-16 反对称角铺设层合板基本振动频率

8.5 层合板中耦合影响的简单讨论

从以上各节讨论的各种层合板弯曲、屈曲和振动问题可以看出耦合效应的影响。

层合板中拉伸-弯曲耦合效应一般会增加挠度、降低屈曲载荷和振动频率，因此可以得

出耦合效应减小层合板有效刚度的结论。

同样,存在扭转-弯曲耦合刚度 D_{16},D_{26} 使层合板挠度增加,屈曲载荷和频率减小,在拉弯和弯扭两种耦合都存在时,对于一定厚度的反对称或对称层合板的挠度、屈曲载荷和振动频率的影响随着层数增加而迅速衰减。

为消除耦合效应,理论上可采用对称铺层,此外,对非对称层合板可按一定规则增加铺层层数以减小耦合效应。有时由于工程应用和受力情况需要利用耦合效应,这是层合复合材料的重要特性,例如叶片类产品要求进行零扭曲率设计。

习　题

8-1 已知碳/环氧材料的 $E_1=2.00\times10^5$ MPa,$E_2=2.0\times10^4$ MPa,$\nu_{21}=0.30$,$G_{12}=1.0\times10^4$ MPa,4层层合板$(0°/90°)_s$ 双支点简支梁,受中点集中力 P,跨度 $l=100$mm,宽 $b=20$mm,总厚 $t=4$mm。试求挠度 w 的表达式(x 轴沿0°方向)。

8-2 一四边简支多层正交铺设矩形层合板$(0°t_1/90°2t_1/0°t_1)$,几何尺寸为 $a=200$cm,$b=100$cm,总厚 $t=1.6\text{cm}=4t_1$,单层板特性为 $E_1=1.0\times10^5$ MPa,$E_2=2.0\times10^4$ MPa,$\nu_{21}=0.20$,$G_{12}=5.0\times10^3$ MPa。试求:(1)均布载荷 $q_0=1.0\times10^{-3}$ MPa作用下板中总挠度;(2)面内压载 N_x 作用下板的临界屈曲载荷;(3)板的自振基频 ω。

8-3 一四边简支规则对称角铺设层合板,其铺层为$(45°/-45°/45°)_s$,每层厚3mm,板受面内压载 N_x 作用,板尺寸 $a=b=40$cm,弹性常数 $E_1=50$GPa,$E_2=10$GPa,$\nu_{21}=0.30$,$G_{12}=5$GPa,试求屈曲载荷大小。

第9章 若干专题

9.1 混杂复合材料及其力学分析

9.1.1 概述

可根据需要设计复合材料，混杂复合材料由两种或两种以上复合材料构成，它通常用两种纤维增强同一种基体而制成，如设计合理可具备更优异的综合性能。

混杂复合材料的出现，一开始是由于玻璃纤维复合材料模量较低，而碳纤维复合材料模量虽高，但性脆、价格又高，因此发展成混合采用碳纤维和玻璃纤维共同增强树脂的新型材料，其比强度、比刚度高，而断裂韧性又较好。现在已出现了很多其他类型混杂复合材料，在许多领域得到成功应用。

混杂复合材料分类如图9-1所示，有以下几种。

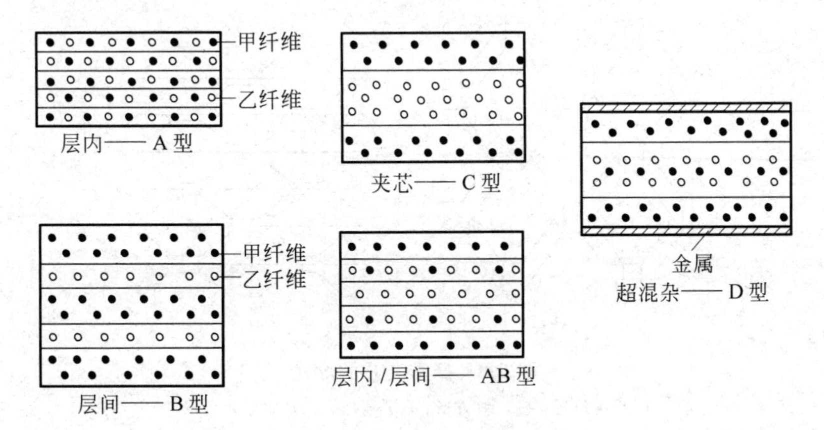

图9-1 混杂复合材料分类

(1) 层内混杂复合材料——A型　它由两种纤维按比例均匀分散在同一基体中构成。

(2) 层间混杂复合材料——B型　由两种不同单纤维复合材料单层以不同比例及方式交替铺设构成。

(3) 夹芯结构——C型　由一种单纤维复合材料芯层(core)和另一种单纤维复合材料表层(shell)组成。

(4) 层内/层间混杂复合材料——AB型。

(5) 超混杂复合材料——D型　由金属材料、各种单一复合材料(包括蜂窝夹芯或泡沫塑料夹芯等)组成。超混杂复合材料根据结构件实际受力使用要求制成,当前用于航空结构的Arall材料(aramid reinforced aluminium laminates)实质上是纤维复合材料与铝板复合的混杂复合材料,其力学性能与铝合金比较如表9-1所示。

表9-1　Arall材料与铝合金性能比较

性　　能	2024—T3	Arall
相对密度	2.8	2.45
屈服极限 $\sigma_{0.2}$/MPa	360	500
抗拉强度/MPa	470	700
压缩比例极限/MPa	270	400
有钝缺口强度/MPa	450	550

另一种超混杂复合材料是混杂复合夹层结构,分为单纤维复合材料面板与不同形式的蜂窝夹芯复合、混杂复合材料面板与不同形式的夹芯复合和不同内外混杂面板与不同夹芯复合。蜂层夹芯形状如图9-2所示。

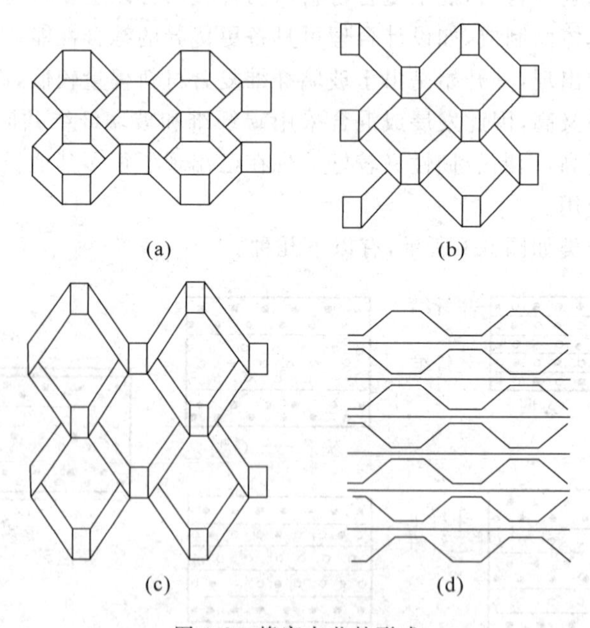

图9-2　蜂窝夹芯的形式

(a) 六角形；(b) 斜方形；(c) 菱形；(d) 加强六角形

混杂复合材料目前主要有下列体系：

（1）碳纤维-玻璃纤维/环氧树脂；

（2）碳纤维-芳纶纤维/环氧；

（3）玻璃纤维-芳纶纤维/环氧；

（4）纤维复合材料——金属超混杂体系。

混杂复合材料的主要优点：

（1）相对于碳、硼单纤维复合材料，混杂材料成本明显下降。

（2）冲击强度和断裂韧性显著提高。碳纤维复合材料冲击强度低，呈脆性破坏，在该材料中用15%玻璃纤维与碳纤维混杂，则其冲击韧性改善，冲击强度可增大2～3倍。

（3）疲劳强度提高。相对于玻璃纤维复合材料，在某些特定纤维含量及铺设方式下混杂复合材料疲劳强度明显提高。

（4）特殊的热膨胀性能。利用碳纤维、芳纶纤维沿轴向负的热膨胀系数可制成预定或零膨胀系数的混杂复合材料，这在计量仪器及通信卫星等领域有广泛应用。

（5）改善刚度、振动衰减性以及提高断裂应变。

9.1.2 混杂复合材料的力学性能

1. 单向纤维混杂复合材料的拉伸性能

A型混杂复合材料常用于理论研究，目前应用的混杂复合材料大部分是B，C型体系。

（1）纵向拉伸模量（参看第11章）

由于层合板面内刚度与铺设顺序无关，A，C型混杂纤维复合材料在基体含量 c_m 和两种纤维相对含量相同时，纵向拉伸模量应相等，并符合混合律。以碳-玻璃/环氧为例，设基体对复合材料刚度的贡献可忽略不计（因为 $E_m \ll E_f$），则0°方向模量混合律为

$$E_{Ht} = (1 - c_m)(E_c c_c + E_g c_g) \tag{9-1}$$

式中，E_{Ht} 为混杂纤维复合材料纵向（0°）拉伸模量；c_c，c_g 分别为碳纤维、玻璃纤维的相对体积含量，$(c_c + c_g = 1)$；E_c，E_g 分别为碳纤维、玻璃纤维的拉伸模量；c_m 为基体在复合材料中的体积含量。实验值与上式计算值很符合。

（2）纵向拉伸强度

一般基体采用中模量环氧树脂，这样有

$$\varepsilon_g > \varepsilon_m > \varepsilon_c$$

式中，ε_g，ε_m，ε_c 分别表示玻璃纤维、环氧树脂基体和碳纤维的断裂应变。由此可知，单向纤维混杂复合材料的纵向断裂应变由碳纤维控制，当混杂复合材料被拉伸到 ε_c 时碳纤维断裂，碳纤维所承受载荷转给玻璃纤维承担。当玻璃纤维的拉伸强度高于碳纤维的拉伸强度，且碳纤维含量小于某一临界含量时，拉伸破坏为二级破坏。

如略去树脂的承载能力，则单向纤维混杂复合材料纵向一级拉伸强度为（由碳纤维 ε_c 控制）

$$\sigma_{Ht\,I} = (1 - c_m)\varepsilon_c(E_c c_c + E_g c_g) \tag{9-2}$$

设$\frac{E_g}{E_c}=k$,上式可写成

$$\begin{aligned}\sigma_{\mathrm{Ht\,I}} &= (1-c_m)\varepsilon_c E_c(c_c+kc_g) = (1-c_m)X_{fc}[(1-kc_c)+k] \\ &= Ac_c + B\end{aligned} \tag{9-3}$$

其中,$A=(1-c_m)X_{fc}(1-k)$,$B=(1-c_m)X_{fc}k$,X_{fc}为碳纤维拉伸强度。

由玻璃纤维断裂应变控制的二级拉伸强度为(X_{fg}为玻璃纤维拉伸强度)

$$\sigma_{\mathrm{Ht\,II}} = (1-c_m)X_{fg}c_g \tag{9-4}$$

由$\sigma_{\mathrm{Ht\,I}}=\sigma_{\mathrm{Ht\,II}}$,得

$$c_c = \frac{1}{1+\dfrac{X_{fc}}{X_{fg}-kX_{fc}}} = c_{cr} \tag{9-5}$$

即一级和二级拉伸强度相等时碳纤维相对临界体积含量以c_{cr}表示,当$c_c<c_{cr}$时拉伸为二级破坏,$c_c>c_{cr}$时为一级破坏。实际上由于碳纤维和玻璃纤维的断裂应变都有一定的分散,因此实验结果与计算比较证明,计算的c_{cr}与实验结果基本吻合。对C型(夹芯)混杂复合材料$c_c<c_{cr}$时明显为二级破坏,并有$\sigma_{\mathrm{Ht\,I}}<\sigma_{\mathrm{Ht\,II}}$,当$c_c>c_{cr}$时有$\sigma_{\mathrm{Ht\,I}}>\sigma_{\mathrm{Ht\,II}}$,且随$c_c$增大二级破坏渐不明显;对于B型混杂(层间)复合材料,在c_c范围内有$\sigma_{\mathrm{Ht\,I}}>\sigma_{\mathrm{Ht\,II}}$。图9-3表示C型混杂C-G复合材料拉伸强度与碳纤维含量的关系,表明实验值比计算的拉伸强度较高,但c_{cr}较接近。

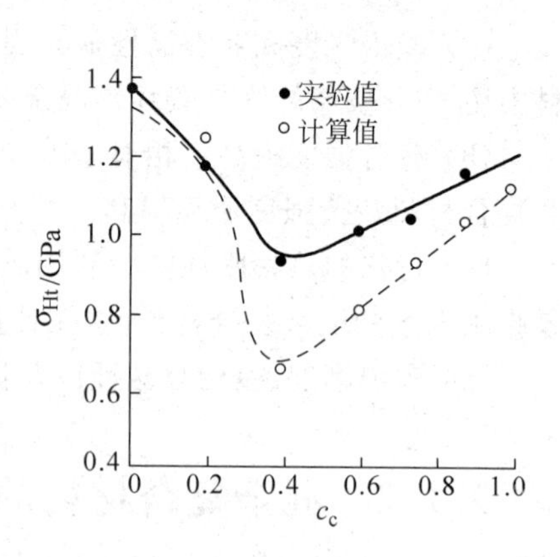

图9-3　C型(夹芯)混杂复合材料拉伸强度与碳纤维含量的关系

(3) 横向拉伸模量和强度

B型层间混杂复合材料的横向拉伸模量高于树脂基体的拉伸模量,而随碳纤维含量增高,横向拉伸模量有所下降。

单向纤维混杂复合材料在0.4%应变下横向拉伸强度随纤维相对含量的变化不大,而最终拉伸强度随纤维相对含量的增加而减小。由于玻璃纤维与树脂形成的界面粘结强度大于碳纤维与树脂的界面强度,这样,玻璃纤维复合材料横向拉伸强度Y_{tg}大于碳纤维复合材料横向拉伸强度Y_{tc},因此混杂复合材料的横向拉伸强度由Y_{tc}控制。

2. 单向混杂复合材料的弯曲性能

(1) 弯曲性能与拉伸性能比较,由于受力较拉伸复杂,用它来研究其力学行为更为合理。混杂纤维复合材料的弯曲性能实验方法与单一纤维复合材料一样,通常有三点和四点弯曲方法。

表9-2给出了CFRP, GFRP和混杂夹芯梁的弯曲模量。从中可见,玻璃纤维复合材料表层加入少量碳纤维可提高梁的刚度。表中列出了理论计算值和实测值。碳纤维及玻璃纤维层内、层间和夹芯不同混杂弯曲梁的弯曲模量列于表9-3中,由表中数据可知,层间和层内混杂情况的弯曲模量也基本服从混合律。

混杂复合材料弯曲模量的理论计算方法是根据材料力学平面假设,CF-GF梁的弯曲基本公式为

表 9-2 混杂纤维复合材料夹芯梁弯曲模量的计算值和实测值

试 件	弯曲模量 $E_{Hy}(c_f=60\%)/10^4$ MPa		碳纤维相对含量/%
	计算值	实测值	
GFRP	—	4.16	0
Hy—01	5.90	5.74	14.3
Hy—02	7.45	6.71	33.3
Hy—03	8.03	8.00	44.3
Hy—04	8.64	8.81	65.6
Hy—05	8.77	9.05	83.6
CFRP	—	8.42	100

表 9-3 不同混杂方式混杂复合材料的弯曲模量

试 件	弯曲模量 $E_{Hy}/10^4$ MPa		碳纤维相对含量/%
	计算值	实测值	
GFRP	—	4.16	0
Hy—A	6.38	6.61	层内 46.6
Hy—B	6.95	7.46	层间 44.9
Hy—C	4.76	4.47	夹芯 49.9
CFRP	—	8.42	100

$$\varepsilon=\frac{y}{R},\quad \sigma_c=E_c\varepsilon=\frac{E_c y_c}{R}$$

$$\sigma_g=E_g\varepsilon=\frac{E_g y_g}{R}$$

$$M=\int_A \sigma_y \mathrm{d}A=\frac{E_c}{R}I_c+\frac{E_g}{R}I_g$$

式中，E_c，E_g 分别为纯碳纤维、纯玻璃纤维复合材料梁的弯曲模量，I_c，I_g 分别为混杂复合材料梁中碳纤维和玻璃纤维的截面惯性矩，R 为混杂纤维梁的曲率半径。

使用复合梁理论可较好地计算弯曲刚度。日本的宫入裕夫等采用梁弯曲刚度叠加的方式对对称铺层且材料拉压特性相同的混杂纤维复合材料梁的弯曲模量进行计算，如图 9-4 所示，层间混杂纤维复合材料梁的弯曲刚度为

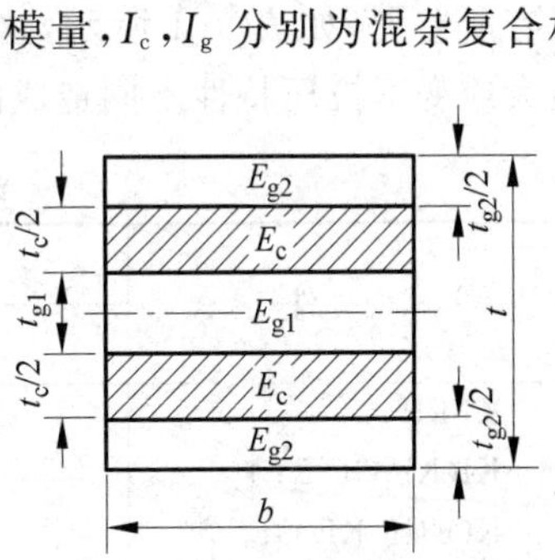

图 9-4 层间混杂梁截面示意图

$$\begin{aligned}(EI)_{Hy}&=E_{g1}I_{g1}+E_{g2}I_{g2}+E_cI_c\\&=\frac{bt^3}{12}E_{g1}\left\{\left(\frac{t_{g1}}{t}\right)^3+\frac{E_c}{E_{g1}}\left[\left(\frac{t_{g1}}{t}+\frac{t_c}{t}\right)^3-\left(\frac{t_{g1}}{t}\right)^3\right]\right.\\&\quad\left.+\frac{E_{g2}}{E_{g1}}\left[\left(\frac{t_{g1}}{t}-\frac{t_c}{t}+\frac{t_{g2}}{t}\right)^3-\left(\frac{t_{g1}}{t}+\frac{t_c}{t}\right)^3\right]\right\}\end{aligned}\qquad(9\text{-}6)$$

式中，t 为梁厚度，t_c，t_g 分别为碳纤维、玻璃纤维复合材料的厚度，E_c，E_g 分别为碳纤维、玻璃纤维复合材料的模量，I 为各层截面的二次惯量。其中

$$
\left.\begin{aligned}
I_{g1} &= \frac{bt^3}{12}\left(\frac{t_{g1}}{t}\right)^3 = \frac{bt_{g1}^3}{12} \\
I_{g2} &= \frac{bt^3}{12}\left[\left(\frac{t_{g1}}{t}+\frac{t_c}{t}+\frac{t_{g2}}{t}\right)^3 - \left(\frac{t_{g1}}{t}+\frac{t_c}{t}\right)^3\right] \\
I_c &= \frac{bt^3}{12}\left[\left(\frac{t_{g1}}{t}+\frac{t_c}{t}\right)^3 - \left(\frac{t_{g1}}{t}\right)^3\right]
\end{aligned}\right\} \tag{9-7}
$$

式中，I_{g1}，I_{g2} 和 I_c 分别为玻璃纤维 1、玻璃纤维 2、碳纤维层截面的二次惯量。

混杂纤维复合材料梁的整个截面惯量为

$$
I_{Hy} = \frac{1}{12}bt^3
$$

所以，混杂纤维复合材料的表观弯曲模量为

$$
\begin{aligned}
E_{Hy} &= \frac{(EI)_{Hy}}{I_{Hy}} \\
&= E_{g1}\left\{\left(\frac{t_{g1}}{t}\right)^3 + \frac{E_c}{E_{g1}}\left[\left(\frac{t_{g1}}{t}+\frac{t_c}{t}\right)^3 - \left(\frac{t_{g1}}{t}\right)^3\right]\right. \\
&\quad \left. + \frac{E_{g2}}{E_{g1}}\left[\left(\frac{t_{g1}}{t}+\frac{t_c}{t}+\frac{t_{g2}}{t}\right)^3 - \left(\frac{t_{g1}}{t}+\frac{t_c}{t}\right)^3\right]\right\}
\end{aligned} \tag{9-8}
$$

对于夹芯混杂梁可简化为 $t_{g2}=0$ 的特例，上式为

$$
E_{Hy} = E_g\left\{\left(\frac{t_g}{t}\right)^3 + \frac{E_c}{E_g}\left[1-\left(\frac{t_g}{t}\right)^3\right]\right\} \tag{9-9}
$$

表 9-2 所列数据为用式(9-9)计算的夹芯梁弯曲模量值和实测值，表 9-2 中数据可用图 9-5 表示，可见计算值与实验值比较一致。

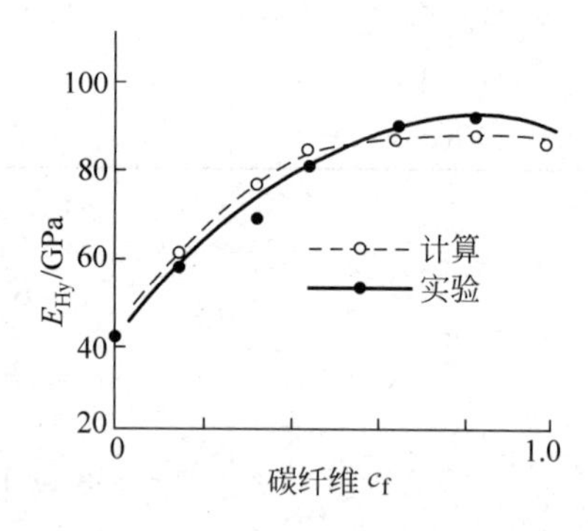

图 9-5 CF-GF 混杂夹芯梁弯曲模量与碳纤维含量的关系

比较芳纶纤维和玻璃纤维夹芯混杂梁，发现 GF-KF-GF 与 KF-GF-KF 夹芯梁的计算值与实测值有所差别，如表 9-4 所示，这可能是由于 KF 层在大应变下拉压特性不同造成的。

表 9-4 KF-GF 夹芯混杂梁弯曲模量

试件	弯曲模量/10^4 MPa		K-49 含量/%
	计算值	实测值	
KFRP	—	4.74	100
KI(KF-GF-KF)	4.67	4.79	48.1
KO(GF-KF-GF)	4.23	3.88	48.9
GFRP	—	4.17	0

(2) 弯曲强度

日本佐藤重正证明对单向 CF-GF 混杂复合材料梁可按复合梁理论推断弯曲模量、比例极限及弯曲强度且有较高的精度，其模量的实验值为计算值的 91%～98%，弯曲强度为 96%～119%。

对于混杂纤维复合材料，弯曲载荷作用下首先两个表层分别受拉压应力，以 CFRP 为

表层的混杂夹芯梁，不仅应力应变特性取决于表层碳纤维，且其强度性质也接近于 CFRP，所以一级破坏几乎是受拉、受压的 CFRP 同时断裂，二级破坏由于 CF 体积含量不同而有不同模式。

对于混杂夹芯梁弯曲强度的计算公式可由弯曲模量式引出，如 CFRP 的弯曲强度为 σ_c，弯曲断裂应变为 ε_{yc}，则混杂纤维复合材料初始断裂应力 σ_{cI} 为

$$(\sigma_{cI})_{Hy}=E_{Hy}\varepsilon_{yc}=E_c\varepsilon_{yc}\left\{\left[1-\left(\frac{t_g}{t}\right)^3\right]+\frac{E_g}{E_c}\left(\frac{t_g}{t}\right)^3\right\}$$

$$=\sigma_c\left\{\left[1-\left(\frac{t_g}{t}\right)^3\right]+\frac{E_g}{E_c}\left(\frac{t_g}{t}\right)^3\right\} \tag{9-10}$$

由此式可知断裂应力主要同板厚比有关。实验表明初始断裂应力在 c_c 较高时与计算值符合较好，c_c 较低时相差较大。

对于 KF-GF 夹芯梁的弯曲强度，由于 KF 拉压性能不同，表现在不同混杂方式有不同的力学性能。对于 GF-KF-GF 夹芯混杂梁，其强度性质主要取决于表层 GF，用复合梁理论计算弯曲性能与实验结果符合，它的初始破坏为受压侧 GF 的压缩破坏，表现出单一 GFRP 相同的破坏特性。KF-GF-KF 夹芯梁与单一 KFRP 的断裂特性不同，一级破坏对应受拉侧 KF 为拉伸破坏。单一 KFRP 在大应变时拉伸模量大于压缩模量，在受弯时，弯矩作用使梁在失稳前中性轴发生偏移，KFRP 的压缩应变要比拉伸应变大得多。这种现象还应进行深入研究。

9.1.3 混杂效应

混杂纤维复合材料的力学性能具有综合效果，它同原来两种单一纤维复合材料的性能有关，有些性能在一定条件下符合混合律，而有些性能与混合律出现正的(偏高)或负的(偏低)偏差。这种偏离混合律关系的现象称为混杂效应。混杂复合材料可能在强度、模量、疲劳特性、断裂功和断裂应变(延伸率)等力学性能方面具有正的混杂效应，也可能在其他物理、化学性能方面有负的混杂效应，我们研究和应用混杂复合材料主要追求正的混杂效应。

混杂效应的表现形式有以下几方面。

(1) 断裂应变的混杂效应

很早就有人发现混杂复合材料的断裂应变有正的混杂效应。例如，图 9-6 为碳-玻璃/环氧单向 C 型混杂复合材料的应力应变曲线，碳纤维复合材料层断裂应变较低为 ε_c，玻璃纤维复合材料层断裂应变较高，$\varepsilon_g\approx 2.5\varepsilon_c$。实验表明该 C 型混杂复合材料的起始断裂应变不在 ε_c 处而在 ε_{HI} 处，且 $\varepsilon_{HI}\approx 1.4\varepsilon_c$。从图中曲线看，起始破坏不在 A 处而在 B 处，OB 段仍满足下式(E_{Hy} 为混杂复合材料弹性模量)：

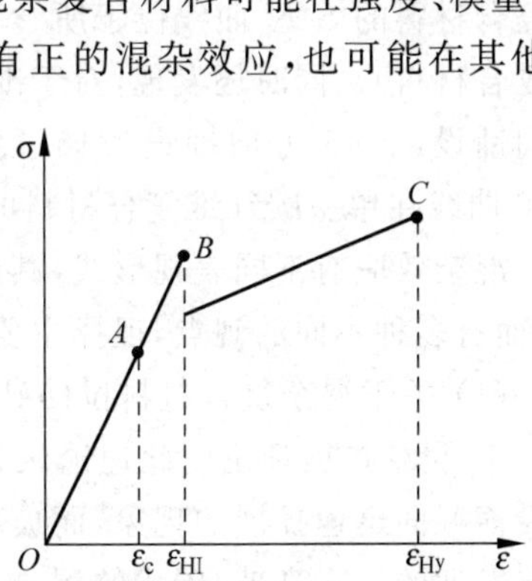

图 9-6 单向 C 型 CF-GF/EP 混杂复合材料应力-应变关系

$$E_{Hy}=E_c c_c+E_g c_g+E_m c_m \tag{9-11}$$

式中，c_c，c_g 和 c_m 分别是碳纤维、玻璃纤维和环氧的体积含量，E_c，E_g 和 E_m 分别为其弹性模

量。这种混杂复合材料的断裂应变比单一碳纤维复合材料的断裂应变增加约40%,此外,用B型(层间)混杂复合材料也可得到类似的混杂效应结果。

(2) 拉伸强度的混杂效应

B型单向碳-玻璃/环氧混杂复合材料的拉伸强度σ_{Ht}可计算如下:

$$\sigma_{Ht} = (1 - c_m)\varepsilon_c(E_c c_c + E_g c_g) \tag{9-12}$$

计算值与实验值相比,发现实验值高于计算值,超过量与纤维相对体积含量有关,最多达43%,此值对应于碳纤维临界含量附近。

由于断裂应变有约40%的正混杂效应,上式中的ε_c应取为ε_{HI},这样对拉伸强度混杂效应的解释与断裂应变的混杂效应统一了。实验还发现弯曲强度也有正的混杂效应。

(3) 断裂功的混杂效应

断裂功的混合律为

$$W_H = W_a c_a + W_b c_b \tag{9-13}$$

式中,W_H为混杂复合材料的断裂功,W_a,W_b分别为单一a和b纤维复合材料的断裂功,c_a和c_b分别为a和b单一复合材料在混杂复合材料中的体积含量。

将A,B,C三种类型混杂复合材料进行冲击试验测定断裂功,发现在大多数铺层形式和通常的纤维相对含量情况下,都出现负的混杂效应,只有少数情况下出现正的混杂效应。

(4) 疲劳强度的混杂效应

在一般情况下,单向混杂纤维复合材料的疲劳强度与混合律的计算值接近。例如,在给定应力比下循环至N次时,玻璃纤维复合材料的最大破坏应力为S_g,碳纤维复合材料的最大破坏应力为S_c,它们的体积含量分别为c_g,c_c,则碳-玻璃混杂纤维复合材料在同一应力比和同样循环次数N下最大破坏应力为

$$S_H = S_c c_c + S_g c_g \tag{9-14}$$

经研究发现,只有在CF-GF比为3∶1时,单向混杂复合材料才有正的混杂效应,且混杂复合材料的S-N曲线位于所含单一复合材料中S-N曲线位置较高者之上(这里是碳纤维复合材料)。同时还发现,对于准各向同性混杂复合材料(例如碳纤维以1∶1在0°和90°方向铺设,±45°方向铺设玻璃纤维),在碳-玻璃比为3∶1时也具有正的混杂效应,其中S-N曲线在单一碳纤维复合材料的S-N曲线之上。

混杂效应有不同表现形式,其产生的原因也常有不同。对此目前还没有统一的理论解释,而有多种不同的观点,现择主要几种作一简介。

(1) 关于混杂复合材料拉伸破坏的混杂效应理论,归纳为以下两种:

① 裂纹扩展理论 此理论认为,碳纤维复合材料的拉伸破坏是突然发生的,它伴有裂纹沿横截面迅速扩展的现象,而玻璃纤维复合材料的裂纹扩展易受纤维阻碍而停止,破坏不是突发性的。在高玻-碳比的混杂复合材料中,玻璃纤维对裂纹的抑制作用使裂纹扩展有个渐变过程。

② 纤维束理论 此理论认为,最弱的碳纤维和纤维束在正常碳纤维断裂应变下先断裂,但它们在混杂复合材料中与玻璃纤维密切接触且被包围,虽然首先被拉断的碳纤维已不连续,但沿纤维断口一定距离之外纤维还可继续承载,并对整个复合材料强度做贡献,这时碳纤维显示出更大断裂应变。研究表明碳纤维强度符合韦伯(Weibull)分布,因此剩余的碳纤维应更强些。对用纤维束理论和混合律分别预测的混杂复合材料的强度进行比较,发现

纤维束理论预测的稍低，但与实验结果较接近。

（2）断裂应变的混杂效应理论

研究用韧性纤维增强脆性基体的单一复合材料时发现，加入韧性纤维使脆性基体的断裂应变增大，将此应用于混杂纤维复合材料，可解释脆性纤维断裂应变的混杂效应。

Kelly 假定在复合材料界面上存在滑动摩擦，推出单一纤维增强脆性基体的复合材料断裂应变 ε_d 为

$$\varepsilon_d = \frac{4}{\pi}\frac{2\tau W_m}{E_f E_m(1+a)ar_f} \tag{9-15}$$

式中，τ 为界面剪切强度，W_m 为基体断裂功，E_f，E_m 分别为纤维和基体的弹性模量，r_f 是纤维半径，$a=\frac{E_m c_m}{E_f c_f}$。对于混杂复合材料，把脆性纤维和树脂基体当成单一纤维复合材料中的脆性基体，而把韧性纤维当成单一纤维复合材料中的纤维，把式(9-15)推广到混杂复合材料。Aveston 考虑到混杂复合材料中裂纹是在脆性纤维复合材料中扩展，将上式修正为

$$\varepsilon_d = 3\frac{2\tau W_m}{E_f E_m(1+a)ar_f} \tag{9-16}$$

式(9-15)中$\frac{4}{\pi}\approx 1$，式(9-16)中引入修正系数 3。这是注意到固定载荷下纤维和基体发生分离时裂纹开始扩展，这时有应力做功、裂纹两边基体释放弹性应变能、纤维在基体中滑动、克服摩擦力做功等综合效果，应力做更多的功，使断裂应变增大，引入系数 3 后计算值与实验结果较符合。

（3）固化残余热应变解释

当混杂复合材料中低断裂应变的纤维具有低热膨胀系数而高断裂应变的纤维有高热膨胀系数时，经加热固化并冷却至室温后，前者受压应力而产生压应变。这种混杂复合材料承受沿纤维方向的拉力时，脆性纤维内受压变为受拉，可见残余热应变对应于混杂复合材料断裂应变的混杂效应。但计算的残余热应变值只占断裂应变混杂效应实测值的很小一部分，因此残余热应变不能给此混杂效应以圆满解释。

对碳-芳纶(T300-Kevlar49)/环氧混杂复合材料在－20～100℃范围内实测$\alpha_{Hy}=-3.6\times 10^{-6}℃^{-1}$，而碳/环氧复合材料在 10～120℃范围内 $\alpha_c=0.018\times 10^{-6}℃^{-1}$。按固化残余热应变解释，此混杂复合材料应有负混杂效应，实际上其断裂应变比碳/环氧增约 32%，这说明断裂应变的混杂效应主要不是固化残余热应变引起的。

（4）断裂应变分布的统计理论

纤维强度具有统计分布性质，一般它服从 Weibull 分布。Zweben 用此解释混杂效应，由于各种纤维的弹性模量经测定基本上与纤维长度无关，因而推得纤维的断裂应变也具有统计分布性质，随纤维长度增加而降低。他用高断裂应变和低断裂应变两种纤维交替平面排列的 A 型混杂复合材料，用浸胶固化的纤维束作为统计基础，所得材料强度极限为

$$\sigma_z = \alpha_1[2nL\delta(K^\beta - 1)]^{-\frac{\beta}{2}} \tag{9-17}$$

式中，$\alpha_1=\alpha^{-\frac{1}{\beta}}$，$\alpha$，$\beta$ 为低断裂应变纤维拉伸强度的 Weibull 分布参数，断裂应变的初始值为

$$\varepsilon_{zh} = [nLpr\delta_h(K_h^s - 1)]^{-\frac{1}{q+s}} \tag{9-18}$$

相应地，只含有 $2n$ 根低断裂应变纤维的复合材料断裂应变为

$$\varepsilon_z = [2nLp^2\delta(K^q - 1)]^{-\frac{1}{2q}} \tag{9-19}$$

上两式中，p,q 为低断裂应变纤维束断裂应变的 Weibull 分布参数，r,s 为高断裂应变纤维束断裂应变的 Weibull 分布参数，L 为试样长度，δ 为低断裂应变纤维复合材料中的纤维无效长度，δ_h 为混杂复合材料中高断裂应变纤维的无效长度(指低断裂应变纤维断裂引起邻近高断裂应变纤维沿轴向发生应力扰动的距离)，K 为低断裂应变纤维复合材料中一根纤维断裂后引起周围纤维的应变集中系数，K_h 为混杂纤维复合材料中一根低断裂应变纤维断裂后引起周围高断裂应变纤维的应变集中系数。这些参数中：

$$\delta = 1.531\left(\frac{E_1 A_1}{g_m h}\right)^{\frac{1}{2}}$$

$$\delta_h = \frac{2}{p^{\frac{1}{2}}}\left(\frac{E_1 A_1 d}{G_m h}\right)^{\frac{1}{2}} \frac{m_2^2 - m_1^2}{m_1(2 - m_1^2) - m_2(2 - m_2^2)}$$

式中，g_m 为低断裂应变纤维复合材料中基体的剪切模量，G_m 为混杂复合材料中基体的剪切模量。

$$K = 1.293, \quad K_h = 1 + \frac{m_2 - m_1}{m_1(2 - m_1^2) - m_2(2 - m_2^2)}$$

$$m_{1,2} = \left[\frac{(\rho + 1) \pm (\rho^2 + 1)^{\frac{1}{2}}}{\rho}\right]^{\frac{1}{2}}, \quad \rho = \frac{E_1 A_1}{E_2 A_2}$$

将式(9-18)除以式(9-19)得比值 R_ε：

$$R_\varepsilon = \frac{\varepsilon_{zh}}{\varepsilon_z} = \frac{[prL\delta_h(K_h^s - 1)]^{\frac{-1}{q+s}}}{[2p^2L\delta(K^q - 1)]^{\frac{-1}{2q}}} \tag{9-20}$$

该比值有明显的物理意义。$R_\varepsilon > 1$ 时断裂应变的混杂效应为正，当 $R_\varepsilon < 1$ 时，其混杂效应为负。Zweben 将此分析用于“芳纶-碳”和“高模碳-玻璃”混杂复合材料，前者 R_ε 为 1.22，接近单向和平衡铺层混杂复合材料试验结果的平均值，后者 $R_\varepsilon = 2.26$，而试验值为 1.83 和 1.31(试验值由两层玻璃纤维夹一层碳纤维或夹两层碳纤维的试样测得)，这种差别主要是由于模型和实际试样不同造成的。

总之，人们普遍承认混杂效应存在但尚无统一的理论解释，上述各种理论都只从某一侧面作解释。目前已肯定的是：纤维的物理、力学性能，组分相对含量，界面和铺设方式都影响混杂效应。

9.2 金属基复合材料和陶瓷基复合材料

9.2.1 金属基复合材料

金属基复合材料是 20 世纪 60 年代末才发展起来的，它与树脂基复合材料相比有很多优点。按增强材料形式分为颗粒、短纤维与晶须和连续纤维三类。其主要性能特点有：

(1) 比强度、比模量高。如 20%碳化硅颗粒增强 6061 铝合金，其强度从原合金的 310MPa 提高到 496MPa，模量则从 68GPa 增到 103GPa。又如碳纤维增强铝合金的相对密度小于铝合金，模量比铝合金高 2～4 倍；石墨纤维增强镁合金强度由 370MPa 增到

600MPa,模量由 40GPa 增到 350GPa。

(2) 良好的高温性能。在高温下保持很高的模量和强度,环氧基复合材料使用温度在150℃以下,铝基复合材料可用到 400℃,碳芯碳化硅连续纤维增强钛合金从室温到 1150℃比强度超过高温合金。

(3) 面内剪切、层间剪切和拉伸强度高。金属基体有较高强度、模量和剪切强度。

(4) 有良好的导热、导电性和电磁感应屏蔽性。它比树脂基复合材料有良好的导热、导电性,可减小构件中的温度梯度和温度应力。

(5) 不吸湿和不老化。树脂基复合材料会吸湿和老化。

(6) 纤维方向热膨胀系数很小。因为碳(石墨)纤维等有很高模量和很低的热膨胀系数,因此纤维增强金属复合材料比金属热膨胀系数小很多,例如石墨/铝的 α 在 $5\times10^{-6}℃^{-1}$以下接近于零。

(7) 良好的抗疲劳性能。金属基复合材料的抗疲劳性能与纤维、金属基体性能、生产工艺和界面情况有关。当界面上结合适当时,界面能有效阻止裂纹向纤维扩展,这方面与树脂基复合材料类似。但由于导热性好,不易受局部温升、加载频率影响,树脂基的抗疲劳性能比金属材料好很多。

纤维增强金属复合材料由于界面不均匀和各向异性存在,有较多缺陷,存在损伤和疲劳断裂等问题。

金属基复合材料中颗粒增强铝基是最成熟的一种,国外已小批量生产,其增强体主要是碳化硅和氧化铝,基体为铝合金。其制法有粉末冶金法和液相复合法两种,前者质量易控制和颗粒含量高,但成本较高。后者成本较低,颗粒含量不超过 25%,工艺难控制,质量稳定性较差。近年来发展了一种熔体自发浸渗的制造颗粒增强金属基复合材料的新方法,具有工艺简单、成本低廉、制品结构致密、材料综合力学性能良好等优点。

金属基复合材料的界面类型可分为三类:

(1) 纤维、颗粒与基体互不反应和溶解。如 B/Al 基、W/Cu 基。

(2) 增强体与基体不反应但相互溶解。如 C 纤维/Ni 基等。

(3) 增强体与基体互相反应生成界面反应层。如 B/Ti 基、SiC/Ti 基、C 纤维/Al 基等。

界面对金属基复合材料的力学性能具有复杂的影响,下面分别讨论。

(1) 对拉伸强度的影响　以 C/Al 复合材料为例,界面结合不同对纵向拉伸强度影响很明显。结合不良时 $X_t=206$MPa;断口长纤维大量拔出,结合适中时 $X_t=612$MPa;纤维拔出一定长度,结合稍强时 $X_t=470$MPa;结合过强则 $X_t=224$MPa,平断口,典型脆断。界面结合太弱和太强,强度都较低。对 C/Al 和 SiC/Al 复合材料进行热处理将使拉伸强度下降,这是由于热循环处理时纤维和基体热膨胀系数差异造成界面结合减弱而局部脱粘所致。

(2) 对剪切强度的影响　界面结合力愈强,剪切强度愈高。例如 C/Al 金属基复合材料的剪切强度与热处理温度有关,低于一定温度,由于反应不明显,剪切强度不变;高于 500℃剪切强度升高,但处理时间过长,界面结合减弱,强度又明显下降。

(3) 对冲击性能的影响　单向 B/Al,SiC/Al 复合材料的冲击能量随剪切强度的增加而减小。在冲击的第 1 阶段,纤维与基体均处于弹性变形,冲击能量随剪切强度增大而提高,第 2 阶段和第 3 阶段冲击能量随剪切强度增加而迅速减小。总冲击能量是各阶段能量之和。复合材料冲击时能量吸收机制很复杂,纤维断裂、纤维和基体脱粘、纤维拔出、基体和纤维的弹塑性变形等均吸收冲击能量，其中纤维拔出的吸收能量占较大比重。

(4) 界面对疲劳性能的影响　不同界面结合对金属基复合材料的疲劳性能有影响，表 9-5 列出几种铝基复合材料的拉伸强度、疲劳强度($N=10^7$)和剪切强度。从表中可见，随着界面结合强度提高，拉伸强度下降较多，而疲劳强度下降较缓，由此疲劳强度与拉伸强度的比值有些提高。不同力学性能对界面要求不同，为改善疲劳性能要求界面强度稍强。

表 9-5　各种铝基复合材料的力学性能

材　料	拉伸强度/MPa	疲劳强度/MPa	剪切强度/MPa	疲劳强度/拉伸强度
T300/Al-Ti	950	620	16	65%
$T300/LD_2$	550	440	28	80%
$T300/LD_{10}$	380	220	43	58%

表 1-3 中已列举几种纤维增强金属基复合材料的力学性能。

9.2.2 陶瓷基复合材料

与聚合物基复合材料有重要差别的是陶瓷基复合材料，它具有耐高温、化学稳定性好等优点。陶瓷基复合材料主要是颗粒和纤维(晶须)增强陶瓷基体，可提高断裂韧性，改善力学性能。第 1 章中已列出一些陶瓷基复合材料的例子及力学性能数据，这里讨论一些重要问题。

1. 陶瓷基复合材料的强度

一般陶瓷材料的应力-应变关系呈线弹性并具有脆性断裂特点，但在高温下陶瓷也有塑性变形和延性断裂。陶瓷材料的原子间结合力最强，主要是共价结合和离子结合，其强度受材料表面状态、内部缺陷等因素支配。陶瓷材料的断裂和强度特性用应力强度因子和裂纹扩展力表示。对不同应力状态有不同断裂类型，其应力场为

$$\left.\begin{aligned}\sigma_x &= \frac{K_{\mathrm{I}}}{\sqrt{2\pi r}}f_1(\theta)\\ \sigma_y &= \frac{K_{\mathrm{I}}}{\sqrt{2\pi r}}f_2(\theta)\\ \tau_{xy} &= \frac{K_{\mathrm{I}}}{\sqrt{2\pi r}}f_3(\theta)\end{aligned}\right\}\tag{9-21}$$

在裂纹尖端应力集中，当 $\rho \ll r \ll a$ 时(ρ 为尖端曲率半径，r 为距尖端任意点的距离，θ 为 r 与裂纹面夹角，a 为裂纹半长)，应力强度因子

$$K_{\mathrm{I}} = \sigma Y\sqrt{a}\tag{9-22}$$

式中，σ 为在裂纹长度垂直方向作用的拉应力，Y 为由裂纹与物体形状确定的常数。当 K_{I} 达临界值 K_{Ic} 时断裂发生。此时

$$K_{\mathrm{Ic}} = \sigma_c Y\sqrt{a}\tag{9-23}$$

式中，K_{Ic} 为断裂韧性，σ_c 为断裂的临界应力。

陶瓷材料在软化温度以下，一般是脆性的，它们是晶体也是非晶体，晶体脆性断裂常从特定的晶面上开裂，高温时断裂常在结晶粒界处发生，陶瓷断裂有粒内和粒界两种情况。高温时并有显著非线性断裂现象，多孔质、多晶体陶瓷和陶瓷基复合材料在室温也常显示非线性断裂，例如裂纹扩展伴随的微裂纹和相变引起非线性。

增韧对结构陶瓷有重要的理论和应用价值，增韧的机理有以下几种：

(1) 相变增韧　例如从 ZrO_2 四方多晶体(TZP)开始发展到单斜相的马氏体相变时，材料断裂韧性有明显提高，但它对温度很敏感，因此在高温下使用受限制。

(2) 微裂纹增韧　这是基于微裂纹在宏观主裂纹尖端处形成屏蔽作用而得到的增韧效果，目前主要研究 Al_2O_3 陶瓷等。晶粒的热膨胀、各向异性等与微裂纹的稳定或失稳扩展有关。

(3) 偏转增韧　其机理是当主裂纹扩展时遇到高强度的二相晶粒，使扩展方向发生偏转，使直线裂纹前缘受阻曲折，达到增韧效果。它适合高温结构陶瓷增韧。

(4) 纤维增韧和微粒子增韧　由于纤维增强陶瓷复合材料对温度不敏感，它是高温结构材料最有希望的增韧方法，纤维增强中不论长短纤维或晶须，它们以桥联机理实现增韧效果。在脆性陶瓷基体中弥散韧性金属微晶粒子也可增韧，图 9-7 是纤维桥增韧和六角晶粒增韧陶瓷的粒子桥增韧示意图。

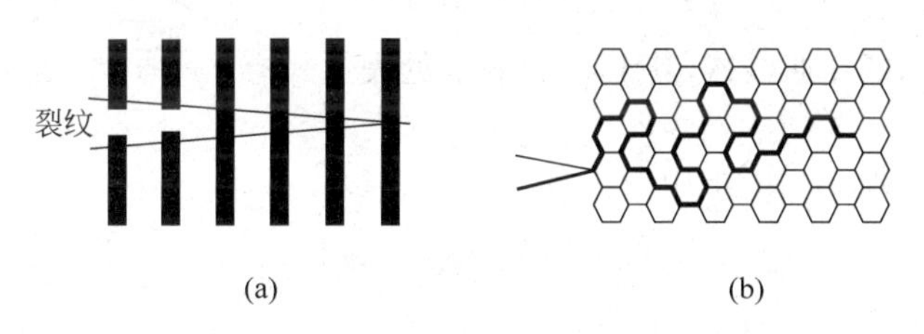

图 9-7　纤维桥和粒子桥增韧示意图

以上各种增韧机理在实际中常是综合作用的，例如用晶须增强陶瓷复合材料时阻止裂纹扩展的增韧机理中既有纤维桥增韧，也有偏转增韧。

2. 陶瓷基复合材料的热强度

(1) 热应力和热冲击

当材料发生温度变化而自由膨胀受约束时，材料中产生热应力，材料不受约束但内部有温度梯度时也产生热应力。结构材料表面以一定速度升温，断面温度分布呈抛物线形状，表面温度高，中心温度低，则表面受压应力。当表面以一定速度冷却时，表面温度低，中心温度高，表面受拉应力，热应力达一定大小可引起材料断裂。

当物体急剧加热或冷却而温度剧烈变化时，物体产生变化的热应力，这称为热冲击。热冲击速度增大时其动态热应力可使材料脆性破坏。材料断裂多在拉应力作用下产生。最大应力 $\sigma_{max}=\sigma_c$(材料拉伸强度)时发生断裂，则有

$$\sigma_{max}=\sigma_c=\frac{1}{Y}\frac{K_{Ic}}{\sqrt{a}}$$

式中，Y 为形状参数，K_{Ic}为断裂韧性，a 为裂纹半长。陶瓷的耐冲击性包含受热冲击，使材料原存在的微裂纹生长扩展和引起新裂纹产生，从而引起强度降低。

(2) 机械疲劳和热疲劳

由于载荷随时间变化引起材料强度变化属机械疲劳。实验证明，在大部分寿命期间，陶瓷材料的裂纹扩展速度$\frac{da}{dt}$与应力强度因子K_{I}有下列关系：

$$\frac{da}{dt} = AK_{\mathrm{I}}^{n} \quad (K_{\mathrm{I}} = Y\sigma\sqrt{a}) \tag{9-24}$$

式中，A，n为常数，σ为远处应力，Y为形状参数。

在高温气体作用下陶瓷基材料由于温度梯度产生热应力，随时间变化的热应力导致热疲劳断裂。热疲劳与机械疲劳相似，在临界应力以下（$K_{\mathrm{I}} < K_{\mathrm{Ic}}$）也有裂纹缓慢生长，其速度的基本方程为

$$\frac{da}{dt} = AK_{\mathrm{I}}^{n} \exp\left(-\frac{Q}{RT}\right) \tag{9-25}$$

式中，A，n为与材料和环境有关的常数，Q为活化能，R与T分别为气体常数和温度。

(3) 蠕变

陶瓷基复合材料与金属类似，有蠕变变形，其过程一般分为三个阶段：初期、稳定期和加速期。蠕变曲线一般表示为

$$\varepsilon_{c} = \varphi(\sigma)\psi(t)$$

这是一组相似形状的蠕变曲线族，其中$\varphi(\sigma)$的常见表达式有：$\varphi(\sigma)=k_1\sigma^n$，$\varphi(\sigma)=k_2\sinh\left(\frac{\sigma}{A}\right)$，$\varphi(\sigma)=k_3\exp\left(\frac{\sigma}{B}\right)$。而$\psi(t)$的常用形式有

$$\psi(t) = t + m_1[1 - \exp(-\alpha t)]$$

或

$$\psi(t) = t + m_2 t^{\beta} \quad 或 \quad \psi(t) = t + m_3 \ln t$$

以上各式中k_i，m_i，n等都是对应温度下的材料常数。陶瓷蠕变研究从理论和方法上有了新进展，已出现多种蠕变理论：扩散蠕变理论、位错蠕变理论、粒界滑移蠕变理论和超塑性蠕变理论等，但这还不能完全说明复杂的蠕变规律，有待于进一步研究。

9.3　纳米复合材料简介

9.3.1　概述

纳米材料是指尺度为1～100nm的超微粒经压制、烧结或溅射而成的固体材料，它具有耐高温、韧性好、断裂强度高等优点。

纳米复合材料(nanocomposites)是指增强相尺度至少有一维小于100nm的复合材料，从基体与增强相粒径的大小关系，可分为微米-微米、微米-纳米、纳米-纳米复合材料。

由于纳米增强相有很大的表面积和强烈的界面相互作用，纳米复合材料具有与宏观复合材料不同的力学、热学等性能和原组分不具备的特殊性能。

纳米复合材料包括纳米陶瓷复合材料、纳米金属复合材料、纳米半导体复合材料、无机-有机纳米复合材料等。

纳米复合材料制备技术在纳米材料研究中占有很重要的地位,新的制备技术研究与纳米材料的结构和性能有密切关系。本节简单介绍其新制备技术,以及各种纳米复合材料的结构与性能。

9.3.2 纳米复合材料制备

(1) 纳米粉体的制备

纳米粉体有物理和化学两类制法。物理方法有惰性气体冷凝法:将装有待蒸发物质的容器抽至高真空后充填入惰性气体,加热蒸发源,使物质蒸发成雾状原子,随惰性气体流到冷凝器上冷凝,将聚集的纳米尺度粉末收集,用此粉体在较高压力下压实成固体纳米材料。化学方法有共沉淀法、水热法和冰冻干燥法等。如水热法是利用水热沉淀和水热氧化反应合成纳米粉(ZrO_2,Al_2O_3,$BaTiO_3$ 等),其尺寸一般在 10～100nm 范围,如用高压水热处理使氢氧化物相变,通过控制压力、温度可获得形状规则的超细纳米粉尺寸为 10～15nm。

(2) 纳米-纳米复合材料制备

由于纳米粉末活性大,在烧结过程中晶界扩散很快,制备纳米复合材料时要达到高致密又使晶粒保持纳米尺度很困难。现通过添加剂来抑制晶粒生长和采用快速烧结工艺两种途径来制备。如 Si_3N_4/SiC 纳米复合材料,当加入 SiC 一定体积含量时,可阻止 Si_3N_4 成核、生长而形成纳米-纳米复合材料。

(3) 纳米-微米复合材料制备

通过纳米粒子加入和均匀分散在微米粒子基体中阻止基体粒子在烧结过程中晶粒生长,制成具有微晶结构的复合材料。制备方法有化学气相沉积法等。

(4) 有机-无机纳米复合材料制备

常用制备方法有:溶胶-凝胶(sol-gel)法,插层复合(intercalation)法和原位复合(in-situ)法等。插层复合法制备聚合物/层状硅酸盐(PLS)纳米复合材料,首先将单体或聚合物插入经插层剂处理的层状硅酸盐片层之间,进而破坏片层结构,使其剥离成厚为 1nm、面积为 100nm×100nm 的层状硅酸盐基本单元,并均匀分散在聚合物基体中,制成高分子和粘土类层状硅酸盐纳米复合材料。层状硅酸盐粘土矿物有蒙脱土、滑石、沸石等。

9.3.3 纳米复合材料的性能

几种陶瓷纳米复合材料的力学性能见表 9-6。

表 9-6 几种陶瓷纳米复合材料的力学性能

复合材料	强度/MPa	韧性/(MPa·$m^{1/2}$)	最高工作温度/℃
Al_2O_3/SiC	350～1520	3.5～4.8	800～1200
Al_2O_3/Si_3N_4	350～850	3.5～4.7	800～1300
MgO/SiC	340～700	1.2～4.5	600～1400
Si_3N_4/SiC	850～1550	4.5～7.5	1200～1400

表 9-7 中列出尼龙 6/蒙脱土(nc-PA6)纳米复合材料的物理力学性能与尼龙6(PA6)对比。蒙脱土含量只有 5%,就有良好的性能。

表 9-7 nc-PA6 与 PA6 性能对比

性 能	PA6	nc-PA6
特性粘度/(cm^3/g),25℃	2.0～3.0	2.4～3.2
熔点/℃	215～225	213～223
热变形温度/℃,1.85MPa	65	135～160
拉伸强度/MPa	75～85	95～105
抗弯强度/MPa	115	130～160
弯曲模量/GPa	3.0	3.5～4.5
伸长率/%	30	10～20
缺口冲击强度/(J/m)	40	35～60

表 9-8 列出 PET/粘土纳米复合材料(nc-PET)与 PET(聚对苯二甲酸乙二醇酯)的性能对比,可见,热变形温度提高近 20℃,弯曲模量提高一倍以上。

表 9-8 nc-PET 与 PET 的性能对比

性 能	PET	nc-PET
特性粘度/(cm^3/g),25℃	0.55～0.65	0.55～0.70
熔点/℃	259～261	257～262
热变形温度/℃,1.85MPa	76～85	100～120
热分解温度/℃,失重 2.5%	410～415	410～430
拉伸强度/MPa	70	75～80
抗弯强度/MPa	108	100～120
弯曲模量/GPa	1.7	3.6
伸长率/%	15	7～11
缺口冲击强度/(J/m)	35～42	25～30

总之,纳米复合材料的力学性能比基体材料有很大提高,因此已在各种领域得到日益广泛的应用。

9.4 复合材料的疲劳

随着复合材料在航空航天、汽车、动力等工程受交变载荷作用部件中的广泛应用,对复合材料的疲劳破坏的研究越来越受到重视。复合材料与金属材料结构的构造不同,疲劳性能有很大差别,总的来说,复合材料抗疲劳破坏的性能比金属材料好很多,从图 9-8 中可看出两者的优劣。尽管复合材料初始缺陷损伤尺寸比金属材料大,例如纤维断开、基体开裂、纤维与基体脱胶、层间局部脱离等,但疲劳寿命(载荷循环周数)比金属长,同时复合材料的疲劳损伤是累积的,而且有明显征兆。金属材料的损伤累积是隐蔽的,破坏有突发性。此外,金属材料在交变载荷作用下往往出现一条疲劳主裂纹,它控制最后的疲劳破坏。而复合材料往往在高应力区出现较大范围的损伤,疲劳破坏很少由单一的裂纹控制。

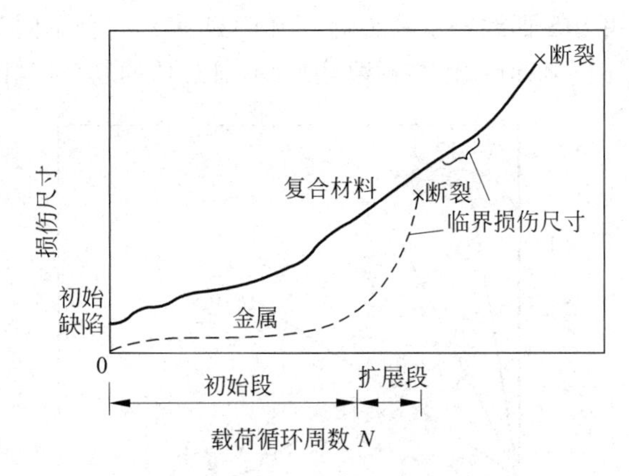

图 9-8 复合材料和金属材料疲劳破坏过程

9.4.1 疲劳特性和影响因素

工程上一般用 S-N(应力-寿命)曲线来表示材料的疲劳特性,各种金属和两种复合材料的典型 S-N 曲线如图 9-9 所示,复合材料疲劳特性研究最基本的工作是测定不同受力状态下的 S-N 曲线,如拉-拉疲劳、拉-压疲劳和压-压疲劳。图 9-10 给出了三种不同玻璃纤维/环氧复合材料典型的拉-拉 S-N 曲线,试验表明,复合材料没有明确的疲劳极限,一般用循环次数为 5×10^6 或 10^7 周时试件不破坏所对应的应力幅值作为条件疲劳极限。复合材料的疲劳极限和疲劳寿命有很大分散性,由于碳纤维和玻璃纤维强度的分散度分别为 10% 和 15%,环氧树脂的强度分散度也有 10%,因此复合材料疲劳特性分散更大,工程上要求作疲劳试验的试件最少为 10~15 个。

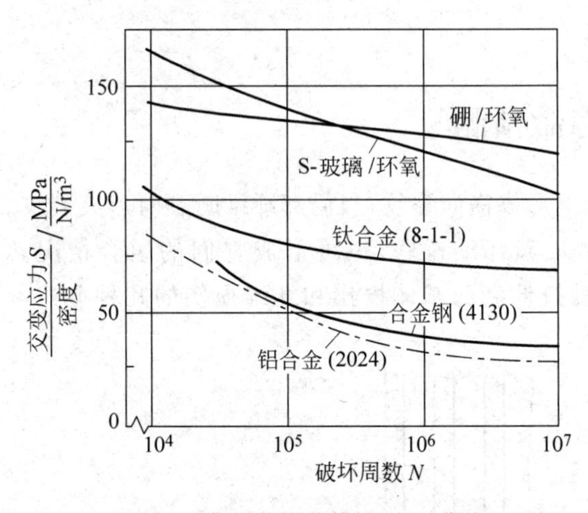

图 9-9 典型的疲劳特性 S-N 曲线

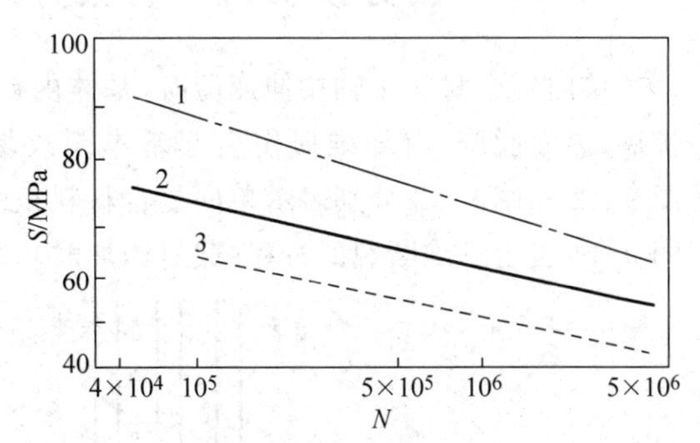

图 9-10 三种玻璃-环氧拉-拉疲劳 S-N 曲线

1—G1/300~400Ep;2—G1/E42Ep;3—G1/648 酚醛 Ep

影响疲劳寿命的因素很多,主要因素如下:

(1) 平均应力和循环应力比 平均应力 $\sigma_m=\dfrac{1}{2}(\sigma_{max}+\sigma_{min})$,与循环应力比 $R=\dfrac{\sigma_{min}}{\sigma_{max}}$ 对疲

劳性能影响很大，一般用 S-S 曲线表示其影响。图 9-11 表示三种不同基体正交玻璃/环氧层合板的 S-S 曲线，表明不同基体(脆性与耐温性)对不同 R 值的复合材料疲劳特性的影响。

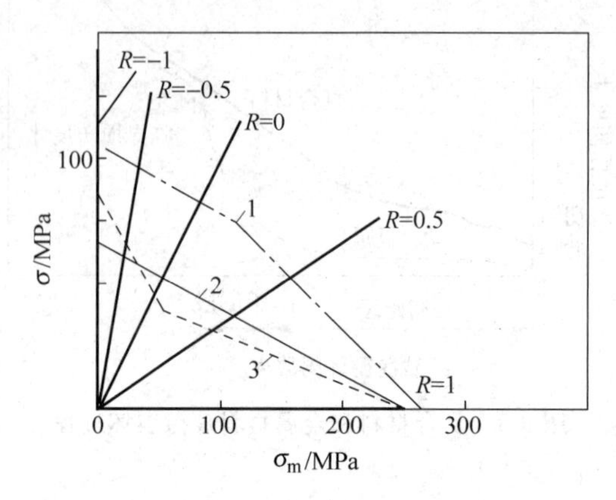

图 9-11 三种玻璃/环氧 S-S 曲线

1—G1/300～400Ep；2—G1/E42Ep；3—G1/酚醛 Ep

(2) 加载频率 加载频率对复合材料的疲劳寿命有明显影响，尤其是纤维含量较低的树脂基复合材料。由于基体粘弹性和复合材料损伤引起的温度升高使基体性能降低，例如 AS3501-6 石墨/环氧($\pm 45°)_{2s}$ 试件，频率为 0.1Hz 时疲劳寿命是 1Hz 时的两倍。

(3) 缺口与金属材料不同，复合材料受交变载荷时表现出对缺口不敏感，这是由于缺口根部形成损伤区缓和了应力集中，疲劳过程中损伤区扩展松弛了根部应力集中。

(4) 组分与铺层方式 不同组分材料的参数和铺层方式对疲劳性能有明显影响，这主要是不同铺层使损伤扩展、分层扩展过程不同造成的。

(5) 环境温度和湿度 温度和湿度影响组分材料的强度和复合材料内部残余应力状态，这就影响了疲劳性能。

9.4.2 疲劳损伤机理与疲劳寿命预测

单向复合材料正轴拉伸疲劳时，基体内首先形成横向裂纹，当局部纤维断裂时形成裂纹扩展、界面脱胶，由纤维损伤引起基本裂纹增长和纤维桥联，也可形成它们的组合情况。图 9-12 和图 9-13 分别表示单向复合材料正轴拉伸疲劳基体损伤和纤维损伤的几种型式。图 9-14 表示纤维断裂的过程(载荷增加时)。

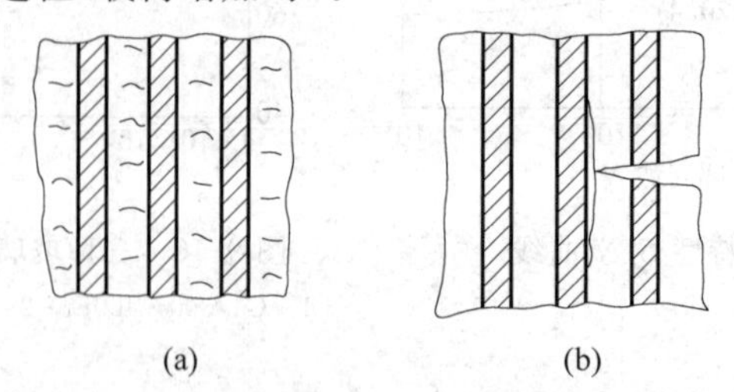

图 9-12 单向复合材料正轴拉伸疲劳基体损伤

(a) 分散裂纹限于基体内；(b) 局部纤维断裂，裂纹扩展，界面破坏

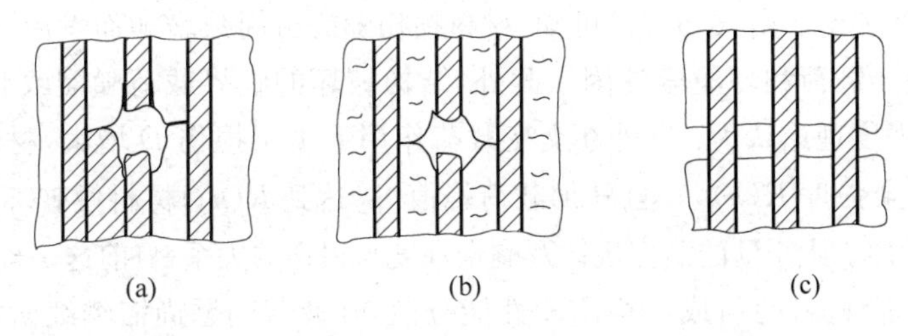

图 9-13 单向复合材料正轴拉伸疲劳纤维损伤

(a) 纤维断裂引起界面脱胶；(b) 纤维断裂引起基体裂纹增加；(c) 纤维桥联基体开裂

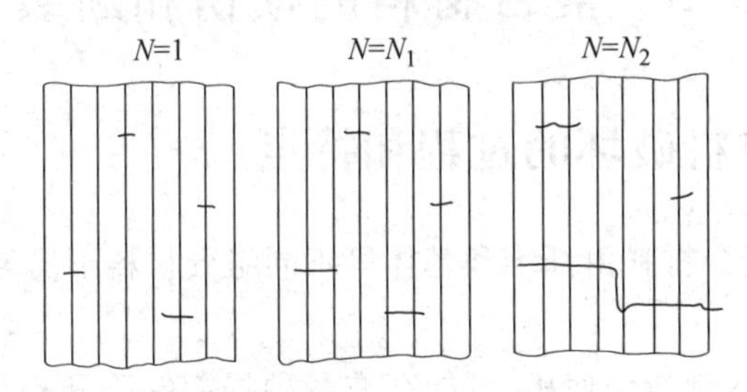

图 9-14 单向复合材料正轴拉伸疲劳纤维断裂过程

疲劳寿命预测有下列三种理论模型：

(1) 疲劳裂纹扩展速率　线弹性断裂力学认为决定疲劳裂纹扩展速率的是应力强度因子的幅值 ΔK 的函数，Paris 由此得出如下公式：

$$\frac{\mathrm{d}a}{\mathrm{d}N}=C_0(\Delta K)^n \tag{9-26}$$

其中，$\frac{\mathrm{d}a}{\mathrm{d}N}$为疲劳裂纹扩展速率，$C_0$ 为材料常数，n 为扩展指数。

此式是针对金属材料疲劳裂纹扩展的，它对复合材料基体和短纤维复合材料也适用，但是对于连续纤维增强复合材料，预制了裂纹的试件在疲劳过程中并不以主裂纹扩展而是以损伤区扩展而发生破坏。对于无预制裂纹的试件更是以损伤形式扩展，因此用疲劳裂纹扩展方法预测寿命是困难的。

(2) 累积损伤理论　Miner 从数学上定义，材料在应力水平 σ 下的疲劳寿命为 N 循环周数，当在此应力水平 σ 下受载 n 周数时，材料损伤为 $D=\frac{n}{N}$，显然 $D=1$ 时材料破坏。在变化幅值应力作用下，Miner 的线性累积损伤理论认为，当

$$\sum_{\sigma_i}D_i=\sum_{\sigma_i}\frac{n_i}{N_i}=1 \tag{9-27}$$

时材料发生破坏，式中 n_i 表示在第 i 个应力水平 σ_i 作用的应力循环周数，N_i 为该应力水平下的疲劳寿命周数，$\sum\limits_{\sigma_i}$ 表示对整个过程中所有 σ_i 水平对应的周数求和。如已经测得材料的 S-N 曲线以及载荷谱，则可预测何时发生破坏。某些实验表明复合材料不完全遵守这一规律，当应力由低变到高时，$\sum D_i$ 往往小于 1；而应力由高变低时，$\sum D_i$ 常在大于 1 时发生破坏，因此有人提出非线性累积损伤理论 $\sum\limits_{\sigma_i}\left(\frac{n_i}{N_i}\right)^a=1$ 等加以修正。

(3) 剩余强度理论 由式(9-27)可知,材料损伤随疲劳周数增加而发展,材料内在缺陷发展而破坏,它取决于载荷和环境等外因。此外,结构破坏的临界载荷随裂纹长度和损伤 D 增大而降低。剩余强度理论认为:在外在交变载荷作用下由于损伤 D 增大,材料强度由其静强度 $R(o)$下降到剩余强度 $R(n)$,一旦外加载荷峰值 S_F 达到 $R(n)$,材料便破坏。利用此理论预测疲劳寿命,还需了解损伤 D 的演变规律及剩余强度与损伤的关系,目前这一理论尚在研究中。

总之,由于复合材料的组成不均质和性能分散,其疲劳问题尚需继续研究。

9.5 复合材料的损伤和断裂

9.5.1 复合材料破坏的过程和特点

与金属材料不同,复合材料由纤维和基体等不同组分材料不均匀地组成,并具有各向异性,其破坏过程非常复杂。

纤维增强复合材料从制造到使用,可能存在各种局部缺陷和损伤,从细观方面看,在制成的材料内部有各种局部的微小缺陷。例如树脂中孔洞或局部树脂过多,纤维个别断头及有些区域纤维排列过密或不平直,局部纤维与基体界面脱胶等。有些缺陷可归为损伤,损伤由细微的到稍大的尺寸,但总的是尺寸较小,大约在 0.01～0.1mm范围。复合材料作为结构受力而发生变形过程中,随着载荷增加,原有缺陷扩大或发生新的损伤,例如基体中出现微小裂纹、纤维断裂、基体与纤维界面开裂等,损伤扩大,裂纹扩展。复合材料的损伤主要有4 种类型:①基体开裂;②界面脱粘;③分层(层间开裂);④纤维断裂。有时这 4 类损伤不同组合而形成综合损伤,随着损伤区域和尺寸的增大,宏观裂纹扩展,最后材料断裂破坏。图 9-15 是不同损伤类型的示意图。

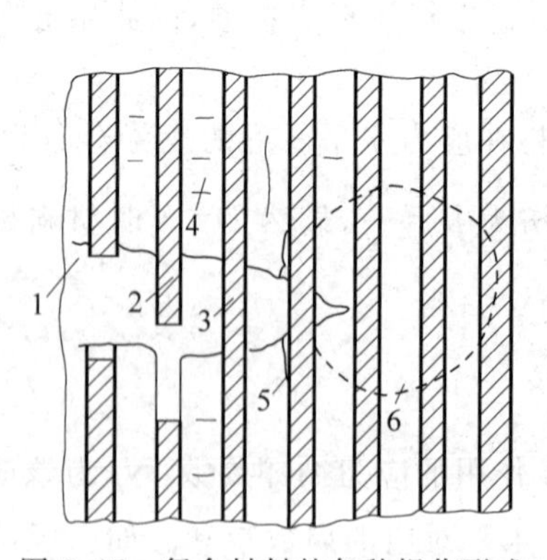

图 9-15 复合材料的各种损伤形式

1—纤维断裂;2—纤维拔出;3—基体开裂,纤维桥联;4—基体微裂纹;5—界面损伤开裂;6—层间剪切损坏

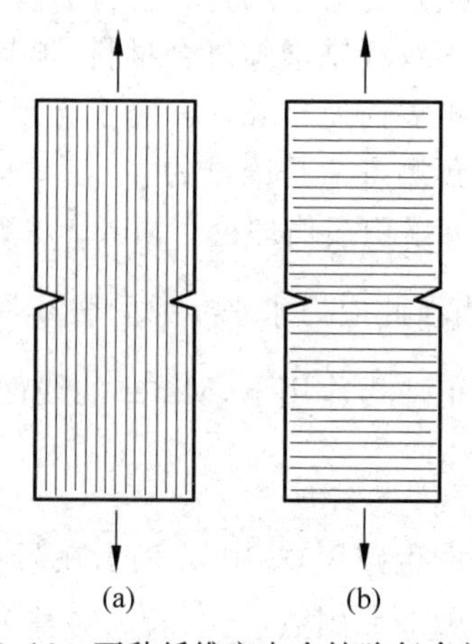

图 9-16 两种纤维方向含缺陷复合材料

复合材料破坏的特点主要有:

(1) 不同纤维分布对缺陷的敏感性不同 复合材料中纤维是主要承载组分,不同的纤维

分布对缺陷的敏感性不同。对于连续纤维增强单层复合材料，如图 9-16 所示，其中(a)为纤维纵向分布，在纤维方向载荷作用下，板边缺口(裂纹)、附近应力集中引起纤维与基体界面沿纤维方向脱粘，由此缺陷张开钝化，减轻应力集中，它对缺陷不太敏感；(b)为纤维横向分布，在应力作用下，不存在缺口钝化，裂纹很易顺原方向扩展，而材料断裂破坏，即对缺陷很敏感。

(2) 两种破坏模式　复合材料由损伤至断裂有两种模式，一种是固有缺陷较小，随载荷增大引发更多的缺陷和扩大损伤区范围，导致整体破坏，称为整体损伤模式；另一种是当缺陷裂纹尺寸较大时，由于应力集中造成裂纹扩展，这种裂纹扩展导致破坏，称为裂纹扩展模式。在材料破坏过程中，有可能以一种模式为主，也可能两种组合出现，但往往先出现总体损伤模式，当其中最大裂纹尺寸达到某临界值时，出现裂纹扩展模式的破坏。

(3) 层合板的多重开裂　层合复合材料初始裂纹出现和扩展很复杂。以 0°/90°正交铺设层板为例，在 0°方向载荷作用下，先在 90°层内出现横向裂纹，随后裂纹数增大，接着出现 0°层内沿纤维方向开裂，最后纤维断裂而层合板层间开裂而破坏。

9.5.2 断裂力学的基本原理简介

断裂力学是研究材料从裂纹起始、扩展到断裂过程的规律的学科，其基本原理是：在裂纹扩展过程中，作用于物体的外力功增量 $\mathrm{d}W$，必须补偿物体增加的应变能 dU 和产生新裂纹表面所需的表面能 $\mathrm{d}\Gamma$。即

$$\mathrm{d}W \geqslant \mathrm{d}U + \mathrm{d}\Gamma \tag{9-28}$$

其中，$\mathrm{d}\Gamma$ 可表示为 $\gamma_S \mathrm{d}A$，γ_S 为形成单位面积新裂纹表面所需的能量，即材料的表面能，$\mathrm{d}A$ 为裂纹表面积增量，W 为外力功，U 为应变能。

如假定除裂纹尖端附近很小的区域内产生塑性变形外，物体其他区域均在弹性变形状态，则上式可改写成

$$\left.\begin{aligned} \frac{\mathrm{d}W}{\mathrm{d}A} \geqslant \frac{\mathrm{d}U_\mathrm{e}}{\mathrm{d}A} + \frac{\mathrm{d}U_\mathrm{p}}{\mathrm{d}A} + \gamma_S \\ \frac{\mathrm{d}W}{\mathrm{d}A} - \frac{\mathrm{d}U_\mathrm{e}}{\mathrm{d}A} \geqslant \frac{\mathrm{d}U_\mathrm{p}}{\mathrm{d}A} + \gamma_S \end{aligned}\right\} \tag{9-29}$$

其中，U_e 为弹性应变能，U_p 为塑性应变能。上式第一式左边就是能量释放率 G，它表示促使裂纹扩展的动力，而右边则为一材料常数——临界能量释放率 G_c，它表示材料对裂纹扩展的阻力，又称为断裂韧性。

裂纹扩展有三种可能的型式，如图 9-17 所示，这些型式是张开型、滑开型和撕开型，它们可以综合得到任意形式的裂纹。

对于平面问题，通过弹性力学求得Ⅰ型裂纹(张开型)尖端应力分量为

$$\left.\begin{aligned} \sigma_x &= \frac{K_\mathrm{I}}{\sqrt{2\pi r}}\cos\frac{\theta}{2}\left(1-\sin\frac{\theta}{2}\sin\frac{3\theta}{2}\right) \\ \sigma_y &= \frac{K_\mathrm{I}}{\sqrt{2\pi r}}\cos\frac{\theta}{2}\left(1+\sin\frac{\theta}{2}\sin\frac{3\theta}{2}\right) \\ \tau_{xy} &= \frac{K_\mathrm{I}}{\sqrt{2\pi r}}\cos\frac{\theta}{2}\sin\frac{\theta}{2}\cos\frac{3\theta}{2} \end{aligned}\right\} \tag{9-30}$$

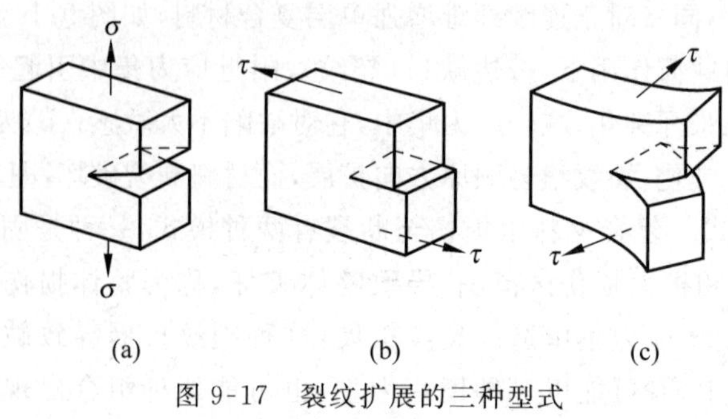

图 9-17 裂纹扩展的三种型式

(a) 张开型；(b) 滑开型；(c) 撕开型

其中，K_{I} 是Ⅰ型裂纹的应力强度因子，对于理想二维裂纹，有

$$K_{\mathrm{I}} = \sigma\sqrt{\pi a}$$

其中，a 为裂纹半长，σ 为外加应力。

以上线弹性断裂力学的基本概念，应用时要求裂纹尖端的塑性区尺寸远小于裂纹尺寸，即 $\Delta p \ll a$，这时断裂准则可表达为

$$K_{\mathrm{I}} = K_{\mathrm{Ic}}$$

这对于均质金属材料有一定适用范围。

复合材料是由纤维和基体组成的非均质各向异性材料，在进行断裂力学分析时应注意：①复合材料中引发断裂的初始缺陷损伤非常细小，即 a 很小；②纤维增强复合材料的不均质性，在单层内裂纹可能不连续(纤维和基体部分连接，部分脱开)，裂纹扩展非自相似性(不沿厚裂纹面和裂纹方向扩展)。对于层合板，每层内的裂纹发生、扩展的过程可能各不相同，且可能层间分层开裂。图 9-18 表示不同单层复合材料裂纹扩展的情况，假如裂纹平行于纤维，如图 9-18(a)所示，它的扩展方向平行于纤维，即自相似方式；但是假如裂纹与纤维有某个夹角，则裂纹扩展仍然平行于纤维而不平行于裂纹，即非自相似方式，如图 9-18(b)所示。

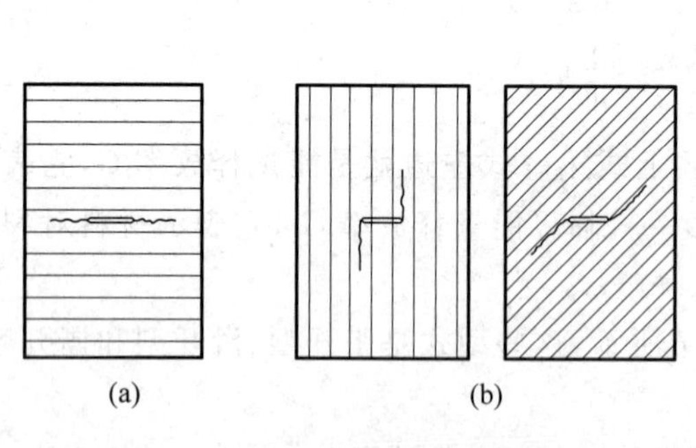

图 9-18 复合材料单板裂纹扩展

(a) 自相似型；(b) 非自相似型

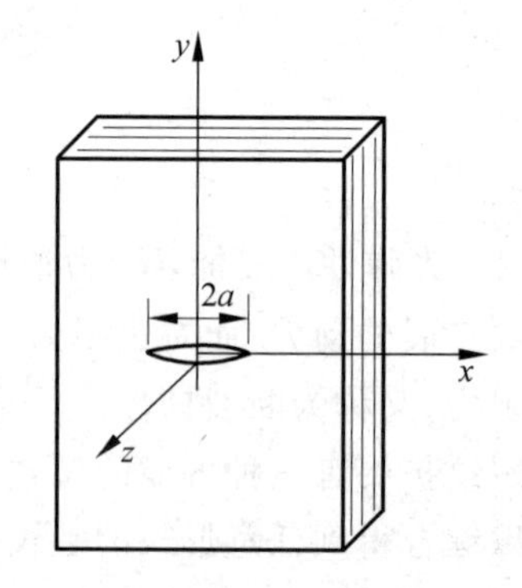

图 9-19 含裂纹复合材料层板

复合材料断裂力学的研究一般沿两个方向进行：①宏观地将复合材料作为均质各向异性连续介质，研究其内外部裂纹的行为；②以半经验方法研究单向纤维复合材料板裂纹尖端附近的细观行为。由于宏观理论在工程上的适用性，并且其结论可通过实验来验证，因此下面作概括介绍。

考虑均匀正交各向异性板含一穿透裂纹的情况，如图 9-19 所示，求满足边界条件的应力函数 $F(x,y)$，令应力函数与 σ_{ij} 的关系为

$$\sigma_x = \frac{\partial^2 F}{\partial y^2}, \quad \sigma_y = \frac{\partial^2 F}{\partial x^2}, \quad \tau_{xy} = -\frac{\partial^2 F}{\partial x \partial y}$$

正交各向异性平板的平面应力-应变关系为

$$\begin{bmatrix} \varepsilon_x \\ \varepsilon_y \\ \gamma_{xy} \end{bmatrix} = \begin{bmatrix} S_{11} & S_{12} & 0 \\ S_{12} & S_{22} & 0 \\ 0 & 0 & S_{66} \end{bmatrix} \begin{bmatrix} \sigma_x \\ \sigma_y \\ \tau_{xy} \end{bmatrix}$$

平衡方程和变形协调方程（不计体积力）为

$$\frac{\partial \sigma_x}{\partial x} + \frac{\partial \tau_{xy}}{\partial y} = 0, \quad \frac{\partial \tau_{xy}}{\partial x} + \frac{\partial \sigma_y}{\partial y} = 0$$

$$\frac{\partial^2 \varepsilon_x}{\partial y^2} + \frac{\partial^2 \varepsilon_y}{\partial x^2} = \frac{\partial^2 \gamma_{xy}}{\partial x \partial y}$$

用应力函数表示的平衡方程为

$$S_{22} \frac{\partial^4 F}{\partial x^4} + (2S_{12} + S_{66}) \frac{\partial^4 F}{\partial x^2 \partial y^2} + S_{11} \frac{\partial^4 F}{\partial y^4} = 0$$

求得裂纹尖端应力场的渐近解为（当 $\lambda_1 \neq \lambda_2$ 时）

$$\left.\begin{aligned} \sigma_x &= \frac{K_{\mathrm{I}}}{\sqrt{2\pi r}} \mathrm{Re}\left[\frac{\lambda_1 \lambda_2}{\lambda_1 - \lambda_2}\left(\frac{\lambda_2}{\psi_2} - \frac{\lambda_1}{\psi_1}\right)\right] \\ \sigma_y &= \frac{K_{\mathrm{I}}}{\sqrt{2\pi r}} \mathrm{Re}\left[\frac{1}{\lambda_1 - \lambda_2} - \left(\frac{\lambda_2}{\psi_2} - \frac{\lambda_1}{\psi_1}\right)\right] \\ \tau_{xy} &= \frac{K_{\mathrm{I}}}{\sqrt{2\pi r}} \mathrm{Re}\left[\frac{\lambda_1 \lambda_2}{\lambda_1 - \lambda_2}\left(\frac{1}{\psi_1} - \frac{1}{\psi_2}\right)\right] \end{aligned}\right\} \tag{9-31}$$

式中

$$K_{\mathrm{I}} = \sigma_{\mathrm{I}}\sqrt{\pi a}, \quad \psi_1 = \sqrt{(\cos\theta + \lambda_1 \sin\theta)}, \quad \psi_2 = \sqrt{(\cos\theta + \lambda_2 \sin\theta)}$$

位移场为

$$u = K_{\mathrm{I}}\sqrt{\frac{2r}{\pi}} \mathrm{Re}\left[\frac{1}{\lambda_1 - \lambda_2}(\lambda_1 p_1 \psi_1 - \lambda_2 p_2 \psi_2)\right]$$

$$v = K_{\mathrm{I}}\sqrt{\frac{2r}{\pi}} \mathrm{Re}\left[\frac{1}{\lambda_1 - \lambda_2}(\lambda_1 q_1 \psi_1 - \lambda_2 q_2 \psi_2)\right]$$

式中

$$p_1 = S_{11}\lambda_1^2 + S_{12} - S_{16}\lambda_1$$

$$p_2 = S_{11}\lambda_2^2 + S_{12} - S_{16}\lambda_2$$

$$q_1 = S_{12}\lambda_1 + \frac{S_{22}}{\lambda_1} - S_{26}$$

$$q_2 = S_{12}\lambda_2 + \frac{S_{22}}{\lambda_2} - S_{26}$$

S_{ij} 为正交各向异性板柔度矩阵系数，$i,j=1,2,6$。λ_1，λ_2 为下式两个不相等的复数根：

$$S_{11}\lambda^4 - 2S_{16}\lambda^3 + (2S_{12} + S_{66})\lambda^2 - 2S_{26}\lambda + S_{22} = 0 \tag{9-32}$$

当正交各向异性板承受Ⅱ型和Ⅲ型载荷（剪应力）时，也可导出相应应力场和位移场的

表达式。

从上述表达式可见：①在裂纹尖端 $r\to 0$ 时应力也具有 $r^{-\frac{1}{2}}$ 的奇异性，而应力场强度也由应力强度因子 K_{I} 决定，这与各向同性材料相同；②应力分布和位移场不仅与 θ 角有关，且与材料弹性常数有关，这与各向同性材料不同。

9.5.3 复合材料的断裂准则

复合材料从宏观上视为均质材料，但其断裂机理比通常的均质材料复杂得多，而且在断裂之前已产生各种损伤，裂纹扩展也不一定是自相似的，因此对复合材料结构因考虑因素不同有不同的几种断裂准则。

1. 修正的应力强度因子准则

Waddoups 等人在应用线弹性断裂力学处理复合材料含有孔、裂纹的构件断裂时在裂纹长度上加一个能量集中区长度修正，即

$$K_{\mathrm{I}}=\sigma[\pi(a+l)]^{\frac{1}{2}} \tag{9-33}$$

式中，l 为假定复合材料在裂纹尖端附近存在的能量集中区长度，在计算 K_{I} 时把能量集中区视为一段已经扩展的裂纹，它由实验确定，构件能承受的临界应力为

$$\sigma_{\mathrm{C}}=\frac{K_{\mathrm{IC}}}{[\pi(a+l)]^{\frac{1}{2}}} \tag{9-34}$$

式中，K_{IC}为断裂韧性，可将 K_{IC}及 l 作为两个参数通过实验拟合得到。

2. 点应力准则和平均应力准则

Whitney 和 Nuismer 提出两种应力准则：

(1) 点应力准则

在一个有孔、缺口或裂纹的板中，都存在前端局部应力集中区，取此区前端某一距离 d_0 处作为特征点，如该点应力达到无缺口构件强度值时，即发生破坏。d_0 是一材料特性常数，与层板几何尺寸及应力分布无关。

考虑在无限大各向异性层板中有一长度为 $2a$ 的裂纹，坐标原点在裂纹中点，x 轴与裂纹平行，当作用一平行 y 轴的均匀拉应力 σ 时，裂纹尖端沿 x 轴任一点的应力 σ_y 为

$$\sigma_y=\frac{K_{\mathrm{I}}}{\sqrt{2\pi(x-a)}} \tag{9-35}$$

式中，$K_{\mathrm{I}}=\sigma\sqrt{\pi a}$。当$\dfrac{(x-a)}{a}\leqslant 0.1$ 时，上式结果足够精确。Лехницкий 求得此种板裂纹尖端附近应力的精确解为

$$\sigma_y=\frac{K_{\mathrm{I}}x}{\sqrt{\pi a(x^2-a^2)}} \tag{9-36}$$

应用点应力准则，则有

$$\sigma_0=\frac{K_{\mathrm{BC}}(a+d_0)}{\sqrt{\pi a[(a+d_0)^2-a^2]}}$$

可得

$$K_{BC} = \sigma_0\sqrt{\pi a(1-\zeta_1^2)} \tag{9-37}$$

式中，K_{BC}为表观临界应力强度因子（表观断裂韧性），$\zeta_1=\dfrac{a}{a+d_0}$。由上式可知，K_{BC}随裂纹长度 a 的增大而增大，当 a 足够大时 $K_{BC}\rightarrow$常数。

（2）平均应力准则

当缺口或裂纹尖端某一特征长度 d_0 内的平均应力达到无缺口层板的断裂应力时，层板发生破坏。这一准则认为层板材料在裂纹尖端处局部应力集中，应力重新分布，平均应力可写成

$$\sigma_0=\frac{1}{d_1}\int\sigma_y(x,0)\,\mathrm{d}x \tag{9-38}$$

式中，d_1 为特征长度（损伤区长度）。

考虑含裂纹的各向异性层板，将式(9-36)代入上式积分得

$$K_{BC} = \sigma_0\sqrt{\pi d_1\zeta_2} \tag{9-39}$$

式中，$\zeta_2=\dfrac{a}{2a+d_1}$。$K_{BC}$为表观断裂韧性，它是 a 的函数，随 a 增大而增大，趋于一常数。图 9-20 给出按两个应力准则预测的 K_{BC}值与实验结果的对比。

3. 裂纹尖端张开位移准则

在金属材料平面应力断裂力学中，裂纹尖端张开位移准则指的是由于裂纹尖端存在塑性区，使裂纹尖端钝化，裂纹产生一定的张开位移（COD），如图 9-21(a)所示。当此张开位移达到某一临界值时裂纹便发生扩展。

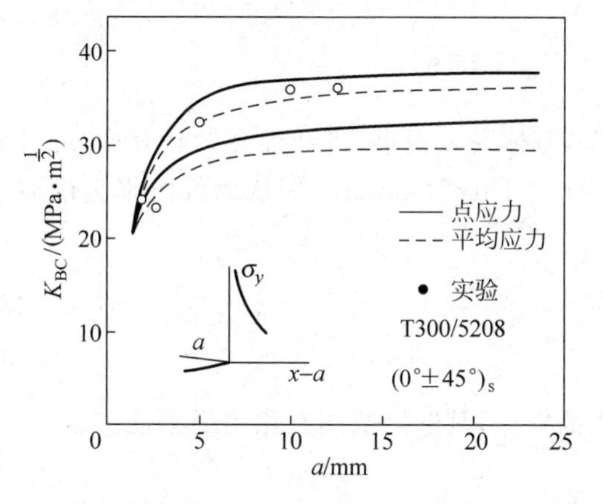

图 9-20 两个应力准则 K_{BC}与裂纹长度 a 的关系

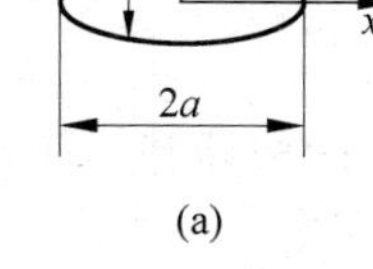

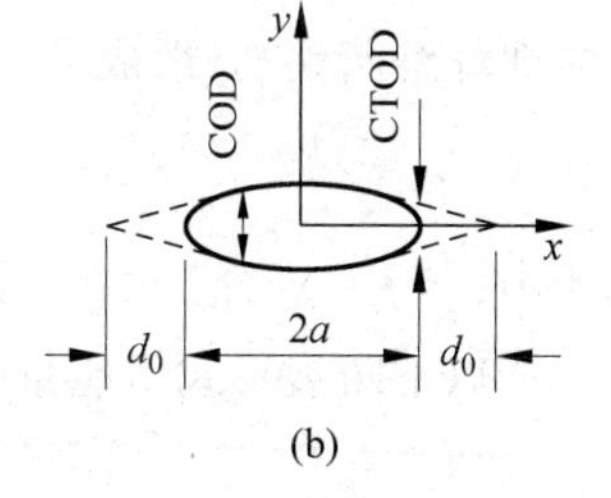

图 9-21 裂纹尖端张开位移准则

在复合材料断裂研究中，Harris 等提出对上述准则推广的裂纹尖端张开位移 CTOD 准则为

$$\mathrm{CTOD}\delta=\frac{4\sigma}{E}(a+d_0)\sqrt{1-\left(\frac{a}{a+d_0}\right)^2} \tag{9-40}$$

式中，d_0 见图 9-21(b)中所示，CTODδ 为裂纹尖端张开位移，当它等于 δ_c 临界值时发生断裂。

9.5.4　复合材料断裂的细观分析

前面已述及复合材料破坏过程中由缺陷、损伤到裂纹扩展断裂的不同阶段。断裂从细观上有多种形式：如纤维和基体整体断裂，纤维拉断后由于与基体界面结合较弱、纤维断头从基体内拔出，纤维不断、主裂纹跨过纤维在基体内传播，形成“桥联”的断裂形式等。每种断裂形式对断裂韧性的贡献和机制不同。复合材料内部树脂基体被一些纤维隔开，基体与纤维之界面的拉伸和剪切强度较低，界面上难免会有缺陷和微裂纹，界面状况对复合材料的细观和宏观性能有很大影响。界面破坏和界面上摩擦力可提供一定断裂韧性，纤维从基体中拔出需做断裂功，其数量超过纤维和基体本身的断裂功。因此如界面粘结强度很高，断裂时不发生界面脱粘和纤维拔出，则材料断裂韧性大为减小，计算断裂功时混合法则不大适用。对纤维拔出过程需要吸收的能量，Coffrell 等人假定：纤维断口随机分布，纤维拔出过程中界面初始剪应力保持不变，并忽略基体的塑性流动，由此得出单位体积复合材料纤维拔出所需能量为

$$W_{\mathrm{B}} = \frac{c_{\mathrm{f}} X_{\mathrm{f}} l_{\mathrm{cr}}}{12} = \frac{c_{\mathrm{f}} X_{\mathrm{f}}^2 d}{24\tau_{\mathrm{s}}} \tag{9-41}$$

式中，c_{f} 为纤维体积含量，X_{f} 为纤维强度，d 为纤维直径，τ_{s} 为界面剪切强度，l_{cr} 为纤维临界传力长度，有 $l_{\mathrm{cr}}=\dfrac{X_{\mathrm{f}} d}{2\tau_{\mathrm{s}}}$，见第 11 章。

此外断裂细观形式中还有以下断裂功组分。

(1) 脱粘　由于纤维断裂应变比基体断裂应变大，基体开裂后纤维被继续拉长，界面脱胶，则单位横截面积(试件)上脱胶的能量消耗为

$$W_{\mathrm{T}} = \frac{X_{\mathrm{f}}^2 c_{\mathrm{f}} l}{2E_{\mathrm{f}}} \tag{9-42}$$

式中，l 为脱胶长度，E_{f} 为纤维弹性模量。

(2) 应力重分布　纤维断裂前由于 $E_{\mathrm{f}} \gg E_{\mathrm{m}}$，基体受力很小，在纤维突然断开后，纤维所受的力转到基体上，基体应力重新分布。Piggort 与 Ritz-Randolph 等认为纤维损失的应变能即纤维断裂功，形成另一种吸收的能量为

$$W_{\mathrm{z}} = \frac{c_{\mathrm{f}} X_{\mathrm{f}}^2 l_{\mathrm{cr}}}{3E_{\mathrm{f}}} = \frac{c_{\mathrm{f}} X_{\mathrm{f}}^3 d}{6E_{\mathrm{f}}\tau_{\mathrm{s}}} \tag{9-43}$$

式中，τ_{s}，l_{cr}，X_{f}，E_{f} 等意义同前。

以上断裂形式中能量吸收的估计基于简化的模型，其适用范围有相当局限性。

9.5.5　复合材料的损伤、损伤力学

前面已述及损伤的多种类型，对于复合材料层板，分层损伤是最主要的损伤形式。产生分层是由于层板在自由边(含有孔板的孔边)附近出现层间应力。第 6 章中已述及层间应力有层间正应力和剪应力，它们可达到很高的数值而导致分层，理论和实验都证明分层会引起层板刚度和强度的明显下降。

例如无缺口碳/环氧($(\pm45°)_2/0°_2/90°_2$)层板，分析其层间应力，得出层间正应力比剪

应力高很多,分层损伤主要由层间正应力控制,随着准静态载荷或疲劳载荷循环次数的增加分层扩大。对含孔复合材料层板分析得出孔边因有应力集中,其层间应力比外边缘处层间应力更高,损伤扩展时层板局部刚度随之下降。

由于复合材料层板断裂的特点,其损伤形式不可能简化为一个或有限个宏观裂纹,而是以遍布损伤区内基体裂纹、分层及少量纤维断裂为特征。因此需用新的研究方法,通过对其损伤机理的实验研究,找出能描述损伤状态的损伤变量及其变化方程,最后建立反映复合材料破坏本质的损伤破坏判据。

复合材料损伤的检测方法主要有超声法、CT 法、渗透剂增强的 X 射线照相、激光全息法、红外热像法、声发射、弹性波法、光纤法、云纹法、涡流法等,一般不能用一种方法检测所有的缺陷损伤,需用几种方法配合检测并结合一定的理论分析,才能对复合材料损伤有正确的评价。

H. W. Bergmann 和 K. L. Reifsnider 提出复合材料损伤力学的研究方法,他们主要对复合材料层板损伤机理及其扩展规律进行研究,虽取得一些成果,但难以供工程应用。Качанов 所创立的连续介质损伤力学采用唯象方法将内部损伤的产生和扩展与可测量的宏观力学响应建立联系,再通过研究宏观力学响应的变化规律建立损伤破坏判据。这方面研究还远未达到实用阶段。

由于复合材料损伤分为制造缺陷和使用损伤两大类,使用损伤可由多种载荷原因引起,例如静载荷、疲劳载荷和冲击载荷。在航空航天结构应用中冲击引起的损伤很重要,对复合材料结构的最大威胁是低能量(低速度)冲击(碰撞),因为它引起的损伤从外表面不易观察发现,而引起结构压缩强度大大降低。总之,复合材料损伤断裂是重要而又复杂的研究课题,它涉及宏观和细观结合的研究方法,是重要的前沿研究方向。

9.6 复合材料的蠕变

应用最广泛的复合材料是聚合物基复合材料,它在不太高的温度,甚至在室温下也有明显的粘弹性,随着时间推移,这种复合材料会产生蠕变或应力松弛。聚合物基体具有较大的粘弹性,而增强纤维一般是弹性的,由于基体在复合材料中起粘接纤维和传递应力作用,因此使复合材料也具有粘弹性。对于纯聚合物材料的蠕变,其线性粘弹性描述已较完善,但由于纤维复合成复合材料,其粘弹性性能相当复杂,主要表现在:

(1) 具有各向异性;

(2) 纤维蠕变与基体蠕变机制不同;

(3) 界面存在增加了力学性能的复杂性。

由于纤维存在,引起复合材料的蠕变因素增多了,主要有:

(1) 基体蠕变,这是主要来源。

(2) 纤维由不直到逐渐拉直,纤维织物交叉处纤维弯曲,在外力作用下也随基体蠕变而逐渐拉直。

(3) 纤维在高温及高应力下显示一定程度的蠕变,纤维在强度较弱或应力较大处发生断裂,使复合材料的蠕变明显增加。

要描述复合材料蠕变的规律是很困难的。对于某些简单的情况，例如应力保持不变时，Findley 提出幂次律的蠕变关系式为

$$\varepsilon(t) = \varepsilon_0 + At^n \tag{9-44}$$

其中，n 为材料常数，A 和 ε_0 为与应力水平有关的两个函数，ε_0 表示 $t=0$ 时材料受载的瞬时反映。这一公式与实际复合材料的实验曲线较符合，可描述蠕变的第一阶段和第二阶段。

复合材料在一定应力水平下蠕变的过程，通常有三个阶段，如图 9-22 所示，它同金属材料在高温下的蠕变过程类似。图中 OA 表示加载瞬时应变；AB 段为第一阶段，称为暂态阶段，这一段应变增加快，但应变速率逐渐减小，趋于稳定；BC 段曲线代表第二阶段，应变缓慢地以几乎不变的速率增长，这一稳态阶段一般时间较长，延续长短主要与应力水平有关；CD 段为第三阶段，材料由于损伤的积累而接近于破坏，最后导致材料蠕变断裂。如应力水平较低，可不出现第三阶段；如应力水平接近材料强度极限，可缩短第二阶段而很快进入第三阶段。

用式(9-44)来描述蠕变过程时，ε_0 和 A 有常见的下列函数形式：

$$\varepsilon_0 = \varepsilon_m \sinh\left(\frac{\sigma}{\sigma_\varepsilon}\right), \quad A = A_m \sinh\left(\frac{\sigma}{\sigma_m}\right) \tag{9-45}$$

其中，ε_m，A_m，σ_ε，σ_m 均为常数。但是利用式(9-45)，对近于线性变化的第二阶段蠕变有些不足，因此 Dwivedi 对蠕变应变分解后给出以下蠕变公式：

$$\varepsilon(t) = \varepsilon_0 + \varepsilon_{\mathrm{I}}(1 - \mathrm{e}^{-a\dot{\varepsilon}_1 t}) + \dot{\varepsilon}_2 t \tag{9-46}$$

式中各项意义可由图 9-23 表示：ε_0 为瞬间应变，$\dot{\varepsilon}_1$ 为初始阶段的应变速率，$\dot{\varepsilon}_2$ 为稳定阶段的应变速率，ε_{I} 为稳定阶段渐近线在 ε 坐标轴上截距与 ε_0 之差，a 为常数。当时间较长时，式(9-46)中第二项可略去，而成线性变化关系。

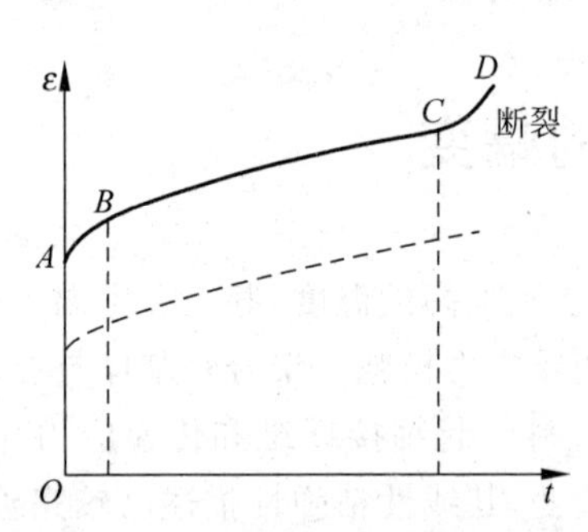

图 9-22 复合材料典型蠕变曲线

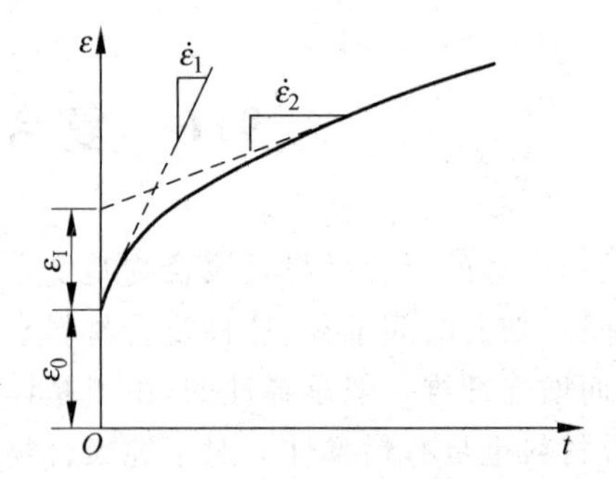

图 9-23 第一、第二阶段蠕变公式的含义

稳态阶段的应变速率 $\dot{\varepsilon}$ 与应力水平的关系常用下式表示：

$$\dot{\varepsilon} = B\sigma^m \tag{9-47}$$

式中，B 和 m 为常数。

当所研究的复合材料结构承受变化的应力作用时，其蠕变的描述就复杂多了。由于粘弹性材料的特性与受载历史有关，对于变化的载荷，应力应变的本构关系需进一步研究和描述。

对于线性粘弹性材料，Boltzmann 提出表达式为

$$\varepsilon(t) = \varepsilon_0 + \int_{-\infty}^{t} \Delta S(t-\tau)\frac{\mathrm{d}\sigma(\tau)}{\mathrm{d}\tau}\mathrm{d}\tau \tag{9-48}$$

其中，ΔS 为蠕变柔度。

因复合材料的粘弹性行为通常是非线性的，常用的 Schapery 非线性粘弹性本构关系表达式为

$$\varepsilon(t)=g_0S_0\sigma+g_1\int_{-\infty}^{t}\Delta S(\varphi-\varphi')\frac{\mathrm{d}[g_2\sigma(\tau)]}{\mathrm{d}\tau}\mathrm{d}\tau \tag{9-49}$$

其中

$$\varphi=\int_0^t\frac{\mathrm{d}t}{a_\sigma},\quad \varphi'=\varphi(\tau)=\int_0^\tau\frac{\mathrm{d}t}{a_\sigma}$$

g_0,g_1,g_2 与 a_σ 均是与应力有关的反映材料非线性的参数，当 $g_0=g_1=g_2=a_\sigma=1$ 时，式(9-49)变成线性本构方程(9-46)。

复合材料与单一材料的区别在于其细观构造，因此蠕变研究应从细观构造着手分析，复合材料蠕变的机理应从细观构造模型进行分析。现假设复合材料由单向排列的短纤维增强，并假定基体和纤维均具有蠕变特性、界面完整、复合材料总应变与基体应变相等，这样短纤维在基体中应力应变分布如图 9-24 所示。其中 σ_f 为纤维正应力，σ_m 为基体正应力。在短纤维两端 $\sigma_f=\sigma_m$，而在短纤维中部 $\sigma_f\gg\sigma_m$，复合材料应变 $\varepsilon_c=\varepsilon_m$（基体应变），纤维与基体间存在剪应力，其分布在纤维端部有明显剪应力集中。

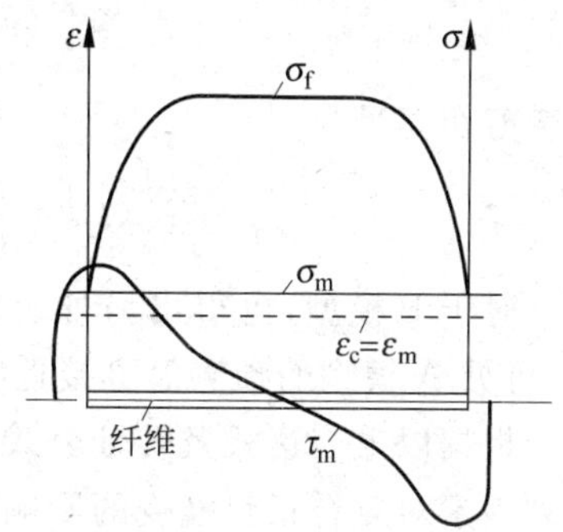

图 9-24 复合材料中应力应变分布示意图

假设在应力作用下经过 Δt 时间，基体和纤维产生各自的蠕变变形。由于界面粘结，复合材料的蠕变在两者之间，同时由于界面剪应力作用发生松弛，基体和纤维应力也发生松弛，形成复合材料进一步蠕变变形，其中基体应力松弛而纤维应力有所增大。随着时间推移，材料蠕变增大，进入第三阶段，其一是部分纤维应力增大而可能发生断裂，基体如受力过大而损坏，或其二是界面剪应力过大而破坏。最后导致复合材料蠕变断裂。

从细观力学分析研究聚合物基复合材料的蠕变规律，有人提出下列假设：

(1) 单层板：宏观均匀，粘弹性，正交各向异性。

(2) 纤维：均匀，线弹性，横观各向同性。

(3) 基体：均匀，粘弹性，各向同性。

(4) 纤维与基体及它们之间无空隙，纤维完全直线。并推出具有正交双向铺设纤维聚合物基复合材料的蠕变混合律，所用模型如图 9-25 所示。

对于 A 模型，主方向 1 的蠕变柔度为

$$D_1(t)=\frac{[D_{f2}c_{f2}+D_m(t)c_m]D_{f1}}{D_{f1}(1-c_{f1})^2+[D_{f2}c_{f2}+D_m(t)c_m]c_{f1}}$$

主方向 2 上蠕变柔度为

$$D_2(t)=\frac{[D_{f1}c_{f1}+D_m(t)c_m]D_{f2}}{D_{f2}(1-c_{f2})^2+[D_{f1}c_{f1}+D_m(t)c_m]c_{f1}}$$

泊松比为

$$\nu_{21}(t)=\nu_{f1}c_{f1}+\frac{\nu_{f2}D_{f2}c_{f2}+\nu_m(t)D_m(t)c_m}{D_{f2}c_{f2}+D_m(t)c_m}(1-c_{f1})$$

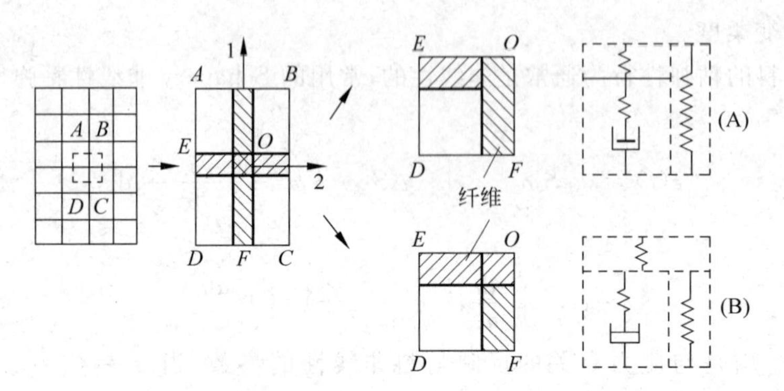

图 9-25 双向纤维的复合材料细观力学模型

蠕变剪切模量为

$$G_{12}(t)=\frac{G_{f1}G_{f2}G_m(t)}{G_{f1}G_{f2}c_m+G_{f2}G_m(t)c_{f2}+G_{f1}G_m(t)c_{f1}}$$

对于B模型,也得出另外一组蠕变混合律表达式。将上述模型预测值与实验结果比较,可见A模型的预测值更接近实测值。

根据以上表达式及转轴公式,可由复合材料中组分材料的蠕变性能预测任意方向等一系列因素对复合材料蠕变的影响。分析表明:复合材料组分材料中基体的蠕变柔度 $D_m(t)$ 对复合材料宏观蠕变影响最大,其次是基体的泊松比 $\nu_m(t)$ 和纤维柔度 D_f,而纤维泊松比基本不起作用。如果 $D_m(t)$ 与 D_f 差别过大,则 D_f 大小的影响也不太大,因此要有效地控制和设计复合材料性能,$D_m(t)$ 与 D_f 差别不要太大。

分析和实验研究表明,复合材料性能受界面的影响很大,需对界面作充分研究。

复合材料蠕变的研究不能限于进行宏观唯象研究,而应用细观力学方法选择精确合适的模型和适当数学手段描述不均匀性,才能较好地表述复合材料复杂的蠕变性能。

9.7 复合材料的连接

复合材料结构设计中必须考虑连接问题,复合材料构件如梁、杆、板和壳必须互相连接成一整体来承受载荷和环境(温度、湿度)作用,保证结构整体完好。这就要求对复合材料连接接头进行力学分析和强度计算。

合材料的连接方式一般分为两类:胶接和机械连接。胶接接头的主要优点是:

(1) 能得到平滑结构表面,连接件上不易产生应力集中和裂纹扩展,可用于不同材料间的连接;

(2) 大面积胶接成本低;

(3) 胶接件能减轻结构重量(比机械连接);

(4) 加载后永久变形小。

主要缺点是:

(1) 其强度分散较大,胶接质量不易无损探伤,随环境影响强度会逐渐降低;

(2) 大多数情况不可拆卸。

机械连接的优点是：

(1) 高温强度高，连接强度分散性小；

(2) 易于拆卸，便于检查质量。

缺点是：接头重量大，效率低，因开孔产生应力集中易引起连接损坏。

9.7.1 胶接机理的理论

聚合物基复合材料结构常用胶接连接，用胶粘剂(聚合物基体)粘结机理的理论已有多种，这里介绍最常用的几种。

1. 机械结合理论

将被粘结表面放大看具有粗糙度、凹穴和孔隙，胶粘剂渗到这些凹穴和孔隙中，固化后将两个表面连接在一起。机械结合理论示意图如图9-26(a)所示。这种细观机械连接对于多孔隙材料的胶接强度有重要作用。

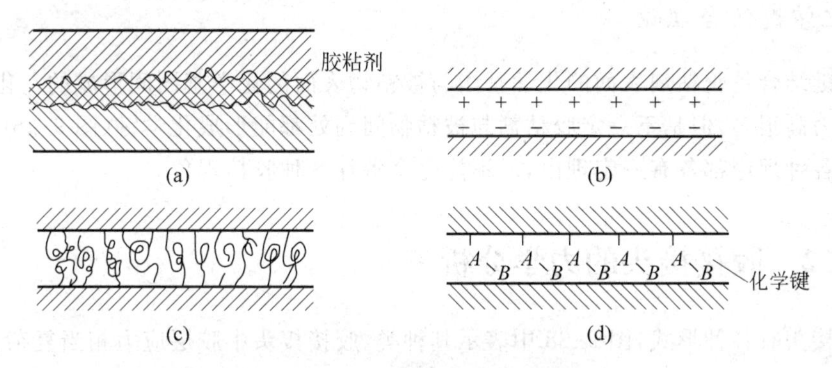

图9-26 几种胶接理论的示意图

(a) 机械结合理论；(b) 静电理论；(c) 扩散理论；(d) 化学键理论

2. 浸润和吸附理论

胶粘剂涂在复合材料表面时要求有良好的浸润，固体表面上受胶液滴浸润力的平衡可用下式表示：

$$\gamma_{sv} = \gamma_{sl} + \gamma_{lv}\cos\theta$$

式中，γ_{sv}，γ_{sl}和γ_{lv}分别为固气、固液和液气界面的自由能或表面张力，θ为接触角，$\theta=0°$时浸润最好。图9-27表示浸润平衡的示意图。浸润良好是粘结力好的重要条件。在浸润条件下胶粘剂与被粘物分子间的范德华力相互作用，此为吸附理论，浸润和吸附理论认为粘结机理是当被粘物与胶粘剂分子间距离小于0.5nm时，范德华力开始起作用，它所形成的键有偶极-偶极键(如聚氯乙烯)、偶极-诱导偶极键(如聚苯乙烯)、氢键等。但吸附理论有不足之处：①实验表明要剥离胶层所需的功大大超过克服分子间作用应消耗的功；②以极性键相互作用为基础的理论不能解释非极性聚合物之间有高粘结力的情况。

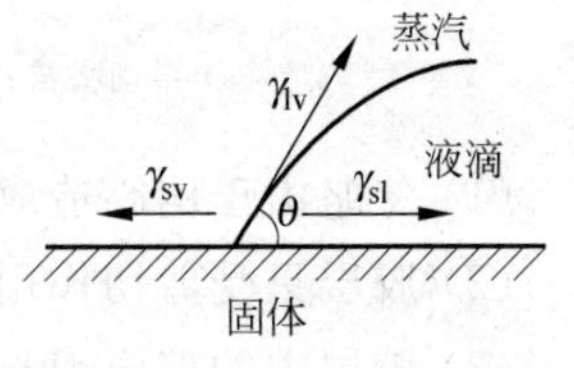

图9-27 浸润平衡示意图

3. 静电理论

该理论认为,胶粘剂与被粘物间存在双电层,粘附力主要由静电引力引起。实验证明,聚合物薄膜从表面剥离时发现电子发射现象,且可计算出剥离功大小,并与实验结果较符合。

但它不能解释:①非极性聚合物之间牢固粘结;②具有高导电性填充混合物有很高粘结力;③性质相近的聚合物、不发生静电的聚合物之间的牢固粘结现象。静电机理示意图如图 9-26(b)所示。

4. 扩散理论

该理论认为,胶粘剂与被粘物表面相互接触后两种物质的分子互相扩散形成牢固的粘接,扩散程度取决于分子结构和流动性。但是它有局限性:如高分子胶粘剂与无机物之间不能互相扩散,且高分子之间相互扩散受热力学条件限制(图 9-26(c))。

5. 化学键结合理论

化学键结合是胶粘剂表面的化学基团与被粘物表面的化学基团间形成的。化学键强度比范德华力高很多,但是不一定胶粘剂与被粘物间到处都能形成化学键(图 9-26(d))。

以上各种理论都各有一定理由,但不能完全解释各种胶接现象。

9.7.2 胶接接头的力学分析

胶接接头有各种形式,图 9-28 中表示其种类,胶接接头中胶层应力相当复杂,现以单搭接接头为例进行力学分析,如图 9-29 所示。为简化起见,采用以下三个假定:

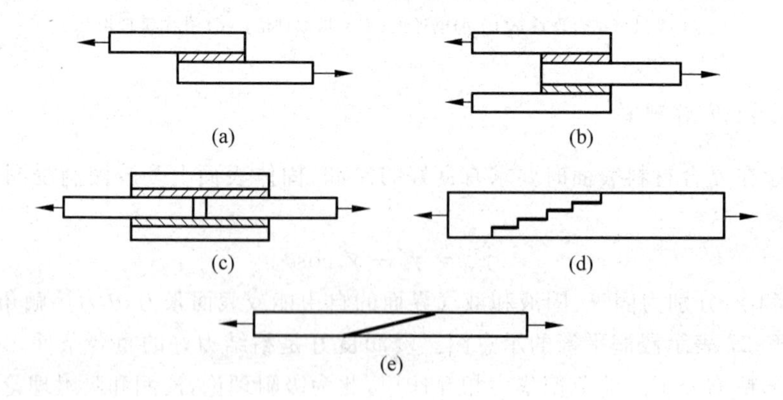

图 9-28 各种胶接接头形式

(a) 单面搭接;(b) 双面搭接;(c) 双盖板对接;(d) 阶梯搭接;(e) 斜口搭接

(1) 忽略由于偏心造成弯矩的影响;

(2) 胶层只受剪切作用;

(3) 胶层内的剪应力与两搭接板的相对位移成正比,即胶层在弹性状态下工作。

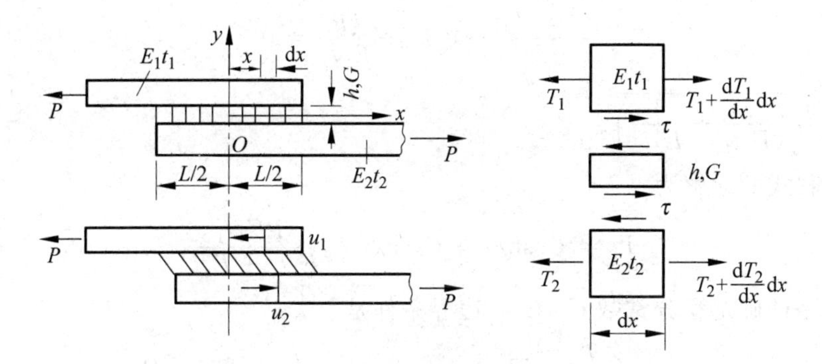

图 9-29 单搭接头及受力分析

对于上下板的微单元，分别列出 x 方向的平衡条件：

$$\left.\begin{aligned}\frac{\mathrm{d}T_1}{\mathrm{d}x}&=-\tau\\ \frac{\mathrm{d}T_2}{\mathrm{d}x}&=\tau\end{aligned}\right\}\tag{9-50}$$

两搭板上单位宽度受拉力 P，两板厚度分别为 t_1，t_2，弹性模量分别为 E_1，E_2（沿 P 力方向），胶层厚度为 h，胶层剪切模量为 G，搭接长度为 l。

在接头任一截面上有

$$T_1+T_2=P$$

根据假定(3)有

$$\tau=k(u_2-u_1)\tag{9-51}$$

式中，k 为比例系数。根据几何关系和胶层物理关系有

$$\tau=G\gamma=G\frac{(u_2-u_1)}{h}$$

比较上两式得

$$k=\frac{G}{h}$$

设 ε_1 和 ε_2 分别表示两搭板相对伸长，则其与位移的关系为

$$\varepsilon_1=\frac{\mathrm{d}u_1}{\mathrm{d}x},\quad \varepsilon_2=\frac{\mathrm{d}u_2}{\mathrm{d}x}$$

由胡克定律有

$$\varepsilon_1=\frac{T_1}{E_1t_1}=\frac{\mathrm{d}u_1}{\mathrm{d}x},\quad \varepsilon_2=\frac{T_2}{E_2t_2}=\frac{\mathrm{d}u_2}{\mathrm{d}x}\tag{9-52}$$

对式(9-50)第一式微分，得

$$\frac{\mathrm{d}^2T_1}{\mathrm{d}x^2}=-\frac{\mathrm{d}\tau}{\mathrm{d}x}$$

将式(9-51)代入上式得

$$\frac{\mathrm{d}^2T_1}{\mathrm{d}x^2}=-k\left(\frac{\mathrm{d}u_2}{\mathrm{d}x}-\frac{\mathrm{d}u_1}{\mathrm{d}x}\right)$$

再将式(9-52)代入上式并考虑 $T_1+T_2=P$，得

$$\frac{d^2T_1}{dx^2}-\lambda^2T_1+\frac{kP}{E_2t_2}=0$$

式中，$\lambda=\sqrt{k\left(\frac{1}{E_1t_1}+\frac{1}{E_2t_2}\right)}$。

微分方程式的通解为

$$T_1=C_1\mathrm{sh}\lambda x+C_2\mathrm{ch}\lambda x+\frac{PE_1t_1}{E_1t_1+E_2t_2}$$

由边界条件确定积分常数 C_1,C_2。边界条件是

$$x_1=\frac{l}{2},\quad T_1=0;\quad x_2=-\frac{l}{2},\quad T_1=P$$

解出 C_1,C_2 为

$$C_1=-\frac{P}{2\mathrm{sh}\frac{\lambda l}{2}},\quad C_2=\frac{P(E_2t_2-E_1t_1)}{2\mathrm{ch}\frac{\lambda l}{2}(E_1t_1+E_2t_2)}$$

这样求得 T_1,T_2 及 τ 的表达式分别为

$$T_1=\frac{P}{2}\left(-\frac{\mathrm{sh}\lambda x}{\mathrm{sh}\frac{\lambda l}{2}}+\frac{E_2t_2-E_1t_1}{E_1t_1+E_2t_2}\cdot\frac{\mathrm{ch}\lambda x}{\mathrm{ch}\frac{\lambda l}{2}}+\frac{2E_1t_1}{E_1t_1+E_2t_2}\right)$$

$$T_2=\frac{P}{2}\left(\frac{\mathrm{sh}\lambda x}{\mathrm{sh}\lambda\frac{l}{2}}-\frac{E_2t_2-E_1t_1}{E_1t_1+E_2t_2}\cdot\frac{\mathrm{ch}\lambda x}{\mathrm{ch}\frac{\lambda l}{2}}+\frac{2E_2t_2}{E_1t_1+E_2t_2}\right)$$

$$\tau=\frac{\lambda P}{2}\left(\frac{\mathrm{ch}\lambda x}{\mathrm{sh}\frac{\lambda l}{2}}-\frac{E_2t_2-E_1t_1}{E_1t_1+E_2t_2}\cdot\frac{\mathrm{sh}\lambda x}{\mathrm{ch}\lambda\frac{l}{2}}\right)$$

当两搭接板厚度和沿 x 方向的弹性模量均相等时，即 $E_1=E_2=E,t_1=t_2=t$，则以上各式变为

$$\left.\begin{aligned}T_1&=\frac{P}{2}\left(1-\frac{\mathrm{sh}\lambda x}{\mathrm{sh}\frac{\lambda l}{2}}\right)\\T_2&=\frac{P}{2}\left(1+\frac{\mathrm{sh}\lambda x}{\mathrm{sh}\frac{\lambda l}{2}}\right)\\\tau&=\frac{P}{2}\lambda\frac{\mathrm{ch}\lambda x}{\mathrm{sh}\frac{\lambda l}{2}}\end{aligned}\right\}\tag{9-53}$$

这时，$\lambda=\sqrt{\frac{2k}{Et}}=\sqrt{\frac{2G}{hEt}}$。最大剪应力发生在 $x=\pm\frac{l}{2}$ 处，为

$$\tau_{\max}=\frac{P\lambda}{2}\coth\frac{\lambda l}{2}$$

引入平均剪应力

$$\tau_{\mathrm{m}} = \frac{1}{l}\int_{-\frac{l}{2}}^{\frac{l}{2}} \tau \mathrm{d}x = \frac{P}{l}$$

则有

$$K = \frac{\tau_{\max}}{\tau_{\mathrm{m}}} = \frac{\lambda l}{2}\coth\frac{\lambda l}{2}$$

K 称为剪应力集中系数,从上式可见:$K \propto \lambda$,而 $\lambda = \sqrt{\frac{2G}{hEt}}$。选用 G 较低的胶粘剂可降低应力集中;另外,两块搭板厚度较大及弹性模量较高对胶层应力分布有利;还有,胶层厚度 h 增加会降低 K,有利于提高接头承载能力,但 h 增大,胶层内部缺陷增多会引起胶接强度下降。工程上常采用在胶层中增加一层玻璃布来增大胶层厚度、提高胶接强度。最后,胶接长度 l 增大一方面使平均剪应力降低,另一方面使 K 增大,实验表明 l 增加一倍,其承载能力只提高 $\frac{1}{6}$,因此 l 不宜过大。

由式(9-53)可给出内力 T_1,T_2 及 τ 分布示意图,如图 9-30 所示。由图可见,接头端部内力及剪应力最大,同时随 $\frac{G}{h}$ 值减小而趋于均匀。

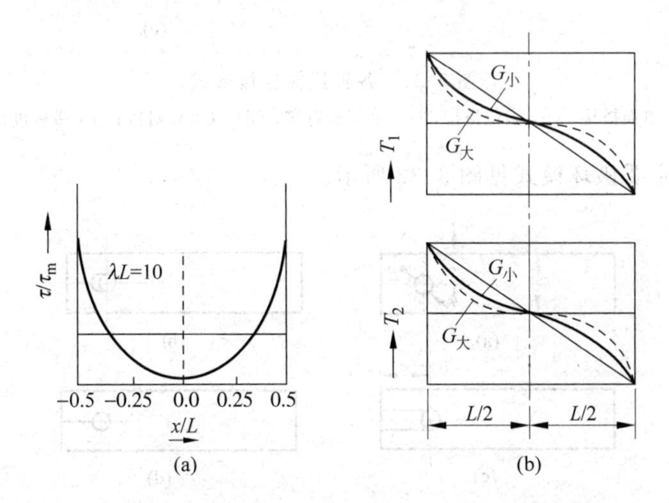

图 9-30 单搭接头弹性内力及剪应力分布示意图(不计载荷偏心)
(a) 剪应力分布;(b) 内力分布

胶接接头破坏形式主要有胶层内破坏和胶层与被胶材料层面(界面)破坏。胶接接头的强度条件是:接头处最大剪应力达到胶粘剂剪切强度 τ_0,则胶层发生破坏,即

$$\tau_{\max} = \frac{1}{2}P_{\max}\lambda\coth\frac{\lambda l}{2} = \tau_0$$

当 λl 取最大值时 $\coth\frac{\lambda l}{2}=1$,则

$$P_{\max} = \frac{2\tau_0}{\lambda} = \tau_0\sqrt{\frac{2Eht}{G}}$$

用上式确定 $P_{\max}$ 不太方便,因为 τ_0 和 h 不易测定。

胶接接头的力学分析和强度准则是很复杂的，不但需采用理论计算分析研究，而且需进行实验验证才能应用于工程实际结构。

9.7.3　机械连接的力学分析

实际结构中有多种形式的机械连接见图 9-31。

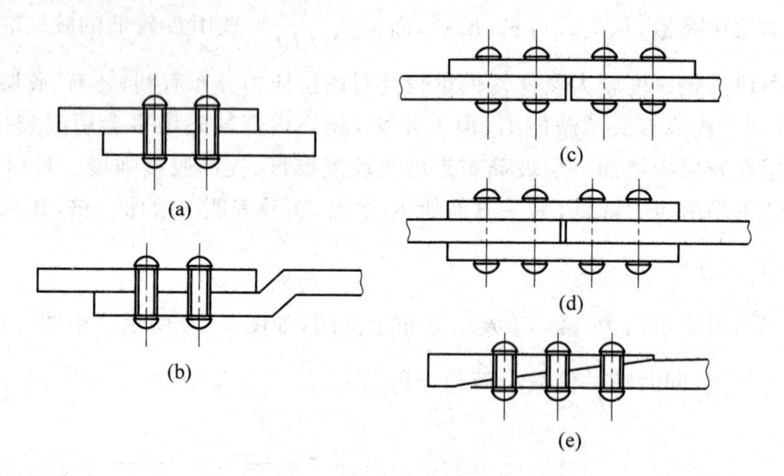

图 9-31　各种机械连接形式

(a) 单面搭接；(b) 偏位搭接；(c) 单盖板对接；(d) 双盖板对接；(e) 带锥度搭接

搭接接头的主要破坏模式见图 9-32 所示。

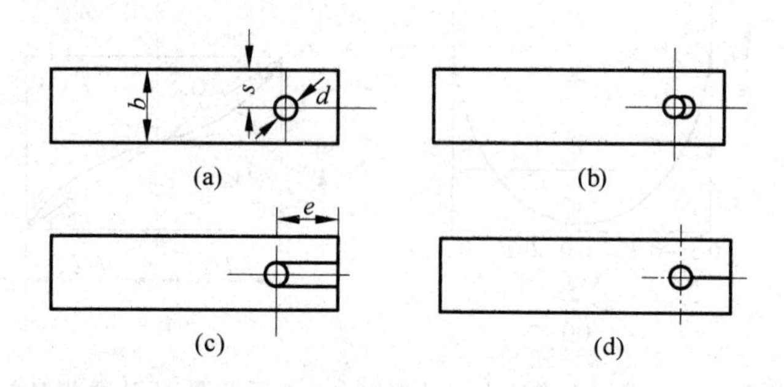

图 9-32　机械搭接接头几种破坏模式

(a) 连接件纯拉伸破坏；(b) 螺钉孔挤压破坏；(c) 连接件剪切破坏；(d) 劈裂破坏

下面介绍机械接头强度设计计算。

当接头形式选定后，为设计接头需确定以下因素：

(1) 单个螺钉上传递载荷大小和载荷百分比；

(2) 紧固件受载方向和大小；

(3) 载荷偏心度。

根据前述的不同破坏模式有以下不同强度条件。

(1) 拉伸破坏　当被连接件的宽度与圆孔直径比不够大时，会产生拉伸破坏，断口横跨圆孔，其强度条件为

$$\sigma_{\mathrm{L}}=\frac{P}{(b-d)t}\leqslant[\sigma_{\mathrm{Lb}}],\quad [\sigma_{\mathrm{Lb}}]=\frac{\sigma_{\mathrm{Lb}}}{n} \tag{9-54}$$

式中，P 为单个螺钉分担的载荷，t 为连接件厚度，b 为接头圆孔处宽度，d 为孔直径，σ_{b} 为连接件拉伸强度，n 为安全系数。

(2) 挤压破坏　当$\frac{b}{d}$和端头距$\frac{e}{d}$比值较大时，在较大载荷下易发生挤压破坏，即圆孔边缘被螺钉挤压分层破坏或孔变形量过大。严格说，螺钉与孔壁间挤压应力分布不均匀，现用平均应力表示挤压应力，则挤压破坏的强度条件为

$$\sigma_{\mathrm{j}}=\frac{P}{dt}\leqslant[\sigma_{\mathrm{jb}}],\quad [\sigma_{\mathrm{jb}}]=\frac{\sigma_{\mathrm{jb}}}{n} \tag{9-55}$$

式中 σ_{jb} 为接头件挤压强度，$[\sigma_{\mathrm{jb}}]$为许用挤压应力。对于碳/环氧材料采用第一层破坏时平均孔边应力为$[\sigma_{\mathrm{jb}}]$；对于玻璃纤维复合材料，取孔径伸长 4%时的挤压应力为$[\sigma_{\mathrm{jb}}]$。表 9-9 列出 4 种玻璃纤维复合材料$\frac{d}{t}=1$ 时的挤压强度和许用应力的参考值。表中表明$\frac{d}{t}=1$ 时挤压强度约为 250MPa。当$\frac{d}{t}=4$ 时，它的挤压强度降为 150MPa。$\frac{d}{t}$常在 1～4 之间，$\frac{d}{t}<1$ 时螺钉将被剪断，$\frac{d}{t}>4$ 时连接板先破坏。

表 9-9　4 种玻璃纤维复合材料的挤压强度与许用挤压应力$\left(\frac{d}{t}=1\right)$

种　　类	挤压强度 σ_{jb}/MPa	许用应力$[\sigma_{\mathrm{jb}}]$/MPa
玻璃/聚酯	300	240
玻璃/环氧	328	260
玻璃/酚醛	267	247
玻璃/有机硅	247	210

(3) 剪切破坏　当接头圆孔到端头的端距 e 与孔径 d 之比较小时，螺钉会将连接件端部剪坏，其强度条件为

$$\tau=\frac{P}{2et}\leqslant[\tau_{\mathrm{b}}],\quad [\tau_{\mathrm{b}}]=\frac{\tau_{\mathrm{b}}}{n} \tag{9-56}$$

其中，e 是孔中心到板端距离，τ_{b} 为接头材料剪切强度。

(4) 劈裂破坏　当复合材料连接板的横向拉伸强度很低时(特别是单向纤维复合材料板，且受力方向平行于纤维时)，常会发生劈裂破坏，裂纹由圆孔起裂，扩展到端部，劈裂的强度条件为

$$\sigma_{\mathrm{p}}\leqslant[\sigma_{\mathrm{pb}}] \tag{9-57}$$

其中，σ_{p} 为垂直于加载方向的拉应力，$[\sigma_{\mathrm{pb}}]$为许用应力。

由以上各式可知判断接头强度的关键是孔边应力大小，但对于复合材料层合板材，精确确定孔边应力是很困难的。因此有人建立了若干经验公式，下面选两个主要的介绍。

(1) G. M. Lehman 公式　他提出下列接头强度公式：当 $0<\frac{e}{d}<4$ 时，有

$$\frac{P}{dt}=k_{\mathrm{L}}\left(\frac{e}{d}\right)\left[1-e^{-1.6\left(\frac{s}{d}-0.5\right)}\right]\left(1-e^{-3.2\frac{t}{d}}\right)$$

式中，d 为孔径，t 为板厚，e 为孔心到端头之距，s 为孔心到侧边之距，k_L 为实验确定的系数。当$\frac{e}{d}>4$时，有

$$\frac{P}{dt}=k_L\sigma_{jb}$$

式中，σ_{jb}为材料的极限挤压强度。

(2) Van Siclen 公式　他对拉伸、剪切与挤压分别提出以下经验公式：

拉伸有

$$k_t=1+A\left[\left(\frac{d}{2s}\right)^{-0.55}-1\right]\left(\frac{e}{2s}\right)^{-0.5}$$

式中，k_t 为应力集中系数，A 为实验常数。如已知无孔板极限强度为 σ_{tw}，则有孔板强度 σ_{tu}为

$$\sigma_{tu}=\frac{\sigma_{tw}}{k_t}$$

接头能承受的最大载荷 P_t 为

$$P_t=\sigma_{tu}(2s-d)t$$

σ_{tu}随$\frac{s}{d}$变化的曲线由实验测定。

剪切有

$$\sigma_{sb}=A_1\left(\frac{e}{d}\right)+A_2$$

式中，A_1，A_2 为实验参数，已知 σ_{sb}剪切强度，则接头抗剪切载荷 P_s为

$$P_s=\sigma_{sb}\left(\frac{2s}{d}-1\right)dt=\sigma_{sb}(2s-d)t$$

σ_{sb}随$\frac{e}{d}$变化的曲线由实验测定。

挤压有

$$P_j=\sigma_{jb}dt$$

式中，σ_{jb}为给定层合板的极限挤压强度，由实验测定。

总之，复合材料连接问题非常重要又非常复杂，国内外进行了大量理论和实验方面的分析研究工作，但尚需深入探讨和研究。本节中只简单介绍一些基础性内容，实际工程应用中大量采用胶接加机械结合的复式连接，其受力和破坏机理更为复杂。另外不只是静力分析和强度计算，更重要的还有接头疲劳问题，这些方面有不少专门著作和研究文献可参考。

9.8　横向剪切的影响

前面所述的经典层合板理论，都是从直法线假设出发，即忽略与横向剪应力 τ_{xz}，τ_{yz} 有关的横向剪切变形 γ_{xz}，γ_{yz} 的影响。经典层合板理论对很多工程应用有实际价值，但是对于复合材料层合板壳与各向同性材料板壳相比，横向剪切的影响更为重要，因为复合材料聚合物基体的弹性模量 E_m 比纤维模量 E_f 低很多，甚至比所有单层板模量还低。基体材料是各层

单层板之间的粘结剂。层合板的剪切影响是每个层间区域基体材料贡献的总和,层合板可以由几十层甚至100层单层板构成,横向剪切的影响很大。

横向剪切影响的研究可分为两部分。下面首先研究复合材料层合板的柱形弯曲的精确解,它对实际问题应用是有限的,但可作为复合材料层合板近似理论校核之用。接下来,讨论处理层合板理论中横向剪切的各种近似方法。

9.8.1 柱形弯曲的精确解

Pagano研究了复合材料层合板的柱形弯曲,每层是正交各向异性的,且材料主方向与板轴一致,板在y方向无限长,如图9-33所示。当承受横向载荷$p=p(x)$(p与y无关)时,板变形成一圆柱面,板变形可表示如下:

$$u = u(x),\quad v = 0,\quad w = w(x)$$

这样板在x-z平面内是平面应变状态。

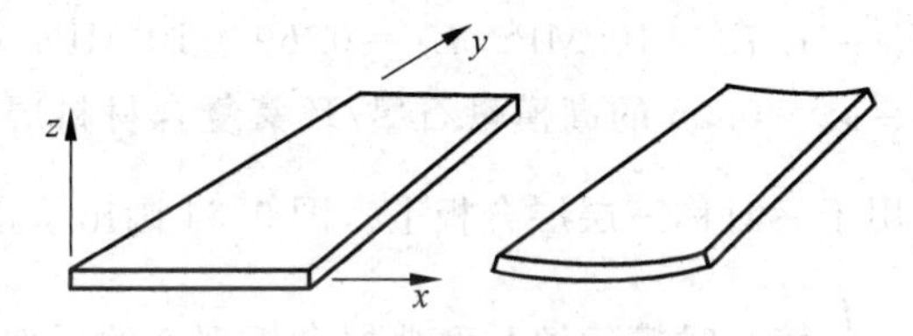

图9-33 无限长板条的柱形弯曲

由平衡方程可得到相应于经典层合板理论的结果,当考虑正交各向异性和上式,式(8-4)~式(8-6)可简化为

$$\left.\begin{aligned} A_{11}u_{,xx} - B_{11}w_{,xxx} &= 0 \\ D_{11}w_{,xxxx} - B_{11}u_{,xxx} &= p \end{aligned}\right\} \tag{9-58}$$

这些平衡方程可通过对第1式微分得到

$$u_{,xxx} = \frac{B_{11}}{A_{11}}w_{,xxxx}$$

代入第2式得

$$w_{,xxxx} = \frac{A_{11}}{A_{11}D_{11} - B_{11}^2}p = \frac{A_{11}}{C_0}p \tag{9-59}$$

其中

$$C_0 = A_{11}D_{11} - B_{11}^2$$

当$p=p_0\sin nx$时,则有解

$$u = \frac{B_{11}p_0}{C_0n^3}\cos nx$$

$$w = \frac{A_{11}p_0}{C_0n^4}\sin nx$$

由此得出

$$\varepsilon_x = u_{,x} - zw_{,xx} = \left(\frac{A_{11}z - B_{11}}{C_0n^2}\right)p_0\sin nx$$

每一层的应力分量为

$$\left.\begin{aligned}(\sigma_x)_k &= \frac{p_0 Q_{11}^k (A_{11} z - B_{11})}{C_0 n^2}\sin nx \\ (\sigma_y)_k &= \frac{p_0 Q_{12}^k (A_{11} z - B_{11})}{C_0 n^2}\sin nx\end{aligned}\right\} \tag{9-60}$$

在经典层合板理论中，由直法线假设 $\tau_{xz}=\sigma_z=0$，但可由平衡方程的积分近似得到 τ_{xz} 和 σ_z 为

$$\tau_{xz,z} = -\sigma_{x,x}$$

$$\sigma_{z,z} = -\tau_{xz,x}$$

又得

$$\left.\begin{aligned}(\tau_{xz})_k &= -\frac{p_0 Q_{11}^k}{C_0 n}\left(\frac{A_{11}}{2}z^2 - B_{11}z + H_k\right)\cos nx \\ (\sigma_z)_k &= -\frac{p_0 Q_{11}^k}{C_0}\left(\frac{A_{11}z^3}{6} - \frac{B_{11}z^2}{2} + H_k z + L_k\right)\sin nx\end{aligned}\right\} \tag{9-61}$$

其中常数 H_k, L_k 由表面和层间的应力边界条件确定。

Pagano 给出了用 $E_1=1.73\times10^5\,\text{MPa}$，$E_2=0.69\times10^4\,\text{MPa}$，$G_{12}=3.45\times10^3\,\text{MPa}$，$G_{23}=1.38\times10^3\,\text{MPa}$，$\nu_{21}=\nu_{32}=0.25$ 的高模量石墨/环氧复合材料层合板的数值结果，载荷 $p=p_0\sin\left(\frac{\pi x}{L}\right)$，$n=\frac{\pi}{L}$ 作用于一对称三层层合板上。图 9-34 画出了正化的横向挠度 w 对跨厚比 $s=\frac{L}{t}$ 的曲线。在 $s=\frac{L}{t}$ 较小时精确解和经典层合板理论的近似解的偏差很大，甚至在 $s=20$ 时，两者偏差约有 20%。

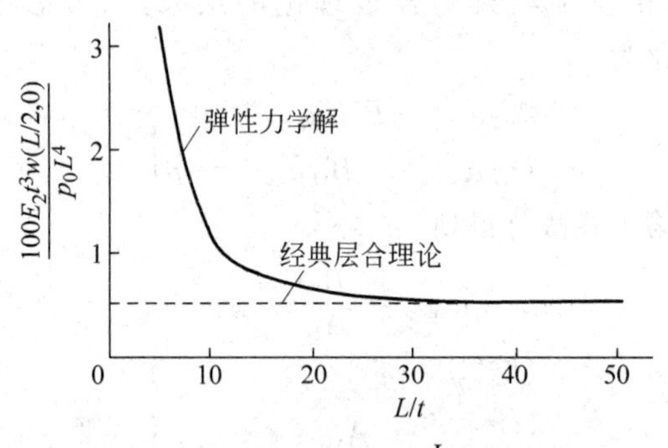

图 9-34　正化挠度对 $s=\frac{L}{t}$ 关系曲线

$s=4$ 和 $s=10$ 时沿厚度的正应力 σ_x 分布画在图 9-35(a)和(b)中，$s=4$ 时，经典层合板理论解和精确解之间偏差很大，但 $s=10$ 时相差不很大。$s=4$ 和 $s=10$ 时沿厚度的 τ_{xz} 分布画在图 9-36(a)和(b)中，$s=4$ 时经典层合板理论解和精确解之间差别不大，$s=10$ 时相差很小。对 $s=4$ 和 $s=10$ 时沿厚度的平面内位移 u 分布如图 9-37(a)和(b)所示。显然，在每一层内位移变化几乎是线性的，但在 $s=4$ 时线性并不贯穿整个层板；当 $s=10$ 时，沿整个层板的线性偏差不大。因此直法线假设对 s 较小时不适用。

在 Pagano 的例子中，随着跨厚比增大，经典层合板理论的应力比位移更快地收敛到精确解。对 $s\approx20$ 时应力的误差 $\leqslant10\%$，Pagano 和王(Wang)把正交各向异性层合板的解推广到更为一般的载荷。Pagano 等还研究了多层层合板。

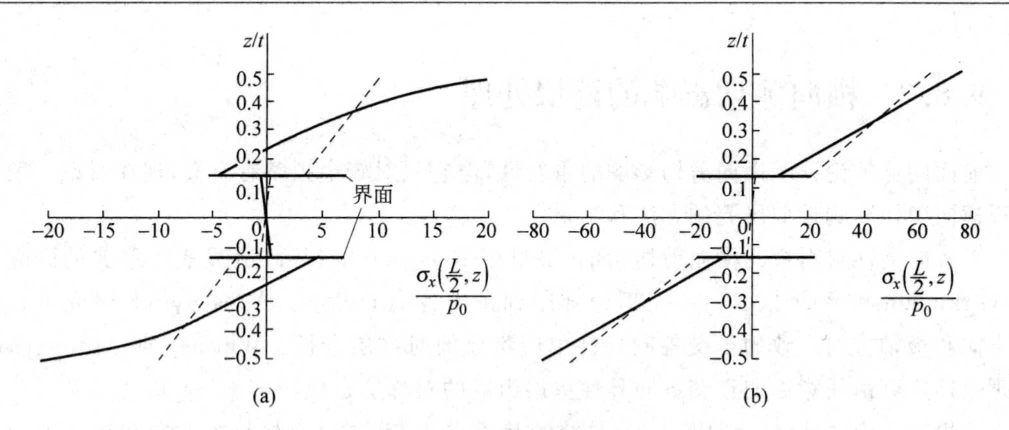

图 9-35 σ_x 沿厚度的变化

(a) $s=4$；(b) $s=10$

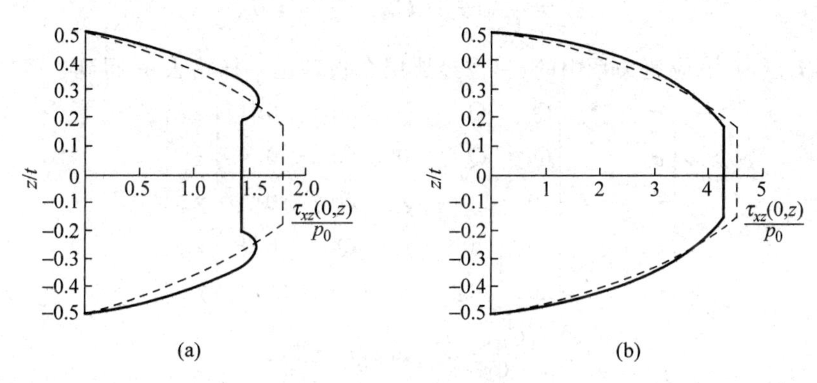

图 9-36 τ_{xz} 沿厚度的变化

(a) $s=4$；(b) $s=10$

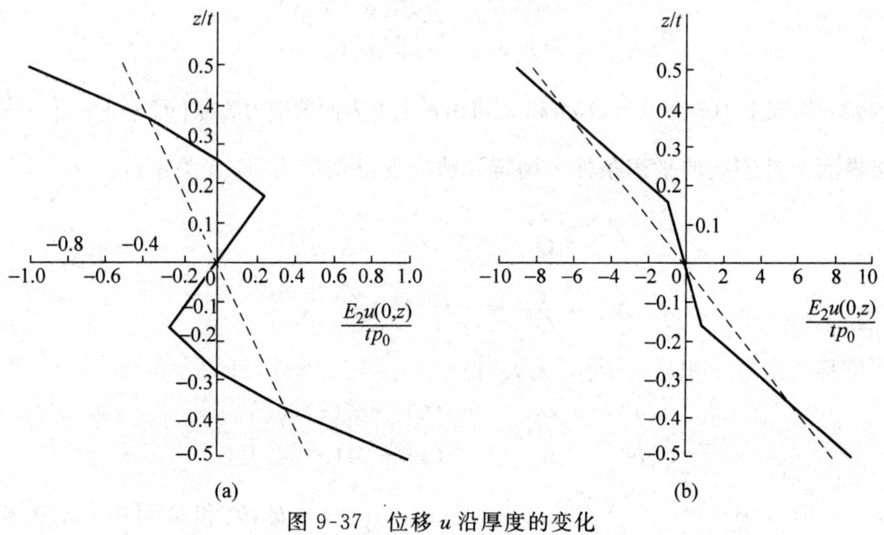

图 9-37 位移 u 沿厚度的变化

(a) $s=4$；(b) $s=10$

9.8.2 横向剪切影响的近似处理

前面的比较论证了横向剪切影响的重要性,但它只对较窄板条有意义,现在讨论一般层合板横向剪切影响近似研究的方法和结果。

对各向同性材料板的横向剪切影响,最早由 Reissner 和 Mindlin 发表了经典的研究论文,Girkmann 和 Beer 把 Reissner 理论推广到正交各向异性板。Амбарцумян 研究了材料主方向和板轴方向一致的正交各向异性单层组成的对称层合板。Whitney 把 Амбарцумян 的理论推广到由任意方向正交各向异性单层组成的对称层合板。

这里讨论由 Ashton 和 Whitney 总结的基本方法,首先讨论材料主方向和板轴方向一致的正交各向异性单层组成的对称层合板。由正交各向异性应力-应变关系可得

$$\varepsilon_z = \frac{1}{C_{33}}(\sigma_z - C_{13}\varepsilon_x - C_{23}\varepsilon_y)$$

由它消去第 k 层应力-应变关系中的 ε_z,像经典层合板理论一样略去 σ_z 得到

$$\begin{Bmatrix} \sigma_x \\ \sigma_y \\ \tau_{yz} \\ \tau_{xz} \\ \tau_{xy} \end{Bmatrix}_k = \begin{bmatrix} Q_{11} & Q_{12} & 0 & 0 & 0 \\ Q_{12} & Q_{22} & 0 & 0 & 0 \\ 0 & 0 & Q_{44} & 0 & 0 \\ 0 & 0 & 0 & Q_{55} & 0 \\ 0 & 0 & 0 & 0 & Q_{66} \end{bmatrix}_k \begin{Bmatrix} \varepsilon_x \\ \varepsilon_y \\ \gamma_{yz} \\ \gamma_{xz} \\ \gamma_{xy} \end{Bmatrix}_k \tag{9-62}$$

$$Q_{ij} = \begin{cases} C_{ij} - \dfrac{C_{i3}C_{j3}}{C_{33}}, & \text{如 } i,j = 1,2 \\ C_{ij}, & \text{如 } i,j = 4,5,6 \end{cases}$$

这样横向剪应力分布可近似表示为

$$\left.\begin{aligned} \tau_{xz}^k &= [Q_{55}^k f(z) + \alpha_{55}^k]\varphi_x(x,y) \\ \tau_{yz}^k &= [Q_{44}^k f(z) + \alpha_{44}^k]\varphi_y(x,y) \end{aligned}\right\} \tag{9-63}$$

由于层合板对称,式中 $f(z)=f(-z)$,α_{44}^k 和 α_{55}^k 可由板上下表面剪应力为零$\left(f\left(\dfrac{t}{2}\right)=f\left(-\dfrac{t}{2}\right)=0\right)$,和在各层界面上是连续的平衡条件来确定。剪应变可由应力-应变关系得

$$\left.\begin{aligned} \gamma_{xz}^k &= \frac{\tau_{xz}^k}{Q_{55}^k} = \left[f(z) + \frac{\alpha_{55}^k}{Q_{55}^k}\right]\varphi_x \\ \gamma_{yz}^k &= \frac{\tau_{yz}^k}{Q_{44}^k} = \left[f(z) + \frac{\alpha_{44}^k}{Q_{44}^k}\right]\varphi_y \end{aligned}\right\} \tag{9-64}$$

再由应变位移关系对 z 积分(w 与 z 无关)得

$$\left.\begin{aligned} u^k &= -zw_{,x} + [\mathscr{J}(z) + \mathscr{G}_1^k(z)]\varphi_x \\ v^k &= -zw_{,y} + [\mathscr{J}(z) + \mathscr{G}_2^k(z)]\varphi_y \end{aligned}\right\} \tag{9-65}$$

其中 $\mathscr{J}(z) = \int f(z)\mathrm{d}z$,$\mathscr{G}_1^k(z) = \dfrac{\alpha_{55}^k}{Q_{55}^k}z + b_1^k$,$\mathscr{G}_2^k(z) = \dfrac{\alpha_{44}^k}{Q_{44}^k}z + b_2^k$,$b_1^k$ 和 b_2^k 可由 u,v 在各层界面上连续的条件和在层合板中性面 u 和 v 为零的对称条件得到。由上两式可见,u,v 不像在经典层合理论中那样是 z 的线性函数(由于 φ_x 和 φ_y 存在,$\mathscr{J}(z)$ 和 $\mathscr{G}_1(z)$,$\mathscr{G}_2(z)$ 一般不是 z 的

线性函数)。

力矩关系式由应变位移关系和将式(9-65)代入应力-应变关系式(9-62)后积分而得:

$$\left.\begin{aligned} M_x &= -D_{11}w_{,xx} - D_{12}w_{,yy} + (F_{11}+H_{111})\varphi_{x,x} + (F_{12}+H_{122})\varphi_{y,y} \\ M_y &= -D_{12}w_{,xx} - D_{22}w_{,yy} + (F_{12}+H_{121})\varphi_{x,x} + (F_{22}+H_{222})\varphi_{y,y} \\ M_{xy} &= -2D_{66}w_{xy} + (F_{66}+H_{661})\varphi_{x,y} + (F_{66}+H_{662})\varphi_{y,x} \end{aligned}\right\}$$

式中 D_{ij} 为常用的弯曲刚度,而

$$F_{ij} = \int_{-\frac{t}{2}}^{\frac{t}{2}} Q_{ij}^k z \mathscr{J}(z)\mathrm{d}z, \quad i,j = 1,2,6$$

$$H_{ijl} = \int_{-\frac{t}{2}}^{\frac{t}{2}} Q_{ij}^k z \mathscr{G}_l^k(z)\mathrm{d}z, \quad l = 1,2$$

剪力为

$$\left.\begin{aligned} Q_x &= \int_{-\frac{t}{2}}^{\frac{t}{2}} \tau_{xz}^k \mathrm{d}z = K_{55}\varphi_x \\ Q_y &= \int_{-\frac{t}{2}}^{\frac{t}{2}} \tau_{yz}^k \mathrm{d}z = K_{44}\varphi_y \end{aligned}\right\}$$

式中

$$K_{ii} = \int_{-\frac{t}{2}}^{\frac{t}{2}} [Q_{ii}^k f(z) + \alpha_{ii}^k]\mathrm{d}z, \quad i = 4,5$$

平衡方程是

$$\left.\begin{aligned} & M_{x,x} + M_{xy,y} - Q_x = 0 \\ & M_{xy,x} + M_{y,y} - Q_y = 0 \\ & Q_{x,x} + Q_{y,y} + p + N_x w_{,xx} + 2N_{xy}w_{,xy} + N_y w_{,yy} = 0 \end{aligned}\right\} \tag{9-66}$$

这些平衡方程的边界条件比经典层合理论复杂得多但更为合理,因为在剪力和扭矩组合出现的边界上,用它们本身的条件代替了原自由边界条件,每一边新的边界条件是

$$Q_n = 0 \text{ 或 } w = 0, \quad M_n = 0 \text{ 或 } W_{,n} = 0, \quad M_{nt} = 0 \text{ 或 } u_{t,z|z=0} = 0,$$

式中 n 和 t 分别表示边界的法向和切向。

简支矩形层合板受分布载荷

$$p = p_0 \sin\frac{m\pi x}{a}\sin\frac{n\pi y}{b}$$

作用,位移和转角为

$$\left.\begin{aligned} w &= A\sin\frac{m\pi x}{a}\sin\frac{n\pi y}{b} \\ \varphi_x &= B\cos\frac{m\pi x}{a}\sin\frac{n\pi y}{b} \\ \varphi_y &= C\sin\frac{m\pi x}{a}\cos\frac{n\pi y}{b} \end{aligned}\right\} \tag{9-67}$$

它们完全满足边界条件:

$$M_x = v_{,z|z=0} = w = 0, \quad \text{在 } x = 0,a \text{ 时}$$

$$M_y = u_{,z|z=0} = w = 0, \quad \text{在 } y = 0,b \text{ 时}$$

根据弹性力学解的结果，假定每一层中的剪应力近似为抛物线的一段，即

$$f(z) = 1 - 4\left(\frac{z}{t}\right)^2 \tag{9-68}$$

那么问题就可确定，并简化为求解 A，B，C 的一组联立代数方程。

Whitney 由这组方程得出对称的四层正交铺设(0°/90°/90°/0°)石墨/环氧正方形层合板在载荷 $p = p_0 \sin\frac{\pi x}{a}\sin\frac{\pi y}{a}$ 作用下的挠度，其材料性能为典型的高模量石墨/环氧：$\frac{E_1}{E_2}=40$，$\frac{G_{12}}{E_2}=0.6$，$\frac{G_{13}}{E_2}=0.5$，$\nu_{21}=0.25$。图 9-38 所示的将剪切变形理论与经典层合理论解的比较类似于图 9-34 柱形弯曲精确解和经典层合理论解之间的比较。

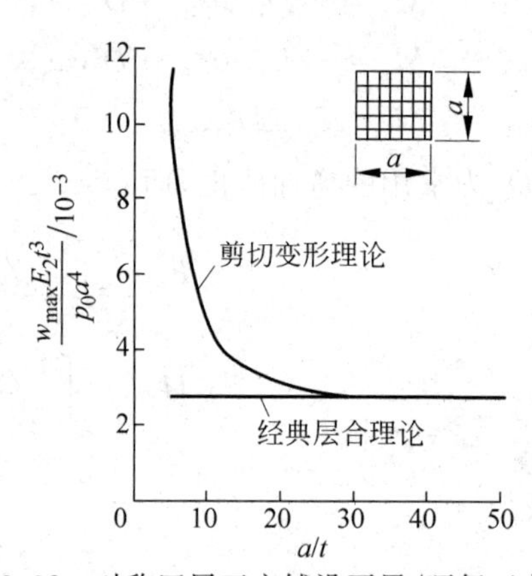

图 9-38　对称四层正交铺设石墨/环氧正方形层合板在 $p_0 \sin\frac{\pi x}{a}\sin\frac{\pi y}{a}$ 下的挠度

对于一反对称的正交铺设无限长板条，其挠度的 Whitney 剪切变形理论解和弹性力学解以及经典层合理论解的更直接的比较表示在图 9-39 中。显然，Whitney 剪切变形解对于预测挠度是很好的。然而在图 9-40 中，无限长两层板条边缘处沿厚度 Whitney 的剪应力 τ_{xz} 分布和弹性力学解相差较大。如果由弹性力学方程从应力 σ_x，σ_y 和 τ_{xy} 计算剪应力代替式(9-68)的方程，则这样修正的剪切变形理论和弹性力学解之间符合得很好，如图 9-40 所示。

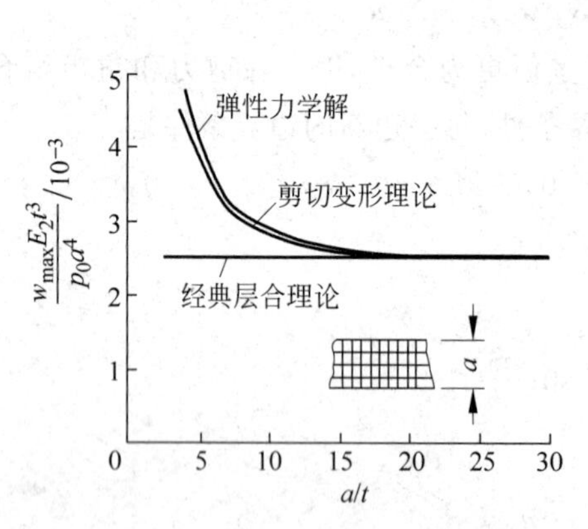

图 9-39　在 $p_0 \sin\frac{\pi x}{a}$ 下两层正交铺设石墨/环氧无限长板条 w 与 $\frac{a}{t}$ 的关系

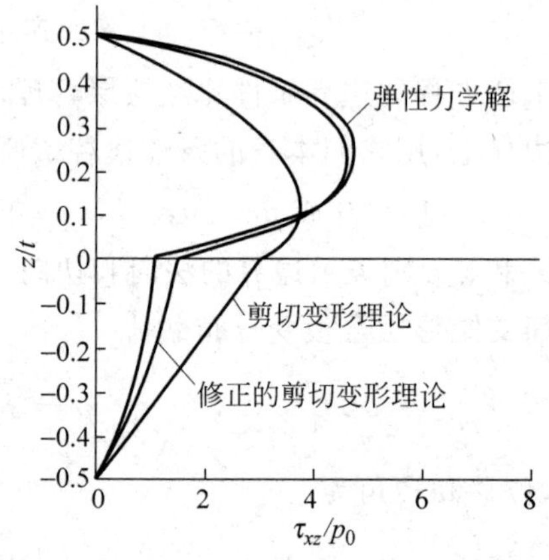

图 9-40　在 $p_0 \sin\frac{\pi x}{a}$ 下 $\frac{a}{t}=4$ 无限长两层石墨/环氧板条端部横向剪应力分布

杨(Yang)、Norris 和 Stavsky(1966 年)以及 Whitney 和 Pagano(1970 年)提出了考虑横向剪切变形的层合板理论，虽然这些理论比较简单，且对板的刚度分析比经典层合理论有很大改进，但它不能反映层合板弯曲后的断面翘曲现象，对应力计算改进不大，杨等提出的位移分量模式为

$$\left.\begin{aligned} u(x,y,z) &= u_0(x,y) + z\psi_x(x,y) \\ v(x,y,z) &= v_0(x,y) + z\psi_y(x,y) \\ w(x,y,z) &= w_0(x,y) \end{aligned}\right\} \tag{9-69}$$

由此模式进行 w 和 σ 的计算，简称为 Y. N. S 理论。随后 Whitney 和孙(Sun)提出了两种分层线性变形的力学模型，在第一种模型中，假定层合板在弯曲后，板面内位移在板厚度方向的分布为分层线性变化，即在每一层内呈直线分布而在整个板的截面上呈折线形分布。各层交界面上保持位移的连续性，这种模型后来又有些人详细分析研究过并有算例，表明它对变形和应力计算均有很好的精度。近年来这种模型还被采用有限元方法求解，结果也较好。但是这种模型中未知量的个数随着层合板层数增加而增多，层数较多时，求解困难。而第二种模型是在第一种模型中增加了要求在各层交界面上的两个剪应力分量也保持连续的条件。这样就使各层的横向剪应变相互联系起来，使未知量个数大大减少并与层数无关。

清华大学何积范等人对层合板的横向剪切变形作了进一步研究，他们以特殊正交各向异性层合板为例，以上述第二种模型和另一种假设剪应力沿板厚呈抛物线分布的分层模型，推演了层合板弯曲、振动的基本方程和边界条件，假设第 i 层板弯曲后各点位移为

$$\left.\begin{aligned} u_i &= u_{im}(x,y) + (z - z_i)\psi_{xi}(x,y) \\ v_i &= v_{im}(x,y) + (z - z_i)\psi_{yi}(x,y) \\ w_i &= w_{0m}(x,y) \end{aligned}\right\} \tag{9-70}$$

其中，u_{im}，v_{im} 为第 i 层中面内位移，ψ_{xi}，ψ_{yi} 为第 i 层法线的转角，各层内横向剪应变为

$$\left.\begin{aligned} \gamma_{xzi} &= \frac{\partial u_i}{\partial z} + \frac{\partial w_i}{\partial x} = \psi_{xi} + \frac{\partial w_{0m}}{\partial x} \\ \gamma_{yzi} &= \frac{\partial v_i}{\partial z} + \frac{\partial w_i}{\partial y} = \psi_{yi} + \frac{\partial w_{0m}}{\partial y} \end{aligned}\right\} \tag{9-71}$$

各层内应力-应变关系式为

$$\begin{bmatrix} \sigma_{xi} \\ \sigma_{yi} \\ \tau_{xyi} \end{bmatrix} = \begin{bmatrix} Q_{11i} & Q_{12i} & 0 \\ Q_{12i} & Q_{22i} & 0 \\ 0 & 0 & Q_{66i} \end{bmatrix} \begin{bmatrix} \varepsilon_{xi} \\ \varepsilon_{yi} \\ \gamma_{xyi} \end{bmatrix}$$

$$\begin{bmatrix} \tau_{yzi} \\ \tau_{xzi} \end{bmatrix} = \begin{bmatrix} Q_{44i} & 0 \\ 0 & Q_{55i} \end{bmatrix} \begin{bmatrix} \gamma_{yzi} \\ \gamma_{xzi} \end{bmatrix}$$

在板弯曲时求在第 i 层和第 $i+1$ 层的交界面上保持面内位移和剪应力连续的条件，则有

$$\left.\begin{aligned} u_{im} + \frac{t_i}{2}\psi_{xi} &= u_{(i+1)m} - \frac{t_{i+1}}{2}\psi_x(i+1) \\ v_{im} + \frac{t_i}{2}\psi_{yi} &= v_{(i+1)m} - \frac{t_{i+1}}{2}\psi_y(i+1) \end{aligned}\right\} \tag{9-72}$$

$$\left.\begin{aligned} Q_{44i}\gamma_{yzi} &= Q_{44(i+1)}\gamma_{yz(i+1)} = \tau_{yzi} = \tau_{yz(i+1)} \\ Q_{55i}\gamma_{xzi} &= Q_{55(i+1)}\gamma_{xz(i+1)} = \tau_{xzi} = \tau_{xz(i+1)} \end{aligned}\right\} \tag{9-73}$$

由上述各式可得各层面内位移由第 0 层位移表示的关系式，引进

$$\lambda_{4i} = \frac{Q_{44\,0}}{Q_{44\,i}}, \quad \lambda_{5i} = \frac{Q_{55\,0}}{Q_{55\,i}} \tag{9-74}$$

这种模型实际上表示各层的剪应力相同，另一种模型用下式代替式(9-73)：

$$Q_{44\,i}\gamma_{yz\,i} = Q_{44\,0}\gamma_{yz\,0}\left[1-4\left(\frac{z_i}{t}\right)^2\right]$$

$$Q_{55\,i}\gamma_{xz\,i} = Q_{55\,0}\gamma_{xz\,0}\left[1-4\left(\frac{z_i}{t}\right)^2\right]$$

由此得

$$\left.\begin{aligned}\lambda_{4i} &= \frac{Q_{440}}{Q_{44i}}\left[1-4\left(\frac{z_i}{t}\right)^2\right]\\ \lambda_{5i} &= \frac{Q_{550}}{Q_{55i}}\left[1-4\left(\frac{z_i}{t}\right)^2\right]\end{aligned}\right\} \tag{9-75}$$

上式和式(9-74)分别表示两种分层方案。

用此方程和边界条件，对几个算例进行计算。四边简支9层方板(0°/90°/0°/…/0°/90°/0°)在 $p=p_0\sin\dfrac{\pi x}{a}\sin\dfrac{\pi y}{b}$ 作用下弯曲，板厚为 t，计算中点挠度 $\bar{w}$，将结果与Y.N.S理论及三维弹性力学解比较列于表9-10中。不同 $s=\dfrac{a}{t}$ 跨厚比下 $\bar{w}$ 的结果，说明两种分层理论所得 $\bar{w}$ 结果当 s 较小时比Y.N.S理论更接近精确解，同时计算的 σ_{ij} 结果也说明当 s 较小时，分层理论比Y.N.S理论的 $\sigma_x,\sigma_y,\tau_{xy}$ 结果更好。详情可参考复合材料学报1986年第3期何积范等人的“层合板弯曲与振动的近似分析”，他们还将横向剪切的分层方案进一步推广到一般对称、反对称层合板的计算中，这方面其他人也进行了理论和实验研究。

表9-10 九层方板中点挠度 $\bar{w}\left(\dfrac{a}{2},\dfrac{a}{2},0\right)$ 值

s	100	50	20	10	4	2
经典层合理论	1	1	1	1	1	1
Y.N.S剪切变形理论	1.004	1.017	1.104	1.414	3.546	11.107
分层Ⅰ方案	1.005	1.021	1.130	1.513	4.083	12.922
分层Ⅱ方案	1.005	1.021	1.128	1.507	4.043	11.950
三维弹性力学解	1.005	1.021	1.129	1.512	4.079	12.288

第3篇

复合材料细观力学

第 10 章
复合材料的有效性质和均质化方法

10.1 引 言

在前面几章复合材料的力学性能分析中，并没有涉及组成复合材料的具体微观结构及其组分材料的性质。我们知道，复合材料的宏观模量和强度具有方向性，这种方向性取决于其组分材料的性质和具体复合材料内的微观结构分布。以单向纤维增强的复合材料为例，在平行于纤维方向，复合材料具有很高的模量和强度；而在垂直于纤维的方向，复合材料的性质却只与基体性质相当。如果能够在复合材料的宏观力学性质与材料微观结构之间建立定量联系，人们就可以通过对微结构进行设计来达到所需要复合材料的宏观性能。复合材料细观力学的主要目的就是建立这种定量联系，进而实现对复合材料微观结构和性能的优化设计。此外随着功能材料，如记忆合金、压电材料和铁磁材料等在复合材料中的应用，细观力学也已成为这类功能复合材料性能设计的基础。

复合材料至少由两种材料构成，因此材料在微观上性质是不均匀的。图 10-1、图 10-2 分别给出了 SiCp 颗粒增强铝基复合材料和平面编织玻璃纤维复合材料的微结构照片。

这样自然会引出一个问题，前面几章中复合材料“模量”和“强度”的含义是什么？为了回答这个问题，首先考察一下测量复合材料模量所做的简单拉伸实验。在试样端点施加均匀应力$\bar{\sigma}_{11}$，如图 10-3 所示，由于复合材料微观结构的不均匀性，试样内部应力和应变将不再是均匀的。假想在试样的截面 N-N 上，试样内部应力 σ_{11} 和应变 ε_{11}（称为微观应力和应变）将在其均值$\bar{\sigma}_{11}$和$\bar{\varepsilon}_{11}$附近波动。如果复合材料含有足够多的增强相（即纤维或颗粒，在细观力学中统称为“夹杂”），在任何一个与 N-N 平面平行的截面上，微观应力和应变也都会围绕均值$\bar{\sigma}_{11}$和$\bar{\varepsilon}_{11}$波动。因此拉伸实验测得的复合材料在 x_1 方向的杨氏模量$\bar{E}_1$，实际上是均值$\bar{\sigma}_{11}$和$\bar{\varepsilon}_{11}$之间的比例系数，即$\bar{\varepsilon}_{11}=\bar{\sigma}_{11}/\bar{E}_1$。这样图 10-3 中左侧的非均匀复合材料的平均应力与应变关系，就可以用右侧均匀材料的应力-应变关系来代替，这个均匀材料在 x_1 方向

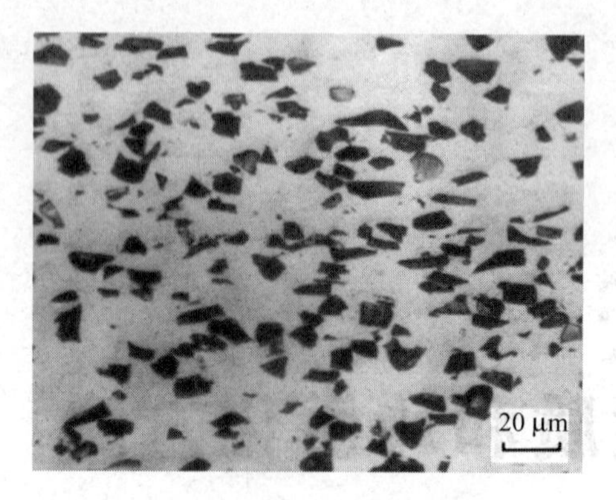

图 10-1　SiCp/Al 复合材料

图 10-2　玻璃纤维编织复合材料

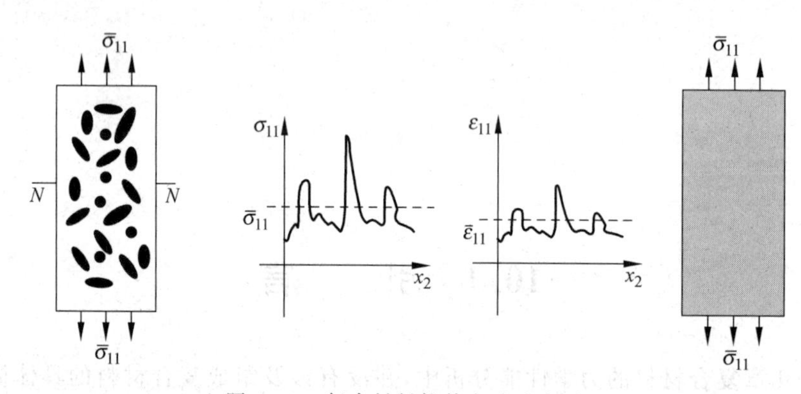

图 10-3　复合材料拉伸实验示意图

具有杨氏模量$\bar{E}_1$。这样等效之后，在复合材料结构的应力分析时，将不再关心具体复合材料的微观结构和微观材料属性。第3章中单层复合材料板的力学性质实际就是这样等效的结果，复合材料的等效性质在本书中也称为有效性质。

简言之，复合材料细观力学就是在研究如何用一个均匀材料的响应来代替非均匀复合材料的平均响应。从前面的讨论可以看出，复合材料的结构分析涉及两个尺度：一个是宏观的、平均意义的量；一个是微观的，涉及组分材料的属性和微观结构的分布。通常所说的复合材料的“模量”和“强度”都是指宏观平均量，而宏观平均量又是由微观层次上的参数决定的。细观力学就是要建立这两个不同尺度层次之间的关联。

实际上细观力学具有更广泛的含义，并不局限于研究材料的力学性质，它也泛指对非均匀材料在力、热、电、磁等各种载荷作用下平均响应的研究。细观力学的方法也被广泛应用于扩散机制控制的化学反应、冶金中的烧结过程等。本书中的细观力学只涉及力载荷，但所讲述的方法很容易推广到分析复合材料的其他有效性质，如有效热传导系数、介电常数、磁导率、扩散系数等物理量。

细观力学的快速发展始于20世纪60年代，主要得益于复合材料在工程上的大量应用。但细观力学的主要概念和方法可以追溯到连续介质力学体系建立之初，当时人们对物质结构的认识是建立在粒子的概念基础之上。在建立连续介质力学框架时，实际上就已经用到了将大量离散的粒子用一个均匀材料等效的概念。许多科学巨匠都在细观力学方面做出了重要贡献，如 Clausius 和 Maxwell 分别研究了由导电颗粒和绝缘基体构成的复合材料的有效介电常数与导电颗粒含量的关系，Einstein 曾研究了含有刚性粒子的悬浮液的有效粘性系数与粒子含量的关系。

经过近 50 年的发展，细观力学形成了许多有效的解析模型和数值分析方法，在这里我们将只介绍细观力学的一些基本概念和方法，并只讨论基体和夹杂界面是完好粘结的理想情况。在细观力学部分，符号约定如下：带有上划线的量指宏观量，即复合材料的有效量或平均量；张量表示大部分使用分量的形式，但有时为了表述简单也使用全量表示方法，并用黑体表示，如弹性本构关系可以表示成 $\sigma_{ij}=C_{ijkl}\varepsilon_{kl}$ 或 $\boldsymbol{\sigma}=\boldsymbol{C\varepsilon}$。张量的运算 $A_{ijkl}B_{klmn}$ 用 $\boldsymbol{AB}$ 表示。

10.2 尺度和代表单元的概念

分析如图 10-4(a)所示的一个复合材料结构在外载作用下的应力和应变分布。假想该结构由图 10-1 所示的 SiCp/Al 复合材料构成，结构的特征尺度用 L 表示(如最小尺度)，复合材料内夹杂的特征尺度用 A 表示(如夹杂的最大尺度)。一般航空复合材料结构的尺度在厘米到米的量级，而夹杂的尺度如 SiCp 颗粒、纤维直径都在微米量级，这样复合材料结构将含有大量的夹杂(增强颗粒或纤维)。对这样的结构进行力学分析时不可能将所有的夹杂连同结构一起分析，实际人们都有意识或无意识地引入一个微元(图 10-4(b))，该微元的尺度用 l 表示。这个微元在复合材料结构中代表一个点，而这个微元的平均应力和应变关系被看作复合材料有效本构关系，实际上是将非均匀的微元用一个具有上述平均应力-应变关系的均匀化材料来代替(图 10-4(c))。对复合材料结构(图 10-4(a))所有点都应用上述概念，这样原本一个对真实非均匀复合材料结构分析的问题转化成对一个均质化后相同结构进行分析的问题。该均质化结构的材料具有复合材料有效宏观本构，这样使原问题大大简化。实际上对均质结构分析所得到的应力或应变对应着微元上的平均应力和应变，这样结构计算(宏观)和复合材料有效性质计算(微观)是相互解偶的。这种解偶是在一定条件下成立的，一般要求结构尺度、微元尺度和夹杂尺度满足 $L\gg l\gg A$。满足这样条件的微元，称为复合材料代表单元(representative volume element)。代表单元满足的尺度关系意味着它相对于结构尺度要充分小，它在复合材料结构中可以看作一个点；另外复合材料代表单元相对夹杂的尺度又要充分大，应该含有足够多的夹杂，它的平均性质应能够描述复合材料的宏观有效性质。对于一般的复合材料，夹杂的尺度在微米量级，结构尺度在厘米到米的量级，代表单元如果取毫米量级已经满足上面的尺度要求。需要指出的是上面尺度都是相对的，绝对尺度可能是微米也可能是米，取决于所研究的问题。

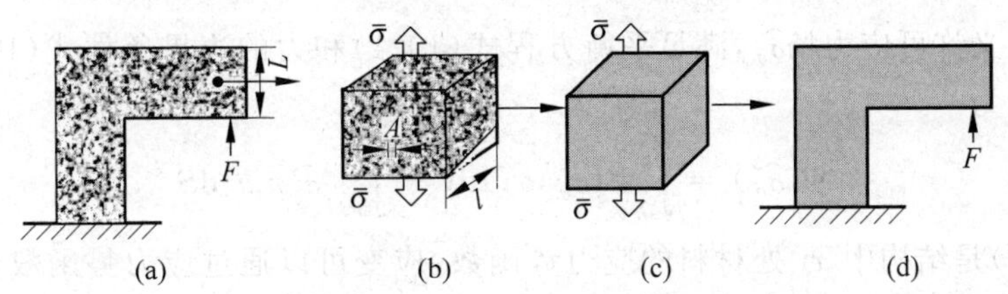

图 10-4　复合材料结构、代表单元和等效结构的概念

有了代表单元，分析复合材料的有效性质将集中在代表单元上进行。细观力学实际上就是研究复合材料代表单元在均匀应力或应变边界条件下，代表单元内平均应力与平均应变之间的关系。下面我们将介绍微观到宏观的过渡方法，即如何从微观的角度来定义复合材料的有效模量或柔度。在下面的讨论中我们也用细观来表示微观，在本书中泛指复合材料构元层次（如纤维、颗粒和基体）。

10.3 细观过渡方法

10.3.1 最小势能和余能原理

在弹性力学中已经学过，要分析一个边界为$\partial\Omega$的结构Ω，在力的边界$\partial\Omega_F$上有力F_i作用，在位移边界$\partial\Omega_u$上限定位移$\bar{u}_i$（$\partial\Omega_F+\partial\Omega_u=\partial\Omega$）。假设无体力作用，结构$\Omega$内的应力和应变分布需要满足以下基本方程。

平衡方程

$$\sigma_{ij,j}=0 \tag{10-1}$$

协调条件

$$\varepsilon_{ij}=\frac{1}{2}(u_{i,j}+u_{j,i}) \tag{10-2}$$

本构方程

$$\sigma_{ij}=C_{ijkl}\varepsilon_{kl}\ (\varepsilon_{ij}=S_{ijkl}\sigma_{kl}) \tag{10-3}$$

在边界$\partial\Omega_F$上，$F_i=\sigma_{ij}n_j$，n_j是边界$\partial\Omega_F$的外法线矢量 (10-4)

在边界$\partial\Omega_u$上，

$$u_i=\bar{u}_i \tag{10-5}$$

其中$C_{ijkl}(x_m)$，$S_{ijkl}(x_m)$分别是结构中点x_m处材料的弹性模量和柔度张量。

上述弹性问题的基本方程还可以通过最小势能和余能原理写成泛函极值的形式。定义协调位移场$\widetilde{u_i}$，它满足位移边界条件式(10-5)和一阶连续条件，由协调位移场$\widetilde{u_i}$通过式(10-2)可以定义协调应变场$\widetilde{\varepsilon_{ij}}$。定义整个结构的势能：

$$\Phi(\widetilde{u_i})=\int_{\Omega}\varphi(\widetilde{\varepsilon_{ij}},x_k)\mathrm{d}V-\int_{\partial\Omega_F}F_iu_i\mathrm{d}S \tag{10-6}$$

其中$\varphi(\widetilde{\varepsilon_{ij}},x_k)$是结构中$x_k$处材料的应变能密度函数。应力和应变能密度函数之间满足功共轭关系，即$\sigma_{ij}=\partial\varphi(\widetilde{\varepsilon_{ij}},x_k)/\partial\varepsilon_{ij}$。对于线弹性材料，应变能密度函数为

$$\varphi(\widetilde{\varepsilon_{ij}},x_m)=\frac{1}{2}C_{ijkl}(x_m)\varepsilon_{ij}\varepsilon_{kl}$$

类似地定义许可应力场$\widetilde{\sigma_{ij}}$，满足平衡方程式(10-1)和力的边界条件式(10-4)。定义整个结构的余能为

$$\Psi(\widetilde{\sigma_{ij}})=\int_{\Omega}\Psi(\widetilde{\sigma_{ij}},x_k)\mathrm{d}V-\int_{\partial\Omega_u}\widetilde{\sigma_{ij}}n_i\bar{u}_j\mathrm{d}S \tag{10-7}$$

其中$\Psi(\widetilde{\sigma_{ij}},x_k)$是结构中$x_k$处材料的应力势函数，应变可以通过应力势函数对应力求导得到，即$\varepsilon_{ij}=\partial\Psi(\widetilde{\sigma_{ij}},x_k)/\partial\sigma_{ij}$。对于线弹性材料，有$\Psi(\widetilde{\sigma_{ij}},x_m)=\frac{1}{2}S_{ijkl}(x_m)\sigma_{ij}\sigma_{kl}$。

如果 σ_{ij}，ε_{ij} 和 u_i 为此弹性结构问题的真实解，那么对于任意许可应力场$\widetilde{\sigma_{ij}}$和协调位移场$\widetilde{u_i}$，总有如下不等关系式：

$$-\Psi(\widetilde{\sigma_{ij}}) \leqslant -\Psi(\sigma_{ij}) = \Phi(u_i) \leqslant \Phi(\widetilde{u_i}) \tag{10-8}$$

式(10-8)左右两端的不等式分别为最小余能原理和最小势能原理。

最小势能原理：在所有的协调位移场$\widetilde{u_i}$中，真实位移场 u_i 的势能最小。

最小余能原理：在所有的许可应力场$\widetilde{\sigma_{ij}}$中，真实应力场 σ_{ij} 的余能最小。

10.3.2　有效模量的定义

下面分析复合材料代表单元 V，讨论其在均匀应力或应变边界条件下，代表单元内平均应力和平均应变之间的关系。首先讨论均匀应力边界条件$\bar{\sigma}_{ij}$作用下的复合材料代表单元，在整个代表单元边界上满足

$$\sigma_{ij} n_j = \bar{\sigma}_{ij} n_j \tag{10-9}$$

为计算复合材料有效柔度张量，需要求解在边界条件式(10-9)下，微观应变和应力在代表单元内平均之间的关系，即

$$\langle \varepsilon_{ij} \rangle = \bar{S}_{ijkl} \langle \sigma_{kl} \rangle \tag{10-10}$$

$\bar{S}_{ijkl}$即为复合材料有效柔度，或等效柔度。物理量在代表单元内的平均用符号〈・〉表示，定义为 $\langle \cdot \rangle = \dfrac{1}{V}\int_V \cdot \, \mathrm{d}V$。

可以证明在式(10-9)给出的边界条件下，微观应力在代表单元内的平均即为宏观所施加的应力：

$$\begin{aligned}\langle \sigma_{ij} \rangle &= \frac{1}{V}\int_V \sigma_{ij} \mathrm{d}V = \frac{1}{V}\int_V \sigma_{ik}\delta_{kj} \mathrm{d}V = \frac{1}{V}\int_V \sigma_{ik} \frac{\partial x_j}{\partial x_k} \mathrm{d}V = \frac{1}{V}\int_V [(\sigma_{ik} x_j)_{,k} - \sigma_{ik,k} x_j] \mathrm{d}V \\ &= \frac{1}{V}\int_{\partial V} \sigma_{ik} n_k x_j \mathrm{d}S = \frac{\bar{\sigma}_{ik}}{V}\int_{\partial V} n_k x_j \mathrm{d}S = \bar{\sigma}_{ik}\delta_{kj} = \bar{\sigma}_{ij}\end{aligned}$$

这样式(10-10)可以重新写为

$$\langle \varepsilon_{ij} \rangle = \bar{S}_{ijkl}\, \bar{\sigma}_{kl} \tag{10-11}$$

假设复合材料由 N 相材料构成，第 r 相材料所占的体积用 V_r 表示，用$\langle \cdot \rangle_r$表示某物理量在第 r 相材料内的平均，定义 $\langle \cdot \rangle_r = \dfrac{1}{V_r}\int_{V_r} \cdot \, \mathrm{d}V$。第 r 相材料的模量和柔度张量分别用 C^r_{ijkl}，S^r_{ijkl} 表示。这样有

$$\langle \varepsilon_{ij} \rangle = \frac{1}{V}\int_V \varepsilon_{ij} \mathrm{d}V = \sum_{r=0}^{N-1} \frac{1}{V}\int_{V_r} \varepsilon_{ij} \mathrm{d}V = \sum_{r=0}^{N-1} \frac{V_r}{V}\frac{1}{V_r}\int_{V_r} \varepsilon_{ij} \mathrm{d}V = \sum_{r=0}^{N-1} c_r \langle \varepsilon_{ij} \rangle_r \tag{10-12}$$

其中，$c_r = V_r/V$，为第 r 相材料的体积百分比，并且有 $\sum\limits_{r=0}^{N-1} c_r = 1$。

如果令每相材料的平均应力与宏观应力的关系为(这里称为局部化关系)

$$\langle \sigma_{ij} \rangle_r = A^r_{ijkl}\, \bar{\sigma}_{kl} \tag{10-13}$$

由于$\langle \sigma_{ij} \rangle = \bar{\sigma}_{ij}$，可以证明 $\sum\limits_{r=0}^{N-1} c_r A^r_{ijkl} = I_{ijkl}$。根据式(10-13)，有

$$\langle \varepsilon_{ij} \rangle = \sum_{r=0}^{N-1} c_r \langle \varepsilon_{ij} \rangle_r = \sum_{r=0}^{N-1} c_r S^r_{ijkl} \langle \sigma_{kl} \rangle_r = \sum_{r=0}^{N-1} c_r S^r_{ijkl} A^r_{klmn} \bar{\sigma}_{mn} \tag{10-14}$$

因此复合材料有效柔度可以表示为

$$\bar{S}_{ijkl} = \sum_{r=0}^{N-1} c_r S^r_{ijkl} A^r_{klmn} \tag{10-15}$$

如果令 $r=0$ 为基体相，利用 $\sum_{r=0}^{N-1} c_r A^r_{ijkl} = I_{ijkl}$ 和 $\sum_{r=0}^{N-1} c_r = 1$，复合材料有效柔度可以进一步写成以下的普适形式：

$$\begin{aligned}\bar{S}_{ijmn} &= \sum_{r=0}^{N-1} c_r S^r_{ijkl} A^r_{klmn} = c_0 S^0_{ijkl} A^0_{klmn} + \sum_{r=1}^{N-1} c_r S^r_{ijkl} A^r_{klmn} \\ &= S^0_{ijmn} + \sum_{r=1}^{N-1} c_r (S^r_{ijkl} - S^0_{ijkl}) A^r_{klmn}\end{aligned}$$

即

$$\bar{S}_{ijmn} = S^0_{ijmn} + \sum_{r=1}^{N-1} c_r (S^r_{ijkl} - S^0_{ijkl}) A^r_{klmn} \tag{10-16}$$

式(10-16)给出了对复合材料有效模量普适的表达式。可见计算复合材料有效模量的关键在于计算局部化关系中的集中系数张量 A^r_{ijkl}，具体求解过程和方法将在第 13 章进行详细介绍。

下面讨论在均匀应变边界条件 $\bar{\varepsilon}_{ij}$ 作用下的复合材料代表单元，在整个代表单元边界上施加位移边界条件：

$$u_i = \bar{\varepsilon}_{ij} x_j \tag{10-17}$$

为了计算复合材料有效模量(或刚度)，需要求解在边界条件式(10-17)下，微观应力和应变在代表单元内平均之间的关系。复合材料有效模量 $\bar{C}_{ijkl}$ 定义为

$$\langle \sigma_{ij} \rangle = \bar{C}_{ijkl} \langle \varepsilon_{kl} \rangle \tag{10-18}$$

可以证明在式(10-17)给出的边界条件下，有

$$\begin{aligned}\langle \varepsilon_{ij} \rangle &= \frac{1}{V}\int_V \varepsilon_{ij} \mathrm{d}V = \frac{1}{2V}\int_{\partial V} (u_i n_j + u_j n_i) \mathrm{d}S = \frac{1}{2V}\int_{\partial V} (\bar{\varepsilon}_{ik} x_k n_j + \bar{\varepsilon}_{jk} x_k n_i) \mathrm{d}S \\ &= \frac{1}{2V}\int_V (\bar{\varepsilon}_{ik} \delta_{kj} + \bar{\varepsilon}_{jk} \delta_{ki}) \mathrm{d}V = \bar{\varepsilon}_{ij}\end{aligned}$$

即微观应变在代表单元内的平均等于边界上所施加的宏观应变，这样式(10-18)又可写为

$$\langle \sigma_{ij} \rangle = \bar{C}_{ijkl} \bar{\varepsilon}_{kl}$$

对于由 N 相材料构成的复合材料，根据式(10-12)有

$$\langle \sigma_{ij} \rangle = \sum_{r=0}^{N-1} c_r \langle \sigma_{ij} \rangle_r \tag{10-19}$$

因此计算复合材料有效模量时，关键在于计算每相材料的平均应力或应变和所施加外载荷的关系。如果局部化关系已知，并表示为

$$\langle \varepsilon_{ij} \rangle_r = B^r_{ijkl} \bar{\varepsilon}_{kl} \tag{10-20}$$

显然有 $\sum_{r=0}^{N-1} c_r B^r_{ijkl} = I_{ijkl}$，$I_{ijkl}$ 为四阶单位张量。上式意味着在求解局部化关系时，只需求解 $N-1$ 相的集中系数张量 B^r_{ijkl} 即可。对于一般复合材料，令基体相为 $r=0$。由式(10-19)

可得

$$\langle \sigma_{ij} \rangle = \sum_{r=0}^{N-1} c_r \langle \sigma_{ij} \rangle_r = \sum_{r=0}^{N-1} c_r C_{ijkl}^r \langle \varepsilon_{kl} \rangle_r = \sum_{r=0}^{N-1} c_r C_{ijkl}^r B_{klmn}^r \bar{\varepsilon}_{mn} \tag{10-21}$$

同样可以证明复合材料有效模量最终可以写成

$$\bar{C}_{ijmn} = C_{ijmn}^0 + \sum_{r=1}^{N-1} c_r (C_{ijkl}^r - C_{ijkl}^0) B_{klmn}^r \tag{10-22}$$

在推导上式时,用到了

$$c_0 B_{ijkl}^0 = I_{ijkl} - \sum_{r=1}^{N-1} c_r B_{ijkl}^r \text{ 及} \sum_{r=0}^{N-1} c_r = 1$$

10.3.3 有效性质的能量定义

考察复合材料代表单元在边界上作用均匀的应力(式(10-9))和应变(式(10-17))边界条件的情况。在均匀应力边界条件下,从应力势的角度定义代表单元内复合材料的能量为

$$\bar{\Psi}(\bar{\sigma}_{ij}) = \langle \Psi(\sigma_{ij}, x_k) \rangle \tag{10-23}$$

可以证明

$$\begin{aligned}\langle \Psi(\sigma_{ij}, x_k) \rangle &= \frac{1}{2V}\int_V \sigma_{ij}\varepsilon_{ij}\,\mathrm{d}V = \frac{1}{2V}\int_V \sigma_{ij}u_{i,j}\,\mathrm{d}V = \frac{1}{2V}\int_V [(\sigma_{ij}u_i)_{,j} - \sigma_{ij,j}u_i]\mathrm{d}V \\ &= \frac{1}{2V}\int_{\partial V} \sigma_{ij}u_i n_j\,\mathrm{d}V = \frac{\bar{\sigma}_{ij}}{2V}\int_{\partial V} u_i n_j\,\mathrm{d}V = \frac{1}{2}\langle \varepsilon_{ij} \rangle \bar{\sigma}_{ij} = \frac{1}{2}\langle \varepsilon_{ij} \rangle \langle \sigma_{ij} \rangle\end{aligned}$$

利用式(10-15),复合材料的有效柔度的能量定义可以写为

$$\bar{\Psi}(\bar{\sigma}_{ij}) = \frac{1}{2}\bar{S}_{ijkl}\bar{\sigma}_{ij}\bar{\sigma}_{kl} \tag{10-24}$$

类似地,对于均匀应变边界条件,从能量角度定义的复合材料有效模量为

$$\bar{\Phi}(\bar{\varepsilon}_{ij}) = \langle \Phi(\varepsilon_{ij}, x_k) \rangle = \frac{1}{2}\bar{C}_{ijkl}\bar{\varepsilon}_{ij}\bar{\varepsilon}_{kl} \tag{10-25}$$

从定量的角度讲,复合材料单元的选取就是使代表单元的平均性质与所施加的边界条件无关,这样均质化后的材料的柔度和模量互逆,即

$$\bar{C}_{ijkl}\bar{S}_{klmn} = I_{ijmn} \tag{10-26}$$

第 11 章 单层复合材料的细观力学分析

11.1 引　　言

第 3 章讨论了单层复合材料的宏观力学性能，研究了一块较大的单层复合材料，宏观地把它看成均匀而各向异性的材料，而没有考虑它是由两种或多种组分材料构成的事实，即单层复合材料的刚度和强度如何随组分材料中含量和分布的变化而变化。现在需要建立某种理论来确定多种组分材料构成的复合材料如何达到最好的宏观刚度和强度，或者如何改变组分材料的含量和分布以得到预期的刚度和强度。

研究复合材料力学性能分为宏观力学和细观力学两种分析方法，宏观力学分析假定材料是均匀的，不考虑组分材料引起的不均匀性；细观力学研究组分材料的相互作用，认为复合材料内部是不均匀的。

单层复合材料的性能可以用物理方法实验测定，也可由组分材料的性能用数学方法求得，即用细观力学方法预测单层复合材料的性能，并在结构宏观力学分析时应用这些性能参数。

第 10 章中提出要预测复合材料宏观力学性质与组分材料微观结构间的定量联系，复合材料细观力学的主要目的就是建立这种联系。对于弹性问题，就是要计算复合材料的有效模量，又称有效刚度，将不均匀的复合材料的平均应力与平均应变的关系用一个均匀材料的应力-应变关系来代替，这个均匀材料具有弹性模量 $\bar{E}_1$，$\bar{E}_2$ 等。

本章单层复合材料细观力学分析的主要目的如下：

第一，用组分材料的弹性常数来预测复合材料的弹性常数或刚度、柔度，例如纤维增强复合材料的刚度系数用纤维和基体的弹性常数以及它们的相对体积含量来确定：

$$C_{ij} = F_j(E_f, \nu_f, c_f, E_m, \nu_m, c_m)$$

式中 E_f 为各向同性纤维的弹性模量，ν_f 为各向同性纤维的泊松比，E_m 为基体弹性模量，ν_m 为基体的泊松比，c_f 和 c_m 分别为纤维和基体相对体积含量(%)。$c_f=\dfrac{V_f}{V}$，V_f 为纤维体积，V 为复合材料总体积，$c_m=\dfrac{V_m}{V}$，V_m 为基体体积。如果纤维是横观各向同性的，则弹性常数数目将增加。

第二，用组分材料的强度来预测复合材料的强度，例如纤维增强复合材料的强度用纤维的强度、基体的强度及其相对体积含量来确定：

$$X_i = F_i(X_{if}, X_{im}, c_f, c_m)$$

式中，$X_i=X_t, X_c, Y_t, Y_c, S$ 分别是复合材料轴向拉伸、压缩，横向拉、压和剪切强度，$X_{if}=X_f, Y_f, S_f$ 分别是纤维的各强度，$X_{im}=X_m, Y_m, S_m$ 分别是基体各强度。对于各向同性纤维和基体 $X_f=Y_f, X_m=Y_m$，c_f 和 c_m 意义同上。

细观力学分析中对复合材料有以下基本假设：

(1) 单层复合材料：线弹性、宏观均匀性、宏观正交各向异性、无初应力。

(2) 纤维：各向同性(或横观各向同性)、均匀性、规则排列、线弹性、完全成直线。

(3) 基体：均匀性、各向同性、线弹性。

此外，在纤维或基体中或它们之间不存在空隙，即纤维和基体间粘结是完整理想的。

宏观上复合材料的最小范围内分布的应力应变是均匀的，即在微元中用具有平均应力-应变关系的均匀化材料来代替。细观上材料不均匀，应力应变是不均匀的。采用代表性的体积单元作为微元，代表性体积单元的尺度是重要的，一般在一个代表性体积单元(简称代表单元)中至少要有一根纤维。在单向纤维单层材料中，纤维的间距是代表单元的某方向尺寸，另一方向尺寸是单层板厚度或当单层板厚度大于一层纤维厚度时纤维在厚度方向的间距，第三方向尺寸是任意的。由单向纤维组成的单层板典型的体积单元如图 11-1 所示。

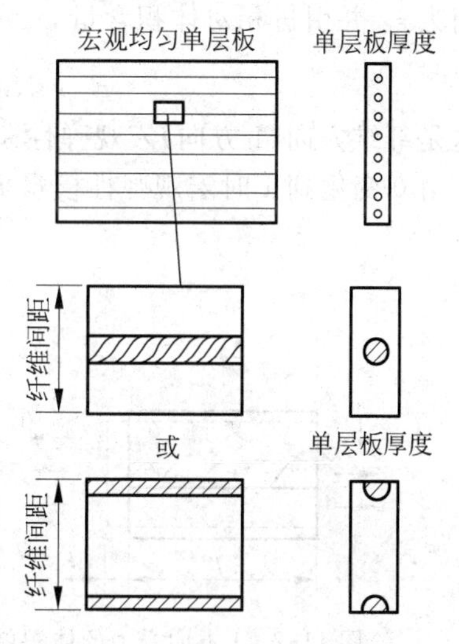

图 11-1 单向纤维单层材料的代表性体积单元

11.2 刚度的材料力学分析方法

复合材料刚度的细观力学分析可采用材料力学分析方法，这种方法比较简单。

采用的主要简化假设是：在单向纤维复合材料中，纤维和基体在纤维方向的应变是相等的，如图 11-2 所示，即垂直于 1 轴的截面加载前后保持平面，这是材料力学中最基本的假设。在此基础上我们导出单层复合材料宏观正交各向异性弹性常数 $\bar{E}_1, \bar{E}_2, \bar{\nu}_{21}, \bar{G}_{12}$(有效弹性常数)的表达式。为简单，下面书写时把字母上的横杠省略，写成 $E_1, E_2, \nu_{21}, G_{12}$。

11.2.1　E_1 的确定

由图 11-2 可见，要确定 E_1，有

$$\varepsilon_1=\frac{\Delta l}{l}$$

据假设 ε_1 既是纤维又是基体的轴向应变，如两者都处于弹性状态，则应力是

$$\sigma_f=E_f\varepsilon_f=E_f\bar{\varepsilon}_1,\quad \sigma_m=E_m\varepsilon_m=E_m\bar{\varepsilon}_1$$

平均应力 σ_1 作用在横截面积 A 上，σ_f 作用在纤维横截面积 A_f 上，σ_m 作用在基体横截面积 A_m 上，作用在复合材料体积单元上的合力是

$$P=A\bar{\sigma}_1=\sigma_f A_f+\sigma_m A_m$$

将 σ_f，σ_m 代入上式，并引入 $\bar{\sigma}_1=E_1\varepsilon_1$，则有

$$E_1\bar{\varepsilon}_1=E_f\bar{\varepsilon}_1\frac{A_f}{A}+E_m\bar{\varepsilon}_1\frac{A_m}{A}$$

消去 $\bar{\varepsilon}_1$ 并引进相对体积含量 $c_f=\dfrac{A_f}{A}$，$c_m=\dfrac{A_m}{A}$，$c_f+c_m=1$，复合材料内无空隙，则得

$$E_1=E_f c_f+E_m c_m=E_f c_f+E_m(1-c_f)\tag{11-1}$$

这是纤维方向(1 方向)宏观弹性模量 E_1 的混合律表达式。如图 11-3 所示，混合律表示，当 c_f 由 0 变化到 1 时宏观弹性模量 E_1 从 E_m 线性变化到 E_f。

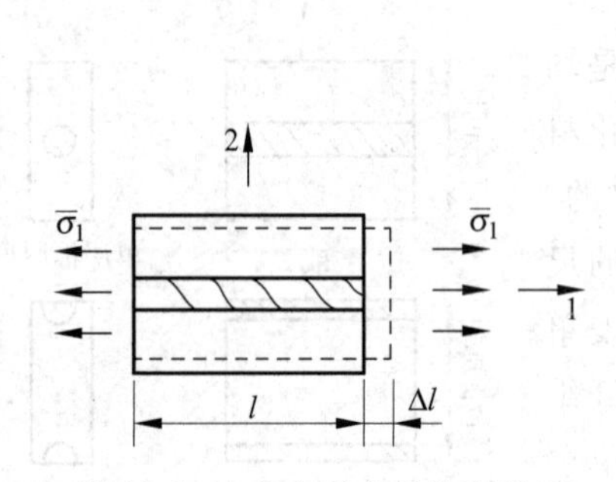

图 11-2　1 方向受力的体积单元

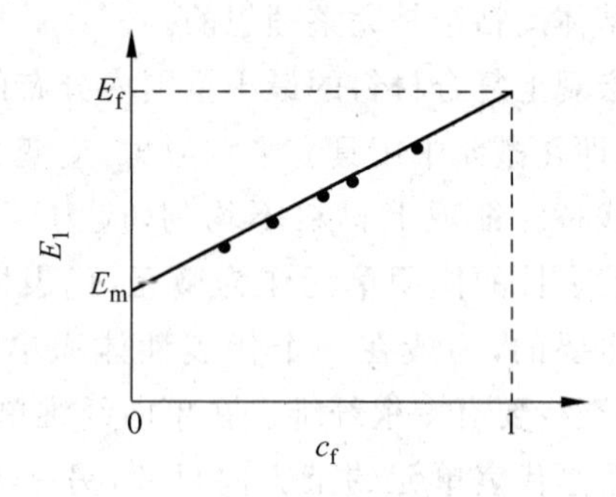

图 11-3　E_1 随 c_f 的变化

用单层复合材料纤维方向拉伸试件试验可检验混合律，对于玻璃/环氧复合材料，实验点在直线附近略偏下方，说明混合律基本反映了实际情况(图 11-3)。

11.2.2　E_2 的确定

用材料力学分析方法，假定纤维和基体承受相等的横向应力 $\bar{\sigma}_2$，如图 11-4 所示。因此纤维和基体的横向应变分别是

$$\varepsilon_f=\frac{\bar{\sigma}_2}{E_f},\quad \varepsilon_m=\frac{\bar{\sigma}_2}{E_m}$$

ε_f 作用的横向尺寸近似等于 $c_f B$，ε_m 作用的横向尺寸近似为 $c_m B$，B 为单元宽度。

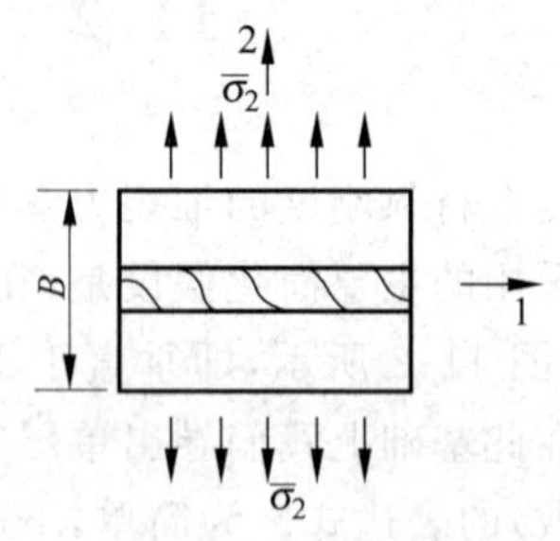

图 11-4　在 2 方向受力的体积单元

总横向变形为

$$\Delta B = \bar{\varepsilon}_2 B = c_f B \varepsilon_f + c_m B \varepsilon_m$$

即得

$$\varepsilon_2 = c_f \varepsilon_f + c_m \varepsilon_m = \bar{\sigma}_2 \left(\frac{c_f}{E_f} + \frac{c_m}{E_m} \right)$$

由此得

$$\left.\begin{aligned} \frac{1}{E_2} &= \frac{c_f}{E_f} + \frac{c_m}{E_m} \\ E_2 &= \frac{E_f E_m}{c_m E_f + c_f E_m} \end{aligned}\right\} \tag{11-2}$$

这是 E_2 的材料力学表达式，此式可无量纲化为

$$\frac{E_2}{E_m} = \frac{1}{c_m + c_f (E_m / E_f)} = \frac{1}{(1 - c_f) + c_f (E_m / E_f)}$$

表 11-1 给出不同 E_m/E_f 和不同 c_f 时计算出的 E_2/E_m 值。由表中可见，即使 $E_f = 10E_m$，也需要 $c_f > 50\%$ 才能将 E_2 提高到 E_m 的两倍，即除非 c_f 很高，否则纤维对 E_2 的提高起不了多大作用。

表 11-1 不同 E_m/E_f 和 c_f 值计算出的 E_2/E_m 值

$\frac{E_m}{E_f}$	c_f										
	0	0.2	0.3	0.4	0.5	0.6	0.7	0.8	0.9	0.95	0.98	1
1	1	1	1	1	1	1	1	1	1	1	1	1
1/5	1	1.19	1.32	1.47	1.67	1.92	2.38	2.78	3.57	4.17	4.63	5
1/10	1	1.22	1.37	1.56	1.82	2.17	2.70	3.57	5.26	6.90	8.48	10
1/20	1	1.23	1.40	1.61	1.90	2.33	2.99	4.17	6.90	10.3	14.5	20
1/100	1	1.25	1.42	1.66	1.98	2.46	3.26	4.81	9.17	16.8	33.6	100

实际上推导式(11-2)时，假设不完全合理，因为垂直于纤维和基体边界面上的位移应相等，而按假设，纤维和基体边界面上横向应变是不同的，需要用其他方法来求得更符合实际的解。表 11-1 的部分数据表示在图 11-5 中，实验点用 • 表示，说明式(11-2)偏差较大。

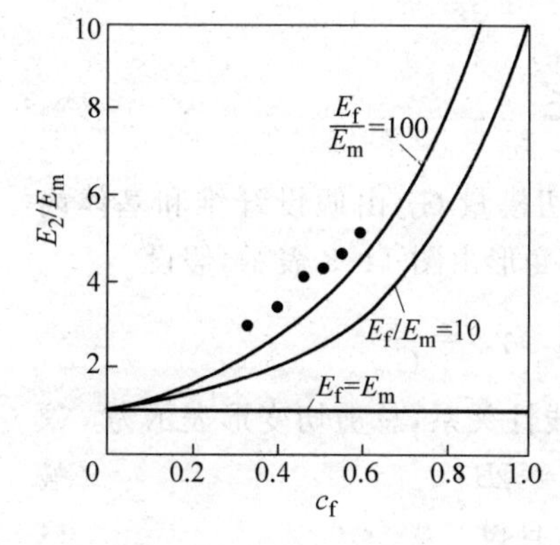

图 11-5 E_2/E_m-c_f 曲线

11.2.3　ν_{21}和ν_{12}的确定

ν_{21}为轴向泊松比，其定义是当$\sigma=\bar{\sigma}_1$而其余应力为零时横向应变与轴向应变的负比值：

$$\nu_{21}=-\varepsilon_2/\varepsilon_1$$

由图11-6所示，可得横向变形为

$$\Delta B=-B\varepsilon_2=B\nu_{21}\varepsilon_1$$

由$\Delta B=\Delta B_f+\Delta B_m$，用同分析$E_2$类似的方法，$\Delta B_f$和$\Delta B_m$近似计算如下：

$$\Delta B_f=Bc_f\varepsilon_{2f}=Bc_f\nu_f\varepsilon_1,\quad \Delta B_m=Bc_m\varepsilon_{2m}=Bc_m\nu_m\varepsilon_1$$

将上述公式组合除以ε_1和B得

$$\nu_{21}=c_m\nu_m+c_f\nu_f=c_f\nu_f+\nu_m(1-c_f) \tag{11-3}$$

这就是ν_{21}的混合律，式中ν_f和ν_m分别是纤维和基体的泊松比。图11-7表示ν_{21}-c_f曲线，由于一般$\nu_f<\nu_m$，所以直线斜率为负值。

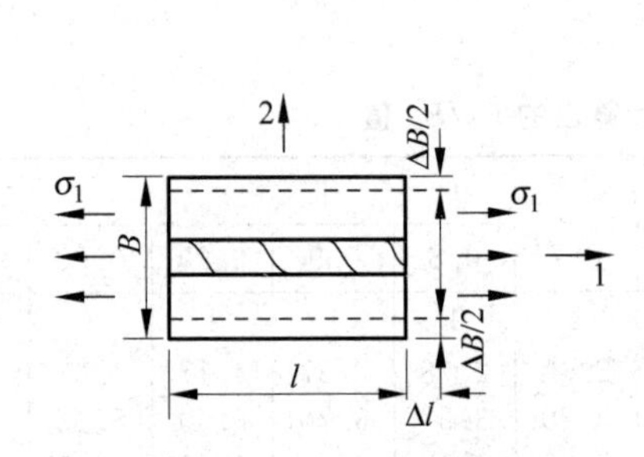

图11-6　在1方向受拉力的体积单元

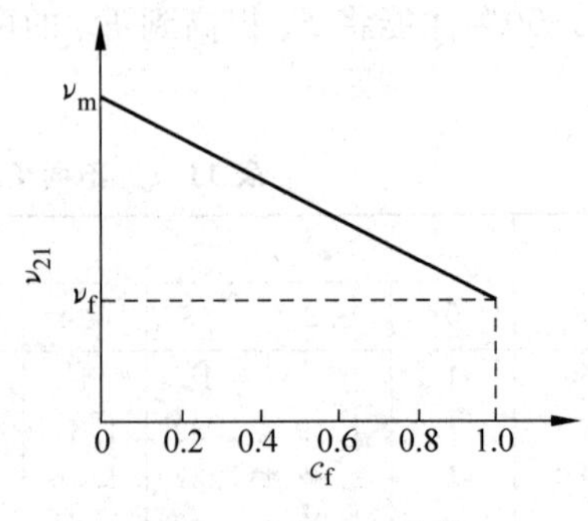

图11-7　ν_{21}-c_f曲线

至于ν_{12}则由柔度$\boldsymbol{S}$的对称性条件

$$\nu_{21}/E_1=\nu_{12}/E_2$$

得

$$\nu_{12}=\frac{E_2}{E_1}\nu_{21}$$

11.2.4　G_{12}的确定

单层复合材料平面内剪切模量G_{12}由假设纤维和基体内的剪应力相等来确定，受力和变形由图11-8表示，假设

$$\gamma_f=\frac{\tau}{G_f},\quad \gamma_m=\frac{\tau}{G_m}$$

这里假设剪应力与剪应变呈线性关系，总剪切变形表示为

$$\Delta=\gamma B$$

它近似地由$\Delta=\Delta_m+\Delta_f$组成，且设

$$\Delta_m=c_mB\gamma_m,\quad \Delta_f=c_fB\gamma_f$$

化简得

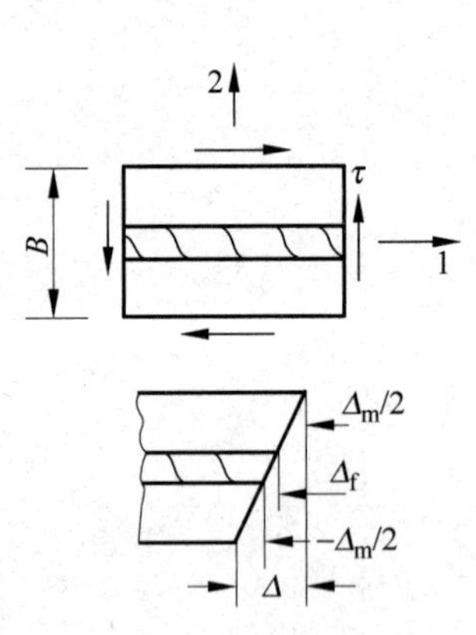

图11-8　剪切体积单元

$$\gamma = \frac{\tau}{G_{12}} = c_m\gamma_m + c_f\gamma_f = c_m\frac{\tau}{G_m} + c_f\frac{\tau}{G_f}$$

最后得

$$G_{12} = \frac{G_m G_f}{c_m G_f + c_f G_m} = \frac{G_m G_f}{G_m c_f + G_f(1-c_f)} \tag{11-4}$$

可用无量纲化表示为

$$\frac{G_{12}}{G_m} = \frac{1}{(1-c_f) + c_f G_m/G_f}$$

取不同 G_f/G_m 值，用此式作图如图 11-9 所示，同 E_2 一样，当 $G_f/G_m=10$，只有 $c_f>50\%$ 时 G_{12} 才能提高到 G_m 的两倍。

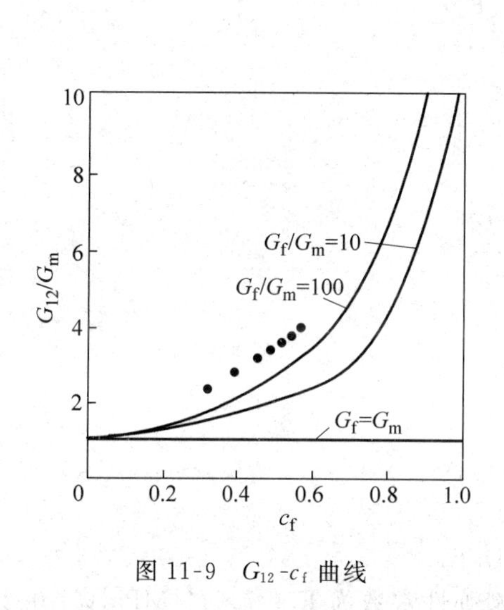

图 11-9 G_{12}-c_f 曲线

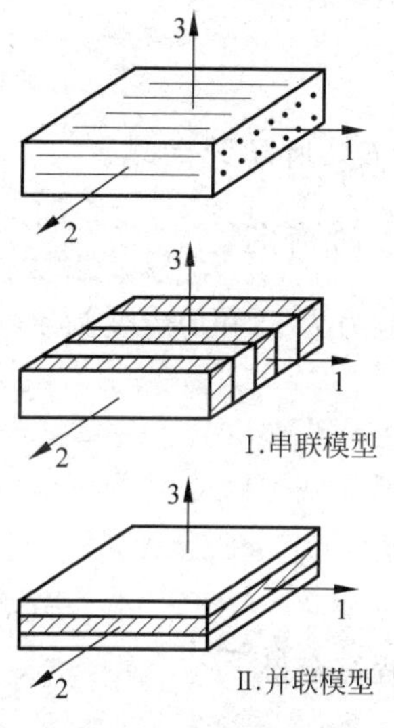

图 11-10 串联和并联模型

由上述材料力学方法计算所得 E_1 和 ν_{21} 与实验结果比较符合，但 E_2 和 G_{12} 一般与实验结果相差较大，为了得到较好的结果，人们又研究了其他的分析方法。有人将单层复合材料简化为薄片模型Ⅰ和Ⅱ。模型Ⅰ为纤维薄片和基体薄片在横向呈串联形式，模型Ⅱ呈并联形式，其示意图如图 11-10 所示。按照串联模型和材料力学假设确定 E_1，E_2，ν_{21} 和 G_{12} 的公式与式(11-1)～式(11-4)相同，即上述方法实际上是采用串联模型，现简单介绍用并联模型时的弹性常数(刚度)确定公式。

1. E_1^{II} 的确定

容易看出，用并联模型得出 E_1^{II} 与式(11-1)相同，即

$$E_1^{\mathrm{II}} = E_1^{\mathrm{I}} = E_f c_f + E_m(1-c_f)$$

2. E_2^{II} 的确定

用模型Ⅱ确定 E_2^{II} 与用模型Ⅰ确定 E_1^{I} 相同，有

$$E_2^{\mathrm{II}} = E_1^{\mathrm{I}} = E_f c_f + E_m(1-c_f) = E_1^{\mathrm{II}}$$

3. ν_{21}^{II}的确定

当单层复合材料有纵向应变 ε_1 时，横向应变 $\varepsilon_2=-\nu_{21}^{\mathrm{II}}\varepsilon_1$，并联模型两相薄片的纵向应变均为 ε_1，但必须有相等的横向收缩，静力平衡条件为

$$\sigma_f c_f = \sigma_m c_m$$

几何方程为

$$\varepsilon_f = \nu_{21}^{\mathrm{II}}\varepsilon_1 - \nu_f\varepsilon_1, \quad \varepsilon_m = -\nu_{21}^{\mathrm{II}}\varepsilon_1 + \nu_m\varepsilon_1$$

物理关系为

$$\sigma_f = E_f\varepsilon_f, \quad \sigma_m = E_m\varepsilon_m$$

将上述方程综合得

$$\nu_{21}^{\mathrm{II}} = \frac{\nu_f E_f c_f + \nu_m E_m c_m}{E_f c_f + E_m c_m} \tag{11-5}$$

由于 $E_1^{\mathrm{II}}=E_2^{\mathrm{II}}$，所以 $\nu_{21}^{\mathrm{II}}=\nu_{12}^{\mathrm{II}}$。

4. G_{12}^{II}的确定

设剪应力为 τ_{12} 和剪应变为 γ_{12}，静力平衡条件为

$$\tau_{12} = \tau_f c_f + \tau_m c_m$$

几何方程为

$$\gamma_{12}=\gamma_f=\gamma_m$$

物理关系为

$$\tau_{12}=G_{12}^{\mathrm{II}}\gamma_{12}, \quad \tau_f=G_f\gamma_f, \quad \tau_m=G_m\gamma_m$$

将上述方程综合得

$$G_{12}^{\mathrm{II}} = G_f c_f + G_m c_m$$

对于玻璃纤维/环氧单层复合材料，如组分材料弹性常数为 $E_f=7\times10^4\,\mathrm{MPa}$，$\nu_f=0.23$，$E_m=3\times10^3\,\mathrm{MPa}$，$\nu_m=0.36$，将串联模型和并联模型的预测结果画在图 11-11 中，日本植村益次等人进行了实验，实验值也表示于图中。从图中可见，E_1 的预测值与实验符合得很好，实验值略低于预测值，其主要原因是由于纤维不完全平直或平行。对于 E_2 和 G_{12}，模型Ⅱ预测值偏高，模型Ⅰ预测值偏低。偏低的原因是有一些纤维横向接触，纤维 c_f 越大则接触可能越多。若用一参数 C 表示接触程度，则 $C=0$ 表示横向完全隔离，即对应串联模型(Ⅰ)；$C=1$ 表示横向完全连通，即对应并联模型(Ⅱ)。实际情况 C 介于 0 和 1 之间，日本植村益次等人建议用下述公式表示：

$$\left.\begin{aligned}
E_1 &= E_1^{\mathrm{I}} = E_2^{\mathrm{II}} = E_f c_f + E_m c_m \\
E_2 &= (1-C)E_2^{\mathrm{I}} + CE_2^{\mathrm{II}} \\
\nu_{21} &= (1-C)\nu_{21}^{\mathrm{I}} + C\nu_{21}^{\mathrm{II}}, \quad \nu_{12} = \nu_{21}\frac{E_2}{E_1} \\
G_{12} &= (1-C)G_{12}^{\mathrm{I}} + C\,G_{12}^{\mathrm{II}}
\end{aligned}\right\} \tag{11-6}$$

式中，C 为接触系数，由植村益次等通过玻璃/环氧材料的实验结果给出经验公式：

$$C = 0.4c_f - 0.025 \text{ 或取 } C = 0.2 \tag{11-7}$$

植村益次公式用虚线表示于图 11-11 中。

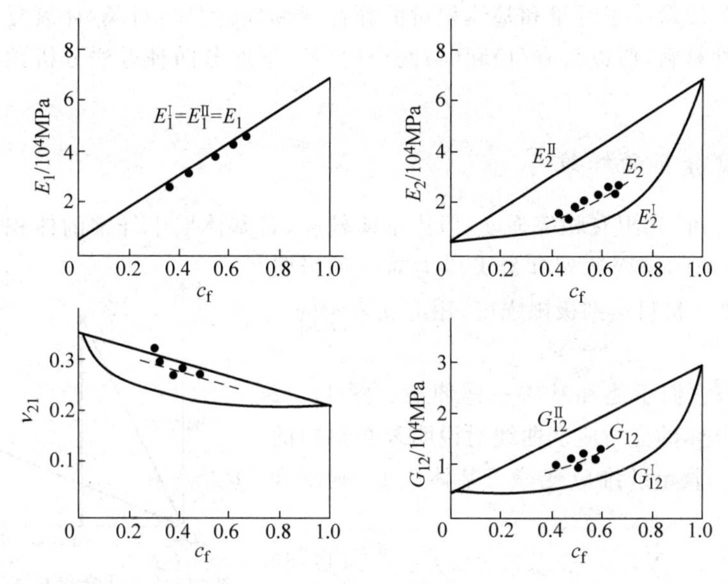

图 11-11　两种模型预测值和实验值的比较

11.3　强度的材料力学分析方法

对于纤维增强复合材料的强度预测，还没有达到研究刚度（模量）那样比较成熟的程度，这是由于强度和刚度的不同性质，刚度基本上是材料的一种整体特性，而强度是反映材料的一种局部特性。影响强度的因素很多，如纤维和基体的强度和物理性质、纤维形状和分布情况以及体积含量等，复合材料的制造工艺不同也会引起纤维分布不均匀、空隙和微裂纹、残余温度应力和不同界面强度等。在细观力学分析复合材料强度时采用数学分析模型很难全面考虑到这么多复杂的因素，因此用较简单的数学模型往往不能真实地代表实际复合材料。目前对于单向复合材料的强度，工程实用上仍依靠实验测定，但是不能否定理论分析的重要性，因为通过理论分析可估计纤维和基体的各种性能参数对单向纤维复合材料的强度的影响，从而为改善材料性能、进行复合材料设计提出指导性意见。

单层复合材料的强度包括纤维方向（纵向）的拉伸强度和压缩强度、横向拉伸强度和压缩强度以及剪切强度，其中有些研究得比较充分，有些则研究得很不够，这里只作简单介绍。

11.3.1　纵向拉伸强度 X_t

单向纤维增强复合材料随纤维方向的拉伸载荷增加，其变形可分为 4 个阶段：

(1) 纤维和基体都是弹性变形；

(2) 基体发生塑性变形，纤维继续弹性变形；

(3) 纤维和基体都处于塑性变形；

(4) 纤维断裂或基体开裂导致复合材料破坏。

分成几个阶段取决于纤维和基体相对的脆性或韧性，例如：石墨/环氧复合材料纤维和基体皆属于脆性材料，所以只有(1)和(4)两个阶段。下面分两种方法分析预测纵向拉伸强度 X_t。

1. 等强度分析的纤维

考虑一种纤维，每根有相等强度，但比基体较脆，若基体层中纤维的体积含量超过某一最小值，则当纤维的应变达到其最大应力对应的极限应变值 ε_{xf} 时，复合材料达到极限强度，用应变表示为

$$\varepsilon_{xc} = \varepsilon_{xf}$$

因为纤维较脆，它们不能和基体一样伸长。图 11-12 表示的纤维和基体的应力应变曲线对说明复合材料的强度是有用的。假定纤维应变等于基体应变，则复合材料的强度为

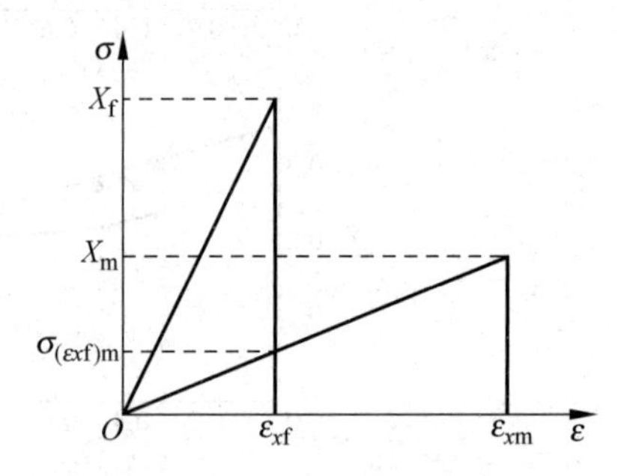

图 11-12　纤维和基体应力应变曲线

$$X_t = X_f c_f + \sigma_{(\varepsilon x f)m}(1 - c_f) \tag{11-8}$$

式中，X_f 为纤维的拉伸强度，$\sigma_{(\varepsilon x f)m}$ 为基体应变等于纤维极限拉伸应变时的基体应力。

显然如复合材料拉伸强度大于单纯基体强度，即

$$X_t > X_m$$

则由上两式可得到纤维起增强作用必须超过的临界 c_f 值为

$$c_{cr} = \frac{X_m - \sigma_{(\varepsilon x f)m}}{X_f - \sigma_{(\varepsilon x f)m}} \tag{11-9}$$

对于 $c_f > c_{cr}$ 的情形，$X_t > X_m$，表示纤维起增强作用；当 $c_f < c_{cr}$ 时，$X_t < X_m$，表示纤维不但未起增强作用反而削弱了基体的固有强度。当 $c_f < c_{cr}$ 时，复合材料的性能可能不符合式(11-8)，因为可能没有足够的纤维来控制基体的伸长，这样纤维受小载荷时有高应变并将断裂。如假设所有纤维同时断裂，除非基体还能承受复合材料的全部载荷，即

$$X_t = X_f c_f + \sigma_{(\varepsilon x f)m}(1 - c_f) < X_m c_m$$

否则复合材料将断裂。如果

$$X_t = X_f c_f + \sigma_{(\varepsilon x f)m}(1 - c_f) \geqslant X_m(1 - c_f)$$

则复合材料在纤维断裂以后破坏，因此，可得到实用的最小 c_f 值 c_{min}：

$$c_{min} = \frac{X_m - \sigma_{(\varepsilon x f)m}}{X_f + X_m - \sigma_{(\varepsilon x f)m}} \tag{11-10}$$

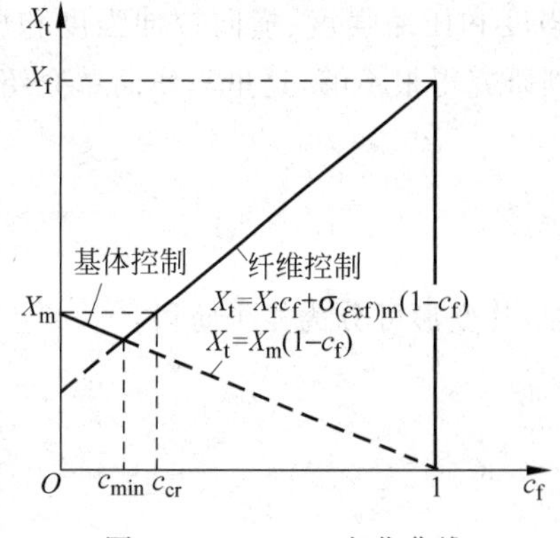

图 11-13　X_t-c_f 变化曲线

将上述各式绘制在图 11-13 中，复合材料强度 X_t 作为纤维体积含量 c_f 的函数表示出。当 $c_f < c_{min}$ 时，复合材料强度由基体控制并小于基体强度；只有当 $c_f > c_{cr}$ 时，复合材料才有更高强度。由于 $c_f > c_{min}$，复合材料强度由纤维变形控制，由式(11-9)可知，$X_m \to \sigma_{(\varepsilon x f)m}$ 时，c_{cr} 很小，由于 c_{cr} 总是超过 c_{min}，所以复合材料强度总是由纤维控制。

由于纤维实际上有随机性缺陷，总有不同断裂强

度，也不会断在同一地方，因此应用统计理论来预测复合材料强度更加合理。

2. 统计强度分布的纤维

Rosen 用另一种模型分析了有统计强度分布的纤维增强复合材料的强度，模型中代表性体积单元由若干根纤维和一根断裂纤维构成。显然在加载和随之发生的纤维断裂时，断裂纤维引起周围材料应力重新分布，应力传递机理是在断裂纤维很小范围的基体内产生高的剪应力，而纤维应力从断裂处为零增加到与其他纤维一样的应力水平 σ_f。

应用统计理论分析，Rosen 得出下式：

$$X_t = \sigma_{ref} c_f \left[\frac{1 - c_f^{\frac{1}{2}}}{c_f^{\frac{1}{2}}}\right]^{-\frac{1}{2\beta}} \tag{11-11}$$

式中 σ_{ref} 为基准应力，它是纤维和基体性能的函数，σ_{ref} 本质上是纤维拉伸强度，但具有某种统计含义，β 是纤维强度的 Weibull 分布统计参数。式(11-8)用图 11-12 中纤维的应力应变直线表示，可得

$$X_t = X_f c_f + \frac{E_m}{E_f} X_f c_m$$

由于 $E_m \ll E_f$，因此有

$$X_t \approx X_f c_f$$

由细观力学分析预测 X_t 还需做很多工作。

11.3.2 纵向压缩强度 X_c

纤维增强复合材料受纵向压缩时的破坏形式可以是纤维或基体的屈曲失稳破坏，也可以是纤维或基体的断裂和剪切破坏，因此由两种理论进行分析，应当取最小载荷来确定纵向压缩强度。

1. 纤维屈曲理论

纤维在基体中发生屈曲，采用柱状弹性基础模型，并且屈曲波长与纤维直径有关。纤维屈曲有两种可能型式：一是纤维彼此反向屈曲形成“拉伸”型式，基体交替产生垂直于纤维的拉压变形，如图 11-14(a)所示；二是纤维同向屈曲形成“剪切”型式，基体承受剪切变形，如图 11-14(b)所示。应用能量法求解纤维临界屈曲载荷，变形到屈曲状态时纤维应变能改变量 ΔU_f 与基体应变能改变量 ΔU_m 之和应等于作用在纤维上的外力所做的功 ΔW，即屈曲准则方程为

$$\Delta U = \Delta U_f + \Delta U_m = \Delta W \tag{11-12}$$

在能量法中，假定特定的纤维屈曲变形曲线，然后按上式计算相应的屈曲载荷。计算值一般高于实际载荷，即临界载荷为最低值，如果单根纤维在 y 方向屈曲时位移 v 用三角级数表示为

$$v = \sum_{n=1}^{\infty} a_n \sin \frac{n\pi x}{l} \tag{11-13}$$

所得到的屈曲载荷稍高于真实的屈曲载荷。如将上式代入纤维增强复合材料“拉伸”型和

"剪切"型屈曲的能量表达式中，则所求得两种屈曲载荷中最低的一个控制复合材料中纤维的屈曲。

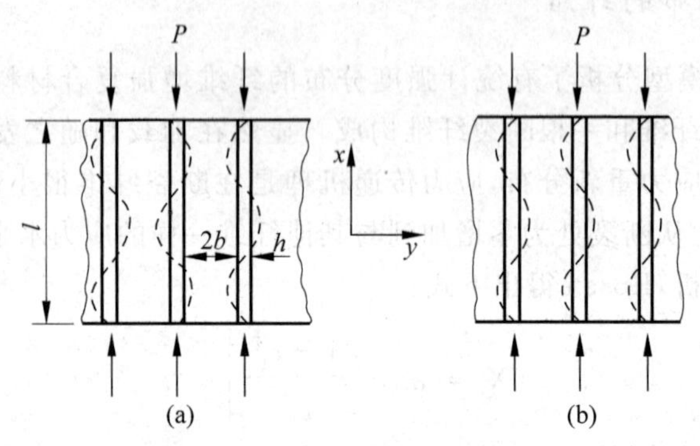

图 11-14 纤维屈曲的两种型式

(a) 拉伸型式；(b) 剪切型式

(1) 拉伸型式

假设 $\varepsilon_y=v/b$ 与 y 无关，$2b$ 为纤维间基体宽度，$\sigma_y=E_m v/b$，基体应变能变化 ΔU_m 由横向应力 σ_y 造成，积分后得

$$\Delta U_m=\frac{1}{2}\int_V \sigma_y \varepsilon_y \mathrm{d}V=\frac{Eml}{2b}\sum_{n=1}^{\infty}a_n^2$$

纤维应变能变化 ΔU_f 为

$$\Delta U_f=\frac{\pi^4 E_f h}{48l^3}\sum_{n=1}^{\infty}n^4 a_n^2$$

式中，h 为纤维宽度。

外力所做的功 $\Delta W=P\delta$，式中 δ 是纤维在外力作用下两端缩短的距离，因此有

$$\Delta W=\frac{P\pi^2}{4l}\sum_{n=1}^{\infty}n^2 a_n^2$$

$P=\sigma_f h$ 是垂直于平面单位宽度上纤维的载荷。由式(11-12)得

$$P=\frac{\pi^2 E_f h^3}{12l^2}\left[\frac{\sum_{n=1}^{\infty}n^4 a_n^2+\frac{24l^4 E_m}{\pi^4 bh^3 E_f}\sum_{n=1}^{\infty}a_n^2}{\sum_{n=1}^{\infty}n^2 a_n^2}\right]$$

假设对某个正弦波(第 m 个)P 达极小值，则有

$$\sigma_{fcr}=\frac{P_m}{h}=\frac{\pi^2 E_f h^2}{12l^2}\left[m^2+\frac{24l^4 E_m}{\pi^4 bh^3 E_f}\left(\frac{1}{m^2}\right)\right]$$

由实验研究可知，m 是个很大的数，σ_{fcr} 可看成是 m 的函数，由

$$\frac{\partial \sigma_{fcr}}{\partial m}=0 \quad 且 \quad \frac{\partial^2 \sigma_{fcr}}{\partial m^2}>0$$

得到 σ_{fcr} 的极小值为

$$\sigma_{fmin}=2\sqrt{\frac{E_f h E_m}{6b}}$$

由纤维体积含量 $c_f=\frac{h}{2b+h}$ 得 $\frac{h}{6b}=\frac{c_f}{3(1-c_f)}$，代入前式得纤维受压时最小临界应力为

$$\sigma_{fcr} = 2\sqrt{\frac{E_f E_m c_f}{3(1-c_f)}} = X_f$$

由代表性体积单元的屈曲临界载荷得复合材料最大应力 X_c 为

$$X_c = 2\left[c_f + (1-c_f)\frac{E_m}{E_f}\right]\sqrt{\frac{c_f E_m E_f}{3(1-c_f)}}$$

与纤维相比基体基本不受力，即 $E_m \ll E_f$，则可得

$$X_c \approx 2c_f\sqrt{\frac{c_f E_m E_f}{3(1-c_f)}} \tag{11-14}$$

(2) 剪切型式

这里基体剪应变是应变能的主要成分，纤维剪应变可忽略，设 u,v 分别是 x,y 方向的位移，基体剪应变

$$\gamma_{xy} = \left(\frac{\partial u}{\partial y} + \frac{\partial v}{\partial x}\right)_m$$

因为 v 与 y 无关，有

$$\left.\frac{dv}{dx}\right|_m = \left.\frac{dv}{dx}\right|_f$$

又剪应变与 y 无关，则有

$$u(b) = \frac{h}{2}\left.\frac{dv}{dx}\right|_f$$

和

$$\frac{\partial u}{\partial y} = \frac{h}{2b}\left.\frac{dv}{dx}\right|_f$$

最后得

$$\gamma_{xy} = \left(1+\frac{h}{2b}\right)\left.\frac{dv}{dx}\right|_f$$

已知

$$\tau_{xy} = G_m\gamma_{xy}$$

代入 ΔU_m 公式得

$$\Delta U_m = G_m b\left(1+\frac{h}{2b}\right)^2 \frac{\pi^2}{2l}\sum_{n=1}^{\infty} n^2 a_n^2$$

有

$$\Delta U_f = \frac{\pi^4 E_f h^3}{48 l^3}\sum_{n=1}^{\infty} n^4 a_n^2, \quad \Delta W = P\frac{\pi^2}{4l}\sum_{n=1}^{\infty} n^2 a_n^2$$

由能量平衡条件可得屈曲准则方程，纤维临界应力为

$$\sigma_{fcr} = \frac{P_{cr}}{h} = \frac{2b\,G_m}{h}\left(1+\frac{h}{2b}\right)^2 + \frac{\pi^2 E_f h^2}{12 l^2} m^2$$

当波长 $l/m \gg h$ 时利用 $c_f = \frac{h}{2b+h}$，$\left(\frac{mh}{l}\right)^2$ 很小，可忽略，得

$$\sigma_{fcr} = \frac{G_m}{c_f(1-c_f)} = X_f$$

最后得剪切型式复合材料受压的最大应力为

$$X_c \approx c_f X_f = \frac{G_m}{1-c_f} \tag{11-15}$$

将玻璃纤维/环氧复合材料的最大压应力表达式(11-14)和表达式(11-15)绘成图11-15的曲线，注意到在一个较宽的纤维体积含量范围内剪切型屈曲有较低的压缩强度，但是在 c_f 较低时，拉伸型屈曲控制压缩强度。在 $c_f=0.6\sim0.7$ 之间预测 X_c 值在 $(3.15\sim4.2)\times10^3$ MPa之间，但实际材料达不到这个水平，当这类复合材料强度达 3.50×10^3 MPa时，应变将超过5%，这时基体将出现塑性变形，预测的强度将低于图中的弹性剪切型曲线。作为非弹性的一个近似，Dow和Rosen用基体剪切模量 G_m 从1%剪应变时弹性值线性变化到5%剪应变时的零值。所得压缩强度曲线，在图11-15中标以非弹性剪切型，这对预测玻璃/环氧的 X_c 可能较合理，但预测值高于实验值，其原因初步分析为：

(1) 预测值根据能量法求得，其计算值一般高于实际值；

(2) 分析时采用二维(平面)屈曲模型，实际上纤维四周都是基体，纤维可能空间屈曲，所以实际屈曲临界应力应小于二维屈曲模型求得值；

(3) 纤维屈曲时，基体可能已进入非弹性状态，且纤维初始不平直引起预测值与实验值的差别。

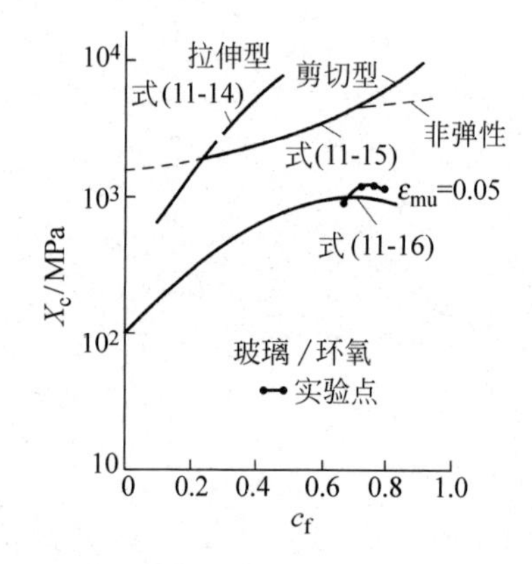

图11-15 纵向压缩强度的预测值与实验值

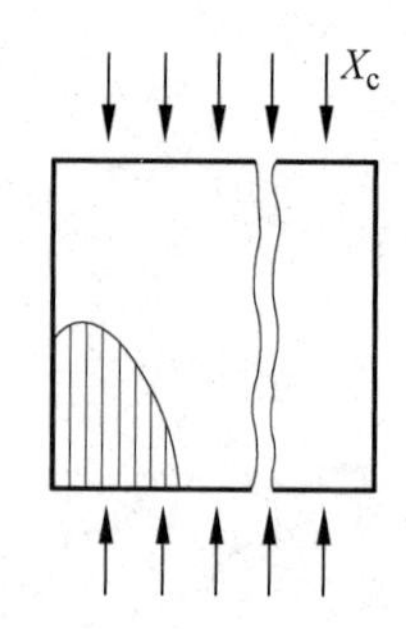

图11-16 纵向压缩强度的横向拉裂模式

2. 横向拉裂理论

实验表明，复合材料在纵向压缩时常先出现沿纤维方向的脱粘和开裂，最后形成横向拉裂而破坏，如图11-16所示。这时材料横向拉伸应变 ε_2 达到破坏应变值 ε_{2u} 即 $\varepsilon_2=\varepsilon_{2u}$。复合材料横向破坏应变 ε_{2u} 比基体破坏应变 ε_{mu} 小，并有经验关系式：

$$\varepsilon_2 = (1-c_f^{\frac{1}{3}})\varepsilon_{mu}$$

将破坏时 $\sigma_1=-X_c$，$\varepsilon_2=\varepsilon_{2u}$ 及上式和 E_1，ν_{21} 的混合律代入下式：

$$\varepsilon_2 = -\nu_{21}\varepsilon_1 = -\nu_{21}\frac{\sigma_1}{E_1}$$

即得

$$X_c = \frac{E_f c_f + E_m(1-c_f)}{\nu_f c_f + \nu_m(1-c_f)}(1-c_f^{\frac{1}{3}})\varepsilon_{mu} \tag{11-16}$$

环氧树脂的 $\varepsilon_{mu}\approx 0.05$，按式(11-16)所得曲线与实验结果接近，如图 11-16 中所示。

11.3.3 横向拉伸强度 Y_t

对于纵向拉、压强度 X_t，X_c，纵向弹性模量 E_1 和横向弹性模量 E_2，因为有增强纤维，通常比纯基体强度 X_m 和弹性模量 E_m 高。对于横向拉、压强度 Y_t，Y_c 和面内剪切强度 S，由于纤维存在引起基体应力集中，而由基体或界面强度控制。对于这 3 个强度参数研究还很不够。这里只作简单介绍。

横向拉伸时，采用蔡-韩(S. W. Tsai 和 H. T. Hahn)提出的经验方法，引进 $\eta_y=\sigma_{m2}/\sigma_{f2}$ $(0<\eta_y\leqslant 1)$，可说明在复合材料中基体的平均应力一般低于纤维的平均应力，由式

$$\sigma_2=\sigma_{m2}c_m+\sigma_{f2}c_f$$

并设应力集中系数 K_{my} 为

$$K_{my}=-\frac{(\sigma_{m2})_{max}}{\sigma_{m2}}$$

可得复合材料的横向平均应力

$$\sigma_2=\frac{1+c_f(1/\eta_y-1)}{K_{my}}(\sigma_{m2})_{max}$$

当 $(\sigma_{m2})_{max}=X_{mi}$(取基体拉伸强度 X_m 和界面强度 X_i 两者中的较小值)时，$\sigma_2=Y_t$，于是得

$$Y_t=\frac{1+c_f(1/\eta_y-1)}{K_{my}}X_{mi} \tag{11-17}$$

横向拉伸的破坏形式，其断口为基体和界面拉坏，或纤维横向拉裂。

11.3.4 横向压缩强度 Y_c

横向压缩破坏一般是基体剪切损坏，有时伴随界面破坏和纤维压裂。实验表明，Y_c 大约是 Y_t 的 4~7 倍，即

$$Y_c\approx(4\sim 7)Y_t \tag{11-18}$$

这说明对横向压缩强度的研究几乎没有进行。

11.3.5 面内剪切强度 S

面内剪切破坏是由基体和界面剪切损坏引起，类似于 Y_t，见式(11-17)。面内剪切强度 S 可用下式表示：

$$S=\frac{1+c_f(1/\eta_s-1)}{K_{ms}}S_{mi} \tag{11-19}$$

式中，$\eta_s=\dfrac{\tau_m}{\tau_f}(0<\eta_s\leqslant 1)$，即认为基体平均剪应力 $\tau_m<$纤维的平均剪应力 τ_f；K_{ms} 为基体剪应力集中系数；S_{mi} 为基体剪切强度 S_m 和界面剪切强度 S_i 中的较小值。

11.4　短纤维复合材料的细观力学分析

短纤维复合材料是在基体中短切纤维增强的复合材料，本节首先讨论在短纤维复合材料内的应力传递的理论，然后介绍模量和强度的预测。

11.4.1　应力传递理论

当载荷作用于短纤维复合材料时，纤维通过纤维与基体的界面应力传递而受力，短纤维的末端一般也存在应力传递。最早由 Rosen 提出剪滞法分析应力传递。剪滞法假设基体只传递剪应力，图 11-17 表示纤维的微单元及其受力情况，用平衡条件可推出应力分布公式。

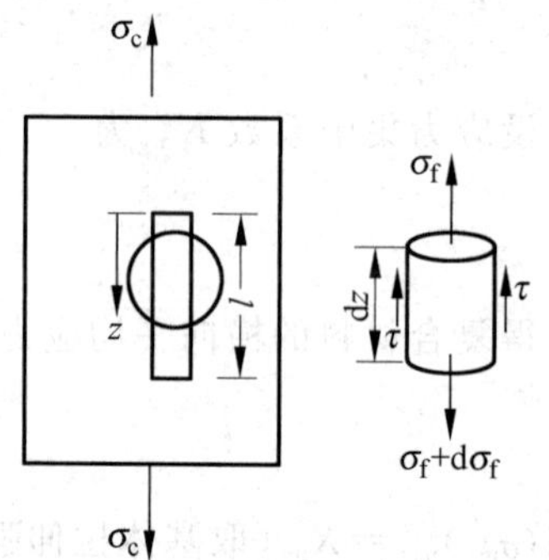

图 11-17　与载荷平行的短纤维微单元的受力状态

由图示可列出平衡条件：

$$(\pi r^2)\sigma_f + (2\pi r)\mathrm{d}z \cdot \tau = (\pi r^2)(\sigma_f + \mathrm{d}\sigma_f)$$

化简为

$$\frac{\mathrm{d}\sigma_f}{\mathrm{d}z} = \frac{2\tau}{r} \tag{11-20}$$

式中，σ_f 是纤维轴向应力，τ 是纤维、基体界面上的剪应力，r 是纤维半径。通过积分上式，得与纤维末端距离为 z 的纤维应力

$$\sigma_f = \sigma_{f_0} + \frac{2}{r}\int_0^z \tau \mathrm{d}z$$

式中，σ_{f_0} 是纤维末端的应力，由于纤维末端附近的基体将屈服或由于高应力集中使纤维末端与基体脱胶，故可忽略 σ_{f_0}，则上式可写成

$$\sigma_f = \frac{2}{r}\int_0^z \tau \mathrm{d}z$$

如剪应力 τ 的变化规律已知，则纤维应力可算出。实际上剪应力分布未知，为求解，需对纤维的周围界面和末端材料变形作假设：

(1) 纤维长度中点由对称条件得剪应力为零；

(2) 末端 $\sigma_{f_0}=0$；

(3) 纤维周围基体是理想刚塑性体，应力-应变关系如图 11-18 所示。

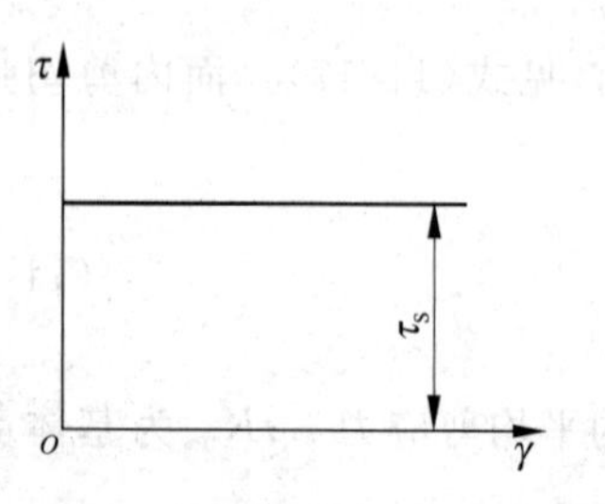

图 11-18　基体剪应力-剪应变关系

这样界面剪应力沿纤维长度是常数，其值为基体屈服应力 τ_s，上式变为

$$\sigma_f = \frac{2\tau_s z}{r}$$

对短纤维，最大纤维应力 $(\sigma_f)_{max}$ 发生在纤维长度 l 中点，即 $z=l/2$ 处，有

$$(\sigma_f)_{max} = \frac{\tau_s l}{r} \tag{11-21}$$

但纤维应力不能超过一极限值，即在同样外力下连续纤维复合材料中纤维上产生的应力值。采用平面假设，取单向复合材料和纤维的应变分别为 ε_c 和 ε_f，模量分别为 E_c 和 E_f，则纤维最大应力为

$$(\sigma_f)_{max} = \frac{E_f}{E_c}\sigma_c, \quad 因 \quad \varepsilon_f = \frac{(\sigma_f)_{max}}{E_f} = \frac{\sigma_c}{E_c} = \varepsilon_c$$

式中 σ_c 为作用在复合材料上的应力，将能达到最大纤维应力的最小长度定义为载荷传递长度 l_t，它可按下式计算：

$$\frac{l_t}{d} = \frac{(\sigma_f)_{max}}{2\tau_s}$$

式中 $d=2r$ 是纤维直径，由于$(\sigma_f)_{max}$是 σ_c 的函数，所以载荷传递长度 l_t 也是 σ_c 的函数。最大可能的纤维应力即纤维强度 X_f。能达到$(\sigma_f)_{max}$的最小长度称为临界长度 l_{cr}，它与作用应力无关，临界长度 l_{cr} 为

$$l_{cr} = d\frac{X_f}{2\tau_s} \tag{11-22}$$

它是材料的一个重要性能，又称失效长度，因为在该长度上纤维承受的应力小于 X_f。不同长度的纤维应力和界面剪应力分布表示在图 11-19 中。如纤维长度比 l_t 大很多，则复合材料的性能就接近连续纤维增强复合材料。

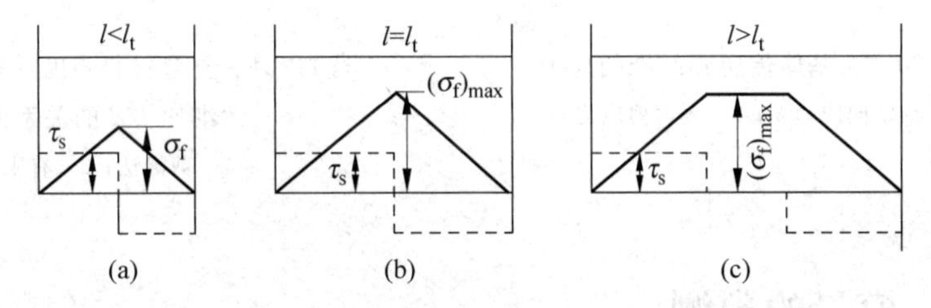

图 11-19　不同长度纤维应力和界面剪应力的变化规律

Fukuda-Chon 改进了剪滞法，在基体里引进部分轴向应力，考虑到纤维末端传递的应力。所得应力分布结果随着 E_f/E_m 增加，短纤维末端应力逐渐变小。Chon-Sun 研究了作用力与纤维成一角度的材料模型，得出随机走向短纤维复合材料应力传递公式。近年来用有限元方法分析应力传递得到有意义的解，其中有：

(1) 不考虑界面层的线弹性模型，研究了纤维末端几何形状的影响。采用单根纤维模型，由于对称性，只取实际模型的四分之一，用四边形离散单元，研究椭球形端、钝端和圆锥形端对沿纤维长度的应力分布的影响。图 11-20 表示从基体传递到纤维的应力的例子，$E_f/E_m=18.3$，基体应力 $\sigma_m=10.5$MPa，椭球长短径比 $a/b=2.0$。剪应力 τ 曲线包含纤维末端应力集中效应。纤维轴向应力 σ_f 曲线并非从零开始，末端应力占 20%左右，说明应力集中既影响基体剪应力也影响纤维正应力。

(2) 考虑界面层的线弹性模型，模型中采用的典型玻璃增强塑料的基本数据为：基体 $E_m=2.80\times10^3$MPa，$\nu_m=0.35$，纤维 $E_f=8.26\times10^4$MPa，$\nu_f=0.197$。界面性能在很大范围

内变化：E 从 5.6×10^4 MPa 变化到 0.7MPa，前者接近于纤维，后者表示脱胶状态。计算结果表明，界面模量较高时纤维末端剪应力很高，但在 $2d$（d 为纤维直径）内降为零。由于很高的界面剪应力迅速减小，纤维轴向应力很快增长，在 τ 降为零时轴向应力达一常值。当界面模量很低时，界面剪应力非常小，纤维末端应力也很小。

(3) 不考虑界面层的弹塑性模型和考虑界面层的弹塑性模型，用有限元分析应力传递的情况可参考有关技术文献。

将剪滞法和有限元法分析应力传递结果比较可见：对不同短纤维复合材料，有限元方法所得结果与试验结果的符合程度比剪滞法好很多。图 11-21 列举了单向硼/铝复合材料用两种方法得到的结果与 AVCO 公司试验数据的比较——复合材料的强度效率与纤维长细比的关系曲线，强度效率 K 是短纤维复合材料强度与相应的连续纤维复合材料强度之比。

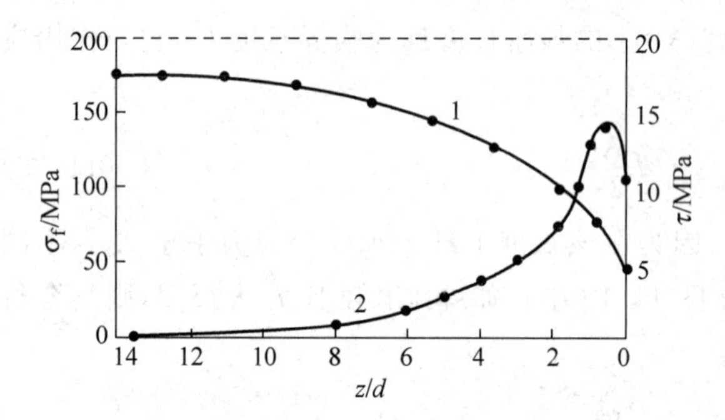

图 11-20 从基体传递到纤维的应力

1—纤维轴向应力 σ_f；2—界面剪应力 τ

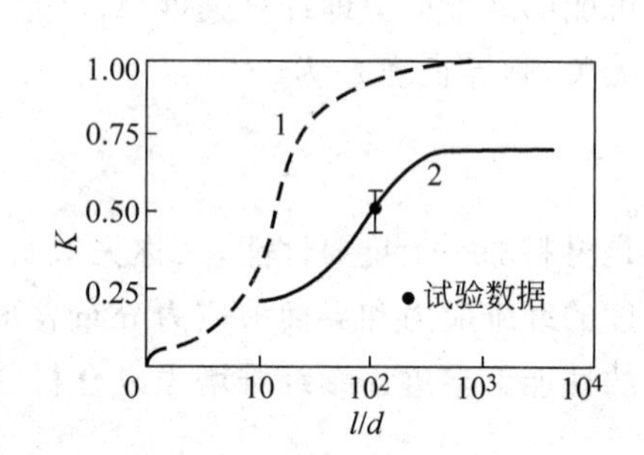

图 11-21 复合材料强度效率 K 与纤维长细比 l/d 的关系曲线

1—剪滞法；2—有限元法

11.4.2 模量的预测

单向短纤维复合材料的模量通常用混合律来预测，与连续纤维复合材料的不同之处在于载荷传递效率降低了，需引进一些小于 1 的系数。

采用 Halpin-蔡公式(见 11.6 节)：

$$\frac{M}{M_m}=\frac{1+\zeta\eta c_f}{1-\eta c_f}$$

$$\eta=\frac{(M_f/M_m)-1}{(M_f/M_m)+\zeta}$$

当 $\zeta=0$ 时，

$$\frac{1}{M}=\frac{c_f}{M_f}+\frac{c_m}{M_m}$$

当 $\zeta=\infty$ 时，

$$M=c_fM_f+c_mM_m$$

对于单向短纤维复合材料，在预测 E_1 时取 $\zeta=2l/d$，在求 E_2 时取 $\zeta=2$，于是有

$$\left.\begin{aligned}\frac{E_1}{E_m}&=\frac{1+(2l/d)\eta_1 c_f}{1-\eta_1 c_f}\\ \frac{E_2}{E_m}&=\frac{1+2\eta_2 c_f}{1-\eta_2 c_f}\\ \eta_1&=\frac{E_f/E_m-1}{E_f/E_m+2(l/d)}\\ \eta_2&=\frac{E_f/E_m-1}{E_f/E_m+2}\end{aligned}\right\}\tag{11-23}$$

可见,对于单向短纤维复合材料和连续纤维复合材料 E_2 是相同的。

对于随机走向短纤维复合材料,在面内是各向同性的,预测材料模量 E_r 的经验公式为

$$E_r=\frac{3}{8}E_1+\frac{5}{8}E_2$$

式中,E_1 和 E_2 分别表示具有相同纤维长细比和体积含量的单向短纤维复合材料的轴向和横向模量,它们可用试验测定或用 Halpin-蔡公式计算。

对于具有一定方向的短纤维复合材料的模量预测相当困难,但已有人进行研究并得到与实验比较一致的结果。

11.4.3 强度的预测

1. 单向短纤维复合材料的混合律预测强度混合律公式

$$\sigma_c=\bar{\sigma}_f c_f+\sigma_m c_m$$

对于单向短纤维复合材料应有所修改,因为 $\bar{\sigma}_f$ 是纤维上的平均应力:

$$\bar{\sigma}_f=\frac{1}{l}\int_0^l\sigma_f\mathrm{d}z$$

如果纤维正应力 σ_f 线性分布,则

$$\left.\begin{aligned}\bar{\sigma}_f&=\frac{1}{2}(\sigma_f)_{max}=\tau_s l/d\quad(l<l_t)\\ \bar{\sigma}_f&=(\sigma_f)_{max}\left(1-\frac{l_t}{2l}\right)\quad(l>l_t)\end{aligned}\right\}\tag{11-24}$$

所以复合材料的平均应力为

$$\left.\begin{aligned}\sigma_c&=\frac{1}{2}(\sigma_f)_{max}c_f+\sigma_m c_m\quad(l<l_t)\\ \sigma_c&=(\sigma_f)_{max}\left(1-\frac{l_t}{2l}\right)c_f+\sigma_m c_m\quad(l>l_t)\end{aligned}\right\}\tag{11-25}$$

如果纤维长度远大于载荷传递长度,即 $l\gg l_t$,$1-l_t/l\approx1$,则上式第二式可写成

$$\sigma_c=(\sigma_f)_{max}c_f+\sigma_m c_m\qquad(l\gg l_t)$$

根据纤维长度,单向短纤维复合材料的强度可由下式预测,如 $l<l_{cr}$,则 $(\sigma_f)_{max}$ 达不到 X_f,纤维不会断裂,这时复合材料由基体或界面破坏,其强度可近似写成

$$X_c=\frac{\tau_s l}{d}c_f+X_m c_m\qquad(l<l_{cr})$$

如纤维长度>临界长度,$\sigma_f=X_f$,这时复合材料强度可表示为

$$X_c = X_f\left(1-\frac{l_{cr}}{2l}\right)c_f + \sigma_{(\varepsilon xf)m}c_m \qquad (l > l_{cr})$$

如 $l \gg l_{cr}$，则有

$$X_c = X_f c_f + \sigma_{(\varepsilon xf)m}c_m$$

式中，$\sigma_{(\varepsilon xf)m}$ 为纤维断裂时应变 ε_{xf} 所对应的基体应力，由于短纤维的增强作用没有连续纤维大，因此与连续纤维增强复合材料相比，短纤维临界体积含量应较高。在短纤维复合材料中，纤维末端引起基体的应力集中降低了强度。

2．单向短纤维复合材料偏轴拉伸强度

由于应力和纤维夹角 θ 从 0°增加到 90°时破坏模式变化，给单向短纤维复合材料偏轴拉伸强度带来复杂性。单向连续复合材料有三种可能的破坏机理：纤维断裂、基体剪切和基体拉断。在 θ 较小时，纤维断裂是主要的，连续纤维复合材料强度公式为

$$X_\theta = \frac{X_c}{\cos^2\theta}$$

对于短纤维复合材料，有

$$X_{S\theta} = \eta\frac{X_c}{\cos^2\theta} \qquad (\theta_1 \geqslant \theta \geqslant 0)$$

式中，$\theta_1 = \arctan(S_m/X_c)$，其中 S_m 是最弱界面处的剪切强度，η 是小于 1 的系数。

θ 为中间值时，主要是纤维与基体间的界面剪切破坏或与纤维平行的基体剪切破坏。此时有

$$X_\theta = \frac{S_m}{\sin\theta\cos\theta} \qquad (\theta_2 \geqslant \theta \geqslant \theta_1)$$

式中，$\theta_2 = \arctan\left(\frac{X_m}{S_m}\right)$。

θ 值高时，假设破坏是平面应变下的基体破坏，对于复合材料强度有

$$X_\theta = \frac{X_m}{\sin^2\theta} \qquad \left(\frac{\pi}{2} \geqslant \theta \geqslant \theta_2\right)$$

式中，X_m 是基体拉伸强度或平面应变下最弱界面的破坏应力，取两者中较小者。

3．随机走向短纤维复合材料的强度

在偏轴拉伸强度分析基础上，假设极限应变值之后计算 $\theta = 0 \sim \frac{\pi}{2}$ 范围内复合材料的偏轴拉伸强度平均值，得出随机走向短纤维复合材料强度。按上三式逐段连续函数积分，求得公式为

$$X_\theta = \frac{2S_m}{\pi}\left(2 + \ln\frac{\eta X_c X_m}{S_m^2}\right)$$

对于随机走向短纤维玻璃/环氧复合材料，用以上公式进行的强度预测与实验结果基本一致。但采用准各向同性层板比拟法预测随机走向短纤维复合材料强度与实验结果更符合。

总之，短纤维复合材料的强度预测还有不少问题需进一步研究。

11.5 热膨胀的力学分析

正交各向异性复合材料除在力学性能上表现出各向异性外，在热学性能上也表现出各向异性，在材料三个主轴方向上热膨胀系数分别为 α_1，α_2 和 α_3。对于单层复合材料，平面内两个主轴方向上热膨胀系数分别为 α_1 和 α_2，这是宏观的热学性能。现考虑组分材料纤维和基体组成的单层复合材料，细观力学分析由纤维和基体的热膨胀系数 α_f 和 α_m 来预测复合材料的热膨胀系数 α_1 和 α_2。

11.5.1 纵向热膨胀系数 α_1 的预测

取代表性体积单元如图 11-22 所示，假设纤维和基体都是各向同性的，在无外力作用下，有均匀温度变化 ΔT。因纤维和基体的热膨胀系数 α_f 和 α_m 不同，两者自由膨胀后纵向伸长不同，但因粘结成一体，不能自由伸缩，具有相同纵向伸长 $\Delta_1 = \alpha_1 \Delta T l$（$l$ 为单元长）。纤维和基体中产生内应力，内应力消除了纤维和基体不同膨胀造成的伸长差。

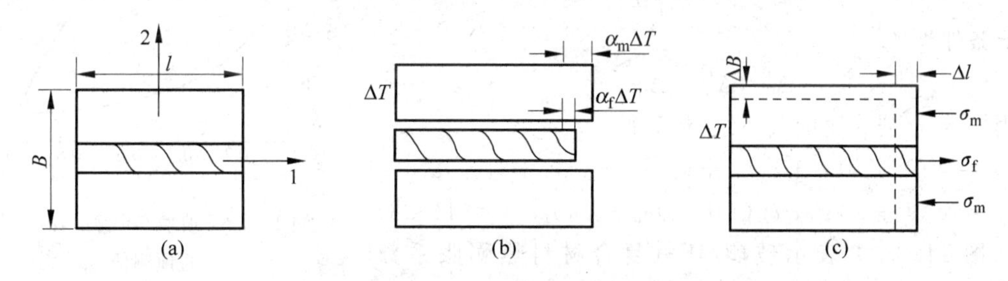

图 11-22 代表性体积单元

(a) 代表性体积单元；(b) 分别自由膨胀；(c) 实际变形

由于无外力作用，静力平衡条件为

$$\sigma_{f_1}^T A_f = \sigma_{m_1}^T A_m$$

得

$$\sigma_{f_1}^T c_f = \sigma_{m_1}^T c_m$$

由变形条件

$$\Delta_1^T = \Delta_{m_1}^T = \Delta_{f_1}^T$$

及物理条件

$$\Delta_1^T = \alpha_1 \Delta T \cdot l$$

$$\Delta_{m_1}^T = \alpha_m \Delta T \cdot l - \frac{\sigma_{m_1}^T}{E_m} l$$

$$\Delta_{f_1}^T = \alpha_f \Delta T \cdot l + \frac{\sigma_{f_1}^T}{E_f} l$$

可得

$$\frac{\sigma_{f_1}^T}{E_f}+\alpha_f\Delta T=\alpha_m\Delta T-\frac{\sigma_{m_1}^T}{E_m}=\alpha_1\Delta T$$

由平衡条件和上式联解，再代入物理条件得

$$\alpha_1=\frac{\alpha_f E_f c_f+\alpha_m E_m c_m}{E_f c_f+E_m c_m} \tag{11-26}$$

如果纤维是横观各向同性，其热膨胀系数为 α_{f_1}，α_{f_2}，则热膨胀系数 α_1 为

$$\alpha_1=\frac{c_f\alpha_{f_1}E_{f_1}+c_m\alpha_m E_m}{c_f E_{f_1}+c_m E_m} \tag{11-27}$$

11.5.2　横向热膨胀系数 α_2 的预测

用同一模型，在2方向有物理方程为

$$\Delta_2^T=\alpha_2\Delta T\cdot l$$

$$\Delta_{m_2}^T=\alpha_m\Delta T\cdot l-\nu_m\frac{\sigma_{m_1}^T}{E_m}\cdot l$$

$$\Delta_{f_2}^T=\alpha_f\Delta T\cdot l-\nu_f\frac{\sigma_{f_1}^T}{E_f}\cdot l$$

变形条件为

$$\Delta_2^T=\Delta_{m_2}^T+\Delta_{f_2}^T$$

利用推导 α_1 公式用的关系式，最后得

$$\begin{aligned}\alpha_2&=c_f(1+\nu_f)\alpha_f+c_m(1+\nu_m)\alpha_m-(\nu_f c_f+\nu_m c_m)\alpha_1\\&=c_f(1+\nu_f)\alpha_f+c_m(1+\nu_m)\alpha_m-\nu_{21}\alpha_1\end{aligned} \tag{11-28}$$

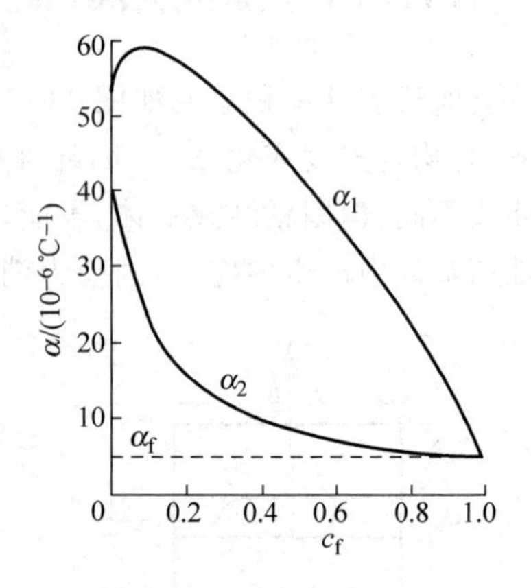

图11-23　玻璃/环氧 α_1，α_2 的预测值

图11-23中表示玻璃/环氧复合材料热膨胀系数 α_1 和 α_2 的预测值，材料性能参数为：$\alpha_f=5.0\times10^{-6}/℃$，$\alpha_m=54\times10^{-6}/℃$，$E_f=72.0\times10^3\text{MPa}$，$\nu_f=0.2$，$E_m=2.75\times10^3\text{MPa}$，$\nu_m=0.35$，所用公式为式(11-26)和式(11-28)。

11.6　刚度的弹性力学分析方法

细观力学的刚度估算还可用弹性力学分析方法，本节中介绍的几种方法都在不同程度上用了弹性力学的部分或全部原理。

11.6.1　弹性力学的极值法

Paul于1960年首先用弹性力学能量极值方法研究多相材料弹性模量的上、下限，他的工作主要用于颗粒增强各向同性复合材料，但是也可用于解释纤维增强复合材料。设基体材料的弹性模量为 E_m，增强材料的弹性模量为 E_d，组分材料的体积含量是 c_m 和 c_d，有 $c_m+c_d=1$。

由弹性力学理论,当弹性体变形时,其应变能为

$$U=\frac{1}{2}\int_V(\sigma_x\varepsilon_x+\sigma_y\varepsilon_y+\cdots+\tau_{xy}\gamma_{xy})\mathrm{d}V$$

1. E 的下限

在确定复合材料弹性模量 E 的单向拉伸试验中,假定应力应变宏观上是均匀的,细观范围内应力和应变是不均匀的。若在单层材料内部假设一个容许应力场,即在内部满足平衡条件而在边界上满足力的边界条件的应力场。设为 $\sigma_x^0,\sigma_y^0,\sigma_z^0,\tau_{xz}^0,\tau_{yz}^0,\tau_{xy}^0$,令 U^0 是该容许应力场对应的应变能,根据最小余能原理,U^0 总大于或等于真实应力场对应的应变能 U,即 $U^0\geqslant U$。

设单向应力

$$\sigma_x^0=\sigma_1,\quad \sigma_y^0=\sigma_2^0=\tau_{xy}^0=\cdots=0$$

则有

$$U^0=\frac{1}{2}\int_V\frac{\sigma_1^2}{E}\mathrm{d}V=\frac{1}{2}\sigma_1^2\int_V\frac{\mathrm{d}V}{E}$$

积分遍及增强材料和基体体积,E 在 V 中不是常数,因此有

$$\int_V\frac{\mathrm{d}V}{E}=\int_{V_\mathrm{m}}\frac{\mathrm{d}V}{E_\mathrm{m}}+\int_{V_\mathrm{d}}\frac{\mathrm{d}V}{E_\mathrm{d}}=\left(\frac{c_\mathrm{m}}{E_\mathrm{m}}+\frac{c_\mathrm{d}}{E_\mathrm{d}}\right)V$$

$$U^0=\frac{1}{2}\sigma_1^2\left(\frac{c_\mathrm{m}}{E_\mathrm{m}}+\frac{c_\mathrm{d}}{E_\mathrm{d}}\right)V$$

由不等式 $U^0\geqslant U$ 和 $U=\frac{1}{2}\frac{\sigma_1^2}{E}V$ 可得

$$\frac{1}{2}\sigma_1^2\left(\frac{c_\mathrm{m}}{E_\mathrm{m}}+\frac{c_\mathrm{d}}{E_\mathrm{d}}\right)V\geqslant\frac{1}{2}\frac{\sigma_1^2}{E}V$$

即

$$\frac{1}{E}\leqslant\frac{c_\mathrm{m}}{E_\mathrm{m}}+\frac{c_\mathrm{d}}{E_\mathrm{d}} \tag{11-29}$$

其中,c_m 和 c_d 分别为基体和增强材料的相对体积含量。最后得

$$E\geqslant\frac{E_\mathrm{d}c_\mathrm{d}}{E_\mathrm{d}c_\mathrm{m}+E_\mathrm{m}c_\mathrm{d}}=\frac{E_\mathrm{d}c_\mathrm{d}}{E_\mathrm{m}c_\mathrm{d}+E_\mathrm{d}(1-c_\mathrm{d})} \tag{11-30}$$

这是用组分材料弹性模量和体积含量表示的复合材料弹性模量的下限,它和用材料力学方法得到的 E_2 表达式一样。

2. E 的上限

确定 E 的上限应用最小势能原理,单层材料除作用力为零外的表面有给定的位移。令 $\varepsilon_x^*,\varepsilon_y^*,\cdots$ 是满足指定位移边界条件的任一容许应变场,U^* 为由此容许应变场产生的应变能,由真实位移得到的物体中的真实应变能 U 不超过 U^*,即 $U^*\geqslant U$。

为求得 E 的上限,令单层材料只受单向力作用下产生的伸长 $\Delta l=\varepsilon l$,ε 为平均应变,l 为长度。相应的满足边界条件的应变是

$$\varepsilon_x^*=\varepsilon,\quad \varepsilon_y^*=\varepsilon_z^*=-\nu\varepsilon,$$

$$\gamma_{xy}^*=\gamma_{yz}^*=\gamma_{zx}^*=0$$

其中,ν 是复合材料的宏观泊松比,利用各向同性材料的应力-应变关系得到给定应变场的基体应力为

$$\sigma_{xm}^{*}=\frac{\nu_{m}E_{m}}{(1+\nu_{m})(1-2\nu_{m})}(\varepsilon-2\nu\varepsilon)+\frac{E_{m}}{1+\nu_{m}}\varepsilon=\frac{1-\nu_{m}-2\nu_{m}\nu}{1-\nu_{m}-2\nu_{m}^{2}}E_{m}\varepsilon$$

$$\sigma_{ym}^{*}=\sigma_{zm}^{*}=\frac{\nu_{m}E_{m}\varepsilon}{(1+\nu_{m})(1-2\nu_{m})}(1-2\nu)+\frac{E_{m}}{1+\nu_{m}}(1-\nu\varepsilon)=\frac{\nu_{m}-\nu}{1-\nu_{m}-2\nu_{m}^{2}}E_{m}\varepsilon$$

$$\tau_{xym}^{*}=\tau_{yzm}^{*}=\tau_{zxm}^{*}=0$$

增强材料应力为

$$\sigma_{xd}^{*}=\frac{1-\nu_{d}-2\nu_{d}\nu}{1-\nu_{d}-2\nu_{d}^{2}}E_{d}\varepsilon$$

$$\sigma_{yd}^{*}=\sigma_{zd}^{*}=\frac{\nu_{d}-\nu}{1-\nu_{d}-2\nu_{d}^{2}}E_{d}\varepsilon$$

其余 $\tau_{ijd}^{*}=0$。将应变、应力代入应变能方程得表达式为

$$\begin{aligned}U^{*}&=\frac{\varepsilon^{2}}{2}\int_{V_{d}}\frac{1-\nu_{d}-4\nu_{d}\nu+2\nu^{2}}{1-\nu_{d}-2\nu_{d}^{2}}E_{d}\mathrm{d}V+\frac{\varepsilon^{2}}{2}\int_{V_{m}}\frac{1-\nu_{m}-4\nu_{m}\nu+2\nu^{2}}{1-\nu_{m}-2\nu_{m}^{2}}E_{m}\mathrm{d}V\\&=\frac{\varepsilon^{2}}{2}\left(\frac{1-\nu_{d}-4\nu_{d}\nu+2\nu^{2}}{1-\nu_{d}-2\nu_{d}^{2}}E_{d}c_{d}+\frac{1-\nu_{m}-4\nu_{m}\nu+2\nu^{2}}{1-\nu_{d}-2\nu_{d}^{2}}E_{m}c_{m}\right)V\end{aligned}$$

其中,c_d 和 c_m 分别是增强材料和基体材料的体积含量。根据最小势能原理 $U\leqslant U^{*}$ 和 $U=\frac{1}{2}E\varepsilon^{2}V$ 得

$$E\leqslant\frac{1-\nu_{d}-4\nu_{d}\nu+2\nu^{2}}{1-\nu_{d}-2\nu_{d}^{2}}E_{d}c_{d}+\frac{1-\nu_{m}-4\nu_{m}\nu+2\nu^{2}}{1-\nu_{m}-2\nu_{m}^{2}}E_{m}c_{m}\tag{11-31}$$

其中复合材料的泊松比 ν 是未知的,因此 E 的上限未定。根据最小势能原理,应变能表达式 U^{*} 应对未知数 ν 求极小值,以确定 E 的界限,即

$$\frac{\partial U^{*}}{\partial\nu}=0\quad\text{和}\quad\frac{\partial^{2}U^{*}}{\partial\nu^{2}}>0$$

由

$$\frac{\partial U^{*}}{\partial\nu}=\frac{\varepsilon^{2}}{2}V\left(\frac{-4\nu_{d}+4\nu}{1-\nu_{d}-2\nu_{d}^{2}}E_{d}c_{d}+\frac{-4\nu_{m}+4\nu}{1-\nu_{m}-2\nu_{m}^{2}}E_{m}c_{m}\right)=0$$

从而得

$$\nu=\frac{(1-\nu_{m}-2\nu_{m}^{2})\nu_{d}E_{d}c_{d}+(1-\nu_{d}-2\nu_{d}^{2})\nu_{m}E_{m}c_{m}}{(1-\nu_{m}-2\nu_{m}^{2})E_{d}c_{d}+(1-\nu_{d}-2\nu_{d}^{2})E_{m}c_{m}}\tag{11-32}$$

U^{*} 的二阶导数为

$$\frac{\partial^{2}U^{*}}{\partial\nu^{2}}=\frac{\varepsilon^{2}}{2}V\left(\frac{4E_{d}c_{d}}{1-\nu_{d}-2\nu_{d}^{2}}+\frac{4E_{m}c_{m}}{1-\nu_{m}-2\nu_{m}^{2}}\right)$$

由于基体和增强材料都是各向同性的,所以 $\nu_m<\frac{1}{2}$,$\nu_d<\frac{1}{2}$,而得 $\frac{\partial^{2}U^{*}}{\partial\nu^{2}}>0$,($1-\nu_d-2\nu_d^2>0$,$1-\nu_m-2\nu_m^2>0$),因此 U^{*} 总是极小值。

将 ν 的表达式代入式(11-31)可得 E 的上限表达式。

对于 $\nu_m=\nu_d$ 的特殊情况,可得 $\nu=\nu_m=\nu_d$,这时 E 上限简化为

$$E\leqslant E_{d}c_{d}+E_{m}c_{m}\tag{11-33}$$

这是由材料力学方法得到的复合材料纵向弹性模量 E_1 值,这样 E_1 表达式是实际 E_1 的上限。而式(11-30)是复合材料横向弹性模量 E_2 的下限,式(11-33)则又是 E_2 的上限。Paul 的研究主要用于各向同性复合材料,也可解释纤维增强复合材料,式(11-31)是纤维复合材

料横向弹性模量 E_2 的上限，而式(11-30)是 E_2 的下限。

11.6.2 精确解

确定弹性基体中有一弹性嵌入体的各种情形的精确解很困难。这需要弹性力学基础，弹性力学方法在很大程度上取决于复合材料的几何形状与纤维、基体的特性。纤维可以是空心或实心的，通常是圆截面，也有矩形截面的。一般纤维是各向同性的，但也有较复杂的，如石墨纤维是横观各向同性的。纤维可以有多种排列方式，图 11-24 所示为几种典型排列方式及其代表性体积单元和按对称性排列而非整体纤维的简化体积单元。图 11-24(c)中圆纤维以纤维间距的一半交错排列，其代表性体积单元和正方形排列相同，但载荷主方向转了 45°角。

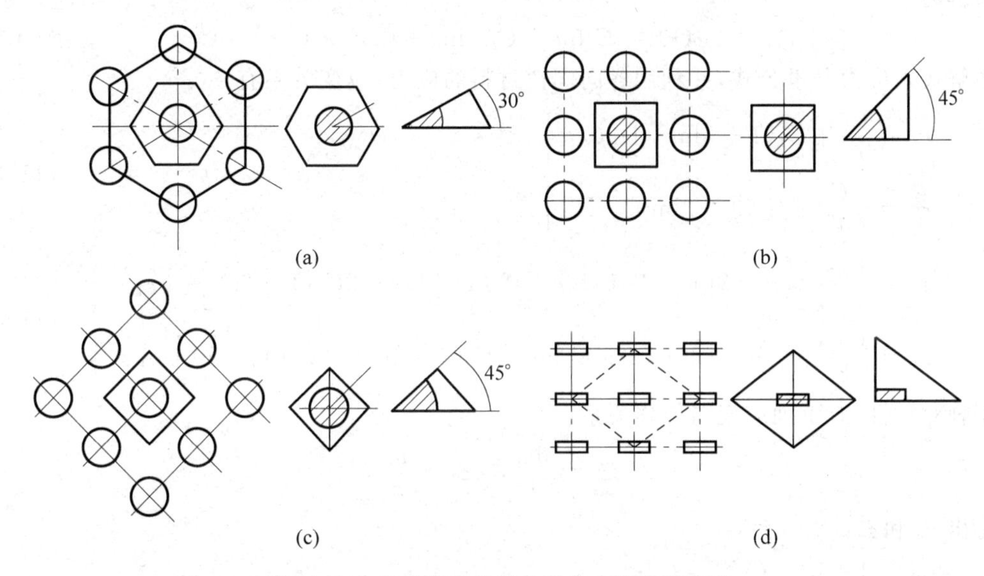

图 11-24 各种典型排列及其代表性体积单元

(a) 六角形排列；(b) 正方形排列；(c) 圆纤维交错式正方形排列；(d) 矩形截面纤维菱形排列

Whitney 和 Riley 采用的所谓独立模型，是一个圆柱纤维嵌入一基体材料圆柱中，取这同心圆柱模型坐标如图 11-25 所示。这种同心圆柱显然属于横观各向同性体，$o23$ 为各向同性面，这样其独立弹性常数共 5 个，E_1，$E_2=E_3$，$\nu_{21}=\nu_{31}$，$\nu_{23}=\nu_{32}$，$G_{12}=G_{13}$，而 $G_{23}=E_2/2(1+\nu_{23})$，应力-应变关系为

$$\left.\begin{aligned}
\varepsilon_1 &= \frac{1}{E_1}\sigma_1 - \frac{\nu_{21}}{E_2}(\sigma_2+\sigma_3) \\
\varepsilon_2 &= \frac{-\nu_{21}}{E_1}\sigma_1 + \frac{1}{E_2}\sigma_2 - \frac{\nu_{32}}{E_2}\sigma_3 \\
\varepsilon_3 &= -\frac{\nu_{21}}{E_1}\sigma_1 - \frac{\nu_{32}}{E_2}\sigma_2 + \frac{1}{E_2}\sigma_3 \\
\gamma_{23} &= \frac{\tau_{23}}{G_{23}}, \gamma_{31} = \frac{\tau_{31}}{G_{12}}, \gamma_{12} = \frac{\tau_{12}}{G_{12}}
\end{aligned}\right\} \tag{11-34}$$

采用柱坐标 l,r,θ。

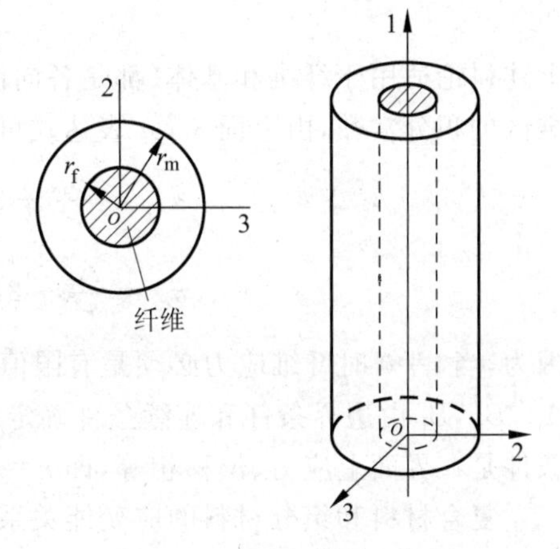

图 11-25 独立模型坐标图

1. E_1 的预测

在1方向作用轴向应力 σ_1，该应力在同心圆柱端面上的分布应使模型在1方向产生不变的应变 ε_1，位移分量为 $u_l=\varepsilon_1 l, u_r=u_r(r), u_\theta=0$。

引进Airy应力函数 $\varphi(r)$，则应力分量为

$$\sigma_r=\frac{1}{r}\frac{\mathrm{d}\varphi}{\mathrm{d}r},\quad \sigma_\theta=\frac{\mathrm{d}^2\varphi}{\mathrm{d}r^2},\quad \tau_{r\theta}=0$$

它们自动满足平衡方程(略去体积力)。应力函数 φ 应满足的变形协调方程为

$$\left(\frac{\mathrm{d}^2}{\mathrm{d}r^2}+\frac{1}{r}\frac{\mathrm{d}}{\mathrm{d}r}\right)^2\varphi=0$$

其通解为

$$\varphi(r)=C_1\ln r+C_2r^2\ln r+C_3r^2+C_4$$

将通解代入应力分量公式，并利用各向同性材料的应力-应变关系有

$$\left.\begin{aligned}\sigma_r&=\frac{C_1}{r^2}+C_2(1+2\ln r)+2C_3\\ \sigma_\theta&=-\frac{C_1}{r^2}+C_2(3+2\ln r)+2C_3\end{aligned}\right\}\tag{11-35}$$

$$\left.\begin{aligned}\varepsilon_r&=\frac{1+\nu}{E}\left[\frac{C_1}{r^2}+2(1-2\nu)C_2\ln r+C_2(1-4\nu)+2C_3(1-2\nu)\right]-\nu\varepsilon_{\mathrm{L}}\\ \varepsilon_\theta&=\frac{1+\nu}{E}\left[-\frac{C_1}{r^2}+2(1-2\nu)C_2\ln r+C_2(3-4\nu)+2C_3(1-2\nu)\right]-\nu\varepsilon_{\mathrm{L}}\end{aligned}\right\}\tag{11-36}$$

利用轴对称性，有下列应变与位移关系：

$$\varepsilon_r=\frac{\mathrm{d}u_r}{\mathrm{d}r},\quad \varepsilon_\theta=\frac{u_r}{r}$$

可得出 u_r 和 ε_r：

$$u_r=\frac{1+\nu}{E}\left[-\frac{C_1}{r}+2(1-2\nu)C_2r\ln r+C_2(3-4\nu)r+2C_3(1-2\nu)r\right]-\nu\varepsilon_{\mathrm{L}}r$$

$$\varepsilon_r=\frac{1+\nu}{E}\left[\frac{C_1}{r^2}+2(1-2\nu)C_2\ln r+(5-8\nu)C_2+2(1-2\nu)C_3\right]-\nu\varepsilon_{\mathrm{L}}$$

将上面第2式与前面 ε_r 式比较，有

$$C_2=0$$

上述讨论适用于纤维和基体(都是各向同性材料)。设 $A_{\mathrm{m}}, B_{\mathrm{m}}$ 和 $A_{\mathrm{f}}, B_{\mathrm{f}}$ 分别表示基体和纤维区的积分常数，由上面 σ_r, σ_θ 表达式可得

$$\sigma_{\mathrm{m}r}=\frac{A_{\mathrm{m}}}{r^2}+2B_{\mathrm{m}},\quad \sigma_{\mathrm{m}\theta}=-\frac{A_{\mathrm{m}}}{r^2}+2B_{\mathrm{m}}$$

$$\sigma_{\mathrm{f}r}=\frac{A_{\mathrm{f}}}{r^2}+2B_{\mathrm{f}},\quad \sigma_{\mathrm{f}\theta}=-\frac{A_{\mathrm{f}}}{r^2}+2B_{\mathrm{f}}$$

因为，当 $r=0$ 时纤维应力必须是有限值，所以 $A_{\mathrm{f}}=0$，纤维应力表达式中只剩积分常数 B_{f}。$A_{\mathrm{m}}, B_{\mathrm{m}}, B_{\mathrm{f}}$ 由边界条件和连续条件确定，边界条件是当 $r=r_{\mathrm{m}}$ 时外侧表面应力 $\sigma_{\mathrm{m}r}=0$，连续条件是在界面上应力、位移相等，即 $r=r_{\mathrm{f}}$ 时，$\sigma_{\mathrm{f}r}=\sigma_{\mathrm{m}r}$ 和 $u_{\mathrm{f}r}=u_{\mathrm{m}r}$。

复合材料和组分材料的应变能关系式为

$$U_{\mathrm{c}}=U_{\mathrm{f}}+U_{\mathrm{m}}$$

式中，U_c，U_f，U_m 分别是复合材料、纤维、基体部分的应变能，其表达式分别为

$$U_c = \frac{1}{2}\int_V \sigma_L \varepsilon_L \mathrm{d}V = \frac{1}{2}\int_V \varepsilon_L^2 E_L \mathrm{d}V$$

$$U_f = \frac{1}{2}\int_{V_f} (\sigma_{fL}\varepsilon_L + \sigma_{fr}\varepsilon_{fr} + \sigma_{m\theta}\varepsilon_{m\theta})\mathrm{d}V$$

$$U_m = \frac{1}{2}\int_{V_m} (\sigma_{mL}\varepsilon_L + \sigma_{mr}\varepsilon_{mr} + \sigma_{m\theta}\varepsilon_{m\theta})\mathrm{d}V$$

将以上应力应变结果代入应变能表达式，得出

$$E_L = E_1 = E_f c_f + E_m c_m - \frac{2E_m E_f c_f c_m (\nu_f - \nu_m)^2}{\eta_f E_f + \eta_m E_m} \tag{11-37}$$

其中

$$\eta_f = (1+\nu_m)(2\nu_m c_f - 2 + c_m)$$

$$\eta_m = c_m(1+\nu_f)\cdot(2\nu_f - 1)$$

$$G_m = \frac{E_m}{2(1+\nu_m)}$$

对多数复合材料式(11-37)第一式右端最后一项较小，可忽略，由此得

$$E_1 = E_f c_f + E_m c_m \tag{11-38}$$

2. ν_{21} 的预测

由其定义 $\nu_{21} = -\varepsilon_2/\varepsilon_1$，设 Δr 表示外径的减小量，$\nu_{21} = \Delta r/(r_m \varepsilon_L)$，又因为 $\Delta r = (u_{mr})_{r=r_m}$，所以

$$\nu_{21} = -(u_{mr})_{r=r_m}/(r_m \varepsilon_L)$$

最后得

$$\nu_{21} = \nu_m + \frac{(\nu_f - \nu_m)c_f \eta_f(\eta_m + G_m)}{(c_f\eta_f + c_m\eta_m)G_m + \eta_f\eta_m} \tag{11-39}$$

3. E_2 的预测

设同心圆模型外侧作用径向均布压力 p，同时端面作用 σ_L，以使 $\varepsilon_L = 0$，用类似方法得纤维、基体的应力、应变、位移，再由应变能公式推导得

$$E_2 = \frac{2K_{32}(1-\nu_{32})E_1}{E_1 + 4\nu_{21}^2 K_{32}} \tag{11-40}$$

其中，K_{32} 为平面应变体积模量：

$$K_{32} = \frac{\eta_m(\eta_f + G_m) + G_m(\eta_f - \eta_m)c_f}{(\eta_f + G_m) - (\eta_f - \eta_m)c_f}$$

式中，η_f，η_m，G_m 的定义同式(11-37)。

4. G_{12} 的预测

设同心圆模型表面作用均布剪应力 τ_{12}，但侧面上 τ_{Lr} 分布是 $\tau_{Lr} = \tau_{12}\cos\theta$，由类似方法得到

$$G_{12} = G_m \frac{(G_f + G_m) + (G_f - G_m)c_f}{(G_f + G_m) - (G_f - G_m)c_f} \tag{11-41}$$

Whitney 和 Riley 的独立模型预测弹性常数以硼/环氧复合材料为例，与实验值比较，数据列于表 11-2 中。从表中可见 E_1，E_2 的预测值与实验值符合较好，但 G_{12} 比实验值低很多，

说明此模型在模拟剪切刚度时有不足之处。

表 11-2 硼/环氧复合材料实验值与 Whitney 和 Riley 预测值比较

$c_f/\%$	$E_1/10^2$ GPa			$E_2/10^2$ GPa			$G_{12}/10^2$ GPa		
	实验	预测	相差/%	实验	预测	相差/%	实验	预测	相差/%
20	0.823	0.879	6.8	—	—	—	—	—	—
55	2.12	2.34	10	—	—	—	—	—	—
60	2.51	2.54	1.2	0.218	0.217	0.5	—	—	—
65	2.50	2.76	10	0.239	0.250	4.6	—	—	—
70	2.43	2.97	22	0.273	0.295	8.1	0.124	0.077	38
75	—	—	—	0.344	0.351	2.0	0.162	0.088	46
组分材料 $E_f=4.2\times10^2$ GPa, $\nu_f=0.20$, $E_m=4.2$ GPa, $\nu_m=0.35$									

11.6.3 接触时的弹性力学解

在制造纤维增强复合材料时,纤维往往是随机排列而非规则排列,因此必须修正规则排列分析得到的复合材料弹性常数。纤维一般不会全部被基体包围,但也不会全部相互接触。从分析观点看,所有纤维彼此完全隔离时的解和所有纤维彼此完全接触时的解的线性组合提供了正确的弹性常数。如前所述,用 C 代表接触程度,$C=0$ 代表完全隔离,$C=1$ 代表完全接触。当 c_f 很高时可望 $C\to1$(如图 11-26 所示)。

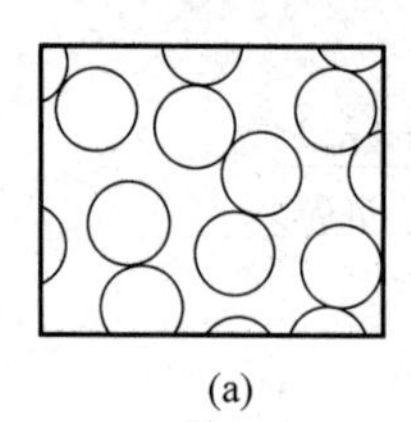
(a)

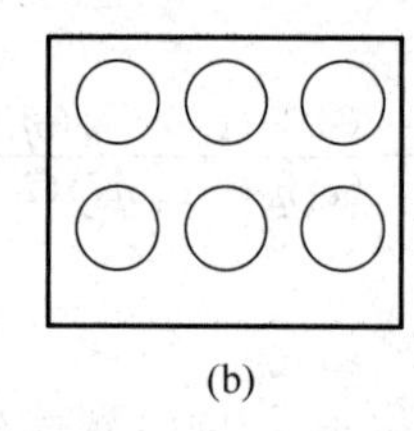
(b)

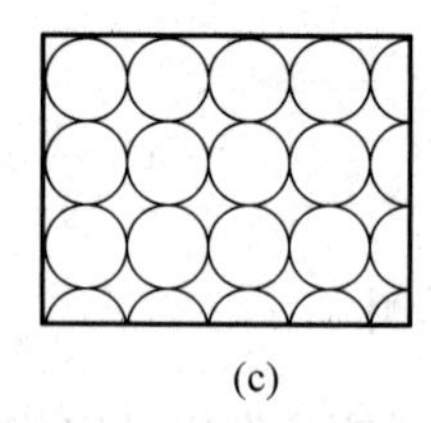
(c)

图 11-26 实际纤维随机分布及极端情形

(a) 实际分布; (b) $C=0$; (c) $C=1$

考虑纤维接触时的弹性力学方法,蔡得到了单向纤维复合材料的 E_2, ν_{21} 和 G_{12} 分别为

$$E_2=2[1-\nu_f+(\nu_f-\nu_m)c_m]\times\left[\frac{K_f(2K_m+G_m)-G_m(K_f-K_m)c_m}{(2K_m+G_m)+2(K_f-K_m)c_m}(1-C)\right.$$
$$\left.+C\frac{K_f(2K_m+G_m)+G_f(K_m-K_f)c_m}{(2K_m+G_m)-2(K_m-K_f)c_m}\right] \tag{11-42}$$

$$\nu_{21}=(1-C)\frac{K_f\nu_f(2K_m+G_m)c_f+K_m\nu_m(2K_f+G_m)c_m}{K_f(2K_m+G_m)-G_m(K_f-K_m)c_m}$$
$$+C\frac{K_m\nu_m(2K_f+G_f)c_m+K_f\nu_f(2K_m+G_f)c_f}{K_f(2K_m+G_m)+G_f(K_m-K_f)c_m} \tag{11-43}$$

$$G_{12}=(1-C)G_m\frac{2G_f-(G_f-G_m)c_m}{2G_m+(G_f-G_m)c_m}+CG_f\frac{(G_f+G_m)-(G_f-G_m)c_m}{(G_f+G_m)+(G_f-G_m)c_m} \tag{11-44}$$

其中

$$K_{\mathrm{f}}=\frac{E_{\mathrm{f}}}{2(1-\nu_{\mathrm{f}})},\quad G_{\mathrm{f}}=\frac{E_{\mathrm{f}}}{2(1+\nu_{\mathrm{f}})},\quad K_{\mathrm{m}}=\frac{E_{\mathrm{m}}}{2(1-\nu_{\mathrm{m}})},\quad G_{\mathrm{m}}=\frac{E_{\mathrm{m}}}{2(1+\nu_{\mathrm{m}})}$$

对纤维方向的弹性模量 E_1，蔡考虑到纤维的非直线性，排列不完全理想，而将混合律修正为

$$E_1 = K(E_{\mathrm{f}}c_{\mathrm{f}} + E_{\mathrm{m}}c_{\mathrm{m}}) \tag{11-45}$$

纤维非直线系数 K 在 0.9～1.0 之间，由实验确定。

蔡对玻璃纤维/环氧复合材料的 E_1，E_2，ν_{21} 和 G_{12} 值进行了研究。基准复合材料的组分性能为：$E_{\mathrm{f}}=73\mathrm{GPa}$，$\nu_{\mathrm{f}}=0.22$，$E_{\mathrm{m}}=3.5\mathrm{GPa}$ 和 $\nu_{\mathrm{m}}=0.35$。用式(11-45)、式(11-42)、式(11-44)将基准复合材料的 E_1，E_2 和 G_{12} 绘在图 11-27 和图 11-28 中。另外在基本方程中用 $E_{\mathrm{f}}=110\mathrm{GPa}$ 和 $E_{\mathrm{f}}=41\mathrm{GPa}$ 来估计纤维模量的影响表示在图 11-27 中。所有曲线中纤维的 $K=1$，纤维接触系数 $C=0.2$。通过和实验数据比较，可见这两个值是合适的。纤维模量对 E_1 影响最大。

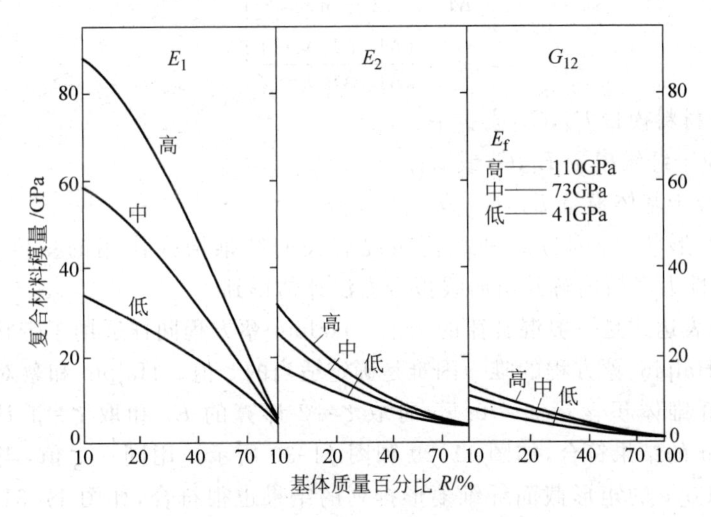

图 11-27 E_{f} 对 E_1，E_2 和 G_{12} 的作用

基体模量 E_{m} 对复合材料横向模量 E_2 的影响如图 11-28 所示，图中除基准值之外 E_{m} 取了 8.3GPa 和 1.4GPa。比较这两个图可见 G_{12} 受 E_{m} 的影响比受 E_{f} 的影响大。另外纤维

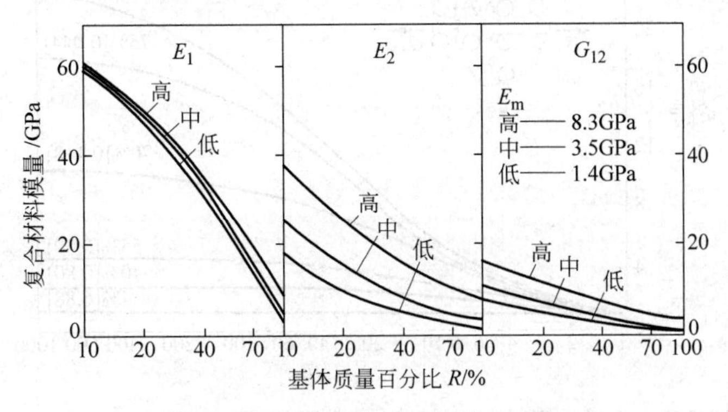

图 11-28 E_{m} 对 E_1，E_2 和 G_{12} 的作用

和基体的泊松比 ν_f,ν_m 对复合材料模量影响很小,对 E_1 没有影响。

11.6.4 Halpin-蔡方程

上述细观力学结果都由复杂的方程和曲线给出,这些方程通常难以使用,而曲线一般只局限于设计规范中相当小的一部分,因此需要一些比较简单的易用于复合材料设计的结果。

Halpin 和蔡提出一种近似表达较复杂细观力学结果的内插法,它很简单,因而容易用于设计,又概括了比较精确的细观力学结果,而且在纤维体积含量 c_f 不接近于 1 时这种方法相当精确。

Halpin 和蔡证明概括 Hill 自洽模型的 Herman 解可简化为下述近似形式:

$$\left.\begin{aligned} E_1 &\approx E_f c_f + E_m c_m \\ \nu_{21} &= \nu_f c_f + \nu_m c_m \\ \text{和} \quad \frac{M}{M_m} &= \frac{1+\zeta\eta c_f}{1-\eta c_f} \\ \text{其中} \quad \eta &= \frac{(M_f/M_m)-1}{(M_f/M_m)+\zeta} \end{aligned}\right\} \tag{11-46}$$

式中,M 是复合材料模量 E_2,G_{12} 或 ν_{32};

M_f 是对应于纤维模量 E_f,G_f 或 ν_f;

M_m 是对应于基体模量 E_m,G_m 或 ν_m。

ζ 是与纤维几何形状、排列方式和载荷情况有关的纤维增强作用的量度,ζ 值通过比较式(11-46)与弹性力学精确解并由曲线拟合方法评估得到。

E_1 和 ν_{21} 的表达式是一般混合律的结果。Halpin-蔡方程同样适用于带状纤维或颗粒复合材料。使用 Halpin-蔡方程的唯一困难是确定适当的 ζ 值。Halpin 和蔡对于圆柱形纤维正方形排列在纤维体积含量 $c_f=0.55$ 时取 $\zeta=2$ 计算的 E_2 和取 $\zeta=1$ 计算的 G_{12} 能与 Adams 和 Doner 的结果符合,如图 11-29 和图 11-30 所示。用同一 ζ 值,当纤维体积含量增至 0.9 时和 Foye 的矩形截面纤维菱形排列的结果也很符合,如图 11-31 和图 11-32 所示。当采用 Foye 的矩形截面纤维排列时,Halpin 和蔡发现对应于他们的方程,在计算横向

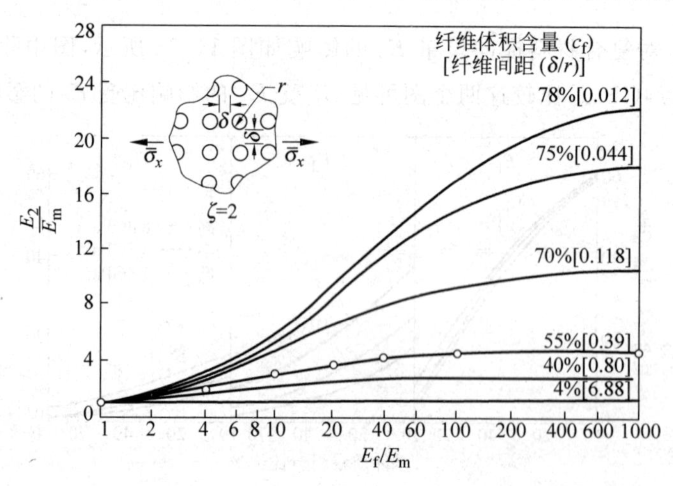

图 11-29 对圆纤维正方形排列时的 E_2,Halpin-蔡计算(圆点)和 Adams 与 Doner 计算的比较

模量 E_2 时要取 ζ 值为

$$\zeta_{E_2}=2\ \frac{a}{b}$$

式中,a/b 为矩形截面的长宽比。同样计算剪切模量时的 ζ 值为

$$\log\zeta_{G_{12}}=1.73\log\frac{a}{b}$$

才能和图 11-31 及图 11-32 中 Foye 的结果相符合。

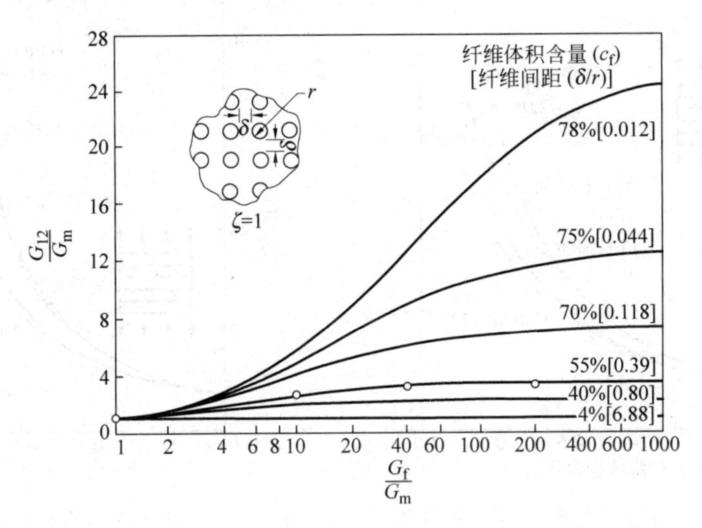

图 11-30 对圆纤维正方形排列时的 G_{12},Halpin-蔡计算(圆点)和 Adams 与 Doner 计算的比较

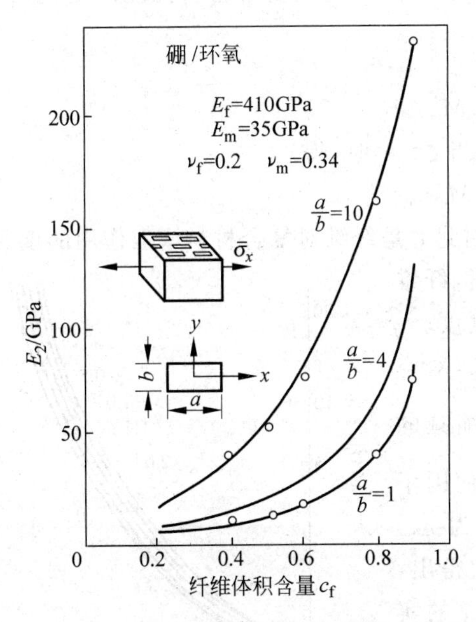

图 11-31 对矩形截面纤维菱形排列的 E_2,Halpin-蔡计算(圆点)与 Foye 计算的比较

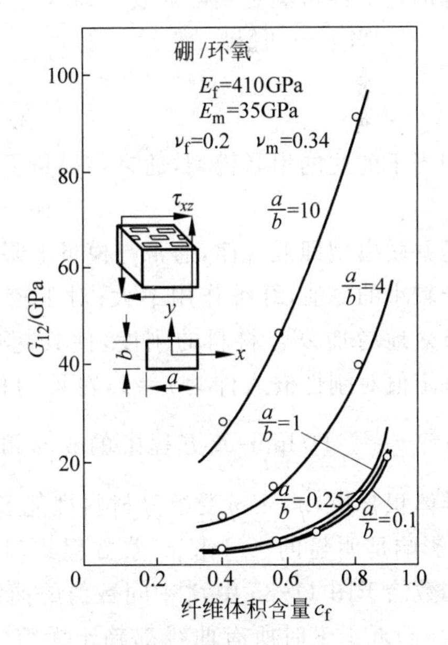

图 11-32 对矩形截面纤维菱形排列的 G_{12},Halpin-蔡计算(圆点)与 Foye 计算的比较

对玻璃/环氧和硼/环氧复合材料，Halpin-蔡方程预测的 E_2 结果表示在图 11-33 和图 11-34 中，图中还画出了 Foye 正方形排列和六角形排列的解和 Hermans 的解（Halpin-蔡方程和它有关）。在 $c_f>0.65$ 时，用 $\zeta=2$ 的 Halpin-蔡方程的预测结果一般低于正方形排列而高于六角形排列的结果，小于此体积含量时 Halpin-蔡的结果十分接近于 Foye 正方形排列的结果。

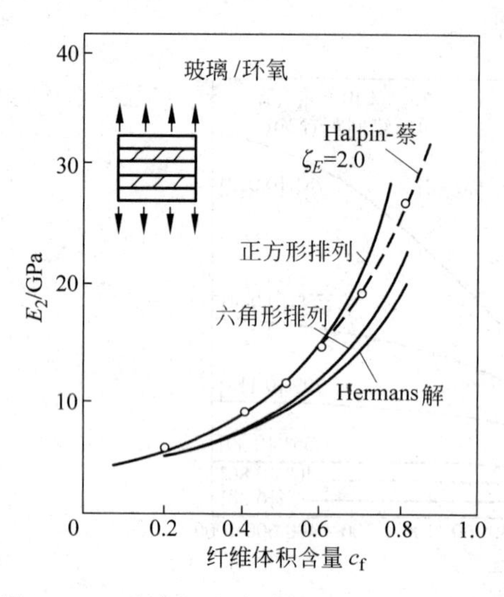

图 11-33　玻璃/环氧复合材料 E_2 计算的比较

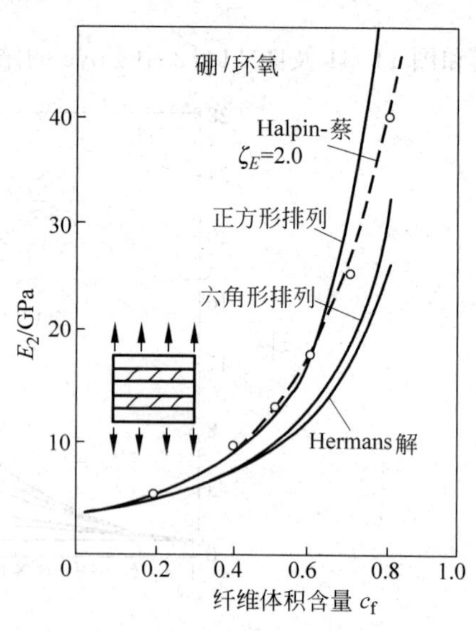

图 11-34　硼/环氧复合材料 E_2 计算的比较

不同排列有不同的预测刚度，复合材料制造方法的不同引起几何排列不同。Halpin-蔡方程的近似性可满足实际需要。研究 ζ,η 值的变化范围，可得出复合材料性能的变化，ζ 可从 $0\sim\infty$，当 $\zeta=0$ 时得

$$\frac{1}{M}=\frac{c_f}{M_f}+\frac{c_m}{M_m}$$

这相当于前述的串联模型，通常与模量下限有关，当 $\zeta=\infty$ 时，得

$$M=M_f c_f+M_m c_m$$

这是并联模型即混合律，通常与模量上限有关。因此 ζ 是纤维对复合材料增强作用的度量。对于较小的 ζ 值，纤维作用不大；对于较大的 ζ 值，纤维能有效地增加复合材料的刚度，使其超过基体刚度。η 的特定值对刚性嵌入件为 $\eta=1$，对均匀材料 $\eta=0$，对空隙 $\eta=-\dfrac{1}{\zeta}$。Halpin-蔡方程中的 ηc_f 可解释为缩减的纤维体积含量，$\eta\leqslant1$，η 受组分材料性能及增强几何因子 ζ 的影响是明显的。Halpin-蔡方程式(11-46)作为 ηc_f 的函数绘于图 11-35 中，ζ 中间数值的曲线可很快得出，当 ηc_f 趋近于 1 时所有曲线都趋于无穷。显然 ηc_f 的实际值约小于 0.6，但图中大多数曲线的 ηc_f 值都在 0.9 左右，这组不同 ζ 值的曲线可用于复合材料设计。

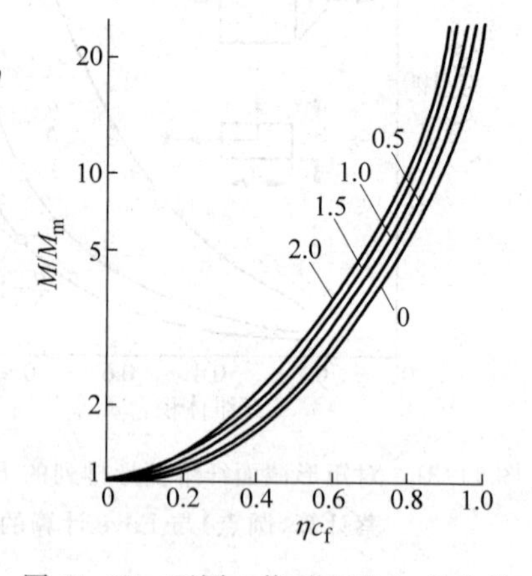

图 11-35　不同 ζ 值时 M/M_m 的曲线

习　　题

11-1　已知玻璃/环氧单向复合材料，玻璃纤维的 $E_f=7.50\times10^4$ MPa，环氧的 $E_m=3.50\times10^3$ MPa，求纤维体积含量 c_f 分别为 30%，50%，70%，90%时复合材料的 E_1 和 E_2。试用串联、并联模型及植村益次公式计算之。

11-2　已知 $E_f=7.50\times10^4$ MPa，$E_m=3.50\times10^3$ MPa，$\nu_f=0.22$，$\nu_m=0.35$，试用串联和并联模型计算单向复合材料 $c_f=50\%$ 和 65%时 G_{12} 的值。

11-3　已知 $\nu_f=0.20$，$\nu_m=0.30$，$c_f=60\%$，$E_1=4.50\times10^4$ MPa，$E_2=1.20\times10^4$ MPa，试推算泊松比 ν_{21} 和 ν_{12}。

11-4　已知玻璃/环氧复合材料的 $\nu_f=0.25$，$\nu_m=0.35$，$c_f=70\%$，$E_m=3.50\times10^2$ MPa，$E_1=5.0\times10^4$ MPa，试用串联和并联模型计算 E_2 和 ν_{21}。

11-5　已知单向短纤维复合材料，短纤维长 $l=5$mm，直径 $d=0.02$mm，$E_f=7.20\times10^4$ MPa，$E_m=3.50\times10^3$ MPa，$c_f=0.50$，试用 Halpin-蔡公式求复合材料的 E_1 和 E_2。

11-6　已知单层复合材料的 $\alpha_f=5.0\times10^{-6}$℃$^{-1}$，$\alpha_m=5.0\times10^{-5}$℃$^{-1}$，$E_f=8.0\times10^4$ MPa，$E_m=3.0\times10^2$ MPa，$\nu_f=0.25$，$\nu_m=0.35$，$c_f=50\%$ 和 70%，试求材料的热膨胀系数 α_1 和 α_2 值。

第 12 章 复合材料的单夹杂问题

12.1 弹性问题的一般解

对于任意复合材料代表单元 V,在其整个边界∂V 上作用均匀的应变$\bar{\varepsilon}_{ij}$,即对于边界上任意一点 $\boldsymbol{x}\in\partial V$,其位移满足 $u_i=\bar{\varepsilon}_{ij}x_j$。下面分析该代表单元内任意一点的应变与所施加宏观应变的关系。假设代表单元内材料的模量和柔度是位置的函数,$C_{ijkl}(\boldsymbol{x})$,$S_{ijkl}(\boldsymbol{x})$,并且基体和夹杂界面为理想界面,即在界面两侧的位移和沿界面法线方向的应力连续。根据第10 章给出的弹性力学基本方程,并注意到代表单元的边界全部为指定位移边界条件,因此求解代表单元内任意一点的应力和应变,需求解以下微分方程及相应的边界条件(这里忽略体力):

$$\sigma_{ij,j}=0 \tag{12-1}$$

$$\varepsilon_{ij}=\frac{1}{2}(u_{i,j}+u_{j,i}) \tag{12-2}$$

$$\sigma_{ij}=C_{ijkl}(\boldsymbol{x})\varepsilon_{kl} \tag{12-3}$$

$$u_i=\bar{\varepsilon}_{ij}x_j,\quad \boldsymbol{x}\in\partial V \tag{12-4}$$

为了分析方便,引入一个均匀线弹性比较材料(也称参考介质),它的模量张量用 C_{ijkl}^0 表示。通过引入均匀的线性比较材料,我们希望把非均匀材料代表单元的问题转化为均匀材料构成的代表单元,但在代表单元内受连续分布体力作用的等价问题。再利用线弹性均匀比较介质的 Green 函数,给出代表单元内任意一点处应变的一般性表达式。

利用引入的线弹性比较介质,式(12-3)可以表示成:

$$\sigma_{ij}=C_{ijkl}^0\varepsilon_{kl}+[C_{ijkl}(\boldsymbol{x})-C_{ijkl}^0]\varepsilon_{kl}=C_{ijkl}^0\varepsilon_{kl}+\delta C_{ijkl}\varepsilon_{kl}$$

将几何关系式(12-2)代入上式后,再将结果代入平衡方程,最后整理得用位移表示的平衡方程为

$$C^0_{ijkl}u_{k,lj} + (\delta C_{ijkl}\varepsilon_{kl})_{,j} = 0 \tag{12-5}$$

上式的物理意义在于，对非均匀材料代表单元问题的分析，可以等价转换为对具有分布体力$(\delta C_{ijkl}\varepsilon_{kl})_{,j}$的均匀介质$C^0_{ijkl}$来进行求解。这样代表单元内任意一点的应变可以通过 Green 函数$G_{ij}(\boldsymbol{x}-\boldsymbol{x}')$表示成统一的形式。线弹性比较材料的 Green 函数G_{ij}满足以下方程和边界条件：

$$C^0_{ijkl}G_{kn,lj}(\boldsymbol{x}-\boldsymbol{x}') + \delta_{in}\delta(\boldsymbol{x}-\boldsymbol{x}') = 0 \tag{12-6}$$

$$G_{ij}(\boldsymbol{x}-\boldsymbol{x}') = 0,\quad \boldsymbol{x}\in\partial V \tag{12-7}$$

Green 函数$G_{ij}(\boldsymbol{x}-\boldsymbol{x}')$的物理含义表示由均匀材料$C^0_{ijkl}$构成的代表单元内$\boldsymbol{x}'$点处施加$j$方向的单位集中载荷在$\boldsymbol{x}$点处$i$方向引起的位移。$\delta(\boldsymbol{x}-\boldsymbol{x}')$是三维 Delta 函数，它在$\boldsymbol{x}\neq\boldsymbol{x}'$时为零。

一般有限域上 Green 函数的解析表达式的求解非常困难，考虑到代表单元的尺度远远大于夹杂尺度，在细观力学的分析中都用无限大域的 Green 函数来代替有限域的 Green 函数。设无限大各向同性参考介质的剪切模量、体积模量和泊松比分别用G_0，K_0，ν_0表示，其 Green 函数的解析表达式为

$$G_{ij}(r) = \frac{1}{4\pi G_0}\left[\frac{\delta_{ij}}{r} - \frac{r_{,ij}}{4(1-\nu_0)}\right] \tag{12-8}$$

其中，r是点$\boldsymbol{x}$到点$\boldsymbol{x}'$的距离：

$$r = |\boldsymbol{x}-\boldsymbol{x}'| = \sqrt{(x_1-x'_1)^2+(x_2-x'_2)^2+(x_3-x'_3)^2}$$

利用上面给出的 Green 函数，对于参考介质C^0_{ijkl}中具有连续分布的体力$(\delta C_{ijkl}\varepsilon_{kl})_{,j}$作用，并且边界上满足式(12-4)给出的边界条件时，代表单元内任意一点$\boldsymbol{x}$处的位移可以表示为

$$u_i(\boldsymbol{x}) = \bar{\varepsilon}_{ij}x_j + \int_V G_{ij}(\boldsymbol{x}-\boldsymbol{x}')[\delta C_{jpkl}(\boldsymbol{x}')\varepsilon_{kl}(\boldsymbol{x}')]_{,p'}\mathrm{d}\boldsymbol{x}' \tag{12-9}$$

利用分部积分，上式等号右边第二项可以进一步写成

$$-\int_V G_{ij,p'}(\boldsymbol{x}-\boldsymbol{x}')\delta C_{jpkl}(\boldsymbol{x}')\varepsilon_{kl}(\boldsymbol{x}')\mathrm{d}\boldsymbol{x}'$$

$$+\int_{\partial V} G_{ij}(\boldsymbol{x}-\boldsymbol{x}')\delta C_{jpkl}(\boldsymbol{x}')\varepsilon_{kl}(\boldsymbol{x}')n_p\mathrm{d}\boldsymbol{x}'$$

由于 Green 函数在代表单元边界上取值为零，式(12-9)可以进一步表示成

$$u_i(\boldsymbol{x}) = \bar{\varepsilon}_{ij}x_j - \int_V G_{ij,p'}(\boldsymbol{x}-\boldsymbol{x}')\delta C_{jpkl}(\boldsymbol{x}')\varepsilon_{kl}(\boldsymbol{x}')\mathrm{d}\boldsymbol{x}' \tag{12-10}$$

应用几何关系和式(12-10)，代表单元内任意一点$\boldsymbol{x}$处的应变可以表示成

$$\varepsilon_{in}(\boldsymbol{x}) = \bar{\varepsilon}_{in} + \int_V \Gamma_{injp}(\boldsymbol{x}-\boldsymbol{x}')\delta C_{jpkl}(\boldsymbol{x}')\varepsilon_{kl}(x')\mathrm{d}\boldsymbol{x}' \tag{12-11}$$

其中

$$\Gamma_{injp} = \frac{1}{4}(G_{ij,pn}+G_{nj,pi}+G_{ip,jn}+G_{np,ji}) \tag{12-12}$$

容易看出，Γ_{ijkl}关于脚标具有如下对称性：$\Gamma_{ijkl}=\Gamma_{jikl}=\Gamma_{ijlk}$。

式(12-11)给出了一般非均匀材料构成的代表单元，在均匀宏观应变$\bar{\varepsilon}_{ij}$作用下，单元内任意一点应变的解析表达式是个积分方程。针对单个椭球型夹杂，下面将具体计算其夹杂

内的应变与宏观应变之间的关系。

12.2　椭球型夹杂问题

分析无限大各向同性基体中有一椭球型夹杂 w，设椭球夹杂的三个主轴半径分别为 a_1,a_2,a_3，因此所有椭球夹杂内的点(x_1,x_2,x_3)应满足以下关系式：

$$\frac{x_1^2}{a_1^2}+\frac{x_2^2}{a_2^2}+\frac{x_3^2}{a_3^2}\leqslant 1 \tag{12-13}$$

基体和夹杂的剪切模量、体积模量及泊松比分别用 G_0,K_0,ν_0 和 G_1,K_1,ν_1 表示。对于各向同性材料，模量张量可用剪切模量 G、泊松比 ν 及体积模量 K 表示为

$$\begin{aligned}C_{ijkl}&=\frac{2G\nu}{1-2\nu}\delta_{ij}\delta_{kl}+G(\delta_{il}\delta_{jk}+\delta_{ik}\delta_{jl})\\&=K\delta_{ij}\delta_{kl}+G\left(\delta_{il}\delta_{jk}+\delta_{ik}\delta_{jl}-\frac{2}{3}\delta_{ij}\delta_{kl}\right)\end{aligned} \tag{12-14}$$

取基体材料为参考介质，这时在椭球域外 $\delta C_{ijkl}=0$，在椭球域内 δC_{ijkl} 是常数。式(12-11)变成

$$\varepsilon_{in}(\boldsymbol{x})=\bar{\varepsilon}_{in}+\int_w \Gamma_{ijpn}(\boldsymbol{x}-\boldsymbol{x}')\delta C_{jpkl}\varepsilon_{kl}(\boldsymbol{x}')\mathrm{d}\boldsymbol{x}' \tag{12-15}$$

对于椭球型夹杂，如果远处所施加的应变是均匀的，可以证明椭球夹杂内的应变也将是均匀的。由式(12-15)可以得到夹杂内的应变(记夹杂内的平均应变)

$$\langle\varepsilon\rangle_w=(\boldsymbol{I}+\boldsymbol{P}\delta\boldsymbol{C})^{-1}\bar{\varepsilon}=\boldsymbol{B}\bar{\varepsilon} \tag{12-16}$$

其中 $\boldsymbol{I}$ 是四阶单位张量，$I_{ijkl}=\frac{1}{2}(\delta_{ij}\delta_{kl}+\delta_{il}\delta_{jk})$，张量 $\boldsymbol{P}$ 的定义为

$$P_{injp}=-\left[\int_w \Gamma_{injp}(\boldsymbol{x}-\boldsymbol{x}')\mathrm{d}\boldsymbol{x}'\right] \tag{12-17}$$

定义函数 $\psi(\boldsymbol{x})$，$\phi(\boldsymbol{x})$(注意这里的 $\phi(\boldsymbol{x})$ 与第10章定义的应力势函数不同)：

$$\psi(\boldsymbol{x})=\int_w r\,\mathrm{d}\boldsymbol{x}' \tag{12-18}$$

$$\phi(\boldsymbol{x})=\int_w \frac{1}{r}\mathrm{d}\boldsymbol{x}' \tag{12-19}$$

利用所定义的函数 $\psi(\boldsymbol{x})$ 和 $\phi(\boldsymbol{x})$ 及 Green 函数的表达式，张量 $\boldsymbol{P}$ 可以进一步表示成

$$\begin{aligned}P_{injp}=-\frac{1}{16\pi G_0}\Big(&\phi_{,pn}\delta_{ij}+\phi_{,pi}\delta_{jn}\\&+\phi_{,jn}\delta_{ip}+\phi_{,ij}\delta_{pn}-\frac{1}{1-\nu_0}\psi_{,ijpn}\Big)\end{aligned} \tag{12-20}$$

$\psi_{,ijpn}$ 可以进一步表示成

$$\begin{aligned}\psi_{,ijpn}=&-\delta_{ij}\delta_{pn}(I_P-a_I^2I_{IP})\\&-(\delta_{ip}\delta_{jn}+\delta_{jp}\delta_{in})(I_J-a_I^2I_{IJ})\end{aligned} \tag{12-21}$$

式中脚标大写字母意味着与脚标相同的小写字母取相同的值，并不是张量的指标求和。如 $\phi_{,ij}=-\delta_{ij}I_I$，表示 $\phi_{,11}=-I_1$，$\phi_{,22}=-I_2$，$\phi_{,33}=-I_3$。对于由式(12-13)确定的椭球型夹杂，

为了分析方便，设 $a_1>a_2>a_3$，函数 ϕ 的具体形式为

$$\phi=\frac{1}{2}(I-x_1^2I_1-x_2^2I_2-x_3^2I_3) \tag{12-22}$$

其中，I,I_1,I_2 和 I_3 是与椭球夹杂形状有关的常数，具体形式为

$$I=\frac{4\pi a_1a_2a_2}{\sqrt{a_1^2-a_3^2}}F(\xi,\zeta) \tag{12-23}$$

$$I_1=\frac{4\pi a_1a_2a_3}{(a_1^2-a_2^2)\sqrt{a_1^2-a_3^2}}[F(\xi,\zeta)-E(\xi,\zeta)] \tag{12-24}$$

$$\begin{aligned}I_2=&4\pi a_1a_2a_3\left[\frac{\sqrt{a_1^2-a_3^2}}{(a_2^2-a_3^2)(a_1^2-a_2^2)}E(\xi,\zeta)\right.\\&\left.-\frac{F(\xi,\zeta)}{(a_1^2-a_2^2)\sqrt{a_1^2-a_3^2}}-\frac{a_3}{a_1a_2(a_2^2-a_3^2)}\right]\end{aligned} \tag{12-25}$$

$$I_3=\frac{4\pi a_1a_2a_3}{(a_2^2-a_3^2)\sqrt{a_1^2-a_3^2}}\left[\frac{a_2\sqrt{a_1^2-a_3^2}}{a_1a_3}-E(\xi,\zeta)\right] \tag{12-26}$$

其中，$F(\xi,\zeta)$，$E(\xi,\zeta)$分别是一型和二型椭圆积分，它们分别定义为

$$\left.\begin{aligned}F(\xi,\zeta)&=\int_0^\xi\frac{\mathrm{d}y}{\sqrt{1-\zeta^2\sin^2y}}\\E(\xi,\zeta)&=\int_0^\xi\sqrt{1-\zeta^2\sin^2y}\,\mathrm{d}y\end{aligned}\right\} \tag{12-27}$$

并且

$$\xi=\arcsin\sqrt{1-(a_3/a_1)^2},\quad \zeta=\sqrt{(a_1^2-a_2^2)/(a_1^2-a_3^2)}$$

至此，只要给定椭球型夹杂形状 a_1,a_2,a_3，就可以通过上述公式确定常数 I,I_1,I_2 和 I_3，同时也就确定了函数 ϕ。而式(12-21)中的 I_{ij} 可以由 I_i 按照下列方式确定：

$$\left.\begin{aligned}&I_{12}=I_{21}=\frac{I_2-I_1}{a_1^2-a_2^2},\quad I_{13}=I_{31}=\frac{I_3-I_1}{a_1^2-a_3^2},\quad I_{23}=I_{32}=\frac{I_3-I_2}{a_2^2-a_3^2}\\&I_{11}=\frac{4\pi}{3a_1^2}-\frac{1}{3}(I_{12}+I_{13}),\quad I_{22}=\frac{4\pi}{3a_2^2}-\frac{1}{3}(I_{12}+I_{23})\\&I_{33}=\frac{4\pi}{3a_3^2}-\frac{1}{3}(I_{23}+I_{13})\end{aligned}\right\} \tag{12-28}$$

对于确定的椭球型夹杂和各向同性基体，由式(12-20)、式(12-21)，P_{mjp} 也可以用 I_i 和 I_{ij} 来表示：

$$\left.\begin{aligned}P_{1111}&=\frac{3a_1^2}{16\pi G_0(1-\nu_0)}I_{11}+\frac{1-4\nu_0}{16\pi G_0(1-\nu_0)}I_1\\P_{1212}&=\frac{1}{16\pi G_0(1-\nu_0)}(a_1^2I_{12}+I_1)-\frac{\nu_0}{16\pi G_0(1-\nu_0)}(I_1+I_2)\\P_{1122}&=\frac{a_1^2}{16\pi G_0(1-\nu_0)}I_{12}-\frac{1}{16\pi G_0(1-\nu_0)}I_2\\P_{2211}&=\frac{a_2^2}{16\pi G_0(1-\nu_0)}I_{21}-\frac{1}{16\pi G_0(1-\nu_0)}I_1\end{aligned}\right\} \tag{12-29}$$

P_{mjp} 张量的其他非零分量 $P_{1313},P_{2323},P_{1133},P_{3311},P_{2233},P_{3322},P_{2222},P_{3333}$ 可以通过脚标轮换得到，如

$$P_{3322} = \frac{a_3^2}{16\pi G_0(1-\nu_0)} I_{32} - \frac{1}{16\pi G_0(1-\nu_0)} I_2 \tag{12-30}$$

至此，对于各向同性基体和一般椭球夹杂，张量 P_{injp} 的解析表达式可以根据式(12-29)来计算，然后再利用式(12-16)就可以计算夹杂内的应变与宏观施加应变之间的关系。下面将针对一些常见的夹杂形状给出张量 $\boldsymbol{P}$ 的具体表达式。

(1) 球型夹杂

令 $a_1=a_2=a_3=a$，通过对上述 I, I_1, I_2 和 I_3 的一般表达式取极限，有

$$I = 4\pi a^2, \quad I_1 = I_2 = I_3 = \frac{4\pi}{3} \tag{12-31}$$

将 I_i 的一般表达式代入式(12-28)，然后相应取极限得

$$I_{11} = I_{22} = I_{33} = I_{12} = I_{23} = I_{13} = \frac{4\pi}{5a^2} \tag{12-32}$$

$$\left.\begin{aligned} &P_{1111} = P_{2222} = P_{3333} = \frac{7-10\nu_0}{30G_0(1-\nu_0)} \\ &P_{1122} = P_{2211} = P_{3311} = P_{1133} \\ &\qquad = P_{3322} = P_{2233} = -\frac{1}{30G_0(1-\nu_0)} \\ &P_{1212} = P_{2323} = P_{1313} = \frac{4-5\nu_0}{30G_0(1-\nu_0)} \end{aligned}\right\} \tag{12-33}$$

(2) 长纤维型夹杂($a_2=a_3=a, a_1\to\infty$)

$$\left.\begin{aligned} &I = \infty, \quad I_2 = I_3 = 2\pi, \quad I_1 = 0, \\ &I_{11} = I_{12} = I_{13} = 0, \quad I_{22} = I_{33} = \frac{\pi}{a^2}, \quad I_{23} = \frac{\pi}{a^2}, \\ &a_1^2 I_{12} = I_2, \quad a_1^2 I_{13} = I_3, \quad a_1^2 I_{11} = 0 \end{aligned}\right\} \tag{12-34}$$

$$\left.\begin{aligned} &P_{1111} = 0, \quad P_{2222} = P_{3333} = \frac{5-8\nu_0}{16G_0(1-\nu_0)}, \\ &P_{1122} = P_{2211} = P_{1133} = P_{3311} = 0, \\ &P_{2233} = P_{3322} = -\frac{1}{16G_0(1-\nu_0)}, \\ &P_{1212} = P_{1313} = \frac{1}{8G_0}, \quad P_{2323} = \frac{3-4\nu_0}{16G_0(1-\nu_0)} \end{aligned}\right\} \tag{12-35}$$

(3) 钱币型夹杂($a_2=a_3=a, a_1\to 0$)

$$\left.\begin{aligned} &I = 0, \quad I_2 = I_3 = 0, \quad I_1 = 4\pi, \\ &I_{22} = I_{33} = 0, \quad a_1^2 I_{11} = \frac{4\pi}{3}, \\ &I_{23} = 0, \quad I_{12} = I_{13} = \frac{4\pi}{a^2} \end{aligned}\right\} \tag{12-36}$$

$$\left.\begin{aligned} &P_{1111} = \frac{1-2\nu_0}{2G_0(1-\nu_0)}, \quad P_{2222} = P_{3333} = 0, \\ &P_{1122} = P_{2211} = P_{1133} = P_{3311} = 0, \\ &P_{2233} = P_{3322} = 0, \quad P_{1212} = P_{1313} = \frac{1}{4G_0}, \quad P_{2323} = 0 \end{aligned}\right\} \tag{12-37}$$

(4) 旋转椭球型夹杂(旋转轴为 x_1,$a_2=a_3=a$,长细比为 $\rho=a_1/a$)

$$I_2 = I_3 = 2\pi g,\quad I_1 = 4\pi(1-g) \tag{12-38}$$

$$\left.\begin{aligned} a^2 I_{12} &= a^2 I_{13} = \frac{2\pi(3g-2)}{\rho^2-1},\\ a_1^2 I_{11} &= \frac{4\pi}{3} - \frac{4\pi\rho^2(3g-2)}{3(\rho^2-1)},\\ a^2 I_{23} &= \pi - \frac{\pi(3g-2)}{2(\rho^2-1)},\quad a^2 I_{22} = a^2 I_{33} = \pi - \frac{\pi(3g-2)}{2(\rho^2-1)} \end{aligned}\right\} \tag{12-39}$$

$$\left.\begin{aligned} P_{1111} &= \frac{1}{2G_0(1-\nu_0)}\left[(1-2\nu_0)+\frac{\rho^2}{\rho^2-1}\right]\\ &\quad + \frac{1}{4G_0(1-\nu_0)}\left[4(\nu_0-1)-\frac{3}{\rho^2-1}\right]g\\ P_{2222} &= P_{3333} = \frac{3}{16G_0(1-\nu_0)}\frac{\rho^2}{\rho^2-1}\\ &\quad + \frac{1}{32G_0(1-\nu_0)}\left[4(1-4\nu_0)-\frac{9}{\rho^2-1}\right]g\\ P_{1212} &= P_{1313} = -\frac{1}{4G_0(1-\nu_0)}\left[\nu_0+\frac{1}{\rho^2-1}\right]\\ &\quad + \frac{1}{8G_0(1-\nu_0)}\left[(1+\nu_0)+\frac{3}{\rho^2-1}\right]g\\ P_{2323} &= \frac{1}{16G_0(1-\nu_0)}\frac{\rho^2}{\rho^2-1}\\ &\quad + \frac{1}{32G_0(1-\nu_0)}\left[4(1-2\nu_0)-\frac{3}{\rho^2-1}\right]g\\ P_{1122} &= P_{1133} = P_{2211} = P_{3311}\\ &= -\frac{1}{4G_0(1-\nu_0)}\frac{\rho^2}{\rho^2-1}+\frac{1}{8G_0(1-\nu_0)}\left[\frac{1+2\rho^2}{\rho^2-1}\right]g\\ P_{2233} &= P_{3322} = \frac{1}{16G_0(1-\nu_0)}\frac{\rho^2}{\rho^2-1}\\ &\quad + \frac{1}{32G_0(1-\nu_0)}\left[\frac{1-4\rho^2}{\rho^2-1}\right]g \end{aligned}\right\} \tag{12-40}$$

其中当 $\rho>1$ 时:

$$g = \frac{\rho}{(\rho^2-1)^{3/2}}\left[\rho\sqrt{(\rho^2-1)} - \operatorname{arccosh}(\rho)\right]$$

当 $\rho<1$ 时:

$$g = \frac{\rho}{(1-\rho^2)^{3/2}}\left[\arccos(\rho) - \rho\sqrt{(1-\rho^2)}\right]$$

对于一般旋转椭球夹杂,张量 $\boldsymbol{P}$ 具有关于脚标(i,j)和(k,l)的对称性,另外 $P_{ijkl}=P_{klij}$,并且还有 $2P_{2323}=P_{2222}-P_{2233}$ 成立,因此张量 $\boldsymbol{P}$ 是个横观各向同性张量。

例 12-1 无限大基体中有一椭球型夹杂,基体和夹杂的剪切、体积模量及泊松比分别用 G_0,K_0,ν_0 和 G_1,K_1,ν_1 表示。给出球型、钱币型和长纤维型夹杂的 $\boldsymbol{B}$ 张量表达式。并分析当基体是环氧树脂($E_0=4\text{GPa},\nu_0=0.33$)、夹杂是陶瓷材料($E_1=400\text{GPa},\nu_1=0.2$),且远处受到宏观单向应力作用时$\bar{\sigma}_{11}\neq 0$(夹杂的旋转轴为 x_1),夹杂中应力$\langle\sigma_{11}\rangle_1/\bar{\sigma}_{11}$,$\langle\sigma_{22}\rangle_1/\bar{\sigma}_{11}$随夹杂长细比的变化。

首先研究关系式 $s_{ij}=P_{ijkl}e_{kl}$,其中 s_{ij} 和 e_{ij} 是对称的二阶张量,即 $s_{ij}=s_{ji}$,$e_{ij}=e_{ji}$。考虑张量 $\boldsymbol{P}$ 的对称性,有 $P_{ijkl}=P_{jikl}=P_{ijlk}=P_{klij}$。因为 $\boldsymbol{P}$ 为横观各向同性张量,因此分量中只有 5 个独立常数,将其表示成 6×6 的矩阵形式为

$$\begin{bmatrix} s_{11} \\ s_{22} \\ s_{33} \\ s_{23} \\ s_{13} \\ s_{12} \end{bmatrix} = \begin{bmatrix} P_{1111} & P_{1122} & P_{1122} & & & \\ P_{1122} & P_{2222} & P_{2233} & & & \\ P_{1122} & P_{2233} & P_{2222} & & & \\ & & & 2P_{2323} & & \\ & & & & 2P_{1212} & \\ & & & & & 2P_{1212} \end{bmatrix} \begin{bmatrix} e_{11} \\ e_{22} \\ e_{33} \\ e_{23} \\ e_{13} \\ e_{12} \end{bmatrix}$$

其中 $2P_{2323}=P_{2222}-P_{2233}$。将张量 $\boldsymbol{P}$ 简记为 $\boldsymbol{P}=(c,g,h,d,e,f)$,它以如下形式给出了对称张量 s_{ij} 和 e_{ij} 之间的关系:

$$\begin{aligned} \frac{1}{2}(s_{22}+s_{33}) &= \frac{1}{2}c(e_{22}+e_{33})+he_{11} \\ s_{22}-s_{33} &= e(e_{22}-e_{33}) \\ s_{11} &= g(e_{22}+e_{33})+de_{11} \\ s_{23} &= ee_{23}, \quad s_{12} = fe_{12}, \quad s_{13} = fe_{13} \end{aligned}$$

即对应着 6×6 的矩阵形式为

$$\begin{bmatrix} s_{11} \\ s_{22} \\ s_{33} \\ s_{23} \\ s_{13} \\ s_{12} \end{bmatrix} = \begin{bmatrix} d & g & g & & & \\ h & \frac{1}{2}(c+e) & \frac{1}{2}(c-e) & & & \\ h & \frac{1}{2}(c-e) & \frac{1}{2}(c+e) & & & \\ & & & e & & \\ & & & & f & \\ & & & & & f \end{bmatrix} \begin{bmatrix} e_{11} \\ e_{22} \\ e_{33} \\ e_{23} \\ e_{13} \\ e_{12} \end{bmatrix}$$

对照对称张量 $\boldsymbol{P}$ 的非零分量容易有

$$\begin{aligned} c &= P_{2222}+P_{2233}, \quad g = h = P_{1122}, \\ d &= P_{1111}, \quad e = 2P_{2323}, \quad f = 2P_{1212} \end{aligned}$$

上述的简单表示方法将高阶张量的运算转化成了简单的代数运算。对于张量$\boldsymbol{H}$($H_{ijkl}=H_{jikl}=H_{ijlk}$)及 $\boldsymbol{H}'$($H'_{ijkl}=H'_{jikl}=H'_{ijlk}$),它们可以被分别表示为 $\boldsymbol{H}=(c,g,h,d,e,f)$,$\boldsymbol{H}'=(c',g',h',d',e',f')$。这里我们讨论一般的情况即 $g\neq h$,$g'\neq h'$,$\boldsymbol{H}$ 和 $\boldsymbol{H}'$之间的运算符合如下规律:

$$\begin{aligned} &\boldsymbol{H}\pm\boldsymbol{H}' = (c\pm c',\ g\pm g',\ h\pm h',\ d\pm d',\ e\pm e',\ f\pm f') \\ &\boldsymbol{H}\boldsymbol{H}' = (cc'+2hg',\ gc'+dg',\ ch'+hd',\ dd'+2h'g,\ ee',\ ff') \\ &\boldsymbol{H}^{-1} = \left(\frac{d}{\Delta},\ -\frac{g}{\Delta},\ -\frac{h}{\Delta},\ \frac{c}{\Delta},\ \frac{1}{e},\ \frac{1}{f}\right), \quad \Delta = cd-2gh \end{aligned}$$

对于四阶单位张量,写成上述简记形式为 $\boldsymbol{I}=(1,0,0,1,1,1)$。考察用体积模量 K 和剪

切模量G表示的各向同性材料弹性模量的张量式(12-14),利用上述简化方法写成矩阵形式为

$$\begin{bmatrix} K+\frac{4}{3}G & K-\frac{2}{3}G & K-\frac{2}{3}G & & & \\ K-\frac{2}{3}G & K+\frac{4}{3}G & K-\frac{2}{3}G & & & \\ K-\frac{2}{3}G & K-\frac{2}{3}G & K+\frac{4}{3}G & & & \\ & & & 2G & & \\ & & & & 2G & \\ & & & & & 2G \end{bmatrix}$$

进一步简记为

$$\boldsymbol{C}=\left(2K+\frac{2}{3}G,\ K-\frac{2}{3}G,\ K-\frac{2}{3}G,\ K+\frac{4}{3}G,\ 2G,\ 2G\right)$$

① 球型夹杂

对于球型夹杂,张量$\boldsymbol{P}$退化为各向同性张量,只有两个独立分量。利用式(12-33),并将泊松比用体积和剪切模量表示,即$\nu_0=(2G_0+3K_0)/2(G_0+3K_0)$,四阶各向同性张量$\boldsymbol{P}$可以仿照弹性模量的形式写成

$$P_{ijkl}=K_p\delta_{ij}\delta_{kl}+G_p(\delta_{il}\delta_{jk}+\delta_{ik}\delta_{jl}-\frac{2}{3}\delta_{ij}\delta_{kl})$$

其中

$$K_p=\frac{1}{3(4G_0+3K_0)},\quad G_p=\frac{3(2G_0+K_0)}{10G_0(4G_0+3K_0)}$$

因为这一类各向同性四阶张量只有两个独立分量,经常被简记为$\boldsymbol{H}=(\alpha,\beta)$,对应着脚标的形式为

$$H_{ijkl}=\frac{1}{3}\alpha\delta_{ij}\delta_{kl}+\frac{1}{2}\beta\left(\delta_{il}\delta_{jk}+\delta_{ik}\delta_{jl}-\frac{2}{3}\delta_{ij}\delta_{kl}\right)$$

这样对于满足$a_{ij}=H_{ijkl}b_{kl}$关系的两个对称二阶张量$a_{ij}=a_{ji}$和$b_{ij}=b_{ji}$,可以分别写出其球量和偏量部分:球量部分$\mathrm{tr}(a_{ij})=\alpha\mathrm{tr}(b_{ij})$;偏量部分$\mathrm{dev}(a_{ij})=\beta\mathrm{dev}(b_{ij})$。对于任意二阶对称张量$a_{ij}=a_{ji}$,其球量部分和偏量部分分别定义为$\mathrm{tr}(a_{ij})=a_{kk}=a_{11}+a_{22}+a_{33}$,$\mathrm{dev}(b_{ij})=b_{ij}-1/3\mathrm{tr}(b_{mn})\delta_{ij}$。

上述定义的各向同性四阶张量的简记方法符合以下运算法则:$\boldsymbol{H}=(\alpha,\beta)$,$\boldsymbol{H}'=(\alpha',\beta')$,$\boldsymbol{H}\pm\boldsymbol{H}'=(\alpha\pm\alpha',\beta\pm\beta')$,$\boldsymbol{H}^{-1}=\left(\frac{1}{\alpha},\frac{1}{\beta}\right)$,$\boldsymbol{HH}'=(\alpha\alpha',\beta\beta')$,四阶单位张量可以表示成$\boldsymbol{I}=(1,1)$。

利用上述简记方法,各向同性基体和夹杂的模量张量可以表示成$\boldsymbol{C}_0=(3K_0,2G_0)$,$\boldsymbol{C}_1=(3K_1,2G_1)$,球型夹杂的张量$\boldsymbol{P}$表示为$\boldsymbol{P}=(3K_p,2G_p)$。张量$\boldsymbol{B}$的表达式可以通过以下计算得到:

$$\delta\boldsymbol{C}=(3(K_1-K_0),2(G_1-G_0)),$$
$$\boldsymbol{P}\delta\boldsymbol{C}=(9K_p(K_1-K_0),4G_p(G_1-G_0))$$
$$\boldsymbol{I}+\boldsymbol{P}\delta\boldsymbol{C}=(1+9K_p(K_1-K_0),1+4G_p(G_1-G_0))$$

$$\boldsymbol{B}=[\boldsymbol{I}+\boldsymbol{P}\delta\boldsymbol{C}]^{-1}=\left(\frac{1}{1+9K_p(K_1-K_0)},\frac{1}{1+4G_p(G_1-G_0)}\right)$$

因此对应的张量 $\boldsymbol{B}$ 的分量表示为

$$B_{ijkl}=\frac{1}{3[1+9K_p(K_1-K_0)]}\delta_{ij}\delta_{kl}+\frac{1}{2[1+4G_p(G_1-G_0)]}\left(\delta_{il}\delta_{jk}+\delta_{ik}\delta_{jl}-\frac{2}{3}\delta_{ij}\delta_{kl}\right)$$

② 长纤维型夹杂

利用式(12-35),并将泊松比用体积和剪切模量表示,长纤维型夹杂对应的张量 $\boldsymbol{P}$ 为

$$\boldsymbol{P}=\left(\frac{3}{8G_0+6K_0},0,0,0,\frac{7G_0+3K_0}{4G_0(4G_0+3K_0)},\frac{1}{4G_0}\right)$$

$$\delta\boldsymbol{C}=\left(2\widetilde{K}+\frac{2}{3}\widetilde{G},\widetilde{K}-\frac{2}{3}\widetilde{G},\widetilde{K}-\frac{2}{3}\widetilde{G},\widetilde{K}+\frac{4}{3}\widetilde{G},2\widetilde{G},2\widetilde{G}\right)$$

其中 $\widetilde{K}=K_1-K_0$,$\widetilde{G}=G_1-G_0$。

$$\boldsymbol{P}\delta\boldsymbol{C}=\left(\frac{\widetilde{G}+3\widetilde{K}}{4G_0+3K_0},0,\frac{-2\widetilde{G}+3\widetilde{K}}{2(4G_0+3K_0)},0,\frac{(7G_0+3K_0)\widetilde{G}}{2G_0(4G_0+3K_0)},\frac{\widetilde{G}}{2G_0}\right)$$

$$\boldsymbol{I}+\boldsymbol{P}\delta\boldsymbol{C}=\left(1+\frac{\widetilde{G}+3\widetilde{K}}{4G_0+3K_0},0,\frac{-2\widetilde{G}+3\widetilde{K}}{2(4G_0+3K_0)},1,1+\frac{(7G_0+3K_0)\widetilde{G}}{2G_0(4G_0+3K_0)},1+\frac{\widetilde{G}}{2G_0}\right)$$

$$\boldsymbol{B}=[\boldsymbol{I}+\boldsymbol{P}\delta\boldsymbol{C}]^{-1}=\left(\frac{1}{1+\frac{\widetilde{G}+3\widetilde{K}}{4G_0+3K_0}},0,\frac{2\widetilde{G}-3\widetilde{K}}{2\widetilde{G}+6\widetilde{K}+8G_0+6K_0},1,\frac{1}{1+\frac{(7G_0+3K_0)\widetilde{G}}{2G_0(4G_0+3K_0)}},\frac{2G_0}{2G_0+\widetilde{G}}\right)$$

③ 钱币型夹杂

根据式(12-37),对于钱币型夹杂,张量 $\boldsymbol{P}$ 可以表示为

$$\boldsymbol{P}=\left(0,0,0,\frac{3}{4G_0+3K_0},0,\frac{1}{2G_0}\right)$$

$$\boldsymbol{P}\delta\boldsymbol{C}=\left(0,\frac{-2\widetilde{G}+3\widetilde{K}}{4G_0+3K_0},0,\frac{4\widetilde{G}+3\widetilde{K}}{4G_0+3K_0},0,\frac{\widetilde{G}}{G_0}\right)$$

$$\boldsymbol{I}+\boldsymbol{P}\delta\boldsymbol{C}=\left(1,\frac{-2\widetilde{G}+3\widetilde{K}}{4G_0+3K_0},0,1+\frac{4\widetilde{G}+3\widetilde{K}}{4G_0+3K_0},1,1+\frac{\widetilde{G}}{G_0}\right)$$

$$\boldsymbol{B}=[\boldsymbol{I}+\boldsymbol{P}\delta\boldsymbol{C}]^{-1}=\left(1,\frac{2\widetilde{G}-3\widetilde{K}}{4\widetilde{G}+3\widetilde{K}+4G_0+3K_0},0,\frac{4G_0+3K_0}{4\widetilde{G}+3\widetilde{K}+4G_0+3K_0},1,\frac{G_0}{\widetilde{G}+G_0}\right)$$

对于无限大基体中具有一椭球夹杂,式(12-16)给出了远处作用均匀应变 $\bar{\boldsymbol{\varepsilon}}$ 时在夹杂内部引起的应变 $\langle\boldsymbol{\varepsilon}\rangle_w$,此时所对应的夹杂内部应力为

$$\langle \boldsymbol{\sigma} \rangle_w = C_1 \langle \boldsymbol{\varepsilon} \rangle_w = \boldsymbol{C}_1 [\boldsymbol{I} + \boldsymbol{P}\delta \boldsymbol{C}]^{-1} \bar{\boldsymbol{\varepsilon}} = \boldsymbol{C}_1 \boldsymbol{B} \bar{\boldsymbol{\varepsilon}}$$

当远处作用为均匀应力$\bar{\boldsymbol{\sigma}}$时，利用基体的应力和应变关系$\bar{\boldsymbol{\varepsilon}} = \boldsymbol{S}_0 \bar{\boldsymbol{\sigma}}$，其中$\boldsymbol{S}_0$是基体的柔度，上式可以进一步写为

$$\langle \boldsymbol{\sigma} \rangle_w = \boldsymbol{C}_1 \langle \boldsymbol{\varepsilon} \rangle_w = \boldsymbol{C}_1 [\boldsymbol{I} + \boldsymbol{P}\delta \boldsymbol{C}]^{-1} \boldsymbol{S}_0 \bar{\sigma} = \boldsymbol{A} \bar{\sigma}$$

对于环氧树脂$E_0 = 4\text{GPa}, \nu_0 = 0.33$，陶瓷夹杂$E_1 = 400\text{GPa}, \nu_1 = 0.2$，它们对应的刚度张量分别为

$$\boldsymbol{C}_0 = (8.85, 2.92, 2.92, 5.93, 3.01, 3.01)$$

$$\boldsymbol{C}_1 = (555.56, 111.11, 111.11, 444.44, 333.33, 333.33)$$

张量$\boldsymbol{P}$可以根据式(12-40)进行计算。这样如果夹杂的长细比给定，就可以计算张量$\boldsymbol{A}$。

在宏观单向拉伸载荷$\bar{\sigma}_{11} \neq 0$作用下，夹杂承受的应力$\langle \sigma_{11} \rangle_w / \bar{\sigma}_{11} = A_{1111}$，$\langle \sigma_{22} \rangle_w / \bar{\sigma}_{11} = A_{2211}$，它们随夹杂长细比的变化如图12-1所示。对结构型复合材料，一般希望填充材料能够承担较大的应力，从图上可以看出长纤维正好可以满足这一要求。因此长纤维被广泛用来作为复合材料的增强相。但是，虽然长纤维复合材料在沿纤维方向的刚度和强度都得到了大幅度的增强，它在垂直纤维方向的性能相对基体而言却几乎没什么改善。为了弥补这些不足，单向长纤维复合材料板一般都通过具有不同纤维角度叠层来使用。

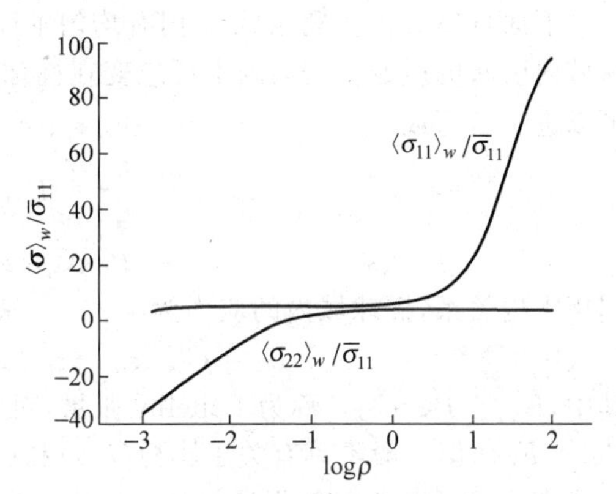

图 12-1　夹杂应力随夹杂长细比的变化

12.3 本征应变问题

12.3.1 Eshelby 张量

在12.1节中讨论的单夹杂问题还可以通过引入本征应变和等效夹杂的方法来求解。本征应变的概念常用来研究材料内部相变所引起的内应力，是人为提出的一个概念。它泛指除去周围约束时不会产生应力的应变，如热应变、塑性应变和材料相变应变等。用ε_{ij}^*表示本征应变，它应满足对称条件$\varepsilon_{ij}^* = \varepsilon_{ji}^*$。如果一个弹性介质$C_{ijkl}$中具有本征应变$\varepsilon_{ij}^*$，这时总应变用$\varepsilon_{ij}$表示，在介质中所引起的应力可以表示为$\sigma_{ij} = C_{ijkl}(\varepsilon_{kl} - \varepsilon_{kl}^*)$。对于热应变问题，这时本征应变可以表示成$\varepsilon_{ij}^* = \alpha_{ij} \Delta\theta$，$\alpha_{ij}$是热膨胀系数，$\Delta\theta$是温度变化；对于塑性问题，本征应变即为塑性应变$\varepsilon_{ij}^* = \varepsilon_{ij}^{\text{p}}$。下面分析无限大均匀弹性介质$C_{ijkl}^0$中，具有连续分布的本征应变$\varepsilon_{ij}^*(\boldsymbol{x})$作用时，介质中的应力和应变分布$\sigma_{ij}(\boldsymbol{x})$，$\varepsilon_{ij}(\boldsymbol{x})$。这时需要求解以下方程：

$$\sigma_{ij,j} = 0, \quad \varepsilon_{ij} = \frac{1}{2}(u_{i,j} + u_{j,i}) \tag{12-41}$$

$$\sigma_{ij} = C_{ijkl}^0 (\varepsilon_{kl} - \varepsilon_{kl}^*) \tag{12-42}$$

利用本构方程和几何关系，平衡方程可以表示成位移和本征应变的函数：

$$C_{ijkl}^{0}u_{k,lj}-(C_{ijkl}^{0}\varepsilon_{kl}^{*})_{,j}=0 \tag{12-43}$$

从式(12-43)可以看出,均匀介质具有本征应变 $\varepsilon_{ij}^{*}(\boldsymbol{x})$ 的问题,可以等价转换成具有分布体力 $f_i=-(C_{ijkl}^{0}\varepsilon_{kl}^{*})_{,j}$ 的问题来求解。利用12.1节中给出的均匀介质 $\boldsymbol{C}_0$ 中的Green函数 $G_{ij}(\boldsymbol{x}-\boldsymbol{x}')$,无限大均匀介质中具有本征应变作用时,在介质中所引起的位移可以表示成

$$u_i(\boldsymbol{x})=-\int_{\infty}G_{ij}(\boldsymbol{x}-\boldsymbol{x}')[C_{jpkl}^{0}\varepsilon_{kl}^{*}(\boldsymbol{x}')]_{,p'}\mathrm{d}\boldsymbol{x}' \tag{12-44}$$

利用分部积分和几何关系,由上式可得

$$\varepsilon_{in}(\boldsymbol{x})=-\int_{\infty}\Gamma_{injp}(\boldsymbol{x}-\boldsymbol{x}')C_{jpkl}^{0}\varepsilon_{kl}^{*}(\boldsymbol{x}')\mathrm{d}\boldsymbol{x}' \tag{12-45}$$

下面具体分析在椭球域 w 内有均匀本征应变 ε_{ij}^{*},而在椭球域外本征应变为零时,在椭球域内引起的应变。均匀的本征应变在椭球夹杂内引起的应变也是均匀的,这样式(12-45)可以进一步写成

$$\begin{aligned}\varepsilon_{in}(\boldsymbol{x})&=\left[-\int_{w}\Gamma_{injp}(\boldsymbol{x}-\boldsymbol{x}')\mathrm{d}\boldsymbol{x}'\right]C_{jpkl}^{0}\varepsilon_{kl}^{*}\\&=P_{injp}C_{jpkl}^{0}\varepsilon_{kl}^{*}=E_{inkl}\varepsilon_{kl}^{*}\end{aligned} \tag{12-46}$$

利用本构关系,椭球域内的应力为

$$\sigma_{ij}=C_{ijkl}^{0}(\varepsilon_{kl}-\varepsilon_{kl}^{*})=C_{ijkl}^{0}(E_{klmn}-I_{klmn})\varepsilon_{mn}^{*} \tag{12-47}$$

其中,$E_{inkl}=P_{injp}C_{jpkl}^{0}$,称为Eshelby张量,对于脚标 i, n 和脚标 k,l 具有对称性,即 $E_{inkl}=E_{nikl}=E_{inlk}$,但一般不具有关于脚标$(i,n)$和$(k,l)$的对称性,即 $E_{inkl}\neq E_{klin}$。Eshelby张量的具体表达式可以利用 $\boldsymbol{P}$ 张量得到。下面给出几种常见夹杂的Eshelby张量的非零分量。

(1) 球型域($a_1=a_2=a_3$)

$$\left.\begin{aligned}&E_{1111}=E_{2222}=E_{3333}=\frac{7-5\nu_0}{15(1-\nu_0)}\\&E_{1212}=E_{2323}=E_{1313}=\frac{4-5\nu_0}{15(1-\nu_0)}\\&E_{1122}=E_{2211}=E_{1133}=E_{3311}\\&\quad=E_{2233}=E_{3322}=\frac{5\nu_0-1}{15(1-\nu_0)}\end{aligned}\right\} \tag{12-48}$$

(2) 长纤维型域($a_2=a_3$,$a_1\to\infty$)

$$\left.\begin{aligned}&E_{1111}=0,\quad E_{2222}=E_{3333}=\frac{5-4\nu_0}{8(1-\nu_0)}\\&E_{2233}=E_{3322}=\frac{4\nu_0-1}{8(1-\nu_0)}\\&E_{1122}=E_{1133}=0\\&E_{2211}=E_{3311}=\frac{\nu_0}{2(1-\nu_0)}\\&E_{1212}=E_{1313}=\frac{1}{4},\quad E_{2323}=\frac{3-4\nu_0}{8(1-\nu_0)}\end{aligned}\right\} \tag{12-49}$$

(3) 钱币型域($a_2=a_3$,$a_1\to 0$)

$$\left.\begin{aligned}&E_{1111}=1,\quad E_{1122}=E_{1133}=\frac{\nu_0}{1-\nu_0}\\&E_{1212}=E_{1313}=\frac{1}{2}\end{aligned}\right\} \tag{12-50}$$

(4) 旋转椭球型夹杂($a_2=a_3$, x_1 为旋转轴)

$$\left.\begin{aligned}
E_{1111}&=\frac{1}{2(1-\nu_0)}\left[4-2\nu_0-\frac{2}{(1-\rho^2)}\right]\\
&\quad+\frac{1}{2(1-\nu_0)}\left[2\nu_0-4+\frac{3}{(1-\rho^2)}\right]g\\
E_{2222}&=E_{3333}=-\frac{3}{8(1-\nu_0)}\frac{\rho^2}{(1-\rho^2)}\\
&\quad+\frac{1}{4(1-\nu_0)}\left[1-2\nu_0+\frac{9}{4(1-\rho^2)}\right]g\\
E_{2233}&=E_{3322}=\frac{1}{8(1-\nu_0)}\left[1-\frac{1}{(1-\rho^2)}\right]\\
&\quad+\frac{1}{16(1-\nu_0)}\left[-4(1-2\nu_0)+\frac{3}{(1-\rho^2)}\right]g\\
E_{2211}&=E_{3311}=\frac{1}{2(1-\nu_0)}\frac{\rho^2}{(1-\rho^2)}\\
&\quad-\frac{1}{4(1-\nu_0)}\left[(1-2\nu_0)+\frac{3\rho^2}{(1-\rho^2)}\right]g\\
E_{1122}&=E_{1133}=\frac{1}{2(1-\nu_0)}\left[-(1-2\nu_0)+\frac{1}{(1-\rho^2)}\right]\\
&\quad+\frac{1}{4(1-\nu_0)}\left[2(1-2\nu_0)-\frac{3}{(1-\rho^2)}\right]g\\
E_{2323}&=-\frac{1}{8(1-\nu_0)}\frac{\rho^2}{(1-\rho^2)}\\
&\quad+\frac{1}{16(1-\nu_0)}\left[4(1-2\nu_0)+\frac{3}{(1-\rho^2)}\right]g\\
E_{1212}&=E_{1313}=\frac{1}{4(1-\nu_0)}\left[(1-2\nu_0)+\frac{1+\rho^2}{(1-\rho^2)}\right]\\
&\quad-\frac{1}{8(1-\nu_0)}\left[(1-2\nu_0)+\frac{3(1+\rho^2)}{(1-\rho^2)}\right]g
\end{aligned}\right\}\tag{12-51}$$

ρ, g 的定义和取值与相应的 $\boldsymbol{P}$ 张量一致。

12.3.2 夹杂问题

在 12.3.1 节中给出了均匀无限大介质中的椭球域内有一均匀本征应变时，椭球域内应变的计算方法。当模量为 C^0_{ijkl} 的无限大介质还受到远处均匀的宏观外力作用时，如均匀的应变 $\bar{\varepsilon}_{ij}$ 或应力 $\bar{\sigma}_{ij}$ 边界条件($\bar{\sigma}_{ij}=C^0_{ijkl}\bar{\varepsilon}_{kl}$)，考虑材料的均匀性，可以利用叠加原理，椭球域内的应变和应力为

$$\varepsilon_{ij}=\bar{\varepsilon}_{ij}+E_{ijkl}\varepsilon^*_{kl}\tag{12-52}$$

$$\sigma_{ij}=\bar{\sigma}_{ij}+C^0_{ijkl}(E_{klmn}-I_{klmn})\varepsilon^*_{mn}\tag{12-53}$$

利用上述基本关系，下面来计算均匀无限大介质 $\boldsymbol{C}_0$ 中有一椭球夹杂 $\boldsymbol{C}_1$(夹杂的模量与

基体不同),受到远处均匀宏观外载$\bar{\varepsilon}_{ij}$(或$\bar{\sigma}_{ij}=C^0_{ijkl}\bar{\varepsilon}_{kl}$)作用时(如图 12-2(a)所示),夹杂内部的应变。

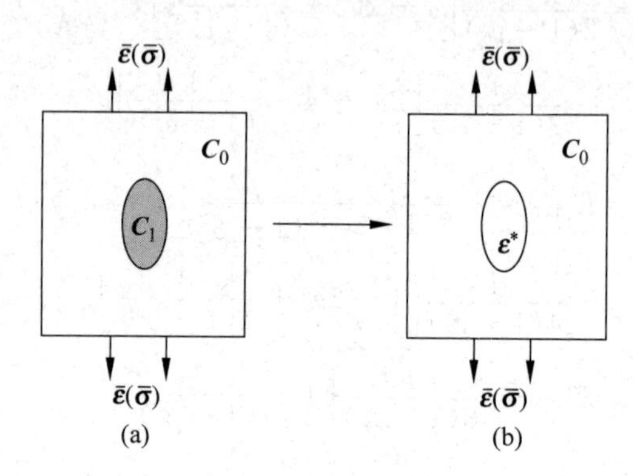

图 12-2 等效夹杂方法

(a) 单夹杂问题;(b) 本征应变问题

假想图 12-2(a)中的夹杂产生相变(材料性质发生变化),相变使夹杂变成与周围介质相同的材料,即它的模量从 $\boldsymbol{C}_1$ 变成 $\boldsymbol{C}_0$,相变所需要的应变用$\boldsymbol{\varepsilon}^*$表示,它是个未知待求的量。通过这样一个假想的相变过程,图 12-2(a)所示的单夹杂问题转化成均匀介质中椭球域内具有本征应变的问题(图 12-2(b))。此时椭球域内的应力和应变可以利用式(12-52)、式(12-53)来计算,仍然只关心椭球域内的应力和应变的平均,对于图 12-2(b)中的问题有

$$\langle\boldsymbol{\varepsilon}\rangle_w=\bar{\boldsymbol{\varepsilon}}+\boldsymbol{E}\boldsymbol{\varepsilon}^* \tag{12-54}$$

$$\langle\boldsymbol{\sigma}\rangle_w=\bar{\boldsymbol{\sigma}}+\boldsymbol{C}_0(\boldsymbol{E}-\boldsymbol{I})\,\boldsymbol{\varepsilon}^* \tag{12-55}$$

由于图 12-2(b)所示的本征应变问题是假想由图 12-2(a)发生相变得到的,实际上椭球夹杂内的应力和应变应该满足夹杂材料的本构关系,即

$$\langle\boldsymbol{\sigma}\rangle_w=\boldsymbol{C}_1\langle\boldsymbol{\varepsilon}\rangle_w \tag{12-56}$$

将式(12-54)、式(12-55)代入式(12-56)有

$$\bar{\boldsymbol{\sigma}}+\boldsymbol{C}_0(\boldsymbol{E}-\boldsymbol{I})\,\boldsymbol{\varepsilon}^*=\boldsymbol{C}_1(\bar{\boldsymbol{\varepsilon}}+\boldsymbol{E}\boldsymbol{\varepsilon}^*) \tag{12-57}$$

利用关系$\bar{\boldsymbol{\sigma}}=\boldsymbol{C}_0\bar{\boldsymbol{\varepsilon}}$,可以求得满足式(12-56)所需要的本征应变:

$$\boldsymbol{\varepsilon}^*=-[\delta\boldsymbol{C}\boldsymbol{E}+\boldsymbol{C}_0]^{-1}\delta\boldsymbol{C}\bar{\boldsymbol{\varepsilon}} \tag{12-58}$$

于是由式(12-54)容易得出夹杂内部的应变与外加均匀宏观应变之间的关系:

$$\langle\boldsymbol{\varepsilon}\rangle_w=[\boldsymbol{I}-\boldsymbol{E}(\delta\boldsymbol{C}\boldsymbol{E}+\boldsymbol{C}_0)^{-1}\delta\boldsymbol{C}]\,\bar{\boldsymbol{\varepsilon}} \tag{12-59}$$

将式(12-58)代回式(12-55)可以得到夹杂中的应力。可以证明

$$\begin{aligned}&[\boldsymbol{I}-\boldsymbol{E}(\delta\boldsymbol{C}\boldsymbol{E}+\boldsymbol{C}_0)^{-1}\delta\boldsymbol{C}]\\=&[\boldsymbol{I}-(\delta\boldsymbol{C}+\boldsymbol{C}_0\boldsymbol{E}^{-1})^{-1}\delta\boldsymbol{C}]\\=&[\boldsymbol{I}-(\boldsymbol{I}+(\delta\boldsymbol{C})^{-1}\boldsymbol{C}_0\boldsymbol{E}^{-1})^{-1}]=[\boldsymbol{I}-(\boldsymbol{I}+(\boldsymbol{P}\delta\boldsymbol{C})^{-1})^{-1}]\\=&[\boldsymbol{I}-(\boldsymbol{I}+\boldsymbol{P}\delta\boldsymbol{C})^{-1}(\boldsymbol{P}\delta\boldsymbol{C})]=[\boldsymbol{I}+\boldsymbol{P}\delta\boldsymbol{C}]^{-1}\end{aligned}$$

由本征应变方法确定夹杂内应变与利用 12.1 节中的方法得到的结果一致。

例 12-2 利用本征应变的方法计算在无限大均匀介质 $\boldsymbol{C}_0$ 中有一椭球型孔洞,介质远处作用有均匀应力$\bar{\boldsymbol{\sigma}}$时,孔洞内的应变。并具体针对有球形孔的无限大均匀介质,求远处受均匀静水压力载荷$\bar{\boldsymbol{\sigma}}=\bar{\sigma}\boldsymbol{\delta}$ ($\bar{\sigma}_{ij}=\bar{\sigma}\,\delta_{ij}$)作用时孔洞内的应变。

利用假想相变的概念，设想将孔洞域材料产生相变，变成与周围基体相同的材料，所需要的相变应变用$\boldsymbol{\varepsilon}^*$表示（图 12-2）。椭球孔洞内的应力和应变为

$$\langle\boldsymbol{\varepsilon}\rangle_w=\bar{\boldsymbol{\varepsilon}}+\boldsymbol{E\varepsilon}^*,\quad \langle\boldsymbol{\sigma}\rangle_w=\bar{\boldsymbol{\sigma}}+\boldsymbol{C}_0(\boldsymbol{E}-\boldsymbol{I})\boldsymbol{\varepsilon}^*$$

要使相变后的问题与原问题等价，需要椭球域内的应力为零，即$\langle\boldsymbol{\sigma}\rangle_w=0$，由此计算出所需要的本征应变为

$$\boldsymbol{\varepsilon}^*=-[\boldsymbol{C}_0(\boldsymbol{E}-\boldsymbol{I})]^{-1}\bar{\boldsymbol{\sigma}}$$

将此本征应变代入椭球域应变的表达式，并利用基体介质的本构关系$\bar{\boldsymbol{\varepsilon}}=\boldsymbol{S}_0\bar{\boldsymbol{\sigma}}$，最终确定孔洞内的应变为

$$\langle\boldsymbol{\varepsilon}\rangle_1=\{\boldsymbol{S}_0-\boldsymbol{E}[\boldsymbol{C}_0(\boldsymbol{E}-\boldsymbol{I})]^{-1}\}\bar{\boldsymbol{\sigma}}=[\boldsymbol{I}-(\boldsymbol{I}-\boldsymbol{E}^{-1})^{-1}]\boldsymbol{S}_0\bar{\boldsymbol{\sigma}}$$

对于球型夹杂，Eshelby 张量是个各向同性张量，利用例 12-1 中关于四阶各向同性张量的简记方法，$\boldsymbol{C}_0=(3K_0,2G_0)$，$\boldsymbol{P}=(3K_p,2G_p)$，柔度和 Eshelby 张量分别为

$$\boldsymbol{S}_0=\left(\frac{1}{3K_0},\frac{1}{2G_0}\right)$$

$$\boldsymbol{E}=\boldsymbol{PC}_0=(9K_0K_p,4G_0G_p)=(\alpha,\beta)$$

其中

$$\alpha=\frac{3K_0}{3K_0+4G_0}$$

$$\beta=6(K_0+2G_0)/5(3K_0+4G_0)$$

$$[\boldsymbol{I}-(\boldsymbol{I}-\boldsymbol{E}^{-1})^{-1}]\boldsymbol{S}_0=\left(\frac{1}{3K_0(1-\alpha)},\frac{1}{2G_0(1-\beta)}\right)$$

这样分别得到孔洞内应变的球量部分和偏量部分与宏观外载荷之间的关系：

$$\mathrm{tr}(\langle\boldsymbol{\varepsilon}\rangle_w)=\frac{1}{3K_0(1-\alpha)}\mathrm{tr}(\bar{\boldsymbol{\sigma}})$$

$$\mathrm{dev}(\langle\boldsymbol{\varepsilon}\rangle_w)=\frac{1}{2G_0(1-\beta)}\mathrm{dev}(\bar{\boldsymbol{\sigma}})$$

由于宏观外载是个静水压力载荷，即只有球量部分的分量，$\mathrm{dev}(\bar{\boldsymbol{\sigma}})=0$，$\mathrm{tr}(\bar{\boldsymbol{\sigma}})=3\bar{\sigma}$，因此球形孔的非零应变分量为

$$\langle\varepsilon_{11}\rangle_w=\langle\varepsilon_{22}\rangle_w=\langle\varepsilon_{33}\rangle_w=\frac{\bar{\sigma}}{3K_0(1-\alpha)}$$

例 12-3 均匀无限大介质 $\boldsymbol{C}_0$ 中有一椭球型夹杂，其弹性模量为 $\boldsymbol{C}_1$。设基体和夹杂的热膨胀系数分别为$\boldsymbol{\alpha}_0$和$\boldsymbol{\alpha}_1$，试求当温度均匀发生变化 $\Delta\theta$ 时，在椭球夹杂内所引起的应力。如果基体和夹杂的剪切、体积模量和热膨胀系数分别为 G_0，K_0，α_0 和 G_1，K_1，α_1，给出球型夹杂内应力的具体表达式。

由于夹杂和基体的热膨胀系数不同，温度的变化将在整个介质中产生自平衡的热应力。温度变化的影响可以通过在夹杂内引入本征应变来模拟，即$\boldsymbol{\varepsilon}^\theta=(\boldsymbol{\alpha}_1-\boldsymbol{\alpha}_0)\Delta\theta$。这样原本计算温度产生的热应力问题，转化成求解夹杂内具有本征应变$\boldsymbol{\varepsilon}^\theta$时引起的应力（如图 12-3(a)所示）。下面利用本征应变的概念，设想夹杂材料产生相变，使其模量从 $\boldsymbol{C}_1$ 变成 $\boldsymbol{C}_0$，需要的相变应变设为$\boldsymbol{\varepsilon}^*$（图 12-3(b)）。由图 12-3(b)所表示的椭球域内应力和应变为

$$\langle\boldsymbol{\varepsilon}\rangle_w=\boldsymbol{E\varepsilon}^*,\quad \langle\boldsymbol{\sigma}\rangle_w=\boldsymbol{C}_0(\boldsymbol{E}-\boldsymbol{I})\boldsymbol{\varepsilon}^*$$

椭球域的应力和应变还应该满足具有本征应变$\boldsymbol{\varepsilon}^\theta$的夹杂本构关系，即

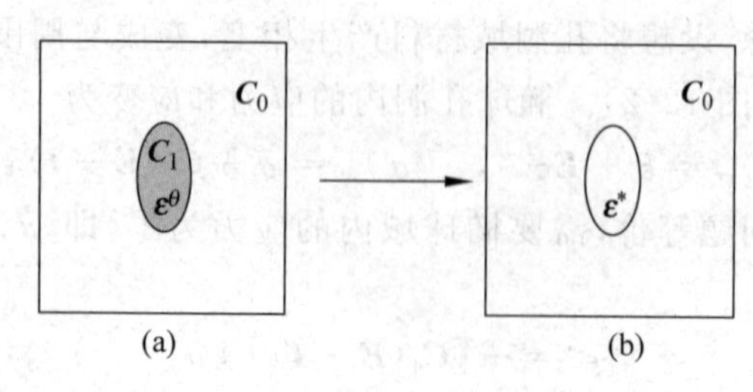

图 12-3 热应力问题

(a) 夹杂和本征应变；(b) 本征应变问题

$$\langle \boldsymbol{\sigma} \rangle_w = \boldsymbol{C}_1(\langle \boldsymbol{\varepsilon} \rangle_w - \boldsymbol{\varepsilon}^\theta)$$

于是有

$$\boldsymbol{C}_0(\boldsymbol{E}-\boldsymbol{I})\boldsymbol{\varepsilon}^* = \boldsymbol{C}_1(\boldsymbol{E}\boldsymbol{\varepsilon}^* - \boldsymbol{\varepsilon}^\theta)$$

由此得到相变所需要的本征应变为

$$\boldsymbol{\varepsilon}^* = [(\boldsymbol{C}_1-\boldsymbol{C}_0)\boldsymbol{E}+\boldsymbol{C}_0]^{-1}\boldsymbol{C}_1\boldsymbol{\varepsilon}^\theta$$

将该本征应变代入夹杂的应力表达式，最后夹杂的应力为

$$\begin{aligned}\langle \boldsymbol{\sigma} \rangle_w &= \boldsymbol{C}_0(\boldsymbol{E}-\boldsymbol{I})[(\boldsymbol{C}_1-\boldsymbol{C}_0)\boldsymbol{E}+\boldsymbol{C}_0]^{-1}\boldsymbol{C}_1\boldsymbol{\varepsilon}^\theta \\ &= \{[\boldsymbol{C}_0(\boldsymbol{I}-\boldsymbol{E}^{-1})]^{-1}-\boldsymbol{C}_1^{-1}\}^{-1}(\boldsymbol{\alpha}_1-\boldsymbol{\alpha}_0)\Delta\theta\end{aligned}$$

对于各向同性材料中的球型夹杂情况有

$$\boldsymbol{C}_0=(3K_0,2G_0),\quad \boldsymbol{C}_1=(3K_1,2G_1),\quad \boldsymbol{E}=(\alpha,\beta)$$

$$[\boldsymbol{C}_0(\boldsymbol{I}-\boldsymbol{E}^{-1})]^{-1}=\left(\frac{\alpha}{3K_0(\alpha-1)},\frac{\beta}{2G_0(\beta-1)}\right)$$

$$[\boldsymbol{C}_0(\boldsymbol{I}-\boldsymbol{E}^{-1})]^{-1}-\boldsymbol{C}_1^{-1}=\left(\frac{\alpha(K_1-K_0)+K_0}{3K_1K_0(\alpha-1)},\frac{\beta(G_1-G_0)+G_0}{2G_1G_0(\beta-1)}\right)$$

$$\{[\boldsymbol{C}_0(\boldsymbol{I}-\boldsymbol{E}^{-1})]^{-1}-\boldsymbol{C}_1^{-1}\}^{-1}=\left(\frac{3K_1K_0(\alpha-1)}{\alpha(K_1-K_0)+K_0},\frac{2G_1G_0(\beta-1)}{\beta(G_1-G_0)+G_0}\right)$$

$$(\boldsymbol{\alpha}_1-\boldsymbol{\alpha}_0)\Delta\theta=(\alpha_1-\alpha_0)\delta_{ij}\Delta\theta$$

由于温度变化产生的本征应变是个只具有球量部分的应变，因此球型夹杂内产生的应力将只有静水压力，它们的分量为

$$\langle\sigma_{11}\rangle_w=\langle\sigma_{22}\rangle_w=\langle\sigma_{33}\rangle_w=\frac{3K_1K_0(\alpha-1)(\alpha_1-\alpha_0)}{\alpha(K_1-K_0)+K_0}\Delta\theta$$

12.4 夹杂的能量

12.4.1 弹性应变能

这一节将分析均匀介质 C_{ijkl}^0 中有一椭球夹杂 w，夹杂的模量为 C_{ijkl}^1，在介质 V 的边界上作用均匀的应力$\bar{\sigma}_{ij}(F_i=\bar{\sigma}_{ij}n_j)$，同时在夹杂中又作用有本征应变 ε_{ij}^h 时整个系统的能量。为了便于分析，将位移、总应变和应力分别分成两个部分 $\bar{u}_i+u_i$，$\bar{\varepsilon}_{ij}+\varepsilon_{ij}$ 和 $\bar{\sigma}_{ij}+\sigma_{ij}$。$\bar{u}_i$，$\bar{\varepsilon}_{ij}$，$\bar{\sigma}_{ij}$ 是由材料 C_{ijkl}^0 构成的均匀介质 V，在其边界上作用有均匀应力$\bar{\sigma}_{ij}$时，产生的位移、应变和应

力。这样整个系统的弹性应变能为

$$W^{e} = \frac{1}{2}\int_{V}(\bar{\sigma}_{ij} + \sigma_{ij})(\bar{\varepsilon}_{ij} + \varepsilon_{ij} - \varepsilon_{ij}^{h})\mathrm{d}V \tag{12-60}$$

其中，ε_{ij}^{h} 只有在椭球域内不为零。

下面对式(12-60)进行进一步简化。根据前面的分解，可以证明 $\sigma_{ij,j}=0$，在边界 ∂V 上 $\sigma_{ij}n_j=0$(n_j 是边界 ∂V 的外法线矢量分量)。这样

$$\begin{aligned}
\int_{V}\sigma_{ij}(\bar{\varepsilon}_{ij} + \varepsilon_{ij})\mathrm{d}V &= \int_{V}\sigma_{ij}(\bar{u}_{i,j} + u_{i,j})\mathrm{d}V \\
&= -\int_{V}\sigma_{ij,j}(\bar{u}_{i} + u_{i})\mathrm{d}V + \int_{V}[\sigma_{ij}(\bar{u}_{i} + u_{i})]_{,j}\mathrm{d}V \\
&= \int_{V}[\sigma_{ij}(\bar{u}_{i} + u_{i})]_{,j}\mathrm{d}V = \int_{\partial V}\sigma_{ij}n_{j}(\bar{u}_{i} + u_{i})\mathrm{d}V = 0
\end{aligned} \tag{12-61}$$

同样可以证明

$$\int_{V}\sigma_{ij}\bar{\varepsilon}_{ij}\mathrm{d}V = 0 \tag{12-62}$$

下面引入本征应变和等效夹杂方法，将如图 12-4(a)所示的具有本征应变的夹杂问题，变成均匀材料具有本征应变的问题。

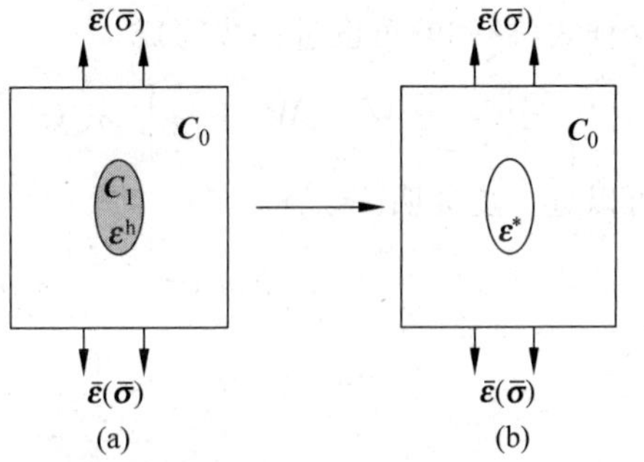

图 12-4(b)所示的等效后的椭球域内的应力 $\bar{\sigma}_{ij}+\sigma_{ij}$ 和应变 $\bar{\varepsilon}_{ij}+\varepsilon_{ij}$ 应满足

$$\bar{\sigma}_{ij} + \sigma_{ij} = C_{ijkl}^{0}(\bar{\varepsilon}_{kl} + \varepsilon_{kl} - \varepsilon_{kl}^{*}) \tag{12-63}$$

另外图 12-4(b)所示的椭球域内的应力和应变又要满足图 12-4(a)中具有本征应变 ε_{ij}^{h} 时夹杂的本构关系，即

$$\bar{\sigma}_{ij} + \sigma_{ij} = C_{ijkl}^{1}(\bar{\varepsilon}_{kl} + \varepsilon_{kl} - \varepsilon_{kl}^{h}) \tag{12-64}$$

图 12-4 等效夹杂方法

(a) 具有本征应变的夹杂问题；(b) 本征应变问题

由式(12-63)和式(12-64)可以确定本征应变 ε_{ij}^{*}。利用式(12-63)有

$$\begin{aligned}
\bar{\sigma}_{ij}(\varepsilon_{ij} - \varepsilon_{ij}^{h}) &= C_{ijkl}^{0}\bar{\varepsilon}_{kl}(\varepsilon_{ij} - \varepsilon_{ij}^{*} + \varepsilon_{ij}^{*} - \varepsilon_{ij}^{h}) \\
&= \bar{\varepsilon}_{kl}[C_{ijkl}^{0}(\varepsilon_{ij} - \varepsilon_{ij}^{*})] + \bar{\sigma}_{ij}(\varepsilon_{ij}^{*} - \varepsilon_{ij}^{h}) \\
&= \sigma_{ij}\bar{\varepsilon}_{ij} + \bar{\sigma}_{ij}(\varepsilon_{ij}^{*} - \varepsilon_{ij}^{h})
\end{aligned} \tag{12-65}$$

$$\begin{aligned}
W^{e} &= \frac{1}{2}\int_{V}(\bar{\sigma}_{ij} + \sigma_{ij})(\bar{\varepsilon}_{ij} + \varepsilon_{ij} - \varepsilon_{ij}^{h})\mathrm{d}V \\
&= \frac{1}{2}\int_{V}\bar{\sigma}_{ij}\bar{\varepsilon}_{ij}\mathrm{d}V - \frac{1}{2}\int_{w}\sigma_{ij}\varepsilon_{ij}^{h}\mathrm{d}V \\
&\quad + \frac{1}{2}\int_{V}\bar{\sigma}_{ij}(\varepsilon_{ij} - \varepsilon_{ij}^{h})\mathrm{d}V + \frac{1}{2}\int_{V}\sigma_{ij}(\bar{\varepsilon}_{ij} + \varepsilon_{ij})\mathrm{d}V
\end{aligned}$$

利用式(12-61)、式(12-62) 和式(12-65)，最后有

$$W^{e} = \frac{1}{2}\int_{V}\bar{\sigma}_{ij}\bar{\varepsilon}_{ij}\mathrm{d}V + \frac{1}{2}\int_{w}\bar{\sigma}_{ij}(\varepsilon_{ij}^{*} - \varepsilon_{ij}^{h})\mathrm{d}V - \frac{1}{2}\int_{w}\sigma_{ij}\varepsilon_{ij}^{h}\mathrm{d}V \tag{12-66}$$

当夹杂中没有本征应变时，式(12-66)中 $\varepsilon_{ij}^{h}=0$，则

$$W^{e} = \frac{1}{2}\int_{V} \bar{\sigma}_{ij} \bar{\varepsilon}_{ij} \mathrm{d}V + \frac{1}{2}\int_{w} \bar{\sigma}_{ij}\varepsilon_{ij}^{*} \mathrm{d}V \tag{12-67}$$

当夹杂具有本征应变 ε_{ij}^{h}，而边界上没有外加载荷时，即$\bar{\sigma}_{ij}=0$，则

$$W^{e} = -\frac{1}{2}\int_{w} \sigma_{ij}\varepsilon_{ij}^{h} \mathrm{d}V \tag{12-68}$$

12.4.2 相互作用能

本小节将给出12.4.1节所分析问题的总势能，也称为Gibbs自由能，它是弹性应变能和外力 F_i 做功之和，记

$$W = \frac{1}{2}\int_{V} (\bar{\sigma}_{ij} + \sigma_{ij})(\bar{\varepsilon}_{ij} + \varepsilon_{ij} - \varepsilon_{ij}^{h}) \mathrm{d}V - \int_{\partial V} F_i(\bar{u}_i + u_i) \mathrm{d}V \tag{12-69}$$

只有均匀介质 C_{ijkl}^{0} 的情况下，在整个边界作用外载荷 $F_i=\bar{\sigma}_{ij}n_j$ 时的总势能记为 W^0：

$$W^{0} = \frac{1}{2}\int_{V} \bar{\sigma}_{ij} \bar{\varepsilon}_{ij} \mathrm{d}V - \int_{\partial V} F_i\bar{u}_i \mathrm{d}V \tag{12-70}$$

这样式(12-69)可以进一步写成

$$W = W^{0} + \frac{1}{2}\int_{w} \bar{\sigma}_{ij}(\varepsilon_{ij}^{*} - \varepsilon_{ij}^{h}) \mathrm{d}V - \frac{1}{2}\int_{w} \sigma_{ij}\varepsilon_{ij}^{h} \mathrm{d}V - \int_{\partial V} F_i u_i \mathrm{d}S \tag{12-71}$$

可以进一步证明

$$\begin{aligned}
\int_{\partial V} F_i u_i \mathrm{d}S &= \int_{\partial V} \bar{\sigma}_{ij} n_j u_i \mathrm{d}S = \int_{V} \bar{\sigma}_{ij}\varepsilon_{ij} \mathrm{d}V \\
&= \int_{V} \bar{\sigma}_{ij}(\varepsilon_{ij} - \varepsilon_{ij}^{*}) \mathrm{d}V + \int_{V} \bar{\sigma}_{ij}\varepsilon_{ij}^{*} \mathrm{d}V \\
&= \int_{V} \bar{\varepsilon}_{ij}\sigma_{ij} \mathrm{d}V + \int_{V} \bar{\sigma}_{ij}\varepsilon_{ij}^{*} \mathrm{d}V = \int_{V} \bar{\sigma}_{ij}\varepsilon_{ij}^{*} \mathrm{d}V
\end{aligned}$$

最后总势能可以表示为

$$W = W^{0} - \frac{1}{2}\int_{w} \bar{\sigma}_{ij}(\varepsilon_{ij}^{*} + \varepsilon_{ij}^{h}) \mathrm{d}V - \frac{1}{2}\int_{w} \sigma_{ij}\varepsilon_{ij}^{h} \mathrm{d}V \tag{12-72}$$

习　题

12-1 无限大介质中有一个刚性椭球夹杂，基体的剪切模量、体积模量和泊松比分别为 G_0，K_0，ν_0，试给出在远处宏观载荷$\bar{\boldsymbol{\sigma}}$ 作用时刚性夹杂内的应力。并具体针对球型夹杂，受纯剪外载荷 $\bar{\sigma}_{12}=\bar{\sigma}_{21}\neq 0$ 时，求夹杂内的应力。

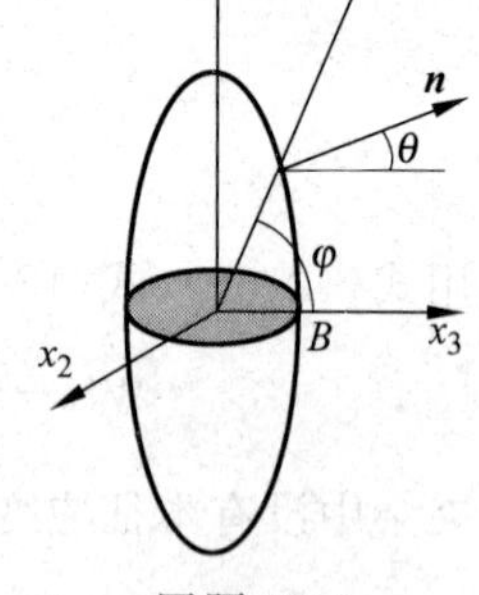

图题 12-2

12-2 无限大介质中有一旋转椭球夹杂(如图题12-2所示)，基体的剪切模量、体积模量和泊松比分别为 G_0，K_0，ν_0。在任意均匀载荷作用下，基体和夹杂界面处(x_1-x_3 面上，由与 x_3 轴成 φ 角的直线与椭球的交点表示)基体侧的应力一般可以看作界面处的应力，它可以用如下公式计算：

$$\sigma_{ij}^{\text{int}} = \langle \sigma_{ij} \rangle_w + C_{ijkl}^0 (-C_{pqmn}^0 M_{kp} n_q n_l \varepsilon_{mn}^* + \varepsilon_{kl}^*)$$

$$M_{kp} = \frac{1}{G_0}\left[\delta_{kp} - \frac{n_k n_p}{2(1-\nu_0)}\right]$$

$$n_0 = 0, \quad n_1 = \sin\theta, \quad n_3 = \cos\theta$$

$$\tan\varphi = \rho^2 \tan\theta$$

ε_{ij}^* 是将夹杂转换成基体时所需要的本征应变。

(1) 写出界面力张量表达式的简化分量形式。

(2) 在单向拉伸载荷下 $\bar{\sigma}_{11} \neq 0$，令夹杂为孔洞，计算图示 B 点的应力集中系数 $K = \sigma_{11}/\bar{\sigma}_{11}$ 随孔洞长细比 ρ 的变化规律。

第13章 复合材料线性有效模量预测的近似方法

13.1 引　　言

在第10章，我们给出了复合材料有效模量的一般分析方法。对复合材料有效模量进行估计的关键是建立所谓的局部化关系，即复合材料代表单元在均匀边界载荷（应力或应变）作用下，建立代表单元内局部应力和应变在各相材料中的平均与宏观载荷之间的关系。在第12章，给出了一无限大各向同性基体中有一个椭球型夹杂时，局部应力和应变在夹杂内的平均与宏观载荷的解析关系。本章将在第10章和第12章的基础上讨论如何利用单夹杂问题的解来近似得到复合材料代表单元的局部化关系。在本章的分析中将可以看出，如何将多夹杂问题转化成单夹杂问题进行求解是细观力学分析的核心问题，对这个问题求解作不同的假设形成了许多细观力学近似方法，本章将对一些主要的模型进行介绍。

分析复合材料有效性质一般有以下三个共同的步骤：①复合材料细观参数描述。在细观力学分析中，材料的微观结构（夹杂的体积百分比、形状、取向等参数）和各相材料在就位状态下的性质（模量等）一般是作为已知条件。材料的微观结构参数可以通过光学或电子显微镜得到放大的微观结构照片，然后通过微观结构重构和图像处理来进行测量。在材料制备过程中由于其他相材料的存在，材料在就位状态下所经历的热力学过程与块体材料（没有其他相材料的约束）将有所不同，因此一般材料在就位下的性质也将有别于块体材料。在细观力学分析中，局部材料的性质应该是材料的就位性质，但由于材料就位性能的测量相当困难，因此在大部分分析中，将不区分材料在不同状态下的性能差别，即用块体材料的性质来代替材料的就位性质。②建立局部化关系。建立代表单元在均匀宏观边界载荷作用下微观应力或应变在各组分材料内的平均与宏观载荷的关系。③进行均质化。通过将局部应力和应变在整个代表单元内进行平均，将一个非均质的材料单元用一个平均意义上和它等效的均质材料单元来代替。

对于一般性复合材料，除了一些特殊的微结构分布情况如周期分布，一般很难得到材料微观结构分布的全部信息。复合材料内各相材料的体积百分比相对比较容易测量，但确定三阶以上微结构关联函数一般非常困难，而要全面描述材料的微结构分布需要无限阶次的关联函数。由于无法得到复合材料微观结构分布的全部信息，因此不可能对一般复合材料的有效性质进行精确预测。在复合材料有效性质的分析时，一般主要分为针对一些特殊分布的近似方法和在有限微结构信息条件下给出有效性质满足的范围，即所谓的界限理论。本章将介绍分析复合材料有效性质的一些近似的解析方法，在此之前首先介绍一下坐标转换关系。

13.2 宏观整体坐标系和局部坐标系

复合材料代表单元内一般具有许多不同种类的夹杂，它们具有不同的材料性质或取向，如图 13-1 所示。这里为了分析方便，定义同一类型夹杂是指材料、形状和取向都一致的夹杂，夹杂材料和形状相同但取向不一致时，为了便于分析，将把它们看成不同类型的夹杂。在第 12 章讨论的单夹杂问题中，夹杂的 $\boldsymbol{P}$ 张量和 Eshelby 张量 $\boldsymbol{E}$ 都是在主轴坐标系下的表达式，即椭球夹杂的对称轴与主轴坐标系的一个轴重合（x_1'轴）。这样的坐标系称为局部坐标系（图 13-1 的 x_1'-x_2'-x_3'坐标系）或主轴坐标系。在复合材料代表单元中由于有许多类型的夹杂，并且每个夹杂的局部坐标系不一定和宏观坐标系一致。这样在均质化过程中，对局部物理量在代表单元内进行平均时需要在统一的宏观坐标系下进行，这样就需要将局部坐标系下所得到的物理量之间的关系转换到宏观坐标系下。下面将讨论这种转换关系，设在宏观坐标系 x_1-x_2-x_3 下，旋转椭球夹杂的旋转轴为 OP（如图 13-2 所示）。建立如下局部坐标系 x_1'-x_2'-x_3'，使局部坐标系的 x_1'轴与椭球夹杂的旋转轴重合。局部的坐标系可以通过宏观坐标系经过两次旋转得到，如图 13-2 所示，第一次旋转是以 x_1 轴旋转角度 φ；第二次旋转是在此基础上再以 x_3'为轴旋转角度 ϑ。

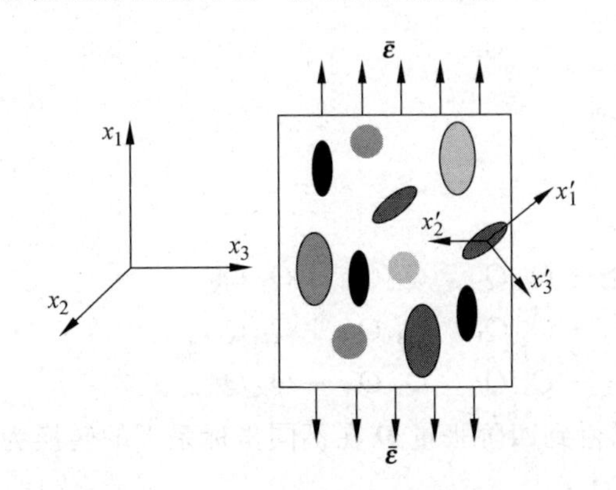

图 13-1 宏观整体坐标系和局部坐标系

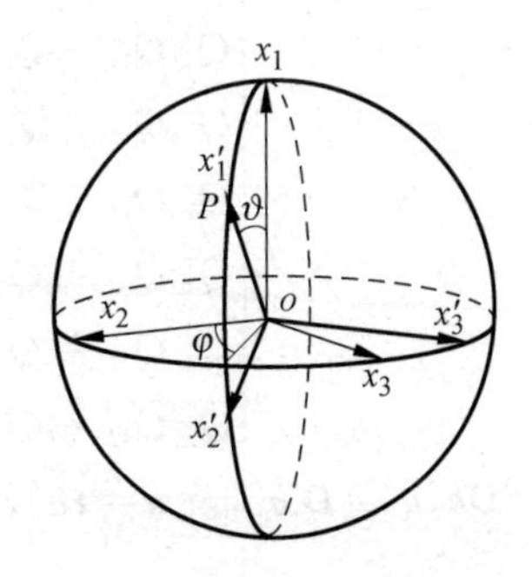

图 13-2 Euler 角的定义

φ 和 ϑ 称为 Euler 角，利用所定义的 Euler 角，任何一个矢量 $\boldsymbol{y}$ 在上述两个坐标系下的转换都可以通过二阶转换张量 $\boldsymbol{Q}$ 来表示成

$$\boldsymbol{y}' = \boldsymbol{Q}\boldsymbol{y} \quad \text{或} \quad \boldsymbol{y} = \boldsymbol{Q}^{-1}\boldsymbol{y}' \tag{13-1}$$

其中，$\boldsymbol{y}$，$\boldsymbol{y}'$分别是在坐标系 x_1-x_2-x_3 和坐标系 x'_1-x'_2-x'_3下的表达式，转换张量 $\boldsymbol{Q}$ 写成矩阵的形式为

$$\left.\begin{aligned}\boldsymbol{Q} &= \begin{bmatrix} \cos\vartheta & \sin\vartheta\cos\varphi & \sin\vartheta\sin\varphi \\ -\sin\vartheta & \cos\vartheta\cos\varphi & \cos\vartheta\sin\varphi \\ 0 & -\sin\varphi & \cos\varphi \end{bmatrix} \\ \boldsymbol{Q}^{-1} &= \begin{bmatrix} \cos\vartheta & -\sin\vartheta & 0 \\ \sin\vartheta\cos\varphi & \cos\vartheta\cos\varphi & -\sin\varphi \\ \sin\vartheta\sin\varphi & \cos\vartheta\sin\varphi & \cos\varphi \end{bmatrix}\end{aligned}\right\} \tag{13-2}$$

在主轴坐标系下，关系 $a'_{ij}=D'_{ijkl}b'_{kl}$，在宏观坐标系下变为 $a_{ij}=D_{ijkl}b_{kl}$。下面将建立各物理量在不同坐标系的转换关系。对于二阶张量之间的转换有 $a_{mn}=Q_{im}Q_{jn}a'_{ij}$，$a'_{ij}=Q_{im}Q_{jn}a_{mn}$，这样四阶张量满足以下转换关系：

$$D_{ijkl} = Q_{mi}Q_{nj}D'_{mnpq}Q_{pk}Q_{ql} \tag{13-3}$$

一般力学问题中所涉及的二阶张量如应力和应变都是对称量，并且如模量张量、$\boldsymbol{P}$ 张量和 Eshelby 张量 $\boldsymbol{E}$ 等四阶张量至少具有以下对称性：$D_{ijkl}=D_{jikl}=D_{ijlk}$。因此张量关系 $a_{ij}=D_{ijkl}b_{kl}$可以写成 $a_I=D_{IJ}b_J$ 的形式，其中 $I=1,2,\cdots,6$；$J=1,2,\cdots,6$。下面将给出在不同坐标系下 D_{IJ}的转换关系。首先考察关系 $a_{mn}=Q_{im}Q_{jn}a'_{ij}$，将该关系写成 $a_I=T_{IJ}a'_J$，其中 T_{IJ}可以表示成

$$\boldsymbol{T} = \begin{bmatrix} \boldsymbol{T}_1 & 2\boldsymbol{T}_2 \\ \boldsymbol{T}_3 & \boldsymbol{T}_4 \end{bmatrix} \tag{13-4}$$

其中

$$\boldsymbol{T}_1 = \begin{bmatrix} Q_{11}^2 & Q_{21}^2 & Q_{31}^2 \\ Q_{12}^2 & Q_{22}^2 & Q_{32}^2 \\ Q_{13}^2 & Q_{23}^2 & Q_{33}^2 \end{bmatrix}$$

$$\boldsymbol{T}_2 = \begin{bmatrix} Q_{21}Q_{31} & Q_{31}Q_{11} & Q_{11}Q_{21} \\ Q_{22}Q_{32} & Q_{32}Q_{12} & Q_{12}Q_{22} \\ Q_{23}Q_{33} & Q_{33}Q_{13} & Q_{13}Q_{23} \end{bmatrix}$$

$$\boldsymbol{T}_3 = \begin{bmatrix} Q_{12}Q_{13} & Q_{22}Q_{23} & Q_{32}Q_{33} \\ Q_{13}Q_{11} & Q_{23}Q_{21} & Q_{33}Q_{31} \\ Q_{12}Q_{11} & Q_{21}Q_{22} & Q_{31}Q_{32} \end{bmatrix}$$

$$\boldsymbol{T}_4 = \begin{bmatrix} Q_{22}Q_{33}+Q_{23}Q_{32} & Q_{32}Q_{13}+Q_{33}Q_{12} & Q_{12}Q_{23}+Q_{13}Q_{22} \\ Q_{23}Q_{31}+Q_{21}Q_{33} & Q_{33}Q_{11}+Q_{31}Q_{13} & Q_{13}Q_{21}+Q_{11}Q_{23} \\ Q_{21}Q_{32}+Q_{22}Q_{31} & Q_{31}Q_{12}+Q_{32}Q_{11} & Q_{11}Q_{22}+Q_{12}Q_{21} \end{bmatrix}$$

利用 $\boldsymbol{a}=\boldsymbol{D}\boldsymbol{b}$，$\boldsymbol{a}'=\boldsymbol{D}'\boldsymbol{b}'$，及 $\boldsymbol{a}=\boldsymbol{T}\boldsymbol{a}'$，$\boldsymbol{b}=\boldsymbol{T}\boldsymbol{b}'$，可以得到四阶张量 $\boldsymbol{D}$ 在不同坐标系下的转换为

$$\boldsymbol{D} = \boldsymbol{T}\boldsymbol{D}'\boldsymbol{T}^{-1} \tag{13-5}$$

并且利用 $a'_{ij}=Q_{im}Q_{jn}a_{mn}$可以得到

$$(\boldsymbol{T}^{-1})^{\mathrm{T}} = \begin{bmatrix} \boldsymbol{T}_1 & \boldsymbol{T}_2 \\ 2\boldsymbol{T}_3 & \boldsymbol{T}_4 \end{bmatrix} \tag{13-6}$$

13.3 稀疏方法

顾名思义，稀疏方法适用于夹杂体积含量比较小的情况，大致小于5%。实际这样的划分并不是绝对的，如对于微裂纹材料即使裂纹含量较高，稀疏方法也能给出较好的预测结果。作这样的假设目的是在建立局部化关系时忽略夹杂和夹杂之间的相互影响。下面分析复合材料代表单元边界上受到均匀应变边界条件$\bar{\boldsymbol{\varepsilon}}$（即在边界上位移满足$\boldsymbol{u}=\bar{\boldsymbol{\varepsilon}}\boldsymbol{x}$），如图13-1所示。稀疏模型在建立局部化关系时，由于夹杂的体积含量很少，它们之间的相互作用可以忽略，这样每个夹杂都不会感受到其他夹杂的存在。因此在计算该夹杂内应变时，可以认为该夹杂周围的其他夹杂不存在，即代表单元只有一个夹杂，在边界上作用宏观应变$\bar{\boldsymbol{\varepsilon}}$。这样图13-3(a)的多夹杂问题就转换成图13-3(b)所表示的单夹杂问题求解，利用第12章单夹杂的结果就可以建立复合材料的局部化关系。设复合材料代表单元内有N类夹杂，第r类夹杂的模量和体积百分比分别用$\boldsymbol{C}_r$和c_r表示，基体的模量用$\boldsymbol{C}_0$表示。对于图13-3(b)所示的单夹杂问题，这时基体的模量是$\boldsymbol{C}_0$，利用第12章给出的结果，对第r类夹杂有

$$\langle\boldsymbol{\varepsilon}\rangle_r=[\boldsymbol{I}+\boldsymbol{P}_r(\boldsymbol{C}_r-\boldsymbol{C}_0)]^{-1}\bar{\boldsymbol{\varepsilon}}=\boldsymbol{B}_r\bar{\boldsymbol{\varepsilon}} \tag{13-7}$$

其中$\boldsymbol{B}_r$是利用稀疏方法得到的集中系数张量。将$\boldsymbol{B}_r$代入式(10-22)，利用稀疏方法对复合材料有效模量的预测为

$$\begin{aligned}\bar{\boldsymbol{C}}&=\boldsymbol{C}_0+\sum_{r=1}^{N-1}c_r(\boldsymbol{C}_r-\boldsymbol{C}_0)[\boldsymbol{I}+\boldsymbol{P}_r(\boldsymbol{C}_r-\boldsymbol{C}_0)]^{-1}\\&=\boldsymbol{C}_0+\sum_{r=1}^{N-1}c_r[(\boldsymbol{C}_r-\boldsymbol{C}_0)^{-1}+\boldsymbol{P}_r]^{-1}\end{aligned} \tag{13-8}$$

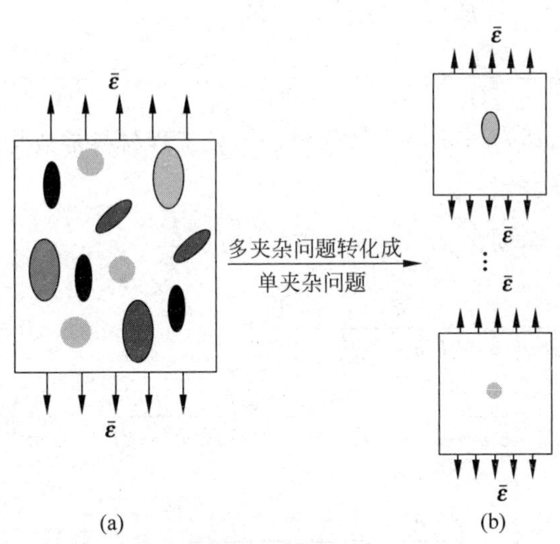

图13-3 稀疏解的局部化关系

(a) 多夹杂问题；(b) 单夹杂问题

下面具体针对球形颗粒和长纤维复合材料来讨论，设复合材料由两相各向同性材料组成，利用例12-1中关于对称四阶各向同性张量的表示方法，基体和夹杂的模量可分别表示为$\boldsymbol{C}_0=(3K_0,2G_0)$，$\boldsymbol{C}_1=(3K_1,2G_1)$，根据具体夹杂形状有：

(1) 颗粒增强复合材料

对于球形颗粒 $\boldsymbol{P}$ 张量可以表示成 $\boldsymbol{P}_1=(3K_p,2G_p)$，利用式(13-8)，并令 $N=2$，最后稀疏方法对颗粒复合材料的体积和剪切模量的估计为

$$\bar{K}=K_0+\frac{K_1-K_0}{1+9K_p(K_1-K_0)}c_1 \tag{13-9}$$

$$\bar{G}=G_0+\frac{G_1-G_0}{1+4G_p(G_1-G_0)}c_1 \tag{13-10}$$

其中，K_p，G_p 在例12-1中已经给出。

(2) 长纤维增强复合材料(纤维方向为 x_1 方向)

长纤维复合材料具有横观各向同性性质，复合材料的应力-应变关系$\bar{\sigma}_{ij}=\bar{C}_{ijkl}\bar{\varepsilon}_{kl}$可以表示成

$$\bar{\sigma}_{11}=\bar{n}\bar{\varepsilon}_{11}+\bar{l}\bar{\varepsilon}_{22}+\bar{l}\bar{\varepsilon}_{33} \tag{13-11}$$

$$\bar{\sigma}_{22}=\bar{l}\bar{\varepsilon}_{11}+(\bar{k}+\bar{m})\bar{\varepsilon}_{22}+(\bar{k}-\bar{m})\bar{\varepsilon}_{33} \tag{13-12}$$

$$\bar{\sigma}_{33}=\bar{l}\bar{\varepsilon}_{11}+(\bar{k}-\bar{m})\bar{\varepsilon}_{22}+(\bar{k}+\bar{m})\bar{\varepsilon}_{33} \tag{13-13}$$

$$\bar{\sigma}_{12}=2\bar{p}\bar{\varepsilon}_{12},\quad \bar{\sigma}_{23}=2\bar{m}\bar{\varepsilon}_{23},\quad \bar{\sigma}_{13}=2\bar{p}\bar{\varepsilon}_{13} \tag{13-14}$$

利用例12-1中的表示方法，记为$\bar{\boldsymbol{C}}=(2\bar{k},\bar{l},\bar{l},\bar{n},2\bar{m},2\bar{p})$，采用这种方法所表示的材料常数与工程材料常数之间的关系可以通过与柔度张量比较得到，即

$$\bar{\varepsilon}_{11}=\frac{\bar{\sigma}_{11}}{\bar{E}_{\mathrm{L}}}-\frac{\bar{\nu}_{\mathrm{L}}}{\bar{E}_{\mathrm{L}}}\bar{\sigma}_{22}-\frac{\bar{\nu}_{\mathrm{L}}}{\bar{E}_{\mathrm{L}}}\bar{\sigma}_{33} \tag{13-15}$$

$$\bar{\varepsilon}_{22}=-\frac{\bar{\nu}_{\mathrm{L}}}{\bar{E}_{\mathrm{L}}}\bar{\sigma}_{11}+\frac{\bar{\sigma}_{22}}{\bar{E}_{\mathrm{T}}}-\frac{\bar{\nu}_{\mathrm{T}}}{\bar{E}_{\mathrm{T}}}\bar{\sigma}_{33} \tag{13-16}$$

$$\bar{\varepsilon}_{33}=-\frac{\bar{\nu}_{\mathrm{L}}}{\bar{E}_{\mathrm{L}}}\bar{\sigma}_{11}-\frac{\bar{\nu}_{\mathrm{T}}}{\bar{E}_{\mathrm{T}}}\bar{\sigma}_{22}+\frac{\bar{\sigma}_{33}}{\bar{E}_{\mathrm{T}}} \tag{13-17}$$

$$\bar{\varepsilon}_{12}=\frac{1}{2\bar{G}_{\mathrm{L}}}\bar{\sigma}_{12},\quad \bar{\varepsilon}_{23}=\frac{1}{2\bar{G}_{\mathrm{T}}}\bar{\sigma}_{23},\quad \bar{\varepsilon}_{13}=\frac{1}{2\bar{G}_{\mathrm{L}}}\bar{\sigma}_{13} \tag{13-18}$$

其中 $\bar{k}$ 为横向体积模量，即$\bar{\sigma}_{22}+\bar{\sigma}_{33}=2\bar{k}(\bar{\varepsilon}_{22}+\bar{\varepsilon}_{33})$。工程材料常数与所定义的材料常数 $\bar{m}$，$\bar{l}$，$\bar{n}$，$\bar{k}$，$\bar{p}$ 满足以下关系：

$$\left.\begin{aligned}
&\bar{G}_{\mathrm{T}}=\bar{m},\quad \bar{G}_{\mathrm{L}}=\bar{p},\quad \bar{E}_{\mathrm{L}}=\bar{n}-\frac{\bar{l}^2}{\bar{k}}\\
&\frac{1}{\bar{E}_{\mathrm{T}}}=\frac{1}{2}\left(\frac{\bar{n}}{2\bar{k}\,\bar{n}-2\bar{l}^2}+\frac{1}{2\bar{m}}\right)\\
&\frac{\bar{\nu}_{\mathrm{L}}}{\bar{E}_{\mathrm{L}}}=\frac{\bar{l}}{\bar{k}\bar{n}-\bar{l}^2},\quad \frac{\bar{\nu}_{\mathrm{T}}}{\bar{E}_{\mathrm{T}}}=-\frac{1}{2}\left(\frac{\bar{n}}{2\bar{k}\,\bar{n}-2\bar{l}^2}-\frac{1}{2\bar{m}}\right)
\end{aligned}\right\} \tag{13-19}$$

或柔度张量写成

$$\bar{\boldsymbol{S}}=\left(\frac{\bar{n}}{2\bar{k}\bar{E}_{\mathrm{L}}},-\frac{\nu_{\mathrm{L}}}{\bar{E}_{\mathrm{L}}},-\frac{\nu_{\mathrm{L}}}{\bar{E}_{\mathrm{L}}},\frac{1}{\bar{E}_{\mathrm{L}}},\frac{1}{2\bar{m}},\frac{1}{2\bar{p}}\right) \tag{13-20}$$

这时将模量 $\boldsymbol{C}_i(i=0,1)$ 和 $\boldsymbol{P}$ 张量写成如下形式：

$$\boldsymbol{C}_i=\left(2K_i+\frac{2}{3}G_i,K_i-\frac{2}{3}G_i,K_i-\frac{2}{3}G_i,K_i+\frac{4}{3}G_i,2G_i,2G_i\right)$$

$$\boldsymbol{P}=\left(\frac{3}{8G_0+6K_0},0,0,0,\frac{7G_0+3K_0}{4G_0(4G_0+3K_0)},\frac{1}{4G_0}\right)$$

根据式(13-8),经过计算,利用稀疏方法对长纤维型复合材料的有效模量预测可以表示成

$$\bar{k} = K_0 + \frac{1}{3}G_0 + \frac{(4G_0 + 3K_0)(G_1 - G_0 + 3K_1 - 3K_0)}{3(3G_0 + G_1 + 3K_1)}c_1 \tag{13-21}$$

$$\bar{l} = K_0 - \frac{2}{3}G_0 + \frac{(4G_0 + 3K_0)(2G_0 - 2G_1 + 3K_1 - 3K_0)}{3(3G_0 + G_1 + 3K_1)}c_1 \tag{13-22}$$

$$\bar{n} = K_0 + \frac{4}{3}G_0 + \frac{-16G_0^2 + 3[3K_0(K_1 - K_0) + G_1(9K_1 - 5K_0)] + G_0[16G_1 + 3(K_0 - 5K_1)]}{3(3G_0 + G_1 + 3K_1)}c_1 \tag{13-23}$$

$$\bar{m} = G_0 + \frac{2G_0(G_1 - G_0)(4G_0 + 3K_0)}{G_0^2 + 7G_0G_1 + 3G_0K_0 + 3G_1K_0}c_1 \tag{13-24}$$

$$\bar{p} = G_0 + \frac{2G_0(G_1 - G_0)}{G_0 + G_1}c_1 \tag{13-25}$$

稀疏方法只适用于夹杂体积含量较小的情况下对复合材料有效模量的预测,下面将讨论几种能够考虑夹杂之间相互作用的解析细观力学模型。

13.4 Mori-Tanaka 方法

稀疏方法在建立局部化关系时,将每类夹杂放置于一无限大基体中,并且远处作用的应变与作用在复合材料代表单元上的应变相同(图 13-3(b)),即复合材料的宏观应变。Mori-Tanaka 方法认为对于复合材料代表单元,由于其他夹杂的存在,具体作用在某个夹杂周围的应变将有别于远处作用的宏观应变 $\bar{\boldsymbol{\varepsilon}}$(图 13-4(a))。基于这样的观察,该方法在将多夹杂转化成单夹杂问题时,在单夹杂问题中远场作用的应变为复合材料基体的平均应变

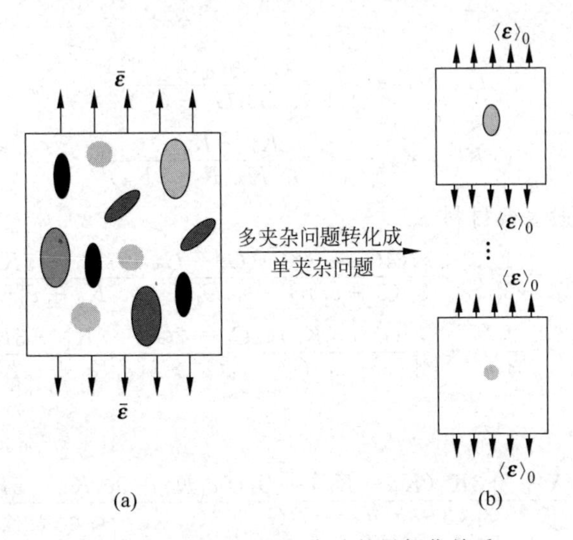

图 13-4 Mori-Tanaka 方法的局部化关系

(a) 多夹杂问题;(b) 单夹杂问题

$\langle \boldsymbol{\varepsilon} \rangle_0$，如图13-4(b)所示。而复合材料的基体平均应变$\langle \boldsymbol{\varepsilon} \rangle_0$本身是个未知待求的量。对于图13-4(b)所示的单夹杂问题，再利用12.2节中给出的夹杂内应变与作用在远场应变$\langle \boldsymbol{\varepsilon} \rangle_0$之间的关系，这样第$r$类夹杂的平均应变可以写成

$$\langle \boldsymbol{\varepsilon} \rangle_r = [\boldsymbol{I} + \boldsymbol{P}_r(\boldsymbol{C}_r - \boldsymbol{C}_0)]^{-1} \langle \boldsymbol{\varepsilon} \rangle_0 \tag{13-26}$$

再利用第10章的结果有$\bar{\boldsymbol{\varepsilon}} = \sum_{r=0}^{N-1} c_r \langle \boldsymbol{\varepsilon} \rangle_r = c_0 \langle \boldsymbol{\varepsilon} \rangle_0 + \sum_{r=1}^{N-1} c_r \langle \boldsymbol{\varepsilon} \rangle_r$，将式(13-26)代入该式，最后解得复合材料基体的平均应变

$$\langle \boldsymbol{\varepsilon} \rangle_0 = \left\{ c_0 \boldsymbol{I} + \sum_{r=1}^{N-1} c_r [\boldsymbol{I} + \boldsymbol{P}_r(\boldsymbol{C}_r - \boldsymbol{C}_0)]^{-1} \right\}^{-1} \bar{\boldsymbol{\varepsilon}} \tag{13-27}$$

将式(13-27)代入式(13-26)，从而得到利用Mori-Tanaka方法的局部化关系：

$$\langle \boldsymbol{\varepsilon} \rangle_r = \boldsymbol{T}_r \left[c_0 \boldsymbol{I} + \sum_{r=1}^{N-1} c_r \boldsymbol{T}_r \right]^{-1} \bar{\boldsymbol{\varepsilon}} \tag{13-28}$$

其中，$\boldsymbol{T}_r = [\boldsymbol{I} + \boldsymbol{P}_r(\boldsymbol{C}_r - \boldsymbol{C}_0)]^{-1}$。将利用Mori-Tanaka方法得到的集中系数张量代入式(10-22)，最后Mori-Tanaka方法对复合材料有效模量的估计可以表示成

$$\begin{aligned} \bar{\boldsymbol{C}} &= \boldsymbol{C}_0 + \sum_{r=1}^{N-1} c_r (\boldsymbol{C}_r - \boldsymbol{C}_0) \boldsymbol{T}_r \left[c_0 \boldsymbol{I} + \sum_{r=1}^{N-1} c_r \boldsymbol{T}_r \right]^{-1} \\ &= \boldsymbol{C}_0 + \sum_{r=1}^{N-1} c_r [(\boldsymbol{C}_r - \boldsymbol{C}_0)^{-1} + c_0 \boldsymbol{P}_r]^{-1} \end{aligned} \tag{13-29}$$

对于两相材料构成的复合材料，并且夹杂为单向排列，令$N=2$，则式(13-29)为

$$\bar{\boldsymbol{C}} = \boldsymbol{C}_0 + c_1 [(\boldsymbol{C}_1 - \boldsymbol{C}_0)^{-1} + c_0 \boldsymbol{P}_1]^{-1} \tag{13-30}$$

下面具体讨论两相各向同性材料组成的复合材料，增强相是球形颗粒或单向排列的长纤维两种情况。

(1) 颗粒增强复合材料

利用四阶各向同性张量的简易表示方法，Mori-Tanaka方法对复合材料有效剪切和体积模量的估计为

$$\bar{G} = G_0 + \frac{G_1 - G_0}{1 + 4c_0 G_p (G_1 - G_0)} c_1 \tag{13-31}$$

$$\bar{K} = K_0 + \frac{K_1 - K_0}{1 + 9c_0 K_p (K_1 - K_0)} c_1 \tag{13-32}$$

(2) 单向纤维增强复合材料

$$\bar{k} = K_0 + \frac{1}{3} G_0 + \frac{(4G_0 + 3K_0)(G_1 - G_0 + 3K_1 - 3K_0)}{3[(3 + c_1) G_0 + c_0 G_1 + 3(c_1 K_0 + c_0 K_1)]} c_1 \tag{13-33}$$

$$\bar{l} = K_0 - \frac{2}{3} G_0 + \frac{(4G_0 + 3K_0)(2G_0 - 2G_1 + 3K_1 - 3K_0)}{3[(3 + c_1) G_0 + c_0 G_1 + 3(c_1 K_0 + c_0 K_1)]} c_1 \tag{13-34}$$

$$\begin{aligned} \bar{n} &= K_0 + \frac{4}{3} G_0 \\ &\quad + \frac{X + 3[3K_0(K_1 - K_0) + G_1(9c_1 K_0 + 9c_0 K_1 - 5K_0)]}{3[(3 + c_1) G_0 + c_0 G_1 + 3(c_1 K_0 + c_0 K_1)]} c_1 \end{aligned} \tag{13-35}$$

$$\bar{m} = G_0 + \frac{c_1}{\dfrac{1}{G_1 - G_0} + \dfrac{c_0(7G_0 + 3K_0)}{2G_0(4G_0 + 3K_0)}} \tag{13-36}$$

$$\bar{p} = G_0 + \frac{2c_1(G_1 - G_0)G_0}{2G_0 + c_0(G_1 - G_0)} \tag{13-37}$$

其中

$$X = -16G_0^2 + G_0\{16G_1 + 3[K_0 - 5K_1 + 9c_1(K_1 - K_0)]\}$$

例 13-1 利用 Mori-Tanaka 方法分别计算短纤维增强复合材料，纤维为单向排列、空间任意取向和纤维在一个面内任意分布时复合材料的模量。基体和夹杂为各向同性材料，其模量和体积百分比分别用 $\boldsymbol{C}_0(G_0, K_0)$，$\boldsymbol{C}_1(G_1, K_1)$ 和 c_0，c_1 表示。

首先分析纤维在空间具有一定取向分布，在这种情况下纤维的分布可以用在一个单位半径的球面(图 13-2)上的分布密度函数 $\eta(\vartheta, \varphi)$ 来表示，$\eta(\vartheta, \varphi)$ 的物理意义是指单位球面积含有沿(ϑ, φ)方向的纤维个数。沿(ϑ, φ)方向的单位球面上任意微元面积可以表示成 $\mathrm{d}s = \sin\vartheta \mathrm{d}\vartheta \mathrm{d}\varphi$，该微元内含有的纤维个数为 $\eta(\vartheta, \varphi)\mathrm{d}s = \eta(\vartheta, \varphi)\sin\vartheta \mathrm{d}\vartheta \mathrm{d}\varphi$。令每个纤维的体积用 V_F 表示，代表单元的体积用 V 表示，这样微元 $\mathrm{d}s$ 内纤维的体积占代表单元体积的百分比为 $V_\mathrm{F}\eta(\vartheta, \varphi)\sin\vartheta \mathrm{d}\vartheta \mathrm{d}\varphi / V$。下面将沿$(\vartheta, \varphi)$方向微元 $\mathrm{d}s$ 内的纤维看成 Mori-Tanaka 方法中的第 r 类夹杂，这样该类夹杂的体积百分比 $c_r = V_\mathrm{F}\eta(\vartheta, \varphi)\sin\vartheta \mathrm{d}\vartheta \mathrm{d}\varphi / V$，并且满足

$$c_1 = \frac{V_\mathrm{F}}{V}\int_0^\pi \int_0^{2\pi} \eta(\vartheta, \varphi)\sin\vartheta \mathrm{d}\varphi \mathrm{d}\vartheta$$

将 $c_r = V_\mathrm{F}\eta(\vartheta, \varphi)\sin\vartheta \mathrm{d}\vartheta \mathrm{d}\varphi / V$ 代入式(13-29)，并将求和改成积分，这样纤维具有取向的复合材料有效模量可以表示为(纤维的形状一致)

$$\bar{\boldsymbol{C}} = \boldsymbol{C}_0 + c_1\{[(\boldsymbol{C}_1 - \boldsymbol{C}_0)^{-1} + c_0\boldsymbol{P}_1]^{-1}\}_{\mathrm{angle}}$$

其中 $\boldsymbol{P}_1$ 是在宏观坐标系下纤维夹杂的 $\boldsymbol{P}$ 张量，它是 ϑ, φ 的函数。$\{\cdot\}_{\mathrm{angle}}$ 指空间角度平均，定义为

$$\{\cdot\}_{\mathrm{angle}} = \frac{\int_0^\pi \int_0^{2\pi} \cdot\ \eta(\vartheta, \varphi)\sin\vartheta \mathrm{d}\varphi \mathrm{d}\vartheta}{\int_0^\pi \int_0^{2\pi} \eta(\vartheta, \varphi)\sin\vartheta \mathrm{d}\varphi \mathrm{d}\vartheta}$$

以纤维的对称轴为局部坐标系的 x_1' 轴，建立局部坐标系(图 13-5)，在局部坐标系下，该纤维的 $\boldsymbol{P}$ 张量已在第 12 章给出，记为 $\boldsymbol{P}_1'$(图 13-5(c))，它与宏观坐标系下 $\boldsymbol{P}$ 张量及 $\boldsymbol{P}_1$(图 13-5(b))的转换由式(13-5)给出。由于基体和纤维是各向同性材料，$\boldsymbol{C}_0$，$\boldsymbol{C}_1$ 在局部坐标系和宏观坐标系的表达式一致。

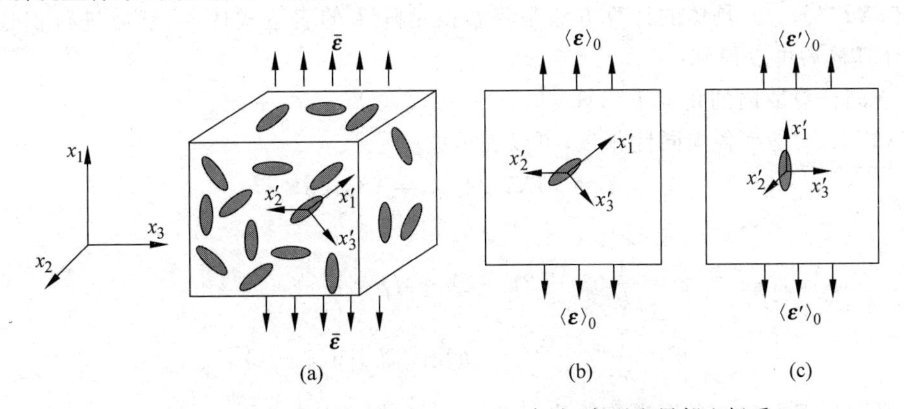

图 13-5 含纤维取向的 Mori-Tanaka 方法，宏观和局部坐标系

令 $\boldsymbol{W}_1=[(\boldsymbol{C}_1-\boldsymbol{C}_0)^{-1}+c_0\boldsymbol{P}_1]^{-1}$，有

$$\begin{aligned}\boldsymbol{W}_1&=[(\boldsymbol{C}_1-\boldsymbol{C}_0)^{-1}+c_0\boldsymbol{T}\boldsymbol{P}'_1\boldsymbol{T}^{-1}]^{-1}\\&=\boldsymbol{T}[(\boldsymbol{C}_1-\boldsymbol{C}_0)^{-1}+c_0\boldsymbol{P}'_1]^{-1}\boldsymbol{T}^{-1}=\boldsymbol{T}\boldsymbol{W}'_1\boldsymbol{T}^{-1}\end{aligned}$$

其中，$\boldsymbol{W}'_1$是在局部坐标系下 $\boldsymbol{W}_1$ 的表达式。因此可以看出，只要纤维在空间的分布函数 $\eta(\vartheta,\varphi)$已知，利用 Mori-Tanaka 方法就可以对复合材料模量进行估计。

对于一般的短纤维复合材料，在制备过程中(如积压成型)纤维会形成一些特殊的取向，可以通过实验手段来确定纤维的分布函数，这样再利用角度平均就可以计算复合材料有效模量。对于纤维在空间任意取向的复合材料，纤维分布的密度函数 $\eta(\vartheta,\varphi)$ 与角度无关，在这种情况下空间角度平均为

$$\{\cdot\}_{\text{angle}}=\frac{1}{4\pi}\int_0^{\pi}\int_0^{2\pi}\cdot\sin\vartheta\mathrm{d}\varphi\mathrm{d}\vartheta$$

当纤维在一个平面内具有取向分布时，不妨设纤维在 x_1-x_2 面内具有取向分布，这时纤维分布用密度函数 $\eta(\vartheta)$ 表示，它表示单位半径圆上(见图 13-2，$\varphi=0$)、单位周长内含有沿 ϑ 方向纤维的个数。这样弧长 $\mathrm{d}s=\mathrm{d}\vartheta$ 内含有沿 ϑ 方向的纤维体积百分比为 $c_r=V_{\mathrm{F}}\eta(\vartheta)\mathrm{d}\vartheta/V$，同样有

$$c_1=\frac{V_{\mathrm{F}}}{V}\int_0^{\pi}\eta(\vartheta)\mathrm{d}\vartheta$$

将 c_r 代入式(13-29)，求和改成积分，这样纤维在一个平面内具有取向分布时，用 Mori-Tanaka 方法对该复合材料有效模量的估计在形式上与纤维空间分布时一致，只是这时角度平均定义为

$$\{\cdot\}_{\text{angle}}=\frac{\int_0^{\pi}\cdot\eta(\vartheta)\mathrm{d}\vartheta}{\int_0^{\pi}\eta(\vartheta)\mathrm{d}\vartheta}$$

如果纤维在平面内任意取向，这时上式又可以写为

$$\{\cdot\}_{\text{angle}}=\frac{1}{\pi}\int_0^{\pi}\cdot\mathrm{d}\vartheta$$

从上面的分析可以看出，利用 Mori-Tanaka 进行估计时，最重要的是计算$\{\boldsymbol{W}_1\}_{\text{angle}}$或$\{\boldsymbol{T}\boldsymbol{W}'_1\boldsymbol{T}^{-1}\}_{\text{angle}}$。下面给出四阶张量 $\boldsymbol{X}=(c,g,h,d,e,f)$的空间和平面任意取向角度平均的算法即$\{\boldsymbol{T}\boldsymbol{X}\boldsymbol{T}^{-1}\}_{\text{angle}}$。具体的计算方法是将转换矩阵 $\boldsymbol{T}$ 的表达式代入，然后进行积分，经过冗长的计算最后可以得到：

① 空间任意取向的角度平均算法

$\{\boldsymbol{T}\boldsymbol{X}\boldsymbol{T}^{-1}\}_{\text{angle}}$是个各向同性张量，可以表示成

$$\bar{\boldsymbol{X}}=\{\boldsymbol{T}\boldsymbol{X}\boldsymbol{T}^{-1}\}_{\text{angle}}=(3\delta,2\beta)$$

其中

$$\delta=\frac{1}{9}(2c+2g+2h+d)$$

$$\beta=\frac{1}{30}[c-2(g+h)+2d+6(e+f)]$$

② 平面任意取向的角度平均算法

令纤维在 x_1-x_2 平面内任意取向，最终复合材料为横观各向同性材料，对称轴是 x_3。

在例 12-1 中我们给出了以 x_1 为对称轴具有小对称性($X_{ijkl}=X_{jikl}=X_{ijlk}$)四阶张量的简记方法，对于以 x_3 为对称轴的四阶张量，我们仍简记为 $\boldsymbol{X}_{x_3}=(\bar{c},\bar{g},\bar{h},\bar{d},\bar{e},\bar{f})$，它所对应的矩阵形式为

$$\boldsymbol{X}_{x_3}=\begin{bmatrix}\frac{\bar{c}+\bar{f}}{2} & \frac{\bar{c}-\bar{f}}{2} & \bar{h} & 0 & 0 & 0\\ \frac{\bar{c}-\bar{f}}{2} & \frac{\bar{c}+\bar{f}}{2} & \bar{h} & 0 & 0 & 0\\ \bar{g} & \bar{g} & \bar{d} & 0 & 0 & 0\\ 0 & 0 & 0 & \bar{e} & 0 & 0\\ 0 & 0 & 0 & 0 & \bar{e} & 0\\ 0 & 0 & 0 & 0 & 0 & \bar{f}\end{bmatrix}$$

令 $\bar{\boldsymbol{X}}=\{\boldsymbol{T}\boldsymbol{T}_1'\boldsymbol{T}^{-1}\}_{\text{angle}}=(\bar{c},\bar{g},\bar{h},\bar{d},\bar{e},\bar{f})$，这样经过平面角度平均后有

$$\bar{c}=\frac{1}{8}[2(c+f)+4(h+g+d)],$$

$$\bar{g}=\frac{c-f}{4}+\frac{g}{2},\quad \bar{h}=\frac{c-f}{4}+\frac{h}{2},$$

$$\bar{d}=\frac{c+f}{2},\quad \bar{e}=\frac{e+f}{2},$$

$$\bar{f}=\frac{1}{8}[c+f-2(g+h-d)+4e]$$

有了上述算法，就可以利用 Mori-Tanaka 方法在纤维具有空间取向或在一个平面任意取向时，对复合材料的模量进行估计。令 $\boldsymbol{W}_1'=[(\boldsymbol{C}_1-\boldsymbol{C}_0)^{-1}+c_0\boldsymbol{P}_1']^{-1}$，在主轴坐标系下对于椭球性夹杂的 $\boldsymbol{P}$ 张量可以表示成

$$\boldsymbol{P}_1'=(P_{2222}+P_{2233},P_{1122},P_{1122},P_{1111},P_{2323},2P_{1212})$$

$$(\delta\boldsymbol{C})^{-1}=\left(\frac{2}{9\widetilde{K}}+\frac{1}{6\widetilde{G}},\frac{1}{9\widetilde{K}}-\frac{1}{6\widetilde{G}},\frac{1}{9\widetilde{K}}-\frac{1}{6\widetilde{G}},\frac{1}{9\widetilde{K}}+\frac{1}{3\widetilde{G}},\frac{1}{2\widetilde{G}},\frac{1}{2\widetilde{G}}\right)$$

$\widetilde{K},\widetilde{G}$ 的定义与例 12-1 一致。令 $\boldsymbol{W}_1'=(z_1,z_2,z_3,z_4,z_5,z_6)$，有

$$z_1=\frac{1}{\Delta}\left(\frac{1}{9\widetilde{K}}+\frac{1}{3\widetilde{G}}+c_0P_{1111}\right)$$

$$z_2=z_3=\frac{1}{\Delta}\left(\frac{1}{6\widetilde{G}}-\frac{1}{9\widetilde{K}}-c_0P_{1122}\right)$$

$$z_4=\frac{1}{\Delta}\left[\frac{2}{9\widetilde{K}}+\frac{1}{6\widetilde{G}}+c_0(P_{2222}+P_{2233})\right]$$

$$z_5=\frac{1}{1/(2\widetilde{G})+2c_0P_{2323}}$$

$$z_6=\frac{1}{1/(2\widetilde{G})+2c_0P_{1212}}$$

$$\Delta=\left[\frac{2}{9\widetilde{K}}+\frac{1}{6\widetilde{G}}+c_0(P_{2222}+P_{2233})\right]\left(\frac{1}{9\widetilde{K}}+\frac{1}{3\widetilde{G}}+c_0P_{1111}\right)$$

$$-2\left(\frac{1}{9\widetilde{K}}-\frac{1}{6\widetilde{G}}+c_0P_{1122}\right)^2$$

对于纤维在空间任意取向，利用空间角度平均的公式，再利用 Mori-Tanaka 方法的解析表达式，最后复合材料的有效模量为

$$\bar{\boldsymbol{C}} = (3\bar{K}, 2\bar{G})$$

其中

$$\bar{K} = K_0 + \frac{c_1}{3\Delta}\left[\frac{1}{2\tilde{G}} + \frac{c_0}{3}(P_{2222} + P_{2233} + 2P_{1111} - 4P_{1122})\right]$$

$$\bar{G} = G_0 + \frac{c_1}{30\Delta}\left[\frac{1}{\tilde{K}} + c_0(P_{1111} + 2P_{2222} + 2P_{2233} + 4P_{1122})\right] + \frac{c_1}{5}\left[\frac{1}{1/(2\tilde{G}) + 2c_0 P_{2323}} + \frac{1}{1/(2\tilde{G}) + 2c_0 P_{1212}}\right]$$

对于纤维在平面内任意取向，令 $\bar{\boldsymbol{C}}_{x_3} = (2\bar{k}, \bar{l}, \bar{l}, \bar{n}, 2\bar{m}, 2\bar{p})$，有

$$2\bar{k} = 2K_0 + \frac{2}{3}G_0 + \frac{c_1}{\Delta}\left[\frac{1}{36\tilde{K}} + \frac{1}{3\tilde{G}} + \frac{c_0}{4}(P_{1111} + 2P_{2222} + 2P_{2233} - 4P_{1122})\right] + \frac{c_1}{2/\tilde{G} + 8c_0 P_{1212}}$$

$$\bar{l} = K_0 - \frac{2}{3}G_0 + \frac{c_1}{\Delta}\left[\frac{2}{3\tilde{G}} - \frac{1}{9\tilde{K}} + c_0(P_{1111} - 2P_{1122})\right] - \frac{c_1}{2/\tilde{G} + 8c_0 P_{1212}}$$

$$\bar{n} = K_0 + \frac{4}{3}G_0 + \frac{c_1}{2\Delta}\left(\frac{1}{9\tilde{K}} + \frac{1}{3\tilde{G}} + c_0 P_{1111}\right) + \frac{c_1}{1/\tilde{G} + 4c_0 P_{1212}}$$

$$2\bar{m} = 2G_0 + \frac{c_1}{1/\tilde{G} + 4c_0 P_{1212}} + \frac{c_1}{1/\tilde{G} + 4c_0 P_{2323}}$$

$$2\bar{p} = 2G_0 + \frac{c_1}{8\Delta}\left[\frac{1}{\tilde{K}} + c_0(P_{1111} + 2P_{2222} + 2P_{2233} + 4P_{1122})\right] + \frac{c_1}{8}\left[\frac{4}{1/(2\tilde{G}) + 2c_0 P_{2323}} + \frac{1}{1/(2\tilde{G}) + 2c_0 P_{1212}}\right]$$

对于纤维单向取向（x_1 轴），令 $\bar{\boldsymbol{C}} = (2\bar{k}, \bar{l}, \bar{l}, \bar{n}, 2\bar{m}, 2\bar{p})$，有

$$2\bar{k} = 2K_0 + \frac{2}{3}G_0 + \frac{c_1}{\Delta}\left(\frac{1}{9\tilde{K}} + \frac{1}{3\tilde{G}} + c_0 P_{1111}\right)$$

$$\bar{l} = K_0 - \frac{2}{3}G_0 + \frac{c_1}{\Delta}\left(\frac{1}{6\tilde{G}} - \frac{1}{9\tilde{K}} - c_0 P_{1122}\right)$$

$$\bar{n} = K_0 + \frac{4}{3}G_0 + \frac{c_1}{\Delta}\left[\frac{1}{6\tilde{G}} + \frac{2}{9\tilde{K}} + c_0(P_{2222} + P_{2233})\right]$$

$$2\bar{m} = 2G_0 + \frac{c_1}{1/(2\tilde{G}) + 4c_0 P_{2323}}$$

$$2\bar{p} = 2G_0 + \frac{c_1}{1/(2\tilde{G}) + 4c_0 P_{1212}}$$

以上结果没有对夹杂的形状作任何限制（椭球夹杂），因此具有较广的普适性。只要给出夹杂的长细比，即可求得 $\boldsymbol{P}$ 张量，复合材料有效模量就可以按照上述公式计算。

一般认为 Mori-Tanaka 方法适用于中等夹杂的体积百分比情况，一般小于 30%(这种划分不是绝对的)。但由于该方法可以直接给出复合材料模量的显式表达式，因此被广泛用来对复合材料有效模量进行估计。

13.5 自洽方法

自洽方法是将每类夹杂放置于待求的复合材料中作为基体来建立局部化关系，如图 13-6 所示，基体(这里是复合材料)远场受应变$\bar{\boldsymbol{\varepsilon}}$作用，其模量是未知待求的复合材料的有效模量 $\bar{\boldsymbol{C}}$。这样利用单夹杂问题的解，第 r 类夹杂的平均应变与复合材料宏观应变(即单夹杂问题的远场所施加的应变)之间的关系为

$$\langle \boldsymbol{\varepsilon} \rangle_r = [\boldsymbol{I} + \bar{\boldsymbol{P}}_r(\boldsymbol{C}_r - \bar{\boldsymbol{C}})]\bar{\boldsymbol{\varepsilon}} = \boldsymbol{B}_r\bar{\boldsymbol{\varepsilon}} \tag{13-38}$$

其中，$\bar{\boldsymbol{P}}_r$ 是第 r 夹杂放置在未知复合材料作为基体($\bar{\boldsymbol{C}}$)时的 $\boldsymbol{P}$ 张量，它与夹杂形状及未知待求的复合材料模量 $\bar{\boldsymbol{C}}$ 有关。将自洽方法所得到的集中系数张量 $\boldsymbol{B}_r$ 代入式(10-22)，这样复合材料的有效模量可以表示成

$$\bar{\boldsymbol{C}} = \boldsymbol{C}_0 + \sum_{r=1}^{N-1} c_r(\boldsymbol{C}_r - \boldsymbol{C}_0)[\boldsymbol{I} + \bar{\boldsymbol{P}}_r(\boldsymbol{C}_r - \bar{\boldsymbol{C}})]^{-1} \tag{13-39}$$

实际式(13-39)给出了确定了复合材料有效模量 $\bar{\boldsymbol{C}}$ 的隐式方程，通过求解这个方程即可得到自洽方法对复合材料有效模量的估计。第 12 章的单夹杂问题分析中，一般只有当基体是各向同性的材料时，椭球夹杂的 $\boldsymbol{P}$ 张量才有简单的解析表达式。因此对于自洽方法，如果复合材料本身不是各向同性，如单向纤维增强复合材料，$\bar{\boldsymbol{P}}_r$ 往往没有简单的解析表达式。这样求解式(13-39)往往需要通过数值迭代方法。为了简化下面的讨论，我们只研究由两相各向同性材料构成的复合材料，并且复合材料是由任意分布的球形颗粒和基体构成，这样复合材料本身也是各向同性的。分别用 $\bar{G}$,$\bar{K}$ 表示复合材料的有效剪切和体积模量，对于球

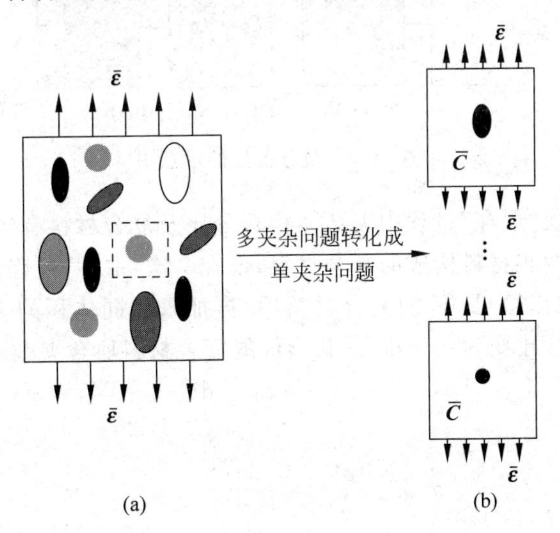

图 13-6 自洽方法的局部化关系示意图

(a) 多夹杂；(b) 单夹杂

形颗粒有 $\bar{\boldsymbol{P}}_1=(3\bar{K}_p,2\bar{G}_p)$，其中 $\bar{K}_p=\dfrac{1}{3(4\bar{G}+3\bar{K})}$，$\bar{G}_p=\dfrac{3(2\bar{G}+\bar{K})}{10\bar{G}(4\bar{G}+3\bar{K})}$。利用四阶各向同性张量的简化运算法则，式(13-39)可以进一步化简成以下两个计算 $\bar{G}$，$\bar{K}$ 的方程：

$$\bar{G}=G_0+\frac{G_1-G_0}{1+4\bar{G}_p(G_1-\bar{G})}c_1 \tag{13-40}$$

$$\bar{K}=K_0+\frac{K_1-K_0}{1+9\bar{K}_p(K_1-\bar{K})}c_1 \tag{13-41}$$

将 $\bar{G}_p$，$\bar{K}_p$ 的表达式代入式(13-40)、式(13-41)，可以得到求解 $\bar{G}$，$\bar{K}$ 的两个隐式方程。求解该方程即可得到利用自洽方法对复合材料模量的估计。一般来讲，自洽方法不能区分夹杂和基体在形貌上的差别，所以自洽方法被认为更适用没有基体的材料，如多晶体材料。

13.6 微 分 法

微分方法的思路是假设最终的复合材料可以由以下假想过程实现：首先在体积为 V 的基体中取出一体积为 $\mathrm{d}V$ 的微元，然后加入相同体积($\mathrm{d}V$)的夹杂，使这些夹杂按照复合材料中夹杂的具体形状和取向均匀分布到基体中。经过这样的一个“取存”过程，原来的纯基体变成含有夹杂体积百分比为 $\mathrm{d}V/V$ 的复合材料。在这样得到的复合材料基础上，重复前面的“取存”过程，即取出上述复合材料微元 $\mathrm{d}V$，然后加入相同体积($\mathrm{d}V$)的夹杂，同样使这些夹杂按照复合材料中夹杂的形状和取向均匀地分布到取出之前的复合材料中。不断地重复这个过程，直至夹杂的体积百分比达到真正复合材料的要求，如图13-7所示。

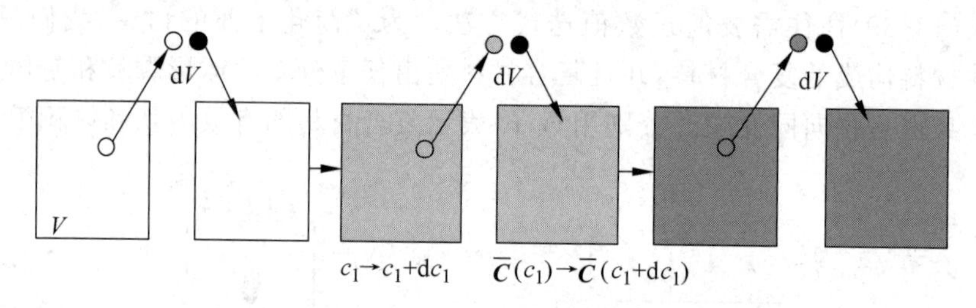

图13-7 微分方法的示意图

下面分析上述每次“取存”过程中夹杂体积百分比及复合材料有效模量的变化关系。在以下的讨论中只针对两相材料构成的复合材料，设在一次“取存”过程之前，复合材料中夹杂体积百分比为 c_1，当取出微元 $\mathrm{d}V$ 的复合材料后，再加入相同体积的夹杂，这样使得新复合材料中夹杂的体积百分比变为 $c_1+\mathrm{d}c_1$。新形成的复合材料所含夹杂的总体积为

$$V(c_1+\mathrm{d}c_1)=Vc_1+\mathrm{d}V-c_1\mathrm{d}V \tag{13-42}$$

由此得到

$$\frac{\mathrm{d}V}{V}=\frac{\mathrm{d}c_1}{1-c_1}$$

将“取存”之前的复合材料看成新复合材料的基体，有效模量为($\bar{\boldsymbol{C}}(c_1)$)，加入体积 $\mathrm{d}V$ 的夹杂后形成新的复合材料(有效模量为 $\bar{\boldsymbol{C}}(c_1+\mathrm{d}c_1)$)，这个“取存”过程夹杂的体积百分比为 $\mathrm{d}V/V$。这样针对这个“取存”过程，就可以利用前面所讲述的细观力学方法来给出新形成的

复合材料有效模量与“取存”之前“基体”的有效模量($\bar{\boldsymbol{C}}(c_1)$)之间的关系。由于每次“取存”过程夹杂的体积百分比 $\mathrm{d}V/V$ 很小,可以采用稀疏方法来给出每次“取存”后新复合材料的有效模量。最后可以求得(夹杂都是单向排列)

$$\begin{aligned}\bar{\boldsymbol{C}}(c_1+\mathrm{d}c_1)&=\bar{\boldsymbol{C}}(c_1)+\frac{\mathrm{d}c_1}{1-c_1}[\boldsymbol{C}_1-\bar{\boldsymbol{C}}(c_1)]\bar{\boldsymbol{B}}_1\\&=\bar{\boldsymbol{C}}(c_1)+\frac{\mathrm{d}c_1}{1-c_1}\{[\boldsymbol{C}_1-\bar{\boldsymbol{C}}(c_1)]^{-1}+\bar{\boldsymbol{P}}_1\}^{-1}\end{aligned}\tag{13-43}$$

上式可以进一步表示成

$$\frac{\mathrm{d}\bar{\boldsymbol{C}}}{\mathrm{d}c_1}=\frac{1}{1-c_1}[(\boldsymbol{C}_1-\bar{\boldsymbol{C}})^{-1}+\bar{\boldsymbol{P}}_1]^{-1}\tag{13-44}$$

并且 $c_1=0,\bar{\boldsymbol{C}}=\boldsymbol{C}_0$,其中 $\bar{\boldsymbol{P}}_1$ 是将未知复合材料当作基体时夹杂的 $\boldsymbol{P}$ 张量,它与待求的复合材料模量和夹杂形状有关。如在自洽方法所提到的,一般只有当基体是各向同性时,$\boldsymbol{P}$ 张量才有简单的解析表达式。因此为了简化分析,下面只讨论球形夹杂构成的复合材料,组分材料和复合材料都为各向同性。将复合材料作为基体($\bar{G},\bar{K}$),球形夹杂的 $\bar{\boldsymbol{P}}_1$ 张量也是各向同性张量,可以简记为 $\bar{\boldsymbol{P}}_1=(3\bar{K}_p,2\bar{G}_p)$,$\bar{K}_p,\bar{G}_p$ 的表达式在自洽方法中给出。这样式(13-44)可以进一步写成

$$\frac{\mathrm{d}\bar{K}}{\mathrm{d}c_1}=\frac{1}{1-c_1}\frac{K_1-\bar{K}}{1+9\bar{K}_p(K_1-\bar{K})}\tag{13-45}$$

$$\frac{\mathrm{d}\bar{G}}{\mathrm{d}c_1}=\frac{1}{1-c_1}\frac{G_1-\bar{G}}{1+4\bar{G}_p(G_1-\bar{G})}\tag{13-46}$$

并且 $c_1=0,\bar{K}=K_0,\bar{G}=G_0$。复合材料的有效体积和剪切模量与颗粒体积百分比的关系可以通过求解微分方程(13-45)和(13-46)得到。

13.7 广义自洽方法

对于基体和纤维构成的复合材料,在将多夹杂转换成单夹杂问题进行处理时,广义自洽方法认为夹杂周围应具有一层基体。夹杂和这层基体整体构成一个简单构型,然后将这个构型放置在一个未知待求的复合材料中作为基体材料来建立局部化关系。上述概念适用于任何形状的夹杂,这里为了简化,我们以如图 13-8 所示的球形颗粒为例进一步说明上述概念。颗粒夹杂周围基体层大小的选取要使得颗粒的体积与整个球胞(构型)的体积比为复合材料中颗粒的体积百分比。

由于广义自洽方法的单夹杂问题无法通过 Eshelby 等效夹杂方法来进行求解,因此对于广义自洽方法需要利用弹性力学方法具体针对构型进行求解,然后再建立夹杂内平均应变或应力与外加载荷的关系,即局部化关系。有了局部化关系,再利用细观力学的一般方法即可以给出求解复合材料有效模量的控制方程,具体求解可参考有关复合材料细观力学的书籍。一般来讲,广义自洽方法较好地反映了夹杂和基体的微结构基本特征,因此所得到的计算结果比较精确。但由于广义自洽方法的局部化问题求解比较困难和复杂,目前只有球型和长纤维型夹杂的单夹杂问题的精确解析表达式。

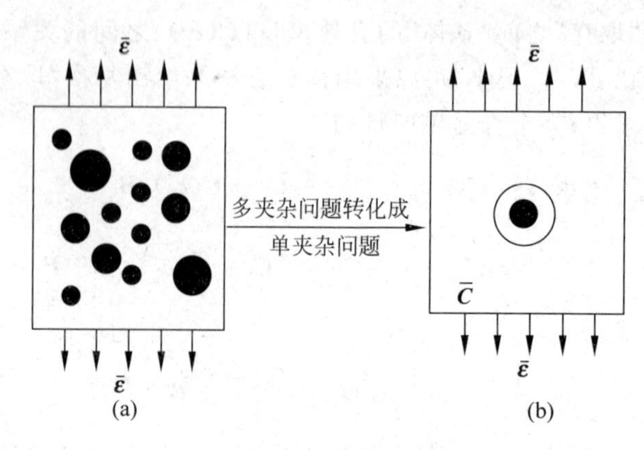

图 13-8 广义自洽方法
(a) 多夹杂问题；(b) 单夹杂问题

13.8 Voigt 和 Reuss 界限

考察在代表单元 V 上施加线性位移载荷即：$\boldsymbol{u}^{\mathrm{d}}=\bar{\boldsymbol{\varepsilon}}\boldsymbol{x}$，$\forall\, \boldsymbol{x}\in\partial V$。为以后讨论方便，令代表单元体积 $V=1$，忽略体力影响。将最小势能原理(式(10-8))应用于上述问题可以得到

$$\Phi(\boldsymbol{u})=\bar{\Phi}(\boldsymbol{u})\leqslant\Phi(\tilde{\boldsymbol{u}})=\bar{\Phi}(\tilde{\boldsymbol{u}}) \tag{13-47}$$

其中 $\tilde{\boldsymbol{u}}$ 是上述问题的协调位移场，$\boldsymbol{u}$ 是真实解。$\bar{\Phi}(\boldsymbol{u})$的定义见式(10-25)。针对上述问题，在选取位移协调场 $\tilde{\boldsymbol{u}}$ 时，最简单的可令 $\tilde{\boldsymbol{u}}=\bar{\boldsymbol{\varepsilon}}\boldsymbol{x}$，$\forall\, \boldsymbol{x}\in$ RVE(代表单元)，这样有 $\bar{\Phi}(\tilde{\boldsymbol{u}})=\frac{1}{2}\bar{\boldsymbol{\varepsilon}}\ \langle\boldsymbol{C}\rangle\bar{\boldsymbol{\varepsilon}}=\frac{1}{2}\bar{\boldsymbol{\varepsilon}}\ \bar{\boldsymbol{C}}_{\mathrm{V}}\bar{\boldsymbol{\varepsilon}}$，其中 $\boldsymbol{C}$ 是代表单元局部刚度张量，与位置有关。根据前面的不等式，对于任意$\bar{\boldsymbol{\varepsilon}}$，有$\frac{1}{2}\bar{\boldsymbol{\varepsilon}}\ (\bar{\boldsymbol{C}}-\bar{\boldsymbol{C}}_{\mathrm{V}})\bar{\boldsymbol{\varepsilon}}\leqslant 0$。该不等式实际给出了复合材料有效模量应满足的上限，可以简记为 $\bar{\boldsymbol{C}}\leqslant\bar{\boldsymbol{C}}_{\mathrm{V}}=\langle\boldsymbol{C}\rangle$，即 Voigt 上限。同样在代表单元施加均匀的应力边界条件，利用最小余能原理可得有效模量应大于的下限 $\bar{\boldsymbol{C}}_{\mathrm{R}}=\langle\boldsymbol{C}^{-1}\rangle^{-1}$，即 Reuss 下限。这样对于任意复合材料总有：$\bar{\boldsymbol{C}}_{\mathrm{R}}\leqslant\bar{\boldsymbol{C}}\leqslant\bar{\boldsymbol{C}}_{\mathrm{V}}$。从前面的分析中可以看出：Reuss 下限中所有的各相材料受与外载相同的应力，即相当于将所有相材料串联起来；Voigt 上限相当于将所有相材料并联起来，每相材料受与外载荷相同的应变。上述分析表明只要能构造出位移协调场 $\tilde{\boldsymbol{u}}$，将其代入式(13-47)就可得到非均质材料有效模量所应满足的一个上限，同样只要构造出静力许可场$\tilde{\boldsymbol{\sigma}}$，将其代入余能原理表达式，即可得到复合材料有效模量所应满足的一个下限。当夹杂和基体的模量比较大时，Voigt 和 Reuss 上下界限比较宽，因此在工程上应用价值不大。可以将复合材料各向同性分布作为一个额外的微结构分布信息，给出这样的复合材料模量应该满足的界限，这样的界限称为 Hashin-Shtrikman 界限。一般对于各向同性复合材料，Hashin-Shtrikman 上限与 Mori-Tanaka 方法中选最“硬”的一相为基体时的结果一致，Hashin-Shtrikman 下限与 Mori-Tanaka 方法中选最“软”的一相为基体时的结果一致。对于各向同性复合材料，任何计算结果都不应该违背 Hashin-Shtrikman 上下限。

13.9 复合材料有效热膨胀系数

同复合材料有效模量一样,复合材料的有效热膨胀系数也是由组分材料的微观结构和性质决定。为了方便分析,下面只考虑由两相各向同性材料构成的复合材料,我们将利用复合材料有效性质之间的关联关系,给出复合材料有效热膨胀系数的解析表达式。

设基体和夹杂的热膨胀系数分别用$\boldsymbol{\alpha}_0$,$\boldsymbol{\alpha}_1$表示,复合材料代表单元在边界上作用均匀的应力$\bar{\boldsymbol{\sigma}}$,在代表单元内引起的局部应力和应变用$\boldsymbol{\sigma}$,$\boldsymbol{\varepsilon}$表示。同样,复合材料代表单元如只受到一个均匀的温度变化$\Delta\theta$,这时在代表单元内引起的局部应力和应变用$\boldsymbol{\sigma}^\theta$,$\boldsymbol{\varepsilon}^\theta$表示,相对应的位移用$\boldsymbol{u}^\theta$表示。显然$\boldsymbol{\sigma}$,$\boldsymbol{\sigma}^\theta$满足平衡方程,并且$\langle\boldsymbol{\sigma}\rangle=\bar{\boldsymbol{\sigma}}$,$\langle\boldsymbol{\sigma}^\theta\rangle=0$,$\boldsymbol{\varepsilon}^\theta$与位移$\boldsymbol{u}^\theta$相协调。可以证明

$$\begin{aligned}\frac{1}{V}\int_V \boldsymbol{\sigma\varepsilon}^\theta \mathrm{d}V &= \frac{1}{V}\int_V \sigma_{ij}u^\theta_{i,j}\mathrm{d}V = \frac{1}{V}\int_V (\sigma_{ij}u^\theta_i)_{,j}\mathrm{d}V \\ &= \frac{1}{V}\int_{\partial V}\sigma_{ij}u^\theta_i n_j \mathrm{d}S = \bar{\sigma}_{ij}\langle\varepsilon^\theta_{ij}\rangle\end{aligned} \tag{13-48}$$

$$\begin{aligned}\frac{1}{V}\int_V \boldsymbol{\sigma}^\theta\boldsymbol{\varepsilon}\mathrm{d}V &= \frac{1}{V}\int_V \sigma^\theta_{ij}u_{i,j}\mathrm{d}V = \frac{1}{V}\int_V (\sigma^\theta_{ij}u_i)_{,j}\mathrm{d}V \\ &= \frac{1}{V}\int_{\partial V}\sigma^\theta_{ij}u_i n_j \mathrm{d}S = 0\end{aligned} \tag{13-49}$$

另外式(13-48)又可以写成

$$\begin{aligned}\frac{1}{V}\int_V \boldsymbol{\sigma\varepsilon}^\theta \mathrm{d}V &= \frac{1}{V}\int_V \boldsymbol{\sigma}(\boldsymbol{S\sigma}^\theta+\boldsymbol{\alpha}\Delta\theta)\mathrm{d}V \\ &= \frac{1}{V}\int_V (\boldsymbol{\varepsilon\sigma}^\theta+\boldsymbol{\sigma\alpha}\Delta\theta)\mathrm{d}V = \langle\boldsymbol{\sigma\alpha}\rangle\Delta\theta = \bar{\boldsymbol{\sigma}}\langle\boldsymbol{\varepsilon}^\theta\rangle\end{aligned}$$

根据有效热膨胀系数的定义,有

$$\langle\boldsymbol{\varepsilon}^\theta\rangle = \bar{\boldsymbol{\alpha}}\Delta\theta \tag{13-50}$$

利用上述定义和前面的等式,对于两相材料构成的复合材料有

$$c_1\boldsymbol{\alpha}_1\langle\boldsymbol{\sigma}\rangle_1 + c_0\boldsymbol{\alpha}_0\langle\boldsymbol{\sigma}\rangle_0 = \bar{\boldsymbol{\sigma}}\bar{\boldsymbol{\alpha}} = \bar{\boldsymbol{\alpha}}\bar{\boldsymbol{\sigma}} \tag{13-51}$$

另外对于一般两相材料构成的复合材料,根据定义有

$$\left.\begin{aligned}&\bar{\boldsymbol{\sigma}} = \langle\boldsymbol{\sigma}\rangle = c_1\langle\boldsymbol{\sigma}\rangle_1 + c_0\langle\boldsymbol{\sigma}\rangle_0 \\ &\bar{\boldsymbol{\varepsilon}} = \langle\boldsymbol{\varepsilon}\rangle = c_1\langle\boldsymbol{\varepsilon}\rangle_1 + c_0\langle\boldsymbol{\varepsilon}\rangle_0 \\ &\bar{\boldsymbol{\varepsilon}} = \bar{\boldsymbol{S}}\bar{\boldsymbol{\sigma}},\quad \langle\boldsymbol{\varepsilon}\rangle_0 = \boldsymbol{S}_0\langle\boldsymbol{\sigma}\rangle_0,\quad \langle\boldsymbol{\varepsilon}\rangle_1 = \boldsymbol{S}_1\langle\boldsymbol{\sigma}\rangle_1\end{aligned}\right\} \tag{13-52}$$

其中,$\boldsymbol{S}_0$,$\boldsymbol{S}_1$和$\bar{\boldsymbol{S}}$分别为基体、夹杂和复合材料的柔度张量。根据式(13-52),夹杂和基体的平均应力与宏观外载荷的关系可以表示为

$$\langle\boldsymbol{\sigma}\rangle_0 = \frac{1}{c_0}(\boldsymbol{S}_0-\boldsymbol{S}_1)^{-1}(\bar{\boldsymbol{S}}-\boldsymbol{S}_1)\bar{\boldsymbol{\sigma}} \tag{13-53}$$

$$\langle\boldsymbol{\sigma}\rangle_1 = \frac{1}{c_1}(\boldsymbol{S}_1-\boldsymbol{S}_0)^{-1}(\bar{\boldsymbol{S}}-\boldsymbol{S}_0)\bar{\boldsymbol{\sigma}} \tag{13-54}$$

将式(13-53)、式(13-54)代入式(13-51),最后复合材料的有效热膨胀系数可以通过复合材料有效柔度表示成以下一般形式:

$$\bar{\boldsymbol{\alpha}} = \boldsymbol{\alpha}_1(\boldsymbol{S}_1 - \boldsymbol{S}_0)^{-1}(\bar{\boldsymbol{S}} - \boldsymbol{S}_0) + \boldsymbol{\alpha}_0(\boldsymbol{S}_0 - \boldsymbol{S}_1)^{-1}(\bar{\boldsymbol{S}} - \boldsymbol{S}_1) \tag{13-55}$$

式(13-55)可以进一步简化成

$$\bar{\boldsymbol{\alpha}} = \boldsymbol{\alpha}_0 + (\boldsymbol{\alpha}_1 - \boldsymbol{\alpha}_0)(\boldsymbol{S}_1 - \boldsymbol{S}_0)^{-1}(\bar{\boldsymbol{S}} - \boldsymbol{S}_0) \tag{13-56}$$

因此只要复合材料的有效模量(柔度)已知,就可以利用式(13-56)计算复合材料的有效热膨胀系数。在推导式(13-56)时,没有对夹杂的形状作任何限定,因此它适用于任意夹杂形状的两相复合材料。对于组分材料为各向同性的复合材料,并且复合材料也为各向同性(颗粒增强和椭球夹杂空间任意取向),利用例12-1关于对称二阶张量和四阶各向同性张量的简记方法,有 $\bar{\boldsymbol{S}} - \boldsymbol{S}_0 = \left(\frac{1}{3\bar{K}} - \frac{1}{3K}, \frac{1}{2\bar{G}_0} - \frac{1}{2G_0}\right)$,$\bar{\boldsymbol{S}} - \boldsymbol{S}_1$ 和 $\boldsymbol{S}_1 - \boldsymbol{S}_0$ 亦同理。另外注意到各向同性热膨胀系数只有球量部分不为零,即 $\mathrm{tr}\boldsymbol{\alpha} = 3\alpha$,这样由式(13-56)得各向同性复合材料的热膨胀系数为

$$\bar{\alpha} = \alpha_0 + \frac{1/\bar{K} - 1/K_0}{1/K_1 - 1/K_0}(\alpha_1 - \alpha_0) \tag{13-57}$$

如将用Mori-Tanaka方法计算得到的关于颗粒增强复合材料的体积模量式(13-32)代入上式,整理后有

$$\bar{\alpha} = c_1\alpha_1 + c_0\alpha_0 + \frac{4c_0c_1(K_1 - K_0)(\alpha_1 - \alpha_0)G_0}{3K_1K_0 + 4G_0(c_1K_1 + c_0K_0)} \tag{13-58}$$

对于其他单向椭球型夹杂构成的复合材料,复合材料为横观各向同性(设 x_1 为对称轴)。利用柔度的表达式,如复合材料的有效模量张量用 $\bar{\boldsymbol{C}} = (2\bar{k}, \bar{l}, \bar{l}, \bar{n}, 2\bar{m}, 2\bar{p})$ 表示,则复合材料的柔度可以表示成如下形式:

$$\bar{\boldsymbol{S}} = \left(\frac{\bar{n}}{2\bar{k}\,\bar{n} - 2\bar{l}^2}, -\frac{\bar{l}}{2\bar{k}\,\bar{n} - 2\bar{l}^2}, -\frac{\bar{l}}{2\bar{k}\,\bar{n} - 2\bar{l}^2}, \frac{\bar{k}}{\bar{k}\bar{n} - \bar{l}^2}, \frac{1}{2\bar{m}}, \frac{1}{2\bar{p}}\right) \tag{13-59}$$

对于各向同性组分材料,热膨胀系数可以表示成 $\alpha_{ij} = \alpha\delta_{ij}$,柔度张量可以剪切模量 G 和体积模量 K 表示成

$$S_{ijkl} = \frac{1}{9K}\delta_{ij}\delta_{kl} + \frac{1}{4G}\left(\delta_{il}\delta_{jk} + \delta_{ik}\delta_{jl} - \frac{2}{3}\delta_{ij}\delta_{kl}\right) \tag{13-60}$$

另外

$$\begin{aligned}(S_{ijkl}^1 - S_{ijkl}^0)^{-1} = &\frac{1}{1/K_1 - 1/K_0}\delta_{ij}\delta_{kl} \\ &+ \frac{1}{1/G_1 - 1/G_0}\left(\delta_{il}\delta_{jk} + \delta_{ik}\delta_{jl} - \frac{2}{3}\delta_{ij}\delta_{kl}\right)\end{aligned} \tag{13-61}$$

将式(13-56)用脚标形式表示:

$$\bar{\alpha}_{ij} = \alpha_{ij}^0 + (\alpha_{kl}^1 - \alpha_{kl}^0)(S_{klmn}^1 - S_{klmn}^0)^{-1}(\bar{S}_{mnij} - S_{mnij}^0) \tag{13-62}$$

利用各向同性材料热膨胀系数及柔度的表达式,可以证明

$$(\alpha_{kl}^1 - \alpha_{kl}^0)(S_{klmn}^1 - S_{klmn}^0)^{-1} = \frac{3(\alpha_1 - \alpha_0)}{1/K_1 - 1/K_0}\delta_{mn} \tag{13-63}$$

利用式(13-63),复合材料的热膨胀系数可以进一步简化成如下统一的形式:

$$\bar{\alpha}_{ij} = \alpha_0\delta_{ij} + \frac{\alpha_1 - \alpha_0}{1/K_1 - 1/K_0}\left(3\bar{S}_{mmij} - \frac{1}{K_0}\delta_{ij}\right) \tag{13-64}$$

对于由单向椭球型夹杂构成的复合材料,宏观上复合材料为横观各向同性,分别用 $\bar{\alpha}_{\mathrm{L}}$,$\bar{\alpha}_{\mathrm{T}}$ 表示复合材料的纵向和横向热膨胀系数。利用式(13-64),结合复合材料有效柔度的表达

式，最后有

$$\bar{\alpha}_L = \alpha_0 + \frac{\alpha_1 - \alpha_0}{1/K_1 - 1/K_0}\left[\frac{3(\bar{k} - \bar{l})}{\bar{k}\,\bar{n} - \bar{l}^2} - \frac{1}{K_0}\right] \tag{13-65}$$

$$\bar{\alpha}_T = \alpha_0 + \frac{\alpha_1 - \alpha_0}{1/K_1 - 1/K_0}\left[\frac{3(\bar{n} - \bar{l})}{2\bar{k}\,\bar{n} - 2\bar{l}^2} - \frac{1}{K_0}\right] \tag{13-66}$$

式(13-65)、式(13-66)也可以用复合材料的工程弹性系数来表示，由于比较繁琐，这里就不进一步讨论了。

第14章 复合材料计算研究方法

14.1 引 言

在本书前面的章节中讨论了通过代表体积单元(representative volume element,RVE)采用理论分析方法来确定复合材料等效性能的一些方法,本章将重点介绍如何采用计算方法来确定复合材料等效性能。首先来对比一下理论和计算两种手段在研究复合材料等效性能的优缺点:理论分析的优点是不仅给出复合材料性能的解析公式,使得材料制备人员可以依据公式快速选择复合材料的组分和微观结构几何尺寸,而且理论公式清晰地定量地反映了各组分的参数是如何影响复合材料宏观等效性能的;缺点是只有对于一些相对简单的微结构理论分析可以得到解析公式,且一般含有近似和较大的误差。而计算模拟可以视作一个"虚拟的复合材料实验",优点是可以包含更加接近真实的微结构等多个因素,误差较理论分析小很多,但是计算与实验一样,不能快速地定量地告诉材料制备者如何改进各组分参数来得到宏观性能更佳的复合材料,从某种意义上说也是一种试错方法(trial and error)。所以,在研究复合材料等效性能方面,最好是理论、计算与实验三种手段结合,以加速优化设计。

14.2 等效性能计算中的代表体积单元选取与生成

由于计算机软硬件技术的迅猛发展,在通过计算方法来研究复合材料的等效性能时可以采用越来越接近真实的代表体积单元。如有的研究学者采用的代表体积单元的微结构是通过对实际复合材料试件CT扫描直接得到,进而进行计算。这种方法虽然准确,但是计算量大,总的分析成本偏高,且真实的复合材料需先制备出来。本节讨论的代表体积单元选取与生成是一种无需真实材料扫描图像的计算模型快速建立的方法，下面分微结构具有周期性和随机分布两种情形来介绍。

14.2.1 周期性代表体积单元的选取

在实际的复合材料中有相当一部分具有周期或近似周期的微结构。这种周期性能使得采用较小的代表体积单元就具有很好的代表性，因为材料微观组成在空间重复。如果代表体积单元可以通过空间无限延拓(无重叠、无缝隙)重现真实的材料微结构，则称这样的代表体积单元为周期性代表体积单元。这里以图 14-1 中的两个微结构为例讨论如何选取周期性代表体积单元。

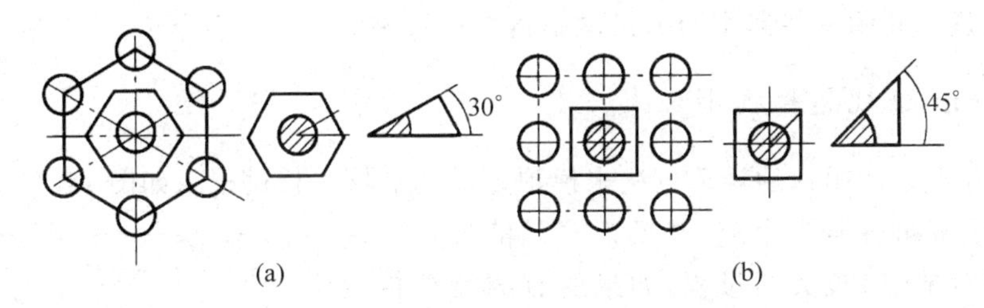

图 14-1 两种典型排列及其代表体积单元

(a) 三角形排列；(b) 正方形排列

对于图 14-1(a)中这种三角形排列的周期性微结构，显然图中所示的六边形单元是一个满足前面条件的周期性代表体积单元；而对于图 14-1(b)中正方形排列的周期性微结构，图中所示的正方形单元是周期性代表体积单元。一般情况下，对于二维周期性微结构总可以选取到一个平行四边形周期性代表体积单元，而很多时候选取一个六边形周期性代表体积单元会很困难(如图 14-1(b)的例子)。另一方面在计算模拟中，平行四边形也相对容易施加边界条件。因此作者推荐选取周期性代表体积单元为平行四边形(或曲边平行四边形)。

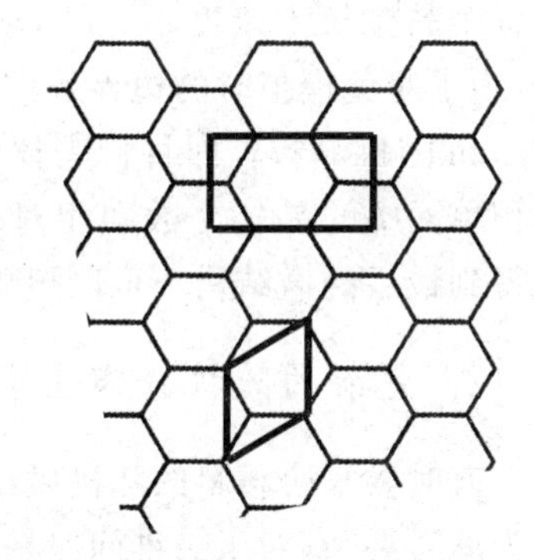

图 14-2 石墨烯的六边形网格及其周期性代表体积单元

那么如何快速得到一个平行四边形的周期性代表体积单元呢？以石墨烯的六边形网格为例(图 14-2)，首先在周期结构中任选一点，如六边形网格的中心点，它的周围一定会有它的"等同点"(等同点是指两个点周围的情形完全一样，周期性微结构保证一定会有等同点存在)，对于一个点选择两个方向的各一个等同点，这三个点即为平行四边形的周期性代表体积单元的顶点。采用这种方法，我们可以很快构造出多个周期性代表体积单元(如图 14-2 所示)。

这一节介绍的周期性代表体积单元只是利用了微结构的周期性，而很多周期性微结构还具有对称性，因此利用对称性有时可以得到更小的代表体积单元，如图 14-1 中用两个小三角形代表体积单元，这样可以便于理论分析，或减少计算量(这对于计算能力较小的早期计算机很重要)。但是这种利用了对称性得到代表体积单元的适用性有限，当图 14-1(a)结构承受垂直于纸面的拉伸时，由于载荷与微结构几何具有同样的对称性，这个三角形代表体积单元适用;而当研究该结构承受水平方向的拉伸时,载荷不具有关于三角形上斜边的对称性,因此这个代表体积单元不再适用。由于现有的计算能力比以前有很大提高,为了避免出现不必要的错误或误差,建议采用只考虑周期性的代表体积单元,而无需利用对称性使单元变小。

本节只是用二维微结构示例平行四边形周期性代表体积单元,对于三维周期性微结构,类似易知可以选取平行六面体单元。

14.2.2 对于随机夹杂分布的代表体积单元生成技术

在很多时候,复合材料或宏观材料的微结构呈现一些随机的特征,如夹杂的位置、取向和形状,下面逐一介绍一些典型的随机微结构生成技术。

1. Voroni 随机晶粒模型

Voroni 模型采用虚拟的计算方法来模拟多晶的形核生长过程。如图 14-3 所示,首先在一个区域内随机布置若干个点,来模拟多晶的形核。接下来是各个晶核(或点)长大的过程,如果所有的晶粒长大速度一样,且在各个方向长大的速度一致,则可以想象"晶粒"长大就是以这些点为圆心(或球心)的圆(或球)在同步长大,当两个圆(或球)开始接触时形成"晶界"。显然晶界为相邻晶粒中晶核连线的垂直平分线(或面)。当然也可以假设各个晶粒长大速度不一致,或生长速度有各向异性。另外,为了避免模拟时的边界效应,也可以生成具有周期性的 Voroni 随机晶粒。即将代表体积单元周期延拓,每个代表体积单元中的晶核个数和相对位置都一样,统一生长就可以得到最后的微结构。可以想象靠边界附近有的晶粒是隔壁晶核生长出来的。

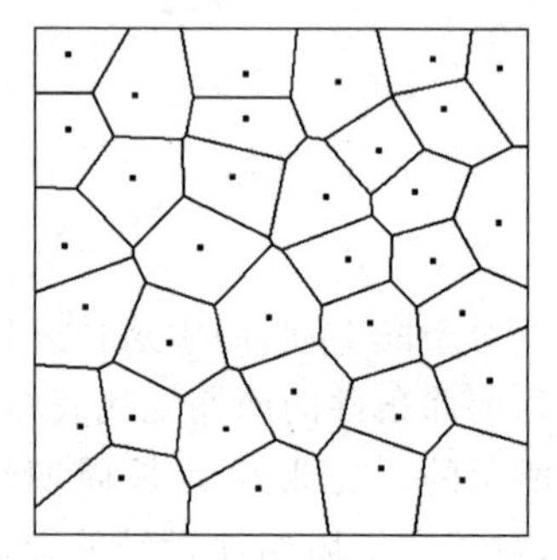

图 14-3 Voroni 随机模型示意图

2. 夹杂的随机分布生成

有时候复合材料的随机微结构呈现离散的夹杂随机分布在连续的基体中。最简单的情形为球形夹杂(对于二维问题是圆柱形夹杂)随机分布,生成代表体积单元时只需依次随机给定球心的位置,如果新添的球夹杂与此前存在的球夹杂有干涉,则放弃,再随机生成一个位置。而更多时候,夹杂呈现非球形(如椭球形),或者夹杂内的介质呈现各向异性,这就要求除了夹杂的位置随机分布以外,其取向也要随机分布。当然,随机新添的夹杂如果与之前的夹杂有干涉的话,依然要放弃重新生成一个随机夹杂。

清华大学张雄研究组在生成随机分布碳纳米管复合材料计算模型时注意到上述随机方法当夹杂的体积百分比不是很小时,多数试图新添的夹杂尝试都被拒绝,且计算时间随体积分数的增加而迅速增加(见表 14-1),采用该方法计算 80000s 依然不能够给出体积分数为 5.8%的结果。实际上,复合材料中碳管的质量分数在 26%以上。以碳管与基体密度之比为 2∶1 计算,所对应的碳管的体积分数超过 13%,随机法在生成如此高组分比碳管时碰到了极大的困难,由此张雄及其合作者提出落管法。

表 14-1 随机法生成不同体积分数的几何模型所需时间

体积分数/%	0.18	0.36	0.73	1.45	1.82	2.91	4.85	5.80
计算时间/s	3.77	19.47	106.5	545.9	1097.0	5757.4	24884.5	>80000

落管法本质上是先生成一个夹杂体积含量较低的构型，如曲线形碳管（图 14-4(a)）。为生成更高体积分数的碳管，可以在所有碳管上表面建立一个随碳管下落的刚性平面，此平面在落管最后时刻“压实”碳管。图 14-5 为采用 400 根长细比为 50 的曲管生成的碳管增强复合材料的几何模型，模型中碳管所占体积为 14.5%。落管法需要模拟碳管下落过程，计算量较大，相对而言适用于生成夹杂复杂形状的计算模型。

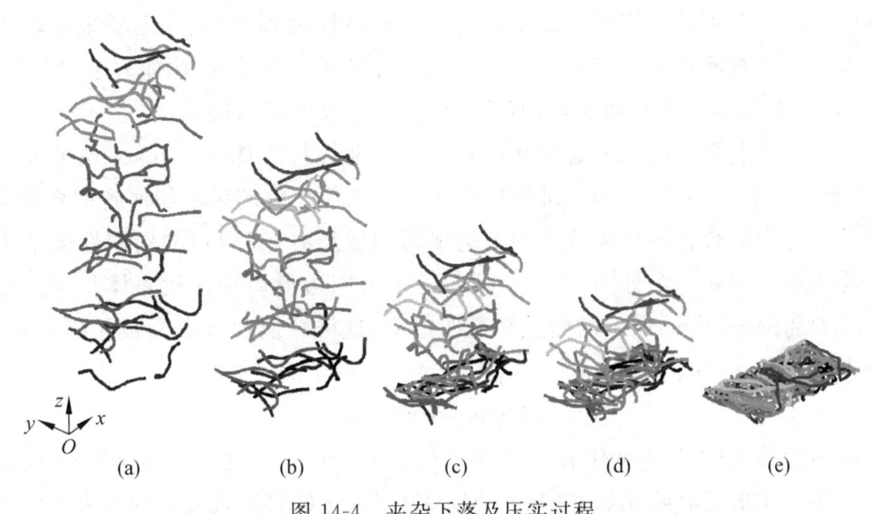

图 14-4 夹杂下落及压实过程

图 14-5 400 根碳管采用落管法生成碳管增强材料的三维视图及正视图

综上所述，低体积分数模型适合采用随机法，高体积分数模型适合采用落管法。

14.3 载荷与边界条件的施加

在通过计算方法研究复合材料的等效力学性能时，需要对代表体积单元施加载荷和边界条件。如果代表体积单元相对于夹杂很大，结果对如何施加边界条件不那么敏感。

从方便的角度有两种加载方式：一种可以施加简单位移边界条件，如对于矩形的体积单元各边给定位移值，变形后构型为另一个矩形。采用这种加载方式，由最小势能原理知，预测的刚度偏大。另一种加载方式均匀应力边界条件，即在所有边界上加给定的应力，由最小余能原理知，预测的刚度偏小。当然边界条件还可以混合，即有的边界加应力条件，有的边界加位移条件，如预测材料沿水平方向的刚度时，可以在左右边界加位移条件，上下两条边加应力自由条件。当然混合边界条件情形不能简单判断是否给出刚度的上限或下限。

但是这些加载方式当复合材料的微观结构和载荷具有某种对称性时可能是准确的，在多数时候只是近似，在边界处会产生误差。对于大的体积单元边界效应不明显，误差会落到许可范围内。所以对不具有周期性微结构的复合材料性能预测时，一定要采用较大的体积单元。那么怎么来判断代表体积单元足够大呢？可以算两个尺度(比如大小为两倍关系)的体积单元，如果输出的结果差别不大，即可以认为这个尺度可以接受。

而对于具有周期性微结构复合材料所采用的周期性代表体积单元，应该采取周期性边界条件，下面以图14-6(a)所示的二维周期性代表体积单元为例讨论如何施加载荷及实现周期性边界条件。当复合材料整体或宏观上呈现均匀变形时，其微观的周期性微结构呈现周期性的微观变形。因此一个如图14-6(a)所示的平行四边形周期性代表体积单元在这种载荷作用下变为如图14-6(b)所示的曲边平行四边形，这样才能保证空间被无缝无重叠填充。即等同边界点G与$H(\boldsymbol{x}_H-\boldsymbol{x}_C=\boldsymbol{x}_G-\boldsymbol{x}_A)$需满足如下数学表达式：

$$\boldsymbol{u}_H-\boldsymbol{u}_C=\boldsymbol{u}_G-\boldsymbol{u}_A \tag{14-1}$$

其中$\boldsymbol{x}$代表初始构型的坐标，$\boldsymbol{u}$代表位移，即H点相对于C点的位置始终与G点相对于A点的位置一样。在很多有限元软件中(如ABAQUS)，这种表达式表示的约束条件是提供实现接口的。因此对于一个二维周期性代表元，我们只要给定A点、B点和C点，其他点在满足周期性边界约束条件下通过能量取极小自然可以求得。

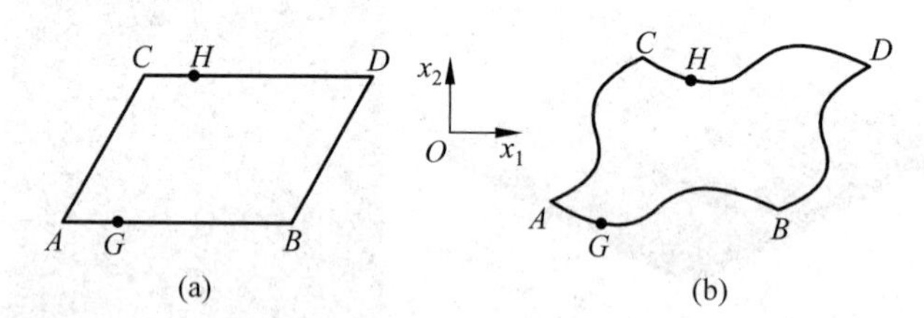

图14-6 二维周期性边界条件示意图

当施加给定整体平均应变条件时，即$\bar{\boldsymbol{\varepsilon}}$已知，$A$点、$B$点和$C$点的位置由应变与位移的几何关系立刻给定，其他点的位置由周期性条件加能量极小可得。而对于含远场均匀应力的加载，则由包含外力功的总势能求极小可以获得。如远场只施加1方向单轴平均应力为$\bar{\sigma}_1$，其他方向平均应力为零，对应的代表体积单元总势能为

$$\Pi=U(\bar{\boldsymbol{\varepsilon}})-\bar{\sigma}_1\bar{\varepsilon}_1V \tag{14-2}$$

其中$U(\bar{\boldsymbol{\varepsilon}})$和$V$分别为代表体积单元的应变能和体积，平均应变$\bar{\boldsymbol{\varepsilon}}$为总能量极小的求优变量。若平均应力与平均应变混合加载，也可以类似处理。

14.4 计算分析方法

在研究复合材料等效性质时,有限元是采用最多的计算方法,读者欲了解这方面内容可阅读相关书籍。与其他有限元分析不同的是需考虑前面各节所讨论的各种条件或因素。这里再讨论一个因素,即模拟不同等效力学性能时所需最小代表体积单元的尺寸会不同。等效模量是一种平均性质,所以代表体积单元可以选择较小;研究强度是寻找最危险的情况,因此代表体积单元得大一些;而研究复合材料的断裂韧性时,要求代表单元尺寸要远远大于断裂过程区尺寸,所以需要更大的代表体积单元。计算分析时,不仅要考虑代表体积单元尺寸的影响,还要考虑网格密度对计算精度的影响,复合材料中多相且特征尺度差别大,往往造成计算量十分巨大。

边界元法是另一种有效的计算方法,它充分利用弹性力学的基本解析解,具有只在边界离散单元、计算精度高等优点,因此相较有限元可模拟更大规模的复合材料问题。清华大学的姚振汉和曹艳平等学者,一直致力于发展高效的边界元方法来研究复合材料。对如图 14-7 所示的颗粒增强的复合材料的三维压痕问题而言,用有限元方法处理将在模型的建立和计算效率上遇到困难。因此他们采用边界元方法建立考虑微结构的三维边界元压痕实验分析模型。边界元方法作为有限元方法的有益补充,在此类问题上比有限元方法更有效。然而,历史上该方法的一个缺点在于其所得的求解矩阵通常是非对称满阵,这在很大程度上限制了该方法能处理的问题的规模。近年来,快速多极边界元法逐渐发展起来,并受到广泛关注。该方法目前即便是用普通的服务器也可以用来处理上百万个自由度的弹性力学问题,因此可以处理很多实际工程科学问题。图 14-7(a)为建立的三维复合材料模型,被压体是半径为 10cm,高度为 20cm 的圆柱。1000 个互不重叠的相同的球形颗粒随机分布在圆柱体中。夹杂的体积百分比为 9%。整个模型包含大约 400000 个表面或界面自由度。图 14-7(b)显示了其应力分布。

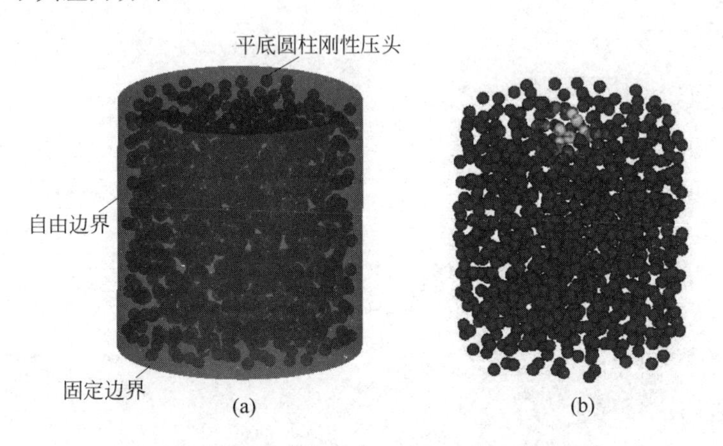

图 14-7　确定代表性体元尺寸的三维边界元模型

(a) 计算模型;(b) 球形夹杂表面法向应力分布云图

第4篇

现代新型复合材料

第 15 章

纳米复合材料

15.1 引　　言

当夹杂某一维度达到纳米尺度，此时复合材料称为纳米复合材料，如纳米颗粒、线或板与连续基体复合构成的复合材料。随着夹杂尺度减小至纳米量级时，表面或界面的影响变得突出起来，表界面效应一般使纳米尺度材料的模量和强度较体材料有大幅提高。这些高模量和强度的纳米增强相为制备高性能复合材料提供了可能。实验表明纳米复合材料宏观力学行为往往表现出与夹杂尺度相关性，而传统复合材料宏观力学行为主要依赖夹杂的属性、含量及分布。因此，针对纳米复合材料性能设计，首先需要刻划表界面效应的影响，给出纳米尺度下材料力学性能的描述方法，在此基础上进一步分析该效应对复合材料宏观性能的影响。本章将针对纳米尺度材料所表现出的表界面效应，介绍描述该效应的连续介质力学方法，并进一步结合细观力学给出评价表界面效应对复合材料宏观力学性能影响的方法。

15.2 表界面效应及描述方法

15.2.1 表界面效应

表界面附近的原子所处的环境与体材料中原子不同，在外力作用下表界面附近区域材料的响应也将与体材料有较大差别，即称为表界面效应。当构件尺寸在微米量级及以上时，构件的力学响应主要由体材料的性能决定，表界面效应的影响可以忽略；但当构件尺寸减少至纳米尺寸时，表界面效应的影响变得突出起来，因此需要有相应的理论来刻划这种效应的影响。实际上当两相材料形成界面时，由于扩散等作用，会存在一个界面层，在该层内原子间距、密度及组分等物理量都将发生变化，有别于相应的体材料，如图 15-1(a)所示。为了便于数学上分析，人们将实际上有一定厚度的界面层简化成一个没有厚度的理想数学界面(见图 15-1(b))，通过定义表界面参数将界面层的影响等效加以考虑，该思想源于 Gibbs 的划分界面(dividing surface)概念。

通过这样的数学简化，界面上物理量的定义实际为理想系统和实际系统的差值或剩余(excess)。考察图 15-2 的一维系统，横坐标为 z 轴，某物理量 g 在界面上的定义为

$$g^{s}=\int_{z_A}^{z_B}g(z)\mathrm{d}z-(\xi-z_A)g_A-(z_B-\xi)g_B \tag{15-1}$$

其中 z_A，z_B 是在相 A 和 B 内任意位置，ξ 为理想界面位置，g_A，g_B 为物理量 g 在相 A 和 B 的值，实际上界面量 g^s 对应于图 15-2 的阴影部分。

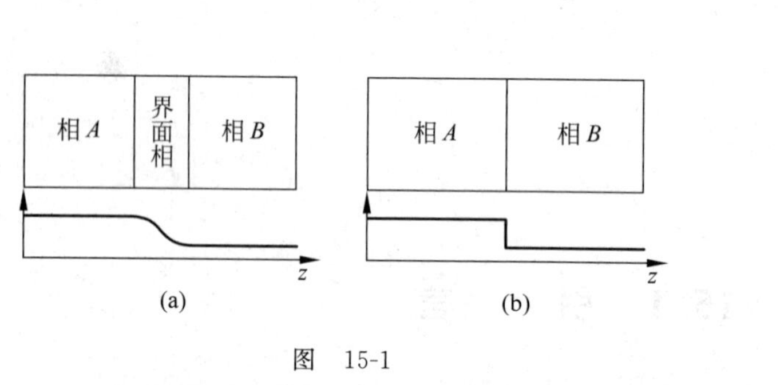

图　15-1

(a) 实际两相材料界面层；(b) 理想数学界面

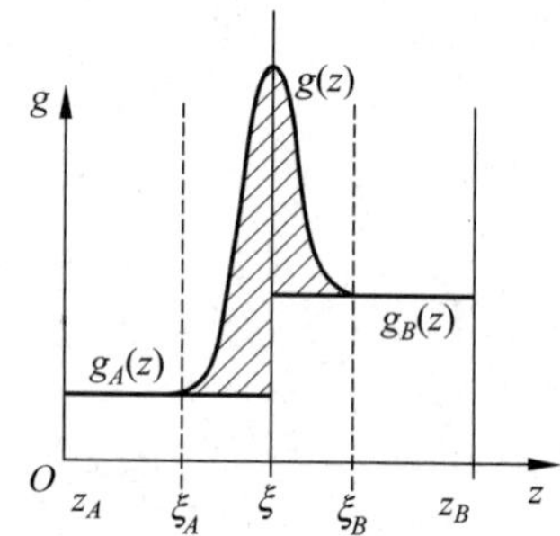

图 15-2　界面物理量的定义

15.2.2　界面能与界面应力

对于一个力学系统，界面上的两个重要物理量分别是剩余界面能和界面应力，在后面讨论中简称界面能和界面应力。界面能 γ^s 是指产生新单位界面所需要的能量，界面应力 $\boldsymbol{\sigma}^s$ 是指使界面产生变形(界面原子间距发生变化)所需要的应力。一般来讲垂直界面应力的分量只改变界面的参考面而不使界面产生变形，因此界面应力 $\boldsymbol{\sigma}^s$ 假设是一个投影在界面内的二维张量，其对应的应变 $\boldsymbol{\varepsilon}^s$ 也是界面内的二维张量。在小变形情况下，界面能与界面应力满足 Shuttleworth 方程：

$$\boldsymbol{\sigma}^s=\gamma_0^s\boldsymbol{\delta}+\frac{\partial\gamma^s}{\partial\boldsymbol{\varepsilon}^s} \tag{15-2}$$

其中 $\boldsymbol{\delta}$ 是二维单位张量。对于液体和气体界面，由于液体分子的流动性使得界面能 γ^s 与施加应变无关。根据 Shuttleworth 方程，此时有 $\boldsymbol{\sigma}^s=\gamma_0^s\boldsymbol{\delta}$，即界面应力与界面能相等，也即为表面张力。对于涉及固体材料的界面，施加外力将使界面原子间距发生变化，因此界面能 γ^s 是界面应变的函数。为了简化分析，对于固体材料可以假设 $\gamma^s=\frac{1}{2}\boldsymbol{\varepsilon}^s:\boldsymbol{C}^s:\boldsymbol{\varepsilon}^s$，并忽略式(15-2)中的残余应力项，最后界面的本构方程可以表示为

$$\boldsymbol{\sigma}^s=\boldsymbol{C}^s:\boldsymbol{\varepsilon}^s \tag{15-3}$$

对于各向同性界面进一步有

$$\boldsymbol{\sigma}^{s}=2\mu_{s}\boldsymbol{\varepsilon}^{s}+\lambda_{s}(\mathrm{tr}\boldsymbol{\varepsilon}^{s})\boldsymbol{\delta} \tag{15-4}$$

其中 μ_s,λ_s 是界面的剪切模量和拉梅系数，并且可以进一步定义面积模量和泊松比。由于界面上的物理量都是通过界面两边相应量的差值或剩余来定义，因此剩余界面能 γ^s 可以为负值，即界面模量 $\boldsymbol{C}^s$ 所对应的矩阵不一定是正定的。

15.2.3 界面应力平衡或 Young-Laplace 方程

至此，我们将界面简化成一个无厚度的弹性薄膜，其具有弹性常数 $\boldsymbol{C}^s$ 或 μ^s,λ^s。下面考察两个固体具有一个共同界面，在外力作用下，界面力如何进行平衡？为了说明概念，首先考察一个平直界面，如图 15-3(a)所示。界面附近材料 1 的应力为 σ_{ij}^1，材料 2 的应力为 σ_{ij}^2，界面应力为 $\sigma_{\alpha\beta}^s$，希腊字母表示取值从 1 至 2。如图 15-3(b)所示，取界面上一个微元，材料 1 和 2 作用在界面微元上下表面上的力分别用 $\boldsymbol{t}_3^1,\boldsymbol{t}_3^2$ 表示，假设界面处位移是连续的，即在界面处 $u_{ij}^1=u_{ij}^2=u_{ij}^s$。在坐标系$(\boldsymbol{e}_1,\boldsymbol{e}_2,\boldsymbol{e}_3)$下，有 $\boldsymbol{t}_3^1=\sigma_{13}^1\boldsymbol{e}_1+\sigma_{23}^1\boldsymbol{e}_2+\sigma_{33}^1\boldsymbol{e}_3$，$\boldsymbol{t}_3^2=\sigma_{13}^2\boldsymbol{e}_1+\sigma_{23}^2\boldsymbol{e}_2+\sigma_{33}^2\boldsymbol{e}_3$，$\boldsymbol{t}_1^s=\sigma_{11}^s\boldsymbol{e}_1+\sigma_{12}^s\boldsymbol{e}_2$，$\boldsymbol{t}_2^s=\sigma_{22}^s\boldsymbol{e}_2+\sigma_{12}^s\boldsymbol{e}_1$。

通过考察界面微元力的平衡，可以得到界面应力应满足如下关系：

$$\sigma_{33}^1=\sigma_{33}^2,\quad \sigma_{13}^2-\sigma_{13}^1=\sigma_{11,1}^s+\sigma_{12,2}^s,\quad \sigma_{23}^2-\sigma_{23}^1=\sigma_{22,2}^s+\sigma_{12,1}^s \tag{15-5}$$

该条件也可以将两个固体和界面视为一个力学系统，通过变分方法得到。由式(15-5)可以看出考虑界面效应后，应力在界面处将产生间断，并由界面力平衡。

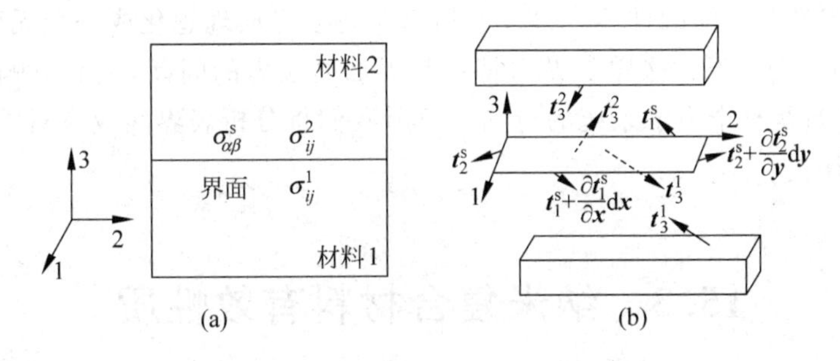

图 15-3

(a) 界面应力平衡图；(b) 界面微元应力变化

对于如图 15-4 所示的一般曲界面 S，设其参数化方程为 $\boldsymbol{r}=\boldsymbol{r}(\alpha_1,\alpha_2)$。设曲面上任一点的法向矢量为 $\boldsymbol{n}$，建立局部正交坐标系$(\boldsymbol{e}_1,\boldsymbol{e}_2,\boldsymbol{n})$，基矢 $\boldsymbol{e}_1,\boldsymbol{e}_2$ 定义为

$$\boldsymbol{e}_1=\frac{1}{h_1}\frac{\partial\boldsymbol{r}}{\partial\alpha_1},\quad \boldsymbol{e}_2=\frac{1}{h_2}\frac{\partial\boldsymbol{r}}{\partial\alpha_2} \tag{15-6}$$

其中 h_1,h_2 是度量系数。

界面应力定义在曲界面的切平面$(\boldsymbol{e}_1,\boldsymbol{e}_2)$内，其所要满足的条件仍然可以利用平直界面推导的思路，取界面微元为曲面微元分析力平衡得到，或利用变分原理给出，最终结果为

$$(\boldsymbol{\sigma}^2-\boldsymbol{\sigma}^1)\cdot\boldsymbol{n}=-\nabla_s\cdot\boldsymbol{\sigma}^s \tag{15-7}$$

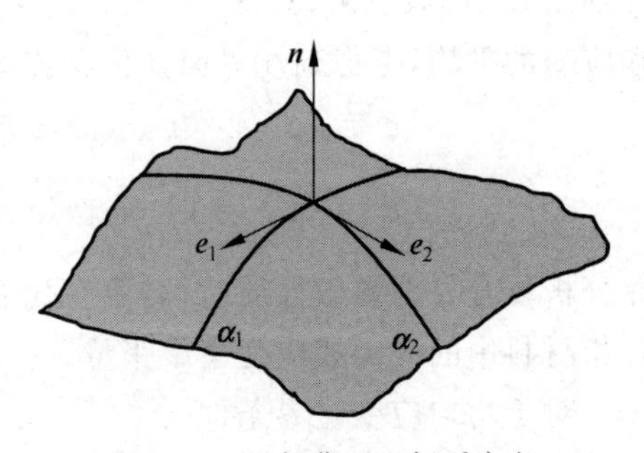

图 15-4 局部曲面坐标系定义

式(15-7)为一般曲界面的广义 Young-Laplace 方程，它给出了曲界面应力所满足的条件。$\nabla_s\cdot\boldsymbol{\sigma}^s$是

界面应力在曲面上的散度,表示为

$$\nabla_s \cdot \boldsymbol{\sigma}^s = \frac{1}{h_1 h_2}\left[\frac{\partial(h_2\sigma_{11}^s)}{\partial\alpha_1} + \frac{\partial(h_1\sigma_{21}^s)}{\partial\alpha_2} + \frac{\partial h_1}{\partial\alpha_2}\sigma_{12}^s - \frac{\partial h_2}{\partial\alpha_1}\sigma_{22}^s\right]\boldsymbol{e}_1 + \frac{1}{h_1 h_2}\left[-\frac{\partial h_1}{\partial\alpha_2}\sigma_{11}^s + \frac{\partial h_2}{\partial\alpha_1}\sigma_{21}^s + \frac{\partial(h_2\sigma_{12}^s)}{\partial\alpha_1} + \frac{\partial(h_1\sigma_{22}^s)}{\partial\alpha_2}\right]\boldsymbol{e}_2 - \left(\frac{\sigma_{11}^s}{R_1} + \frac{\sigma_{22}^s}{R_2}\right)\boldsymbol{n} \tag{15-8}$$

其中 R_1, R_2 为主曲率半径。针对球坐标系 (r,θ,ϕ), $\alpha_1=\theta, \alpha_2=\phi, h_1=h_\theta=r, h_2=h_\phi=r\sin\theta$, $R_1=R_2=r$,广义 Young-Laplace 方程可以具体写为如下分量形:

$$\left.\begin{aligned} \sigma_{rr}^2 - \sigma_{rr}^1 &= \frac{\sigma_{\phi\phi}^s + \sigma_{\theta\theta}^s}{r} \\ \sigma_{r\phi}^2 - \sigma_{r\phi}^1 &= -\left[\frac{1}{r}\frac{\partial\sigma_{\phi\phi}^s}{\partial\phi} + \frac{1}{r\sin\phi}\frac{\partial\sigma_{\phi\theta}^s}{\partial\theta} + \frac{\sigma_{\phi\phi}^s - \sigma_{\theta\theta}^s}{r}\cot\phi\right] \\ \sigma_{r\theta}^2 - \sigma_{r\theta}^1 &= -\left[\frac{1}{r}\frac{\partial\sigma_{\phi\theta}^s}{\partial\phi} + \frac{2\sigma_{\phi\theta}^s}{r}\cot\phi + \frac{1}{r\sin\phi}\frac{\partial\sigma_{\theta\theta}^s}{\partial\theta}\right] \end{aligned}\right\} \tag{15-9}$$

至此,我们讨论了表界面效应及其模型化。材料表界面效应是由于表界面附近原子的平衡状态与体材料存在差别所致,这种差别是材料原子间长程作用的结果,来自材料的非局部特性。随着构件的尺度减小,表界面的影响将变得越来越突出。为了描述表界面对材料宏观力学性能的影响,通过定义一个数学界面,将表界面附近物理量与体材料的差别赋予数学界面上,由此定义了界面的性能。具体来讲就是将表界面理想化成一个无厚度薄膜,并定义该薄膜面内的本构关系。这样表界面将引起界面处应力的间断,进而影响所连接的两个固体内应力的分布及整个力学系统的行为。下节我们将分析表界面效应对颗粒夹杂复合材料弹性模量的影响。

15.3 纳米复合材料有效性质

15.3.1 含表界面效应细观力学分析方法

考察含界面效应复合材料代表单元 $V=V_1+V_2$,其中 V_1, V_2 分别是夹杂和基体的总体积,夹杂的体积含量为 c_1,夹杂和基体的总界面用 Γ 表示。夹杂、基体和界面的模量(柔度)分别用 $\boldsymbol{C}_1, \boldsymbol{C}_2, \boldsymbol{C}_s(\boldsymbol{S}_1, \boldsymbol{S}_2, \boldsymbol{S}_s)$ 表示。定义复合材料宏观应力和应变是对于代表单元局部应力和应变的平均,考虑到在界面处位移连续应力具有间断,这时有

$$\bar{\boldsymbol{\varepsilon}} = \langle\boldsymbol{\varepsilon}\rangle = (1-c_1)\langle\boldsymbol{\varepsilon}\rangle_2 + c_1\langle\boldsymbol{\varepsilon}\rangle_1 \tag{15-10}$$

$$\bar{\boldsymbol{\sigma}} = \langle\boldsymbol{\sigma}\rangle = (1-c_1)\langle\boldsymbol{\sigma}\rangle_2 + c_1\langle\boldsymbol{\sigma}\rangle_1 + \frac{c_1}{V_1}\int_\Gamma([\boldsymbol{\sigma}]\cdot\boldsymbol{n})\otimes\boldsymbol{x}\,\mathrm{d}\Gamma \tag{15-11}$$

在分析复合材料有效性质时,需要在代表单元边界施加均匀应变或应力边界条件,然后计算各相材料中的应力或应变集中张量。

对于均匀应变边界条件

$$\boldsymbol{u} = \bar{\boldsymbol{\varepsilon}}\cdot\boldsymbol{x}, \quad \boldsymbol{x}\in\partial V \tag{15-12}$$

如果能够计算出夹杂和界面的集中张量

$$\langle \boldsymbol{\varepsilon} \rangle_1 = \boldsymbol{B}_1 : \bar{\boldsymbol{\varepsilon}} \tag{15-13}$$

$$\frac{1}{V_1}\int_\Gamma ([\boldsymbol{\sigma}] \cdot \boldsymbol{n}) \otimes \boldsymbol{x} \mathrm{d}\Gamma = \boldsymbol{B}_\mathrm{s} : \bar{\boldsymbol{\varepsilon}} \tag{15-14}$$

这时复合材料有效模量即可通过均质化得到

$$\bar{\boldsymbol{C}} = \boldsymbol{C}_2 + c_1(\boldsymbol{C}_1 - \boldsymbol{C}_2) : \boldsymbol{B}_1 + c_1\boldsymbol{B}_\mathrm{s} \tag{15-15}$$

对于均匀应力边界条件

$$\boldsymbol{\sigma} \cdot \boldsymbol{n} = \bar{\boldsymbol{\sigma}} \cdot \boldsymbol{n}, \quad \boldsymbol{x} \in \partial V \tag{15-16}$$

如果能够得到夹杂和界面的集中张量

$$\langle \boldsymbol{\sigma} \rangle_1 = \boldsymbol{A}_1 : \bar{\boldsymbol{\sigma}} \tag{15-17}$$

$$\frac{1}{V_1}\int_\Gamma ([\boldsymbol{\sigma}] \cdot \boldsymbol{n}) \otimes \boldsymbol{x} \mathrm{d}\Gamma = \boldsymbol{A}_\mathrm{s} : \bar{\boldsymbol{\sigma}} \tag{15-18}$$

这时复合材料等效柔度可以表示为

$$\bar{\boldsymbol{S}} = \boldsymbol{S}_2 + c_1(\boldsymbol{S}_1 - \boldsymbol{S}_2) : \boldsymbol{A}_1 - c_1\boldsymbol{S}_2 : \boldsymbol{A}_\mathrm{s} \tag{15-19}$$

因此,计算含界面效应复合材料有效模量,其基本方法仍然和第 11 章传统细观力学方法一致,区别在于表界面效应引起的界面应力间断需要加以考虑。从上述分析可以看出,计算含界面效应复合材料模量,其关键在于计算各相材料和界面的应力和应变集中张量。和传统细观力学一样,首先分析单夹杂问题。

15.3.2 含表界面效应单夹杂问题

考察一个无限大各向同性材料($\boldsymbol{C}_2(\boldsymbol{S}_2),\lambda_2,\mu_2,\kappa_2$)中含有一个半径为 R 的球形夹杂($\boldsymbol{C}_1(\boldsymbol{S}_1),\lambda_1,\mu_1,\kappa_1$),远场受均匀应变的作用,如图 15-5 所示。我们将计算夹杂和界面的应变集中张量。

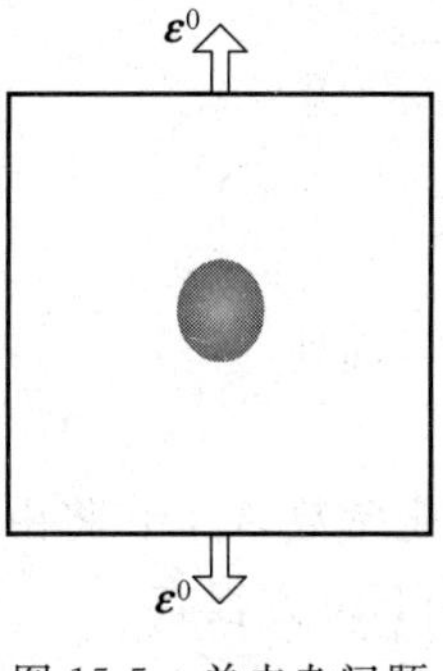

求解上述问题的数学模型可以表述为

在基体及夹杂内:$\boldsymbol{x}\in\Omega_i(i=1,2)$

$$\left.\begin{aligned} &\nabla \cdot \boldsymbol{\sigma}^i = 0 \\ &\boldsymbol{\sigma}^i = \boldsymbol{C}^i : \boldsymbol{\varepsilon}^i \\ &\boldsymbol{\varepsilon}^i = (\nabla \otimes \boldsymbol{u}^i + \boldsymbol{u}^i \otimes \nabla)/2 \end{aligned}\right\} \tag{15-20}$$

在基体与夹杂界面上:$\boldsymbol{x}\in\Gamma$

$$\left.\begin{aligned} &(\boldsymbol{\sigma}^2 - \boldsymbol{\sigma}^1) \cdot \boldsymbol{n} = -\nabla_\mathrm{s} \cdot \boldsymbol{\sigma}^\mathrm{s}, \quad \boldsymbol{\sigma}^\mathrm{s} = \boldsymbol{C}^\mathrm{s} : \boldsymbol{\varepsilon}^\mathrm{s} \\ &\boldsymbol{\varepsilon}^\mathrm{s} = (\nabla \otimes \boldsymbol{u}^\mathrm{s} + \boldsymbol{u}^\mathrm{s} \otimes \nabla)/2, \quad \boldsymbol{u}^\mathrm{s} = \boldsymbol{u}^i \end{aligned}\right\} \tag{15-21}$$

图 15-5 单夹杂问题

在边界上:$\boldsymbol{x}\to\infty$

$$\boldsymbol{u}^2 = \boldsymbol{\varepsilon}^0 \cdot \boldsymbol{x} \tag{15-22}$$

即在基体和夹杂内满足平衡、协调和本构关系,在界面上满足界面应力条件、协调与本构关系及连续性条件,无穷远处满足边界条件。

对上述问题求解,可以将远场应变分解成球量和偏量两个部分$\boldsymbol{\varepsilon}^0 = \frac{1}{3}\mathrm{tr}(\boldsymbol{\varepsilon}^0)\boldsymbol{\delta} + \mathrm{dev}(\boldsymbol{\varepsilon}^0)$,然后分别求出对应的夹杂和界面力与外载荷的关系。首先研究远场载荷为球量载荷的情

况，即 $\varepsilon_{11}^{0}=\varepsilon_{22}^{0}=\varepsilon_{33}^{0}=\mathrm{tr}(\varepsilon^{0})/3$，如图 15-6 所示。

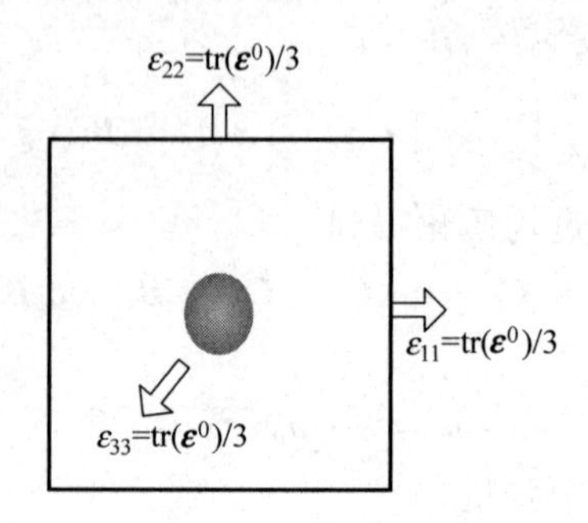

图 15-6　球压载荷作用

利用问题的对称性，在球坐标系下，基体和夹杂的非零位移场可以表示成

$$u_r^i = A^i r + \frac{B^i}{r^2} \tag{15-23}$$

其中 A^i，B^i 是需要通过界面条件和边界条件确定的常数。在夹杂内由于位移应为有限值，因此 $B^1=0$。同样在无穷远处，基体位移满足边界条件，即 $u_r^2=\frac{1}{3}\mathrm{tr}(\boldsymbol{\varepsilon}^0)r$，$r\to\infty$，因此有 $A^2=\frac{1}{3}\mathrm{tr}(\boldsymbol{\varepsilon}^0)$。这样夹杂和基体的位移场和应力场可以进一步表示为

在夹杂内

$$u_r^1 = A^1 r \tag{15-24}$$

$$\sigma_{rr}^1 = \sigma_{\theta\theta}^1 = \sigma_{\phi\phi}^1 = (3\lambda_1 + 2\mu_1)A^1 \tag{15-25}$$

在基体内

$$u_r^2 = A^2 r + \frac{B^2}{r^2} \tag{15-26}$$

$$\sigma_{rr}^2 = (3\lambda_2 + 2\mu_2)A^2 - \frac{4\mu_2 B^2}{r^3},$$

$$\sigma_{\theta\theta}^2 = \sigma_{\phi\phi}^2 = (3\lambda_2 + 2\mu_2)A^2 + \frac{2\mu_2 B^2}{r^3} \tag{15-27}$$

在界面处

$$\sigma_{\theta\theta}^{s} = \sigma_{\phi\phi}^{s} = (2\lambda_s + 2\mu_s)A^1 \tag{15-28}$$

待定常数 A^1，B^2 将由界面条件确定。在夹杂和基体界面处，利用位移连续和广义 Young-Laplace 方程有

$$u_r^2 = u_r^1 \tag{15-29}$$

$$\sigma_{rr}^2 - \sigma_{rr}^1 = \frac{\sigma_{\phi\phi}^{s} + \sigma_{\theta\theta}^{s}}{a} \tag{15-30}$$

这样得到确定常数 A^1，B^2 的如下两个方程：

$$A^1 = A^2 + \frac{B^2}{a^3} \tag{15-31}$$

$$\frac{1}{a}(4\lambda_s + 4\mu_s)A^1 = (3\lambda_2 + 2\mu_2)A^2 - \frac{4\mu_2 B^2}{a^3} - (3\lambda_1 + 2\mu_1)A^1 \tag{15-32}$$

由此得到

$$A^1 = \frac{3(\lambda_2 + 2\mu_2)}{4\bar{\lambda}_s + 4\bar{\mu}_s + 3\lambda_1 + 2\mu_1 + 4\mu_2} A^2 \tag{15-33}$$

$$\frac{B^2}{a^3} = \frac{3\lambda_2 + 2\mu_2 - 4\bar{\lambda}_s - 4\bar{\mu}_s - 3\lambda_1 - 2\mu_1}{4\bar{\lambda}_s + 4\bar{\mu}_s + 3\lambda_1 + 2\mu_1 + 4\mu_2} A^2 \tag{15-34}$$

其中 $\bar{\lambda}_s = \lambda_s / a, \bar{\mu}_s = \mu_s / a$。

这样在球压载荷作用下，夹杂内的应力和应变是均匀的，在直角坐标系下表示为

$$\langle \varepsilon_{ij}^1 \rangle_1 = A^1 \mathrm{tr}(\varepsilon^0)/3\delta_{ij} = B_1^{\mathrm{sph}} \mathrm{tr}(\varepsilon^0)/3\delta_{ij} \tag{15-35}$$

同样

$$\frac{1}{V_1}\int_\Gamma ([\boldsymbol{\sigma}] \cdot \boldsymbol{n}) \otimes \boldsymbol{x} \mathrm{d}\Gamma = 4(\bar{\lambda}_s + \bar{\mu}_s) A^1 \delta_{ij} = B_s^{\mathrm{sph}} \mathrm{tr}(\varepsilon^0)/3\delta_{ij} \tag{15-36}$$

其中

$$B_1^{\mathrm{sph}} = \frac{3\kappa_2 + 4\mu_2}{3\kappa_1 + 2\bar{\kappa}_s + 4\mu_2} \tag{15-37}$$

$$B_s^{\mathrm{sph}} = \frac{2\bar{\kappa}_s(3\kappa_2 + 4\mu_2)}{3\kappa_1 + 2\bar{\kappa}_s + 4\mu_2} \tag{15-38}$$

其中 $\bar{\kappa}_s = 2(\bar{\lambda}_s + \bar{\mu}_s)$。

下面考察远场受到应变偏量的作用，利用问题的对称性，只考虑如图 15-7 所示的载荷作用，$u_1 = \varepsilon^0 x, u_2 = -\varepsilon^0 y, u_3 = 0$。

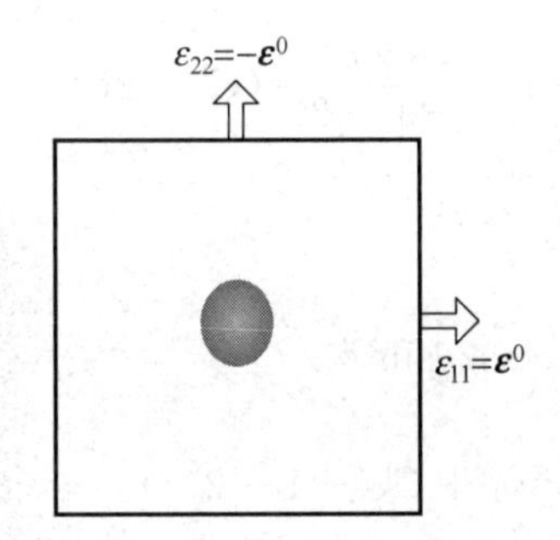

图 15-7　偏量载荷作用

远场载荷表示在球坐标系下为：$r, \phi, \theta, (0 < \phi < \pi, 0 < \theta < 2\pi)$

$$\left.\begin{aligned} u_r &= \varepsilon^0 r \sin^2\phi \cos 2\theta \\ u_\phi &= \varepsilon^0 r \sin 2\phi \cos 2\theta / 2 \\ u_\theta &= -\varepsilon^0 r \sin\phi \sin 2\theta \end{aligned}\right\} \tag{15-39}$$

据此可以假设待求问题的位移场具有如下形式：

$$\left.\begin{aligned} u_r &= U_r(r) \sin^2\phi \cos 2\theta \\ u_\phi &= U_\phi(r) \sin 2\phi \cos 2\theta / 2 \\ u_\theta &= U_\theta(r) \sin\phi \sin 2\theta \end{aligned}\right\} \tag{15-40}$$

其中 $U_r(r), U_\theta(r), U_\phi(r)$ 是 r 的待定函数，代入位移表示的平衡方程，可以得到在夹杂内

$$\left.\begin{aligned} U_r^1 &= C^1 r - \frac{6v_1}{1-2v_1} D^1 r^3 \\ -U_\theta(r) &= U_\phi(r) = C^1 r - \frac{7-4v_1}{1-2v_1} D^1 r^3 \end{aligned}\right\} \tag{15-41}$$

应力应变表达

$$\left.\begin{aligned}
\varepsilon_r &= \frac{\partial u_r}{\partial r} = \left(C^1 + \frac{18D^1 r^2 v_1}{-1+2v_1}\right)\cos 2\theta \sin^2\phi \\
\varepsilon_\phi &= \frac{1}{r}\frac{\partial u_\phi}{\partial \phi} + \frac{u_r}{r} \\
&= \frac{\cos 2\theta}{-2+4v_1}(6D^1 r^2 v_1 + C^1(-1+2v_1) + (-14D^1 r^2(-1+v_1) \\
&\quad + C^1(-1+2v_1))\cos 2\phi) \\
\varepsilon_\theta &= \frac{1}{r\sin\phi}\frac{\partial u_\theta}{\partial \theta} + \frac{u_r}{r} + \frac{\cot\phi}{r} u_\phi \\
&= \frac{\cos 2\theta}{-2+4v_1}(C^1(2-4v_1) + 3D^1 r^2(-7+6v_1) + D^1 r^2(7-10v_1)\cos 2\phi) \\
\varepsilon_{r\phi} &= \frac{1}{2}\left(\frac{1}{r}\frac{\partial u_r}{\partial \phi} + \frac{\partial u_\phi}{\partial r} - \frac{u_\phi}{r}\right) = \frac{\cos 2\theta \sin 2\phi}{-2+4v_1}(C^1(-1+2v_1) + D^1 r^2(7+2v_1)) \\
\varepsilon_{\phi\theta} &= \frac{1}{2}\left(\frac{1}{r\sin\phi}\frac{\partial u_\phi}{\partial \theta} + \frac{1}{r}\frac{\partial u_\theta}{\partial \phi} - \frac{\cot\phi}{r} u_\theta\right) = \frac{\sin 2\theta \cos\phi}{-1+2v_1}(C^1 - 2C^1 v_1 + D^1 r^2(-7+4v_1)) \\
\varepsilon_{r\theta} &= \frac{1}{2}\left(\frac{1}{r\sin\phi}\frac{\partial u_r}{\partial \theta} + \frac{\partial u_\theta}{\partial r} - \frac{u_\theta}{r}\right) = \frac{\sin 2\theta \sin\phi}{-1+2v_1}(C^1 - 2C^1 v_1 - D^1 r^2(7+2v_1))
\end{aligned}\right\} \tag{15-42}$$

应力

$$\left.\begin{aligned}
\sigma_r &= \mu_1\left(2C^1 + \frac{6D^1 r^2 v_1}{1-2v_1}\right)\cos 2\theta \sin^2\phi \\
\sigma_\phi &= \frac{\mu_1 \cos 2\theta}{-1+2v_1}(-15D^1 r^2 v_1 + C^1(-1+2v_1) \\
&\quad + (7D^1 r^2(2+v_1) + C^1(-1+2v_1))\cos 2\phi) \\
\sigma_\theta &= \frac{\mu_1 \cos 2\theta}{-1+2v_1}(C^1(2-4v_1) - 3D^1 r^2(7+v_1) + D^1 r^2(7+11v_1)\cos 2\phi) \\
\tau_{r\phi} &= \frac{\mu_1 \cos 2\theta \sin 2\phi}{-1+2v_1}(C^1(-1+2v_1) + D^1 r^2(7+2v_1)) \\
\tau_{\phi\theta} &= \frac{2\mu_1 \sin 2\theta \cos\phi}{-1+2v_1}(C^1 - 2C^1 v_1 + D^1 r^2(-7+4v_1)) \\
\tau_{r\theta} &= \frac{2\mu_1 \sin 2\theta \sin\phi}{-1+2v_1}(C^1 - 2C^1 v_1 - D^1 r^2(7+2v_1))
\end{aligned}\right\} \tag{15-43}$$

在基体内

$$\left.\begin{aligned} U_r^2 &= E^2 r + \frac{3F^2}{r^4} + \frac{5-4v_2}{1-2v_2}\frac{G^2}{r^2} \\ U_\theta^2(r) &= -U_\phi^2(r) = E^2 r - \frac{2F^2}{r^4} + \frac{2G^2}{r^2} \end{aligned}\right\} \tag{15-44}$$

$$\left.\begin{aligned}
\sigma_r &= -\frac{2\mu_2\cos2\theta\sin^2\phi}{r^5(-1+2v_2)}(-12F^2-10G^2r^2+E^2r^5+2(12F^2+G^2r^2-E^2r^5)v_2)\\
\sigma_\phi &= \frac{\mu_2\cos2\theta}{r^5}(3F^2+5G^2r^2+E^2r^5+(-7F^2-G^2r^2+E^2r^5)\cos2\phi)\\
\sigma_\theta &= -\frac{\mu_2\cos2\theta}{r^5}(-9F^2+G^2r^2+2E^2r^5+(5F^2+3G^2r^2)\cos2\phi)\\
\tau_{r\phi} &= \frac{\mu_2\cos2\theta\sin2\phi}{r^5(-1+2v_2)}(8F^2(-1+2v_2)-2G^2r^2(1+v_2)+E^2r^5(-1+2v_2))\\
\tau_{\phi\theta} &= -\frac{2\mu_2\cos\phi\sin2\theta}{r^5}(-2F^2+2G^2r^2+E^2r^5)\\
\tau_{r\theta} &= -\frac{2\mu_2\sin2\theta\sin\phi}{r^5(-1+2v_2)}(8F^2(-1+2v_2)-2G^2r^2(1+v_2)+E^2r^5(-1+2v_2))
\end{aligned}\right\}\tag{15-45}$$

上式中如果考虑到无穷远处位移形式，可以进一步得到 $E^2=\varepsilon^0$。因此，有 C^1,D^1,F^2,G^2 4 个待求的未知系数，可以通过夹杂和基体的界面条件确定。根据界面上位移连续及界面应力满足 Young-Laplace 方程，有

$$\left.\begin{aligned}
U_r^1(a) &= U_r^2(a)\\
U_\theta^1(a) &= U_\theta^2(a)
\end{aligned}\right\}\tag{15-46}$$

$$\left.\begin{aligned}
\sigma_{rr}^2-\sigma_{rr}^1\Big|_{r=a} &= \frac{\sigma_{\phi\phi}^s+\sigma_{\theta\theta}^s}{a}\\
\sigma_{r\theta}^2-\sigma_{r\theta}^1\Big|_{r=a} &= -\left[\frac{1}{a}\frac{\partial\sigma_{\phi\theta}^s}{\partial\phi}+\frac{1}{a\sin\phi}\frac{\partial\sigma_{\theta\theta}^s}{\partial\theta}+\frac{\sigma_{\phi\phi}^s-\sigma_{\theta\theta}^s}{a}\cot\phi\right]
\end{aligned}\right\}\tag{15-47}$$

再利用界面本构方程

$$\left.\begin{aligned}
\sigma_{\phi\phi}^s &= 2\mu_s\varepsilon_{\phi\phi}^s+\lambda_s(\varepsilon_{\phi\phi}^s+\varepsilon_{\theta\theta}^s)\\
\sigma_{\theta\theta}^s &= 2\mu_s\varepsilon_{\theta\theta}^s+\lambda_s(\varepsilon_{\phi\phi}^s+\varepsilon_{\theta\theta}^s)\\
\sigma_{\phi\theta}^s &= 2\mu_s\varepsilon_{\phi\theta}^s
\end{aligned}\right\}\tag{15-48}$$

及界面位移和应变连续，即 $\varepsilon_{\theta\theta}^s=\varepsilon_{\theta\theta}^1\Big|_{r=a}$，$\varepsilon_{\phi\phi}^s=\varepsilon_{\phi\phi}^1\Big|_{r=a}$，$\varepsilon_{\phi\theta}^s=\varepsilon_{\phi\theta}^1\Big|_{r=a}$，即可建立界面应力与界面位移的关系，这样式(15-46)，式(15-47)，式(15-48)就建立了求解 C^1,D^1,F^2,G^2 的方程，即

$$\begin{aligned}
C^1g &= 5\mu_2(3\kappa_2+4\mu_2)(2\mu_1(45\bar{\kappa}_s+2\mu_1+68\mu_2+22\bar{\mu}_s)\\
&\quad+\kappa_1(54\bar{\kappa}_s+57\mu_1+48\mu_2+60\bar{\mu}_s))\varepsilon^0\\
a^2D^1g &= 30\mu_1\mu_2(3\kappa_2+4\mu_2)(\bar{\kappa}_s+2\bar{\mu}_s)\varepsilon^0\\
\frac{F^2g}{a^5} &= \frac{1}{2}\varepsilon^0(3\kappa_1(3\kappa_2(38\mu_1^2+16\mu_2(-2\mu_2+3\bar{\mu}_s)+\bar{\kappa}_s(23\mu_1-8\mu_2+16\bar{\mu}_s)\\
&\quad+\mu_1(-6\mu_2+52\bar{\mu}_s))+\mu_2(38\mu_1^2-32\mu_2(\mu_2-3\bar{\mu}_s)+\mu_1(-6\mu_2+52\bar{\mu}_s)\\
&\quad+\kappa_s(23\mu_1+16(\mu_2+\bar{\mu}_s)))+4\mu_1(3\kappa_2(\bar{\kappa}_s(41\mu_1-17\mu_2+34\bar{\mu}_s)\\
&\quad+2(\mu_1^2+33\mu_1\mu_2-34\mu_2^2+(8\mu_1+51\mu_2)\bar{\mu}_s))+\mu_2(\bar{\kappa}_s(41\mu_1+34(\mu_2+\bar{\mu}_s))\\
&\quad+2(\mu_1^2-34\mu_2(\mu_2-3\bar{\mu}_s)+\mu_1(33\mu_2+8\bar{\mu}_s))))\\
\frac{G^2g}{a^3} &= -\frac{5}{2}\mu_2\varepsilon^0(3\kappa_1(38\mu_1^2+32\mu_2(-\mu_2+\bar{\mu}_s)+\mu_1(-6\mu_2+52\bar{\mu}_s)\\
&\quad+\kappa_s(23\mu_1+16(-\mu_2+\bar{\mu}_s)))+4\mu_1(\bar{\kappa}_s(41\mu_1+34(-\mu_2+\bar{\mu}_s))
\end{aligned}$$

$$+2(\mu_1^2+34\mu_2(-\mu_2+\bar{\mu}_s)+\mu_1(33\mu_2+8\bar{\mu}_s))))$$

其中

$$\begin{aligned} g=&4\mu_1(2\mu_2(6\mu_1^2+136\mu_2(\mu_2+2\bar{\mu}_s)+16\mu_1(13\mu_2+3\bar{\mu}_s)+3\bar{\kappa}_s(41\mu_1+34(\mu_2+\bar{\mu}_s)))\\ &+3\kappa_2(2\mu_1^2+102\mu_2(\mu_2+\bar{\mu}_s)+\mu_1(71\mu_2+16\bar{\mu}_s)+\bar{\kappa}_s(41\mu_1+34(2\mu_2+\bar{\mu}_s))))\\ &+3\kappa_1(3\kappa_2(38\mu_1^2+48\mu_2(\mu_2+\bar{\mu}_s)+\mu_1(89\mu_2+52\bar{\mu}_s)+\bar{\kappa}_s(23\mu_1+16(2\mu_2+\bar{\mu}_s)))\\ &+2\mu_2(\bar{\kappa}_s(69\mu_1+48(\mu_2+\bar{\mu}_s))+2(57\mu_1^2+32\mu_2(\mu_2+2\bar{\mu}_s)+\mu_1(86\mu_2+78\bar{\mu}_s))))\end{aligned}$$

上述方程求解非常繁冗,我们将在最后结果时给出。求得夹杂和界面上的应力和应变后,既可计算它们在夹杂和界面上的平均。最终有

$$\langle\varepsilon_{11}^1\rangle_1=-\langle\varepsilon_{22}^1\rangle_1=B_1^{\text{dev}}\varepsilon^0 \tag{15-49}$$

$$\frac{1}{V_1}\int_\Gamma([\boldsymbol{\sigma}]\cdot\boldsymbol{n})\otimes\boldsymbol{x}\,\mathrm{d}\Gamma=B_s^{\text{dev}}\varepsilon^0(\boldsymbol{e}_x\boldsymbol{e}_x-\boldsymbol{e}_y\boldsymbol{e}_y) \tag{15-50}$$

其中,

$$B_s^{\text{dev}}=\frac{\xi^s}{H},\quad B_1^{\text{dev}}=\frac{\xi^1}{H}$$

$$\begin{aligned}\xi^1=&\mu_2(3\kappa_2+4\mu_2)(3\kappa_1(48\bar{\kappa}_s+95\mu_1+16(5\mu_2+\bar{\mu}_s))\\ &+4\mu_1(102\bar{\kappa}_s+5\mu_1+34(5\mu_2+\bar{\mu}_s)))\end{aligned}$$

$$\begin{aligned}\xi^s=&\mu_2(3\kappa_2+4\mu_2)(3\kappa_1(12(19\mu_1+16\mu_2)\bar{\mu}_s+\bar{\kappa}_s(19\mu_1+16\mu_2+80\bar{\mu}_s))\\ &+4\mu_1(12(\mu_1+34\mu_2)\bar{\mu}_s+\bar{\kappa}_s(\mu_1+34(\mu_2+5\bar{\mu}_s))))\end{aligned}$$

$$\begin{aligned} H=&4\mu_1(2\mu_2(6\mu_1^2+136\mu_2(\mu_2+2\bar{\mu}_s)+16\mu_1(13\mu_2+3\bar{\mu}_s)+3\bar{\kappa}_s(41\mu_1+34(\mu_2+\bar{\mu}_s)))\\ &+3\kappa_2(2\mu_1^2+102\mu_2(\mu_2+\bar{\mu}_s)+\mu_1(71\mu_2+16\bar{\mu}_s)+\bar{\kappa}_s(41\mu_1+34(2\mu_2+\bar{\mu}_s)))\\ &+3\kappa_1(3\kappa_2(38\mu_1^2+48\mu_2(\mu_2+\bar{\mu}_s)+\mu_1(89\mu_2+52\bar{\mu}_s)+\bar{\kappa}_s(23\mu_1+16(2\mu_2+\bar{\mu}_s)))\\ &+2\mu_2(\bar{\kappa}_s(69\mu_1+48(\mu_2+\bar{\mu}_s))+2(57\mu_1^2+32\mu_2(\mu_2+2\bar{\mu}_s)+\mu_1(86\mu_2+78\bar{\mu}_s)))\end{aligned}$$

更一般的远场受偏应变载荷作用情况有

$$\langle\text{dev}\boldsymbol{\varepsilon}\rangle_1=B_1^{\text{dev}}\text{dev}\boldsymbol{\varepsilon}^0 \tag{15-51}$$

$$\frac{1}{V_1}\int_\Gamma([\boldsymbol{\sigma}]\cdot\boldsymbol{n})\otimes\boldsymbol{x}\,\mathrm{d}\Gamma=B_s^{\text{dev}}\text{dev}\boldsymbol{\varepsilon}^0 \tag{15-52}$$

对于一般远场受均匀应变$\boldsymbol{\varepsilon}^0$作用,球形夹杂和界面的集中张量有

$$\langle\boldsymbol{\varepsilon}\rangle_1=\boldsymbol{B}_\Omega:\boldsymbol{\varepsilon}^0 \tag{15-53}$$

$$\frac{1}{V_1}\int_\Gamma([\boldsymbol{\sigma}]\cdot\boldsymbol{n})\otimes\boldsymbol{x}\,\mathrm{d}\Gamma=\boldsymbol{B}_\Omega^s:\boldsymbol{\varepsilon}^0 \tag{15-54}$$

其中 $\boldsymbol{B}_\Omega$,$\boldsymbol{B}_\Omega^s$ 为各向同性张量,可以表示为 $\boldsymbol{B}_\Omega=(B_1^{\text{sph}},B_1^{\text{dev}})$,$\boldsymbol{B}_\Omega^s=(B_s^{\text{sph}},B_s^{\text{dev}})$。

至此,我们给出了含表界面效应,单个球形夹杂在远场应变作用下夹杂和界面的应变集中张量。上述结果我们将用于计算含多个上述夹杂构成的复合材料的有效模量。

15.3.3 纳米复合材料有效性质

考察体积含量为 c_1 的纳米颗粒增强复合材料,其有效模量可以按照式(5-15)进行计算,为此需要计算多夹杂的集中因子。这里将采用一种近似的解析方法,即 Mori-Tanaka 方法将多夹杂问题转化成单夹杂问题,再利用上一节的结果进行求解,该方法思路如图 15-8 所示。

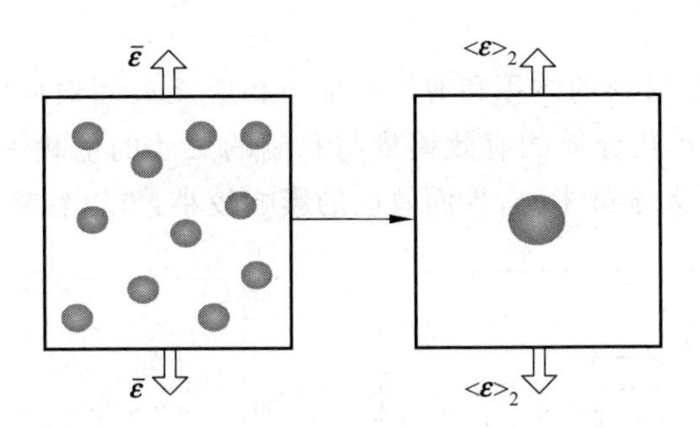

图 15-8 Mori-Tanaka 方法

Mori-Tanaka 方法在将多夹杂转化成单夹杂问题时，远场作用未知待求的基体平均应变$\langle\boldsymbol{\varepsilon}\rangle_2$。根据上节结果夹杂的平均应变为

$$\langle\boldsymbol{\varepsilon}\rangle_\Omega = \boldsymbol{B}_\Omega : \langle\boldsymbol{\varepsilon}\rangle_2 \tag{15-55}$$

将该式代入方程(15-10)，将基体的平均应变用远场复合材料应变表示，即

$$\langle\boldsymbol{\varepsilon}\rangle_2 = [(1-c_1)\boldsymbol{I}+c_1\boldsymbol{B}_\Omega]^{-1} : \bar{\boldsymbol{\varepsilon}} \tag{15-56}$$

因此有

$$\langle\boldsymbol{\varepsilon}\rangle_1 = [(1-c_1)\boldsymbol{B}_\Omega^{-1}+c_1\boldsymbol{I}]^{-1} : \bar{\boldsymbol{\varepsilon}} = \boldsymbol{B}_1 : \bar{\boldsymbol{\varepsilon}} \tag{15-57}$$

同样得到

$$\frac{1}{V_1}\int_\Gamma ([\boldsymbol{\sigma}]\cdot\boldsymbol{n})\otimes\boldsymbol{x}\mathrm{d}\Gamma = \boldsymbol{B}_\Omega^{\mathrm{s}} : [(1-c_1)\boldsymbol{I}+c_1\boldsymbol{B}_\Omega]^{-1} : \bar{\boldsymbol{\varepsilon}} = \boldsymbol{B}_{\mathrm{s}} : \bar{\boldsymbol{\varepsilon}} \tag{15-58}$$

因此复合材料的模量既可通过式(15-15)进行计算，对于球形夹杂，另外利用第 11 章各向同性张量的计算方法，最终得到复合材料的体积和剪切模量为

$$\begin{aligned}\bar{\kappa} &= \kappa_2 + c_1(\kappa_1-\kappa_2)\frac{B_1^{\mathrm{sph}}}{1-c_1+c_1B_1^{\mathrm{sph}}} + \frac{c_1B_{\mathrm{s}}^{\mathrm{sph}}}{3(1-c_1+c_1B_1^{\mathrm{sph}})}\\ &= \frac{3\kappa_2(3\kappa_1+2\bar{\kappa}_{\mathrm{s}})+4\mu_2(3\kappa_2+c_1(3\kappa_1-3\kappa_2+2\bar{\kappa}_{\mathrm{s}}))}{9(1-c_1)\kappa_1+3c_1(3\kappa_2-2\bar{\kappa}_{\mathrm{s}})+6(\bar{\kappa}_{\mathrm{s}}+2\mu_2)}\end{aligned} \tag{15-59}$$

$$\begin{aligned}\bar{\mu} &= \mu_2 + c_1(\mu_1-\mu_2)\frac{B_1^{\mathrm{dev}}}{1-c_1+c_1B_1^{\mathrm{dev}}} + \frac{c_1B_{\mathrm{s}}^{\mathrm{dev}}}{2(1-c_1+c_1B_1^{\mathrm{dev}})}\\ &= \frac{2H\mu_2+c_1(\xi^{\mathrm{s}}+2\xi^{1}\mu_1-2H\mu_2)}{2(H-c_1H+c_1\xi^{1})}\end{aligned} \tag{15-60}$$

对于含表面效应的孔洞材料，令 $\kappa_1=\mu_1=0$，有

$$\bar{\kappa} = \frac{2\mu_2}{3}\frac{3\kappa_2(2+\kappa_{\mathrm{s}}^r)-2c_1(3\kappa_2-2\kappa_{\mathrm{s}}^r\mu_2)}{2\mu_2(2+\kappa_{\mathrm{s}}^r)+c_1(3\kappa_2-2\kappa_{\mathrm{s}}^r\mu_2)} \tag{15-61}$$

$$\bar{\mu} = \frac{\mu_2}{2}\frac{4\mu_2(e+2c_1f)+3\kappa_2(2g+3c_1f)}{2\mu_2(e-3c_1f)+3\kappa_2(g-c_1f)} \tag{15-62}$$

其中 $f=(2+\kappa_{\mathrm{s}}^r)(-1+\mu_{\mathrm{s}}^r)$，$e=4+8\mu_{\mathrm{s}}^r+3\kappa_{\mathrm{s}}^r(1+\mu_{\mathrm{s}}^r)$，$g=3(1+\mu_{\mathrm{s}}^r)+\kappa_{\mathrm{s}}^r(2+\mu_{\mathrm{s}}^r)$，$\kappa_{\mathrm{s}}^r=\bar{\kappa}_{\mathrm{s}}/\mu_2$，$\mu_{\mathrm{s}}^r=\bar{\mu}_{\mathrm{s}}/\mu_2$。

下面以纳米多孔材料为例，考察孔洞的半径对多孔材料模量的影响，基体材料弹性参数为，$\kappa_2=72.5\mathrm{GPa}$，$\nu_2=0.3$，$\mu_2=34.71\mathrm{GPa}$，孔洞含量为 $c_1=0.15$。分别考察三种界面情况：

情形 A，$\kappa_{\mathrm{s}}=-5.457\mathrm{N/m}$，$\mu_{\mathrm{s}}=-6.2178\mathrm{N/m}$

情形 B，$\kappa_{\mathrm{s}}=12.932\mathrm{N/m}$，$\mu_{\mathrm{s}}=-0.3755\mathrm{N/m}$

情形 C，$\kappa_s=\mu_s=0$N/m

图 15-9 给出了多孔材料的体积和剪切模量与相应无表面效应的复合材料体积和剪切模量的比值，可以看出多孔介质的有效模量与孔洞的尺寸的依赖关系与表面的性质有关。但一般来讲当孔洞尺寸大于微米时，界面效应的影响较小，可以忽略。

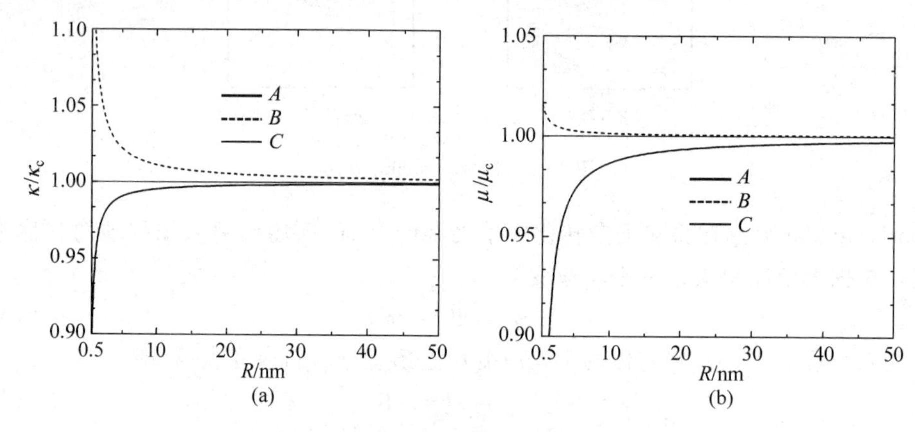

图 15-9　多孔材料模量随孔洞的半径变化

(a) 体积模量；(b) 剪切模量

15.3.4　碳纳米管复合材料断裂韧性优化研究

碳纳米管复合材料因为有潜在的广泛重要应用，是纳米复合材料的研究热点。已有的研究表明，仅有范德华作用的界面非常弱，使得碳纳米管和基体之间载荷传递能力很弱，通常的破坏形式为界面脱粘。这样，碳纳米管作为增强相并不能很好地发挥作用。因此，研究者们在提高界面强度方面进行了大量的研究，通常的手段是通过引入功能团，使得表面功能化后的碳纳米管与基体之间形成化学键，进而提高其界面强度和界面刚度。实验和数值模拟都表明，碳纳米管表面功能化可以提高其界面上应力的传递能力。但是对于碳纳米管纤维增强的复合材料是否界面越强越好？是否纤维越长越好？本小节将用考虑了界面原子键强度的剪滞理论与断裂力学相结合的多尺度破坏研究方法，探索化学键功能化界面对碳纳米管复合材料力学性能的影响，并将着重研究其界面性质对增韧效果的影响。

为了考虑纤维和基体都是弹性体且界面为化学键作用的问题，我们按照剪滞理论的方法建立简化模型，如图 15-10 所示。与前面的讨论类似，纤维和基体之间的相互作用可以表达成其相对位移的函数

$$\tau(x)=\tau(\Delta u(x)) \tag{15-63}$$

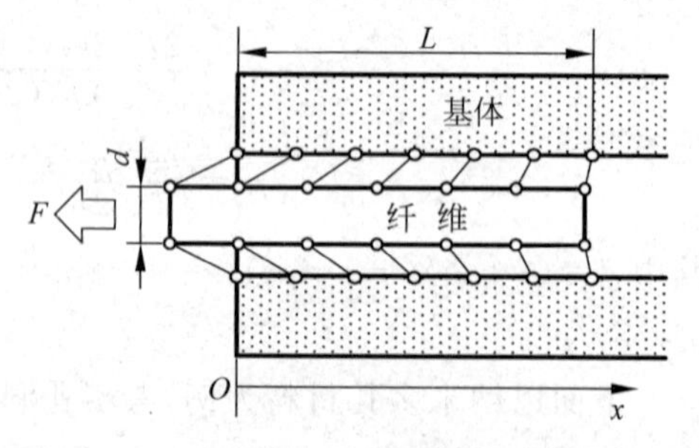

图 15-10　纤维和基体轴向拉伸条件下化学键功能化界面作用示意图

其中 $\Delta u(x)$为纤维和基体沿 x 方向的相对位移。假定化学键引起的剪应力是随相对位移线性增加的，则有

$$\tau(x)=k\Delta u(x)=k[u_{\mathrm{m}}(x)-u_{\mathrm{f}}(x)] \tag{15-64}$$

其中 k 为纤维与基体之间的粘结刚度，$u_{\mathrm{m}}(x)$和 $u_{\mathrm{f}}(x)$分别为基体和纤维沿 x 方向的位移。

下面对纤维和基体建立平衡方程，分别为

$$E_{\mathrm{f}}A_{\mathrm{f}}\frac{\mathrm{d}u_{\mathrm{f}}(x)}{\mathrm{d}x}=F-\int_0^x\pi d\tau(x)\mathrm{d}x \tag{15-65}$$

$$E_{\mathrm{m}}A_{\mathrm{m}}\frac{\mathrm{d}u_{\mathrm{m}}(x)}{\mathrm{d}x}=\int_0^x\pi d\tau(x)\mathrm{d}x \tag{15-66}$$

通过一系列推导最终可以得到 Δu 的控制方程

$$\frac{\mathrm{d}^2\Delta u(x)}{\mathrm{d}x^2}-\pi dk\left(\frac{1}{E_{\mathrm{f}}A_{\mathrm{f}}}+\frac{1}{E_{\mathrm{m}}A_{\mathrm{m}}}\right)\Delta u(x)=0 \tag{15-67}$$

考虑到纤维的平衡和基体在 $x=L$ 处的平衡，得到两个定解条件

$$E_{\mathrm{m}}A_{\mathrm{m}}\frac{\mathrm{d}\Delta u(x)}{\mathrm{d}x}\bigg|_{x=L}=E_{\mathrm{m}}A_{\mathrm{m}}\frac{\mathrm{d}u_{\mathrm{m}}(x)}{\mathrm{d}x}\bigg|_{x=L}=F \tag{15-68}$$

进而可以解得相对位移为

$$\Delta u(x)=Fa\cdot\frac{\dfrac{1}{E_{\mathrm{m}}A_{\mathrm{m}}}\cosh(x/a)+\dfrac{1}{E_{\mathrm{f}}A_{\mathrm{f}}}\cosh[(x-L)/a]}{\sinh(L/a)} \tag{15-69}$$

其中 a 为一个表征剪滞理论作用范围的特征长度，为

$$a=\left[\pi dk\left(\frac{1}{E_{\mathrm{f}}A_{\mathrm{f}}}+\frac{1}{E_{\mathrm{m}}A_{\mathrm{m}}}\right)\right]^{-1/2} \tag{15-70}$$

界面上剪应力的分布为

$$\tau(x)=Fa\cdot\frac{\dfrac{k}{E_{\mathrm{m}}A_{\mathrm{m}}}\cosh(x/a)+\dfrac{k}{E_{\mathrm{f}}A_{\mathrm{f}}}\cosh[(x-L)/a]}{\sinh(L/a)} \tag{15-71}$$

下面首先确定界面上剪应力以及纤维中正应力最大值的位置，然后通过引入破坏准则研究材料的破坏形式，最后建立能够判断材料破坏形式的判据，即拔出/拔断临界条件。经过对公式的分析，知道当 $E_{\mathrm{f}}A_{\mathrm{f}}>E_{\mathrm{m}}A_{\mathrm{m}}$ 时，$\tau(x)\big|_{\max}=\tau(L)$，而 $\sigma(x)$的最大值发生在 $x=0$ 处，即 $\sigma(x)\big|_{\max}=\sigma(0)=F/A_{\mathrm{f}}$。

设纤维与基体的界面强度为 τ^{b}，纤维拔出的准则为 $\tau(x)\big|_{\max}=\tau^{\mathrm{b}}$，计此时的拉力为 $F_{\max}^{\tau}$。设纤维强度 $\sigma_{\mathrm{f}}^{\mathrm{b}}$，纤维拔断的准则为 $\sigma(x)\big|_{\max}=\sigma_{\mathrm{f}}^{\mathrm{b}}$，计设此时的拉力为 $F_{\max}^{\sigma}$。实际过程中拔出/拔断的临界条件为 $F_{\max}^{\tau L}=F_{\max}^{\sigma}$，由此可以解出临界界面强度为

$$\tau_{\mathrm{cr}}^{\mathrm{b}}=\sigma_{\mathrm{f}}^{\mathrm{b}}\cdot aA_{\mathrm{f}}\frac{\dfrac{k}{E_{\mathrm{m}}A_{\mathrm{m}}}\cosh(L/a)+\dfrac{k}{E_{\mathrm{f}}A_{\mathrm{f}}}}{\sinh(L/a)} \tag{15-72}$$

因此，当界面强度较小，$\tau^{\mathrm{b}}<\tau_{\mathrm{cr}}^{\mathrm{b}}$时，材料的破坏形式为纤维拔出；反之，当界面强度较大，$\tau^{\mathrm{b}}>\tau_{\mathrm{cr}}^{\mathrm{b}}$时，材料的破坏形式为纤维拔断。

下面来求拔出力 F 与拔出位移 $\delta=\Delta u(L)$的关系。在材料没有被破坏之前拉力 F 与 δ 存在如下关系

$$F=\frac{\delta}{a}\cdot\frac{\sinh(L/a)}{\dfrac{1}{E_{\mathrm{f}}A_{\mathrm{f}}}\cosh(L/a)+\dfrac{1}{E_{\mathrm{m}}A_{\mathrm{m}}}}=\frac{\delta}{a}\cdot\frac{E_{\mathrm{f}}A_{\mathrm{f}}\sinh(L/a)}{\cosh(L/a)+\dfrac{1}{\alpha}} \tag{15-73}$$

其中 $\alpha=E_m A_m/(E_f A_f)$ 为基体和纤维的刚度之比。无论哪种破坏形式，F-δ 曲线的第一段都为线性段。但是线性段的长短以及线性段之后的曲线形状，就取决于材料的破坏形式，或者说，取决于界面和材料的性质。从前面的讨论可知，材料可能出现两种破坏模式：纤维拔断与纤维拔出。

纤维拔断时，纤维发生断裂，拉力突降为零。因此，F-δ 曲线如图 15-11(a)所示，其表达式为

$$F=\frac{\delta}{a}\cdot\frac{E_f A_f \sinh(L/a)}{\cosh(L/a)+\dfrac{1}{\alpha}},\quad 0\leqslant\delta\leqslant a\sigma_f^b\cdot\frac{\cosh(L/a)+\dfrac{1}{\alpha}}{E_f\sinh(L/a)} \tag{15-74}$$

拔出时，如图 15-11(b)所示，该曲线表现为先硬化后软化两个阶段，表达式如下：

$$F=\begin{cases}\dfrac{\delta}{a}\cdot\dfrac{E_f A_f\sinh(L/a)}{\cosh(L/a)+\dfrac{1}{\alpha}}, & 0\leqslant\delta\leqslant u_{cr}\cdot\left(\alpha+\dfrac{1-\alpha^2}{\cosh(L/a)+\alpha}\right)\\[2ex] \dfrac{1}{a}\cdot E_f A_f\alpha\sqrt{\dfrac{(u_{cr}^2-\delta^2)}{(1-\alpha^2)}}, & u_{cr}\cdot\left(\alpha+\dfrac{1-\alpha^2}{\cosh(L/a)+\alpha}\right)<\delta<u_{cr}\end{cases} \tag{15-75}$$

其中，$u_{cr}=\tau^b/k$ 为界面恰好脱粘所需要的相对位移。

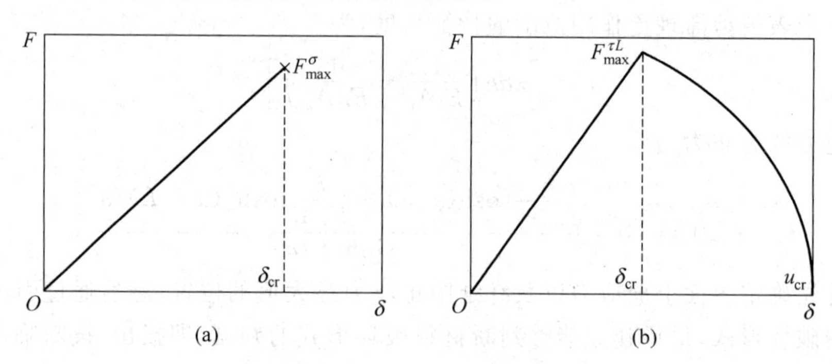

图 15-11　F-δ 曲线示意图

(a) 纤维拔断的情况；(b) 纤维拔出的情况

以上求解了纤维拔出过程中拉力 F 与拔出长度 δ 的关系 $F=F(\delta)$，或者 $\delta=\delta(F)$，也就是说，我们已经解决了第一级问题，即图 15-12(c)所示问题，下面我们将把这个关系代入图 15-12(b)，进而将图 15-12(a)的问题转化为一般的断裂力学问题，即图 15-12(d)，以此研究纤维在裂尖的增韧效果。

对于含Ⅰ型裂纹的材料，设材料的断裂韧度为 K_{IC}，则裂纹扩展的临界条件为

$$K_{\mathrm{I}}^{\mathrm{local}}=K_{\mathrm{IC}} \tag{15-76}$$

若没有纤维增韧，则当远场应力所引起的应力强度因子 K_{I}^{∞} 达到材料的断裂韧度，即 $K^{\infty}=K_{\mathrm{IC}}$ 时，裂纹就将开始扩展。若裂纹其尖端受到了垂直于裂纹方向的纤维拉力的阻碍，即所谓的“桥联作用”(图 15-12(a))，在和纤维拉力的共同作用下，该处的应力强度因子 $K_{\mathrm{I}}^{\mathrm{local}}$ 为

$$K_{\mathrm{I}}^{\mathrm{local}}=K_{\mathrm{I}}^{\infty}-\Delta K \tag{15-77}$$

其中 $-\Delta K$ 为由纤维作用所引起的应力强度因子。设材料的断裂韧度为 K_{IC}，则裂纹失稳扩展的临界远场应力强度因子为 $K_{\mathrm{I}}^{\infty}=K_{\mathrm{IC}}+\Delta K$。可见由于纤维增韧作用的存在，使得裂

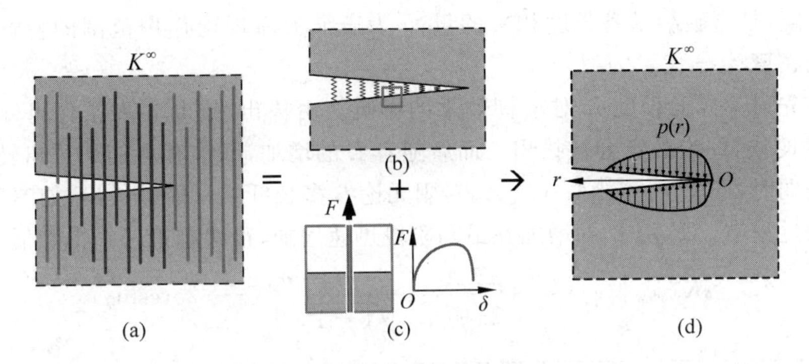

图 15-12　纤维增韧示意图

(a) 纤维在裂纹尖端阻碍了裂纹扩展；(b) 将纤维的阻碍作用抽象为非线性弹簧(第二级问题)；
(c) 通过求解单根纤维的 F-δ 曲线得到非线性弹簧的本构关系(第一级问题)；
(d) 将非线性弹簧的作用等效为分布载荷

纹扩展的临界远场应力强度因子提高了 ΔK。因此我们以 ΔK 来衡量纤维在裂尖的增韧效果，首先研究各个因素对它的影响，进而提出对其进行优化的方法，最后，从碳纳米管复合材料的角度，研究如何在碳纳米管复合材料中实现对 ΔK 的优化。

在临界状态下，应力强度因子为 K_{IC}，那么此时裂纹尖端的裂纹面位移(即裂纹张开位移的一半)为

$$\delta = \frac{1+\kappa}{2\mu} K_{\mathrm{IC}} \sqrt{\frac{r}{2\pi}} = \eta K_{\mathrm{IC}} \sqrt{r} \tag{15-78}$$

式中，r 为距裂尖的距离，$\eta = (1+\kappa)/(2\mu\sqrt{2\pi})$，仅与材料的弹性常数 κ 和 μ 有关。

前面求解了纤维所受的拉力 F 和纤维被拉出的长度 δ 的关系 $F(\delta)$，建立了 δ 与拉力作用点到裂尖的距离 r 的关系，那么，在该临界状态下的拉力 F 就可以表示为 r 的函数，即 $F(\delta)=F(\delta(r))=F(r)$。这样就可以得到裂尖附近由纤维引起的分布力为 $p(r)=\rho F(r)$，其中 $\rho=(A_{\mathrm{f}}+A_{\mathrm{m}})^{-1}$ 为单位截面积上的纤维数，由此可以求得 ΔK，即

$$\Delta K = \int_0^{\infty} \frac{\sqrt{2}\,p(r)}{\sqrt{\pi r}} \mathrm{d}r \tag{15-79}$$

将前面相关各式代入，增韧效果的表达式可写为

$$\Delta K = \begin{cases} \sqrt{\dfrac{2}{\pi}} \dfrac{\rho(\sigma_{\mathrm{f}}^{\mathrm{b}})^2 A_{\mathrm{f}} a}{\eta K_{\mathrm{IC}}} \cdot \dfrac{\cosh(L/a)+\dfrac{1}{\alpha}}{E_{\mathrm{f}}\sinh(L/a)} & (\text{拔断：} u_{\mathrm{cr}} \geqslant \delta_{\mathrm{cr}}) \\ \dfrac{\rho E_{\mathrm{f}} A_{\mathrm{f}}}{\sqrt{2\pi}\eta K_{\mathrm{IC}}} \dfrac{\alpha}{\sqrt{1-\alpha^2}} \dfrac{u_{\mathrm{cr}}^2}{a} \left\{\pi - 2\arctan\left[\dfrac{\alpha\cosh(L/a)+1}{\sinh(L/a)\sqrt{1-\alpha^2}}\right]\right\} & (\text{拔出：} u_{\mathrm{cr}} < \delta_{\mathrm{cr}}) \end{cases} \tag{15-80}$$

其中临界位移 δ_{cr} 由拔出/拔断临界条件确定，即

$$\delta_{\mathrm{cr}} = \sigma_{\mathrm{f}}^{\mathrm{b}} a A_{\mathrm{f}} \frac{\dfrac{1}{E_{\mathrm{m}}A_{\mathrm{m}}}\cosh(L/a) + \dfrac{1}{E_{\mathrm{f}}A_{\mathrm{f}}}}{\sinh(L/a)} \tag{15-81}$$

可见，在材料性质不变的前提下，ΔK 是 u_{cr}、L、a 的函数。其中，u_{cr} 表征了界面化学键断裂时的相对滑移距离，仅取决于化学键的类型，因此在界面化学键相同的情况下是常数；

L 为界面长度，是与碳纳米管长度相关的量；a 为表征剪滞理论作用范围的特征长度，取决于化学键的密度。

我们首先讨论界面长度 L 对增韧效果的影响。由拔出/拔断临界条件可知，当界面长度 L 很小的时候，纤维必定会被拔出。而后随着 L 的增加，纤维有可能从拔出转变为拔断。当界面比较弱时，即 $u_{cr}/a<\sigma_f^b A_f/(E_m A_m)$，则无论 L 多长纤维只能被拔出，如图 15-13(a)所示。在拔出过程中，ΔK 随 L 的增加在最初阶段迅速增加，很快趋近一个饱和值。

$$\Delta K_{\text{pullout}}\Big|_{L\to\infty}=\frac{\rho E_f A_f}{\sqrt{2\pi}\eta K_{\text{IC}}}\frac{\alpha}{\sqrt{1-\alpha^2}}\frac{u_{cr}^2}{a}(\pi-2\arcsin\alpha) \tag{15-82}$$

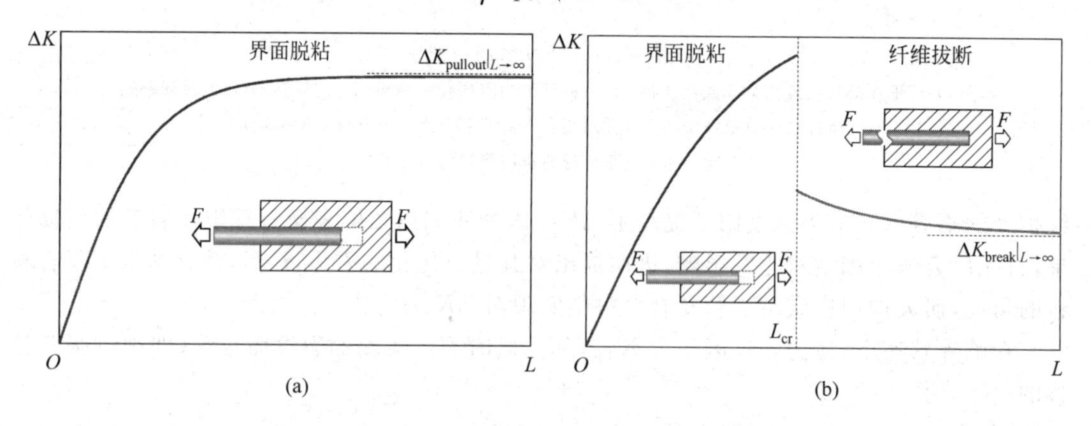

图 15-13 界面长度对增韧效果的影响示意图

(a) 界面强度较小、纤维只能被拔出的情况；(b) 界面强度较大、随界面长度的增加从拔出转变为拔断的情况

因此，对于弱界面不能够盲目地希望通过增加界面长度 L 来改善材料的断裂韧性。而对于强界面，即 $u_{cr}/a>\sigma_f^b A_f/(E_m A_m)$，则存在临界长度 L_{cr}，ΔK 随 L 的变化如图 15-13(b)所示。当 $L<L_{cr}$ 时，纤维被拔出，且 ΔK 随 L 的增加而增加；当 L 达到 L_{cr} 时，纤维突然从拔出转变为拔断，ΔK 发生突降；而后，当 $L>L_{cr}$ 时，纤维被拔断，ΔK 随 L 的增加而减小。该临界值 L_{cr} 可由拔出/拔断临界条件确定如下：

$$L_{cr}=a\ln\frac{a\sigma_f^b A_f\alpha+\sqrt{(u_{cr}E_m A_m)^2-(a\sigma_f^b A_f)^2(1-\alpha)}}{u_{cr}E_m A_m-a\sigma_f^b A_f} \tag{15-83}$$

可见，在 u_{cr}/a 较大，纤维有可能被拔断的情况下，如果界面长度恰好达到拔出/拔断的临界长度 L_{cr}，使得材料的破坏形式即将从纤维拔出转变为纤维拔断时，材料的断裂韧性最好，此后再增加界面长度反而会使材料的断裂韧性下降。因此界面长度并不是越长越好。

界面强度 τ^b 在 u_{cr} 固定时与特征长度 a 存在着对应关系，其增韧效果的影响如图 15-14 所示。当界面强度 τ^b 较小时，材料的破坏形式为界面脱粘，增韧效果随界面强度 τ^b 逐渐增加；随着界面强度 τ^b 的增大，材料的破坏形式变为纤维断裂，增韧效果会突然下降；而后，若继续增加界面强度 τ^b，则材料的增韧效果会逐渐下降。可见，界面强度也存在临界值 τ_{cr}^b，当 τ^b 略小于 τ_{cr}^b 时，增韧效果最好。临界值 τ_{cr}^b 亦可由拔出/拔断临界条件确定。

如果在碳纳米管纤维增强复合材料制备工艺中，纤维长度和界面强度都可以优化的话。则是一个双变量优化问题。依然可以理论推导所得到的界面长度和特征长度的最优值，得到碳纳米管长度和化学键密度的最优值，进而通过在制备过程中控制碳纳米管的长度以及界面功能化的程度来得到断裂韧性较好的复合材料。这就实现了碳纳米管复合材料的性能

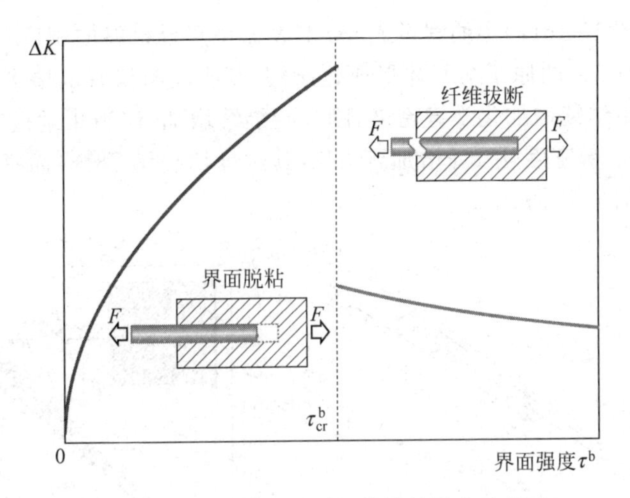

图 15-14 界面强度对增韧效果的影响示意图

优化。

下面进行数值验证,对于碳纳米管复合材料,传统的有限元方法可以很容易地模拟基体材料,而为了准确地计算其中碳纳米管的拉伸及断裂等过程,则应当选择原子模拟的方法,这里选用原子有限元方法。为了准确地模拟界面的作用,建立了界面单元,将基体与纳米管交界处的材料看作离散的原子或原子团。多尺度计算模型如图 15-15 所示。

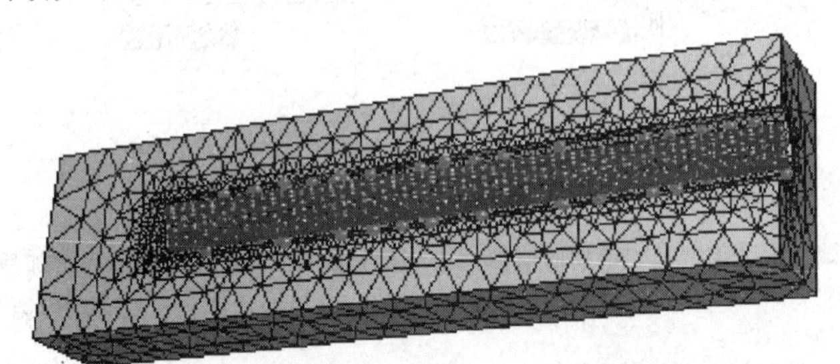

图 15-15 多尺度计算模型:内部的碳纳米管为离散的原子,外部的基体为四节点连续体单元,二者之间用 C-C 键连接

在数值模拟中,基体为聚乙烯,碳纳米管为手性为(6,6)的扶手椅型碳纳米管。基体和碳纳米管的主要参数如表 15-1 所示。

表 15-1 数值模拟采用的基体和碳纳米管的主要参数

碳纳米管		基体				
手性	长度/nm	材料	ρ/(g/cm³)	E/GPa	ν	尺寸/(nm)³
(6, 6)	7.2	聚乙烯$(\text{-CH}_2\text{-})_n$	0.71	2.7	0.3	4×4×12

下面以 C-C 键为例,研究化学键对碳纳米管界面性质的影响。定义化学键密度为碳纳米管上与基体成键的原子个数与碳纳米管总原子个数的比值。化学键在界面上的分布为随机分布。化学键密度为零代表仅考虑范德华作用的情况。

图 15-16 给出了不同化学键密度情况下拔出力与拔出位移之间的关系。用拔出力和拔

出位移的比值(即图 15-16(a)中曲线的斜率)来表征该复合材料的刚度,从图 15-16(a)可以发现,只要界面上有 1%的原子与基体形成化学键,其刚度与仅有范德华作用的情况相比就有显著的增加,而后继续增加化学键密度,刚度会继续增加,但当化学键密度达到 5%时,其增加幅度将非常小:键密度从 1%增加到 5%,其刚度增加了 78%,而键密度从 5%增加到 20%,其刚度仅增加了 18%。

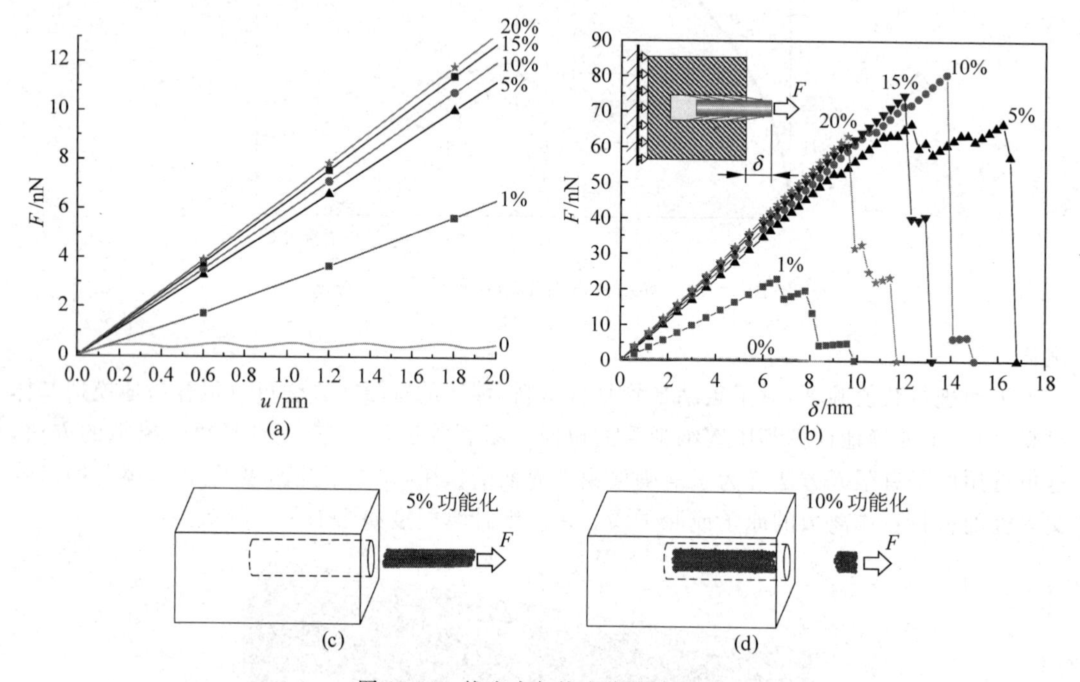

图 15-16　拔出力与拔出位移的关系

(a) 初始刚度随化学键的增加而增加;(b) 韧性随化学键密度的增加先增加后降低;
(c) 5%界面功能化后的破坏形貌图;(d) 10%界面功能化后的破坏形貌图

图 15-16(b)给出了完整的拉伸及破坏过程。用拉力达到的最大值来表征材料的强度,用整个拉伸曲线下方的面积来表征材料的韧性。观察图 15-16(b)可以发现,在键密度较低时,强度随键密度的增加而增加,而当键密度达到 10%之后,强度反而会下降。韧性也是同样,在 5%~10%,其韧性最大。图 15-16(c)和(d)分别显示了 5%和 10%界面功能化后的破坏形为拔出和拔断,这进一步印证了前面用理论方法得到的结果,即理论和数值模拟的结果都说明通过控制碳纳米管的长度和化学键的密度,使得材料的破坏形式恰好即将从拔出转变为拔断时,碳纳米管的增韧效果最好。因此,在碳纳米管复合材料的制备过程中,并不能够盲目地认为碳纳米管越长越好、界面上的化学键越多越好。在实验中,我们可以通过观察断口的方法来确定是否应该增加碳纳米管的长度或者化学键的密度,其过程可用图 15-17 示意。

对于制备好的碳纳米管复合材料,可以用 SEM 或 TEM 等手段观测其破坏后的断口。如果通过观测发现大部分碳纳米管都被拔出了,那么,应该通过改进制备工艺来增加碳纳米管的长度以及界面上化学键的密度;如果发现大部分碳纳米管都被拔断了,那么,应该通过改进制备工艺来减小碳纳米管的长度或者减少界面上化学键的密度。经过不断地改进,如果发现断面上被拔出的碳纳米管与被拔断的碳纳米管数量较为接近,那么,我们就完成了优

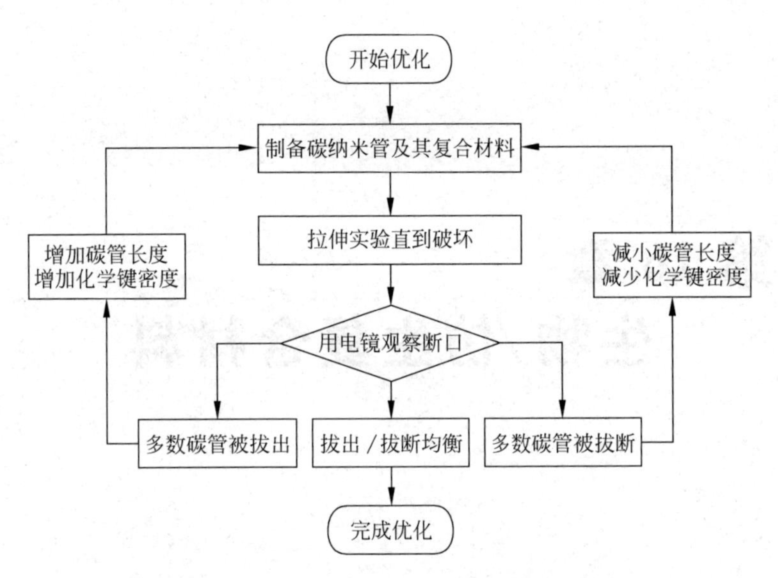

图 15-17 碳纳米管复合材料性能优化流程图

化，得到了性能较好的碳纳米管复合材料。国家纳米中心的张忠研究小组采用优化材料工艺和精细的实验手段，得到了与此一致的结论。

第16章 生物/仿生复合材料

16.1 引　　言

我们生活的地球有46亿年的历史，大自然历经沧海桑田神奇地演化出生物，并且经过长年累月的积累，使生物不断地向前进化不断地适应新的更复杂的环境。大自然有无穷无尽的奥秘，单纯就生物材料方面而言，就足以成为人类追随的导师。众所周知，贝壳、珍珠、牙齿、龟壳等生物材料具有非常好的力学性能，一些学者研究发现这些生物材料都是由“像粉笔一样又硬又脆”的硬物质(如矿物质)和“像人的皮肤一样柔软”的软物质(如蛋白质)组成的生物复合材料，但它们同时具有与矿物质相当的高硬度和与蛋白质相当的高断裂韧性。那么是什么样的机制在发挥着这样奇特的作用呢？实验研究发现，骨骼和贝壳等材料具有多级结构，而且在最基本的层次上，它们有一个共同的纳米结构——大约几个到几百个纳米厚度的矿物质晶体小板在胶原蛋白基体中交错地排布。这种交错排布的纳米结构被认为是生物材料优异力学性能的一个关键原因。

随着微米、纳米尺度操控技术的进步，依据生物规律“由下而上”地制备仿生复合材料成为可能，很多研究人员进行了成功的尝试。Tang等在2003年，用聚合物高分子和黏土为原材料，利用有序沉积法制备出了具有“砖墙结构”和“大分子链紧密折叠特性”的仿生复合材料，显示出和贝壳、骨骼等生物材料类似的力学性能。Bonderer等采用“由下而上”的方法，利用亚微米的氧化铝小板和有机质脱乙酰几丁质制备了仿贝壳等生物材料的混合膜，测试其力学性能发现——在较低的无机物体积含量下，这种人工复合材料的刚度、强度及断裂韧性已经可以和生物材料相媲美。现在正在研究的“三维打印”技术也可能克服微结构的复杂性用于将来的高性能复合材料的制造。

本章的主要内容是介绍这些具有多级错层结构的生物/仿生复合材料优良力学性能的基本机制。由于这种多级错层结构本身很复杂，不能得到完全精确的力学解析解，本章介绍在一定假设的基础上分别利用最小势能原理、最小余能原理和平衡法开展力学分析建模的方法。

16.2 生物/仿生复合材料的力学分析

16.2.1 中心交错的二维拉剪链模型

高华健、季葆华等针对交错排布的纳米结构，提出了“拉剪链”模型，如图 16-1 所示，模型中硬物质在软物质“中心交错”排布。所谓中心交错是指硬物质的中心横向对应相邻两硬物质的间隙。因为硬物质的模量远远大于软物质的模量，高华健、季葆华等提出在受拉伸过程中，硬物质两端可以近似地认为不受任何载荷，载荷的传递主要是由软物质沿着硬物质的长度方向上的剪切变形实现的，而拉力主要由硬物质承担，并且假设软物质中的剪应力是均匀分布，这就是拉剪链模型的核心思想。

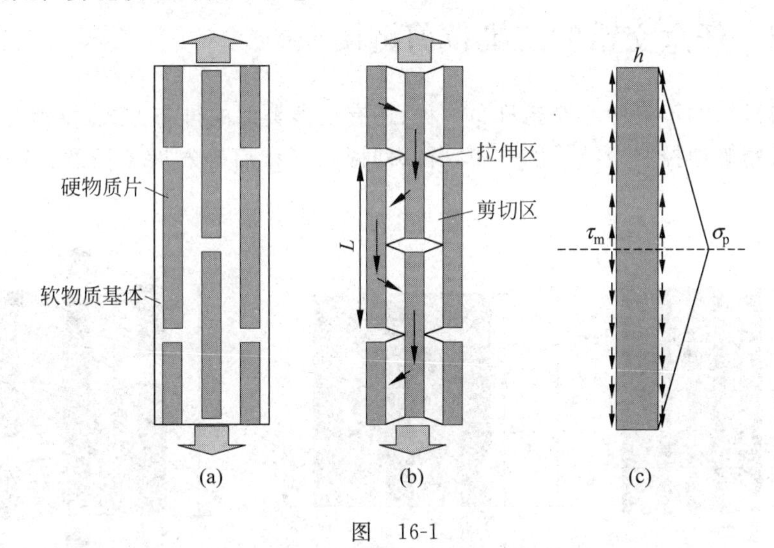

图 16-1

(a) 中心交错复合材料排布示意图；(b) 拉剪链模型中的应力的传递方式；(c) 硬物质的应力分析示意图

如图 16-1(c)所示，在本章节中硬物质块(hard platelet)用下标 p 表示，软物质基体(soft matrix)用下标 m 表示。硬物质块在沿长度方向四周受均匀的剪应力 τ_m 作用，考虑硬物质块在中间截面的平衡有

$$\sigma_p = \rho\tau_m \tag{16-1}$$

其中，$\rho = L/h$，为硬物质块的长细比。因为硬物质块的正应力是线性分布的，所以它的平均应力为

$$\bar{\sigma}_p = \frac{\rho\tau_m}{2} \tag{16-2}$$

根据软物质基体不承受任何应力的假设，仿生复合材料的等效应力为

$$\sigma = c\bar{\sigma}_{\mathrm{p}} \tag{16-3}$$

其中,c 为硬物质的体积分数。拉伸产生的等效应变 ε 可以表示为

$$\varepsilon = \frac{\Delta_{\mathrm{p}} + 2\gamma_{\mathrm{m}} h(1-c)/c}{L} \tag{16-4}$$

其中,Δ_{p} 为硬物质块的伸长量,γ_{m} 为软物质基体剪切应变,它们的表达式是

$$\Delta_{\mathrm{p}} = \frac{\sigma_{\mathrm{p}} L}{2E_{\mathrm{p}}}, \quad \gamma_{\mathrm{m}} = \frac{\tau_{\mathrm{m}}}{G_{\mathrm{m}}} \tag{16-5}$$

其中,E_{p} 为硬物质块的弹性模量,G_{m} 为软物质的剪切模量。复合材料的等效刚度 E 定义为等效应力除以等效应变,即

$$E = \frac{\sigma}{\varepsilon} \tag{16-6}$$

综合以上各式,可以得到仿生复合材料的等效刚度为

$$\frac{1}{E} = \frac{4(1-c)}{G_{\mathrm{m}} c^2 \rho^2} + \frac{1}{cE_{\mathrm{p}}} \tag{16-7}$$

16.2.2 任意交错的二维拉剪链模型

生物材料微结构不只中心交错排布一种,还有很多类似的排布方式,特别是人工仿制的生物材料很难精确地控制微结构的排布,所以刘彬和张作启等发展了任意交错排布二维拉剪链模型。

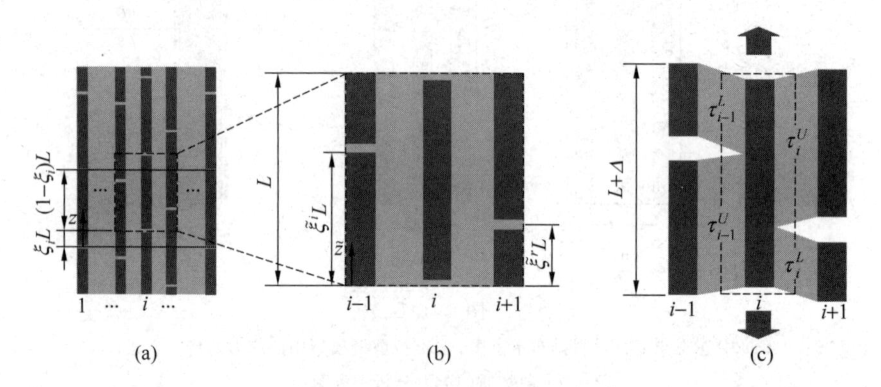

图 16-2 任意交错仿生复合材料

(a) 任意交错排布的示意图;(b) 任意交错代表单元;(c) 受到拉伸后的代表单元

如图 16-2(a)所示为任意交错的仿生复合材料,但是它具有一定的周期性,图 16-2(b)是硬物质块在软物质基体中沿长度方向上任意地排布周期性代表单元,整体坐标系和局部坐标系如图 16-2(a)、(b)所示,分别用变量 z 和 $\tilde{z}$ 表征,规定第 i 排硬物质块的下部端点在整体坐标用 $z=\xi_i L$ $(0\leqslant\xi_i<1, i=1,2,\cdots,n)$ 表示,容易知道,局部坐标和整体坐标的关系为 $\tilde{z}=z-\xi_i L$。如在局部坐标系中,第$(i-1)$,i 和$(i+1)$块硬物质块的坐标为 $\tilde{\xi}_i^l L$,0 和 $\tilde{\xi}_i^r L$。其中,如果 $\xi_{i-1}-\xi_i\geqslant 0$,则 $\tilde{\xi}_i^l=\xi_{i-1}-\xi_i$,如果 $\xi_{i-1}-\xi_i<0$,则 $\tilde{\xi}_i^l=\xi_{i-1}-\xi_i+1$;类似地,当 $\xi_{i+1}-\xi_i\geqslant 0$ 时,$\tilde{\xi}_i^r=\xi_{i+1}-\xi_i$,当 $\xi_{i+1}-\xi_i<0$ 时,则 $\tilde{\xi}_i^r=\xi_{i+1}-\xi_i+1$,并且第 0 块硬物质块和第$(n+1)$块硬物质块是一样的。如图 16-2(c)所示,规定 τ_{i-1}^{L} 和 τ_{i-1}^{U} 表示第 i 块和第$(i-1)$块

硬物质块的剪应力，τ_i^{L} 和 τ_i^{U} 表示第 i 块和第$(i+1)$块硬物质块的剪应力，Δ 是代表性单元的总的位移。

根据第 i 块硬物质块的平衡，可以得到

$$\tau_{i-1}^{\mathrm{U}}\tilde{\xi}_i^l - \tau_{i-1}^{\mathrm{L}}(1-\tilde{\xi}_i^l) + \tau_i^{\mathrm{L}}\tilde{\xi}_i^r - \tau_i^{\mathrm{U}}(1-\tilde{\xi}_i^r) = 0 \tag{16-8}$$

一组满足方程的解可以写成

$$\begin{Bmatrix} \tau_{i-1}^{\mathrm{L}} \\ \tau_{i-1}^{\mathrm{U}} \\ \tau_i^{\mathrm{L}} \\ \tau_i^{\mathrm{U}} \end{Bmatrix} = \tau_* \begin{Bmatrix} \tilde{\xi}_i^l \\ 1-\tilde{\xi}_i^l \\ 1-\tilde{\xi}_i^r \\ \tilde{\xi}_i^r \end{Bmatrix} \tag{16-9}$$

其中 τ_* 是一个待定量。

根据硬物质块的平衡，可以得到第 i 块硬物质块的正应力为

$$\sigma_i = \frac{\tau_*}{h}\left[(2-\tilde{\xi}_i^l-\tilde{\xi}_i^r)\tilde{z} - \langle \tilde{z}-\tilde{\xi}_i^l L\rangle - \langle \tilde{z}-\tilde{\xi}_i^r L\rangle\right] \tag{16-10}$$

其中$\langle\cdot\rangle$为自定义函数，$\langle x\rangle = \begin{cases} 0, & x<0, \\ x, & x\geqslant 0。\end{cases}$

现在代表单元里各个区间的应力都可以用 τ_* 表示，接下来将根据最小余能原理来确定 τ_*。整个代表性单元里所有硬物质块的总能量为 $\sum_{i=1}^{n} h\int_0^L \frac{\sigma_i^2(\tilde{z})}{2E_{\mathrm{p}}}\mathrm{d}\tilde{z} = n\frac{L^3}{2hE_{\mathrm{p}}}\tau_*^2 f_{\mathrm{p}}$，其中

$$f_{\mathrm{p}} = \frac{1}{3n}\sum_{i=1}^{n}\left\{\begin{array}{l} [(\tilde{\xi}_i^l)^2 + (\tilde{\xi}_i^r)^2 - (\tilde{\xi}_i^l)^3 - (\tilde{\xi}_i^r)^3](2-\tilde{\xi}_i^l-\tilde{\xi}_i^r) \\ -(\tilde{\xi}_i^l-\tilde{\xi}_i^r)^2(1-\max\{\tilde{\xi}_i^l,\tilde{\xi}_i^r\}) \end{array}\right\} \tag{16-11}$$

代表单元里基体的能量为 $n\frac{(1-c)hL}{2cG_{\mathrm{m}}}\tau_*^2 f_{\mathrm{m}}$，其中

$$f_{\mathrm{m}} = \frac{1}{2n}\sum_{i=1}^{n}\left[\tilde{\xi}_i^l(1-\tilde{\xi}_i^l) + \tilde{\xi}_i^r(1-\tilde{\xi}_i^r)\right] \tag{16-12}$$

f_{p} 和 f_{m} 都只是与排布方式相关的无量纲参数。

从式(16-10)中，能够得到作用在代表性单元上的合力为 $nf_{\mathrm{m}}L\tau_*$，所以整个代表单元的余能为

$$\Pi_C = n\left[\frac{L^3}{2hE_{\mathrm{p}}}f_{\mathrm{p}} + \frac{(1-c)hL}{2cG_{\mathrm{m}}}f_{\mathrm{m}}\right]\tau_*^2 - nf_{\mathrm{m}}L\tau_*\Delta \tag{16-13}$$

利用最小余能原理，即采用$\frac{\mathrm{d}\Pi_C}{\mathrm{d}\tau_*}=0$，可以解得

$$\tau_* = \frac{\Delta}{\frac{L^2}{hE_{\mathrm{p}}}\frac{f_{\mathrm{p}}}{f_{\mathrm{m}}} + \frac{(1-c)h}{cG_{\mathrm{m}}}} \tag{16-14}$$

把式(16-13)回代到式(16-9)和式(16-10)中，软物质中的剪应力和硬物质块中的正应力都可以得到。现在，任意交错仿生复合材料的代表性单元的应力分析已经得到，接下来将是根据上面的应力结果进一步分析其等效刚度、强度。

类似中心交错二维拉剪链模型推导，先得到等效应力和等效应变，然后利用式(16-6)即可得到等效刚度，最后可以得到任意交错排布的仿生复合材料等效刚度为

$$E = \frac{1}{\frac{\beta_1}{cE_p} + \frac{\beta_2(1-c)}{c^2\rho^2 G_m}} \tag{16-15}$$

其中 $\beta_1 = \frac{f_p}{f_m^2}$，$\beta_2 = \frac{1}{f_m}$ 为两个反映排布对刚度影响的无量纲因子。

为了计算生物/仿生复合材料的等效强度，需要考虑两种破坏模式：一种是软物质基体先达到剪切破坏极限 τ_m^{cr}，另一种是硬物质块的正应力达到破坏极限 σ_p^{cr}，结合式(16-9)和式(16-10)能够得到

$$\sigma_{cr} = \begin{cases} c\tau_m^{cr} \cdot \frac{1}{\beta_4}\rho, & \rho \leqslant \rho_{cr} \\ c\sigma_p^{cr} \cdot \frac{1}{\beta_3}, & \rho > \rho_{cr} \end{cases} \tag{16-16}$$

其中 $\rho_{cr} = \frac{\beta_4 \sigma_p^{cr}}{\beta_3 \tau_m^{cr}}$ 是区分基体破坏还是硬物质块破坏的临界的长细比，β_3 和 β_4 是两个表征非均匀排布对强度影响的无量纲因子。它们为

$$\begin{aligned} \beta_3 = \frac{1}{f_m}\max\{&(2-\tilde{\xi}_i^l-\tilde{\xi}_i^r)\min\{\tilde{\xi}_i^l,\tilde{\xi}_i^r\}, \\ &(\tilde{\xi}_i^l+\tilde{\xi}_i^r)(1-\max\{\tilde{\xi}_i^l,\tilde{\xi}_i^r\}), i = 1,2,\cdots,n\} \end{aligned} \tag{16-17}$$

和

$$\beta_4 = \frac{1}{f_m}\max\{\tilde{\xi}_i^l,\tilde{\xi}_i^r,1-\tilde{\xi}_i^l,1-\tilde{\xi}_i^r, i = 1,2,\cdots,n\} \tag{16-18}$$

任意排布仿生复合材料的刚度表达式(16-15)和强度表达式(16-16)已知，在其基础上，按照一定规律取排布参数就可以绘制出几个特殊的排布方式的刚度和强度结果。

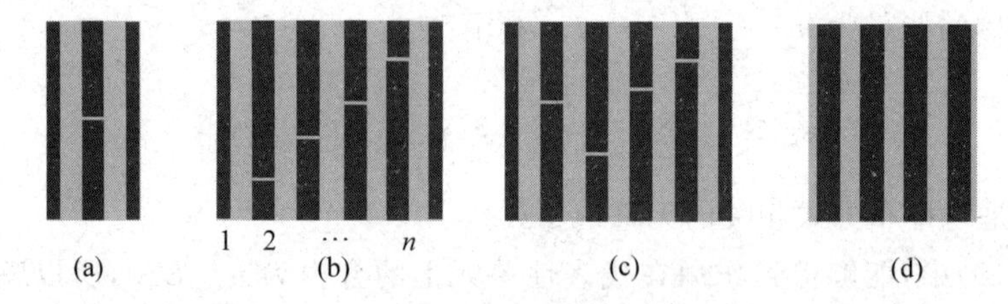

图 16-3 四种对比排布方式

(a) 中心交错排布；(b) 均匀交错排布；(c) 随机交错排布；(d) 连续层状排布

如图 16-3 所示，分布为中心交错、均匀交错、随机交错和连续层状，它们的排布方式所对应的影响刚度的分布参数、影响强度的分布参数如表 16-1(详细推导过程请参阅文献[58])

表 16-1 影响刚度和强度的分布参数

排布方式	影响刚度的分布参数		影响强度的分布参数	
	β_1	β_2	$\beta_3(\rho>\rho_{cr})$	$\beta_4(\rho\leqslant\rho_{cr})$
中心交错	$\frac{4}{3}$	4	2	2
均匀交错	$\frac{n(3n-4)}{3(n-1)^2}$	$\frac{n^2}{n-1}$	$\frac{n}{n-1}$	n

续表

排布方式	影响刚度的分布参数		影响强度的分布参数	
	β_1	β_2	$\beta_3(\rho>\rho_{cr})$	$\beta_4(\rho\leqslant\rho_{cr})$
随机交错	$\frac{7}{5}$	6	3	6
连续层状	1	—	1	—

图 16-4 给出了中心交错、均匀交错、随机交错和连续层状的等效模量以及工程界广泛应用的 Mori-Tanaka 方法预测结果的比较，图中横坐标为硬物质板的长细比，纵坐标为用硬物质块模量 E_p 进行无量纲化的等效模量。

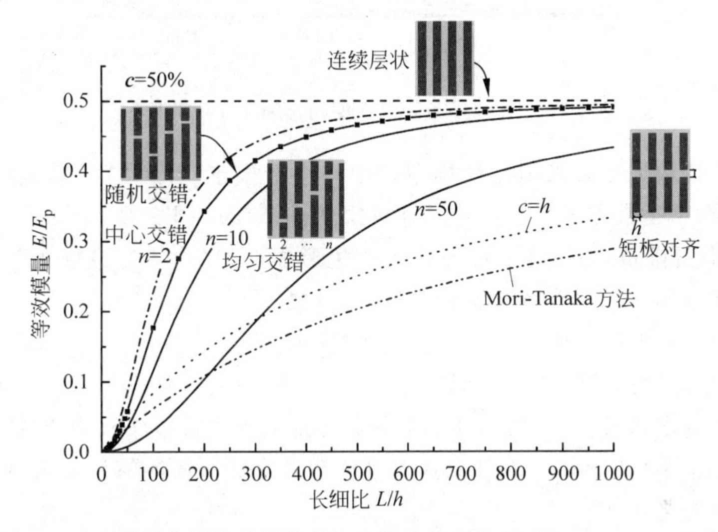

图 16-4 各种排布等效模量随长细比变化的比较 $E_p/E_m=1000, c=50\%$

由图 16-4 可以得出：

(1) 无论哪种排布结构，只要长细比足够大，复合材料的拉伸模量都可以趋近于连续层状排布的拉伸模量 cE_p，也就是通常所说的 Voigt 上限；

(2) 随机交错排布的变化曲线位于均匀交错排布 $n=2$ 和 $n=10$ 之间；

(3) Mori-Tanaka 细观力学方法只能考虑增强相的形状和取向，不能包含排布微结构的影响，所以它对上述排布结构拉伸模量的预测都明显偏低。

图 16-5 给出了中心交错、均匀交错、随机交错和连续层状的按照硬物质块先破坏推导出来的强度，图中横坐标为硬物质板的长细比，纵坐标为用硬物质的强度进行无量纲化的等效强度。

综合以上分析，可以总结得出：

(1) 考虑到纳米尺度材料对缺陷不再敏感的特性，可以用强度准则来预测破坏，那么“连续层状排布”结构的强度是四种结构强度的上限；其他排布方式，只要硬物质块非连续，无论长细比多大，其强度都将低于这个上限值；“短板对齐排布”的抗拉强度，就是软物质的拉伸强度，相比于硬物质的强度是一个很小的值；

(2) 随着周期 n 的增加，“均匀交错排布”的强度可以接近于“连续层状排布”，从而可以

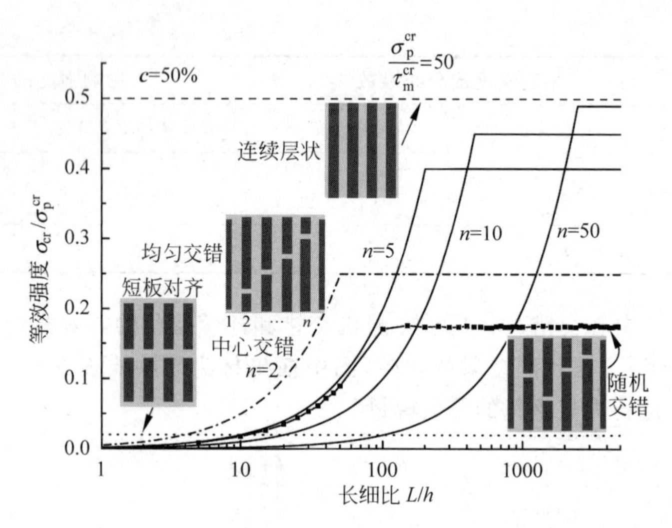

图 16-5 各种排布等效强度随长细比变化的比较

解释生物材料微结构为什么采用此种排布；“中心交错排布”($n=2$)的最大强度在所有“均匀交错排布”结构中是最小的，只能达到“连续层状排布”的一半；

(3)“随机交错排布”的强度随长细比的变化形式上和“均匀交错排布”相同，但是能够达到的最大强度较低，仅为“连续层状排布”的三分之一。

硬物质块的拉伸破坏应变为 ε_p^{cr}，它和硬物质的强度 σ_p^{cr} 和模量 E_p 间满足单向拉伸的胡克定律；软物质基体的拉伸破坏应变记作 ε_m^{cr}，它与软物质的拉伸强度 σ_m^{cr} 和杨氏模量 E_m 满足单向拉伸的胡克定律；记软物质基体的剪切破坏应变 γ_m^{cr}，同样与软物质的剪切强度 τ_m^{cr} 和剪切模量 G_m 间满足胡克定律。综合上述对刚度和强度的分析能够得到各种排布方式破坏应变随长细比的变化。

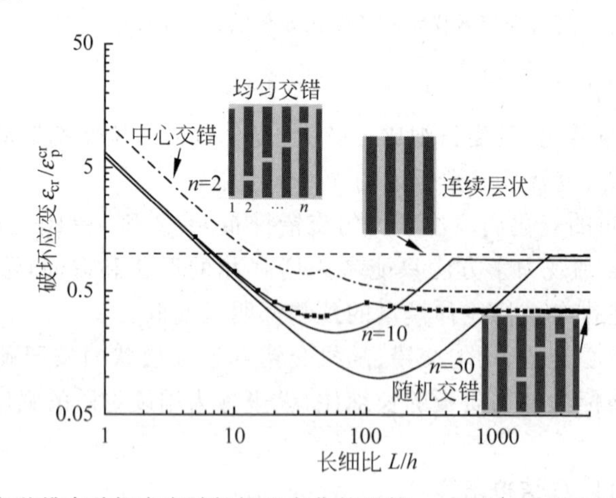

图 16-6 各种排布破坏应变随长细比变化的比较，$c=50\%$，$\sigma_p^{cr}/\tau_m^{cr}=50$，$\gamma_m^{cr}/\varepsilon_p^{cr}=6$

把图 16-6 和式(16-5)、式(16-6)结合起来看，可以总结出“结构的强度和最大应变是一对矛盾”——要实现与软物质相当的最大应变，要求硬物质块的长细比较小，而此时结构的强度较低；反之，要实现与硬物质相当的强度，要求硬物质块的长细比较大，而此时结构的最大应变较低。

另一个综合力学性能指标是材料的能量吸收能力，可以用破坏发生前材料的最大储能密度来表征，它在一定程度上反映了材料的韧性特征。在破坏发生前，上述所有结构的应力应变关系都是线弹性的，所以破坏发生前结构的储能密度可以由破坏应力和破坏应变相乘得到

$$e_{cr}=\frac{1}{2}\sigma_{cr}\varepsilon_{cr} \tag{16-19}$$

基于前面的强度分析和破坏应变分析，能够得到仿生复合材料各种排布方式的最大储能密度随长细比的变化。图 16-7 展示了各种排布最大储能密度随长细比变化的比较。从图中能够得到：

(1) 均匀交错排布结构的储能密度在临界长度$(n-1)\sigma_p^{cr}/\tau_m^{cr}$处达到最大值；

(2) 随机交错排布的储能密度在软物质剪切破坏主导区落在均匀交错排布结构 $n=2$ 和 $n=10$ 之间，但之后随着硬物质块长细比的增加，最大储能密度变得很低。

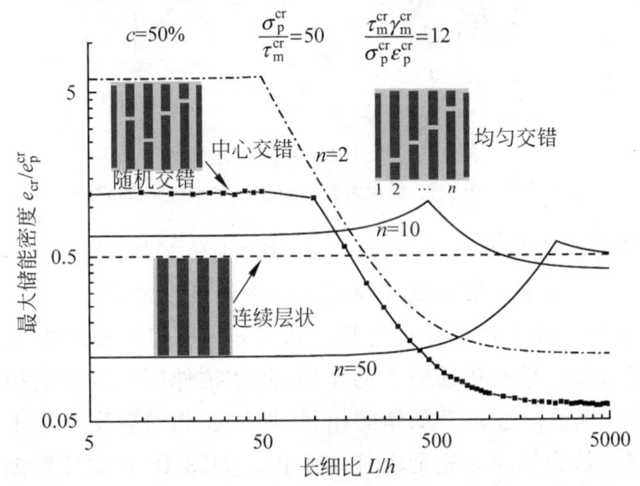

图 16-7 各种排布最大储能密度随长细比变化的比较，$c=50\%$，$\sigma_p^{cr}/\tau_m^{cr}=50$，$\frac{\tau_m^{cr}\gamma_m^{cr}}{\sigma_p^{cr}\varepsilon_p^{cr}}=12$

16.2.3 任意交错的三维拉剪链模型

近年来碳纳米管以其优良的力学和化学性能成为了材料界和力学界共同关注的热点领域，并且被认为是新型高性能复合材料理想的增强相。由于以上的模型均是基于板增强复合材料的二维模型，为了探讨将生物材料的结构特征引入到短纤维增强复合材料中的效果，刘彬和张作启把拉伸-剪切链模型从二维改进扩展到了三维，如图 16-8 所示，针对中心交错排布下短纤维增强复合材料的等效模量进行预测，其结果与有限元计算符合得很好。

模型假设：

(1) 所有纤维等长度等直径，在基体中的排布从横截面(垂直纤维方向的平面)看为正六角形，并且其纵向(沿纤维方向)的位置呈现周期性；

(2) 纤维初始纵向接缝的宽度相对于纤维的长度可以忽略；

(3) 纤维的半径比其长度小一到两个量级，所以可认为其变形是一维的；

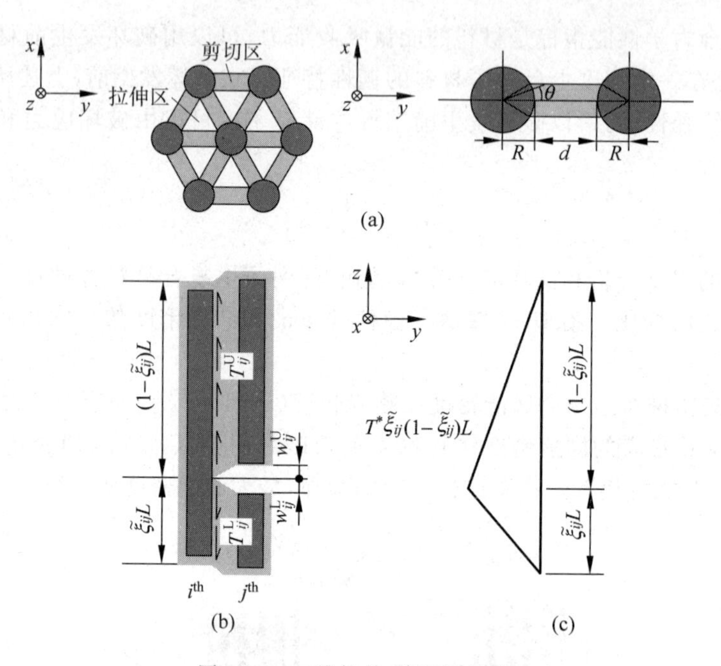

图 16-8 三维拉伸-剪切链模型

(a) 横截面图；(b) 纵截面图；(c) 纤维的轴力分析示意图

(4) 纤维和基体均为线弹性材料，且纤维模量远大于基体(生物材料或聚合物/碳纳米管复合材料中至少是2～3个量级)，基体拉应力的贡献可以忽略。

由以上假设可以将短纤维增强复合材料的基体分为剪切区和拉伸区。其中基体剪切区主要承受剪应力，起着在纤维间传递应力的作用；基体拉伸区主要承受拉应力，但是根据模型的假设(4)：纤维的模量远远大于基体的模量，所以在相同应变水平下，基体拉伸区所承受的拉应力可以忽略，认为拉应力完全由纤维承担。如图16-8设纤维的半径为R，长度为L，相邻纤维间的距离为d，相邻纤维的相对位移为w，分析相邻纤维间应力的传递。由于纤维是圆截面，所以基体剪切区的剪切变形γ是角度θ的函数

$$\gamma(\theta)=\frac{w}{d+2R-2R\cos\theta} \tag{16-20}$$

由假设(4)：基体材料为线弹性，记基体的剪切模量为G_{m}，那么θ处的剪应力为

$$\tau(\theta)=G_{m}\gamma(\theta) \tag{16-21}$$

与单根相邻纤维的相对位移所产生的剪应力的合线应力记作T，则

$$T=\int_{-\frac{\pi}{6}}^{\frac{\pi}{6}}\tau(\theta)R\mathrm{d}\theta=\frac{2G_{m}w}{\sqrt{d/R(d/R+4)}}\arctan\left(\sqrt{\frac{d/R+4}{d/R}}\tan\left(\frac{\theta}{2}\right)\right)\Bigg|_{-\frac{\pi}{6}}^{\frac{\pi}{6}} \tag{16-22}$$

记

$$C_{0}=\frac{\arctan\left(\sqrt{\frac{d/R+4}{d/R}}\tan\left(\frac{\theta}{2}\right)\right)\Bigg|_{-\frac{\pi}{6}}^{\frac{\pi}{6}}}{\sqrt{d/R(d/R+4)}} \tag{16-23}$$

则单根相邻纤维所产生的剪应力的合力T可以写成

$$T=2C_{0}G_{m}w \tag{16-24}$$

且

$$\tau(\theta)=\frac{T}{2C_0(d+2R-2R\cos\theta)} \tag{16-25}$$

记

$$C_1=\frac{d/R+2-\sqrt{3}}{C_0} \tag{16-26}$$

则对特定的 T，相邻纤维间最大剪应力为

$$\tau_{\max}=\frac{T}{2C_1R} \tag{16-27}$$

记 c 为复合材料中纤维的体积比，则

$$c=\frac{2\pi}{\sqrt{3}(d/R+2)^2} \tag{16-28}$$

c、C_0 和 C_1 三者均为由 d/R 决定的形状参数。另外再定义一个形状参数，即纤维的长细比

$$\rho=\frac{L}{2R} \tag{16-29}$$

设纤维的排布在横截面上两个方向的重复周期分别为 m 和 n，则周期性胞元中共有 $s=m\times n$ 根纤维，如图 16-9。若第 i 根纤维的间隙纵向位置在整体坐标 z 为 $\xi_i L(0\leqslant\xi_i<1,i=1,2,\cdots,s)$。对每根纤维另外引入局部坐标，则该纤维在局部坐标下间隙纵向位置为 0，而与其相邻的某根纤维间隙纵向位置为 $\tilde{\xi}_{i,j}L(j=1,2,\cdots,6)$。当 $\xi_j'-\xi_i\geqslant 0$ 时，$\tilde{\xi}_{i,j}=\xi_j'-\xi_i$；当 $\xi_j'-\xi_i<0$ 时，$\tilde{\xi}_{i,j}=\xi_j'-\xi_i+1$。其中 ξ_j' 代表该纤维相邻纤维的间隙在整体坐标下的纵向位置，且令 $\tilde{\xi}_{i,1}\leqslant\tilde{\xi}_{i,2}\leqslant\tilde{\xi}_{i,3}\leqslant\tilde{\xi}_{i,4}\leqslant\tilde{\xi}_{i,5}\leqslant\tilde{\xi}_{i,6}$。

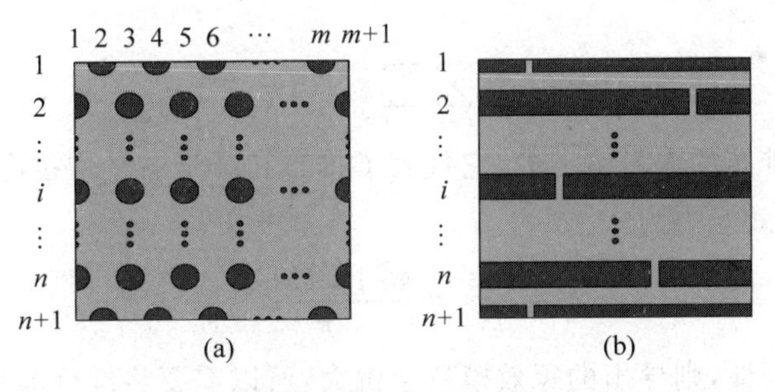

图 16-9　短纤维增强复合材料的代表性胞元

根据模型假设(4)，可将纤维简化为刚性柱体(在刚度推导中除外)，不计纤维的变形，不计基体拉应力的贡献，那么给周期胞元施加伸长 Δ，系统的应变能可以写成

$$U=\frac{1}{2}\sum_{i=1}^{s}\sum_{j=1}^{6}U_{i,j} \tag{16-30}$$

其中 $U_{i,j}$ 为纤维 i 与相邻纤维间的基体储存的剪切应变能。如果任意相邻的纤维间的剪切应变能 $U_{i,j}$ 达到最小，那么整个系统的应变能肯定达到最小。现在转化为求解 $U_{i,j}$ 最小值的问题。若给周期胞元施加伸长 Δ，把每根纤维与相邻纤维的相对位移分为两部分，假设其中长 $(1-\tilde{\xi}_{i,j})L$ 的部分与相邻纤维的相对位移为 $w_{i,j}$，则长 $\tilde{\xi}_{i,j}L$ 的部分与相邻纤维的相对位移为 $w_{i,j}-\Delta$，如图 16-8 所示。

纤维间基体的剪切应变能可以表达为

$$U_{i,j} = C_0 G_m [(w_{i,j} - \Delta)^2 \tilde{\xi}_{i,j} L + w_{i,j}^2 (1 - \tilde{\xi}_{i,j}) L] \tag{16-31}$$

将能量对相对位移求一阶导数,并令其等于0,有

$$\frac{dU_{i,j}}{dw_{i,j}} = 2C_0 G_m L (w_{i,j} - \tilde{\xi}_{i,j}\Delta) = 0 \tag{16-32}$$

易得$U_{i,j}$的驻值点发生在

$$w_{i,j} = \tilde{\xi}_{i,j}\Delta \tag{16-33}$$

求解$U_{i,j}$在驻值点处的二阶导数值得

$$\frac{d^2 U_{i,j}}{dw_{i,j}^2} = 2C_0 G_m L > 0 \tag{16-34}$$

因此,该驻值点就是$U_{i,j}$的最小值点。该位移解使得任意相邻的两个纤维间的基体剪切应变能达到最小,进而使得系统的势能达到最小。

1. 仿生纤维增强复合材料等效刚度

将位移解代入,得单位长度纤维上所受的单根相邻纤维产生的剪应力合力为

$$\begin{Bmatrix} T_{i,j}^{U} \\ T_{i,j}^{L} \end{Bmatrix} = 2C_0 G_m \Delta \begin{Bmatrix} \tilde{\xi}_{i,j} \\ 1 - \tilde{\xi}_{i,j} \end{Bmatrix} \tag{16-35}$$

单根纤维上所受的平均拉应力为

$$\bar{\sigma}_f = \frac{4\alpha_1 \rho^2 C_0 G_m}{\pi} \frac{\Delta}{L} \tag{16-36}$$

其中

$$\alpha_1 = \frac{1}{s} \sum_{i=1}^{s} \sum_{j=1}^{6} \tilde{\xi}_{i,j} (1 - \tilde{\xi}_{i,j}) \tag{16-37}$$

为一个取决于纤维排布的无量纲参数,它代表了排布和纤维的平均拉应力的关系,根据混合法则,复合材料的等效应力为

$$\sigma = c\bar{\sigma}_f = \frac{4\alpha_1 c \rho^2 C_0 G_m}{\pi} \frac{\Delta}{L} \tag{16-38}$$

如将纤维视为完全刚性,则导出的等效模量会偏大,所以需要将纤维的伸长量叠加进来。由胡克定律,可得纤维的总伸长量

$$\Delta_f = \frac{\bar{\sigma}_f}{E_f} L = \frac{4\alpha_1 \rho^2 C_0 G_m \Delta}{\pi E_f} \tag{16-39}$$

此时复合材料的等效应变

$$\varepsilon = \frac{\Delta_f + \Delta}{L} = \frac{4\alpha_1 \rho^2 C_0 G_m}{\pi E_f} \frac{\Delta}{L} + \frac{\Delta}{L} \tag{16-40}$$

等效模量$E = \sigma/\varepsilon$,所以

$$E = \frac{1}{\dfrac{1}{cE_f} + \dfrac{\pi}{4\alpha_1 c \rho^2 C_0 G_m}} \tag{16-41}$$

可以看出当长细比$\rho \to \infty$时,等效模量$E \to cE_f$,即趋向复合材料模量的Voigt上限。

2. 仿生纤维增强复合材料强度

基体最大剪应力达到基体剪切强度 τ_m^{cr} 或纤维最大正应力达到纤维拉伸强度 σ_f^{cr} 时，复合材料达到自身的强度极限。

如果基体发生剪切破坏，则有

$$\tau_{max} = \frac{T_{max}}{2C_1R} = \frac{\chi_1 C_0 G_m \Delta}{C_1 R} \tag{16-42}$$

其中

$$\chi_1 = \max\{\tilde{\xi}_{i,6}, 1-\tilde{\xi}_{i,1}\} \tag{16-43}$$

为一个取决于纤维排布的无量纲参数，它代表了纤维排布和基体最大剪应力的关系，由此得到相应的位移

$$\Delta = \frac{C_1}{\chi_1 C_0}\frac{\tau_m^{cr}}{G_m}R \tag{16-44}$$

如果纤维被拉断，则有

$$\sigma_f^{max} = \frac{2\chi_2 C_0 G_m \Delta L}{\pi R^2} = \sigma_f^{cr} = \frac{2\chi_2}{\alpha_1 c}\sigma^{cr} \tag{16-45}$$

其中

$$\chi_2 = \max\left\{\sum_{j\geqslant k}[(1-\tilde{\xi}_{i,j})\tilde{\xi}_{i,k}] + \sum_{j<k}[(1-\tilde{\xi}_{i,k})\tilde{\xi}_{i,j}], k=1,2,\cdots,6\right\} \tag{16-46}$$

为一个取决于纤维排布的无量纲参数，它代表了排布和纤维的最大拉应力的关系，由此得相应的位移为

$$\Delta = \frac{\pi R^2 \sigma_f^{cr}}{2\chi_2 C_0 G_m L} \tag{16-47}$$

如果基体和纤维同时发生破坏，联立式(16-44)和式(16-47)得临界的长细比

$$\rho^{cr} = \frac{\pi\beta_1}{4C_1}\frac{\sigma_f^{cr}}{\tau_m^{cr}} \tag{16-48}$$

其中

$$\beta_1 = \frac{\chi_1}{\chi_2} \tag{16-49}$$

即有

$$\sigma^{cr} = \begin{cases} \beta_2 c \sigma_f^{cr}\dfrac{\rho}{\rho^{cr}}, & \rho < \rho^{cr}, \\ \beta_2 c\sigma_f^{cr}, & \rho \geqslant \rho^{cr}, \end{cases} \quad \rho^{cr} = \frac{\pi\beta_1}{4C_1}\frac{\sigma_f^{cr}}{\tau_m^{cr}} \tag{16-50}$$

其中 $\beta_2 = \dfrac{\alpha_1\beta_1}{2\chi_1}$。

当 $\rho<\rho^{cr}$ 时，基体发生剪切破坏，此时破坏应力和长细比呈线性关系；当 $\rho\geqslant\rho^{cr}$ 时，纤维被拉坏，复合材料的破坏应力不再随着长细比的增加而变化。破坏应变可由刚度和强度预测得出

$$\varepsilon^{cr}=\begin{cases}\beta_2 c\sigma_f^{cr}\dfrac{\rho}{\rho^{cr}}\left(\dfrac{1}{\alpha_2 cE_f}+\dfrac{\pi}{4\alpha_1\rho^2 cC_0G_m}\right), & \rho<\rho^{cr}\\ \beta_2 c\sigma_f^{cr}\left(\dfrac{1}{\alpha_2 cE_f}+\dfrac{\pi}{4\alpha_1\rho^2 cC_0G_m}\right), & \rho\geqslant\rho^{cr}\end{cases}\tag{16-51}$$

与分析任意排布二维拉剪链模型类似，选择了其中几种代表性的排布方式，即中心交错排布、均匀交错排布和随机交错排布来考察其刚度和强度结果。其中各种排布方式对应的刚度排布参数和强度排布参数如表 16-2 所示。

表 16-2 各种排布方式的刚度和强度排布参数

排布方式	刚度排布参数		强度排布参数	
	α_1	α_2	β_1	β_2
中心交错排布	1	$\dfrac{3}{4}$	$\dfrac{1}{2}$	$\dfrac{1}{2}$
均匀交错排布	$\dfrac{4(n-1)}{n^2}$	$\dfrac{3(n-1)^2}{n(3n-4)}$	$\dfrac{n-1}{2}$	$\dfrac{n-1}{n}$
随机交错排布	1	$\dfrac{15}{19}$	$\dfrac{2}{3}$	$\dfrac{1}{3}$

把表 16-2 中的参数代入任意排布的三维拉剪链刚度表达式(16-41)，分布可以得到均匀交错排布的刚度

$$E=\frac{1}{\dfrac{1}{cE_f}+\dfrac{n^2}{(n-1)}\dfrac{\pi}{16\rho^2 cC_0G_m}}\tag{16-52}$$

代入式(16-50)得强度为

$$\sigma^{cr}=\begin{cases}\dfrac{n-1}{n}c\sigma_f^{cr}\dfrac{\rho}{\rho^{cr}}, & \rho<\rho^{cr},\\ \dfrac{n-1}{n}c\sigma_f^{cr}, & \rho\geqslant\rho^{cr},\end{cases}\quad \rho^{cr}=\frac{\pi(n-1)}{8C_1}\frac{\sigma_f^{cr}}{\tau_m^{cr}}\tag{16-53}$$

值得一提的是，上述的排布方式是十分理想化的研究对象，它们的制备只能在实验室中小规模实现，实际工程中最便于大规模实现的则是随机交错排布的情况。把表 16-2 中随机交错排布的参数代入任意排布的三维拉剪链刚度表达式(16-41)，分布可以得到均匀交错排布的等效刚度

$$E=\frac{1}{\dfrac{1}{cE_f}+\dfrac{\pi}{4\rho^2 cC_0G_m}}\tag{16-54}$$

代入式(16-50)得强度为

$$\sigma^{cr}=\begin{cases}\dfrac{1}{3}c\sigma_f^{cr}\dfrac{\rho}{\rho^{cr}}, & \rho<\rho^{cr},\\ \dfrac{1}{3}c\sigma_f^{cr}, & \rho\geqslant\rho^{cr},\end{cases}\quad \rho^{cr}=\frac{\pi}{6C_1}\frac{\sigma_f^{cr}}{\tau_m^{cr}}\tag{16-55}$$

图 16-10 展示单向短纤维排布方式及长细比对力学性能的影响。

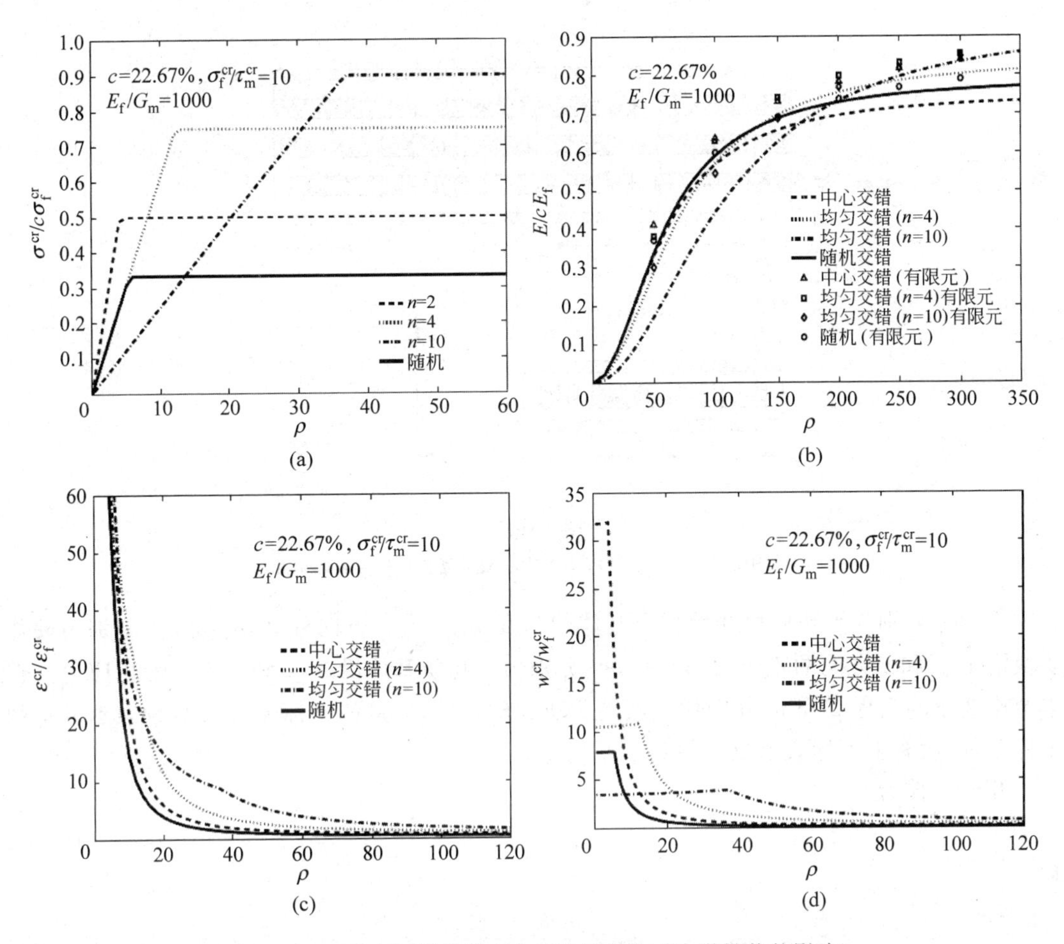

图 16-10 单向短纤维排布方式及长细比对力学性能的影响

(a) 强度;(b) 刚度;(c) 破坏应变;(d) 最大储能密度

16.3 生物/仿生复合材料泊松比和多级结构的效应

前面两节的应力分析都是基于拉剪链模型假设,本节将给出另一种分析思路,生物/仿生复合材料具有非常优异的力学性能,不仅与其纳米尺度的错层排布结构有莫大的关系,还与软物质的泊松比以及多级结构有关。本章以中心交错仿生复合材料的横向刚度和纵向刚度为研究对象,来进一步揭示泊松比和多级结构对在生物/仿生复合材料中的作用。

为了研究中心交错仿生复合材料的横向刚度,根据它的周期性和对称性,选择了代表单元如图 16-11(b)所示。

当仿生/生物复合材料受到 z 方向的应力时,因为边界自由所以根据平衡方程有

$$h_m\sigma_x^m + h_p\sigma_x^p = 0 \tag{16-56}$$

$$h_m\sigma_y^m + h_p\sigma_y^p = 0 \tag{16-57}$$

$$\sigma_z^m = \sigma_z^p = \sigma_z \tag{16-58}$$

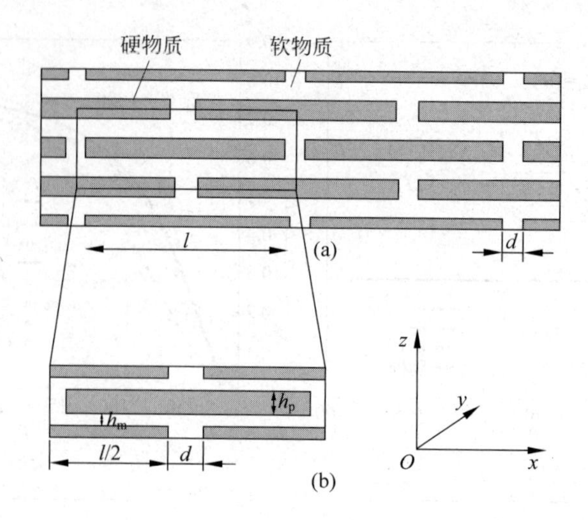

图 16-11
(a) 中心交错复合材料；(b) 中心交错复合材料代表性单元

其中 h_p,h_m 分别为硬物质块和软物质基体的厚度,σ_z 是沿 z 方向外载,σ_x^p,σ_y^p,σ_z^p 分别为硬物质块沿 x,y 和 z 方向的正应力;σ_x^m,σ_y^m,σ_z^m 分别为软物质基体沿 x,y 和 z 方向的正应力。在本节中变量的上标 p 和 m 分别代表硬物质块和软物质,变量的下标 x,y,z 分别表示变量的坐标分量,没有上下标表示复合材料的平均量。

几何方程为

$$\varepsilon_y^m = \varepsilon_y^p \tag{16-59}$$

和

$$\varepsilon_z = \frac{\varepsilon_z^m h_m + \varepsilon_z^p h_p}{h_m + h_p} \tag{16-60}$$

为了得到长度方向上硬物质块的间隙的变化 Δd,研究了代表单元的体积变化

$$\frac{\Delta V_m}{V_m} = \varepsilon_x^m + \varepsilon_y^m + \varepsilon_z^m = \varepsilon_y^m + \frac{\varepsilon_z^m h_m \dfrac{l}{2} + \dfrac{\Delta d}{2}(h_m + h_p) + \varepsilon_x^p h_m \dfrac{l}{2}}{h_m \dfrac{l}{2} + \dfrac{d}{2}(h_p + h_m)} \tag{16-61}$$

其中 l 是硬物质块的长度, V_m 和 ΔV_m 是软物质基体的体积和体积变化,考虑到 $d \ll l$,式(16-61)变成

$$\varepsilon_x^m \approx \varepsilon_x^p + \frac{(h_p + h_m)\Delta d}{h_m l} \tag{16-62}$$

由于引进了一个新的变量 Δd,方程的数量小于变量的数量,用最小能量法导出这个新变量,势能主要由两部分组成

$$U_{total} = U_m + U_p \tag{16-63}$$

其中 U_p 和 U_m 是分别储存在硬物质块和软物质基体内的能量。假设硬物质块中的剪切应变可以忽略,U_p 可表示为

$$U_p = \frac{1}{2}(\sigma_x^p \varepsilon_x^p + \sigma_y^p \varepsilon_y^p + \sigma_z^p \varepsilon_z^p) h_p \frac{l}{2} \tag{16-64}$$

相反,剪切应变 γ_{xz}^m 在软物质中起到一个很重要的作用,把软物质中的能量 U_m 分成两

部分，一部分是与正应变对应，另一部分是与剪切应变对应。

$$U_{\mathrm{m}} = U_{\mathrm{m}}^{\varepsilon} + U_{\mathrm{m}}^{\gamma} \tag{16-65}$$

其中

$$U_{\mathrm{m}}^{\varepsilon} = \frac{1}{2}(\sigma_x^{\mathrm{m}}\varepsilon_x^{\mathrm{m}} + \sigma_y^{\mathrm{m}}\varepsilon_y^{\mathrm{m}} + \sigma_z^{\mathrm{m}}\varepsilon_z^{\mathrm{m}})h_{\mathrm{m}}\frac{l}{2} \tag{16-66}$$

在研究计算 U_{m}^{γ} 之前，必须指出的是在前面的推导中，假设了硬物质和软物质的变形是均匀的。这个假设能让公式推导变得简单，但缺点就是在某些情况下，这种处理办法会严重地低估系统的自由能。这儿，用一个影响因子 α 来捕捉不均匀变形的影响。

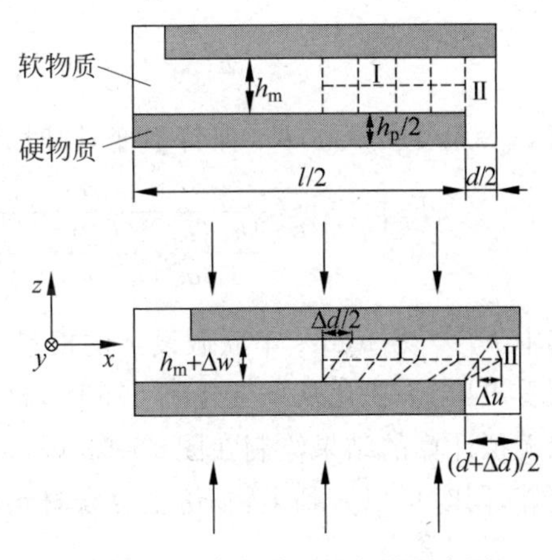

图 16-12 代表单元的变形示意图

首先计算均匀变形的能量，如图 16-12 所示，同时考虑硬物质比软物质刚度大很多，软物质中的平均应变为

$$\bar{\gamma}^{\mathrm{m}} = \frac{\Delta d/2}{h_{\mathrm{m}}} \tag{16-67}$$

剪切能为

$$\bar{U}_{\mathrm{m}}^{\gamma} = \frac{1}{2}G_{\mathrm{m}}(\bar{\gamma}^{\mathrm{m}})^2 h_{\mathrm{m}}\frac{l}{2} = \frac{G_{\mathrm{m}}(\Delta d)^2 l}{16h_{\mathrm{m}}} \tag{16-68}$$

如前面所说，一个更加精确的能量表达式为

$$U_{\mathrm{m}}^{\gamma} = \alpha\bar{U}_{\mathrm{m}}^{\gamma} = \frac{\alpha G_{\mathrm{m}}(\Delta d)^2 l}{16h_{\mathrm{m}}} \tag{16-69}$$

其中 α 是一个比 1 大的数，其表达式为

$$\alpha = \left\{1 + \frac{4}{3}\left(\frac{(h_{\mathrm{p}} + h_{\mathrm{m}})l}{h_{\mathrm{m}}(l+d)}\right)^2\right\}\left(\frac{l-d}{l+d}\right) \tag{16-70}$$

它的确定过程请参阅文献[60]。

用 ε_z 和 Δd 做基本变量，其他的所有变量都可以用这两个变量表示，所有的能量可以表示为

$$U_{\mathrm{total}} = U_{\mathrm{total}}(\varepsilon_z, \Delta d) \tag{16-71}$$

若 ε_z 已知，根据最小能量法，能够得到 Δd，

$$\frac{\partial U_{\mathrm{total}}(\varepsilon_z, \Delta d)}{\partial \Delta d} = 0 \tag{16-72}$$

一旦所有变量都确定了，错层复合材料在 z 方向的横向模量可以表示为

$$E_z = \frac{\sigma_z}{\varepsilon_z} \approx \frac{1}{\dfrac{12K_{\mathrm{m}}h_{\mathrm{m}}(h_{\mathrm{m}} + h_{\mathrm{p}})}{\alpha l^2 G_{\mathrm{m}}(4G_{\mathrm{m}} + 3K_{\mathrm{m}})} + \dfrac{1}{E_z^{\mathrm{sa}}}} \tag{16-73}$$

其中 E_z^{sa} 为三明治连续层状复合材料的横向模量

$$E_z^{\mathrm{sa}} \approx \frac{1}{\dfrac{3h_{\mathrm{m}}}{(h_{\mathrm{p}} + h_{\mathrm{m}})(4G_{\mathrm{m}} + 3K_{\mathrm{m}})} + \dfrac{1}{E_{\mathrm{p}}}\dfrac{3K_{\mathrm{m}}}{(4G_{\mathrm{m}} + 3K_{\mathrm{m}})}\dfrac{(h_{\mathrm{p}}^2 + 4\nu_{\mathrm{p}}h_{\mathrm{p}}h_{\mathrm{m}} + 2h_{\mathrm{m}}^2 - 2\nu_{\mathrm{p}}h_{\mathrm{m}}^2)}{h_{\mathrm{p}}(h_{\mathrm{p}} + h_{\mathrm{m}})}} \tag{16-74}$$

当 $\nu_m \to 0.5, K_m \to \infty$，错层复合材料在 z 方向的横向模量可以表示为

$$E_z\Big|_{\nu_m \to 0.5} = \frac{1}{\dfrac{4h_m(h_m+h_p)}{\alpha l^2 G_m} + \dfrac{1}{E_z^{sa}\Big|_{\nu_m \to 0.5}}} \tag{16-75}$$

其中

$$E_z^{sa}\Big|_{\nu_m \to 0.5} \approx E_p \frac{h_p(h_p+h_m)}{h_p^2 + 4\nu_p h_p h_m + 2h_m^2 - 2\nu_p h_m^2} \tag{16-76}$$

当 $\nu_m = 0$，$E_p \gg G_m$，K_m 保持不变，同时有

$$E_z\Big|_{\nu_m=0} \approx \frac{1}{\dfrac{4h_m(h_p+h_m)}{3\alpha l^2 G_m} + \dfrac{1}{E_z^{sa}\Big|_{\nu_m=0}}} \approx \frac{h_p+h_m}{h_m} E_m \approx E_z^{sa}\Big|_{\nu_m=0} \approx E_z^{Reuss} \tag{16-77}$$

其中 E_z^{Reuss} 为 Reuss 串联假设下的模量估计，且假设 $l \gg h_m, h_p$，从式(16-75)和式(16-77)可以看出，当泊松比从 0 变化到 0.5 时，材料的刚度会有一个很大的变化。把理论结果和有限元模拟计算的结果绘制在图 16-13 中，从图中可以看到理论预测和有限元模拟结果吻合比较好，同时可以看到生物/仿生复合材料的等效刚度随着泊松比的减低而降低。

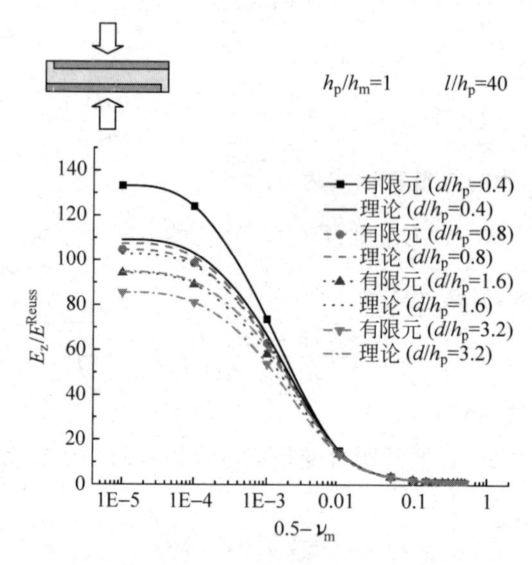

图 16-13　横向等效刚度随泊松比的变化

错层复合材料的纵向刚度分析与以上分析类似，首先，材料必须得满足平衡方程：

$$h_m \sigma_y^m + h_p \sigma_y^p = 0 \tag{16-78}$$

$$\sigma_z^m = \sigma_z^p = 0 \tag{16-79}$$

$$\sigma_x = \frac{\sigma_x^m h_m + \sigma_x^p h_p}{h_m + h_p} \tag{16-80}$$

几何方程：

$$\varepsilon_y^m = \varepsilon_y^p \tag{16-81}$$

$$\varepsilon_x^m \approx \varepsilon_x^p + \frac{(h_p+h_m)\Delta d}{h_m l} \tag{16-82}$$

式(16-82)和式(16-62)相同，考虑到结构沿着 x 方向的延伸，得到了第三个几何方程：

$$\varepsilon_x\left(\frac{l+d}{2}\right)=\varepsilon_x^{\mathrm{p}}\frac{l}{2}+\frac{\Delta d}{2} \tag{16-83}$$

以上的方程不足够确定所有的变量，用最小势能原理来补充另外一个方程，全部能量为

$$U_{\text{total}}=\frac{1}{2}(\sigma_x^{\mathrm{m}}\varepsilon_x^{\mathrm{m}}+\sigma_y^{\mathrm{m}}\varepsilon_y^{\mathrm{m}}+\sigma_z^{\mathrm{m}}\varepsilon_z^{\mathrm{m}})h_{\mathrm{m}}\frac{l}{2}+\frac{1}{2}(\sigma_x^{\mathrm{p}}\varepsilon_x^{\mathrm{p}}+\sigma_y^{\mathrm{p}}\varepsilon_y^{\mathrm{p}}+\sigma_z^{\mathrm{p}}\varepsilon_z^{\mathrm{p}})h_{\mathrm{p}}\frac{l}{2}+\frac{\alpha G_{\mathrm{m}}(\Delta d)^2 l}{16h_{\mathrm{m}}} \tag{16-84}$$

其中 α 是一个比 1 大的参数，它的表达式为

$$\alpha=\left[1+\frac{16}{3}\left(\frac{\Delta u}{\Delta d}\right)^2\right]\left(\frac{l-d}{l+d}\right) \tag{16-85}$$

其中

$$\frac{\Delta u}{\Delta d}=\frac{-h_{\mathrm{m}}^2 l(h_{\mathrm{p}}+h_{\mathrm{m}})(l+2d)(1+\nu_{\mathrm{m}})}{2h_{\mathrm{m}}^3(l+2d)^2(1+\nu_{\mathrm{m}})+dl^2(2h_{\mathrm{m}}l+4h_{\mathrm{m}}d+h_{\mathrm{p}}l)(1-2\nu_{\mathrm{m}})} \tag{16-86}$$

现在，全部的能量可以写成 ε_x 和 Δd 的函数，

$$U_{\text{total}}=U_{\text{total}}(\varepsilon_x,\Delta d) \tag{16-87}$$

对于一个固定的 ε_x，真实的 Δd 应该使得 U_{total} 最小，所以有方程：

$$\frac{\partial U_{\text{total}}(\varepsilon_x,\Delta d)}{\partial \Delta d}=0 \tag{16-88}$$

在所有变量都确定后能够得到沿 x 方向即纵向的刚度为

$$E_x=\frac{\sigma_x}{\varepsilon_x}\approx\frac{1}{\dfrac{h_{\mathrm{p}}+h_{\mathrm{m}}}{h_{\mathrm{p}}}\dfrac{4h_{\mathrm{p}}h_{\mathrm{m}}}{\alpha l^2 G_{\mathrm{m}}}+\dfrac{h_{\mathrm{p}}+h_{\mathrm{m}}}{h_{\mathrm{p}}}\dfrac{1}{E_{\mathrm{p}}}}=\frac{1}{\dfrac{4(1-c)}{\alpha\rho^2c^2G_{\mathrm{m}}}+\dfrac{1}{cE_{\mathrm{p}}}} \tag{16-89}$$

其中 $c=\dfrac{h_{\mathrm{p}}}{h_{\mathrm{p}}+h_{\mathrm{m}}}$ 是硬物质块的体积分量，$\rho=\dfrac{l}{h_{\mathrm{p}}}$ 是硬物质块的长细比。注意到，如果假设变形是均匀的，即有 $\alpha=1$，方程(16-89)能够简化成拉剪链模型的解。

把理论结果和有限元模拟计算的结果绘制在图 16-14 中，从图中可以看到理论预测和有限元模拟结果吻合比较好，同时可以看到生物/仿生复合材料的等效刚度随着泊松比的减低而降低。

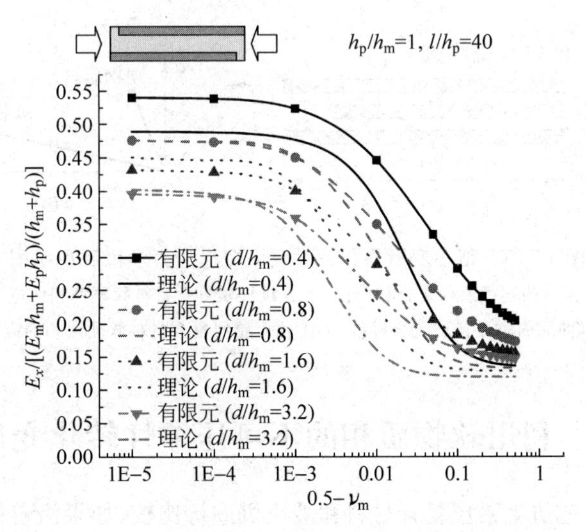

图 16-14 纵向方向的等效刚度随泊松比的变化

从以上的分析中可以发现生物/仿生复合材料的等效刚度对泊松比特别敏感，特别是横向等效模量，它随泊松比的变化最多可以达到两个数量级。生物复合材料正是利用了这一点，其基体虽然很软，但是泊松比接近 0.5，近似不可压，从而使横向刚度远高于 Reuss 估计。最后我们总结生物/仿生复合材料一些优异力学性能背后的机制。

力学机制Ⅰ 把小变形累积放大成大变形

如图 16-15 比较仿生错层复合材料和连续层状复合材料，如果沿纵向给仿生错层复合材料施加拉应变 ε(图 16-15(c))，拉伸量为

$$\Delta = \varepsilon l/2 \tag{16-90}$$

或者可以用软物质基体的剪切应变表示

$$\Delta = \gamma_m h_m \tag{16-91}$$

在此假设硬物质块比软物质要硬很多，结合式(16-90)和式(16-91)消去 Δ 得到

$$\frac{\gamma_m}{\varepsilon} = \frac{l/2}{h_m} \gg 1 \tag{16-92}$$

从式(16-92)可以看出在仿生错层复合材料中，很小的正应变 ε 就能得到很大的剪切应变 $\gamma_m = \frac{l/2}{h_p}\varepsilon$。因此，较连续层状复合材料在相同的拉应变下，仿生错层复合材料软物质相的剪切变形更大。一般来说，软物质比硬物质块的断裂韧性和断裂应变要大，所以大自然可以利用这种力学机制，通过硬物质和软物质的应变比，使得两相材料同时破坏，达到等强度设计目的(图 16-15(d))。而在连续层状复合材料里软硬两相材料的应变是一样的，这样一般硬物质相会先断裂，因此连续层状复合材料的断裂韧性要比仿生错层复合材料低。

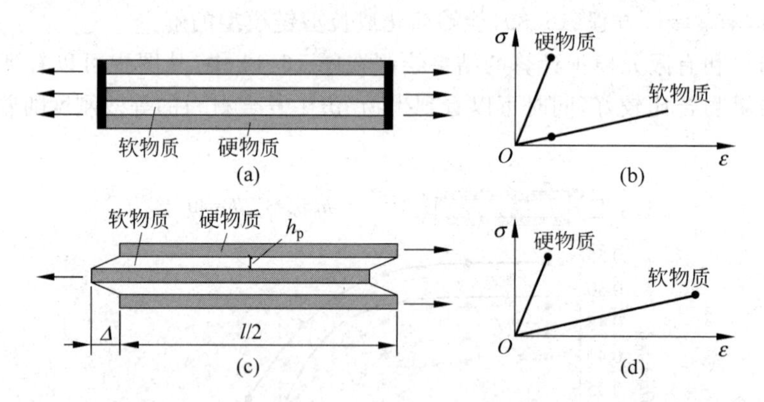

图 16-15 把小变形累积放大成大变形的力学机制说明图

(a) 受纵向拉伸后的连续层状复合材料；(b) 连续层状复合材料软硬两相的应力应变关系；(c) 受纵向拉伸后的仿生错层复合材料；(d) 仿生错层复合材料软硬两相的应力应变关系

力学机制Ⅱ 利用软物质相的不可压缩性转化变形方式

如图 16-16 所示，把仿生错层复合材料和液压机进行比较，如果沿着横向压缩仿生错层复合材料，软物质的不可压缩性会将横向的压缩变形转换为纵向的拉伸变形，这就与图 16-16(c)

液压机的原理是一样的，即当沿竖直方向压缩液压机时，水平方向的活塞会分开。如果把水平的两个活塞用很硬的弹簧连接起来，系统就会有很高的横向刚度。

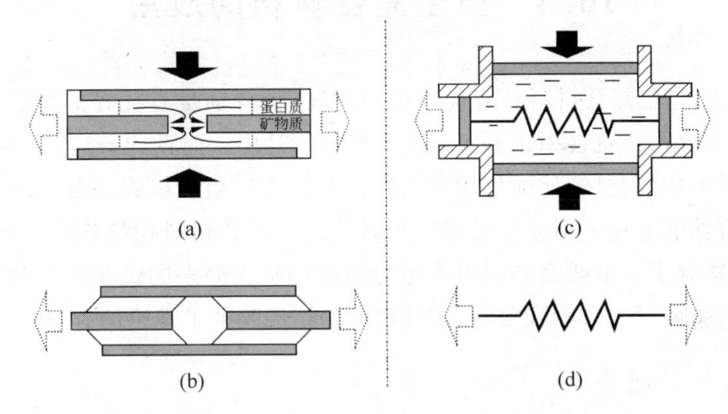

图 16-16 利用软物质相的不可压缩性转化变形方式的说明图

(a) 仿生错层复合材料当它受到压缩时会沿着纵向伸长；(b) 在沿纵向拉伸时候存在拉剪链效应；(c) 一个受压沿纵向伸长的液压机示意图；(d) 在纵向连接水平活塞的弹簧

如图 16-16(b)所示，在仿生错层复合材料里，这根弹簧就是 16.1 节高华健等提出的拉剪链效应，即转化而利用力学机制Ⅰ。

力学机制Ⅲ 设计多级结构提高复合材料承受复杂载荷的能力

如图 16-17(a)所示，最底级的错层复合材料只具有较好的纵向拉伸刚度和横向压缩刚度，易知也能有效承受 45°方向的剪切变形，但是对于其他方向载荷单一级的仿生错层复合材料刚度偏低。然而利用多级设计(如图 16-17(b)所示)，仿生错层复合材料就能承受更复杂的载荷，Kamat 等在 2000 年在生物复合材料的微结构中发现了类似的多级结构。

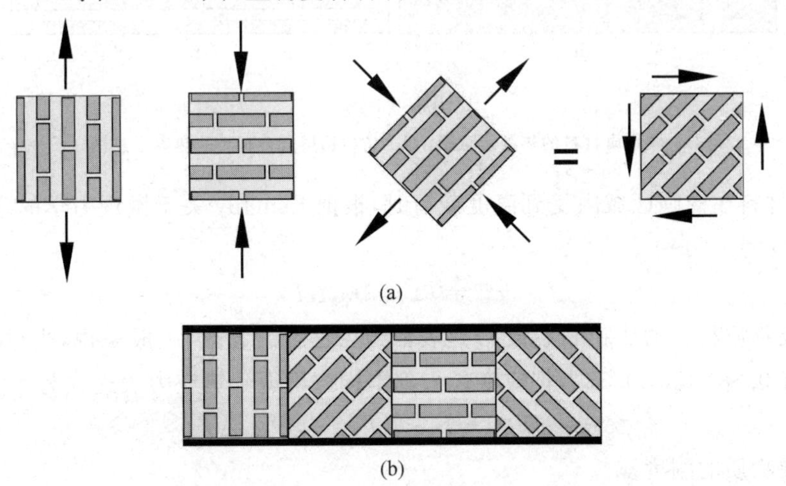

图 16-17 力学机制Ⅲ的原理说明图

(a) 一级的仿生错层复合材料只在单一的方向具有很好的承载能力；(b) 经合理组合的二级结构能够承受更复杂的载荷

16.4 仿生复合材料的应用

如前面所述,仿生复合材料具有优异的力学性能,特别是有优异的断裂韧性和抗冲击能力,这些概念设计可以直接引入到工程复合材料设计中。而且,研究者们还进一步挖掘这种微结构更广泛的应用领域,比如仅用两相材料按照仿生错层组成的复合材料应该会具有比较好的抗热震性能。这一节系统地研究和讨论仿生复合材料在抗热震性能,在刚度减弱不多的前提下,得到了一个残余热应力要比均匀硬物质少得多的优化微结构。最后本节通过玻璃和环氧树脂做了一个验证实验,实验得到的结果验证了理论的有效性。

1. 热应力场的推导

传统表征材料抗热震性能的办法是让材料经历一个温度突变,找到一个临界的温度差,使得材料的强度有很大的降低,温差越大材料的抗热震性能就越好。一个经典的热震问题就是一块物质局部受温度载荷,如图16-18所示,其中椭圆区域内的材料受温度突降ΔT。需要指出的是:这里考虑的温度变化是在瞬间完成的,没有考虑表面热交换效应,这是一种极端情况,也是最危险的情况,当然它也能让理论推导更加简单。为了便于比较,我们研究了两种材料体系,一种是纯硬物质材料,另一种是生物仿生复合材料(如图16-18所示),温度突变的区域膨胀或者收缩时会受到周围区域的约束,因此,它会有残余热应力产生。

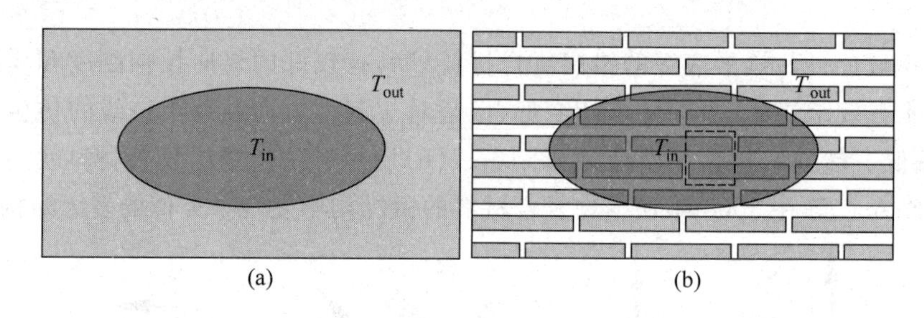

图 16-18

(a) 硬物质材料的热震示意图;(b) 仿生错层复合材料的热震示意图

硬物质材料在椭圆区域内受到温度载荷时,根据Eshelby关于微观力学的理论,椭圆区域内部的应变为

$$\varepsilon^{in} = (1-\beta)\alpha_p \Delta T \tag{16-93}$$

其中,α_p是硬物质材料的热膨胀系数,β是表征约束程度的参数,一般来说,当材料的泊松比为0.3时,有$0.381<\beta<0.524$,把应变代入到本构方程得到热应力表达式为

$$\sigma = E_p\varepsilon^{in} - E_p\alpha_p\Delta T = -\beta E_p\alpha_p\Delta T \tag{16-94}$$

其中E_p是硬物质的刚度。

然而,仿生复合材料中的热应力不能很直接得到。首先分析两个基本问题:一个是仿生错层复合材料受应变载荷,一个是受温度载荷。根据仿生复合材料的周期性和对称性,解答可以用一个代表单元表示,理论推导是在以下4个基本假设基础上进行的:

(1) 硬物质的模量远远大于软物质的模量；

(2) 硬物质块的长细比至少要大于 5；

(3) 硬物质和软物质是完美粘接的；

(4) 硬物质和软物质都是在线弹性范围内。

根据连续介质力学的标准方法，得到硬物质和软物质的本构方程为

$$\left.\begin{aligned}\sigma_p &= E_p\varepsilon_p - E_p\alpha_p\Delta T\\ \sigma_m &= E_m\varepsilon_m - E_m\alpha_m\Delta T\\ \gamma_m &= \frac{\tau_m}{G_m}\end{aligned}\right\}\tag{16-95}$$

其中，σ 是正应力，τ 是剪应力，ε 是正应变，γ 是剪应变，α 是热膨胀系数，E 是弹性模量，G 是剪切模量。下标 p 和 m 分别表示硬物质块和软物质基体。

为了简化分析，把代表单元分成了几个区间，如图 16-19 所示，代表性单元共分成 p_{I}，p_{II}，m_{I}，m_{II}，m_{III}，$\tilde{m}_{\mathrm{I}}$，$\tilde{p}_{\mathrm{II}}$，和剪滞模型一样，假设每个区间的应力都沿着横向方向没有变化，其中 p_{I}，p_{II}，m_{I} 的剪应力为零，应力和位移在每个区间都应该满足平衡方程和几何方程。

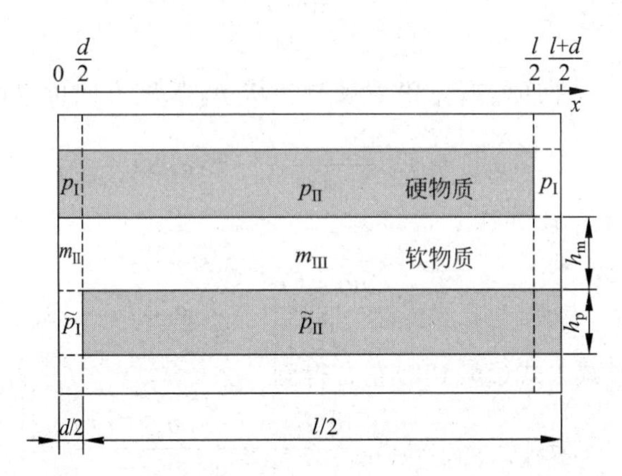

图 16-19 仿生错层复合材料代表性单元分区示意图

1) p_{II}，m_{III} 和 $\tilde{p}_{\mathrm{II}}$ 区域分析

首先分析区域 p_{II}，m_{III} 和 $\tilde{p}_{\mathrm{II}}$，从 p_{II} 开始，它的力学分析示意图如 16-20 所示，根据硬物质块的平衡方程有

$$\frac{\mathrm{d}\sigma_{p_{\mathrm{II}}}(x)}{\mathrm{d}x}h_p = -2\tau_{m_{\mathrm{III}}}(x)\tag{16-96}$$

其中 h_p 代表硬物质块的厚度。

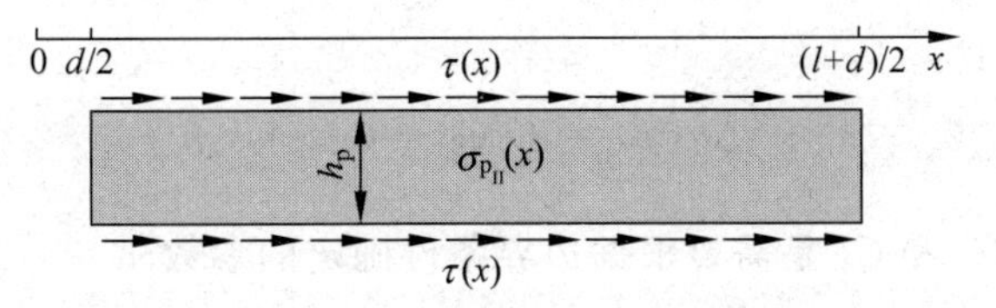

图 16-20 硬物质块的受力分析示意图

类似，$\tilde{p}_{\mathrm{II}}$ 区域的平衡方程为

$$\frac{\mathrm{d}\sigma_{\tilde{\mathrm{p}}_{\mathrm{II}}}(x)}{\mathrm{d}x}h_{\mathrm{p}} = 2\tau_{\mathrm{m}_{\mathrm{III}}}(x) \tag{16-97}$$

式(16-97)减去式(16-96)得到

$$h_{\mathrm{p}}\frac{\mathrm{d}[\sigma_{\tilde{\mathrm{p}}_{\mathrm{II}}}(x) - \sigma_{\mathrm{p}_{\mathrm{II}}}(x)]}{\mathrm{d}x} = 4\tau_{\mathrm{m}_{\mathrm{III}}}(x) \tag{16-98}$$

基于剪滞模型，在 $\mathrm{m}_{\mathrm{III}}$ 的剪应力为

$$\tau_{\mathrm{m}_{\mathrm{III}}}(x) = G_{\mathrm{m}}\frac{\Delta u(x)}{h_{\mathrm{m}}} \tag{16-99}$$

其中 h_{m} 是软物质的厚度。

规定

$$\Delta u(x) = u_{\tilde{\mathrm{p}}_{\mathrm{II}}}(x) - u_{\mathrm{p}_{\mathrm{II}}}(x) \tag{16-100}$$

其中 $u_{\tilde{\mathrm{p}}_{\mathrm{II}}}(x)$和 $u_{\mathrm{p}_{\mathrm{II}}}(x)$表示上边和下边的硬物质块的位移。

利用几何方程

$$\varepsilon = \frac{\mathrm{d}u(x)}{\mathrm{d}x} \tag{16-101}$$

和本构方程式(16-95)，法向应力 $\sigma_{\mathrm{p}_{\mathrm{II}}}$ 沿着硬物质块 p_{II} 长度方向可以确定为

$$\sigma_{\mathrm{p}_{\mathrm{II}}} = E_{\mathrm{p}}\frac{\mathrm{d}u_{\mathrm{p}_{\mathrm{II}}}(x)}{\mathrm{d}x} - E_{\mathrm{p}}\alpha_{\mathrm{p}}\Delta T \tag{16-102}$$

对应地，区域 $\tilde{\mathrm{p}}_{\mathrm{II}}$ 的正应力为

$$\sigma_{\tilde{\mathrm{p}}_{\mathrm{II}}} = E_{\mathrm{p}}\frac{\mathrm{d}u_{\tilde{\mathrm{p}}_{\mathrm{II}}}(x)}{\mathrm{d}x} - E_{\mathrm{p}}\alpha_{\mathrm{p}}\Delta T \tag{16-103}$$

用式(16-103)左右同时减去式(16-102)左右得到

$$\begin{aligned}\sigma_{\tilde{\mathrm{p}}_{\mathrm{II}}} - \sigma_{\mathrm{p}_{\mathrm{II}}} &= E_{\mathrm{p}}\frac{\mathrm{d}[u_{\tilde{\mathrm{p}}_{\mathrm{II}}}(x) - u_{\mathrm{p}_{\mathrm{II}}}(x)]}{\mathrm{d}x} \\ &= E_{\mathrm{p}}\frac{\mathrm{d}\Delta u(x)}{\mathrm{d}x}\end{aligned} \tag{16-104}$$

把式(16-104)等号两端同时微分，同时考虑式(16-98)得到

$$4\tau_{\mathrm{m}_{\mathrm{III}}}(x) = E_{\mathrm{p}}h_{\mathrm{p}}\frac{\mathrm{d}^2\Delta u(x)}{\mathrm{d}x^2} \tag{16-105}$$

结合式(16-99)和式(16-105)，得到 $\Delta u(x)$的控制方程：

$$\frac{E_{\mathrm{p}}h_{\mathrm{p}}h_{\mathrm{m}}}{4G_{\mathrm{m}}}\frac{\mathrm{d}\Delta u^2(x)}{\mathrm{d}x^2} - \Delta u(x) = 0 \tag{16-106}$$

其解可以写成以下形式：

$$\Delta u(x) = C_1\mathrm{e}^{\frac{x}{A}} + C_2\mathrm{e}^{-\frac{x}{A}} \tag{16-107}$$

其中，$A=\sqrt{\dfrac{E_{\mathrm{p}}h_{\mathrm{p}}h_{\mathrm{m}}}{4G_{\mathrm{m}}}}$，$C_1$ 和 C_2 是需要根据边界条件确定的参数。

不失一般性，假设代表单元的左边界是固定的，用 u_1 和 u_2 表征上部分硬物质块在 $x=d/2$ 和 $x=l/2$ 的位移。边界条件为

$$\left.\begin{aligned} u_{\mathrm{p}_{\mathrm{II}}}\left(\frac{d}{2}\right) &= u_1 \\ u_{\mathrm{p}_{\mathrm{II}}}\left(\frac{l}{2}\right) &= u_2 \\ u_{\tilde{\mathrm{p}}_{\mathrm{II}}}\left(\frac{l+d}{2}\right) &= \frac{(l+d)\bar{\varepsilon}}{2} \end{aligned}\right\} \tag{16-108}$$

其中，$\bar{\varepsilon}$ 为仿生复合材料的平均应变，l 为硬物质块的长度，d 为两相邻硬物质块在长度方向上的间隙。

注意到代表单元是中心对称的，上硬物质块和下硬物质块的位移关系为

$$u_{\mathrm{p}_{\mathrm{II}}}(x) = -u_{\tilde{\mathrm{p}}_{\mathrm{II}}}\left(\frac{l+d}{2} - x\right) + \frac{(l+d)\bar{\varepsilon}}{2} \tag{16-109}$$

当 $x=d/2$ 和 $x=l/2$ 时，式(16-109)变成

$$u_{\mathrm{p}_{\mathrm{II}}}\left(\frac{d}{2}\right) = -u_{\tilde{\mathrm{p}}_{\mathrm{II}}}\left(\frac{l}{2}\right) + \frac{(l+d)\bar{\varepsilon}}{2} \tag{16-110}$$

和

$$u_{\mathrm{p}_{\mathrm{II}}}\left(\frac{l}{2}\right) = -u_{\tilde{\mathrm{p}}_{\mathrm{II}}}\left(\frac{d}{2}\right) + \frac{(l+d)\bar{\varepsilon}}{2} \tag{16-111}$$

把式(16-110)和式(16-111)代入到式(16-100)，并且根据式(16-107)的边界条件，得到

$$\Delta u\left(\frac{d}{2}\right) = \Delta u\left(\frac{l}{2}\right) = \frac{(l+d)\bar{\varepsilon}}{2} - u_1 - u_2 \tag{16-112}$$

C_1 和 C_2 能够表示成

$$\left.\begin{aligned} C_1 &= \left[u_1 + u_2 - \frac{(l+d)\bar{\varepsilon}}{2}\right]\frac{\mathrm{e}^{-\frac{l}{2A}} - \mathrm{e}^{-\frac{d}{2A}}}{2\sinh\left(\frac{l-d}{2A}\right)} \\ C_2 &= \left[u_1 + u_2 - \frac{(l+d)\bar{\varepsilon}}{2}\right]\frac{\mathrm{e}^{\frac{d}{2A}} - \mathrm{e}^{\frac{l}{2A}}}{2\sinh\left(\frac{l-d}{2A}\right)} \end{aligned}\right\} \tag{16-113}$$

根据式(16-99)，在区域 $\mathrm{m}_{\mathrm{III}}$ 中的剪应力为

$$\tau_{\mathrm{m}_{\mathrm{III}}}(x) = G_{\mathrm{m}}\frac{\Delta u(x)}{h_{\mathrm{m}}} = \frac{\left[u_1 + u_2 - \frac{(l+d)\bar{\varepsilon}}{2}\right]G_{\mathrm{m}}\left[\sinh\left(\frac{d-2x}{2A}\right) - \sinh\left(\frac{l-2x}{2A}\right)\right]}{h_{\mathrm{m}}\sinh\left(\frac{l-d}{2A}\right)} \tag{16-114}$$

同时根据式(16-96)，区域 p_{II} 的正应力为

$$\begin{aligned} \sigma_{\mathrm{p}_{\mathrm{II}}}(x) &= -\int\frac{2\tau_{\mathrm{m}_{\mathrm{III}}}(x)}{h_{\mathrm{p}}}\mathrm{d}x \\ &= \frac{2\left[u_1 + u_2 - \frac{(l+d)\bar{\varepsilon}}{2}\right]G_{\mathrm{m}}A\left[\cosh\left(\frac{d-2x}{2A}\right) - \cosh\left(\frac{l-2x}{2A}\right)\right]}{h_{\mathrm{p}}h_{\mathrm{m}}\sinh\left(\frac{l-d}{2A}\right)} + C_3 \end{aligned} \tag{16-115}$$

其中，C_3 是个待定参数，根据几何关系 $\varepsilon_{\mathrm{m}_{\mathrm{III}}} = [\varepsilon_{\mathrm{p}_{\mathrm{II}}}(x) + \varepsilon_{\tilde{\mathrm{p}}_{\mathrm{II}}}(x)]/2$ 和本构方程，区域 $\mathrm{m}_{\mathrm{III}}$ 的

正应力为

$$\sigma_{m_{\mathrm{III}}}(x)=\frac{E_m C_3}{E_p}+E_m(\alpha_p-\alpha_m)\Delta T \tag{16-116}$$

用相应的本构方程和几何方程，p_{II} 的位移能够表示为

$$u_{p_{\mathrm{II}}}(x)=\frac{2G_m\left[u_1+u_2-\frac{(l+d)\bar{\varepsilon}}{2}\right]A^2\left[\sinh\left(\frac{l-2x}{2A}\right)-\sinh\left(\frac{d-2x}{2A}\right)\right]}{E_p h_p h_m \sinh\left(\frac{l-d}{2A}\right)}+\left(\frac{C_3}{E_p}+\alpha_p\Delta T\right)x+C_4 \tag{16-117}$$

其中 C_4 是另一个不确定的参数。根据边界条件式(16-108)，C_3 和 C_4 能够用 u_1 和 u_2 表示出来：

$$\left.\begin{aligned}C_3&=\frac{2E_p(u_1-u_2)}{d-l}-E_p\alpha_p\Delta T\\C_4&=-\frac{2G_m A^2\left[u_1+u_2-\frac{(l+d)\bar{\varepsilon}}{2}\right]}{E_p h_p h_m}+\frac{u_2 d-u_1 l}{d-l}\end{aligned}\right\} \tag{16-118}$$

把式(16-118)代入到式(16-115)～式(16-117)，位移的表达式就能够确定了。

2) p_{I}，m_{II}，$\tilde{m}_{\mathrm{I}}$ 区域分析

与以上类似，可以分析区域 p_{I}，m_{II}，$\tilde{m}_{\mathrm{I}}$，详细的推导过程可以查看文献[61]。

能够得到 $\sigma_{p_{\mathrm{I}}}$，$\sigma_{\tilde{m}_{\mathrm{I}}}(x)$ 的表达式为

$$\sigma_{p_{\mathrm{I}}}=\frac{2BG_m\left[u_1+u_2-\frac{(l+d)\bar{\varepsilon}}{2}\right]}{h_p h_m \sinh\left(\frac{d}{2B}\right)}\cosh\left(\frac{x}{B}\right)+\frac{2E_p h_p h_m u_1-4G_m B^2\left[u_1+u_2-\frac{(l+d)\bar{\varepsilon}}{2}\right]}{h_p h_m \mathrm{d}}-E_p\alpha_p\Delta T \tag{16-119}$$

和

$$\sigma_{\tilde{m}_{\mathrm{I}}}(x)=\frac{2E_m G_m\left(B^2-\frac{E_p h_p h_m}{2G_m}\right)\left[u_1+u_2-\left(\frac{l+d}{2}\right)\bar{\varepsilon}\right]}{E_p B h_p h_m \sinh\left(\frac{d}{2B}\right)}\cosh\left(\frac{x}{B}\right)+\frac{2E_p E_m h_p h_m u_1-4E_m B^2 G_m\left[u_1+u_2-\left(\frac{l+d}{2}\right)\bar{\varepsilon}\right]}{E_p h_p h_m d}-E_m\alpha_m\Delta T \tag{16-120}$$

其中 $B=\sqrt{\frac{E_m E_p h_p h_m}{2G_m(E_p+E_m)}}$。到现在为止，所有的物理量都表示成温度载荷 ΔT 和应变载荷 $\bar{\varepsilon}$，以及位移 u_1，u_2 的函数，用以下两个应力连续条件来确定 u_1 和 u_2：

$$\left.\begin{aligned}\sigma_{p_{\mathrm{I}}}\left(\frac{d}{2}\right)&=\sigma_{p_{\mathrm{II}}}\left(\frac{d}{2}\right)\\\sigma_{p_{\mathrm{II}}}\left(\frac{l}{2}\right)&=\sigma_{m_{\mathrm{I}}}\left(\frac{l}{2}\right)\end{aligned}\right\} \tag{16-121}$$

其中，$\sigma_{\mathrm{m_I}}(x)=\sigma_{\widetilde{\mathrm{m}}_\mathrm{I}}((l+d)/2-x)$。接下来，采用这个解析的应力场来确定仿生复合材料的等效量。

2. 等效热膨胀系数 α_{eff}

等效热膨胀系数可以通过研究仿生复合材料的自由膨胀状态得到，在自由膨胀状态平均应力为零。不失一般性，选择了在 $x=l/4$ 处的应力为 0，得到

$$\bar{\sigma}=\frac{\left[\sigma_{\mathrm{p_{II}}}\left(\frac{l}{4}\right)+\sigma_{\widetilde{\mathrm{p}}_{\mathrm{II}}}\left(\frac{l}{4}\right)\right]h_{\mathrm{p}}+2\sigma_{\mathrm{m_{III}}}\left(\frac{l}{4}\right)h_{\mathrm{m}}}{2(h_{\mathrm{p}}+h_{\mathrm{m}})}=0 \tag{16-122}$$

从以上的方程中，得到了自由膨胀的平均应变和温度变化的关系：

$$\bar{\varepsilon}_0=\alpha_{\mathrm{eff}}\Delta T \tag{16-123}$$

其中 α_{eff} 是仿生复合材料的等效热膨胀系数。

图 16-21 给出了 $E_{\mathrm{p}}/E_{\mathrm{m}}=100, h_{\mathrm{p}}/h_{\mathrm{m}}=1, l/d=20, \alpha_{\mathrm{m}}/\alpha_{\mathrm{p}}=10$ 无量纲化的等效热膨胀系数随硬物质块长细比和体积分量的变化，可以看出随着长细比和硬物质块的体积分量增加等效热膨胀系数在不断地减小，特别是当长细比小于 20 和体积分量小于 0.2 时，等效热膨胀系数对它们的变化特别敏感。

$$\alpha_{\mathrm{eff}}=\frac{\left\{\begin{aligned}&2\{\alpha_{\mathrm{p}}h_{\mathrm{p}}(d+l)E_{\mathrm{p}}^2-E_{\mathrm{p}}E_{\mathrm{m}}[(2\alpha_{\mathrm{p}}h_{\mathrm{m}}+\alpha_{\mathrm{p}}h_{\mathrm{p}}-3\alpha_{\mathrm{m}}h_{\mathrm{m}}-2\alpha_{\mathrm{m}}h_{\mathrm{p}})d-l(\alpha_{\mathrm{m}}h_{\mathrm{m}}+\alpha_{\mathrm{p}}h_{\mathrm{p}})]\\&+E_{\mathrm{m}}^2h_{\mathrm{m}}\alpha_{\mathrm{m}}(d+l)\}ABG_{\mathrm{m}}\sinh\left(\frac{d}{2B}\right)\left[\cosh\left(\frac{l-d}{2A}\right)-1\right]-E_{\mathrm{p}}E_{\mathrm{m}}[4G_{\mathrm{m}}d(\alpha_{\mathrm{p}}-\alpha_{\mathrm{m}})\\&\times(h_{\mathrm{p}}+h_{\mathrm{m}})B^2-h_{\mathrm{p}}h_{\mathrm{m}}(\alpha_{\mathrm{m}}h_{\mathrm{m}}E_{\mathrm{m}}+E_{\mathrm{p}}\alpha_{\mathrm{p}}h_{\mathrm{p}})(d+l)]\sinh\left(\frac{l-d}{2A}\right)\cosh\left(\frac{d}{2B}\right)\\&+2BE_{\mathrm{p}}E_{\mathrm{m}}(\alpha_{\mathrm{p}}-\alpha_{\mathrm{m}})(h_{\mathrm{m}}+h_{\mathrm{p}})(-h_{\mathrm{m}}h_{\mathrm{p}}E_{\mathrm{p}}+4B^2G_{\mathrm{m}})\sinh\left(\frac{d}{2B}\right)\sinh\left(\frac{l-d}{2A}\right)\end{aligned}\right\}}{(l+d)\left\{\begin{aligned}&2AG_{\mathrm{m}}B(E_{\mathrm{p}}+E_{\mathrm{m}})(E_{\mathrm{m}}h_{\mathrm{m}}+E_{\mathrm{p}}h_{\mathrm{p}})\sinh\left(\frac{d}{2B}\right)\left[\cosh\left(\frac{l-d}{2A}\right)-1\right]\\&+E_{\mathrm{p}}h_{\mathrm{p}}E_{\mathrm{m}}h_{\mathrm{m}}(E_{\mathrm{m}}h_{\mathrm{m}}+E_{\mathrm{p}}h_{\mathrm{p}})\sinh\left(\frac{l-d}{2A}\right)\cosh\left(\frac{d}{2B}\right)\end{aligned}\right\}} \tag{16-124}$$

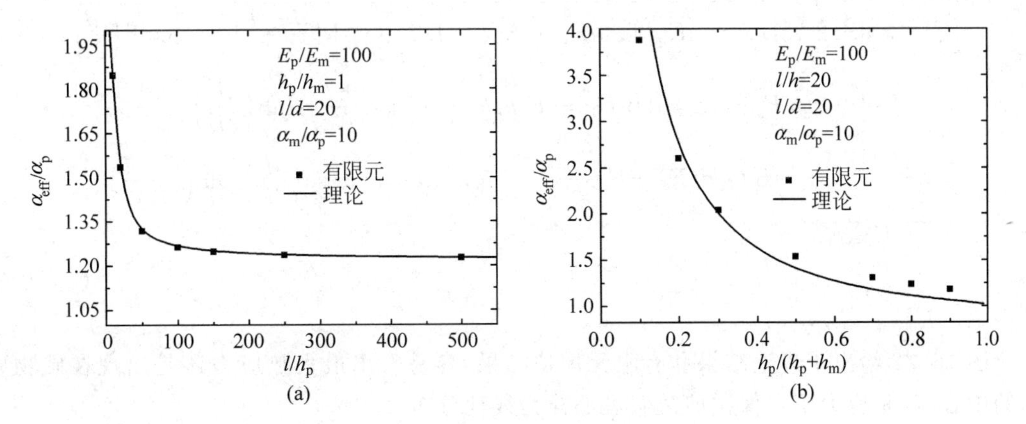

图 16-21 无量纲化等效热膨胀系数随长细比和硬物质体积分量的变化

3. 抗热震性能

因为硬物质块比软物质要脆很多,抗热震性主要是由硬物质块的最大正应力控制。根据前面章节的分析,只要平均应变载荷和温度载荷已知,应力场就能够被确定。注意前面的分析都是线性的,所以可以先拆分单独的应变载荷和温度载荷,然后再叠加。

1) 由温度载荷引起的应力场($\bar{\varepsilon}=0,\Delta T\neq 0$)

在这种情况下,从以上的分析可以得到沿着硬物质长度方向的热应力为

$$\sigma_{\mathrm{p_I}}(x)=\frac{K\left\{\begin{aligned}&-2B^2G_\mathrm{m}E_\mathrm{p}(l+d)\sinh\left(\frac{d-l}{2A}\right)\cosh\left(\frac{x}{B}\right)\\&-2E_\mathrm{p}B\left\{(-AG_\mathrm{m})(d-l)\left[\cosh\left(\frac{d-l}{2A}\right)-1\right]\right.\\&\quad-\sinh\left(\frac{d-l}{2A}\right)(4B^2G_\mathrm{m}-E_\mathrm{p}h_\mathrm{p}h_\mathrm{m})\sinh\left(\frac{d}{2B}\right)\\&\quad\left.+\sinh\left(\frac{d-l}{2A}\right)BG_\mathrm{m}\cosh\left(\frac{d}{2B}\right)(d-l)\right\}\end{aligned}\right\}}{\left\{\begin{aligned}&-2ABG_\mathrm{m}(-dE_\mathrm{m}+3dE_\mathrm{p}+E_\mathrm{m}l+E_\mathrm{p}l)\left[\cosh\left(\frac{d-l}{2A}\right)-1\right]\sinh\left(\frac{d}{2B}\right)\\&-2B(E_\mathrm{p}-E_\mathrm{m})(4B^2G_\mathrm{m}-E_\mathrm{p}h_\mathrm{p}h_\mathrm{m})\sinh\left(\frac{d-l}{2A}\right)\sinh\left(\frac{d}{2B}\right)\\&\quad+[4B^2G_\mathrm{m}d(E_\mathrm{p}-E_\mathrm{m})+E_\mathrm{m}E_\mathrm{p}h_\mathrm{p}h_\mathrm{m}(d+l)]\cosh\left(\frac{d}{2B}\right)\sinh\left(\frac{d-l}{2A}\right)\end{aligned}\right\}}\Delta T-E_\mathrm{p}\alpha_\mathrm{p}\Delta T \tag{16-125}$$

和

$$\sigma_{\mathrm{p_{II}}}(x)=\frac{2BE_\mathrm{p}\Delta TK\left\{\begin{aligned}&(4B^2G_\mathrm{m}-E_\mathrm{p}h_\mathrm{p}h_\mathrm{m})\sinh\left(\frac{d-l}{2A}\right)\sinh\left(\frac{d}{2B}\right)-2AG_\mathrm{m}\\&\quad\times(d+l)\sinh\left(\frac{l+d-4x}{4A}\right)\sinh\left(\frac{d-l}{4A}\right)\sinh\left(\frac{d}{2B}\right)+2AG_\mathrm{m}d\\&\quad\times\left[\cosh\left(\frac{d-l}{2A}\right)-1\right]\sinh\left(\frac{d}{2B}\right)-2G_\mathrm{m}dB\cosh\left(\frac{d}{2B}\right)\sinh\left(\frac{d-l}{2A}\right)\end{aligned}\right\}}{\left\{\begin{aligned}&-2ABG_\mathrm{m}(-dE_\mathrm{m}+3dE_\mathrm{p}+E_\mathrm{m}l+E_\mathrm{p}l)\left[\cosh\left(\frac{d-l}{2A}\right)-1\right]\sinh\left(\frac{d}{2B}\right)\\&-2B(E_\mathrm{p}-E_\mathrm{m})(4B^2G_\mathrm{m}-E_\mathrm{p}h_\mathrm{p}h_\mathrm{m})\sinh\left(\frac{d-l}{2A}\right)\sinh\left(\frac{d}{2B}\right)\\&\quad+[4B^2G_\mathrm{m}d(E_\mathrm{p}-E_\mathrm{m})+E_\mathrm{m}E_\mathrm{p}h_\mathrm{p}h_\mathrm{m}(d+l)]\cosh\left(\frac{d}{2B}\right)\sinh\left(\frac{d-l}{2A}\right)\end{aligned}\right\}}-E_\mathrm{p}\alpha_\mathrm{p}\Delta T \tag{16-126}$$

其中 $K=E_\mathrm{m}\alpha_\mathrm{m}-E_\mathrm{p}\alpha_\mathrm{p}$。

图16-22给出了理论结果和有限元模拟结果,容易看出最大热应力还是出现在硬物质块的中心,但是应力不再像拉剪链假设那样为线性分布。

2) 由应变载荷引起的应力场($\Delta T=0,\bar{\varepsilon}\neq 0$)

和前面的分析类似,在这种工况下的载荷为

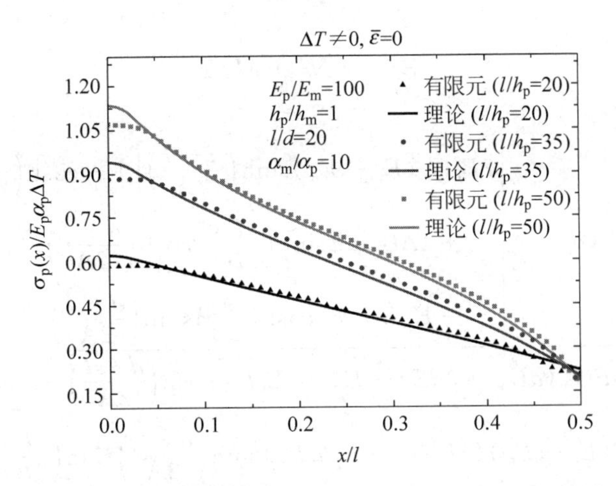

图 16-22 无量纲化的等效热应力沿硬物质块的分布结果

$$\sigma_{p_{\mathrm{I}}}(x)=\frac{E_p(d+l)\bar{\varepsilon}\left\{\begin{aligned}&2B^2G_m(E_p-E_m)\sinh\left(\frac{d-l}{2A}\right)\left[\cosh\left(\frac{x}{B}\right)-\cosh\left(\frac{d}{2B}\right)\right]\\&+4ABG_mE_p\sinh\left(\frac{d}{2B}\right)\left[\cosh\left(\frac{d-l}{2A}\right)-1\right]\\&-E_mE_ph_ph_m\cosh\left(\frac{d}{2B}\right)\sinh\left(\frac{d-l}{2A}\right)\end{aligned}\right\}}{\left\{\begin{aligned}&-2ABG_m(dE_m-3dE_p-E_ml-E_pl)\left[\cosh\left(\frac{d-l}{2A}\right)-1\right]\sinh\left(\frac{d}{2B}\right)\\&+2B(E_p-E_m)(4B^2G_m-E_ph_ph_m)\sinh\left(\frac{d-l}{2A}\right)\sinh\left(\frac{d}{2B}\right)\\&-[4B^2G_md(E_p-E_m)+E_mE_ph_ph_m(d+l)]\cosh\left(\frac{d}{2B}\right)\sinh\left(\frac{d-l}{2A}\right)\end{aligned}\right\}}\tag{16-127}$$

和

$$\sigma_{p_{\mathrm{II}}}(x)=\frac{E_p(d+l)\bar{\varepsilon}\left\{\begin{aligned}&-2ABG_m(E_p-E_m)\sinh\left(\frac{d}{2B}\right)\left[\cosh\left(\frac{d-2x}{2A}\right)-\cosh\left(\frac{l-2x}{2A}\right)\right]\\&+2ABG_m(E_p+E_m)\sinh\left(\frac{d}{2B}\right)\left[\cosh\left(\frac{d-l}{2A}\right)-1\right]\\&-E_mE_ph_ph_m\cosh\left(\frac{d}{2B}\right)\sinh\left(\frac{d-l}{2A}\right)\end{aligned}\right\}}{\left\{\begin{aligned}&-2ABG_m(dE_m-3dE_p-E_ml-E_pl)\left[\cosh\left(\frac{d-l}{2A}\right)-1\right]\sinh\left(\frac{d}{2B}\right)\\&+2B(E_p-E_m)(4B^2G_m-E_ph_ph_m)\sinh\left(\frac{d-l}{2A}\right)\sinh\left(\frac{d}{2B}\right)\\&-[4B^2G_md(E_p-E_m)+E_mE_ph_ph_m(d+l)]\cosh\left(\frac{d}{2B}\right)\sinh\left(\frac{d-l}{2A}\right)\end{aligned}\right\}}\tag{16-128}$$

3) 由温度载荷和应变载荷同时作用产生的应力场（$\Delta T\neq0,\bar{\varepsilon}\neq0$）

注意到前两种工况下的应力分布，同时根据对称性，可以推断当温度载荷 ΔT 和应变载荷 $\bar{\varepsilon}$ 同时作用时，应力场中最大值出现在 $x=0$，并且最大值可以通过以上两种工况的结果叠加而成。

$$\sigma_p^{max} = N\bar{\varepsilon} + M\Delta T \tag{16-129}$$

其中

$$N = \frac{E_p(d+l)\left\{\begin{aligned} &2B^2 G_m(E_p - E_m)\sinh\left(\frac{d-l}{2A}\right)\left[1-\cosh\left(\frac{d}{2B}\right)\right] \\ &+4ABG_m E\sinh\left(\frac{d}{2B}\right)\left[\cosh\left(\frac{d-l}{2A}\right)-1\right] \\ &-E_m E_p h_p h_m \cosh\left(\frac{d}{2B}\right)\sinh\left(\frac{d-l}{2A}\right)\end{aligned}\right\}}{\left\{\begin{aligned} &-2ABG_m(dE_m - 3dE_p - E_m l - E_p l)\left[\cosh\left(\frac{d-l}{2A}\right)-1\right]\sinh\left(\frac{d}{2B}\right) \\ &+2B(E_p - E_m)(4B^2G_m - E_p h_p h_m)\sinh\left(\frac{d-l}{2A}\right)\sinh\left(\frac{d}{2B}\right) \\ &-[4B^2G_m d(E_p - E_m) + E_m E_p h_p h_m(d+l)]\cosh\left(\frac{d}{2B}\right)\sinh\left(\frac{d-l}{2A}\right)\end{aligned}\right\}} \tag{16-130}$$

和

$$M = \frac{K\left\{\begin{aligned} &-2B^2 G_m E_p(l+d)\sinh\left(\frac{d-l}{2A}\right) \\ &-2E_p B\left\{(-AG_m)(d-l)\left[\cosh\left(\frac{d-l}{2A}\right)-1\right]\right. \\ &-\sinh\left(\frac{d-l}{2A}\right)(4B^2G_m - E_p h_p h_m)\sinh\left(\frac{d}{2B}\right) \\ &\left.+\sinh\left(\frac{d-l}{2A}\right)BG_m\cosh\left(\frac{d}{2B}\right)(d-l)\right\}\end{aligned}\right\}}{\left\{\begin{aligned} &-2ABG_m(-dE_m + 3dE_p + E_m l + E_p l)\left[\cosh\left(\frac{d-l}{2A}\right)-1\right]\sinh\left(\frac{d}{2B}\right) \\ &-2B(E_p - E_m)(4B^2G_m - E_p h_p h_m)\sinh\left(\frac{d-l}{2A}\right)\sinh\left(\frac{d}{2B}\right) \\ &+[4B^2G_m d(E_p - E_m) + E_m E_p h_p h_m(d+l)]\cosh\left(\frac{d}{2B}\right)\sinh\left(\frac{d-l}{2A}\right)\end{aligned}\right\}} - E_p\alpha_p \tag{16-131}$$

如图16-18所示，可以分析仿生复合材料经典的热震问题，椭圆区域内外的温度分布表示为T_{in}和T_{out}。并且取T_0为参考温度，即在这个温度下，仿生复合材料内部没有任何残余热应力，受温度变化的椭圆区域，由于四周的材料限制了其自由膨胀，所以它的应变不同于自由膨胀时的应变，它内部的应变

$$\begin{aligned}\bar{\varepsilon}_{in} &= \bar{\varepsilon}_{0in} + \beta(\bar{\varepsilon}_{0out} - \bar{\varepsilon}_{0in}) \\ &= \bar{\alpha}(T_{in} - T_0) + \beta[\bar{\alpha}(T_{out} - T_0) - \bar{\alpha}(T_{in} - T_0)] \\ &= \bar{\alpha}(T_{in} - T_0) + \beta\bar{\alpha}(T_{out} - T_{in})\end{aligned} \tag{16-132}$$

其中$0 \leqslant \beta \leqslant 1$是一个表征约束强度的无量纲量。$\bar{\varepsilon}_{0in}$和$\bar{\varepsilon}_{0out}$是椭圆区域内部和外部自由膨胀时的应变，Eshelby发展了一个理论得到$(1-\beta)$是在0.476和0.619之间，当材料的泊松比为0.3时。为了简单起见，β可以取成0.5。椭圆区域外最危险的地方是在椭圆区域的边

界处，根据应变的连续性，边界处应该满足 $\bar{\varepsilon}_{out}=\bar{\varepsilon}_{in}$。因此，在一般情形下，应该计算椭圆区域外面在载荷 $\bar{\varepsilon}_{out}$ 和 $\Delta T_{out}=T_{out}-T_0$ 下的最大热应力和椭圆里面在载荷 $\bar{\varepsilon}_{in}$ 和 $\Delta T_{in}=T_{in}-T_0$ 下引起的最大热应力，然后选其中大的一种情况作为评估材料抗热震性能的对象。

刚性约束 $T_{out}=T_0$，$\beta=1$ 是一种理想的最危险的工况，在这种工况下，椭圆区域内受到温度载荷，区域外部完全是刚性约束，即 $\bar{\varepsilon}_{in}=0$。根据式(16-130)，可以看到最大的应力是出现在椭圆内部，图 16-23 为无量纲化的最大热应力随着硬物质长细比和体积分量的变化而变化的情形。从图中可以看出在一定的长细比和硬物质块的体积分量范围内，仿生错层复合材料的最大热应力比单一硬物质材料在相同情况下产生的最大热应力小，所以一旦硬物质和软物质选定，可以改变它们微结构的参数使其仿生复合材料最大的热应力降低比均匀硬物质的热应力少很多。

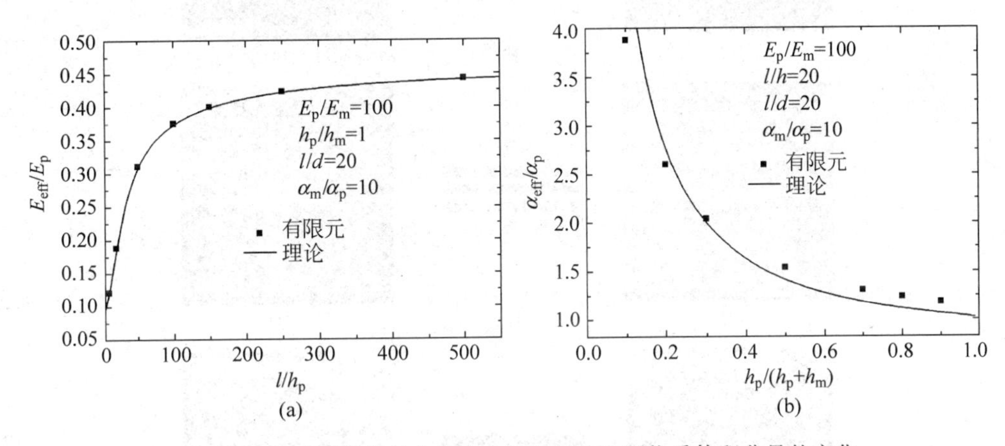

图 16-23 无量纲化的最大热应力随长细比和硬物质体积分量的变化

同时可以优化仿生复合材料的微结构参数来获得更优的设计方案，从图 16-23(a)可以看出，只要增加软物质的体积分量，就会使得最大的热应力得到降低。然而，在一定的工程中刚度也是非常重要的，因此，应该在考虑不致使刚度降低太多的情况下降低材料的最大热应力。对于一个给定的弹性模量 E_{eff}^d，目标函数是 $\sigma_{max}+\lambda(E_{eff}-E_{eff}^d)^2$，其中 λ 是一个很大的罚系数。用经典的最小化优化算法 IMSL(1999)，仿生复合材料的微结构参数能够进一步得到优化。表 16-3 列出了当 $E_p/E_m=100$ 时，结合刚度的最大强度的优化结果，能够发现当对刚度的要求不是很高时，材料的最大热应力能较均匀硬物质的最大热应力降低很多。

表 16-3 优化后的仿生错层复合材料各个设计参数

E_{eff}/E_p	l/h_p	h_m/h_p	d/h_p	$\sigma_{max}/(E_p\alpha_p\Delta T)$
0.500	10.000	0.287	0.0683	0.773
0.500	20.000	0.542	0.075	0.911
0.250	5.000	0.268	0.139	0.433
0.250	10.000	0.523	0.238	0.535
0.250	20.000	1.000	0.323	0.700
0.100	5.000	0.498	0.439	0.226
0.100	10.000	0.989	0.738	0.343

4）验证性实验

为了验证理论和有限元模拟的正确性，用纳钙玻璃和环氧树脂组成仿生复合材料进行了热震实验。三种实验试件如图16-24所示，第一个样品是一个完全由纳钙玻璃组成的边长为108mm、厚度为10mm的玻璃片。

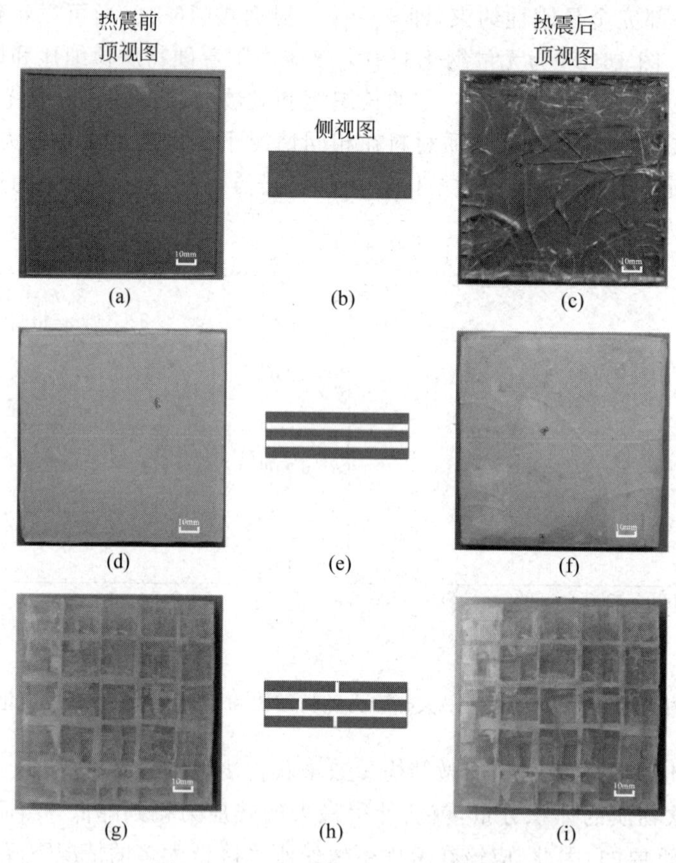

图16-24 三种试件的热震实验比较

第二个样品和第一个样品尺寸一致，是用5个单层的厚度为2mm的玻璃片和环氧树脂按照三明治结构叠层而成。第三种实验样品是把每个边长为20mm、厚度为2mm的小片按照仿生复合材料的结构方式叠层而成。实验由以下步骤组成：

步骤一：（准备实验试件）首先把玻璃和环氧树脂按照三明治和仿生错层的结构粘接好，然后把它们放在80℃的保温炉中保温8h。

步骤二：（加热试件）三种试件在真空的环境中在140℃的环境中保温2h。

步骤三：（热震试件）所有的试件都被快速的从炉子中拿出放到室温的水中。

步骤四：（观察裂纹）检查实验后试件的裂纹。

在以上四个步骤后发现没有任何裂纹出现在仿生复合材料中，而三明治结构和均匀材料都出现了裂纹。图16-24展示了三种试件实验前后的图片，所以很容易得到仿生复合材料的抗热震性能要比其他两者都好，所以这个实验支持了理论和有限元模拟结果。

第17章 智能复合材料

17.1 智能复合材料概述

20世纪80年代以来,随着现代航空航天、电子等高技术领域的飞速发展,人们对材料提出了更高的要求,传统的结构材料和功能材料以及先进复合材料已不能满足这些技术的要求,需要发展多功能化、智能化的结构功能材料。20世纪80年代末,受到自然界生物具备某些能力的启发,美国、日本科学家首先将智能概念引入材料和结构领域,提出了智能材料和结构的新概念。智能材料在一定意义上具有感知功能、信息处理功能和执行功能,即具有识别、获取、处理、执行信息的能力,并且具有可自诊断、自适应、自修复、损伤抑制、寿命预报的能力。

17.1.1 智能材料

20世纪70年代美国弗吉尼亚理工学院及州立大学的Claus等将光导纤维埋入碳纤维增强复合材料中,使材料具有感知应力和断裂损伤的能力。这是智能材料的首次实验,当时称这种材料为自适应材料(adaptive material)。后来智能材料系统逐渐受到美国、日本等各国研究者的重视,先后提出了机敏材料、机敏材料与结构(smart materials and structures)、自适应材料与结构(adaptive materials and structures)、智能材料系统与结构(intelligent materials and structures)等名称。各自的名称有所不同,但研究的材料内容大体相同,都含有智能特性。Rogers认为智能材料系统(intelligent material systems,IMS)的定义可归结为两种:①在材料和结构中集成有执行器、传感器和控制器;②在材料系统微结构中集成智能与生命特征,达到减小质量、降低能耗并产生自适应功能的目的。定义①叙述了智能材料系统的组成,定义②说明了材料仿生的本质。

现在我们把两者结合，形成完整科学的定义：智能材料模仿生命系统，能感知环境变化，并能实时地改变自身的性能参数，做出所期望的、能与变化后环境相适应的复合材料或材料的复合。

智能材料的基本组元有三部分：①感知材料；②执行材料；③信息材料。把感知材料、执行材料和信息材料三种功能材料有机地复合或集成于一体，可实现材料的智能化。

图17-1表示智能材料的基本组元材料，其中两种组元材料组成机敏材料，三种组元材料构成智能材料。表17-1列出常见的感知材料和执行材料。形状记忆材料、压电材料和磁致伸缩材料等兼具感知和执行功能，这种材料通称为机敏材料，它们能对环境变化做出适应性反应。

表17-1　常见的感知材料和执行材料

名　　称	感知材料	执行材料	名　　称	感知材料	执行材料
电阻应变材料	√		电流变液		√
电感材料	√		磁致伸缩材料	√	√
光导纤维	√		形状记忆材料	√	√
声发射材料		√	压电材料	√	√

智能材料与结构的构成如图17-2所示，单一的人工材料无法同时具备这些功能，只有将各种材料制成的传感器、执行器和控制器等集成在一起，通过在这些功能之间建立动态的相互联系，使之相互作用才能实现材料的智能化。

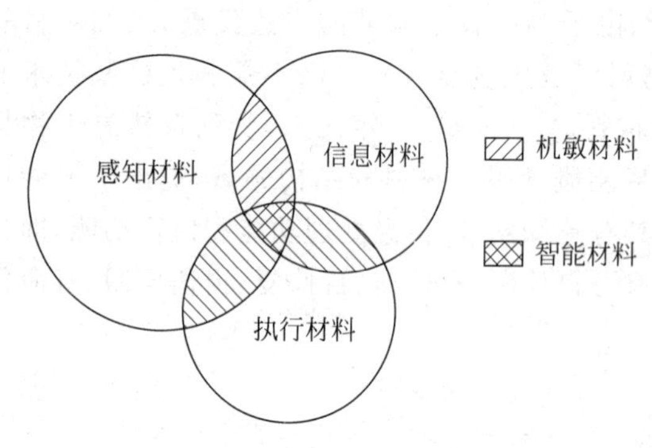

图17-1　智能材料的基本组元材料

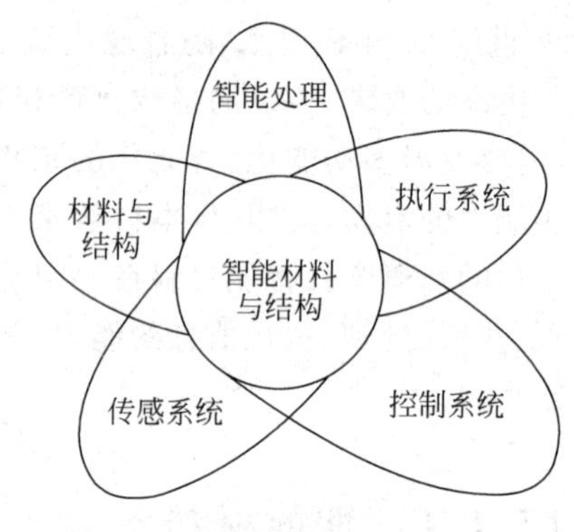

图17-2　智能材料与结构的构成

智能材料或机敏材料大多是根据需要由两种或多种不同材料按照一定比例复合或集成而成的复杂的材料体系，故称为智能材料系统，简称智能材料，也可称智能复合材料。

智能材料与智能结构在尺度上有区别。若把智能材料植入工程结构，使结构感知和处理信息并执行处理结果，对环境的激励作出适应性响应，使静态、被动的监测变为实时、动态、主动的监测与控制，使结构增强安全性、减轻质量、降低能耗，则将这种工程结构称为智能结构。

按智能材料定义的内容，组成智能材料的组元材料可分为传感(感知)材料、信息材料、执行材料、自适应材料(仿生材料)以及两类支撑材料：能源材料和结构材料。能源材料用作维持系统工作所需动力，结构材料是支撑功能材料的基本构件。

表17-2列出材料感知信息和传递功能的符号。表中 P_{ij} 按 i，j 划分，当 $i=j$ 时，P_{ij} 代

表材料感知信息特性，它们可以是力、声、热、光、电、磁、化学等；当 $i \neq j$ 时，P_{ij} 代表不同能量之间传递的特性。由于电学性能易于放大、传输和调节，因此常要求其有 P_{i5} 的性能，通过这类材料将各种信息转换为电学信息输出。例如应变电阻合金、热敏电阻合金性能分别是 P_{15}、P_{35}。对应于热→力转换材料 P_{31} 有形状记忆合金、膨胀合金等。对应于 P_{i4} 的材料为光导纤维。对应于 P_{51} 的电→力转换材料有电流变液、电致伸缩材料，对应于 P_{61} 的磁→力转换材料有磁致伸缩材料、磁流变液等，一般将力输入给执行材料后才能启动，因此执行材料 $j=1$ 是功能材料 P_{i1}。

表 17-2 材料感知信息和传递功能符号

输出 j / 输出 i	力	声	热	光	电	磁	化学
力	P_{11}	P_{12}	P_{13}	P_{14}	P_{15}	P_{16}	P_{17}
声	P_{21}	P_{22}	P_{23}	P_{24}	P_{25}	P_{26}	P_{27}
热	P_{31}	P_{32}	P_{33}	P_{34}	P_{35}	P_{36}	P_{37}
光	P_{41}	P_{42}	P_{43}	P_{44}	P_{45}	P_{46}	P_{47}
电	P_{51}	P_{52}	P_{53}	P_{54}	P_{55}	P_{56}	P_{57}
磁	P_{61}	P_{62}	P_{63}	P_{64}	P_{65}	P_{66}	P_{67}
化学	P_{71}	P_{72}	P_{73}	P_{74}	P_{75}	P_{76}	P_{77}

17.1.2 智能材料几种基本组元及其复合

1. 光导纤维

光导纤维是利用两种介质面上光的全反射原理制成的光导元件。通过分析光的传输特性（光强、位相等）可得到光纤周围力、温度、位移、压强等参数的变化而用作传感元件，它具有反应灵敏、抗干扰力强和耗能低等优点，光纤被广泛用作复合材料固化状态的评估、各种工程结构应力和温度的在线监测等。

2. 压电材料

压电材料包括压电陶瓷（如 $BaTiO_3$，$Pb(ZrTi)O_3$ 等）和压电高分子。它通过电偶极子在电场中的自然排列而改变材料的尺寸，产生应力或应变，电量与力学性能间呈线性关系，它具有应变小、响应速度快、频率高等特点。压电陶瓷和晶体都比较脆，压电高分子材料，如 PF_2（plolyvinyldene fluoride），可制成薄膜，附于任意形状的表面上，其机械强度和对应力应变的敏感性优于其他传感器。例如美国 Nevill 等研制了压电触觉传感器，能识别盲文字母和砂纸的粒度。比萨大学研究者用压电材料研制出类似皮肤、能感知温度和应力的传感器，Naka Mura 等研制了超薄（200～300μm）膜传感器用于机器人。压电材料有单轴和双轴极化膜，可感知一个和两个方向的应力。压电材料还用作执行器，接受电信号后输出力或位移。研究者正在研究利用压电陶瓷材料探测结构损伤和控制结构的振动。

3. 电（磁）流变液

电（磁）流变液可作为一种执行器。流体中分布着许多细小可极化粒子，它们在电场（磁场)作用下极化时呈链状排列,流变特性变化,由液体变得粘滞到固化,其粘度、阻尼和剪切强度都变化。在石墨/树脂空心悬臂梁内填入电流变液,加上电压时梁的阻尼增大,振动被抑制,因此电流变液用于飞行器机翼时可减少振动。利用其粘度变化,可调节结构刚度即改变振动频率而减振。

4. 形状记忆材料

这种材料包括形状记忆合金、形状记忆聚合物和陶瓷,它们在特定温度下发生热弹性、马氏体相变或玻璃化转变,可记忆特定的形状,且显著改变电阻、弹性模量等。例如NiTi形状记忆合金电阻率高,可通电使其产生机械运动。与其他执行器材料比,NiTi记忆合金输出应变很大,可达8%左右,同时在约束条件下可输出较大恢复力。但这种执行材料由于冷热循环周期慢,响应慢,只能用于低频情形。

5. 磁致伸缩材料

它是将磁能转变为机械能的材料,当磁场作用时磁畴发生旋转,与磁场方向一致,导致材料伸缩变形,它响应快但应变小。磁致伸缩材料已应用于低频高功率声呐传感器、液压机械执行器等,目前正研究采用此材料主动控制智能结构中的振动。

17.1.3 智能材料的复合准则

智能材料的多组元多功能复合类似于生物体的整体性,各组元、各功能之间的相互作用有多重复合效应,大致有线性效应、非线性效应、相乘效应等。通常结构复合材料具有线性效应,即常称为混合律,增强材料和基体材料组成复合材料的刚度与其组分材料的刚度和体积含量成线性关系。很多功能复合材料可用非线性效应制成,最明显的是相乘效应。例如将一种导电粉末分散在高分子树脂中,使导电粉末构成导电通道,用这种复合材料加上电极制成扁形电缆缠在管道外面通电加热,使高分子膨胀,拉断一些导电粉末通道,使材料电阻值增加,降低发热量,降温后高分子收缩,又使导电通道复原,由此控制恒热。这是热-变形与变形-变阻的相乘效应,最终变为热-变阻方式。另外还有压磁性和磁阻性的相乘效应表现为压阻性等形式。

智能材料有多级结构层次,包含多个材料组元或控制组元,多种组元有不同组织、相和微结构。控制组元由大量分布的电子器件组成结构。

17.2 智能复合材料的种类及其应用

17.2.1 智能材料和结构的应用前景

1. 用于航空航天飞行器

在航空航天飞行器中采用复合材料的结构,在关键构件上采用先进复合材料与金属连接时，结点处会出现很高的应变能，如果采用智能复合材料和自适应结构，则可以调节应变能从接点集中处转移，提高结构疲劳寿命约10倍。另外可用智能复合材料减小振动和声发射，用形状记忆材料纤维增强树脂复合材料控制声发射、振动和弯曲。飞行器智能表层能自动检测周围环境变化，并自动适应环境，自诊断材料缺陷和损伤，自修复、抑制噪声和振动。

直升机旋翼叶片的自动加固。飞行中遇恶劣气候叶片发生剧烈振动，分布在叶片中的电流变液会变成固体，从而加固叶片。

2. 用于建筑、工程结构和机械

美国正研究能自动加固的建筑结构，把大量空心纤维埋入混凝土中，空心纤维中事先装入裂纹修补粘结剂，当混凝土开裂时空心纤维断裂，释放出粘结剂把裂纹粘在一起防止混凝土断裂。另外有人正研究用电流变液充注智能板梁结构，当板梁振动时用传感器探头探测振动信号并传输给计算机，计算机对梁施加电压，使电流变液固化，使梁更加强韧，振动减弱时电压消除，电流变液恢复液态，梁又变得柔韧。如将微型传感器、计算机芯片、形状记忆合金、电流变液及压电材料等经设计复合在结构中，就可制出带感知、判断能力，可自动加固和防护的自适应智能结构，这样的桥梁或重要建筑物遭受突然冲击、地震时能防止灾难性事故。智能材料还可用于汽车碰撞吸收器等防护装置以及潜艇外壳表面的复杂形状，使潜艇隐形。

3. 用于机器人

形状记忆合金能感知温度、位移，将热能转换成机械能，加热或冷却可获得重复的驱动动作。在机器人中用作元件控制，触觉传感器和机器人手足筋骨动作很有效。

4. 用于日常生活

新型智能纤维材料做成服装可随人体和环境温度变化产生相变，当人们活动少时，服装起保暖作用，当活动多时起降温作用，可以为站在冰雪中的人们御寒，为运动的人们散热。

把压电激励材料安装在吉他面板的边角时它能吸收部分振动，与电控器联用可改变吉他木质部件的振动方式，而提高吉他的音色。

在医学领域中智能材料的应用更能造福人类，它可制造人造骨或人造胰脏和肝脏。

17.2.2 压电、铁电复合材料及应用

按照晶体几何外形有限对称图像，可把晶体分为32种点群用以描述晶体的宏观对称性，其中属于晶体电介质的点群有21种不具有中心对称。其中除立方的432点群外，具有这类结构的晶体都具有压电性，属于压电材料。单晶 SiO_2 是典型压电材料。在20种具有压电性的晶体中，从对称性分析，其中10种点群具有极轴，这类晶体表现出自发极化，而且通过电场可使自发极化方向转到相反方向，在介电强度允许条件下可形成电滞回线，这类晶体材料成为铁电材料，例如钛酸钡（$BaTiO_3$）、磷酸氢二钾（KH_2PO_4）等。具有铁电性的材料一定有压电性，如 $BaTiO_3$，但压电材料单晶 SiO_2 不是铁电材料。根据需要，可将压电、铁电材料制作成块状、薄膜等。

1. 用作驱动器

利用压电陶瓷材料尤其是智能材料与结构制造各种驱动器。

(1) 应用于结构阻尼减振。在结构上粘贴压电陶瓷且并联一无源电路可实现被动式阻尼减振;另外利用压电陶瓷传感和驱动作用结合,实现压电陶瓷动态柔度可调,可主动控制结构的振动。

按传感器和驱动器配置几何关系所产生的效果,主动控制分为两者之间耦合作用可忽略和不可忽略两类,由传感器感知驱动器发射的振动或很强的耦合作用实现结构主动控制阻尼减振。

(2) 应用于减少结构应力集中和延长疲劳寿命。把压电陶瓷驱动器放在结构已知的应力集中部位,实验发现驱动器可以减少附近的应力,使疲劳寿命增长约10倍。

(3) 应用于减轻飞行器颤振。采用主动控制压电陶瓷驱动器,通过F-18飞机模型风动试验发现,垂直尾翼第一弯曲模态频率的根部应变功率谱密度减小60%,应变均方根值减小19%,证实可减轻颤振。另外可应用于控制坦克炮塔振动。

2. 用作传感器

(1) 压电聚合物(PVDF)薄膜粘接于结构表面用作传感器,常用于机器人触觉传感器感知温度、压力,此外已用于检测和监控复合材料结构冲击损伤和修复。

(2) 把压电陶瓷粉均匀混合在聚合物中制成压电涂层涂于复杂形状结构表面,检测结构应力状态和监督安全。

(3) 采用压电传感器和集成电子学方法建立飞机结构集成安全监控系统,用于飞机日常诊断和维修。

3. 用作自适应结构

(1) 压电复合材料制成智能材料和结构可实时监控飞机结构的完整性和使用状态。使结构能实现自我检测和对损伤进行自愈合和自抑制。

(2) 驱动器、传感器和结构基体材料三者集成结构可降噪声、减振动、改变结构形状刚度以使其处于最佳使用状态。

(3) 结构-电子一体化。将电子元件(主要指天线等)集成到飞行器结构中,例如智能蒙皮,可改变结构周围磁场或天线中心频率,不需单独天线罩,可改善飞行器的气动力性能。

17.2.3　形状记忆复合材料及应用

1938年,美国和苏联的科技人员先后发现有的金属具有形状记忆效应,到1962年美国的Buehler发现了NiTi合金的形状记忆效应。这是指某些具有热弹性或应力诱发马氏体相变的材料处于马氏体状态,进行一定量的变形后,在随后的加热并超过马氏体相消失温度时,材料完全恢复到变形前的形状和体积。这类合金可恢复的应变量达7%~8%,比一般金属材料高很多,一般材料这样的应变量早就发生了永久变形。形状记忆合金(shape memory alloy,SMA)的变形可通过孪晶界面的移动实现,马氏体屈服强度低很多。现已发现多种形状记忆合金,其中只有 NiTi,Cu-Zn-Al 和 Cu-Al-Ni 具有实用价值,是热驱动的功能材料,又兼有感知和驱动功能,亦称机敏材料。

1. NiTi 形状记忆合金复合材料提高冲击韧性

一般树脂材料和碳/树脂复合材料冲击韧性很低。现用网状 NiTi 记忆合金丝贴在高分子材料表面,明显提高了冲击韧性。比较 NiTi 记忆合金、金属材料(Al 合金、304 不锈钢)发现:当超过 NiTi 记忆合金马氏体相变临界应力时,首先发生应力诱发相变而吸收能量,并产生 5%可恢复应变,而 Al 合金和 304 不锈钢早已产生塑性变形了,可见 NiTi 记忆合金断裂前吸收很大能量。另外,表面贴有 NiTi 合金丝的 11%石墨/马来树脂复合材料消耗冲击能量提高 58%,贴有 NiTi 丝的 22%石墨复合材料提高 34%。

2. NiTi 记忆合金主动控制裂纹产生和扩展

根据 NiTi 合金电阻率大且对应变敏感的特点,可将它做成电阻应变计,其灵敏系数较大,可利用 NiTi 合金丝探测构件内裂纹。将 NiTi 合金丝复合于环氧树脂中,当裂纹扩展到所要求控制范围时,将位于裂纹处的 NiTi 丝通电加热,当温度超过 As 时 NiTi 丝回复,回复力使裂纹位移减小,裂纹尖端应力强度因子减小即尖端分布应力减小。

3. NiTi 合金主动控制振动

用树脂作梁,在其端部加一质量块来调节固有频率,在梁两侧面上加入预应变 4%的马氏体 NiTi 丝作为驱动组元,在梁一侧面加入预应变 1%的伪弹性 NiTi 丝作为传感组元。给悬臂梁端部一定初始位移,分别在主动阻尼控制系统未工作和工作两种状态下,测量系统自由振动衰减的时间曲线,主动阻尼控制系统工作后振动明显受抑制。由于通过对 NiTi 丝加热或冷却产生驱动力需要一定时间,因此它限于控制低频振动。

4. 应用于宇航空间技术

用 NiTi 记忆合金制成人造卫星中折叠式展开天线。将 NiTi 合金丝冷却到马氏体相,制成半球形天线,将其折成体积很小的球体放入卫星中,送入太空后,太阳能将天线加热到奥氏体相,并使其展开成半球工作状态。形状记忆合金是能对环境作出自适应反应的机敏材料。

5. 在医学领域中的应用

用记忆合金丝制成螺线导管,前端装有内窥镜,穿入光纤用以显示图像,其形状可随器官形状自如地变化,柔软而自由弯曲,极易插入体内,并可提高前端部分的操作性能又减小受检人的痛苦。

6. 在汽车工业中的应用

可用形状记忆合金制造汽车外壳,当车体遭碰撞变形时只要对损坏处加热,就可自动恢复汽车外形。记忆合金丝夹制在汽车轮胎内,当紧急刹车时,因轮胎与地面摩擦产生大量的热,使夹在轮胎内的合金丝动作而有效刹车。

17.2.4 磁致伸缩复合材料及应用

磁致伸缩材料在磁场作用下尺寸或体积可变化，即具有较强的磁致伸缩效应，它可作为智能驱动器材料，同时可作为应变传感器材料。另外，超磁致伸缩材料是指具有大的饱和磁致伸缩系数的高磁致伸缩材料。

1. 在磁-声转换技术中的应用

(1) 大功率低频发射声呐

声信号是液体和固体进行检测、通信、遥控的主要媒介，发射和接收声信号的器件称为声呐。核心元件由磁致伸缩材料或压电陶瓷制成，用超磁致伸缩材料制成的声呐有低频($<$2kHz)、响应好、频带宽、功率大等优点，已实用的有水下声呐、陆地声呐、工业声呐等几类。日本用 Terfenol-D 驱动单元装配的环状换能器声呐工作距离为 10000km，而压电材料制成的声呐水下工作距离小于 300km。

(2) 大功率超声换能器

3kW Terfenol-D 超声换能器用于废轮胎破碎，可长期连续工作，破碎的橡胶脱硫后可再制成新轮胎。另外制成的超声外科手术工具尺寸小、功率大、操作方便，安全可靠。

2. 在磁-机转换器件——高精度快速微位移驱动器中的应用

超磁致伸缩材料驱动器可产生大驱动力，例如直径 6.4mm 的棒材可产生 1kN 的驱动力，这一特性对主动振动控制很重要，此驱动器频带宽为 0～3kHz。基于材料逆磁致伸缩效应，该驱动器又可作传感器使用。

超磁致伸缩材料还可以薄膜形式沉积在硅基片上组成智能结构，在 0.05T 磁场下得到 200μm/m 的磁致应变，这一技术可制备微型机械。

稀土超磁致伸缩材料制成主动降噪减振系统，它将传感器检测设备的振动位移信号经控制器反馈到驱动器，由驱动器产生大小相等、位相相反的位移抵消振动。这已在汽车、飞机、精密机床、人造卫星等中应用，例如将不大的这种驱动器装入飞机发动机底座可使机舱内噪声减低 20dB。

17.2.5 电(磁)流变液复合材料及应用

电流变液(electrorheological fluids)简称 ER 流体，是由高介电常数、低电导率的电介质颗粒分散于低介电常数的绝缘液体中形成的悬浮颗粒体系，它可以快速和可逆地对电场作出反应。在电场作用下电流变液颗粒发生极化，由于极化颗粒间产生静电引力使颗粒排列成链或柱状结构；当电场减弱或消失时，它可以快速恢复到原始状态。利用电流变效应，通过电场可实现力矩的可控传递及其他在线无级可逆控制，因而在机电一体化的自适应控制机构如减振器、驱动器、制动器、印刷机械和机器人等工业领域有广泛应用前景。

电流变液在外电场增加时粘度和屈服应力随之急剧增加，当电场强度达到一定值时，它从自由流动的牛顿流体转变为屈服应力很高的粘弹塑性体。转变过程粘度连续无级变化，固态和液态之间转化可逆，转变极快，只需几毫秒，而所需电能很少。利用电流变液优良的机电耦合特性可解决机械中的能量传递和实时控制问题。下面举例介绍其各种应用。

1. 电流变液减振器

汽车中为改善乘坐的舒适性和操纵安全性对汽车悬架系统提出很高的要求，利用电流变液体制成各种电流变液减振器：一种是滑动平板式减振器，靠两滑板间流体的电流变效应的阻力产生剪切力来控制活塞振动；另一种是固定电极型减振器，它实际用的是电流变阀的机构，阀的电流变效应的阻力阻止流体在同心圆筒间的流动，而使减振器的阻力增大。经日本试验，在汽车上使用电流变液减振器可改善乘客舒适性和操纵安全性。

利用电流变主动控制的支座可通过调节阻尼有效隔离发动机振动、控制路面激起的振动并有效抑制高噪声和低频振动。

2. 转子振动主动控制电流变器件

转子振动主动控制有盘式电流变阻尼器、电流变控制质量系统和盘式电流变吸振器三种。盘式电流变阻尼器通过控制外加电场强度改变电流变液体粘度，由此增加转子的支承刚度和外加阻尼。这种方法有利于转子越过临界转速，明显降低转子的振动。

3. 电流变液与压电材料复合式阻尼器

这种复合式阻尼器在圆柱形筒内经密封隔板将活塞腔与压电陶瓷分开，用活塞和弹簧机构作用压电陶瓷响应外界振动，产生的电压输出接到固定在活塞杆上的同心圆环电极上，使活塞腔内的电流变液固化，增大阻尼力，由此减小活塞的振动。这样的阻尼器不需要另加高压电源和计算机控制系统而具有自适应特性。

4. 电流变随机振动控制器

电流变技术在坦克、飞机上的应用有潜力。振动特别是随机突然振动，对飞机正常飞行影响极大。用电流变液作激励器的自适应材料和结构能够根据环境状态自动调节，对主动振动进行控制。有人利用电流变液的直升机衰减结构，衰减器由一系列滑动板组成，它可耗散频率为5～150Hz的振动。还有人研究了一种能自动加固的直升机水平旋翼叶片，当叶片在飞行中遇到强风而猛烈振动时，叶片内的ER流体可变成固体实现自动加固。

5. 电流变液阀

用电流变技术设计制造各种控制流量和压力的阀可能取代目前通用的各种液压阀，其特点是不需要具有相对运动的零件，不需精密机加工，流量和压力可直接用电信号控制。电流变液阀的工作原理是，无电场时电流变液可以从正电极和接地电极之间的夹层中通过，在电场作用下电极间流体固化，阀门关上。

在机器人领域中，可制造出体积小、响应快、动作灵活，并直接用微机进行控制的活动关节。用三根通有电流变液体的皮管合在一起作手指，皮管内电流变液以相同流速流动。这三根皮管分别与三个电流变液阀相连，调节三个阀上的电压，可控制三根皮管内流变液体的流量以使整个手指由于皮管内流体压力的变化而向一定方向伸屈。这种阀正应用于可控制机器人手臂和飞行控制面的伺服机构。这种伺服机构可广泛应用于汽车、航天器、飞机、舰船、潜艇、核反应器控制系统。

磁流变液(magnetorheological suspensions),简称 MR 流体,1948 年 Winslow 在提出电流变液的同时也提出磁流变效应和电磁流变效应。到 20 世纪 90 年代,开始寻找具有强流变效应、快速响应以及稳定耐久性好、低能量输入的 MR(磁流变)材料,研究一些采用 MR 效应的新型器件,如汽车、飞机、桥梁和建筑物的吸振和阻尼器等。

17.3 几种基本组成材料的多场耦合行为

压电材料、磁致伸缩材料、形状记忆合金材料等智能材料组分具有力学与其他物理场如电场、磁场、温度的耦合效应,因此要从理论上建模分析这些材料,需要建立相应的力电、力磁、力热耦合本构模型。本节介绍智能复合材料中几种常见组成材料。

17.3.1 压电、铁电材料

压电材料是一种电介质,电介质在电场的作用下能够发生极化,材料表面产生极化电荷或称为束缚电荷。存在电介质时,为了描述极化对空间电场产生的影响,通常引入电位移矢量,由高斯定理

$$\oint_S \boldsymbol{E} \cdot \mathrm{d}\boldsymbol{S} = \frac{1}{\varepsilon_0} \sum (q_0 + q') \tag{17-1}$$

知电场 $\boldsymbol{E}$ 对任意封闭曲面的通量等于该曲面围成的空间内的电荷量除以真空介电常数 ε_0,其中 q_0 为自由电荷,q'为极化电荷。由极化电荷与极化强度 $\boldsymbol{P}$ 的关系

$$\sum q' = -\oint_S \boldsymbol{P} \cdot \mathrm{d}\boldsymbol{S} \tag{17-2}$$

将式(17-2)代入式(17-1)得到

$$\oint_S (\varepsilon_0 \boldsymbol{E} + \boldsymbol{P}) \cdot \mathrm{d}\boldsymbol{S} = \sum q_0 \tag{17-3}$$

定义电位移矢量 $\boldsymbol{D}$ 为

$$\boldsymbol{D} = \varepsilon_0 \boldsymbol{E} + \boldsymbol{P} \tag{17-4}$$

于是得到

$$\oint_S \boldsymbol{D} \cdot \mathrm{d}\boldsymbol{S} = \sum q_0 \tag{17-5}$$

其微分形式为

$$\nabla \cdot \boldsymbol{D} = \rho_0 \tag{17-6}$$

其中 ρ_0 为自由电荷密度。对于不同的电介质,产生极化的能力一般是不同的,材料的这种性质可以通过电位移与电场间的关系反映,即

$$D_i = \kappa_{ij} E_j \tag{17-7}$$

对于静电问题,电场 $\boldsymbol{E}$ 需满足环路定理,微分形式为

$$\nabla \times \boldsymbol{E} = 0 \tag{17-8}$$

若取电势 φ 使得电场满足

$$E_i = -\varphi_{,i} \tag{17-9}$$

则式(17-8)自然得到满足。式(17-6)、式(17-7)、式(17-9)构成电介质中静电问题的控制方程，其中式(17-9)可类比弹性力学中的几何方程，式(17-6)可类比平衡方程，式(17-7)可类比本构方程。

压电材料是一种特殊的电介质，除了电场能够引起材料极化外，应力也能产生极化，同时电场还会引起材料变形，即具有力电耦合性能，用本构方程表示为

$$\varepsilon_{ij} = S_{ijkl}\sigma_{kl} + d_{kij}E_k \tag{17-10}$$

$$D_i = d_{ikl}\sigma_{kl} + \kappa_{ik}E_k \tag{17-11}$$

其中 d_{kij} 为压电张量，反映材料的力电耦合行为。电学控制方程(17-6)、式(17-9)，压电本构方程(17-10)、式(17-11)以及力学控制方程

$$\varepsilon_{ij} = \frac{1}{2}(u_{i,j} + u_{j,i}) \tag{17-12}$$

$$\sigma_{ij,j} + f_i = 0 \tag{17-13}$$

一起构成力电耦合问题的控制方程组。

压电材料一般具有自发极化，即在没有电场、应力作用时材料内部本身就存在一定的极化强度 $\boldsymbol{P}^*$，如果自发极化方向不发生变化，则在本构关系中可以不考虑自发极化。但是有一类压电材料的自发极化方向在电场、应力作用下会发生改变，这种材料称作铁电材料。如图 17-3 所示为铁电材料的典型电滞回线，若从点 A 开始施加电场，电位移会从负值变为正值，到达点 B 后再撤去电场直到电场恢复到 0，此时电位移不会沿原先加载时的路径恢复，而是到达 C 点，这个过程使得材料的自发极化强度由负值变为正值。因此，对于铁电材料，需要在压电本构关系的基础上进一步引入由于材料自发极化方向改变而引起的本征应变和本征电位移。铁电材料本征量的确定较为复杂，当电场、应力较小，不足以引起材料自发极化方向改变时，仍然可以使用压电本构方程式(17-10)、式(17-11)。

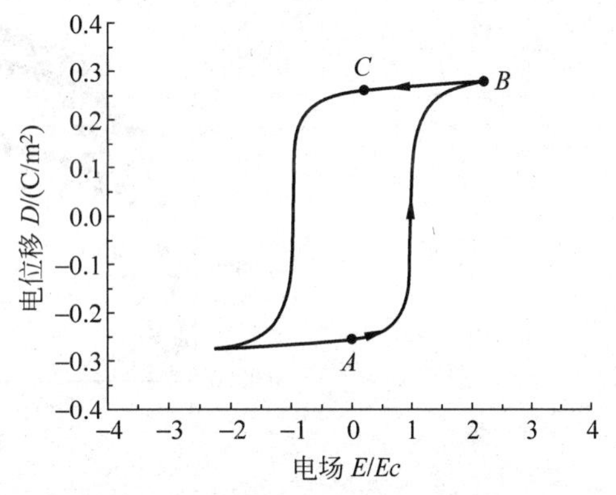

图 17-3 铁电材料的电滞回线

17.3.2 铁磁材料

铁磁材料是磁介质，在磁场作用下会产生磁化和变形，同时应力也会引起磁化。铁磁材料与压电、铁电材料具有相似性，这里只写出线性力磁耦合问题的控制方程。

几何方程

$$H_i = -\phi_{,i} \tag{17-14}$$

$$\varepsilon_{ij} = \frac{1}{2}(u_{i,j} + u_{j,i}) \tag{17-15}$$

平衡方程

$$B_{i,i} = 0 \tag{17-16}$$

$$\sigma_{ij,j} + f_i = 0 \tag{17-17}$$

$$\varepsilon_{ij} = S_{ijkl}\sigma_{kl} + q_{kij}H_k \tag{17-18}$$

$$B_i = q_{ikl}\sigma_{kl} + \mu_{ik}H_k \tag{17-19}$$

其中 ϕ 为磁场，H_i 为磁场强度，B_i 为磁通量，q_{kij} 为压磁张量，μ_{ik} 为磁导率。

17.3.3 超磁致伸缩材料

超磁致伸缩材料也是磁性材料，主要特点是在磁场作用下能够产生较大的变形，例如Terfenol-D可以产生约0.1%的磁致伸缩应变，远高于一般的铁磁材料。图17-4表示Terfenol-D的磁致伸缩应变与磁场、应力的关系，该曲线可通过对柱状材料施加预应力，然后逐渐增大磁场，通过测量施加磁场前后材料长度的变化得到。

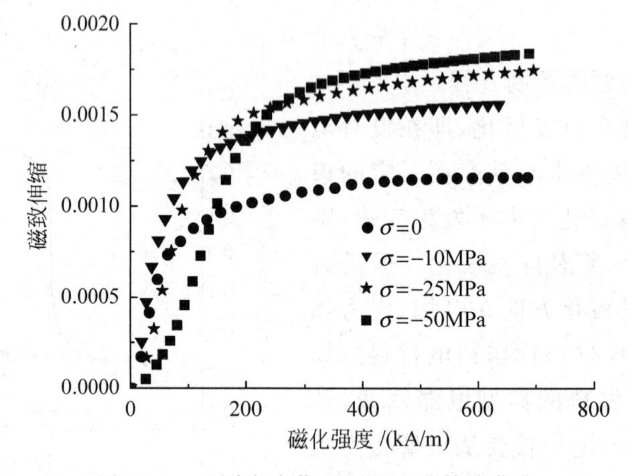

图17-4 不同应力作用下的磁致伸缩曲线

由图17-4可见，Terfenol-D的磁致伸缩应变随磁场的关系是非线性的，且对应力很敏感，因此建立相应的力磁耦合本构关系比线性材料困难很多，人们尝试建立了多种本构关系，下面简要介绍三种典型的本构关系。

标准平方型本构

$$\varepsilon = s\sigma + mH^2 + r\sigma H^2 \tag{17-20}$$

$$B = \mu H + 2m\sigma H + r\sigma^2 H \tag{17-21}$$

式(17-20)中 mH^2 和 $r\sigma H^2$ 描述了磁致伸缩应变，$r\sigma H^2$ 反映了应力对磁致伸缩的影响。该本构关系的优点是形式简洁，在磁场较低时能够较好地与实验吻合，但无法反映高磁场时磁致伸缩的饱和。

双曲正切型本构

$$\varepsilon = s\sigma + \frac{1}{k^2}\tanh^2(kH) + \frac{1}{k^2}r\sigma\tanh^2(kH) \tag{17-22}$$

$$B = \mu H + \frac{2}{k}m\sigma\frac{\sinh(kH)}{\cosh^3(kH)} + \frac{1}{k}r\sigma^2\frac{\sinh(kH)}{\cosh^3(kH)} \tag{17-23}$$

该本构关系在应力和磁场较低时可以反映磁致伸缩应变随磁场的变化，磁场较高时能够反映磁致伸缩的饱和，但与实验结果有一定偏差；应力较大时该本构不能反映材料对应力的敏感性。

基于畴转密度的本构

$$\varepsilon = s\sigma + \frac{\sqrt{\pi}}{2}[\widetilde{H}_{cr} + \zeta(\sigma - \sigma_{cr})][\widetilde{d}_{cr} + a(\sigma - \sigma_{cr}) + b(\sigma - \sigma_{cr})^2]\sqrt{\frac{\sigma_{cr}}{\sigma}} \times \left\{ \mathrm{erf}\left[\sqrt{\frac{\sigma_{cr}}{\sigma}}\left(\frac{|H|}{\widetilde{H}_{cr} + \zeta(\sigma - \sigma_{cr})} - 1\right)\right] - \mathrm{erf}\left(-\sqrt{\frac{\sigma_{cr}}{\sigma}}\right)\right\} \tag{17-24}$$

$$B = \mu H + \mathrm{sign}(H)\int_0^{\sigma}[\widetilde{d}_{cr} + a(\sigma - \sigma_{cr}) + b(\sigma - \sigma_{cr})^2] \times \exp\left[-\frac{\sigma}{\sigma_{cr}}\left(\frac{|H|}{\widetilde{H}_{cr} + \zeta(\sigma - \sigma_{cr})} - 1\right)^2\right]\mathrm{d}\sigma \tag{17-25}$$

其中 $\widetilde{H}_{cr}, \widetilde{d}_{cr}, \sigma_{cr}, \zeta, a, b$ 可由实验测定，$\mathrm{erf} = \int \exp(-x^2)\mathrm{d}x$ 为误差函数。该本构关系能够反映中低磁场时磁致伸缩应变随磁场的变化，高磁场时能够反映饱和磁致伸缩，同时能够反映磁致伸缩应变对应力的敏感性，但形式比前两种本构复杂。

17.3.4 形状记忆合金

一般的金属材料在发生较大变形时，由于出现塑性变形，应力卸载后无法恢复到原先的形状，而形状记忆合金则具有恢复到变形前形状的能力，如图 17-5(b)所示，这种形状记忆能力称为伪弹性。

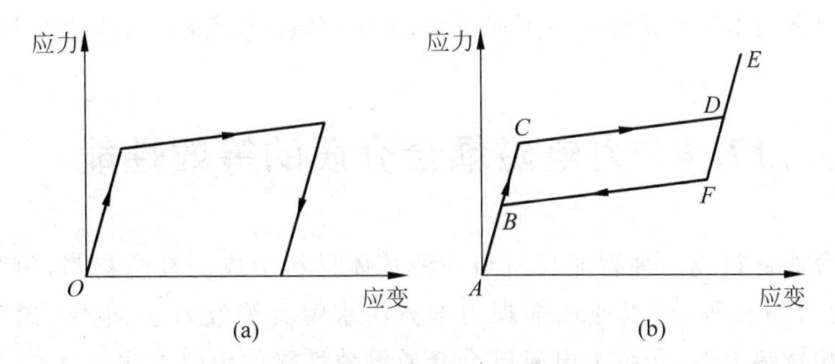

图 17-5 一般金属材料与形状记忆合金的应力应变曲线示意图
(a) 一般金属材料；(b) 形状记忆合金

从微观结构可以很方便地理解形状记忆合金的行为。形状记忆合金具有两种晶体结构：低温状态下的马氏体(用 M 表示)和高温状态下的奥氏体(用 A 表示)，马氏体由于取向不同又有若干种变体。从奥氏体状态开始降低温度，当温度下降到马氏体转变初始温度 M_s 时，奥氏体开始转变成马氏体，进一步降温到马氏体转变结束温度 M_f 时，奥氏体完全转变成马氏体。此时若没有应力作用，马氏体各种变体的含量相同(孪晶型马氏体)，降温过程不会出现明显的变形。若在降温的同时施加应力，某些取向的马氏体变体会更倾向于形成(非孪晶型马氏体)，此时降温过程会引起材料变形。与马氏体转变过程相反，对材料升温也会发生奥氏体转变，即从马氏体状态转变成奥氏体状态，相应的转变初始、结束温度记为 A_s、A_f。四个相变相关的温度 M_s, M_f, A_s, A_f 还会受到应力的影响，如图 17-6 所示。

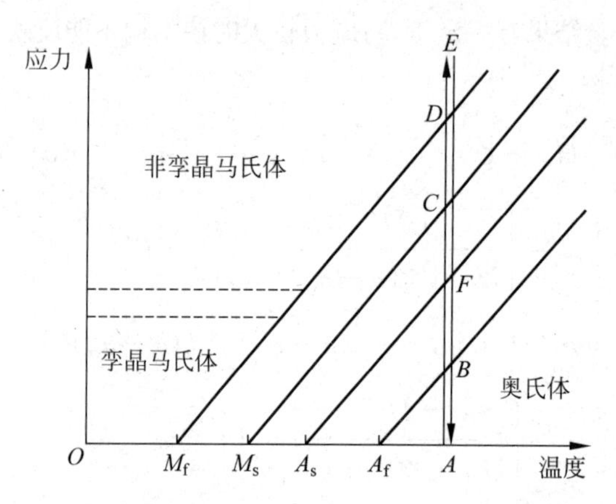

图 17-6 形状记忆合金不同温度、应力下状态示意图

图 17-6 可以帮助我们理解图 17-5(b)的形状记忆效应，如果从 A 点开始施加应力，达到 D 点，由于发生马氏体转变得到非孪晶马氏体，材料产生宏观变形。卸载过程中，到达 F 点时开始发生奥氏体转变，直到 B 点全部变为奥氏体，变形恢复。

除了伪弹性，形状记忆合金还可以通过温度调控形状，例如从奥氏体状态在无应力情况下降温得到孪晶马氏体，然后施加应力诱发非孪晶马氏体，同时材料发生变形，要恢复原来形状时，可以再次升温到奥氏体转变完成温度以上，这个过程称为单向形状记忆效应。对应力作用下的材料反复升温和降温，利用马氏体和奥氏体间的转变，可以实现双向形状记忆，即材料可以记忆低温和高温两种状态下的形状。

形状记忆合金的本构关系涉及不可逆过程，限于篇幅不做介绍，请读者参考相关的文献。

17.4 力电磁耦合介质的等效性能

对于两种智能材料或一种智能材料与一种基体材料组成的复合材料，例如磁致伸缩复合材料、磁电复合材料等，可以通过细观力学方法求解其等效力学、电学、磁学以及耦合性能。本节以两相材料为例，介绍力电磁耦合介质等效性能的求解方法。

考虑两种材料组成的复合材料，每一种材料都具有力电、力磁、磁电耦合性能，不考虑温度变化。设材料的力电磁耦合性能符合如下的线性本构关系：

$$\sigma_{ij} = C_{ijkl}\varepsilon_{kl} + e_{kij}(-E_k) + q_{kij}(-H_k) \tag{17-26}$$

$$D_i = e_{ikl}\varepsilon_{kl} - \kappa_{il}(-E_l) - a_{il}(-H_l) \tag{17-27}$$

$$B_i = q_{ikl}\varepsilon_{kl} - a_{il}(-E_l) - \mu_{il}(-H_l) \tag{17-28}$$

其中 D_i，E_i 为电位移和电场强度，B_i，H_i 为磁通量和磁场强度。e_{kij} 为压电张量，反映力电之间的耦合；q_{kij} 为压磁张量，反映力磁之间的耦合；a_{il} 是磁电张量，反映磁电间的耦合关系。

为了便于分析，将应力、应变、本构关系整理为更加紧凑的形式，定义广义应力和应变张量

$$\Sigma_{iJ} = \begin{cases} \sigma_{ij}, & J = 1,2,3 \\ D_i, & J = 4 \\ B_i, & J = 5 \end{cases}, \quad Z_{Mn} = \begin{cases} \varepsilon_{mn}, & M = 1,2,3 \\ -E_n, & M = 4 \\ -H_n, & M = 5 \end{cases} \tag{17-29}$$

以及如下的广义弹性张量

$$\hat{E}_{iJMn}=\begin{cases}C_{ijmn}, & J,M=1,2,3\\ e_{nij}, & M=4,J=1,2,3\\ q_{nij}, & M=5,J=1,2,3\\ e_{imn}, & J=4,M=1,2,3\\ -\kappa_{in}, & J=4,M=4\\ -a_{in}, & J=4,M=5\\ q_{imn}, & J=5,M=1,2,3\\ -a_{in}, & J=5,M=4\\ -\mu_{in}, & J=5,M=5\end{cases}\tag{17-30}$$

并约定角标相同时大写字母表示从 1 到 5 求和，小写字母表示从 1 到 3 求和，则本构关系式(17-26)～式(17-28)可以统一写为

$$\Sigma_{iJ}=\hat{E}_{iJMn}Z_{Mn}\tag{17-31}$$

下面采用广义自洽模型求解复合材料的等效性能，广义自洽模型是本书前面章节介绍的复合材料等效性能预测方法的推广。该模型的基本思想如下：对图 17-7(a)的两相复合材料，取掺杂颗粒附近区域进行分析，将掺杂颗粒作为夹杂 1，将其附近区域的基体取为夹杂 2，其余部分视作具有复合材料等效性能的介质，如图 17-7(b)所示。只要求解出载荷作用下夹杂 1 和夹杂 2 内的平均广义应力、广义应变场，由两种材料所占的体积分数即得到复合材料整体的平均广义应力、广义应变场，从而得到等效性能。为此，我们由简单到复杂依次考虑三个问题。

(1) 求解单夹杂问题，即均匀材料内部一个区域内存在本征场时，材料内部的力电磁场分布情况。

(2) 在(1)的基础上，进一步求解双夹杂问题，即均匀材料内两个区域存在本征场。

(3) 将非均匀材料等效为均匀材料中的双夹杂问题，利用(2)的结果，求解复合材料的等效性能。

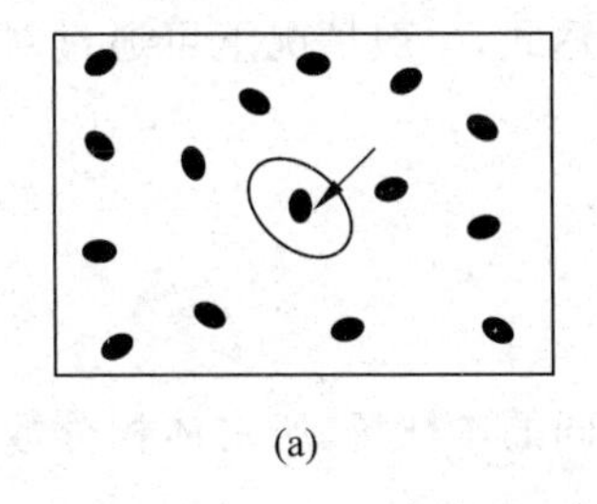

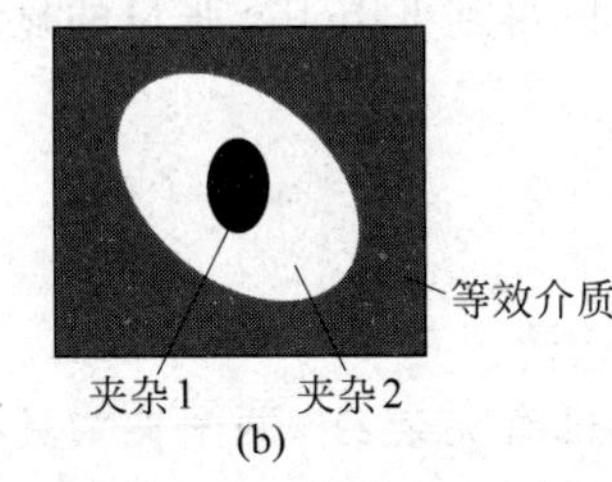

图 17-7 广义自洽模型示意图

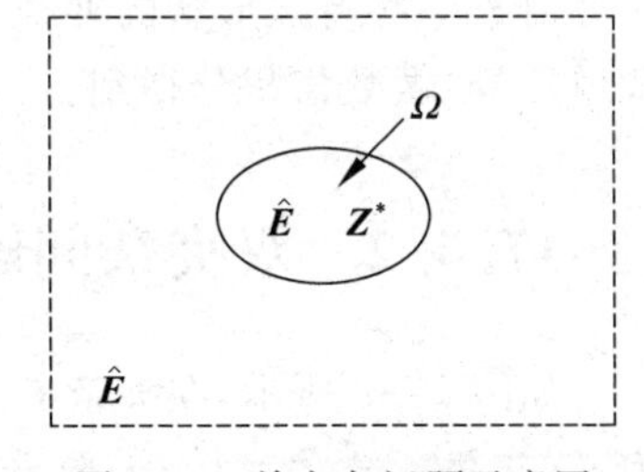

图 17-8 单夹杂问题示意图

17.4.1 单夹杂问题

如图 17-8 所示，在任意形状的区域 Ω 内存在本征场 $\boldsymbol{Z}^*$，则在材料内任一点 $\boldsymbol{x}$ 处由于本征场存在引起的力电磁场为

$$Z_{Mn}(\boldsymbol{x})=-\int_{\Omega}\hat{E}_{iJAb}Z^*_{Ab}(\boldsymbol{x}')G_{MJ,in}(\boldsymbol{x}-\boldsymbol{x}')\mathrm{d}V(\boldsymbol{x}')\tag{17-32}$$

其中 G_{MJ} 是无限大物质力电磁耦合问题的格林函数，其各分量的物理含义见表17-3。

表17-3 格林函数的物理含义

$G_{MJ}(\boldsymbol{x}-\boldsymbol{x}')$	物理含义
$G_{mj}(\boldsymbol{x}-\boldsymbol{x}')$	$\boldsymbol{x}'$处 x_j 方向上单位载荷在 $\boldsymbol{x}$ 处 x_m 方向引起的位移
$G_{m4}(\boldsymbol{x}-\boldsymbol{x}')$	$\boldsymbol{x}'$处单位电荷在 $\boldsymbol{x}$ 处 x_m 方向引起的位移
$G_{m5}(\boldsymbol{x}-\boldsymbol{x}')$	$\boldsymbol{x}'$处单位磁荷在 $\boldsymbol{x}$ 处 x_m 方向引起的位移
$G_{4j}(\boldsymbol{x}-\boldsymbol{x}')$	$\boldsymbol{x}'$处 x_j 方向上单位载荷在 $\boldsymbol{x}$ 处引起的电势
$G_{44}(\boldsymbol{x}-\boldsymbol{x}')$	$\boldsymbol{x}'$处单位电荷在 $\boldsymbol{x}$ 处引起的电势
$G_{45}(\boldsymbol{x}-\boldsymbol{x}')$	$\boldsymbol{x}'$处单位磁荷在 $\boldsymbol{x}$ 处引起的电势
$G_{5j}(\boldsymbol{x}-\boldsymbol{x}')$	$\boldsymbol{x}'$处 x_j 方向上单位载荷在 $\boldsymbol{x}$ 处引起的磁势
$G_{54}(\boldsymbol{x}-\boldsymbol{x}')$	$\boldsymbol{x}'$处单位电荷在 $\boldsymbol{x}$ 处引起的磁势
$G_{55}(\boldsymbol{x}-\boldsymbol{x}')$	$\boldsymbol{x}'$处单位磁荷在 $\boldsymbol{x}$ 处引起的磁势

如果夹杂 Ω 的形状是椭球形，且本征场在夹杂内均匀分布，则夹杂内部的力电磁场也是均匀分布的，并可以通过 Eshelby 张量求得

$$Z_{Mn} = S_{MnAb} Z^*_{Ab} \tag{17-33}$$

$$S_{MnAb} = -\int_{\Omega} \hat{E}_{iJAb} G_{MJ,in}(\boldsymbol{x}-\boldsymbol{x}')\mathrm{d}V(\boldsymbol{x}') \tag{17-34}$$

其中 S_{MnAb} 即为力电磁耦合问题的 Eshelby 张量，由材料的性质和夹杂形状决定。对于三个半轴长分别为 a_1, a_2, a_3 的椭球，Eshelby 张量可通过如下的积分得到

$$S_{MnAb} = \frac{E_{iJAb}}{4\pi}\begin{cases} \dfrac{1}{2}\displaystyle\int_{-1}^{1}\int_{0}^{2\pi}[J_{m,Jin}(\boldsymbol{z}) + J_{n,Jim}(\boldsymbol{z})]\mathrm{d}\theta\mathrm{d}\xi_3, & M = 1,2,3 \\ \displaystyle\int_{-1}^{1}\int_{0}^{2\pi} J_{4,Jin}(\boldsymbol{z})\mathrm{d}\theta\mathrm{d}\xi_3, & M = 4 \\ \displaystyle\int_{-1}^{1}\int_{0}^{2\pi} J_{5,Jin}(\boldsymbol{z})\mathrm{d}\theta\mathrm{d}\xi_3, & M = 5 \end{cases} \tag{17-35}$$

其中 $z_i = \xi_i / a_i$，$\xi_1 = \sqrt{1-\xi_3^2}\cos\theta$，$\xi_2 = \sqrt{1-\xi_3^2}\sin\theta$，$J_{MJin} = z_i z_n K^{-1}_{MJ}(\boldsymbol{z})$，$K_{JR} = z_i z_n \hat{E}_{iJRn}$。

对于一些特殊形状的夹杂，可以得到 Eshelby 张量的显示表达式，一般情况下可通过对式(17-35)做数值积分得到。

17.4.2 双夹杂问题

如图17-9所示，在夹杂 Ω_2 内部有夹杂 Ω_1，两个夹杂具有不同的本征场，所占体积分数为 c_1、c_2 且 $c_1 + c_2 = 1$。需要分别求解本征场在两个夹杂内引起的力电磁场。对于内部的夹杂 Ω_1，可以看作材料先在夹杂区域 Ω_2 内产生本征场 $\boldsymbol{Z}_2^*$，然后又在夹杂区域 Ω_1 内产生本征场 $\boldsymbol{Z}_1^* - \boldsymbol{Z}_2^*$，于是 Ω_1 内的力电磁场由两部分本征场效果叠加得到

$$\begin{aligned}\langle Z_{Ab}\rangle_1 &= S_{AbMn2} Z^*_{Mn}\big|_2 + S_{AbMn1}\left(Z^*_{Mn}\big|_1 - Z^*_{Mn}\big|_2\right) \\ &= S_{AbMn1} Z^*_{Mn}\big|_1 + (S_{AbMn2} - S_{AbMn1}) Z^*_{Mn}\big|_2\end{aligned} \tag{17-36}$$

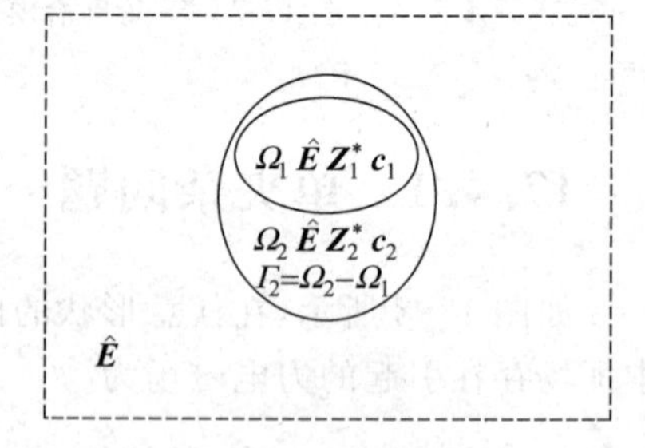

图17-9 双夹杂问题示意图

Ω_2 内的平均本征场为

$$Z_{Mn}^{*}\Big|_{\Omega_2}=c_1 Z_{Mn}^{*}\Big|_1+c_2 Z_{Mn}^{*}\Big|_2 \tag{17-37}$$

于是 Ω_2 内的平均力电磁场为

$$\langle Z_{Ab}\rangle_{\Omega_2}=S_{AbMn2}Z_{Mn}^{*}\Big|_{\Omega_2}=c_1 S_{AbMn2}Z_{Mn}^{*}\Big|_1+c_2 S_{AbMn2}Z_{Mn}^{*}\Big|_2 \tag{17-38}$$

再由

$$\langle Z_{Ab}\rangle_{\Omega_2}=c_1\langle Z_{Ab}\rangle_1+c_2\langle Z_{Ab}\rangle_2 \tag{17-39}$$

得到 Γ_2 区域($\Gamma_2=\Omega_2-\Omega_1$,如图 17-9)内的力电磁场为

$$\langle Z_{Ab}\rangle_2=S_{AbMn2}Z_{Mn}^{*}\Big|_2+\frac{c_1}{c_2}(S_{AbMn2}-S_{AbMn1})\left(Z_{Mn}^{*}\Big|_1-Z_{Mn}^{*}\Big|_2\right) \tag{17-40}$$

以上即求得了双夹杂问题中的广义应变场,再由存在本征场时广义应力、应变间关系

$$\langle\Sigma_{iJ}\rangle=\hat{E}_{iJMn}(\langle Z_{Mn}\rangle-\langle Z_{Mn}^{*}\rangle) \tag{17-41}$$

得到

$$\langle\Sigma_{iJ}\rangle_1=\hat{E}_{iJAb}(S_{AbMn1}-I_{AbMn})Z_{Mn}^{*}\Big|_1+\hat{E}_{iJAb}(S_{AbMn2}-S_{AbMn1})Z_{Mn}^{*}\Big|_2 \tag{17-42}$$

$$\begin{aligned}\langle\Sigma_{iJ}\rangle_2=&\hat{E}_{iJAb}(S_{AbMn2}-I_{AbMn})Z_{Mn}^{*}\Big|_2\\&+\frac{c_1}{c_2}\hat{E}_{iJAb}(S_{AbMn2}-S_{AbMn1})\left(Z_{Mn}^{*}\Big|_1-Z_{Mn}^{*}\Big|_2\right)\end{aligned} \tag{17-43}$$

17.4.3 求解非均匀材料等效性能

在前两步的基础上,可以将非均匀材料等效为均匀材料的本征场问题进行求解,该等效过程基于下面的一致性条件(图 17-10)。

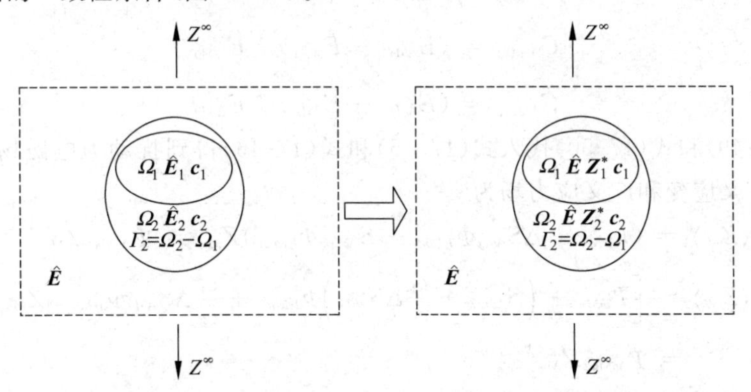

图 17-10 非均匀材料等效为均匀材料内本征场问题

$$\hat{E}_{iJAb}^{r}\left(Z_{Ab}^{\infty}+Z_{Ab}^{\mathrm{d}}\Big|_r\right)=\hat{E}_{iJAb}\left(Z_{Ab}^{\infty}+Z_{Ab}^{\mathrm{d}}\Big|_r-Z_{Ab}^{*}\Big|_r\right) \tag{17-44}$$

其中 $r=1,2$ 分别表示两种材料,Z_{Ab}^{d} 是由于材料非均匀或本征场存在对力电磁场产生的扰动,可由上一步得到的结果求得

$$Z_{Ab}^{\mathrm{d}}\Big|_1=S_{AbMn1}Z_{Mn}^{*}\Big|_1+(S_{AbMn2}-S_{AbMn1})Z_{Mn}^{*}\Big|_2 \tag{17-45}$$

$$Z_{Ab}^{\mathrm{I}}\Big|_2 = S_{AbMn2} Z_{Mn}^{*}\Big|_2 + \frac{c_1}{c_2}(S_{AbMn2} - S_{AbMn1})\left(Z_{Mn}^{*}\Big|_1 - Z_{Mn}^{*}\Big|_2\right) \tag{17-46}$$

将式(17-45)和式(17-46)代入式(17-44)得到

$$\begin{aligned}&\hat{E}_{iJAb}^{1}\left[Z_{Ab}^{\infty} + S_{AbMn1} Z_{Mn}^{*}\Big|_1 + (S_{AbMn2} - S_{AbMn1}) Z_{Mn}^{*}\Big|_2\right]\\ &= \hat{E}_{iJAb}\left[Z_{Ab}^{\infty} + (S_{AbMn1} - I_{AbMn}) Z_{Mn}^{*}\Big|_1 + (S_{AbMn2} - S_{AbMn1}) Z_{Mn}^{*}\Big|_2\right]\end{aligned} \tag{17-47}$$

$$\begin{aligned}&\hat{E}_{iJAb}^{2}\left[Z_{Ab}^{\infty} + S_{AbMn2} Z_{Mn}^{*}\Big|_2 + \frac{c_1}{c_2}(S_{AbMn2} - S_{AbMn1})\left(Z_{Mn}^{*}\Big|_1 - Z_{Mn}^{*}\Big|_2\right)\right]\\ &= \hat{E}_{iJAb}\left[Z_{Ab}^{\infty} + (S_{AbMn2} - I_{AbMn}) Z_{Mn}^{*}\Big|_2 + \frac{c_1}{c_2}(S_{AbMn2} - S_{AbMn1})\left(Z_{Mn}^{*}\Big|_1 - Z_{Mn}^{*}\Big|_2\right)\right]\end{aligned} \tag{17-48}$$

利用式(17-47)和式(17-48)可以求得本征场

$$Z_{Ab}^{*}\Big|_1 = \Phi_{AbMn1} Z_{Mn}^{\infty} \tag{17-49}$$

$$Z_{Ab}^{*}\Big|_2 = \Phi_{AbMn2} Z_{Mn}^{\infty} \tag{17-50}$$

$$\begin{aligned}\Phi_{AbMn1} =& -\left[(S_{AbMn1} + C_{AbMn1}) + \Delta S_{AbIj}\left(S_{IjRs1} - \frac{c_1}{c_2}\Delta S_{IjRs} + C_{IjRs2}\right)^{-1}\right.\\ &\left.\times\left(S_{RsMn1} - \frac{c_1}{c_2}\Delta S_{RsMn} + C_{RsMn1}\right)\right]^{-1}\end{aligned} \tag{17-51}$$

$$\begin{aligned}\Phi_{AbMn2} =& -\left[\Delta S_{AbMn} + (S_{AbIj1} + C_{AbIj1})\left(S_{IjRs1} - \frac{c_1}{c_2}\Delta S_{IjRs} + C_{IjRs1}\right)^{-1}\right.\\ &\left.\times\left(S_{RsMn1} - \frac{c_1}{c_2}\Delta S_{RsMn} + C_{RsMn2}\right)\right]^{-1}\end{aligned} \tag{17-52}$$

其中

$$\Delta S_{AbIj} = S_{AbIj2} - S_{AbIj1} \tag{17-53}$$

$$C_{AbMn1} = (\hat{E}_{AbIj1} - \hat{E}_{AbIj})^{-1}\,\hat{E}_{IjMn} \tag{17-54}$$

$$C_{AbMn2} = (\hat{E}_{AbIj2} - \hat{E}_{AbIj})^{-1}\,\hat{E}_{IjMn} \tag{17-55}$$

将式(17-49)和式(17-50)代入式(17-45)和式(17-46)得到扰动力电磁场,进而得到夹杂内的平均广义应变和广义应力场为

$$\langle Z_{Ab}\rangle_1 = (I_{AbMn} + \Delta S_{AbIj}\Phi_{IjMn2} + S_{AbIj1}\Phi_{IjMn1}) Z_{Mn}^{*} = \Psi_{AbMn1} Z_{Mn}^{*} \tag{17-56}$$

$$\begin{aligned}\langle Z_{Ab}\rangle_2 &= \left[I_{AbMn} + \left(S_{AbIj2} + \frac{c_1}{c_2}\Delta S_{AbIj}\right)\Phi_{IjMn2} + \frac{c_1}{c_2}\Delta S_{AbIj}\Phi_{IjMn1}\right] Z_{Mn}^{*}\\ &= \Psi_{AbMn2} Z_{Mn}^{*}\end{aligned} \tag{17-57}$$

$$\langle \Sigma_{Ab}\rangle_1 = \hat{E}_{AbIj}(\Psi_{IjMn1} - \Phi_{IjMn1}) Z_{Mn}^{*} \tag{17-58}$$

$$\langle \Sigma_{Ab}\rangle_2 = \hat{E}_{AbIj}(\Psi_{IjMn2} - \Phi_{IjMn2}) Z_{Mn}^{*} \tag{17-59}$$

材料内的平均力电磁场为

$$\langle Z_{Ab}\rangle = c_1\langle Z_{Ab}\rangle_1 + c_2\langle Z_{Ab}\rangle_2 = (c_1\Psi_{AbMn1} + c_2\Psi_{AbMn2}) Z_{Mn}^{*} \tag{17-60}$$

$$\begin{aligned}\langle \Sigma_{Ab}\rangle &= c_1\langle \Sigma_{Ab}\rangle_1 + c_2\langle \Sigma_{Ab}\rangle_2\\ &= \hat{E}_{AbIj}(c_1\Psi_{IjMn1} + c_2\Psi_{IjMn2} - c_1\Phi_{IjMn1} - c_2\Phi_{IjMn2}) Z_{Mn}^{*}\end{aligned} \tag{17-61}$$

从而得到材料的平均性能为

$$\bar{E}_{AbRs} = \hat{E}_{AbIj}(c_1\Psi_{IjMn1} + c_2\Psi_{IjMn2} - c_1\Phi_{IjMn1} - c_2\Phi_{IjMn2})(c_1\Psi_{MnRs1} + c_2\Psi_{MnRs2})^{-1} \tag{17-62}$$

上述求解过程中需用到材料的等效性能，因此，一般来说，需要迭代求解。经典的 Mori-Tanaka 方法和自洽方法是广义自洽方法的特例。若取夹杂区域 Ω_1 与 Ω_2 重合，则是自洽方法；进一步将无穷远处介质的性能取为基体材料的性能，即令 $\hat{E}_{AbIj}=\hat{E}^2_{AbIj}$，则是 Mori-Tanaka 方法。

上述力电磁复合介质等效性能求解方法可以用于许多智能复合材料，例如求解磁致伸缩材料与聚合物基体复合材料的等效磁致伸缩性能，0-3 型磁电复合材料的磁电系数等。

17.5 层状磁电复合材料的剪滞模型

层状磁电复合材料能够通过层间力的传递，利用磁致伸缩材料和压电材料实现磁场到电场的转换(或相反)。图 17-11 所示为一种典型的层状磁电复合材料，磁致伸缩材料在磁场作用下发生变形，由于粘接，变形受到压电材料的限制，在压电层中产生应力，再利用压电材料的压电效应，产生电场实现磁电转换。磁电复合材料可以考虑成层合板，利用本书中相关章节的方法求解。本节介绍一种简化的方法，即通过剪滞模型求解，以得到磁电系数的显式表达式。磁电系数一般定义为单位磁场引起的电场变换，即

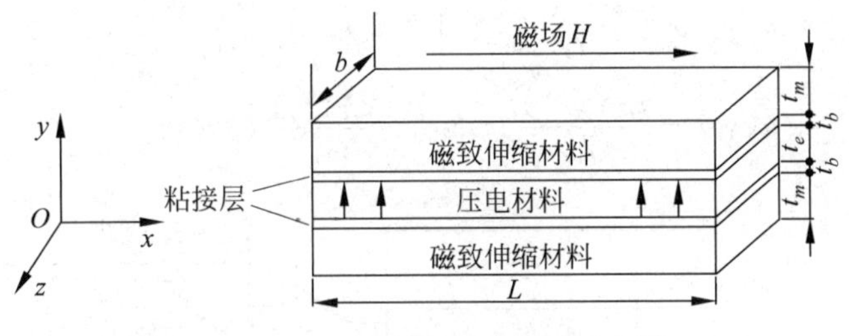

图 17-11 三层磁电复合材料示意图

17.5.1 剪滞模型的假设和简化

我们考虑 x-y 平面问题，剪滞模型的目标是将二维问题简化为一维问题，这样控制方程从偏微分方程变为常微分方程，便于得到解析解。为此，要求问题能够近似满足如下条件(图 17-12)。

均匀性：材料每一层中的应力沿厚度 y 方向变化不大。

剪切应变近似：要求剪切应变 γ_{xy} 满足

$$\gamma_{xy} = \frac{\partial u}{\partial y} + \frac{\partial v}{\partial x} \approx \frac{\partial u}{\partial y} \tag{17-63}$$

本构关系近似：x 方向应力应变关系满足

$$\varepsilon_x = \frac{1}{E_1}\sigma_x - \frac{\nu_{21}}{E_1}\sigma_y \approx \frac{1}{E_1}\sigma_x \tag{17-64}$$

剪应力插值：每一层材料内的剪应力由层间剪应力插值得到

$$\tau_{xy}^{(i)} = \tau(y_{i-1})L_i(y) + \tau(y_i)R_i(y) \tag{17-65}$$

式(17-65)中 $L_i(y)$,$R_i(y)$是插值函数,可以根据需要取不同的阶次。

由上述假设,可以使问题得到简化。图 17-12 为 n 层复合材料的示意图,考虑第 i 层,引入无量纲厚度

$$z_i = \frac{y - y_{i-1}}{t_i} \tag{17-66}$$

由式(17-63)、式(17-65)和式(17-66)以及剪应变与剪应力间的关系

$$\gamma_{xy}^{(i)} = \frac{1}{G_{xy}^{(i)}}\tau_{xy}^{(i)} \tag{17-67}$$

得到

$$\frac{\partial u}{\partial z_i} = \frac{t_i}{G_{xy}^{(i)}}[\tau(y_{i-1})L_i(z_i) + \tau(y_i)R_i(z_i)] \tag{17-68}$$

上式两边乘以 $A-z_i$,并沿厚度积分得到

$$\begin{aligned}&\langle u^{(i)}\rangle + u(y_i)(A-1) - u(y_{i-1})A \\ &= \frac{t_i\tau(y_{i-1})}{G_{xy}^{(i)}}[A\langle L_i\rangle - \langle z_iL_i\rangle] + \frac{t_i\tau(y_i)}{G_{xy}^{(i)}}[A\langle R_i\rangle - \langle z_iR_i\rangle]\end{aligned} \tag{17-69}$$

其中〈·〉表示沿厚度方向取平均。

式(17-69)中分别取 $A=1$ 和 $A=0$ 得到

$$\langle u^{(i)}\rangle = u(y_{i-1}) + \frac{t_i\tau(y_{i-1})}{G_{xy}^{(i)}}\langle(1-z_i)L_i\rangle + \frac{t_i\tau(y_i)}{G_{xy}^{(i)}}\langle(1-z_i)R_i\rangle \tag{17-70}$$

$$\langle u^{(i)}\rangle = u(y_i) - \frac{t_i\tau(y_{i-1})}{G_{xy}^{(i)}}\langle z_iL_i\rangle - \frac{t_i\tau(y_i)}{G_{xy}^{(i)}}\langle z_iR_i\rangle \tag{17-71}$$

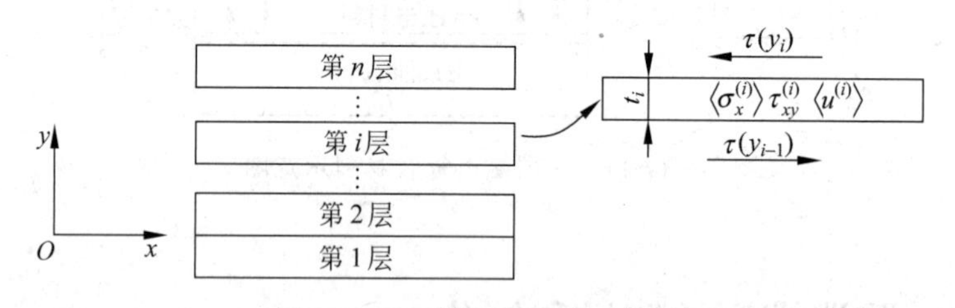

图 17-12 n 层复合材料示意图

17.5.2 剪滞模型求解磁电系数

对于图 17-11 所示的三层磁电复合材料,考虑 x-y 平面内平面应变问题,设压电材料和磁致伸缩材料都满足线性本构关系。约定用上标 m,p,b 分别表示磁致伸缩、压电、粘接层中的物理量。对于压电层,设材料沿 y 方向极化,本构关系为

$$\sigma_x = C_{11}^{(p)}\varepsilon_x + C_{13}^{(p)}\varepsilon_y - e_{31}^{(p)}E_y \tag{17-72}$$

$$\sigma_y = C_{33}^{(p)}\varepsilon_y + C_{13}^{(p)}\varepsilon_x - e_{33}^{(p)}E_y \tag{17-73}$$

$$\tau_{xy} = C_{44}^{(p)} \gamma_{xy} \tag{17-74}$$

$$D_y = e_{31}^{(p)} \varepsilon_x + e_{33}^{(p)} \varepsilon_y + k_{33}^{(p)} E_y \tag{17-75}$$

由于极化沿 y 方向,压电层内 x 方向上电场相比 y 方向可忽略,因此本构关系中舍去了 E_x。对式(17-75)沿厚度方向取平均,并由开路条件

$$\langle D_y \rangle = 0 \tag{17-76}$$

得到

$$\langle E_y^{(p)} \rangle = -\frac{e_{31}^{(p)}}{k_{33}^{(p)}} \langle \varepsilon_x^{(p)} \rangle - \frac{e_{33}^{(p)}}{k_{33}^{(i)}} \langle \varepsilon_y^{(p)} \rangle \tag{17-77}$$

对式(17-72)和式(17-73)取平均,并将式(17-77)代入,得到

$$\langle \sigma_x^{(p)} \rangle = C_{11}^{*(p)} \langle \varepsilon_x^{(p)} \rangle + C_{13}^{*(p)} \langle \varepsilon_y^{(p)} \rangle \tag{17-78}$$

$$\langle \sigma_y^{(p)} \rangle = C_{13}^{*(p)} \langle \varepsilon_x^{(p)} \rangle + C_{33}^{*(p)} \langle \varepsilon_y^{(p)} \rangle \tag{17-79}$$

进而得到

$$\langle \varepsilon_x^{(p)} \rangle = \frac{1}{E_x^{(p)}} \langle \sigma_x^{(p)} \rangle - \frac{\nu_{xy}^{(p)}}{E_x^{(p)}} \langle \sigma_y^{(p)} \rangle \approx \frac{1}{E_x^{(p)}} \langle \sigma_x^{(p)} \rangle \tag{17-80}$$

再利用式(17-74)得到

$$\gamma_{xy}^{(p)} = \frac{1}{G_{xy}^{(p)}} \tau_{xy}^{(p)} \tag{17-81}$$

对于磁致伸缩层,设磁化方向沿 x,类似有

$$\langle \varepsilon_x^{(m)} \rangle = \frac{1}{E_x^{(m)}} \langle \sigma_x^{(m)} \rangle + q_{33} H_x \tag{17-82}$$

$$\gamma_{xy}^{(m)} = \frac{1}{G_{xy}^{(m)}} \tau_{xy}^{(m)} \tag{17-83}$$

其中 $q_{33} H_x$ 反映了磁致伸缩应变。

在式(17-70)中取 i 表示压电层,在式(17-71)中取 i 表示磁致伸缩层,分别得到

$$\langle u^{(p)} \rangle = u(y_2) + \frac{t_p \tau}{G_p} \langle (1 - z_p) L_p \rangle - \frac{t_p \tau}{G_p} \langle (1 - z_p) R_p \rangle \tag{17-84}$$

$$\langle u^{(m)} \rangle = u(y_1) - \frac{t_m \tau}{G_m} \langle z_m R_m \rangle \tag{17-85}$$

其中 $u(y_2)$,$u(y_1)$分别是粘接层上下表面的位移,认为粘接层不能承受正应力,则有

$$u(y_2) - u(y_1) = \frac{t_b}{G_{xy}^b} \tau \tag{17-86}$$

式(17-84)减去式(17-85),并利用式(17-86)得到

$$\langle u^{(p)} \rangle - \langle u^{(m)} \rangle = \frac{t_b \tau}{G_b} + \frac{t_p \tau}{G_p} \langle (1 - z_p) L_p \rangle - \frac{t_p \tau}{G_p} \langle (1 - z_p) R_p \rangle + \frac{t_m \tau}{G_m} \langle z_m R_m \rangle \tag{17-87}$$

式(17-87)建立剪滞模型假设下的位移、应力间关系。在一些文献中,直接将最后三项略去,得到

$$\langle u^{(p)} \rangle - \langle u^{(m)} \rangle = \frac{t_b \tau}{G_b} \tag{17-88}$$

在后面的推导中,我们使用式(17-88)这种简化的形式。

由 x 方向应力平衡方程积分得到

$$\frac{\mathrm{d}(t_m \langle \sigma_x^{(m)} \rangle)}{\mathrm{d}x} + \tau = 0 \tag{17-89}$$

再由总体力平衡

$$2t_m \langle \sigma_x^{(m)} \rangle + t_p \langle \sigma_x^{(p)} \rangle = 0 \tag{17-90}$$

通过式(17-88)~式(17-90)以及本构关系、几何关系得到

$$\frac{\mathrm{d}^2 \langle \sigma_x^{(m)} \rangle}{\mathrm{d}x^2} - \frac{2E_x^{(m)} t_m + E_x^{(p)} t_p}{E_x^{(m)} E_x^{(p)} t_p t_m} \frac{G_b}{t_b} \langle \sigma_x^{(m)} \rangle = q_{33} H_x \frac{G_b}{t_m t_b} \tag{17-91}$$

上式是一个二阶常微分方程,解为

$$\langle \sigma_x^{(m)} \rangle = -\frac{E_x^{(m)} E_x^{(p)} t_p q_{33} H_x}{2E_x^{(m)} t_m + E_x^{(p)} t_p} + a\exp(\sqrt{M}x) + b\exp(-\sqrt{M}x) \tag{17-92}$$

$$M = \frac{2E_x^{(m)} t_m + E_x^{(p)} t_p}{E_x^{(m)} E_x^{(p)} t_p t_m} \frac{G_b}{t_b} \tag{17-93}$$

再由边界条件确定系数,假设材料两端自由,则有

$$a = b = \frac{\sinh(\sqrt{M}L/2)}{\sinh(\sqrt{M}L)} \frac{E_x^{(m)} E_x^{(p)} t_p q_{33} H_x}{2E_x^{(m)} t_m + E_x^{(p)} t_p} \tag{17-94}$$

于是由式(17-90)、式(17-77)得到压电材料内的应力和电场为

$$\langle \sigma_x^{(p)} \rangle = \frac{2E_x^{(m)} E_x^{(p)} t_m q_{33} H_x}{2E_x^{(m)} t_m + E_x^{(p)} t_p} \left[1 - \frac{\sin\sqrt{M}\left(\frac{L}{2} + y\right)}{\sinh(\sqrt{M}L)} - \frac{\sin\sqrt{M}\left(\frac{L}{2} - y\right)}{\sinh(\sqrt{M}L)} \right] \tag{17-95}$$

$$\langle E_y^{(p)} \rangle = \frac{e_{33}^{(p)} \nu_{xy}^{(p)} - e_{31}^{(p)}}{E_x^{(p)} k_{33}^{(p)}} \frac{2E_x^{(m)} E_x^{(p)} t_m q_{33} H_x}{2E_x^{(m)} t_m + E_x^{(p)} t_p} \left[1 - \frac{\sin\sqrt{M}\left(\frac{L}{2} + y\right)}{\sinh(\sqrt{M}L)} - \frac{\sin\sqrt{M}\left(\frac{L}{2} - y\right)}{\sinh(\sqrt{M}L)} \right] \tag{17-96}$$

将电场沿 x 方向取平均,得到磁电系数

$$\alpha_E = \frac{\delta E}{\delta H} = \frac{e_{33}^{(p)} \nu_{xy}^{(p)} - e_{31}^{(p)}}{E_x^{(p)} k_{33}^{(p)}} \frac{2E_x^{(m)} E_x^{(p)} t_m q_{33}}{2E_x^{(m)} t_m + E_x^{(p)} t_p} \left[1 - 2\frac{\cosh(\sqrt{M}L) - 1}{\sqrt{M}L \sinh(\sqrt{M}L)} \right] \tag{17-97}$$

参考文献

[1] Jones R M. Mechauics of Composite Materials[M]. Washington: Scripta Book company, 1975.

[2] Jones R M. Mechanics of Composite Materials second edition[M]. USA Philadelphia: Taylor & Francis, Inc., 1998.

[3] 沈观林. 复合材料力学[M]. 北京：清华大学出版社,1996.

[4] 周履,范赋群. 复合材料力学[M]. 北京：高等教育出版社,1991.

[5] 蒋咏秋,等. 复合材料力学[M]. 西安：西安交通大学出版社,1990.

[6] 王震鸣. 复合材料力学和复合材料结构力学[M]. 北京：机械工业出版社,1991.

[7] 吕恩琳. 复合材料力学[M]. 重庆：重庆大学出版社,1992.

[8] 李顺林. 复合材料力学引论[M]. 上海：上海交通大学出版社,1986.

[9] 顾震隆. 短纤维复合材料力学[M]. 北京：国防工业出版社,1987.

[10] 张志民,张开达,杨乃宾. 复合材料结构力学[M]. 北京：北京航空航天大学出版社,1993.

[11] 蔡四维. 复合材料结构力学[M]. 北京：人民交通出版社,1987.

[12] 刘锡礼,王秉权. 复合材料力学基础[M]. 北京：中国建筑工业出版社,1983.

[13] 邓炳麟. 复合材料结构力学[M]. 航空专业教材编审组,1986.

[14] 杜善义,王彪. 复合材料细观力学[M]. 北京：科学出版社,1999.

[15] 胡更开,郑泉水,黄筑平. 复合材料有效性质分析方法[M]. 力学进展,2001,31(3)：361-393.

[16] 周履,王震鸣,等. 复合材料及其结构的力学进展[M]. 第1册. 广州：华南理工大学出版社,1991.

[17] 王震鸣,范赋群. 复合材料及其结构的力学进展[M]. 第2册. 广州：华南理工大学出版社,1992.

[18] 王震鸣,范赋群,等. 复合材料及其结构的力学进展[M]. 第3册. 武汉：武汉工业大学出版社,1992.

[19] 王震鸣,吴代华,等. 复合材料及其结构的力学进展[M]. 第4册. 武汉：武汉工业大学出版社,1994.

[20] 复合材料[M]. 赵渠森,译. 北京：国防工业出版社,1979.

[21] 魏月贞. 复合材料[M]. 北京：机械工业出版社,1987.

[22] [英]皮亚蒂 G. 复合材料进展[M]. 北京：科学出版社,1984.

[23] [美]德尔蒙特 J. 碳纤维和石墨纤维复合材料[M]. 北京：科学出版社,1987.

[24] 肯尼思,克雷德 G. 金属基复合材料[M]. 北京：国防工业出版社,1982.

[25] 余顺海,唐羽章. 混杂复合材料[M]. 北京：国防科技大学出版社,1987.

[26] 宋焕成,张佐光. 混杂纤维复合材料[M]. 北京：北京航空航天大学出版社,1989.

[27] 薛克兴,周瑾. 复合材料结构连接件设计与强度[M]. 北京：北京航空工业出版社,1988.

[28] 张锦,张乃恭. 新型复合材料力学机理及其应用[M]. 北京：北京航空航天大学出版社,1993.

[29] 张福范. 复合材料层间应力[M]. 北京：高等教育出版社,1993.

[30] 杨大智. 智能材料与智能系统[M]. 天津：天津大学出版社,2000.

[31] 吴人洁. 复合材料[M]. 天津：天津大学出版社,2000.

[32] 陈烈民. 复合材料力学和复合材料结构力学[M]. 北京：中国科学技术出版社,2001.

[33] 南策文. 非均质材料物理——纤维结构-性能关联[M]. 北京：科学出版社,2005.

[34] 矫桂琼,贾普荣. 复合材料力学[M]. 西安：西北工业大学出版社,2008.

[35] 杜善义,冷劲松,王殿富. 智能材料系统和结构[M]. 北京：科学出版社,2001.

[36] 刘新东,刘伟.复合材料力学基础[M].西安:西北工业大学出版社,2010.

[37] 张少实,庄茁.复合材料与粘弹性力学[M].2版.北京:机械工业出版社,2011.

[38] 周曦亚.复合材料[M].北京:化学工业出版社,2005.

[39] 冯小明,张崇才.复合材料[M].重庆:重庆大学出版社,2007.

[40] 尹洪峯,魏剑.复合材料[M].北京:冶金工业出版社,2010.

[41] 陈烈民,杨宝宁.复合材料的力学分析[M].北京:中国科学技术出版社,2006.

[42] 方岱宁,张一慧,崔晓东.轻质点阵材料力学与多功能设计[M].北京:科学出版社,2000.

[43] 沈观林,胡更开.复合材料力学[M].北京:清华大学出版社,2006.

[44] 戴福隆,沈观林,谢惠民.实验力学[M].北京:清华大学出版社,2010.

[45] Hashin Z. Analysis of composites: A survey[J]. J Appl Mech, 1983, 50: 481-505.

[46] Christensen R M, Lo K H. Solutions for effective shear properties in three phase space and cylinder model[J]. J Mech Phys of Solids, 1979, 27: 315-330.

[47] Levin V M. On the coefficients of thermal expansion of heterogeneous material[J]. Mechanics of Solids 2, 1967, 58-61.

[48] Markov K. Elementary micromechanics of heterogeneous media[J]. In: Heterogeneous Media: Micromechanics Modeling Methods and Simulations, Markov K, Preziosi L (eds), Birkauser Verlag, Boston, 2000, 1-162.

[49] Torquato S. Random Heterogeneous Materials: Microstructures and Macroscopic Properties[M]. Springer-Verlag, New York, 2002.

[50] Milton G W. The Theory of Composite [M]. Cambridge University Press, Cambridge, England, 2002.

[51] Namat-Nasser S, Hori M[M]. Micromechanics: Overall Properties of Heterogeneous Materials. North-Holland, Elsevier, 1993.

[52] Mura T. Micromechanics of Defects in Solids[M]. La Hague, Martinus Nijhoff, Publishers, Dordrecht, 1982.

[53] 王汉奎,张雄.金属及碳管复合材料力学行为的物质点类方法研究[D].清华大学工学博士学位论文,2011.

[54] Yao Z H, Kong F Z, Wang H T, Wang P B. 2D simulation of composite materials using BEM[J]. Engineering Analysis with Boundary Elements, 2004, 28(8): 927-935.

[55] 陈柯霖,曹艳平.非均质材料压痕实验力学分析[D].清华大学工学硕士学位论文,2012.

[56] MullerP, Saul A. Elastic effects on surface physics[C]. In: Surface Science Reports, 2004, 54: 157-258.

[57] Duan H L, Wang J, Huang Z P, et al. Size-dependent effective elastic constants of solids containing nano-inhomogeneities with interface stress[J]. Journal of the Mechanics and Physics of Solids, 2005, 53(7): 1574-1596.

[58] Chen Y L, Liu B(刘彬), He X Q, Huang Y(黄永刚), Hwang K C(黄克智). Failure analysis and the optimal toughness design of carbon nanotube-reinforced composites[J]. Composites Science and Technology, 2010, 70(9): 1360-1367.

[59] Ji B H(季葆华), Gao H J(高华健). Mechanical properties of nanostructure of biological materials [J]. J Mech Phys of Solids, 2004,52: 1963-1990.

[60] Zhang Z Q(张作启), Liu B(刘彬), Huang Y(黄永刚), Hwang K C(黄克智), Gao H(高华健). Mechanical properties of unidirectional nanocomposites with non-uniformly or randomly staggered platelet distribution[J]. J Mech Phys of Solids, 2010,58: 1646-1660.

［61］ Lei H F(李洪辉), Zhang Z Q(张作启), Liu B(刘彬). Effect of fiber arrangement on mechanical properties of short fiber reinforced composites[J]. Compos. Sci. Technol. 2012,72: 506-514.

［62］ Liu B(刘彬), Zhang L X, Gao H J(高华健). Poisson ratio can play a crucial role in mechanical properties of biocomposites[J]. Mech. Mater. ,2006,38: 1128-1142.

［63］ Lei H J(雷海军), Liu B(刘彬), Wang C A(汪长安), Fang D N(方岱宁). Study on biomimetic staggered composite for better thermal shock resistance[J]. Mech. Mater. , 2012,49: 30-41.

［64］ Nairn J A, Mendels D A. On the use of planar shear-lag methods for stress-transfer analysis of multilayered composites[J]. Mech Mater, 2001, 33(6): 335-362.

［65］ Li J Y. Magnetoelectroelastic multi-inclusion and inhomogeneity problems and their applications in composite materials[J]. Int J Eng Sci, 2000, 38(18): 1993-2011.

［66］ Chang C M, Carman G P. Modeling shear lag and demagnetization effects in magneto-electric laminate composites[J]. Phys Rev B, 2007, 76: 1341-1613.

［67］ Kumar P K, Lagoudas D C. Introduction to shape memory alloys[J]. In: Shape Memory Alloys, Lagoudas D C,ed. Springer, US, 2008, 1-51.